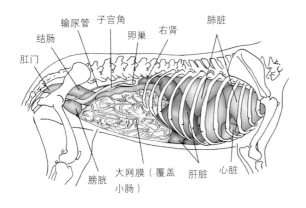

图1.6 内脏器官：左侧观

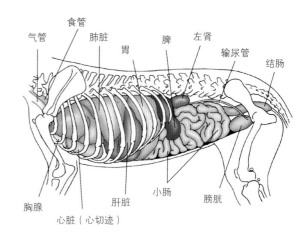

图1.7 内脏器官：右侧观

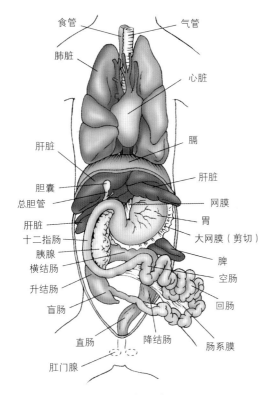

图1.8 内脏器官：腹面观

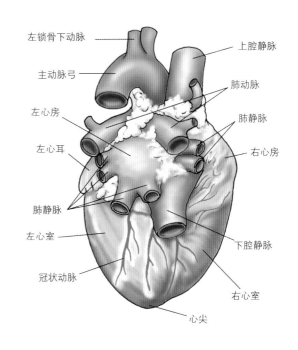

图1.9 循环系统：心脏背面观

**CP-1**

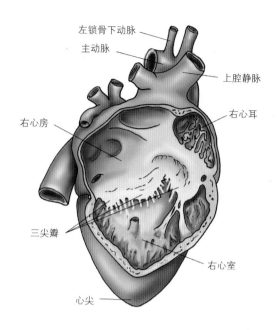

左锁骨下动脉
主动脉
上腔静脉
右心房
右心耳
三尖瓣
右心室
心尖

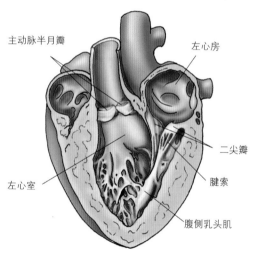

主动脉半月瓣
左心房
左心室
二尖瓣
腱索
腹侧乳头肌

图1.10　循环系统：心脏内部视图

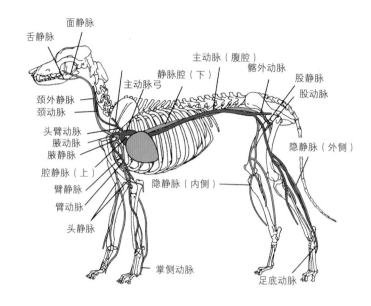

面静脉
舌静脉
主动脉（腹腔）
静脉腔（下）
髂外动脉
股静脉
股动脉
主动脉弓
颈外静脉
颈动脉
头臂动脉
腋动脉
腋静脉
腔静脉（上）
臂静脉
臂动脉
隐静脉（内侧）
隐静脉（外侧）
头静脉
掌侧动脉
足底动脉

图1.12　循环系统：侧面观

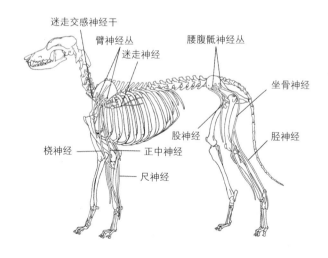

迷走交感神经干
臂神经丛
迷走神经
腰腹骶神经丛
坐骨神经
股神经
胫神经
桡神经
正中神经
尺神经

图1.14　神经系统：侧面观

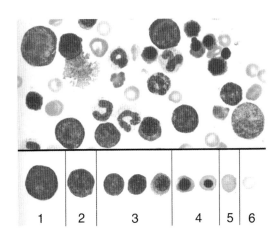

图4.1 犬骨髓

上：犬骨髓抽吸显示红细胞前体（如圆形核，粗糙染色质，蓝色到红色胞浆）。下：红细胞成熟的各个阶段：1.原红细胞；2.早幼红细胞；3.中幼红细胞；4.晚幼红细胞；5.多染红细胞；6.成熟红细胞（摘自 Veterinary Hematology and Clinical Chemistry，第151页，图13.4）

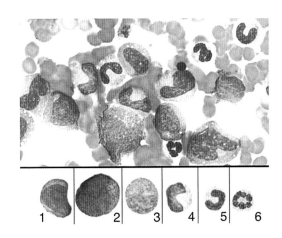

图4.2 犬骨髓

上：犬骨髓抽吸显示粒细胞前体（如不规则核，染色质纹理细致，紫色胞浆）。下：粒细胞成熟的各个阶段：1.原粒细胞；2.早幼粒细胞；3.中幼粒细胞；4.晚幼粒细胞；5.杆状核粒细胞；6.分叶核粒细胞（摘自 Veterinary Hematology and Clinical Chemistry，第151页，图13.5）

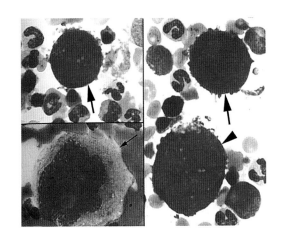

图4.3 巨核细胞的成熟阶段

大箭头，原巨核细胞；箭头，幼巨核细胞；小箭头，成熟巨核细胞（摘自 Veterinary Hematology and Clinical Chemistry，第153页，图13.8）

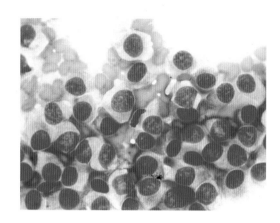

图4.5　组织细胞瘤

异形红细胞，蓝染胞浆数量可变，胞核与胞浆的比例上升，圆形、椭圆形或不规则核仁，花边样或细斑点状染色质纹理（图片由J. Michael Harter，DVM提供，最初发表于Veterinary Information Network）

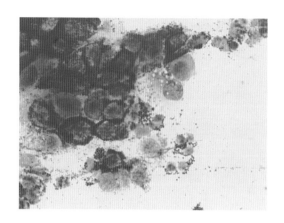

图4.7　肥大细胞瘤

细胞大小不均，圆形或椭圆形胞核，染色较浅，细致到粗糙，深蓝色到紫红色的颗粒胞浆（图片由J. Michael Harter，DVM提供，最初发表于Veterinary Information Network）

图 4.6　淋巴瘤

密集细胞核边缘为嗜碱性细胞质，颗粒状染色质，胞核与胞浆的比例上升，≥1个核仁（图片由J. Michael Harter，DVM提供，最初发表于 Veterinary Information Network）

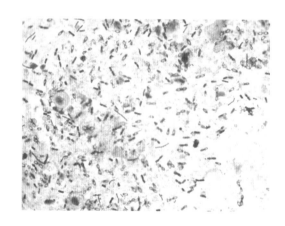

图 4.8　梭状芽胞杆菌

大杆，"安全别针"样（孢囊内有未染色的芽胞）（图片由J. Michael Harter，DVM提供，最初发表于Veterinary Information Network）

图4.9 贾第鞭毛虫

梨形，腹面凹陷，两个细胞核的轮廓像眼睛还有鼻子和嘴巴，向前或"落叶"运动（图片由J. Michael Harter，DVM提供，最初发表于Veterinary Information Network）

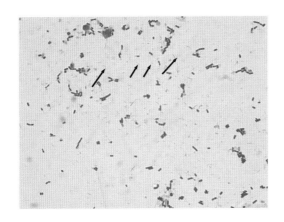

图 4.10 弯曲杆菌

细小，弯曲杆状，两个连在一起的菌体形状如同"海鸥"或"W"样，"移动的蜂群"，迅速飞快运动（图片由J. Michael Harter，DVM提供，最初发表于Veterinary Information Network）

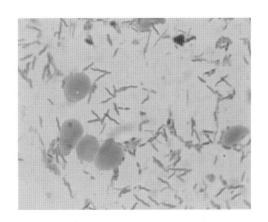

图 4.11 螺旋菌

僵直的螺旋状螺旋菌，螺旋紧密，螺旋状运动（图片由J. Michael Harter，DVM提供，最初发表于Veterinary Information Network）

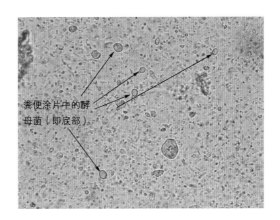

粪便涂片中的酵母菌（即底部）

图 4.12 酵母菌

极少内部结构；较贾第鞭毛虫小（图片由J. Michael Harter，DVM提供，最初发表于Veterinary Information Network）

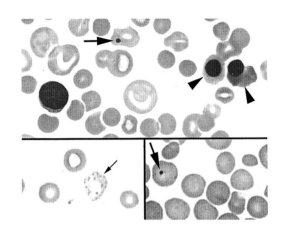

图4.13 犬的血涂片

上图：犬IMHA血涂片（如再生性贫血，多染色性红细胞，有核红细胞（箭头所示））和豪-若二氏体（长箭头所示）。下左：铅中毒，嗜碱性颗粒（小箭头所示）。下右：箭头所示，豪-若二氏体（摘自 Veterinary Hematology and Clinical Chemistry，第76页，图5.15）

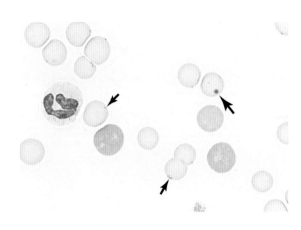

图4.15 猫的血涂片

显示灰蓝色多染色性大细胞和正常红细胞，中性粒细胞，血小板，豪-若二氏体（大箭头所示）和猫血巴尔通(氏)体（小箭头所示）（图片由Oklahoma State University Clinical Pathology Teaching Files提供。摘自Schalm's Veterinary Hematology，第1066页，图164.3）

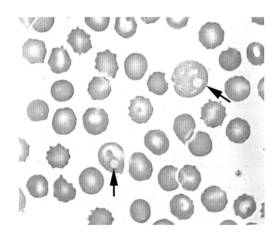

图4.14 犬瘟热

犬瘟热（箭头所示）：圆形，椭圆形或不规则的淡蓝色包含体（摘自 Veterinary Hematology and Clinical Chemistry，第79页，图5.23）

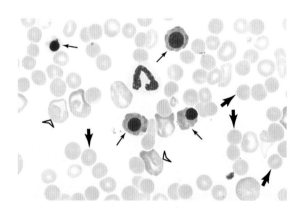

图4.16 犬的血涂片

显示多染色性红细胞（箭头所示），有核红细胞（中幼红细胞和晚幼红细胞，细箭头所示）和球形红细胞（粗箭头所示）（图片由Oklahoma State University Clinical Pathology Teaching Files提供。摘自Schalm's Veterinary Hematology，第1058页，图163.2）

图4.17　猫的血涂片

显示网织红细胞（聚集型和圈点型），血小板和带海因茨小体的多染色性红细胞。海因茨小体也可见于自由浮动的背景中（摘自Schalm's Veterinary Hematology，第115页，图19.4）

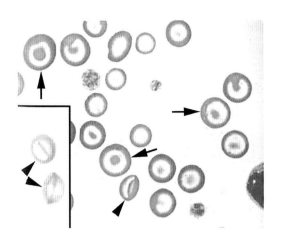

图4.19　犬的血涂片

薄红细胞（箭头所示），折叠细胞（短箭头所示）（摘自Schalm's Veterinary Hematology，第75页，图5.12）

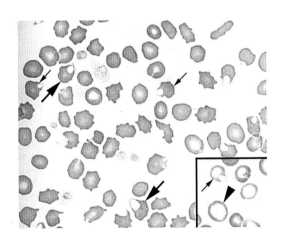

图4.18　猫的血涂片

显示缺铁性贫血。存在水泡细胞（小箭头所示）和角化红细胞（大箭头所示）。插图：犬血涂片显示缺铁性贫血。水泡细胞（小箭头所示）和低色素性红细胞（箭头所示）（摘自Schalm's Veterinary Hematology，第73页，图5.5）

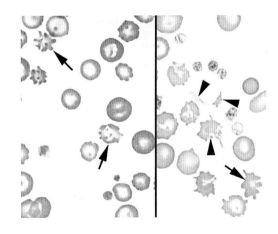

图4.20　犬的血涂片

脾脏血管肉瘤破裂的犬血涂片显示贫血。左图：棘红细胞（箭头所示）和多染色性红细胞。右图：棘红细胞（箭头所示）和裂红细胞（短箭头所示）（摘自Schalm's Veterinary Hematology，第73页，图5.6）

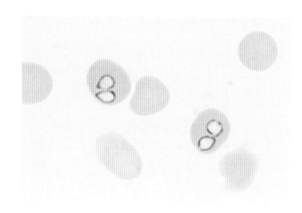

图4.21  犬巴贝斯虫

感染犬巴贝斯虫的犬血涂片中出现成对的，泪滴状结构（摘自Schalm's Veterinary Hematology，第158页，图27.7）

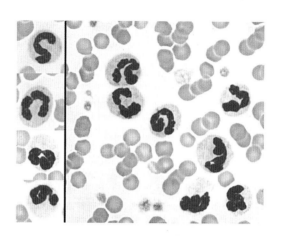

图4.23  分叶的中性粒细胞核的多种形态

杆状中性粒细胞开始呈马蹄状核，随着年龄，细胞核开始分叶（摘自Schalm's Veterinary Hematology，第126页，图10.2）

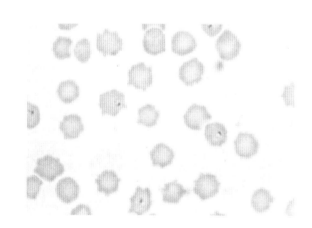

图4.22  猫焦虫

感染猫焦虫的猫血涂片中出现小的不规则的环形（摘自Schalm's Veterinary Hematology，第160页，图27.10）

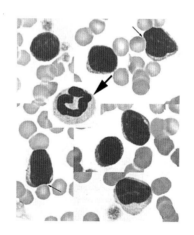

图4.24  淋巴细胞多种形态

细胞核从椭圆形到圆形不同。细胞形态可变，根据周围红细胞进行鉴定（小箭头所示）。淋巴细胞的大小通常小于中性粒细胞（大箭头所示）。不同细胞胞质的量也不同（摘自Schalm's Veterinary Hematology，第126页，图10.3）

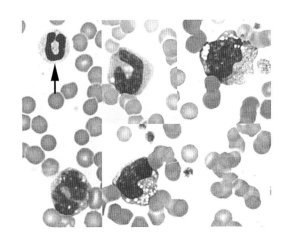

图4.25　单核细胞多种形态

细胞核可能呈圆形，豆形，变形虫样，或马蹄形或分叶形。细胞质中含有空泡。与中性粒细胞（箭头所示）相比，单核细胞通常比较大，且蓝灰色的胞质颜色比较深（摘自Schalm's Veterinary Hematology，第127页，图10.5）

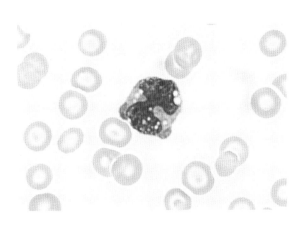

图4.26　犬的血涂片

伴有空泡化单核细胞和明显的中央淡染区的红细胞的犬血涂片（图片由Oklahoma State University Clinical Pathology Teaching Files提供。摘自Schalm's Veterinary Hematology，第1058页，图163.1）

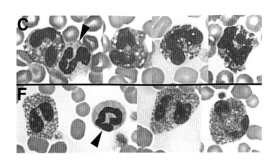

图4.27　嗜酸性粒细胞多种形态

嗜酸性粒细胞通常比中性粒细胞（箭头所示）大。C（犬）：在染色中随着胞浆空泡的出现将呈现大小不等的颗粒和溶解颗粒。F（猫）：密度不等的杆状颗粒（摘自Schalm's Veterinary Hematology，第128页，图10.7）

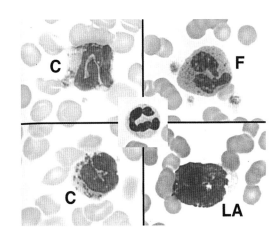

图4.28　嗜碱性粒细胞多种形态

嗜碱性粒细胞比中性粒细胞大（插入的方图）。C（犬）：稀疏的颗粒。F（猫）：大的，着色性差的灰色颗粒聚集在胞质内。（LA，大动物）（摘自Schalm's Veterinary Hematology，第129页，图10.8）

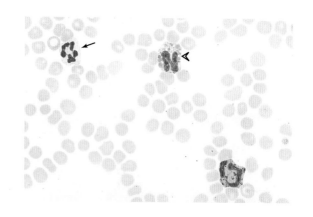

图4.29　犬的血涂片

显示中性粒细胞的分叶核（长箭头所示），伴有大小不等颗粒和空泡的嗜酸性粒细胞（箭头所示）和一个含有紫色颗粒和分叶核的嗜碱性粒细胞（图片由Oklahoma State University Clinical Pathology Teaching Files提供。摘自Schalm's Veterinary Hematology，第1061页，图163.9）

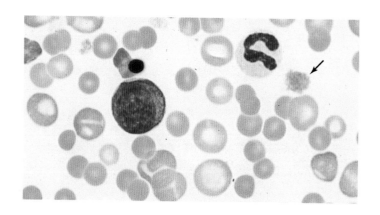

图4.31　犬的血涂片

显示巨血小板（箭头所示），球形红细胞，多染色性红细胞，中性粒细胞和反应性淋巴细胞（图片由Oklahoma State University Clinical Pathology Teaching Files提供。摘自Schalm's Veterinary Hematology，第1060页，图163.7）

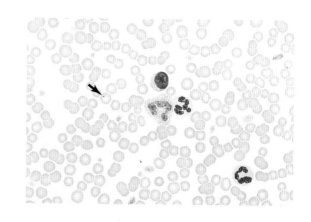

图4.30　猫的血涂片

显示红细胞大小不均，豪-若二氏体（小箭头所示），分叶的中性粒细胞，淋巴细胞，嗜酸性粒细胞和血小板（图片由Oklahoma State University Clinical Pathology Teaching Files提供。摘自Schalm's Veterinary Hematology，第1065页，图164.1）

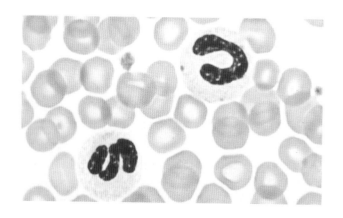

图4.32　犬的血涂片

显示分叶和杆状中性粒细胞的毒性变化。毒性变化显示胞质嗜碱性和Döhle 小体（摘自Schalm's Veterinary Hematology，第371页，图55.5）

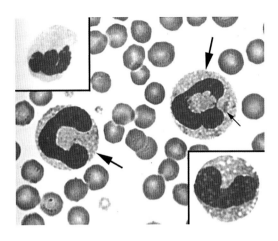

图4.33　血涂片

中性粒细胞显示毒性变化和显著的胞质嗜碱性。Döhle小体（小箭头所示）。上方左插图：正常的中性粒细胞。下方右插图：毒性中性粒细胞和细小的胞质空泡（摘自Veterinary Hematology and Clinical Chemistry，第137页，图12.3）

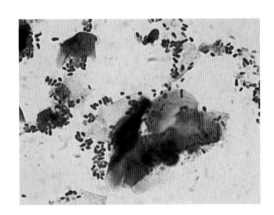

图4.34　马拉色菌

单核细胞内的被光环包围的椭圆形小细胞（图片由J. Michael Harter，DVM提供，最初发表于Veterinary Information Network）

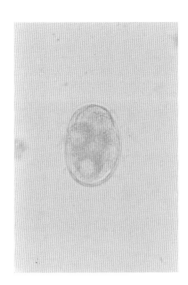

图4.36　犬钩虫卵

（摘自Internal Parasites of Dogs and Cats，第7页）

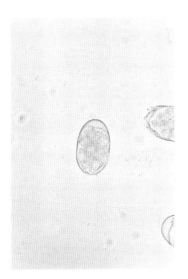

图4.37　管形钩口线虫卵

（摘自Internal Parasites of Dogs and Cats，第7页）

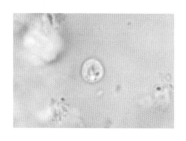

图4.38　隐孢子虫卵

（图片由Gary A. Averbeck提供）

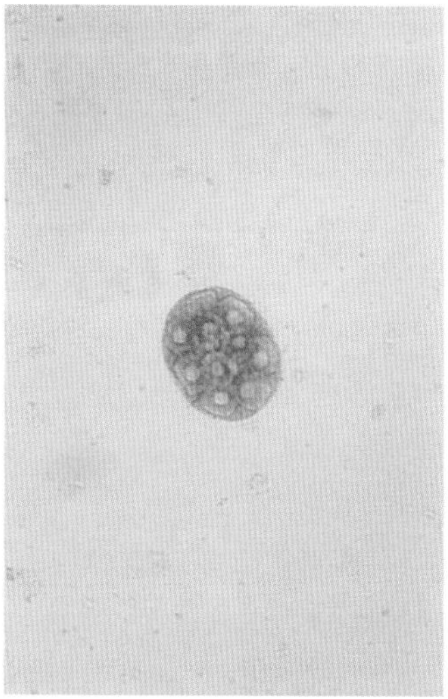

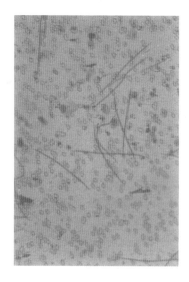

图4.40　犬恶丝虫卵

（摘自Internal Parasites of Dogs and Cats，第3页）

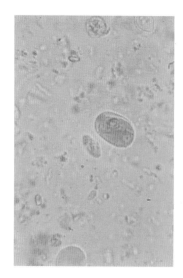

图4.42　贾第鞭毛虫卵

（摘自Internal Parasites of Dogs and Cats，第11页）

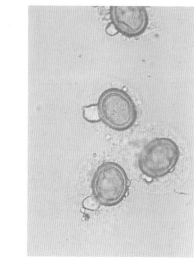

图4.44　绦虫卵

（摘自Internal Parasites of Dogs and Cats，第6页）

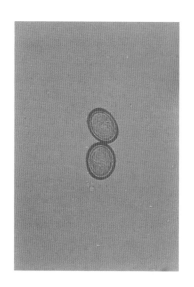

图4.39　犬复孔绦虫卵

（摘自Internal Parasites of Dogs and Cats，第5页）

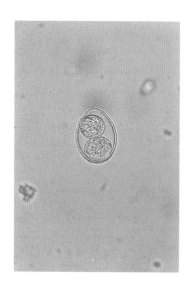

图4.41　细粒棘球绦虫卵

（摘自Internal Parasites of Dogs and Cats，第5页）

图4.43　等孢子球虫卵

（摘自Internal Parasites of Dogs and Cats，第11页）

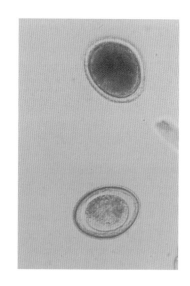

图4.45　犬弓首蛔虫卵（上）/ 狮弓蛔虫卵（下）

（摘自Internal Parasites of Dogs and Cats，第9页）

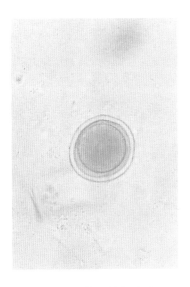

图4.46 猫弓首蛔虫卵

（摘自Internal Parasites of Dogs and Cats，第10页）

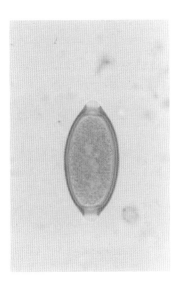

图4.48 狐毛首线虫卵

（摘自Internal Parasites of Dogs and Cats，第10页）

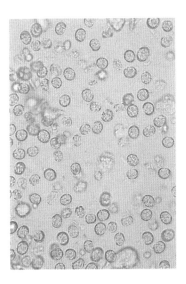

图4.47 刚地弓形虫卵

（摘自Internal Parasites of Dogs and Cats，第12页）

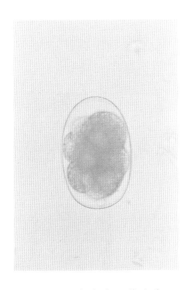

图4.49 狭头弯口线虫卵

（摘自Internal Parasites of Dogs and Cats，第8页）

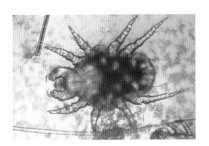

图4.50 姬螯螨

（摘自External Parasites of Dogs and Cats，第14页）

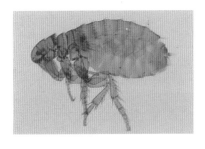

图4.51 犬栉首蚤

（摘自External Parasites of Dogs and Cats，第3页）

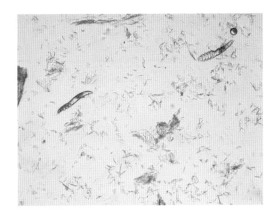

图4.52 犬蠕形螨

（图片由J. Michael Harter，DVM提供，最初发表于Veterinary Information Network）

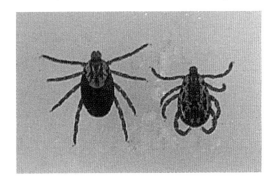

图4.53 变异革蜱

（摘自External Parasites of Dogs and Cats，第25页）

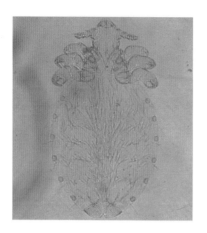

图4.54 棘颚虱

（摘自External Parasites of Dogs and Cats，第10页）

图4.56 血红扇头蜱

（摘自External Parasites of Dogs and Cats，第25页）

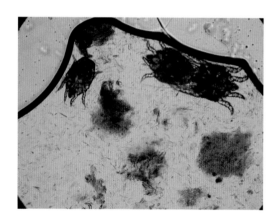

图4.55 耳痒螨

（图片由J. Michael Harter，DVM提供，最初发表于Veterinary Information Network）

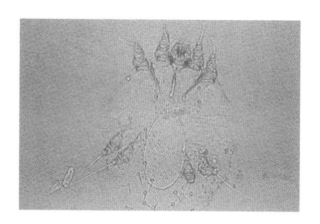

图4.57 犬疥螨

（摘自External Parasites of Dogs and Cats，第17页）

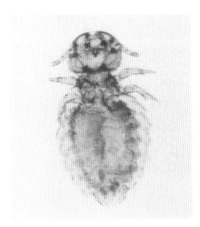

图4.58 犬毛虱

（摘自External Parasites of Dogs and Cats，第10页）

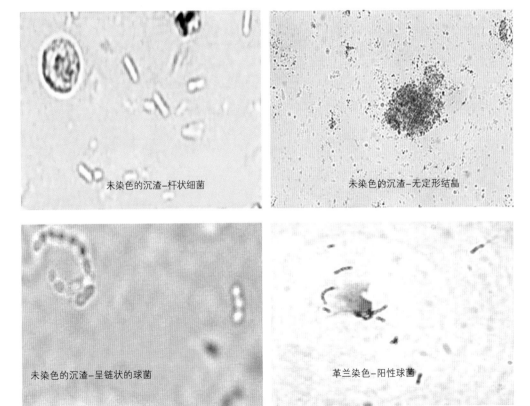

未染色的沉渣–杆状细菌

未染色的沉渣–无定形结晶

未染色的沉渣–呈链状的球菌

革兰染色–阳性球菌

图4.59 细菌

上左：杆状，未染色；上右：无定形结晶，未染色；下左：球菌，未染色；下右：球菌，革兰染色（图片由Joyce S. Knoll，VMD，PhD，DACVP）

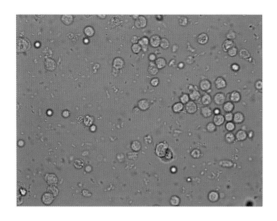

图4.60　细菌

[图片由Cheryl Stockman，MT（ASCP）提供]

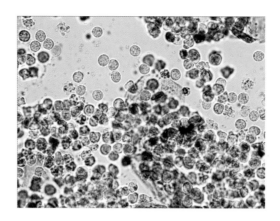

图4.62　白细胞

［图片由Cheryl Stockman，MT（ASCP）提供］

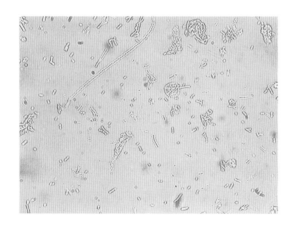

图4.61　细菌

（摘自Graff's Handbook of Routine Urinalysis，第116页，图3.51）

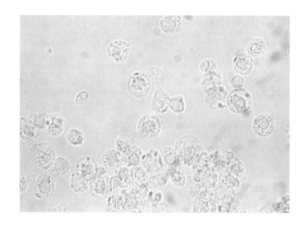

图4.63　白细胞

（摘自Graff's Handbook of Routine Urinalysis，第77页，图3.4）

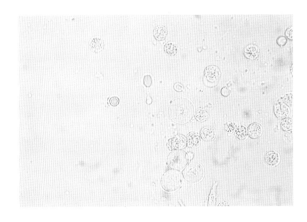

图4.64　上皮细胞，白细胞，红细胞和细菌

（摘自Graff's Handbook of Routine Urinalysis，第134页，图4.2）

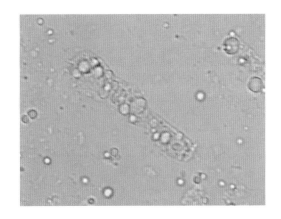

图4.66　脂肪管型

[图片由Cheryl Stockman，MT（ASCP）提供]

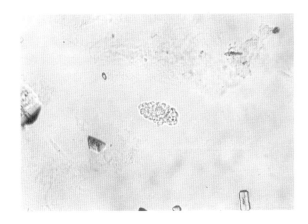

图4.65　上皮管型

（摘自Graff's Handbook of Routine Urinalysis，第113页，图3.47）

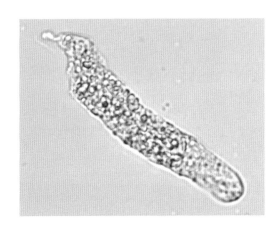

图4.67　颗粒管型

[图片由Cheryl Stockman，MT（ASCP）提供]

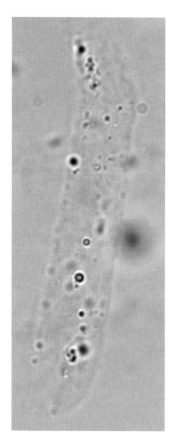

图4.68 透明管型

[图片由Cheryl Stockman，MT（ASCP）提供]

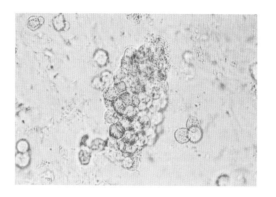

图4.69 红细胞管型和红细胞

（摘自Graff's Handbook of Routine Urinalysis，第110页，图3.43）

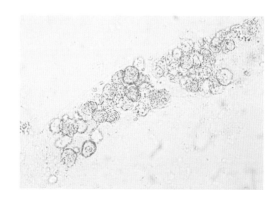

图4.70 白细胞管型

（摘自Graff's Handbook of Routine Urinalysis，第194页，图4.92）

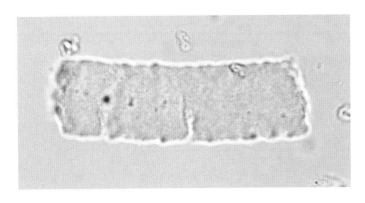

图4.71　蜡样管型

（摘自Graff's Handbook of Routine Urinalysis，第208页，图4.112）

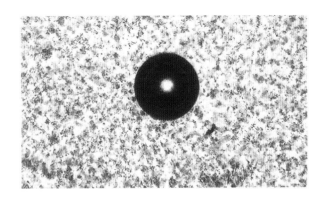

图4.73　无定形尿酸盐结晶和一个气泡

（摘自Graff's Handbook of Routine Urinalysis，第128页，图3.67）

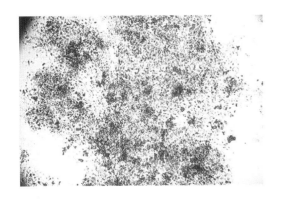

图4.72　无定形磷酸盐结晶

（摘自Graff's Handbook of Routine Urinalysis，第103页，图3.36）

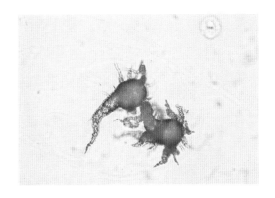

图4.74　无定形的尿酸胺结晶和黏液丝

（摘自Graff's Handbook of Routine Urinalysis，第180页，图4.71）

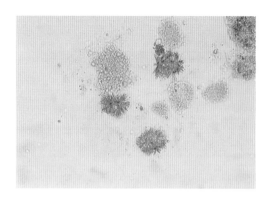

图4.75　胆红素结晶

（摘自Graff's Handbook of Routine Urinalysis，第170页，图4.55）

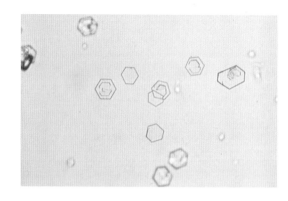

图4.78　胱氨酸结晶

（摘自Graff's Handbook of Routine Urinalysis，第93页，图3.23）

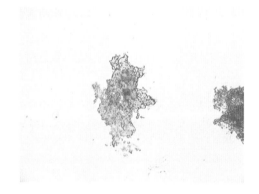

图4.76　碳酸钙结晶

（摘自Graff's Handbook of Routine Urinalysis，第104页，图3.37）

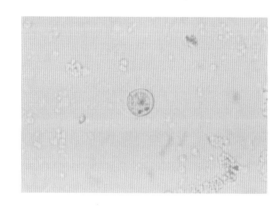

图4.79　亮氨酸结晶

（摘自Graff's Handbook of Routine Urinalysis，第94页，图3.24）

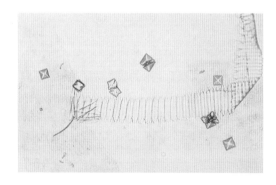

图4.77　二水草酸钙结晶

（摘自Graff's Handbook of Routine Urinalysis，第152页，图4.29）

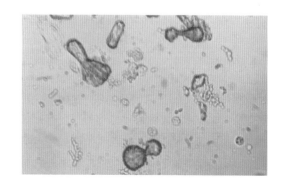

图4.80　磺胺结晶

（摘自Graff's Handbook of Routine Urinalysis，第163页，图4.45）

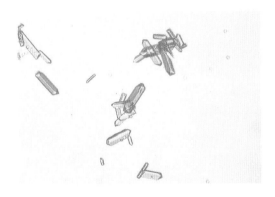

图4.81　三磷酸盐结晶

（摘自Graff's Handbook of Routine Urinalysis，第170页，图4.56）

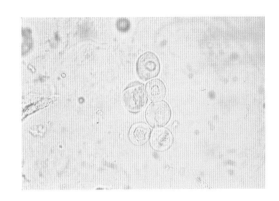

图4.84　肾上皮细胞

（摘自Graff's Handbook of Routine Urinalysis，第139页，图4.9）

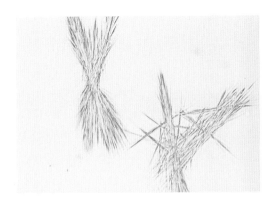

图4.82　酪氨酸结晶

（摘自Graff's Handbook of Routine Urinalysis，第165页，图4.48。）

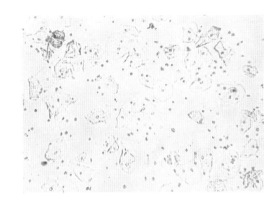

图4.85　鳞状上皮细胞

（摘自Graff's Handbook of Routine Urinalysis，第141页，图4.12）

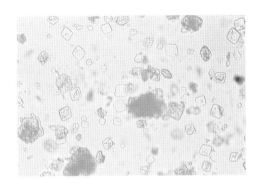

图4.83　尿酸结晶

（摘自Graff's Handbook of Routine Urinalysis，第144页，图4.16）

图4.86　移行上皮细胞

（摘自Graff's Handbook of Routine Urinalysis，第81页，图3.8）

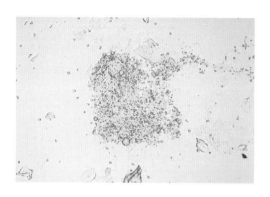

图4.87　上皮细胞和脂肪滴

（摘自Graff's Handbook of Routine Urinalysis，第220页，图4.130）

图4.89　淀粉颗粒

（摘自Graff's Handbook of Routine Urinalysis，第123页，图3.59）

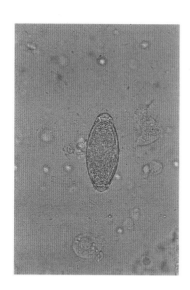

图4.88　狐膀胱毛细线虫卵

（摘自Internal Parasites of Dogs and Cats，第14页）

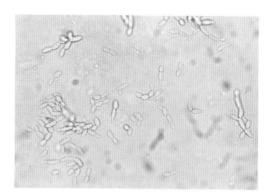

图4.90　酵母菌

（摘自Graff's Handbook of Routine Urinalysis，第217页，图4.126）

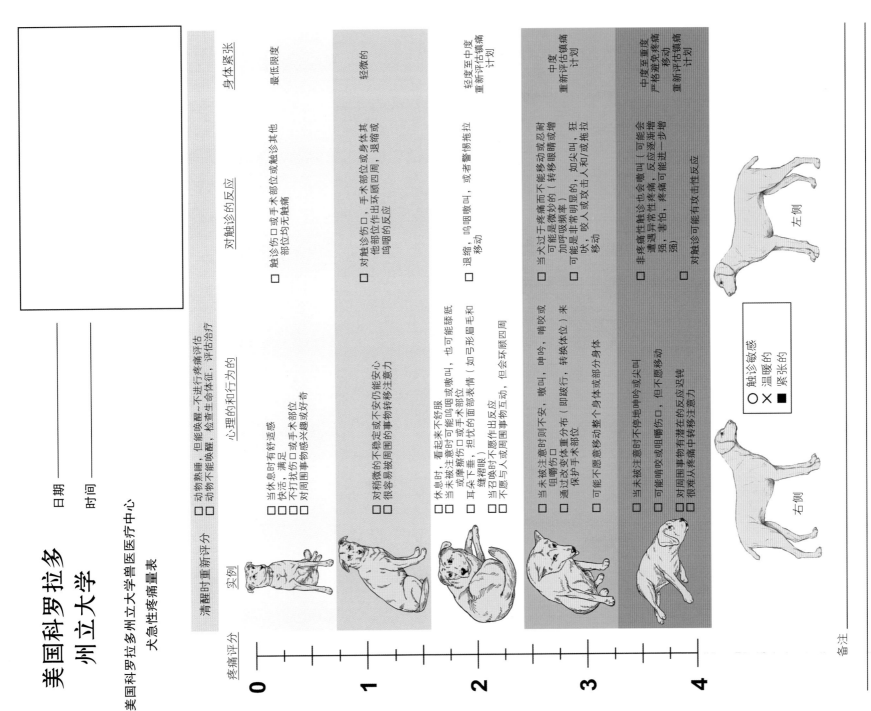

美国科罗拉多

州立大学

美国科罗拉多州立大学兽医医疗中心

犬急性疼痛量表

图9.1 美国科罗拉多州立大学犬急性疼痛量表

见技能框9.1，CSU急性疼痛量表的使用说明（由美国科罗拉多州立大学Peter Hellyer，DVM，MS，DACVA和Narda Robinson，DO，DVM提供）

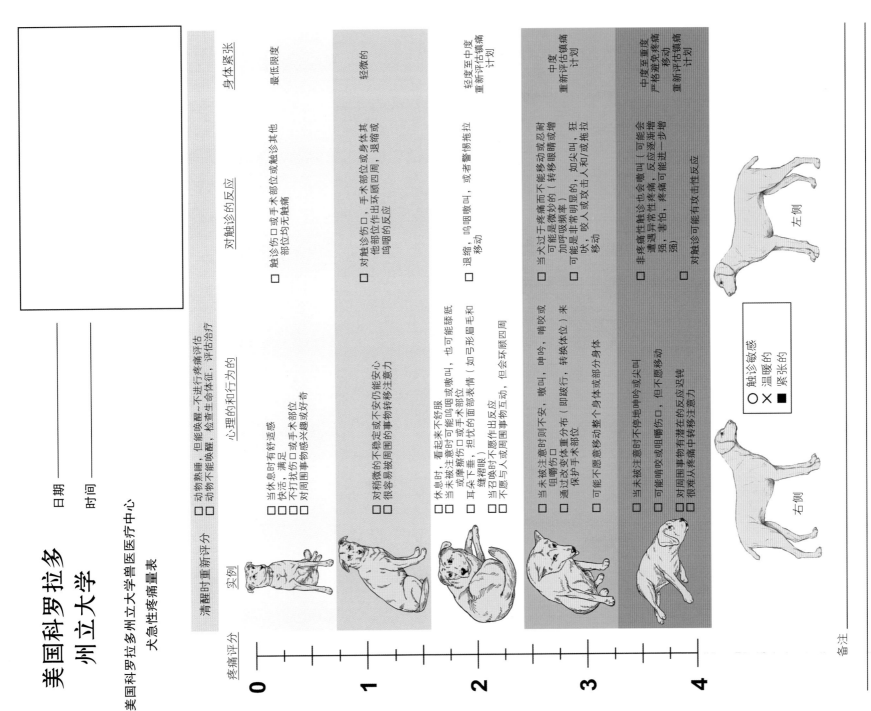

CP-24

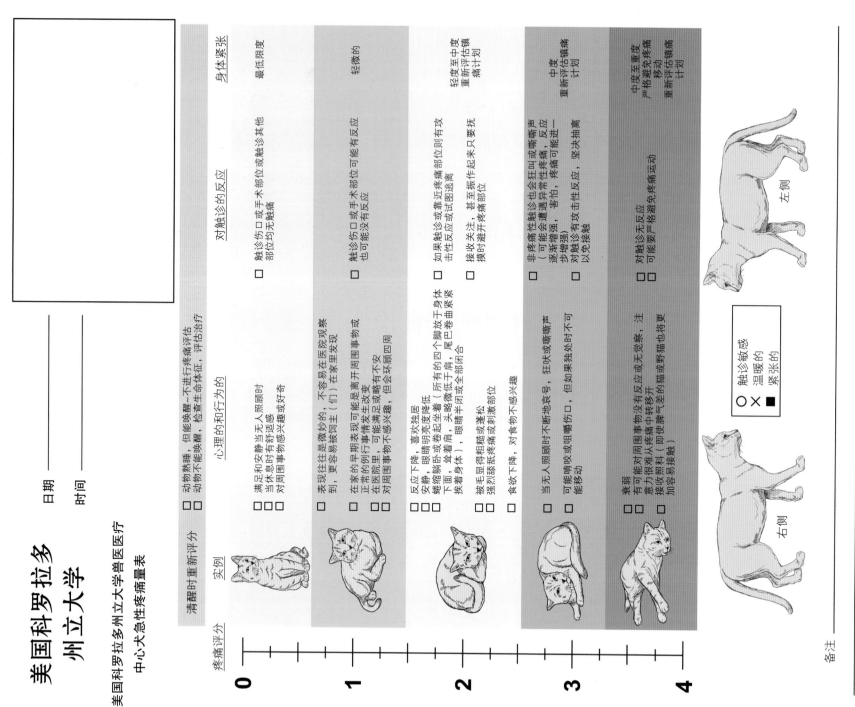

# 美国科罗拉多州立大学

美国科罗拉多州立大学兽医医疗
中心犬急性疼痛量表

日期 ——————
时间 ——————

**疼痛评分**

**0** 清醒时重新评分

实例

☐ 动物熟睡，但能唤醒，不进行疼痛评估
☐ 动物不能唤醒～检查生命体征，评估治疗

**心理的和行为的**
☐ 满足和安静当无人照顾时
☐ 当休息时有舒适感
☐ 对周围事物感兴趣或好奇

**对触诊的反应**
☐ 触诊伤口或手术部位或触诊其他部位均无触痛

**身体紧张**
最低限度

**1**
☐ 满足当无人照顾时
☐ 更容易医院里发现
☐ 对周围事物感兴趣或好奇

☐ 表现往往是微妙的，不容易医院里被观察到，更容易被同主（们）在家里发现
☐ 在家的早期表现可能是离开周围事物或正常医院的例行事情发生改变
☐ 在医院里，可能满足或略有不安，但会环顾四周

☐ 触诊伤口或手术部位可能有反应也可能没有反应

轻微的

**2**
☐ 反应下降，喜欢独居
☐ 安静，眼睛明亮度降低
☐ 蜷缩蜷卧或卷着坐着（头，颈，身体），章着身体，眼睛半闭或全部闭合
☐ 被毛显得粗糙或蓬松
☐ 强烈舔舐或刺激疼痛部位

☐ 如果触诊或靠近疼痛部位则有攻击性反应或试图逃离
☐ 接收关注，甚至振作起来只要抚摸时避开疼痛部位

轻度至中度
重新评估
痛计划

**3**
☐ 食欲下降，对食物不感兴趣

☐ 当无人照顾时不断地哀号，狂吠或嘶嘶号
☐ 可能嚎咬或咀嚼伤口
☐ 意力很难从疼痛中转移开

☐ 非疼痛性触诊也会狂叫或嘶嘶声（可能会遇遭异常害怕，反应逐渐增强，疼痛可进一步增强）
☐ 对触诊有攻击性反应，坚决抽离以免接触

中度
重新评估镇痛
计划

**4**
☐ 衰弱
☐ 有可能对周围事物没有反应或意力很难从疼痛中转移开
☐ 接收照料（即使脾气差的猫或野猫也将更加容易接触）

☐ 对触诊无反应或无觉察，注
☐ 可能要严格避免疼痛运动

中度至重度
严格避免疼痛
移动
重新评估镇痛
计划

左侧

右侧

☐ ○ 触诊敏感
☐ × 温暖的
☐ ■ 紧张的

备注 ——————————

2006/PW Hellyer, SR Uhrig, NG Robinson

由辉瑞动物保健自由教育基金资助

图9.1 美国科罗拉多州立大学猫急性疼痛量表

见技能框9.1，CSU急性疼痛量表的使用说明（由美国科罗拉多州立大学Peter Hellyer, DVM, MS, DACVA和Narda Robinson, DO, DVM提供）

“十三五”国家重点图书出版规划项目

世界兽医经典著作译丛

Veterinary
Technician's
Daily Reference Guide

Canine and Feline

# 宠物医师临床
## 速·查·手·册

### 第2版

[美] Candyce M. Jack　Patricia M. Watson 编著

编辑顾问　Mark S. Donovan

师志海　兰亚莉　主译
吴炳樵　夏兆飞　主审

中国农业出版社

**图书在版编目（CIP）数据**

宠物医师临床速查手册：第2版/（美）杰克（Jack, C. M.），
（美）沃森（Watson, P. M.）编著；师志海，兰亚莉译. —北京：
中国农业出版社，2017.9（2019.5重印）
（世界兽医经典著作译丛）
ISBN 978-7-109-19034-4

Ⅰ.①宠… Ⅱ.①杰… ②沃… ③师… ④兰… Ⅲ.①宠物—
动物疾病—诊疗—手册 Ⅳ.①S858.93

中国版本图书馆CIP数据核字（2014）第062953号

Veterinary Technician's Daily Reference Guide: Canine and Feline, Second Edition
By Candyce M. Jack and Patricia M. Watson
Consulting Editor: Mark S. Donovan
ISBN 978-0-8138-1204-5
©2008, Candyce M. Jack and Patricia M. Watson

北京市版权局著作权合同登记号：图字01-2012-1289号

中国农业出版社出版
（北京市朝阳区麦子店街18号楼）
（邮政编码100125）
策划编辑 邱利伟
文字编辑 弓建芳

北京通州皇家印刷厂印刷 新华书店北京发行所发行
2017年9月第1版 2019年5月北京第3次印刷

开本：889mm×1194mm 1/16 印张：42.5 插页：12
字数：1035 千字
定价：280.00元
（凡本版图书出现印刷、装订错误，请向出版社发行部调换）

谨以本书献给那些倾尽全力为兽医领域发展做出贡献，并积极投身于为动物病患提供最佳诊疗服务和护理的所有执业兽医。

特别感谢我们的医学编辑，Mark s. Donovan博士。感谢他对我们的目标的保证，并始终如一地确保本书先进而准确的信息。

Patricia

特别感谢我的家人、合作者和朋友们，他们的一贯支持让我得以不断获得新知和更多的机遇。你们每个人和你们的每只宠物都是本书的一部分。感谢我的合著者，是他的慧眼、活力、对兽医界的贡献和坚持，使本书的再版成为现实。最后，我将此书献给我亲爱的Einstein（1991—2006），他在书稿上留下的牙印将成为本书永远的纪念。

Candyce

衷心感谢Dede的耐心和友谊，感谢Linda对我的不断支持，感谢Megan教给我"你不能推动那条河"，最重要的还要感谢给予我支持的家人，他们为我完成这一项目做出了很大的牺牲。

# 本书译者

主　译：

师志海　（河南省农业科学院）

兰亚莉　（河南省农业科学院）

副主译：

王文佳　（河南牧业经济学院）

陈朝喜　（西南民族大学）

任志华　（四川农业大学）

宋建德　（中国动物卫生与流行病学中心）

译　者（按姓氏笔画排序）：

王文佳　（河南牧业经济学院）

王亚超　（西南科技大学）

兰亚莉　（河南省农业科学院）

邢会杰　（暨南大学）

师志海　（河南省农业科学院）

任志华　（四川农业大学）

宋建德　（中国动物卫生与流行病学中心）

陈朝喜　（西南民族大学）

贺　婷　（中国农业大学）

曹宗喜　（海南省农业科学院）

审　校：

吴炳樵　（河南农业大学）

夏兆飞　（中国农业大学）

# 本书作者

Dina Andrews，DVM，PhD，Dip. ACVP

Lisa Coyne，LVT

Cindy Elston，DVM

J. Michael Harter，DVM

Joyce Knoll，VMD，PhD，Dip. ACVP

Brita Kraabel，DVM

Bob Kramer，DVM，Dip. ACVR

Veronica Martin，LVT

Linda Merrill，LVT，VTS（Small Animal Internal Medicine）

Kathryn Michel，DVM，MS，Dip. ACVN

Jeb Mortimer，DVM

Richard Panzer，DVM，MS

Patrick Richardson，DVM

Nancy Shaffran，DVM

Stuart Spencer，DVM

Cheryl Stockman，MT（ASCP）

Laura Tautz-Hair，LVT，VTS（ECC）

Sandy Willis，DVM，MVSc，Dip. ACVM

## 《世界兽医经典著作译丛》总序

引进翻译一套经典兽医著作是很多兽医工作者的一个长期愿望。我们倡导、发起这项工作的目的很简单，也很明确，概括起来主要有三点：一是促进兽医基础教育；二是推动兽医科学研究；三是加快兽医人才培养。对这项工作的热情和动力，我想这套译丛的很多组织者和参与者与我一样，来源于"见贤思齐"。正因为了解我们在一些兽医学科、工作领域尚存在不足，所以希望多做些基础工作，促进国内兽医工作与国际兽医发展保持同步。

回顾近年来我国的兽医工作，我们取得了很多成绩。但是，对照国际相关规则标准，与很多国家相比，我国兽医事业发展水平仍然不高，需要我们博采众长、学习借鉴，积极引进、消化吸收世界兽医发展文明成果，加强基础教育、科学技术研究，进一步提高保障养殖业健康发展、保障动物卫生和兽医公共卫生安全的能力和水平。为此，农业部兽医局着眼长远、统筹规划，委托中国农业出版社组织相关专家，本着"权威、经典、系统、适用"的原则，从世界范围遴选出兽医领域优秀教科书、工具书和参考书50余部，集合形成《世界兽医经典著作译丛》，以期为我国兽医学科发展、技术进步和产业升级提供技术支撑和智力支持。

我们深知，优秀的兽医科技、学术专著需要智慧积淀和时间积累，需要实践检验和读者认可，也需要具有稳定性和连续性。为了在浩如烟海、林林总总的著作中选择出真正的经典，我们在设计《世界兽医经典著作译丛》过程中，广泛征求、听取行业专家和读者意见，从促进兽医学科发展、提高兽医服务水平的需要出发，对书目进行了严格挑选。总的来看，所选书目除了涵盖基础兽医学、预防兽医学、临床兽医学等领域以外，还包括动物福利等当前国际热点问题，基本囊括了国外兽医著作的精华。

目前，《世界兽医经典著作译丛》已被列入"十三五"国家重点图书出版规划项目，成为我国文化出版领域的重点工程。为高质量完成翻译和出版工作，我们专门组织成立了高规格的译审委员会，协调组织翻译出版工作。每部专著的翻译工作都由兽医各学科的权威专家、学者担纲，翻译稿件需经翻译质量委员会审查合格后才能定稿付样。尽管如此，由于很多书籍涉及的知识点多、面广，难免存在理解不透彻、翻译不准确的问题。对此，译者和审校人员真诚希望广大读者予以批评指正。

我们真诚地希望这套丛书能够成为兽医科技文化建设的一个重要载体，成为兽医领域和相关行业广大学生及从业人员的有益工具，为推动兽医教育发展、技术进步和兽医人才培养发挥积极、长远的作用。

国家首席兽医师

# 前言

　　《宠物医师临床速查手册》得以再版，源于第1版的成功。随着医学技术的不断发展，临床兽医对技术需求与日俱增，这是本书再版的前提。新版增加了大量最新的医学知识，并包含了大量临床实践的技术应用知识，希望能为宠物医师提供成功的诊疗方案。本书并非展示最新的观点，而是立足临床，帮助兽医技术工作者温故知新，并拓展现有知识结构，以便把最新最实用的医学应用于临床疾病治疗中。本手册的编写完全打破了常规的手册编写方法，以创新的表格和图表方式突出重点知识，以便于读者在遇到临床问题时可以迅速查找到相应的解决方案或知识要点。这种将日常兽医需要掌握的知识和临床紧密有机融合的方式，大大方便了兽医，对其快速提升业务素养，增强工作自信，并对饲主日常教育都有很大帮助。

　　本书涵盖了犬猫相关的兽医专业技术的各个领域，从基本的体格检查到化疗管理相关的高级技能。我们相信本书将成为兽医技术人员日常必备的宝贵资料。本书除了涵盖临床兽医方方面面的知识外，还收录了200余张线条图和照片，为兽医技术工作者进行实验室化验、牙科诊治和客户教育提供了视觉辅助。彩色插页使得原图非常清楚且方便使用。

Candyce Jack，LVT

Patricia Watson，LVT

# 致谢

　　我们衷心感谢所有在成书过程中给予我们帮助和指导的人们。我们也非常感谢Phoenix Laboratory，DentaLbels，Wiley-Blackwell，American Society of Anesthesiologists，Dr. Peter Hellyer，Dr. Narda Robinson，Tara Raske，International Veterinary Association of Pain Management，Greg deBoer，Anne Rains，Dr.David Stansfield，Novartis，Dr.James H.Meinkoth，Oklahoma State University，Gary Averbeck，Dr. Robert K.Ridley，Kansas State University，and Dr.Jay R Georgi，Dr.Daniel Chan，and Mikki Cook，LVT，Hill's Pet Nutrition，Animal Emergency and Trauma Center等给予的支持和帮助。

# 目 录

# 图表目录

# 第 **1** 部分

# 解剖学

# 第 1 章

# 解剖学

对于兽医技术人员来说，能准确地完成其日常工作，清楚地了解犬和猫的机体解剖是必要的。下图显示了身体各系统的大体解剖，重点显示日常医疗实践中最常处置的部位，涵盖了从X线片的正确定位到静脉穿刺。

## 大体解剖

见技能框2.6 浅表淋巴结检查，第32页。

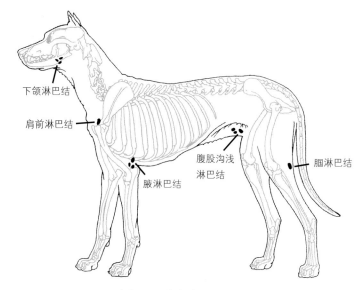

图1.2　浅表淋巴结

下颌淋巴结
肩前淋巴结
腋淋巴结
腹股沟浅淋巴结
腘淋巴结

## 肌肉系统

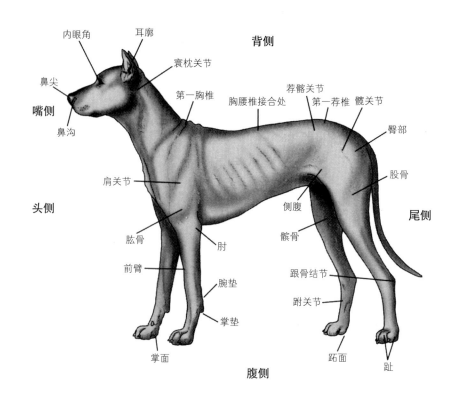

图1.1　大体解剖

内眼角　耳廓　背侧
鼻尖　寰枕关节
嘴侧　第一胸椎
鼻沟　荐髂关节
头侧　胸腰椎接合处　第一荐椎　髋关节
肩关节　臀部
股骨
侧腹　尾侧
肱骨　肘　髌骨
前臂
腕垫　跟骨结节
掌垫　跗关节
掌面　跖面　趾
腹侧

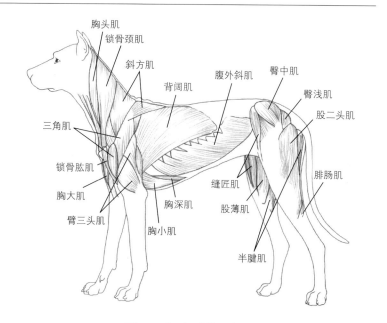

图1.3　肌肉系统：侧面观

胸头肌
锁骨颈肌
斜方肌
腹外斜肌
臀中肌
背阔肌
三角肌
臀浅肌
锁骨肱肌
股二头肌
缝匠肌
胸大肌
腓肠肌
臂三头肌
胸深肌
股薄肌
胸小肌
半腱肌

见技能框2.8 骨科检查，第34页。

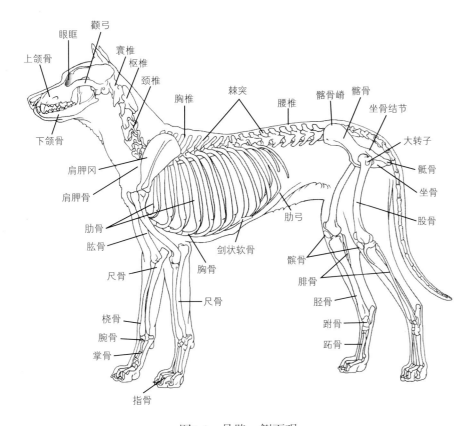

图1.4 骨骼：侧面观

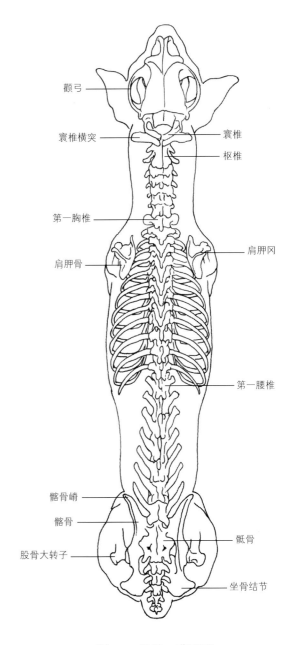

图1.5 骨骼：背面观

见技能框2.4腹腔检查，第31页。

见彩图1.6至彩图1.8。CP-1。

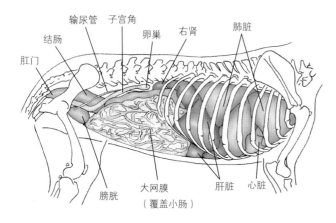

图1.6　内脏器官：左侧观

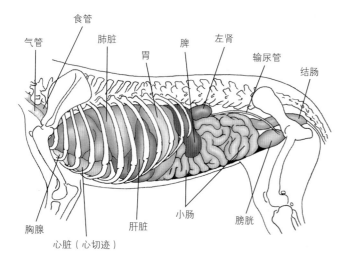

图1.7　内脏器官：右侧观

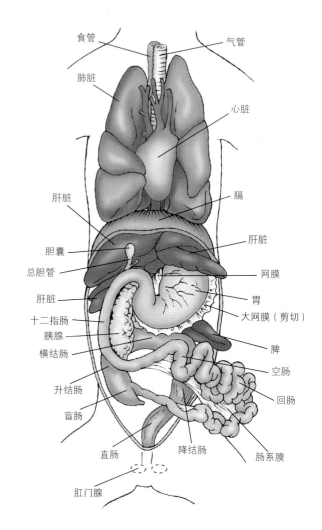

图1.8　内脏器官：腹面观

见技能框2.2 心脏检查，第28页。

见彩图1.9，彩图1.10和彩图1.12。CP-1，CP-2。

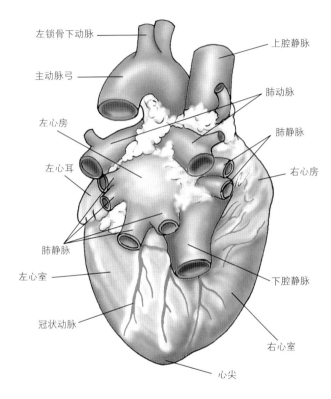

图1.9　循环系统：心脏背面观

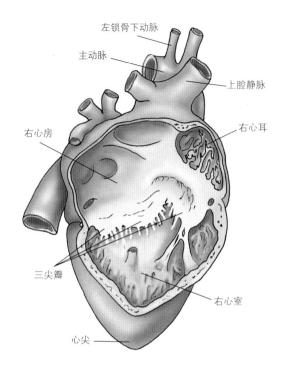

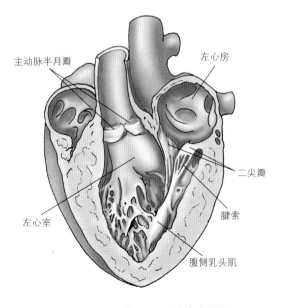

图1.10　循环系统：心脏内部视图

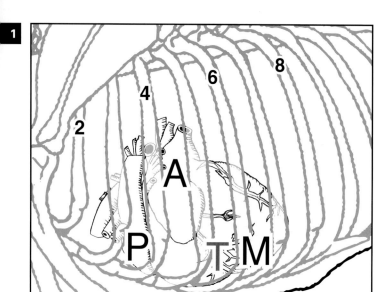

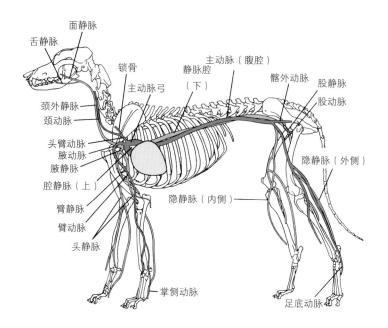

图1.12　循环系统：侧面观

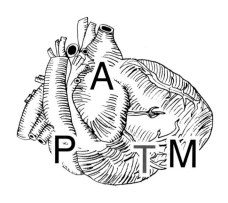

图1.11　循环系统：心脏瓣膜

A. 主动脉瓣　P. 肺动脉瓣　T. 三尖瓣　M. 二尖瓣

## 神经系统

见彩图1.14。CP-2。

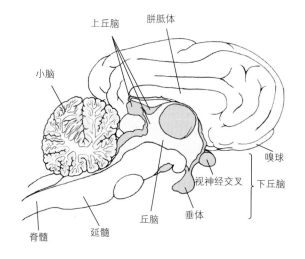

图1.13　神经系统：脑侧面观

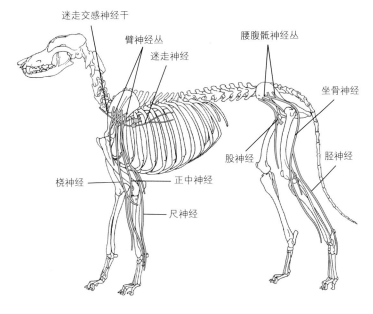

迷走交感神经干
臂神经丛
迷走神经
腰腹骶神经丛
坐骨神经
桡神经
正中神经
股神经
胫神经
尺神经

图1.14 神经系统：侧面观

## 泌尿生殖系统

见技能框2.4 腹腔检查，第31页。

见技能框12.10 导尿管插入术，第433页。

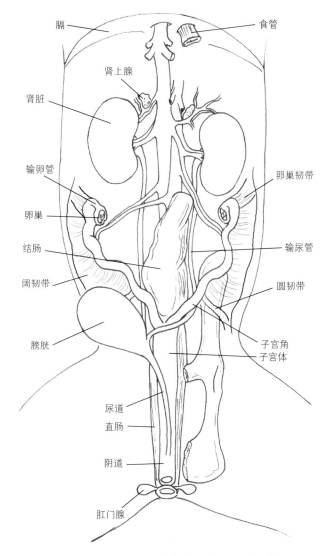

膈
食管
肾上腺
肾脏
输卵管
卵巢韧带
卵巢
结肠
输尿管
阔韧带
圆韧带
膀胱
子宫角
子宫体
尿道
直肠
阴道
肛门腺

图1.15 泌尿生殖系统：腹面观，雌性

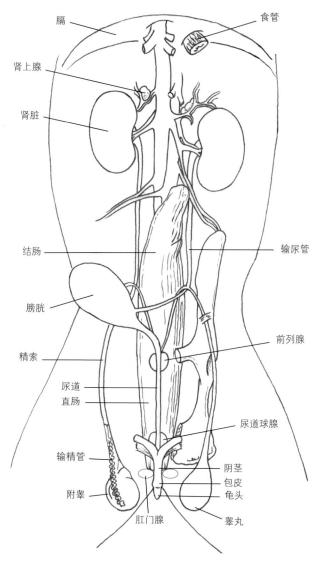

图1.16　泌尿生殖系统：腹面观，雄性

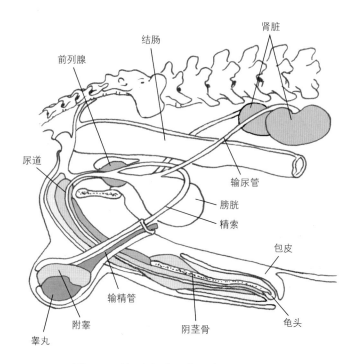

图1.17　泌尿生殖系统：侧面观，雄性

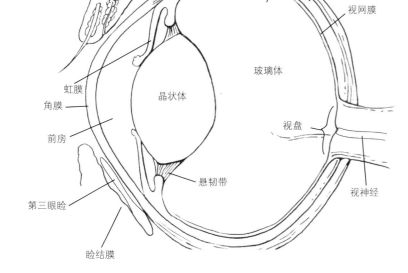

图1.18　眼

球结膜

巩膜

后房

脉络膜

视网膜

玻璃体

视盘

虹膜

晶状体

角膜

前房

视神经

第三眼睑

悬韧带

睑结膜

见技能框2.5 耳镜检查，第31页。

见技能框2.14 耳道清洁和冲洗，第53页。

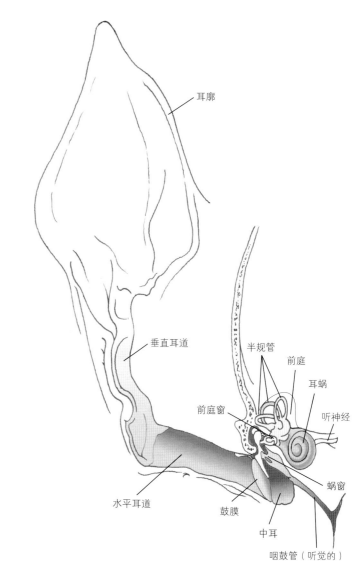

图1.19　耳

耳廓

垂直耳道

半规管

前庭

耳蜗

前庭窗

听神经

水平耳道

鼓膜

蜗窗

中耳

咽鼓管（听觉的）

# 第 2 部分

# 预防保健

# 第 **2** 章

# 预防保健和疫苗接种

| 关键词和术语[a] | | 缩写 | 额外资源，页码 |
|---|---|---|---|
| 脱毛 | 冻干的 | APTT，活化部分凝血激酶时间 | 腹腔穿刺术，427 |
| 淀粉样蛋白 | 黑粪症 | BCS，体况评分 | 麻醉，437 |
| 腋窝 | 非核心 | BUN，血尿素氮 | 输血，365 |
| 金丝雀痘载体 | 眼球震颤 | CNS，中枢神经系统 | 全血细胞计数，103 |
| 核 | 膜 | CPV，犬细小病毒 | 剖宫产术，540 |
| 隐睾 | 乳头状瘤 | CSF，脑脊液 | 血液生化，72 |
| 脱屑 | 聚合酶链式反应 | DIC，弥漫性血管内凝血 | 凝血试验，113 |
| 体质 | 瘀点 | ELISA，酶联免疫吸附试验 | 拍打胸壁，430 |
| 酶联免疫吸附试验 | 前驱症状 | F，华氏温度 | 牙科，495 |
| 脑病 | 本体感觉 | FCV，猫杯状病毒 | 耳细胞学，86 |
| 鼻出血 | 黏蛋白 | FECV，猫肠道冠状病毒 | 图：耳，11 |
| 瘘管 | 啰音 | FeLV，猫白血病 | 图：心脏，7 |
| 囟 | 干啰音 | FHV-1，猫病毒性鼻气管炎 | 图：内脏器官，6 |
| 肉芽肿 | 狭窄 | FIP，猫传染性腹膜炎 | 图：心脏瓣膜，8 |
| 口臭 | 斜视 | FIV，猫免疫缺陷病毒 | 图：淋巴结，4 |
| 血凝反应 | T淋巴细胞 | FPV，猫泛白细胞减少症 | 液体疗法，357 |
| 透明质酸 | 迂曲的，多余的主动脉 | GIT，胃肠道 | 一般治疗，199 |
| 痛觉过敏 | 血管供应 | IFA，免疫荧光试验 | 保温处理，344 |
| 肠套叠 | 蛋白质印迹 | IgG，免疫球蛋白G | 注射方法，346 |
| 淋巴结病 | 产仔 | IgM，免疫球蛋白M | 实验室检验，69 |
| | | IN，鼻内 | 微生物学，120 |
| | | O₂，氧气 | 雾化，430 |
| | | OVH，卵巢子宫切除术 | 营养支持，412 |
| | | PCR，聚合酶链式反应 | 氧气疗法，373 |
| | | PT，凝血酶原时间 | 药理学，565 |
| | | RBC，红细胞 | 体格检查，16 |
| | | RV，狂犬病疫苗 | 物理治疗，556 |
| | | SQ，皮下注射 | 放射学，157 |
| | | v，可变的 | 外科手术，519 |
| | | | 胸腔穿刺术，429 |
| | | | 尿液分析，145 |

[a]关键词和术语的定义见第629页词汇表。

# 体格检查

在动物健康评估中，良好的体格检查能为临床医师提供非常有价值的信息。技术人员可以通过了解各部分检查的针对性并能有序、准确、及时进行检查来协助兽医。体格检查在免疫接种前、麻醉过程前进行，还要结合前来就诊的具体问题进行。下面的图表包括幼龄和成年患畜体格检查的方法和具体部位。

表2.1 初步检查

| | | 定义/正常/异常 | 器械和技巧 |
|---|---|---|---|
| **病史** | **主诉** | • 因当前的问题而使饲主带动物来诊所 | • 当前病史<br>• 注意当前的食欲、饮水、排尿和排便行为，体温和用药。还要注意动物近期在熟悉环境中活动的变化。 |
| | **既往史** | • 先前的用药可能会加剧本次的症状 | • 既往史<br>• 注意免疫日期和本次药物治疗 |
| | **特征描述** | • 年龄，品种，性别和繁殖情况 | • N/A |
| **生命指征** | **整体表现** | • 患畜的整体健康 | • 动物被毛、皮肤和体格状况的外观评价 |
| | **心率**<br>• 心脏功能 | 正常<br>• 犬：70~180次/min<br>• 猫：110~220次/min<br>异常<br>• 犬：<70或>160次/min<br>• 猫：<100或>200次/min | • 直接触诊胸壁或脉搏<br>• 胸腔听诊<br>• 见技能框2.2 心脏检查，第28页<br>• 心电图描记器<br>• 见第8章 患病动物护理，第327页<br>• 多普勒脉冲监视器 |
| | • 呼吸 | 正常<br>• 犬：10~30次/min<br>• 猫：25~40次/min<br>异常<br>• <8次/min | • 胸腔听诊<br>• 见技能框2.3 肺脏检查，第30页<br>• 脉搏血氧饱和度<br>• 计算循环血液中红细胞的血红蛋白的氧饱和度<br>• 探头放置在一个易于接近的毛细血管床（如舌头、唇、鼻中隔、耳廓、包皮、阴门、皮肤皱褶或趾间）<br>• 正常：99%~100%<br>• 异常：<97%，90%则为低氧血症，必须纠正 |
| | **脉搏**<br>• 心脏功能 | 正常<br>• 与心率一致<br>异常<br>• 弱，洪脉，细脉，不规则，短缺 | • 直接触诊<br>• 直接指压左侧和右侧股动脉<br>• 评估脉搏的特性，强度，频率和对称性 |
| | **黏膜**<br>• 失血，贫血和灌注不良 | 正常<br>• 粉红色<br>异常<br>• 苍白：失血，贫血或灌注不良<br>• 发绀：缺氧 | • 目测<br>• 观察牙龈，舌，口腔黏膜，下眼睑结膜，包皮或阴门的黏膜 |
| | **毛细血管再充盈时间**<br>• 反应组织血液灌注情况 | 正常<br>• 1~2s<br>• 异常<br>• >2s | • 直接触诊<br>• 指压黏膜使其变白，移开手指后开始计算黏膜恢复粉红色的时间 |
| | **体温**<br>• 循环 | 正常<br>• 100.5~102.5°F<br>异常<br>• <100°F和>103°F | • 直接触摸爪和耳朵<br>• 直肠体温计<br>• 体温计（如直肠或食道） |
| | **体重** | 正常/异常<br>• 见表3.2，体况评分系统，第60页 | • 以千克和磅进行记录<br>• 记录体况评分和饮食情况 |

表2.2　体格检查

**2**

| 区域 | 具体部位 | 检查结果 | 病史 |
|---|---|---|---|
| 头颈部 | **头部**（全面） | • 对称性，脱毛，肿瘤或肿胀，皮疹，头部倾斜，颅骨肌肉块一致性 | • 头部倾斜或震颤？<br>• 癫痫发作 |
| | **眼睛**（眼睑，眼球，结膜，巩膜，瞳孔，角膜，晶状体）<br>• 视诊<br>• 眼科检查 | • 正常：明亮，清澈，一致，反应灵敏<br>• 囊肿，一致性，睫毛增长，第三眼睑位置和大小，对称性，眼分泌物，眼球震颤，眼眶内的位置：突出与凹陷，颜色，血管分布，瞳孔一致性，创伤，溃疡，色素沉着，不透明 | • 疼痛？<br>　• 眨眼，斜视，磨蹭或抓挠？<br>• 分泌物？（如量、浓稠度、颜色、单侧或双侧）<br>• 失明？ |
| | **鼻镜**<br>• 视诊 | • 对称性，炎症，肿胀，脓肿牙齿，张口疼痛 | • 磨蹭或抓挠？ |
| | **鼻孔**<br>• 视诊 | • 对称性，吸气时移动（应该横向移动）和分泌物 | • 喷嚏或深呼吸？<br>• 分泌物（如量、黏稠度、颜色、单侧或双侧） |
| | **口腔**（唇，黏膜，牙齿，硬腭和软腭，舌，咽，扁桃体）<br>• 视诊 | • 正常：对称的，粉红色，稍湿润<br>• 口臭，炎症，肿瘤或乳头状瘤，解剖缺陷，过度流涎，结壳，色素改变，颜色和毛细血管再充盈时间，破溃，牙周状况，溃疡，异物<br>• 见第14章　牙科，第495页 | • 过度流涎或饮水后滴水？<br>• 食欲不振或摄食困难？<br>• 变化？（如牙龈色素沉着、吠叫、猫叫） |
| | **耳**<br>• 视诊<br>• 耳镜检查 | • 正常：清洁，干爽<br>• 碎屑，渗出物，臭味，炎症，对声音反应，对耳道按摩和触诊敏感<br>• 见技能框2.5　耳镜检查，第31页 | • 甩头或抓耳？<br>• 分泌物？（如量、黏稠度、颜色、单侧或双侧）<br>• 听力丧失？ |
| | **淋巴结**（下颌）<br>• 触诊 | • 正常：坚实，椭圆形，自由移动<br>• 对称性和大小<br>• 见技能框2.6　浅表淋巴结检查，第32页 | • 大小增加？ |
| | **唾液腺**（下颌骨，腮腺）<br>• 触诊 | • 正常：不规则，凹凸质感<br>• 对称性和大小（勿与下颌淋巴结混淆） | |
| | **颈**（咽，气管，喉，甲状腺，胸廓入口）<br>• 触诊<br>• 听诊 | • 检查时咳嗽或发出声音，偏斜或移位，肿瘤，肿胀，喘鸣，或颈静脉波 | • 作呕，干呕，吞咽困难？<br>• 如果出现咳嗽，是否全天都咳嗽？<br>• 是否旅行或与其他犬接触？ |

| 区域 | 具体部位 | 检查结果 | 病史 |
|---|---|---|---|
| 躯干和四肢 | **躯干**（全面性）<br>・视诊<br>・触诊 | ・正常：毛色有光泽，被毛完整<br>・体形和体重，对称性，肿瘤，脱毛，炎症，体外寄生虫或其残渣，痂，鳞屑，脓疱，水合状态 | ・变化？（如色素沉着、臭味、脱毛、形态）<br>・接触过敏原？（如寝具、羽毛、地毯、室内植物、烟草烟雾）<br>・瘙痒？（如行为、频率）<br>　・抓挠，啃咬，舔舐？<br>　・瘙痒先于损伤还是与损伤一起出现？<br>・洗澡或梳洗习惯？<br>・饮食改变？ |
| | **淋巴结**（肩前，腋，腹股沟，腘）<br>・触诊 | ・正常：坚实的，椭圆形，自由移动（腋形或圆盘形）<br>・大小和对称性<br>・见技能框2.6　浅表淋巴结检查，第32页 | ・大小增加？<br>・跛行和/或好发于四肢？ |
| | **四肢**（肌肉，骨骼，关节，爪）<br>・视诊<br>・触诊 | ・对称性，炎症，触痛，肿瘤，关节活动度，步态，萎缩，屈伸运动，指（趾）间，指（趾）甲/甲床，指节 | ・舔舐爪子？ |
| 胸腔 | **肺脏**<br>・听诊<br>・叩诊 | ・频率，深度，呼吸模式（啰音或干啰音）和肺音（肺音消失可能表示胸腔积液，浊音可能表示肺积水或肺实变）<br>・见技能框2.3　肺脏检查，第30页 | ・晕厥？<br>・当出现咳嗽时，一天中咳嗽是否有变化或因劳累而严重？<br>・近期有无旅行？ |
| | **心脏**<br>・听诊 | ・节律不齐，杂音，股动脉脉搏和跖骨脉搏与心率一致（如无脉搏缺失）<br>・见技能框2.2　心脏检查，第28页 | ・晕厥，萎靡或运动不耐受？<br>・气喘？<br>・咳嗽？（如类型、频率） |

| 区域 | 具体部位 | 检查结果 | 病史 |
|---|---|---|---|
| 腹腔 | 肾脏<br>・触诊 | ・正常：有缩进侧的椭圆形，坚实，光滑<br>・大小，形状，表面轮廓，对称性（左右肾脏），疼痛 | ・水消耗或排尿过度？ |
| | 肝脏<br>・触诊，侧卧 | ・正常：边缘光滑且轮廓清楚<br>・不对称或表面不规则？<br>・超出肋弓表示肝肿大 | |
| | 膀胱<br>・触诊 | ・正常：有尿液时可触及，壁薄，有弹性<br>・大小，张力和紧张度 | ・排尿（如次数、尿量、行为、气味）<br>　・恶臭，颜色变化或有血？<br>　・用力？<br>・排尿不当？ |
| | 小肠<br>・触诊 | ・正常：不可触及，内有少量气体<br>・肿瘤，异物，疼痛，触诊增厚/坚实 | ・呕吐，腹泻或便秘？（如性状、量、次数、行为）<br>・距上次排便的时间？ |
| | 乳腺<br>・视诊<br>・触诊 | ・正常：肉质的，半坚实的，或脂肪特性<br>・动情期/动情间期：更坚实且变大<br>・肿瘤，囊肿，炎症，温度，分泌物（脓性），疼痛和硬度 | ・如果是未绝育的雌性，上次产仔是何时？<br>・什么时间做的卵巢子宫摘除术？ |
| 会阴部 | 全面<br>・视诊 | ・肿瘤，瘘，渗出和疝 | ・繁殖状况？ |
| | 阴户<br>・视诊 | ・正常：恶露<br>・大小，炎症，阴户外围皱褶有分泌物 | ・上次发情周期，交配或产仔？<br>・分泌物（如量、黏稠度、颜色、气味） |
| | 阴茎<br>・视诊<br>・触诊 | ・正常：包皮分泌物<br>・肿瘤，炎症，分泌物 | ・正常排尿？<br>・血尿或尿液颜色改变？<br>・分泌物（如量、黏稠度、颜色、气味） |
| | 阴囊<br>・视诊<br>・触诊 | ・睾丸下降，肿胀，对称 | ・坐下时是否疼痛？ |

**表2.3 幼犬和幼猫体格检查**

本表列出了幼犬和幼猫检查时需注意的特定部位。完整的检查应该按表3.3全身体格检查进行。

| | 特定范围/检查方法 | 年龄 | 正常幼犬 | 正常幼猫 | 评估 |
|---|---|---|---|---|---|
| 整体表现 | **性情**<br>· 视诊 | 出生~6周龄 | · 起初2~3周主要行为是摄食和睡觉<br>· 积极主动进行护理以确保良好的"吸吮反射"<br>· 从3周开始主动与母犬/猫和同窝幼崽玩耍 | | · 不停的嗷叫，非常不活泼，和/或体重轻都是奶水不足的表现<br>· 6周龄前将幼崽与母犬/猫和同窝幼崽分离开会导致今后很多行为学问题 |
| | **体重** | 出生~4周龄 | · 玩具犬：100~400g<br>· 中型犬：200~300g<br>· 大型犬：400~500g<br>· 巨型犬：>700g<br>· 10~12d达到出生体重的2倍 | · 100g<br>· 14d达到出生体重的2倍 | · 体重不达标往往是疾病的第一表现<br>· 应该在出生后的12h称量体重，并于2周内每天称量，之后则每周称量 |
| | | 5周龄~6月龄 | · 按每天1~2g/lb成年体重增重<br>· 达到成年体重的50% | · 平均增重10~15g/d | |
| | | 达到成年体重 | · 小型犬：8~12个月<br>· 中型犬：12~18个月<br>· 大型犬~巨型犬：18~24个月<br>· 到成熟，大多数犬体重将增重至出生体重的40~50倍 | · 10个月 | |
| | **被毛/皮肤**<br>· 视诊<br>· 蚤梳 | 出生~6月龄 | · 光泽和完整的被毛 | | · 水合状态<br>· 被毛完整，脚垫情况，创伤，细菌感染，体外寄生虫或皮肤真菌病 |
| | **体温**<br>· 直肠体温计 | 出生~1周龄 | · ±96~98℉（35.6~36.7℃）<br>· 在起初的3周内（幼犬）或1周内（小猫）不能调控自己的体温<br>· 新生崽绝不能没人看管或用电热垫加热，因为7日龄前没有神经肌肉反射 | | · 体温过高或体温过低<br>· 烧伤 |
| | | 2~4周龄 | · 99~100.5°F（37.2~38.1℃） | | |

**2**

| 特定范围/检查方法 | 年龄 | 正常幼犬 | 正常幼猫 | 评估 |
|---|---|---|---|---|
| **眼**<br>・视诊<br>・笔形电筒<br>・眼科检查 | 出生～6月龄 | ・5～14d睁眼<br>・虹膜呈蓝灰色<br>・4～6周龄时颜色变为成年颜色<br>・5～10周龄时达到成年视力<br>・直到21 d才会有瞳孔对光反射<br>・3～5月龄会斜视或斜眼 | | ・分泌物，眯眼或仍然闭眼，蹭眼或用爪子抓眼 |
| **耳**<br>・视诊<br>・耳镜检查 | 出生～6月龄 | ・4～6周龄听力才健全<br>・6～14 d外耳道张开，17d完全张开<br>・耳道可能全是脱屑细胞和一些油滴 | | ・大小和位置<br>・渗出物和臭味很可能是细菌或酵母菌感染或螨虫 |
| **嘴**<br>・笔形电筒<br>・压舌板或棉签 | 出生～3月龄 | ・吸吮反射从出生开始，3周龄结束长出乳牙<br>・切齿：2～4周龄<br>・犬齿：3～5周龄<br>・前臼齿：4～12周龄 | | ・毛唇，腭裂，吸吮反射，咬合或颌骨机能障碍（咬合不正） |
| | 4～6月龄 | 长出恒牙<br>・切齿：3～5月龄<br>・犬齿：4～7月龄<br>・前臼齿：4～6月龄<br>・臼齿：4～5月龄 | | ・咬合或颌骨机能障碍（咬合不正） |
| **鼻**<br>・视诊 | 出生～6月龄 | ・成年形态 | | ・阻塞，狭窄，分泌物，或形状异常，肿胀 |
| **颅骨**<br>・视诊 | 出生～4周龄 | ・成年形态 | | ・囟门未闭合（颅上的柔软部位） |

**头部**

| | 特定范围/检查方法 | 年龄 | 正常幼犬 | 正常幼猫 | 评估 |
|---|---|---|---|---|---|
| 胸腔 | 整体检查<br>· 视诊 | 出生～6月龄 | · 胸壁对称 | | · 创伤或肋骨骨折<br>· 先天性胸骨或脊柱异常 |
| | 心脏<br>· 视诊 | 出生～4周龄 | · 心率：220次/min<br>· 心脏节律是正常窦性心律 | | · 心率和型式<br>· 杂音（应该引起注意并要经兽医诊断，因为有些是正常/生理性的） |
| | | 5周龄～6月龄 | · 心率：70～180次/min | · 心率：110～200次/min | |
| | 肺脏 | 出生～4周龄 | · 呼吸频率：15～35次/min | · 呼吸频率：25～35次/min | · 呼吸频率和型式<br>· 肺音不对称或缺失 |
| | | 5周龄～6月龄 | · 呼吸频率：10～30次/min | · 呼吸频率：25～40次/min | |
| 腹腔 | 整体检查<br>· 视诊 | 出生～4周龄 | · 脐带2～3 d脱落 | | · 脐疝，炎症或感染/溃疡 |
| | 内脏器官<br>· 触诊 | 出生～4周龄 | · 幼猫和部分幼犬可以触摸到肾脏<br>· 正常情况下，略大的犬前肢伸展，让器官向后时其脾脏可以触摸到；小猫只有在脾肿大时可以触摸到<br>· 肝脏边缘不超出肋弓<br>· 胃胀满时像被液体填充的囊<br>· 肠道柔软且可以自由移动，可能充有液体或气体。增厚或"黏稠"感表明有体内寄生虫<br>· 膀胱能遏制尿液流出 | | · 小器官增大或异常，触诊疼痛，硬块<br>· 肠套叠——腊肠样物质且非常疼痛 |
| 四肢 | 前肢/后肢<br>· 视诊<br>· 触诊 | 出生～6月龄 | · 正常成年形态（品种影响） | | · 创伤，瘀青或肿胀<br>· 关节畸形或活动范围↑或↓ |
| 会阴生殖器 | 生殖器<br>· 视诊<br>· 触诊 | 出生～6月龄 | · 正常成年形态<br>· 4～6周龄睾丸下降到阴囊（16周龄后仍未下降则诊断为隐睾） | | · 隐睾，阴道炎，先天异常 |
| | 肛门<br>· 视诊<br>· 触诊 | 出生～6月龄 | · 正常成年形态 | | · 直肠脱垂，炎症或疼痛<br>· 通常2～3周龄会自主排便/排尿 |

**表2.4 正常分娩**

怀孕后期（58～63d），应该观察母犬或母猫分娩征兆。包括直肠温度下降<100°F（38℃），阴道分泌物，漏奶。

一旦分娩开始，母犬或母猫应单独安置，但要观察其进展和/或并发症表现。

| 阶段 | 时间 | 观察，注意 | 并发症 |
|------|------|-----------|--------|
| I<br>产前 | ·6～12h，甚至24h | ·烦躁，筑巢行为，起卧不定，紧张，气喘，呕吐 | ·黑色，绿色或红色阴道分泌物 |
| II<br>分娩<br>产仔<br>III<br>胎盘娩出 | ·3～6h，甚至24h<br><br>·每只新生动物20～60min | ·侧躺或排尿姿势进行努责<br>·胎盘到阴门后15min内将看到新生动物<br>·母犬/猫将咬破胎盘露出新生动物，切断脐带，舔舐新生动物进行刺激<br>·胎盘在5～15min内娩出<br>·下只新生动物将在1～2h内娩出 | ·用力努责30～60h仍未见新生动物产出<br>·犬新生动物娩出间隔>2h（猫>1h）则为急诊<br>·母犬/猫不咬胎盘露出新生动物，不切断脐带<br>·摄入多个胎盘可导致消化不良和腹泻<br>·母猫：如果紧张会停止分娩，第二天再开始分娩 |
| 产后 | ·1～2个月 | ·母犬：血性分泌物持续8～10周<br>·母猫：黑色或红色分泌物持续3周 | ·乳腺炎（如发烧、嗜睡、乳腺肿胀），子宫炎（如恶臭的分泌物），胎盘滞留（如绿色分泌物）<br>·子痫（如震颤、兴奋） |

**技能框2.1  孤立幼犬和幼猫的护理和饲喂**

**犬窝**
- 使用高侧壁的箱子（如厚纸板箱）以免其跑出来。
- 用毛巾垫在箱底，将尿布或尿垫放在毛巾上以便清扫。
- 需经常清扫箱子以确保新生动物清洁和干爽。

**体温**
- 新生动物不能维持自身的体热，而依靠环境温度和同窝仔崽的体温。
- 环境通风良好且温度一致，应使用温度计测量不能有温度梯度。
- 因有过热和烧伤危险，不能使用电热板和保温灯。
- 第1周内环境温度应控制在85~90℉（29~32℃），2~4周应为80℉（27℃），5周时应为70℉（21℃）。

**膳食**
- 商品化日粮（如Esbilac，KMR）是替代食物的最佳选择。
- 无法找到商品化日粮时，可暂时按下述方法进行：
  - 1/2 杯全脂奶、1/2杯水、1茶匙（4mL）色拉油、1滴多种维生素、2个蛋黄、2片碳酸钙（抗酸药）压碎。
  - 把所有配料装入混合器，冷藏保存，48h内使用。
  - 与商品化日粮一样，上述膳食可提供的能量为1.2kcal/mL。
- 新生动物前12周内100g体重需喂食22~26kcal的能量。建议多喂食2~3d的日粮，并逐渐增加，以免过食和腹泻。

**喂食**
- 饥饿时新生动物将会嗷叫，开始应每2~3h喂食1次。

- 将膳食加热至舒适温度，把新生动物放置一个舒适的仰卧位，将奶瓶持于一个非常相似于母体的位置。确保奶头没有气体且奶瓶倒置以免食入气体。新生动物有强烈的哺乳反射，如果不监护则会过食。新生动物鼻孔出现奶水泡可能表示过分殷勤喂养或奶瓶上的孔过大。新生动物食饱后较安静，腹部略有增大。每次喂食后，打嗝可能是必要的，以排出食入的过多气体。
- 奶瓶是最常使用的，但对熟手来说使用喂食管对弱仔或早产动物进行喂食是非常可行的，见技能框11.3，鼻食管/鼻胃管，第413页。
- 无论哪种喂食方法，都必须小心，以免造成异物性肺炎，强迫护理，挤压瓶子，喂食管使用不当，食喂量过大。

**健康状况**
- 根据黏膜，眼睛，尿密度和尿色来监测新生动物的水合状况。
- 新生动物每天增重量应为出生体重的10%。
- 嗷叫超过15min意味着有不良反应（如饥饿、冷、被忽略、疼痛）。

**排尿和排便**
- 最初3周，新生动物每次喂食后都必须刺激其排尿和排便。
- 一手（可能再用条毛巾）稳稳地抓住新生动物，以画圈方式轻轻地按摩下腹部。用温的棉签擦拭生殖器。
- 应及时清洁生殖器，保持干爽以免引起皮肤刺激。
- 几乎每次喂食后在箱子里都应看到尿和粪便。
- 粪便应是软的，但不是绿色或黄色水样稀便；过食是腹泻最常见的原因；将用稀释3倍的膳食喂食2d。

**表2.5 老年犬和老年猫体格检查**

　　本表列出了老年动物体格检查中需要注意的特定部位。应该按照技能框2.2 全身体检，进行全面的检查。然而，老年动物因自然衰老过程会发生其他的变化，建议每6个月进行一次体检。许多变化在体检中不能被发现，但可以通过全身检查和与动物主人的讨论中推断得知。这些症状可能会导致或引发更严重的医疗状况，从而对临床医师来说是非常有价值的。

| 特定范围 | | 结果 | 关联 |
|---|---|---|---|
| 整体检查 | 皮肤 | ·弹性蛋白和胶原蛋白↓<br>·皮肤血流↓<br>·皮肤变薄和被毛稀疏 | ·皮肤对病原体屏障无效<br>·要求动物主人提供更多的保养 |
| | 趾甲 | ·因活动性降低而导致趾甲变长<br>·修剪时更脆弱、易碎 | ·行走困难<br>·脚垫创伤 |
| | 肌肉系统 | ·强度↓<br>·张力↓ | ·肌肉萎缩和机能协调 |
| 头部 | 眼 | ·视力减退<br>·瞳孔对光发射↓<br>·晶状体混浊变化<br>·晶状体硬化 | ·虹膜和睫状肌萎缩<br>·核硬化 |
| | 耳 | ·听力减退 | ·耳蜗毛细胞减少 |
| | 鼻 | ·嗅觉↓ | ·嗅觉神经末端机能减退，影响其采食习惯 |
| | 颈 | ·甲状腺结节 | ·甲状腺机能亢进（猫），肿瘤 |

| 特定范围 | | 结果 | 关联 |
|---|---|---|---|
| 内脏器官 | 脑 | · 淀粉样沉积物<br>· 记忆消失<br>· 性格改变 | · 认知机能障碍症<br>· 糖耐受↓ |
| | 肺脏 | · 肺弹性丧失<br>· 潮气量↓<br>· 呼气储量↓<br>· 咳嗽反射减少<br>· 肺脏X线片密度↑ | · 很少关注的一个因素，除非患病动物需要麻醉 |
| | 心脏 | · 胸骨连接<br>· 曲折多余的主动脉（猫）<br>· 放射投影发生变化 | · 很少关注的一个因素 |
| | 肾脏 | · 大小↓<br>· 肾小球过滤率↓<br>· 肾脏血流↓<br>· 运转钾离子的能力↓<br>· 肾盂矿化↑ | · 肾脏疾病<br>· 多尿/多饮<br>· 已知没关联 |
| | 肝脏 | · 蛋白合成↓<br>· 代谢功能↓ | · 肝脏疾病 |
| 四肢 | 关节/软骨 | · 硫酸软骨素，硫酸角蛋白，透明质酸生成↓<br>· 蛋白多糖含量↓ | · 退行性关节病 |
| 生殖器 | 尿道括约肌 | · 张力↓ | · 原发性尿道括约肌失禁 |
| 免疫系统 | | · 功能↓ | · 慢性疾病<br>· 感染的易感性↑ |
| 血液 | | · RBC需求的满足能力↓<br>· 高血压 | · 贫血<br>· 肾脏或内分泌疾病 |

**技能框 2.2　心脏检查**

**心脏检查**

**技巧**

在一个安静的房间里对平静的患病动物进行听诊。使患病动物处于站姿或坐姿。不应对躺着的动物进行心脏听诊，因为心脏位置和构型的改变而导致误诊。平膜片听诊器通常用来听高频率音（如正常心音和呼吸音，大多数杂音），而钟式听诊器常用来听低频率音（如第三和第四心音，舒张期杂音）。需检查整个心脏，特别要注意心脏瓣膜。将平膜片听诊器轻轻固定在左心尖开始听诊，第一心音最易听到，刚好也是二尖瓣的体表定位。缓慢地移动听诊器到左侧心底，大约向前移动2个肋间略微上移即可。注意第二心音和可能的主动脉和肺动脉狭窄杂音。接着，触摸右侧心尖，并将听诊器放置到此位置。此处为三尖瓣区域，三尖瓣回流体表定位。然后将听诊器移至右心底，检查主动脉瓣下狭窄。一旦听诊到异常，应该认真听诊周围区域以检查最大听诊音的位点。整个过程中，全部心区都要听诊并进行完整的检查。

**心率**
- 犬：70～180次/min
- 猫：110～220次/min

| 心音 | 心脏瓣膜 |
|---|---|
| 正常 | 正常 |
| • 第一心音（S1） | • 肺动脉瓣 |
|   • 位置：左侧心尖 |   • 位置：左侧第2～4肋间，胸骨上方 |
|   • 听诊音：低频率音，较S2长 | • 主动脉瓣 |
| • 第二心音（S2） |   • 位置：左侧第3～5肋间，胸廓中部水平线 |
|   • 位置：心底 | • 二尖瓣 |
|   • 听诊音：高频率音，较S1短 |   • 位置：左侧第4～6肋间，胸骨上水平线，心尖部位 |
| • 第三心音（S3） | • 三尖瓣 |
|   • 位置：心尖 |   • 位置：右侧第6～7肋间，胸廓中部水平线，心尖部位 |
|   • 听诊音：第二心音后，持续时间短，低强度音 | |
| • 第四心音（S4） | |
|   • 位置：心尖 | |
|   • 听诊音：第一心音前，轻微的低强度音 | |

异常
- 杂音

  特点是其位置（最大杂音瓣膜的体表定位），强度（级别1/6），频率（刺耳的，泡音，哨音或笛音，喇叭声或呼噜音），时间（心动周期中杂音最易听到的时间点），性质（性状/行为）。

强度描述
- 1级：几乎听不见，不能定位。
- 2级：轻且可定位，但易听诊。
- 3级：中度响声，且明显超过1处。
- 4级：声大且可触摸到震颤并扩散。
- 5级：很响亮且可触摸到震颤，听诊器几乎不用触及胸壁即可听到。
- 6级：很响亮且可触摸到震颤，听诊器离开胸壁也可听到。

节律
- 奔马律
  - 常见于心动过速，可以清楚地听到四个心音。心音联合与马奔跑的声音相似。先天性心脏病听诊时是有节律的，尤其是猫的肥厚性心肌病。

- 室性期前收缩（VPCs）
  - VPCs通过一次比正常提前的搏动而间断了正常的窦性心律，紧接着发生代偿性间歇。患病动物也经常出现脉搏短缺。

- 心房颤动
  - 快速，完全没有节律的金属音和第一、第二心音强度发生变化。患病动物经常出现脉搏短缺和不同性质的脉搏。

人为现象
- 气喘和过度压迫小动物胸腔类似于杂音。
- 皮肤颤搐类似于额外的心音。
- 听诊器摩擦皮毛的声音类似于湿啰音。

小技巧：1. 可以通过闭合嘴巴，吹口哨或简单地塞住鼻孔来防止人为换气。可通过视觉（如看到水，其他动物）分散其注意力来控制猫喘鸣音，往其脸上轻轻吹口气，抓住猫或轻轻按压咽喉。

2. 当定位心脏瓣膜时，从后向前查肋骨数。

3. 脉搏和心音应一起听诊，并且应该是一致的。有心音而无脉搏则为脉搏短缺，可能表明心律不齐。

注：见图1.9~图1.12　循环系统，第7~8页和彩图1.9、彩图1.10和彩图1.12，CP-1，CP-2。

**肺脏检查**

**技巧**

- 检查由观察呼吸用力（特性）和类型以及任何呼吸窘迫（如鼻孔潮红，肋间肌内陷）症状开始。经过初步检查后，开始在一个安静的房间对平静的患病动物进行听诊。保持患病动物站姿或坐姿。避免对侧卧的患病动物听诊，因为患病动物侧卧时胸腔形态会发生改变而导致错误的肺音。将胸腔进行分区并逐区进行听诊。在听诊每个分区时，应观察呼吸频率和呼吸音。

**呼吸频率**

- 犬：10~30次/min
- 猫：25~40次/min

**呼吸音**

- 胸廓两侧均需进行听诊。在下面界定的位置外听到呼吸音则为医学问题的指征。犬正常呼吸时可以在整个吸气过程和呼气的前1/3听到呼吸音。猫仅能在吸气过程中听到正常的肺音。

**正常**

- **支气管音**
  - 位置：胸腔中间，遍及气管末端和较大支气管。
  - 听诊音：强烈刺耳的声音，整个吸气和呼气阶段，且吸气阶段音较强。

- **支气管肺泡**
  - 位置：支气管区域的周围。
  - 听诊音：支气管和肺泡音的混合音，整个吸气阶段、呼气阶段较短而轻。

- **肺泡音**
  - 位置：胸腔外围。
  - 听诊音：柔和的声音（如细微的沙沙响），吸气阶段音比呼气阶段稍长且稍强。

**异常**

- **鼾音**
  - 位置：喉或气管。
  - 听诊音：不连续的低音调鼾声，主要在吸气过程中。
  - 原因：组织或分泌物暂时性堵塞气道（如软腭增生）。

- **喘鸣**
  - 位置：喉部或胸廓入口，也可能在整个胸部都可听到喘鸣音。
  - 听诊音：在吸气过程中强烈连续的高音调喘息音。
  - 原因：上呼吸道堵塞。

- **湿啰音（啰音）**
  - 位置：整个胸部。
  - 听诊音：主要在吸气时听到不连续的水泡破裂音。
  - 原因：液体或渗出液在气道内积聚或肺组织有炎症和水肿。

- **干啰音或哮鸣音**
  - 位置：孤立的或变动的。
  - 听诊音：在吸气末或呼气初可以听到连续的笛音、哨音，音调或高或低；定义为高音调或低音调。
  - 原因：气道塌陷。

小技巧：在听心音前先听肺音，因为人耳一旦适应较大声音后则对温和的声音较不敏感。

**技能框2.4　腹腔检查**

**腹部检查**

技巧

- 触诊动物时动作必须温柔，否则可能会伤及内脏器官。结构描述如下：面团状的（可以被指尖触摸到的软组织），坚实（正常器官），坚硬（骨头），波动的（轻压时软的，有弹性和可波动）。触诊时出现下列现象表明异常：疼痛，组织大小、硬度、形状和位置异常或异常组织。

- 大型犬
  - 保持动物站立位。检查者站在任一侧或动物后方。两只手轻松地伸展开分别放在腹部两侧。从脊柱开始，慢慢向腹侧移动，使腹腔脏器从手指间滑过。从前腹部开始向后腹部重复该操作，直至检查完整个腹部。

- 小型犬或猫
  - 保持动物站立位。贴着动物站立。一只手呈杯状触诊腹部，拇指放于腹部一侧，其余手指轻松地伸展开放于另一侧。从脊柱开始，慢慢向腹侧移动，使腹腔脏器从手指间滑过。从前腹部开始向后腹部重复该操作，直至检查完整个腹部。

- 内部结构的位置
  - 前腹
    - 触诊肝脏，脾脏和小肠。
    - 肝脏较难触摸到，超过最后肋弓可能表明肝肿大。
    - 脾脏较难触摸到，确定触摸到脾脏可能表明脾肿大。
  - 中腹
    - 触诊小肠，肾脏和脾脏。
    - 在猫，右肾较左肾更靠近头侧，可能被肋骨掩盖。
    - 肠系膜淋巴结很难触摸到，除非肿大。
  - 后腹
    - 触诊结肠，子宫，膀胱，前列腺和小肠。
    - 根据粪便的可变形性而用指尖触摸来辨别粪便与团块。
    - 偶尔在结肠下方和膀胱后方可以触摸到前列腺。

注：见图1.6～图1.8　内脏器官，第6页和彩图1.6～彩图1.8，CP-1。

**技能框2.5　耳镜检查**

**耳镜检查**

技巧

- 首先检查健康耳道以免造成传染，并且缩短检查患耳（可能更疼痛）的时间。选用椎体大小合适的耳镜进行检查。为了便于检查，应将动物放在检查台，大型犬应保持坐姿。应以这种姿势保定头部以免耳道变形，同时耳镜朝向胸腔入口。从耳根部握住耳廓并向外牵拉，使耳道变直。轻轻地将耳镜插入外耳道，边观察边慢慢推进。随着椎体进入垂直耳道，向上拉起耳廓超过耳镜，同时将耳镜手柄旋转至水平位置。耳道正常时则可以看到白色半透明的鼓膜。任何异常（如炎症，充血，渗出，异物，螨或肿瘤）都应注意。

注：见图1.19　耳，第11页。

**技能框 2.6 浅表淋巴结检查**

**浅表淋巴结检查**

技巧

- 健康动物通常可以触摸到3对淋巴结：下颌淋巴结、肩前淋巴结和腘淋巴结。腋淋巴结和腹股沟淋巴结常在肿大时才可触诊到。外周淋巴结应该同时触诊以检查其对称性。淋巴结肿大可能是疾病的最初指征。一般来说，淋巴结表明光滑，呈椭圆形，抓皮肤时非常容易感觉到，提起皮肤时使其从指尖滑过。

- 下颌淋巴结
  - 位置：下颌骨腹角。
  - 大小：2个或3个结节组成，豌豆至葡萄大小。

- 肩前淋巴结（颈浅）
  - 位置：肩胛骨前缘的前面。
  - 大小：2个或3个结节组成，比下颌淋巴结稍大。
- 腘淋巴结
  - 位置：膝关节后方。
  - 大小：1个豌豆大小结节，小型动物通常触摸不到。
- 腋淋巴结
  - 位置：肩关节后内侧。
  - 大小：1个或2个结节组成，健康动物触摸不到（0.5~10mm）。
- 腹股沟淋巴结
  - 位置：腹壁与大腿内侧沟处。
  - 大小：2个结节组成，健康动物触摸不到（0.5~10mm）。

注：见图1.2 浅表淋巴结，第4页。

**技能框2.7 神经检查**

**神经检查**

技巧

- 神经检查从动物进入检查室开始。应注意观察动物的姿势（如头部倾斜），体态（如痴呆、半昏迷、定向障碍）和步态（如不能行走或行走异常，拖动四肢，转圈），有目的移动（如努力向下移动四肢），触诊（如对称性，磨损的趾甲，肌肉张力↑或↓，肿块）。

**体位反应**

- 动物能识别异常体位，能改变体位，支撑体重并能行走。对所有各级神经系统进行评估，但不可以对病灶部位进行评估。
- 伸姿势推法
  - 托住动物胸部，随着后肢触地，观察向后移动是否对称。
- 单侧站立/单侧行走
  - 同一侧的前后肢被抬起，观察横向行走移动情况。

**脊髓反射**

- 脊髓反射消失提示神经通路（如接收器，感觉神经，传出神经和关节肌肉）有问题。反应可能正常，缺失，消弱或夸大。
- 肛门括约肌反射
  - 用针或钳子刺激会阴处，观察肛门括约肌的收缩。
- 膜反射
  - 针刺背部皮肤，观察两侧表层躯干肌的收缩。

- 单足跳试验
  - 托住动物，使三肢抬起后让动物向内侧和外侧移动，观察单足跳的起始反应和运动。
- 放置反应
  - 托起动物胸部，让前肢接触桌边缘；正常情况下迅速将其放到桌面上。
  - 该操作进行2次，一次盖住眼睛，一次不盖住眼睛。
- 本体感受定位
  - 托住动物，将其后脚翻转使背面着地，观察是否能复位，恢复到正常位置的时间。
- 手推车试验
  - 托起动物腹部使后肢抬起，观察开始向前行走的时间和行走的协调性。

**后肢反射**
- 颅胫骨反射
  - 叩击肌腹，观察踝关节屈曲。
- 交叉伸肌反射
  - 掐捏下肢，观察上肢的不自主运动。
- 腓肠肌反射
  - 叩击跟腱，观察踝关节伸展。
- 膝反射
  - 动物侧卧，轻轻将膝关节屈曲，叩击髌韧带，观察膝关节的伸展。
- 坐骨反射
  - 拇指按压坐骨切迹，观察整个后肢反射。
- 回缩反射
  - 动物侧卧，夹捏脚趾，观察后肢屈曲和疼痛意识。

**前肢反射**
- 伸腕桡肌反射
  - 叩击伸腕桡肌，观察腕关节的伸展。
- 肱三头肌反射
  - 动物侧卧托住检查肢，肘关节完全向后伸展，叩击肱三头肌腱，观察肘关节的轻微伸展。
- 回缩反射
  - 动物侧卧，夹捏脚趾，观察前肢屈曲和疼痛意识。

**感觉评估**
- 深部疼痛反应
  - 痛觉过敏
    - 沿着胸腰区域逐个按压每个椎体和肌肉，观察疼痛行为反应。
  - 感觉水平
    - 针刺背部皮肤，观察行为反应。

**脑神经**
- 当怀疑大脑损伤时应进行下述脑神经(CN)的检查：
  - 视神经（CN II）：视觉，威胁反应。
  - 动眼神经（CN III）：瞳孔对光反射，大小和对称性。
  - 滑车神经（CN III，IV，VI）：眼球运动。
  - 三叉神经（CN V，VII）：肌肉肿块，颌紧张，面部运动，眨眼，缩唇。
  - 听神经（CN VIII）：听觉。
  - 舌咽和迷走神经（CN IX，X，XI）：咽的感觉，张口反射。
  - 舌下神经（CN XII）：舌头运动和强度。

**2**

## 骨科检查

### 技巧

· 与神经检查相似，骨科检查也是从动物进入检查室开始。应注意观察动物的体态，姿势，坐姿，站姿，起立和步态。继续检查，要兽医亲自评估异常的部位，包括正常的一侧。使用系统全面的方法对整个肢体进行检查，常常由远端向近端进行检查。改变其运动和旋转范围，注意观察有无任何的捻发音，碎裂音，沉闷的金属音，不稳定性，肿胀，肌肉萎缩或过度发育以及疼痛。检查从不受影响的关节开始来评估动物对操作和压力的正常反应。

---

### 膝关节

· 前抽屉运动
  · 动物侧卧，一只手在靠近膝关节处固定住股骨。另一只手的拇指放在腓骨头后，食指在胫骨嵴。固定股骨的情况下，另一只手在平行胫骨平面上向头侧和背侧移动胫骨。观察胫骨前后移动与股骨的关系以检查十字韧带是否断裂或部分撕裂。
  · 检查应在膝关节伸展，90° 屈曲及正常站立的情况下进行。

· 胫骨压缩试验
  · 后肢呈站立姿势，跗关节弯曲拉紧腓肠肌来压迫股骨和胫骨；监测是否有前十字韧带断裂而使胫骨向前移动。

· 髌骨脱位，内侧
  · 后肢伸展并使脚向内旋转，手指按压膝关节内侧；监测到内侧移位则表明脱位。

· 髌骨脱位，外侧
  · 后肢略微弯曲并使脚向外旋转，手指按压膝关节外侧；监测到外侧移位则表明脱位。

### 骨盆

· Barden's 方法
  · 动物侧卧，一只手抓持股骨。另一只手的拇指放在股骨大转子处，其余手掌部分放在骨盆上。轻轻加压，尝试提起股骨，保持与桌面平行。通过大转子上的拇指检测股骨半脱位来表明髋关节松弛。

· Barlow's 标志
  · 动物仰卧且膝关节弯曲，左手放在右膝关节并慢慢内转，检测到股骨头从髋臼脱位则表明关节囊伸展。

· 髋关节脱位
  · 动物呈站立姿势，拇指放在大转子后面空隙处，向外旋转股骨，检测到大转子翻过拇指则表明脱位。

· Ortolani 手法，侧卧
  · 保持后肢呈站立位并平行于检查台面。一只手放在髋关节，另一只手握持住膝关节并向髋臼背侧用力推股骨头。检测到髋关节半脱位则表明髋关节松弛。

· Ortolani手法，仰卧
  · 膝关节互相平行且垂直于检查台面。对膝关节向下施加压力使髋关节半脱位。保持压力并使膝关节外展。检测到髋关节半脱位则表明髋关节松弛。

# 疫苗接种

年幼动物在哺乳的最初数天中可从母乳中获得少量的自然免疫力。然而，这种暂时的母源性保护作用可以持续6~9周。为了延续和增强这种保护力，接种疫苗可保护动物患上各种高度接触性传染疾病。这些传染病及其相应的疫苗将描述于后。

疫苗一般应在冰箱存放，使用时应充分混匀。冻干疫苗应在稀释后30min之内用完。加热、过冷、暴晒等均能使疫苗失活而失效。

## 动物疫苗接种准则

· 任何疫苗接种前应由兽医师对动物进行全面的体格检查并评估其健康状况；

· 怀孕动物严禁接种弱毒活疫苗；

· 发热和虚弱的动物不应接种疫苗，直到健康后再接种疫苗。

通过不断的努力使动物配合并提高饲主满意度，可以采取一些特殊措施确保动物和饲主舒适。采取额外的步骤使这次成为更愉快的经历将有利于动物和医务人员今后再次合作。使注射更舒适的一些小技巧包括：

· 让疫苗恢复到室温；

· 注射疫苗前更换针头，使用25G针头；

· 轻轻挤压或拍打注射位点，使其感觉迟钝；

· 分散动物的注意力（如给食物，移动或提起前肢，抚摸耳朵或轻拍鼻子，与其说话）。

## 不良反应

与吃药一样，注射疫苗也会出现不良反应。可能出现的反应有注射部位过敏，注射部位形成小肿块或小结节，轻微发热，荨麻疹，嗜睡，过敏性休克（如呕吐，流涎，呼吸困难，共济失调）等。对于有疫苗反应史的动物应采取预防措施。如果可能的话，对这些动物应尽量不接种疫苗。如必须接种疫苗，应遵守下列原则：

· 选择来自不同生产厂家的疫苗；

· 接种疫苗前30min给予苯海拉明和氢化泼尼松琥珀酸钠；

· 接种疫苗后住院观察。

兽医应该告诉饲主对疫苗注射部位进行观察，是否有肿块形成，如果有请及时联系兽医。应该参照下述的AAFP准则进行活组织检查：

· 存在3个月；

· 直径≥2cm；

· 1个月后仍然变大。

## 抗体滴度

在兽医学领域，疫苗抗体滴度的讨论非常普及，并仍有争论。犬瘟热、细小病毒病、狂犬病、猫瘟疫苗抗体滴度等可以在不同的实验室检测。如果滴度高说明动物对这些疾病具有抵抗力，然而滴度低并不能说明动物的免疫力低。抗体滴度最好在幼犬每次免疫后进行，以确保达到合理的免疫水平。

每个动物及其环境都是不同的，应根据兽医的建议和当地法律进行疫苗接种。

**表2.6　犬传染性疾病：冠状病毒，犬瘟热**

| 疾病 | | 冠状病毒 | 犬瘟热 |
|---|---|---|---|
| 定义 | | 病毒性传染病影响消化系统，导致偶发性的呕吐和腹泻，腹泻是由于病毒侵袭小肠绒毛末端引起的 | 一种急性、热性、致死性、高度接触性、影响呼吸系统、消化系统和中枢神经系统的病毒性疾病 |
| 症状 | 临床表现 | • 大多数成年犬感染会不表现临床症状或症状很轻微<br>• 厌食、精神沉郁、腹泻（粪便颜色由黄绿色变为橙色，有恶臭）和呕吐 | • 黏膜阶段：全身乏力、肺炎伴随鼻液、呕吐、腹泻和发热<br>• 中枢神经系统阶段：空嚼、转圈、步态不稳、共济失调和轻瘫 |
| | 检查发现 | • 脱水，轻度的呼吸道感染 | • 腹部脓疱、前葡萄膜炎、结膜炎、牙齿釉质发育不全、足垫角质化、KCS、肌阵挛、视神经炎、视网膜变性和鼻炎 |
| 诊断 | 初步诊断 | • 病史/临床症状 | • 病史/临床症状 |
| | 实验室检验 | • 电子显微镜<br>• 荧光抗体检测 | • CBC：疾病早期出现淋巴细胞减少，白细胞减少，血小板减少<br>• 荧光抗体检测：正常细胞（结膜刮片、血沉棕黄层、尿沉渣、CSF和气管冲洗物）中可检测到病毒<br>• IgM：ELISA检测血清抗体<br>• IgG：间隔两周取两次血清样本检测滴度升高<br>• PCR：呼吸道分泌物、CSF、粪便和尿液中可检测到病毒 |
| | 影像学 | • 无 | • 胸部影像：间质性肺炎或肺泡性肺炎 |
| | 方法 | • 无 | • 无 |
| 治疗 | 一般治疗 | • 对症疗法<br>• 支持疗法<br>• 输液疗法 | • 支持疗法<br>• 输液疗法 |
| | 药物治疗 | • imodium（易蒙停） | • 抗生素<br>• B族维生素补充物<br>• 抗惊厥治疗<br>• 止吐 |
| | 护理 | • 无 | • 湿化气道，雾化<br>• 清洁眼鼻分泌物<br>• 营养支持<br>• 适当的输液治疗<br>• 隔离避免传染其他病犬 |

| 疾病 | | 冠状病毒 | 犬瘟热 |
|---|---|---|---|
| 后续追踪 | 病犬监护 | • 无 | • 监测脱水和电解质<br>• 如果持续咳嗽则需重新进行胸部X线片检查 |
| | 预防/避免 | • 疫苗接种<br>• 清洁粪便：粪便排毒时间通常是6~9d，但可持续数月 | • 疫苗接种<br>• 避免接触感染犬或野生动物<br>• 排毒时间通常会小于2~3个月 |
| | 并发症 | • 持续腹泻10~12d<br>• 脱水和电解质失衡 | • 神经症状可能会在临床症状出现2~3个月后出现<br>• 癫痫或神经症状 |
| | 预后 | • 完全康复 | • 从亚急性到致命性<br>• 50%的致死率 |
| 注 | | • 可选疫苗种类<br>• 考虑接种高风险的犬：试验犬和犬舍犬<br>• 粪口传播途径 | • 6~12周龄未接种疫苗的幼犬是最易感的<br>• 通过分泌物，排泄物和空气传播<br>• 病毒早期可通过加热和大部分消毒剂杀灭；病毒在环境中只能存活数天<br>• 康复犬不是病毒携带者<br>• 潜伏期：1~5周 |

**表2.7 犬传染性疾病：肝炎，传染性气管支气管炎**

| 疾病 | | 肝炎 | 传染性气管支气管炎 |
|---|---|---|---|
| 定义 | | 由Ⅰ型腺病毒引起的病毒性疾病。侵袭肝脏、眼睛和内皮组织 | 通常是由支气管败血性博德特(氏)菌引起的恶劣干咳的接触传染性呼吸道疾病。也可由副流感病毒和犬Ⅱ型腺病毒引起 |
| 症状 | 临床表现 | • 昏迷、沉郁、腹泻、定向障碍、嗜睡、癫痫、木僵和呕吐 | • 轻型：反复频繁的干咳（称为"海豹样叫声"）后作呕和轻度浆液性鼻眼分泌物<br>• 重型：食欲减退、沉郁、鼻眼分泌物和痰咳 |
| | 检查结果 | • 腹痛、前葡萄膜炎、角膜水肿、发热、出血素质、肝性脑病、低血糖、黏膜苍白、非化脓性脑炎、扁桃体炎和咽炎 | • 发热 |

| 疾病 | | 肝炎 | 传染性气管支气管炎 |
|---|---|---|---|
| **诊断** | 初步诊断 | · 临床症状 | · 气管触诊易诱发咳嗽<br>· 经常被寄养或与无牵绳犬只接触 |
| | 实验室检验 | · CBC：中性粒细胞减少，淋巴细胞减少，血小板减少<br>· 生化指标：AST和ALT升高，血糖降低<br>· 胆汁酸：轻度至中等程度升高<br>· 凝血试验：PT(凝血酶原时间)、APTT（活化部分凝血激酶时间）延长，低纤维蛋白原血症 | · CBC：轻度的白细胞减少，中性粒细胞增多，核左移<br>· 鼻拭子，气管或支气管冲洗液培养：博德特氏菌和支原体<br>· PCR：病毒检测 |
| | 影像学 | · 腹部X线检查：肝肿大<br>· 超声波检查：肝肿大，腹腔渗出液 | · 腹部、胸部X线检查：重型，肺间质性病变，肺泡模式 |
| | 方法 | | |
| **治疗** | 一般治疗 | · 对症疗法<br>· 支持疗法<br>· 输液疗法，±补充钾和葡萄糖 | · 支持疗法 |
| | 药物治疗 | · 抗生素防止继发性肺炎或肾盂肾炎 | · 抗生素<br>· 支气管扩张剂<br>· 止咳药 |
| | 护理 | · 少食多餐避免低血糖<br>· 限制活动或笼内静养 | · 对不严重的病例提倡门诊治疗<br>· 气道湿化疗法<br>· 严格避免病犬处于低压环境及与其他犬接触<br>· 营养支持<br>· 增加液体食物的摄入<br>·（保证）新鲜空气流通 |
| **后续追踪** | 病犬监护 | · 监测血液生化<br>· 监测脱水、酸碱平衡、体重、体格评估和电解质 | · 保证充足的液体摄入<br>· 气道湿化疗法<br>· 充分休息14～21d |
| | 预防/避免 | · 疫苗接种<br>· 避免接触尿液：圈养6个月或更长时间 | · 疫苗接种<br>· 使用1∶32稀释的漂白剂消毒切断传播媒介<br>· 隔离感染犬只<br>· 排毒可达3个月，咳嗽、分泌物等症状完全消失后传染风险大大降低 |
| | 并发症 | · 肝衰竭或慢性活动性肝炎<br>· 急性肾功能衰竭<br>· DIC（弥漫性血管内凝血）<br>· 青光眼 | · 无 |
| | 预后 | · 预后慎重（恢复有限）<br>· 部分犬只可完全康复 | · 病犬可痊愈，除非发展为严重疾病 |
| **注** | | · 急性传染期经口鼻接触传播，且经所有分泌物排毒<br>· 痊愈康复后，仍排毒6～9个月<br>· 病原抵抗力强，不易失活，因此可通过污染物、体外寄生虫等传播 | · 经气溶胶及污染物高度接触传播<br>· 使用漂白剂、洗必泰和苯扎氯铵消毒<br>· 潜伏期：3～10d |

**表2.8 犬传染性疾病：钩端螺旋体病，莱姆病**

| 疾病 | | 钩端螺旋体病（人兽共患） | 莱姆病（人兽共患） |
|---|---|---|---|
| 定义 | | 侵袭肺脏、肾脏、肝脏的急性和慢性细菌性疾病 | 由伯氏疏螺旋体引起的多系统性疾病 |
| 症状 | 临床表现 | • 食欲不振、脱水、精神沉郁、肌痛、喜卧和呕吐 | • 食欲不振、嗜睡 |
| | 检查结果 | • 急性肾功能或肝功能衰竭、结膜炎、弥散性血管内凝血、鼻出血、发热、黑粪症、淤血点、毛细血管灌注不良、快速不规则脉、呼吸急促 | • 发热、淋巴结肿大、多发性关节炎 |
| 诊断 | 初步诊断 | • 临床症状 | • 关节触诊：跛行、肿胀、伴发疼痛<br>• 有蜱疫区的出入史 |
| | 实验室检验 | • CBC：白细胞减少，血小板减少，中性粒细胞增多，核左移<br>• 生化指标：BUN、肌酐、AST、ALT、ALP、胆红素和磷升高；氯、钠和钾下降<br>• 尿液分析：蛋白尿、脓尿、胆红素尿和等渗尿<br>• 显微镜凝集试验：1周后呈阳性，在3~4周时达到峰值，效价呈4倍以上增高<br>• ELISA检测IgM-IgG效价：IgM出现在第1周且持续2周；IgG在感染后2~3周才出现并持续数月 | • IDEXX SNAP 3Dx检测<br>• IDEXX SNAP 4Dx检测<br>• IFA和ELISA：不小于1：152等于强阳性<br>• 关节液分析：脓性，±白细胞中检出疏螺旋体 |
| | 影像学 | • 无 | • X线检查，关节：±积液 |
| | 方法 | • 无 | • 无 |
| 治疗 | 一般治疗 | • 支持疗法<br>• 输液疗法<br>• 输血疗法 | • 支持疗法 |
| | 药物治疗 | • 抗生素：强力霉素和青霉素（钩体血症） | • 抗生素：四环素、氨苄西林、强力霉素和头孢氨苄<br>• 非甾体类抗炎药 |
| | 护理 | • 限制活动或笼内静养<br>• 营养支持 | • 提倡门诊治疗<br>• 疼痛治疗 |

| 疾病 | | 钩端螺旋体病（人兽共患） | 莱姆病（人兽共患） |
|---|---|---|---|
| 后续追踪 | 病犬监护 | ·监测血液生化和尿液分析 | ·限制活动，充分休息 |
| | 预防/避免 | ·在疾病高发区进行疫苗接种<br>·避免接触被动物尿液污染的水源；排毒时间为数月至数年 | ·尽量避免接触蜱疫源区<br>·使用蜱防护剂/杀蜱剂<br>·定期为犬检查是否有蜱感染<br>·在疾病高发区进行疫苗接种 |
| | 并发症 | ·DIC（弥漫性血管内凝血）<br>·永久性肝肾功能不全 | ·中枢神经系统紊乱<br>·致死性肾衰竭<br>·心传导阻滞（罕见） |
| | 预后 | ·大部分感染呈亚临床表现；急性重症病犬预后慎重 | ·可按预期痊愈，但在数周至数月内可能会复发 |
| 注 | | ·康复犬自感染后数月至数年内会持续通过尿液传播病原<br>·病原通过食物、水源、动物卧具、土壤、植被或其他媒介物传播<br>·使用聚维酮碘或1：10稀释的漂白剂消毒<br>·经皮肤或黏膜破损入侵，或摄入污染水源而感染<br>·感染数天至30d内发病；3~14d出现典型症状 | ·最常见于鹿蜱全沟硬蜱（*ixodes dammini*）叮咬传播<br>·感染动物直接传染给人的概率极低，但有可能会经蜱传播 |

表2.9　犬传染性疾病：犬细小病毒病，狂犬病

| 疾病 | | 犬细小病毒病（CPV） | 狂犬病（人兽共患） |
|---|---|---|---|
| 定义 | | 引起重度肠炎并影响犬淋巴系统的高度传染性疾病，断奶至6月龄的幼犬高度易感 | 可感染几乎所有的温血动物且被认为不可治愈。入侵神经系统，引起麻痹而最终导致死亡 |
| 症状 | 临床表现 | ·食欲不振，精神沉郁，呕吐<br>·腹泻：大量的，水样，血便，有独特的金属臭味<br>·老龄犬临床症状可能会变化不同 | 分为三阶段<br>·潜伏期（2~3d）：发热，动物行为有细微改变<br>·狂暴期（2~4d）：狂躁，烦躁不安，吠叫，共济失调，癫痫<br>·麻痹期（2~4d）：麻痹，精神沉郁，昏迷，最终呼吸麻痹而亡 |
| | 检查结果 | ·严重脱水，发热 | ·潜伏期：角膜眼睑反射迟钝 |

| 疾病 | | 犬细小病毒病（CPV） | 狂犬病（人兽共患） |
|---|---|---|---|
| 诊断 | 初步诊断 | · 病史/临床症状 | · 病史/临床症状 |
| | 实验室检验 | · CBC：严重的白细胞减少和淋巴细胞减少，PCV可变<br>· 生化指标：胆红素、ALT和AST增加，钾、钠和氯减少<br>· ELISA<br>· IDEXX细小病毒抗原SNAP检测<br>· 粪便血细胞凝集试验 | · 脑脊液（CSF）：蛋白与白细胞呈小幅度上升<br>· 尸检，在新鲜脑组织中分离病毒 |
| | 影像学 | · 腹部X线检查：胃肠道内因积聚气体和液体而膨胀<br>· 经常被误诊为胃肠道阻塞 | · 无 |
| | 方法 | · 无 | · 无 |
| 治疗 | 一般治疗 | · 对症疗法<br>· 支持疗法<br>· 输液疗法：激进的 | · 支持疗法 |
| | 药物治疗 | · 抗生素：氨苄西林和庆大霉素<br>· 止吐药：胃复安或$H_2$受体阻断药 | · 无 |
| | 护理 | · 呕吐及严重腹泻后的24h内禁食禁水<br>· 检疫规程 | · 严格住院 / 隔离<br>· 移动和笼圈时笼门应锁牢 |
| 后续追踪 | 病犬监护 | · 病犬痊愈后，仍需隔离1周 | · 不 |
| | 预防/避免 | · 16 ~ 18周龄后进行疫苗接种<br>· 在完成全部的疫苗接种前，尽可能地隔离幼犬 | · 疫苗接种<br>· 对疑似病例进行严格检疫<br>· 对已知患狂犬病的所有动物施行安乐死 |
| | 并发症 | · 败血症<br>· 继发细菌性肺炎<br>· 肠套叠 | · 无 |
| | 预后 | · 发病后存活3 ~ 4d的犬，通常随后可快速恢复<br>· 自然感染的犬病愈后，对犬细小病毒病终身免疫 | · 几乎100%的死亡率 |
| 注 | | · 通过粪口途径、唾液、呕吐物或直接接触传播<br>· 病毒稳定性强，在环境中可存活数月至数年<br>· 罗威纳、杜宾、比特及拉布拉多犬似乎更易感<br>· 使用按1：32比例稀释的漂白剂或Parvocide®消毒<br>· 潜伏期为5 ~ 10d | · 经唾液传播<br>· 消毒剂可灭活病毒<br>· 脑组织，应置于冰上冷藏（而非冷冻保存），送至实验室分析检测 |

**表2.10 犬疫苗接种规程**

疫苗注射的部位可因诊所不同而不同，但是规定每种疫苗的注射部位及在每只动物的免疫记录本上备注好相应疫苗的实际注射部位是非常重要的。疫苗接种通常采用皮下注射，但鼻内接种的博德特氏菌疫苗除外。

| 疫苗 | ≤16周龄 | >16周龄 | 疫苗分类[a] |
|---|---|---|---|
| DHPP<br>• 犬瘟热（D）<br>• 犬肝炎/腺病毒（H）<br>（CAV-2，犬Ⅱ型腺病毒）<br>• 犬副流感（P）<br>• 犬细小病毒（P） | • 6~9周龄时接种1头份，之后每3~4周接种1头份，直至16周龄（如第8、第12、第16周分别接种1头份）<br>• 12个月后接种1头份，之后每3年接种1次 | • 首次免疫接种1头份<br>• 首次免疫接种后12个月再接种1头份，之后每3年接种1头份 | 核心疫苗<br>核心疫苗<br><br>非核心疫苗<br>核心疫苗 |
| 钩端螺旋体病<br>• 犬钩端螺旋体病 | • 12周和16周各接种1头份<br>• 每年根据动物感染的风险进行免疫 | • 首次免疫接种2头份；间隔2~4周<br>• 每年根据动物感染的风险进行免疫 | 非核心疫苗 |
| 博德特氏菌<br>• 传染性气管支气管炎 | • 鼻内接种：3~12周龄时首次免疫接种1头份，2~4周后再接种1头份，之后每年或每两年根据动物感染的风险进行免疫<br>• 皮下注射：6~8周龄时首次免疫接种1头份，2~4周后再接种1头份，之后每年根据动物感染的风险进行免疫 | • 鼻内接种：首次免疫接种2头份，间隔2~4周，之后每年或每两年根据动物感染的风险进行免疫<br>• 皮下注射：首次免疫接种1头份，之后每年或每两年根据动物感染的风险进行免疫 | 非核心疫苗 |
| 狂犬病<br>• 狂犬病病毒 | • 12~16周龄时免疫接种1头份<br>• 根据使用的疫苗类型及当地规定，每1~3年接种1头份 | • 首次免疫接种1头份<br>• 根据所使用的疫苗及当地规定，每1~3年接种1头份 | 核心疫苗 |
| 莱姆病<br>• 莱姆疏螺旋体病 | • 9~12周龄时免疫接种1头份，2~4周后再接种1头份<br>• 每年根据动物感染的风险进行免疫接种 | • 首次免疫接种2头份，间隔2~4周<br>• 每年根据动物感染的风险进行免疫 | 非核心疫苗 |

注：①疫苗注射部位，免疫年龄及加强免疫规程，会因疫苗生产商及兽医师的酌情处理而改变。应遵从每种疫苗生产商所推荐的程序。免疫间隔应根据当地规定及兽医师规程而定。
②疫苗注射部位可能会出现过敏反应，如出现小肿块或小结块、微热、荨麻疹、嗜睡、过敏性休克（呕吐、流涎、呼吸困难、共济失调）。
③[a]核心疫苗是推荐给每一只犬都需要按规程接种的疫苗。非核心疫苗是根据动物生活环境的潜在风险因素，而推荐选择进行接种免疫。

**表2.11 猫传染性疾病：猫杯状病毒病**

| 疾病 | | 猫杯状病毒病（FCV） |
|---|---|---|
| 定义 | | 猫上呼吸道疾病的主要病因之一。为急性、高度传染性的病毒病，引起口腔溃疡、肺炎，偶发关节炎 |
| 症状 | 临床表现 | 厌食，沉郁，呼吸困难，轻度的结膜炎，打喷嚏，流涕，鼻尖溃疡 |
| | 检查结果 | • +/−关节痛，肠炎，面部及四肢水肿，发热，齿龈炎，跛行综合征，爪趾间溃疡，口腔溃疡 |

2

| 疾病 | | 猫杯状病毒病（FCV） |
|---|---|---|
| 诊断 | 初步诊断 | ·病史／临床症状 |
| | 实验室检验 | ·CBC(全血细胞计数)：中性粒细胞增多，淋巴细胞减少<br>·生化指标：胆红素和肌酸激酶增加<br>·病毒分离：将采自咽喉、肺组织、鼻腔、结膜、排泄物或血液的棉拭子进行细胞培养 |
| | 影像学 | ·胸部X线检查：肺区密度广泛性增高 |
| | 方法 | ·无 |
| 治疗 | 一般治疗 | ·自我限制5～7d<br>·支持疗法 |
| | 药物治疗 | ·抗生素：阿莫西林<br>·抗生素（眼用）<br>·止痛药<br>·免疫增强剂：干扰素<br>·皮质激素 |
| | 护理 | ·若并发肺炎，应对患猫供氧<br>·营养支持 |
| 后续追踪 | 病猫监护 | ·清除眼鼻分泌物，保持眼鼻干净<br>·加强营养及液体摄入<br>·气道湿化疗法<br>·若发生口腔溃疡，应为病猫提供软食<br>·使用0.2%的洗必泰溶液对口腔病变部位冲洗消毒 |
| | 预防/避免 | ·疫苗接种<br>·避免与FCV感染猫接触<br>·可连续不断地排毒 |
| | 并发症 | ·间质性肺炎<br>·继发细菌感染 |
| | 预后 | ·若未继发肺炎，则预后良好<br>·康复猫将长期通过唾液向外排毒 |
| 注 | | ·病毒通过直接接触及病原污染物传播，病毒存在于口腔、眼结膜、鼻分泌物、粪便以及脱落的毛发皮屑<br>·病毒抵抗力顽强，使用按1：32比例稀释的漂白剂消毒<br>·康复猫有可能在数月至数年内持续携带病毒<br>·对猫进行FIV或FeLV病毒检测，以排除潜在的免疫缺陷综合征<br>·在大多数情况下，病猫通常伴有FHV-1（猫Ⅰ型疱疹病毒）感染<br>·潜伏期为1～5d<br>·感染后间歇性向外排毒可持续4个月 |

**表2.12 猫传染性疾病：猫传染性腹膜炎**

| 疾病 | | 猫传染性腹膜炎（FIP，猫冠状病毒） |
|---|---|---|
| 定义 | | 一种具有高致死性的全身性病毒病。该病毒来源于良性病毒的变异，猫肠道冠状病毒（FEVC）通常存在于猫的胃肠道。本病有湿型/渗出型、干型/非渗出干酪型两种不同的形式 |
| 症状 | 临床表现 | · 共济失调、行为改变、精神沉郁、腹泻、生长缓慢、不活跃、轻瘫、体况不佳、癫痫、尿失禁、呕吐和体重下降<br>· 干型：呼吸困难，运动不耐受<br>· 湿型：腹部膨大 |
| | 检查结果 | · 发热、黄疸、苍白<br>· 干型：前葡萄膜炎，脉络膜视网膜炎，虹膜炎，瞳孔不规则，肿瘤<br>· 湿型：腹部或胸腔积液 |
| 诊断 | 初步诊断 | · 排除其他情况的可能性后，参考临床症状 |
| | 实验室检验 | · CBC：白细胞减少（疾病早期），白细胞增多伴发中性粒细胞增多，白细胞减少（疾病晚期），非再生性贫血<br>· 生化指标：胆红素、ALP、ALT、球蛋白、胆汁酸、尿素氮和肌酐升高<br>· 尿液分析：胆红素及蛋白下降<br>· 组织病理学检查：活检是确诊FIP的唯一方法<br>· 免疫组织化学：在活检组织切片上能够最大程度地准确检测到FIP病毒<br>· 抗体效价：意义有限，极高的滴度提示疾病的可能性<br>· PCR：病毒检测 |
| | 影像学 | · 胸部X线检查：渗出液<br>· 腹部X线检查：渗出液、脏器肿大、淋巴结肿大及回结肠肿块 |
| | 方法 | · 腹腔或胸腔穿刺：积液呈稻草黄色，有黏性、凝块，含纤维蛋白，蛋白含量高<br>· 肿块活检：炎性肉芽肿 |
| 治疗 | 一般治疗 | · 穿刺治疗<br>· 输液疗法<br>· 支持疗法 |
| | 药物治疗 | · 皮质类固醇：泼尼松<br>· 免疫抑制剂：环磷酰胺<br>· 免疫增强剂：免疫球蛋白，干扰素，乙酰吗喃 |
| | 护理 | · 营养支持 |

| 疾病 | | 猫传染性腹膜炎（FIP，猫冠状病毒） |
|---|---|---|
| 后续追踪 | 病猫监护 | · 禁止与其他猫接触 |
| | 预防/避免 | · 避免接触FIP患猫；猫之间的传播是罕见的<br>· 鼻内疫苗接种；效果差<br>· 常规消毒<br>· 控制和预防猫白血病病毒(FeLV)感染 |
| | 并发症 | · 胃肠道阻塞<br>· 神经系统疾病<br>· 胸腔积液 |
| | 预后 | · 基本上100%的死亡率<br>· 病程为几天至数月 |
| 注 | | · 可通过口腔和呼吸道分泌物、粪便、尿液、及其他污染物传播，但最常见的是由FECV变异为FIP所致<br>· 病毒可在环境中存活数周<br>· 常用消毒剂即可使病毒完全灭活 |

**表2.13　猫传染性疾病：猫泛白细胞减少症，猫免疫缺陷病**

| 疾病 | | 猫泛白细胞减少症（FPV，猫细小病毒） | 猫免疫缺陷病（FIV） |
|---|---|---|---|
| 定义 | | 一种急性、全身性肠道病毒病。疾病骤发，具有高度接触传染性和高死亡率 | 一种以慢性和反复感染为特征的免疫缺陷综合征。病毒在体内会逐步侵袭和破坏T细胞。该过程会导致病猫容易发生继发感染综合征。感染猫的症状不显现，可长达5年以上 |
| 症状 | 临床表现 | · 腹痛（动物呈蹲伏姿势并将头置于两前爪之间），食欲不振，精神沉郁，腹泻，持续性呕吐，被毛粗糙无光泽 | Ⅰ期<br>· 通常为亚临床期：发热，中性粒细胞减少以及淋巴结肿大<br>Ⅱ期<br>· 潜伏期：可持续数年<br>Ⅲ期<br>· 终末期：脓肿，食欲不振，恶病质，痴呆 |
| | 检查结果 | · 由发热渐变为低体温，并逐渐脱水 | · 结膜炎，齿龈炎，耳炎，牙周炎，肺炎，鼻炎，皮肤感染，口炎，心动过速，尿道感染 |

| 疾病 | | 猫泛白细胞减少症（FPV，猫细小病毒） | 猫免疫缺陷病（FIV） |
|---|---|---|---|
| **诊断** | 初步诊断 | • 病史/临床症状 | • 病史/已经呈现的症状 |
| | 实验室检验 | • CBC：白细胞减少<br>• 生化指标：BUN，肌酐和电解质紊乱升高<br>• 病毒分离：排泄物<br>• 犬细小病毒CITE试验：急性期可检出FPV抗原<br>• 血清学检测：滴度升高<br>• 色谱层析试纸条检测排泄物：FPV、CPV阳性 | • CBC（3期）：贫血（可变的），淋巴细胞减少、中性粒细胞减少<br>• 生化指标：蛋白质及球蛋白升高<br>• 尿液分析：蛋白升高<br>• ELISA：阳性<br>• 免疫印迹：进一步确认ELISA检验阳性结果<br>• 血浆、唾液、泪液、尿液采样培养：进行FeLV病毒的分离和鉴定 |
| | 影像学 | • 无 | • 无 |
| | 方法 | • 无 | • 无 |
| **治疗** | 一般治疗 | • 支持疗法<br>• 输液疗法<br>• 输血 | • 对症疗法<br>• 输液疗法<br>• 口腔保健 |
| | 药物治疗 | • 抗生素<br>• 止吐剂：胃复安 | • 抗生素防止继发感染：甲硝唑<br>• 食欲刺激剂：赛庚啶，地西泮<br>• 皮质类固醇：泼尼松<br>• 免疫增强剂：干扰素，叠氮胸苷，二乙基二硫氨基甲酸盐（ddC），阿德福韦(PMEA)，葡萄球菌A蛋白，痤疮丙酸杆菌，乙酰吗喃 |
| | 护理 | • 禁食禁水直至呕吐、腹泻消退<br>• 低体温时给予加温保暖<br>• 监测水合、电解质及CBC | • 营养支持 |
| **后续追踪** | 病猫监护 | • 注意保暖<br>• 恢复饮食后应加强营养 | • 注射流行病疫苗，预防呼吸道疾病发生 |
| | 预防/避免 | • 疫苗接种<br>• 避免接触感染猫<br>• 清洁粪便：排毒时间可达6周 | • 隔离感染猫<br>• 公猫绝育<br>• 对新引进猫进行隔离检疫<br>• 对疑似感染猫定期进行复检 |
| | 并发症 | • 低体温，休克<br>• DIC（弥漫性血管内凝血）<br>• 霉菌感染<br>• 黄疸 | • 无 |
| | 预后 | • 晚期预后不良，存活时间≤1年 | • 50%以上病猫在确诊后两年内仍无症状表现<br>• 晚期预后不良，存活时间≤1年 |
| **注** | | • 污染物和机体所有的分泌物均可传播病原，时间可长达6周<br>• 漂白剂1：32稀释后消毒<br>• 病原在环境中可存活数月至数周<br>• 怀孕母猫感染，可导致所分娩幼崽小脑发育不全<br>• 潜伏期：小于14d<br>• 康复猫对FPV终生免疫 | • 通过咬伤、子宫内感染（垂直传播）以及输血途径传播<br>• 理论上可通过动物直接接触或污染物传播<br>• 病毒存在于唾液中<br>• 该病最常见于可自由活动的未绝育公猫<br>• 6个月以下幼猫可因母源抗体存在而致检测结果呈阳性：需在8～12月龄等母源抗体完全消退后再次检测 |

表2.14 猫传染性疾病：猫白血病，猫鼻气管炎

2

| 疾病 | | 猫白血病（FeLV） | 猫鼻气管炎（FHV-1，猫疱疹病毒） |
|---|---|---|---|
| 定义 | | 一种逆转录病毒引起的免疫抑制及多种类型的癌症，尤其是淋巴瘤、白血病。猫感染初期无任何表现，但是对病毒持续性感染，没有任何治疗手段，最终导致死亡 | 猫上呼吸道疾病的主要病因之一。具有高度传染性的病毒性疾病，可引起鼻炎、结膜炎以及溃疡性角膜炎 |
| 症状 | 临床表现 | · 持续性腹泻、消瘦 | · 食欲不振，咳嗽（罕见），精神沉郁，泪溢，流涎，失声，鼻眼分泌物，畏光，打喷嚏 |
| | 检查结果 | · 结膜炎，发热，齿龈炎，角膜炎，淋巴结肿大，牙周炎，鼻炎，皮肤感染，口炎 | · 发热，结膜炎，疱疹性溃疡，鼻炎，溃疡性角膜炎 |
| 诊断 | 初步诊断 | · 病史/临床症状 | · 临床症状 |
| | 实验室检验 | · CBC：淋巴细胞减少，中性粒细胞减少，非再生性贫血，血小板减少，免疫介导性溶血性贫血<br>· ELISA：检测病毒抗原<br>· 骨髓穿刺或活检<br>· 免疫荧光试验（IFA）：＋（阳性） | · CBC：暂时的白细胞减少，白细胞增多<br>· 病毒分离：咽拭子、鼻腔拭子或眼结膜拭子的细胞培养<br>· 免疫荧光试验（IFA）：检测病毒抗原<br>· 结膜涂片染色：核内可见包含体 |
| | 影像学 | · 无 | · 头部X线检查：慢性型显示鼻腔、额窦变形 |
| | 方法 | · 无 | · 无 |
| 治疗 | 一般治疗 | · 对症治疗 | · 支持疗法<br>· 输液疗法 |
| | 药物治疗 | · 抗生素，尤其是猫血巴尔通体感染<br>· 免疫调节剂：干扰素 | · 抗生素：阿莫西林和恩诺沙星<br>· 抗生素（眼用）<br>· 抗病毒眼用药：阿糖腺苷<br>· 免疫调节剂：干扰素<br>· 赖氨酸 |
| | 护理 | · 多数患猫可能需要输血治疗。使用源自接种过FeLV疫苗的猫的血液，可能会减轻猫的抗原血症程度 | · 营养支持，装置饲管<br>· 及时清除鼻、眼分泌物<br>· 气道湿化疗法<br>· 提高环境温度；疱疹病毒对温度敏感 |

| 疾病 | | 猫白血病（FeLV） | 猫鼻气管炎（FHV-1，猫疱疹病毒） |
|---|---|---|---|
| 后续追踪 | 病猫监护 | · 监视病猫症状<br>· 营养支持，减少环境对病猫产生的刺激，控制继发病 | · 限制患猫在室内活动以减少环境造成的应激 |
| | 预防/避免 | · 对户外活动的猫和与FeLV患猫一起生活的猫进行免疫接种<br>· 对所有新引进的猫进行隔离和检疫<br>· 避免接触FeLV患猫 | · 疫苗接种<br>· 避免接触FHV感染猫<br>· 呈间歇式排毒 |
| | 并发症 | · 淋巴瘤<br>· 纤维肉瘤<br>· 肾小球性肾炎<br>· 弓形虫病<br>· 血巴尔通体病 | · 慢性鼻窦炎<br>· 持续性鼻分泌物<br>· 疱疹溃疡性角膜炎<br>· 鼻泪管永久性闭合 |
| | 预后 | · 2～3年内，50%以上的猫死于相关疾病 | · 预后良好；7～10d痊愈 |
| 注 | | · 所有的FeLV患猫必须在室内喂养以免病毒向外传播<br>· 初次免疫或长期未免疫的猫，必须在免疫接种前先进行检测<br>· 使用全血进行ELISA检测时，阳性率较高<br>· 在感染最初的1～3个月内检测可能呈假阴性<br>· 不可使用弱毒活苗免疫<br>· 病毒通常通过猫与猫撕咬，梳毛，共用食盆、猫砂，宫内感染或护理照料传播 | · 病毒通过直接接触及污染物传播<br>· 非常抗药性病毒；使用1∶32稀释的漂白剂消毒<br>· 普通常用消毒剂即可使病毒在数月至数年内丧失活性<br>· 应对猫进行FIV、FeLV检测，以排除潜在的免疫抑制综合征 |

**表2.15 猫疫苗接种规程**

疫苗注射的部位可因诊所不同而不同，但是规定出每种疫苗的注射部位以及在每只动物的免疫记录本上备注好相应疫苗的实际注射部位是非常重要的。猫用疫苗根据免疫方式不同分为皮下注射、滴鼻/滴眼或透皮免疫。兽医使用的透皮疫苗是利用疫苗经皮肤扩散而作用于树突状细胞，激发机体内部的免疫防御机能。

| 疫苗 | ≤16周龄 | >16周龄 | 注射部位[a] | 疫苗分类[b] |
|---|---|---|---|---|
| FPV<br>• 猫泛白细胞减少症<br>FCV<br>• 猫杯状病毒<br>FHV-1<br>• 猫病毒性鼻气管炎 | • 6~9周龄时接种1头份，之后每3~4周接种1头份，直至16周龄（如第8、12、16周分别接种1头份）<br>• 12个月后再接种1头份，之后依据疫苗制造商及动物医院规定每1~3年接种1头份 | • 接种2头份，间隔3~4周<br>• 12个月后再接种1头份，之后依据疫苗制造商及动物医院规定每1~3年接种1头份 | • 右肩下部皮下注射<br>• 根据制造商所产的疫苗种类，选择鼻内（IN）或结膜囊 | 核心疫苗<br><br>核心疫苗<br><br>核心疫苗 |
| FeLV<br>• 猫白血病 | • 疫苗接种前先进行ELISA检测FeLV病毒<br>• 8周龄时接种1头份，3~4周后再接种1头份<br>• 每年根据猫感染的风险进行免疫 | • 疫苗接种前先进行ELISA检测FeLV病毒<br>• 接种2头份，间隔3~4周<br>• 每年根据猫感染的风险进行免疫 | • 左后肢大腿处，透皮免疫<br>• 左后肢大腿处，皮下注射 | 非核心疫苗 |
| Rabies<br>• 狂犬病病毒（RV） | • 根据疫苗种类，于8~12周龄接种1头份<br>• 根据所用疫苗种类及当地要求，每1~3年接种1头份<br>• 每年使用金丝雀痘病毒载体狂犬病疫苗 | • 首次接种1头份<br>• 根据所用疫苗种类及当地要求，每1~3年接种1头份<br>• 每年使用金丝雀痘病毒载体狂犬病疫苗 | • 右后肢大腿处，皮下注射 | 核心疫苗 |
| FIV<br>• 猫免疫缺陷病毒 | • 8周龄时接种1头份，之后再接种2头份，每次隔2~3周<br>• 每年根据猫感染的风险进行免疫 | • 接种3头份，每次间隔2~3周<br>• 每年根据猫感染的风险进行免疫 | • 皮下注射 | 非核心疫苗 |

注：① [a]疫苗注射部位，动物免疫接种的年龄以及加强免疫规程，会因生产商的不同而不同。应遵从每种疫苗生产商所推荐的程序。免疫间隔应根据当地规定及兽医师规程而定。

② 在疫苗注射部位可能会出现过敏反应，如在注射部位出现小肿块或小结块、微热、荨麻疹、嗜睡、过敏性休克（呕吐、流涎、呼吸困难、共济失调），以及在疫苗注射部位形成肉瘤。在注射部位发现的任何小肿块都需要兽医师进行检查评估。

③ [b]核心疫苗是推荐给每一只猫都需要按规程接种的疫苗。非核心疫苗是根据动物生活环境的潜在风险因素，而推荐选择进行接种免疫的疫苗。

# 宠物护理

在兽医师为宠物提供医疗护理的同时，饲主必须在其宠物的日常保健中扮演一个积极的角色。口腔护理、毛发护理、基本医疗程序可提升宠物的健康水平及寿命。除提供日常基本护理外，还要求饲主们对其他容易忽视的健康问题加以更多关注（如齿龈炎、肿瘤、瘙痒症、外耳炎）。

　　家庭口腔护理是每个动物日常生活中的一部分。动物主人在动物身上所投入的时间、精力和财力都影响着动物生命的质和量。

**必须品：**
- 牙刷（如手指刷、宠物牙刷、人用牙刷）、纱布、毛巾、裤袜。
- 兽用牙膏、牛肉汤、大蒜汁或鲔鱼汁。

**年龄：**
- 家庭口腔护理在2～8周龄开始。在恒牙长出前刷牙并不关键，但早期开始有助于动物在易受影响的时期适应刷牙。

**引入：**
- 不论年龄大小，在开始刷牙时必须要慢慢地逐步地进行，根据动物决定每个阶段的时间。
- 在每一步开始时，要仔细观察动物的反应，只有动物感到舒适时才开始进行下一步。
  - 轻轻按摩动物的鼻镜和唇部。
  - 用手指浸入牛肉汤或大蒜汁（犬）或鲔鱼汁（猫），深入到上唇下方的颊囊，摩擦齿龈线。
  - 用纱布、毛巾或裤袜包裹手指，以圆周运动的方式摩擦齿龈线和牙齿。
  - 用宠物牙刷或软毛人用牙刷以45°角在牙齿表面做椭圆运动。
  - 取涂有动物牙膏的牙刷。
- 随着对这个过程的适应，可以开始刷洗动物的舌面。
  - 用不拿牙刷的手放在动物的鼻镜上方将头部向后倾斜以打开动物的口腔。
  - 刷洗可见牙齿（对侧），然后对另一侧的牙齿进行清洗。

**坚持：**
- 每日清洗，每周至少清洗3次。
- 口腔检查
  - 牙龈：红、肿、流血、脓。
  - 牙齿：缺失、松动、断齿、色变。
  - 口腔：口臭、增生。

**刷牙辅助措施：**
- 牙齿营养和护理。
- 生皮骨（如Nylabone）。
- 如果需要，每年进行牙齿检查和洗牙。

**成功刷牙的小技巧：**
- 每天选择同一时间进行刷牙使得动物形成条件反射（常规性和重复性）。
- 考虑到情绪平静的因素一般选择在晚上进行刷牙。
- 时间要短暂，一般2～3min。
- 刷牙的过程中和刷牙后给予表扬和肯定。

**禁忌：**
- 禁忌人用牙膏，碳酸氢钠或过氧化氢。
- 忌过度保定。
- 忌攻击性地刷牙。
- 刷牙可导致疼痛时禁止刷牙（如近期的口腔检查，存在的CLL，髓腔暴露，牙龈炎，溃疡和牙齿松动）。
- 忌用天然骨、牛蹄、坚硬的尼龙玩具，这些可能会使牙齿断裂。

技能框 2.10　美容

　　美容作为兽医护理的一部分，通常局限并集中表现在饲主教育方面。即使兽医人员可能不经常提供美容服务，但饲主们常常会咨询其宠物日常护理的相关问题。刷毛、洗澡和趾甲修剪是美容中最基础的内容。也有一些是在医疗中必须定期进行以免问题再次发生的特定程序，如挤肛门腺和耳朵的清洁和冲洗。

　　梳毛是宠物护理的例行内容，去除死去的毛发和污垢，避免打结。除了使动物毛发更亮和更健康以及提供一个检查和发现异常的机会外，也使得动物和饲主交流更密切。有许多类型的刷子和梳子可供不同类型的毛发使用，选择的多样性是非常有好处的。开始前使用护发素喷剂将有助于杂乱的或轻微打结毛发的梳理。从头部开始逐渐向尾部全身使用。轻轻地抚摸，因为牵扯或牵拉毛发会引起疼痛并使梳毛成为不好的经历。毛发长而厚的动物，应先逆着毛梳理，再顺毛梳理。随后用梳子将脱落的毛发移除。

技能框 2.11　洗澡

1. 地方：饲主和动物都能安全站立，可供冷热水，能防水的地方（如湿犬抖动）。
 ・在桶底放上毛巾或垫子而防止动物滑倒。
 ・用一个皮带挂钩固定在墙上来牵住动物，不用一只手一直拉着动物。
2. 必需品：多条毛巾、合适的香波、塑料围裙、手套（取决于香波的类型）和护目镜。
3. 梳子、刷子和开结梳以去除松脱和打结的毛发，使上述香波更好的渗透。
4. 完全打湿动物，确保皮肤湿润。
5. 应用香波，使整个动物起泡沫，包括面部。
6. 使用香波应按照包装上标注或兽医师要求在体表停留一段时间。
 ・使用计时器确保香波停留时间准确：不要靠猜测。
7. 彻底清洗动物，确保清洗去除所有的香波残留。
8. 抖动（移除95％的水分）和毛巾擦干动物的毛发和耳道。
 ・在动物耳朵吹气使其抖动。
 ・使用棉球或醋擦洗，使动物耳道干燥。
 　注意：使动物待在暖和的地方，直到完全干透，以免动物受凉。
9. 洗澡后用梳子和刷子梳理动物毛发，梳掉所有松脱的毛发。
 　注意：不要对眼睛使用润滑剂，其可吸附香波进入眼睛而非保护眼睛。
 ・如果无人照看或没有水来避免过热和动物死亡时，不能将动物放在加热/烘干笼内。
 ・如果使用吹风机吹干动物毛发，确保吹风机位于最低位置并不断地移动，以免烧伤动物。

**技能框2.12　修剪趾甲**

　　修剪趾甲是宠物护理中另一个例行内容。不修剪趾甲可能会造成趾甲过长而卷入爪垫内，引起行走困难甚至不能行走，疼痛和爪垫损伤。大多数动物不愿意让修剪趾甲，需要进行适当的劝诱。在宠物疲劳时和舒适时进行会增加宠物的耐受性。修剪趾甲时，最好趾甲剪垂直于趾甲（从趾尖移向趾根剪）；如果趾甲剪平行于趾甲（从一侧移向另一侧），会将趾甲压碎和夹碎。

　　修剪趾甲时，重要的一点是避免剪到含有支配趾甲的血管和神经的细嫩的肉。在犬，浅色的趾甲因血液供应很容易识别和避免剪到血管，所以修剪很简单。深色趾甲修剪困难，应一点点修剪。慢慢修剪，趾甲中间逐渐开始由白变粉红色的月牙形出现。这表示看到趾甲下细嫩的肉，继续修剪会导致出血。请牢记修剪所有的趾甲，包括前肢和后肢的悬指（趾）。后肢趾甲通常较短，不需要经常修剪。在猫，需要轻轻挤压爪子以暴露趾甲，随后向内剪去不超过2mm。

**技能框2.13　挤肛门腺**

1. 必需品：手套，润滑剂（如K-Y Jelly），酒精，吸水材料（如轧棉，纸巾，婴儿用纸巾）和除臭剂。
2. 在挤肛门腺时戴上手套，将酒精浸泡的吸水材料放在手中以吸收挤出的物质，将食指插入直肠，使用食指和直肠外的拇指固定肛门腺。
3. 轻轻地用拇指和食指按压肛门腺（位于肛门的4点和8点方向），从肛门腺中物质向上挤向腺管开口。
4. 注意挤出物质的量和特性。正常的分泌物是澄清到稍微呈绿色的，恶臭味（像死鱼的味道）的物质，呈液状至糊状。如果分泌物很稠或化脓性或颜色非常暗应带去让兽医检查。
5. 使用酒精浸泡材料或用婴儿纸巾清洁肛门周围，并喷上除臭剂。
6. 如果使用有粉手套，在挤肛门腺时戴2层手套，挤过一侧后去掉一层手套。
7. 如果挤肛门腺遇到困难，使用直肠外面的手指搓动皮肤以便更好地暴露腺管。
8. 如果肛门腺位置不好确定，将拇指和食指交换，拇指插入直肠内，食指在直肠外，或灵活地使用左手挤右侧肛门腺，使用右手挤左侧肛门腺。

**技能框2.14  耳道清洁和冲洗**

| 方法 | 耳道清洁 | 耳道冲洗 |
|---|---|---|
| 设备 | · 棉球<br>· 清洗液（洗必泰，聚维酮碘，Oti-clens，Epi-Otic）<br>· 球形注射器/不带针注射器<br>· 毛巾 | · 棉球<br>· 清洗液（Ceremune）<br>· 耳冲洗器（装入温水）<br>· 可视耳镜或内镜<br>· 麻醉动物<br>· 5Fr红色橡胶饲管（在中点剪为两段） |
| 技术 | · 确认动物鼓膜完好无缺<br>· 使用球形注射器或不带针注射器，将清洗液注入耳道，注意不要在装置和耳道间形成堵塞，也不要直接将清洗液喷射在鼓膜上<br>· 在耳道入口放置毛巾或轧棉，并从耳道底部开始轻轻地按摩。这将使清洗液从耳道底部向开口处移动。用棉球轻轻地将碎片擦除。不要将棉球推到耳道内任何超过你手指能够到的距离<br>· 重复以上步骤，直到耳道和棉球上的溶液变干为止（5～10次）<br>· 要擦干耳道，使用冲洗液或经由连接注射器的婴儿饲管抽吸 | · 拍张耳道照片<br>· 如果尚未进行细胞学检查，采集耳碎片样本<br>· 挤入 Ceremune或其他耳朵清洗剂，并轻轻按摩3～4min<br>· 抹去耳朵口任何多余的清洗剂<br>· 将饲管插在耳冲洗喷嘴上并打开机器，检查压力表与手册中规定的是否一致<br>· 将可视耳镜或内镜插入耳道，随后插入饲管，并在显示屏上观察饲管头超出内镜的长度<br>· 按压注水按钮，释放，接着按压抽吸按钮，吸出碎片和液体。重复数次。如果碎片堵塞管口，移除饲管并清除<br>· 对于有大量碎屑的耳道再次使用耳朵清洗液非常有必要<br>· 确保移除所有的Ceremune<br>· 清洁后的耳道再拍张照片<br>· 如果需要挤入药物 |

注：见图1.19  耳，第11页。

# 第 **3** 章

# 营 养

| 关键词和短语[a] | | 缩写 | 额外资源，页码 |
|---|---|---|---|
| 吞气症 | 生命期 | AAFCO，美国饲料控制委员会 | 实验室检验，69 |
| 碱 | 营养不良 | BCS，体况评分 | 肠外营养，420 |
| 氨基酸 | 肉类副产品 | BW，体重 | 药理学，565 |
| 抗原 | 肉粉 | CHF，慢性心力衰竭 | 体格检查，16 |
| 生物活性胺 | 新陈代谢 | DER，每日能量需求 | 尿液分析，145 |
| 生物利用度 | 微量元素 | EPI，胰外分泌机能不足 | |
| 恶病质 | 矿物质 | FLUTD，猫下泌尿道疾病 | |
| 糖类 | 新生儿 | GIT，胃肠道 | |
| 日常能量需求 | 含氮废物 | Kcal，千卡 | |
| 消化率 | 营养素 | ME，代谢能 | |
| 能量 | 肥胖症 | NPO，禁食 | |
| 脂肪 | 蛋白质 | PLE，蛋白丢失性肠病 | |
| 脂肪酸 | 静息能量需求 | RBC，红细胞 | |
| 纤维 | 血管活性胺 | RER，静息能量需求 | |
| 水解蛋白 | 维生素 | | |
| 千卡 | | | |

[a]关键词和术语的定义见第629页词汇表。

# 一般营养

在维护宠物健康上，合理的营养与体格检查、免疫接种、牙科护理一样重要。遗憾的是，在临床饲主教育中通常没有给予足够的时间对这一主题进行阐述。目前肥胖仍是最大的营养挑战，美国有24%～44%的犬和猫超重。了解如何根据其生长阶段喂养宠物，如何判断其目前的健康状况，如何根据病情变化改变它们的营养，以及如何让宠物回归理想的体况是确定合理临床营养的关键因素。合理营养的最重要部分开始于根据动物的不同生长阶段给予不同的高质量日粮。质量差、营养不均衡、商业化食品；自制的单一食品日粮；单一食品的任意混合日粮；多变的补充剂都会导致饮食不平衡。在整个生命期要保证有适当的营养和新鲜干净的饮水。

宠物主人经常咨询兽医人员，他们如何才能更好地做到给其宠物提供"正确"的膳食。很多人会喜欢对各种食物进行具体的比较，但不幸的是，这几乎是不可能做到的。初看各种产品的配料表和信息栏上的信息都是一致的，但存在的变量很难进行比较。评估食品最可靠的方法是在动物食入该食品后评估其健康状况和表现。每个动物都是一个有机体，处理各种日粮的能力也不同。提供优质饮食的一些基本准则，包括已通过AAFCO饲喂试验的饲料，适应不同生长阶段的饲料，含肉的饲料（不包括肉类副产品和肉粉）。个别宠物饮食变化可表现的一些迹象为身体状况不佳，胀气，肠鸣音，排便量和频率增多和被毛的外观变化。

如果可以确保含有已批准配方中的各种合理的营养素，家庭自制食物是非常不错的选择。只有资格认证的兽医营养师认同这些食物配方后才可以考虑，并且不能再做出改变。

**技能框3.1 健康动物每日热量需求计算表**

许多因素会影响动物的能量需求。了解这些因素可能防止动物肥胖。每日热量需求受生理状态（如成年维持、妊娠、哺乳和发育）、活动水平、性情、环境温度、日粮的消化率等因素的影响。下面的计算提供了一个基点，每只动物在此基础上做调整。

第1步：计算每日静息能量需求（RER）

$RER= 70 \times$（当前的千克体重）$^{0.75}$

或对于2～30kg的动物按下面公式计算：

$RER=$（$30 \times$当前的千克体重）$+70=$____千卡/天

根据眼观和人工检查以及动物的BCS情况调整千卡值。

**小技巧**：不用科学计算器计算（千克体重）$^{0.75}$：体重本身相乘3次，再取2次平方根。

第2步：通过用活度系数乘以RER计算每日能量需求（DER）。

| 生命阶段 | 活度系数（RER $\times$ ____ = DER） | |
| --- | --- | --- |
| | 犬 | 猫 |
| **妊娠** | | |
| 5~9周 | 2.0 | 1.6~2.0 |
| **哺乳** | | |
| 1~2周 | 1.5[a] | 1.5 |
| 3~5周 | 2.0[a] | 1.5~5.0 |
| **发育** | | |
| 断奶至达成年体重的50% | 3.0 | 3.0 |
| 成年体重的51%至成年 | 2.0 | 2.0 |
| **成年** | | |
| 不活泼，绝育 | 1.6 | 1.2 |
| 不活泼，未绝育 | 1.8 | 1.4 |
| 活泼/工作 | 2.0~6.0 | 1.6 |

除了供给母犬DER外还要给每只幼犬提供25%的RER。

这些计算均未考虑品种类型以及其生长需求的差异。

第3步：计算所需食物量

____千卡/天/____千卡/杯或罐食物 = ____杯/罐食物/天

第4步：计算每次喂食量

____杯/罐食物/天喂食2~3次 = ____杯/罐食物/每次喂食

表3.1　不同生长阶段的喂养准则

动物不同生长阶段对能量的需求也不同。营养的总体目标是通过提供均衡的营养、维生素和矿物质使动物达到最佳体况评分（见表3.2 体况评分系统，第60页）。

| | 年龄 | 饮食 | 饲喂方法 | 备注 |
|---|---|---|---|---|
| 幼犬和幼猫 | **出生到断奶** | • 母乳<br>• 商业替代食品<br>• 家庭自制食品<br>　• 见技能框2.1孤立幼犬和幼猫的护理和饲喂，第25页<br>• 能量要求是22~26kcal/100g<br>• 3~4周龄时因母乳不能再提供足够的热量或营养，此时开始补饲犬粮或猫粮<br>• 6~8周龄时断奶 | • 通过自由采食护理幼崽，护理新生动物，喂养没有固定模式<br>　• 见技能框2.1孤立幼犬和幼猫的护理和饲喂，第25页<br>• 开始饲喂固体食物<br>　• 用温水将食物浸泡调成糊状，放置于浅盘中<br>　• 每天自由采食3~4次<br>　• 防止细菌生长，20~30min后移走糊状食品<br>　• 通过将其脚放在食物中，将食物涂抹在其嘴唇上或将食物放入其口内来鼓励新生动物采食<br>• 断奶<br>　• 完全断奶不应在6周龄之前开始（最好是7~8周龄），直到其开始与人类密切接触，通常开始食入固体食物后不需要帮助<br>　• 断奶前母犬/母猫应与新生动物分开；饲喂新生动物，停止母乳喂养，24h供水<br>　• 新生动物应和母犬/母猫一起过夜，允许吮吸乳腺。母犬/母猫和新生动物在一起时均不给补食<br>　• 第二天将母犬/母猫和新生动物分开 | • 胎儿出生时仅储存1%~2%的脂肪，存在低血糖、饥饿和低体温的风险<br>• 经过几天的护理后才会有足够的糖原储备<br>• 所有的新生动物在出生后24h内应当吃到初乳，以获得被动免疫<br>• 体温过低可导致护理不良 |
| | **断奶到12月龄** | • 幼犬<br>　• 易消化高质量的蛋白质<br>　• 代谢能蛋白质的25%~29%<br>• 大型和巨型犬<br>　• 在快速生长期喂食过多和给予过多的微量元素（如钙）可引起肥胖和骨科疾病<br>　• 饲喂幼犬粮直到成年以免增加钙的消耗<br>　• 调节食物的摄入，使BCS达到2/5<br>• 幼猫<br>　• 代谢能蛋白质的30%<br>　• 饲喂幼猫粮直到成熟期（10~12月龄），如果出现肥胖，适量减少猫粮 | • 幼犬<br>　• 每天饲喂2~4次<br>• 大型和巨型犬<br>　• 每天饲喂3~4次<br>　• 每餐剩余食品应弃去，下次喂食时应适当减量<br>• 幼猫<br>　• 自由采食或每天饲喂2~3次<br>　• 阉割后能量需求减少24%~33% | • 肥胖：发育的骨科疾病（大型犬）<br>• 消瘦：低血糖症（小型犬） |

| | 年龄 | 饮食 | 饲喂方法 | 备注 |
|---|---|---|---|---|
| 幼犬和幼猫 | 维持 | · 高质量的成年动物食品<br>· 公众认可的自制食品 | · 每天饲喂2～3次<br>· 见技能框3.1 健康动物每日热量需求记录表，第57页 | · 肥胖：糖尿病，骨关节炎，皮肤问题，外科风险<br>· 消瘦：低血糖症，低体温，肌肉疾病 |
| 成年动物 | 妊娠犬 | · 最后3周开始渐渐改变食物，以提供足够的能量<br>· 妊娠期间避免无糖肉制品 | · 怀孕前5周，不能改变饮食表，母犬维持其正常体重<br>· 6～9周<br>  · 频率<br>    · 少量多餐来适应较小的胃<br>  · 量<br>    · 每周增加15%<br>· 妊娠期间母犬体重增加15%～25% | · 肥胖：排卵减少，胎仔数减少，新生动物过大，难产<br>· 消瘦：受孕问题，出生体重下降，新生动物死亡率升高 |
| | 猫 | · 用于繁殖/哺乳或发育的高质量日粮 | · 2～9周<br>  · 量<br>    · 总数逐渐增加25%～50%<br>· 妊娠期间，母猫体重增加约40% | · 肥胖：新生动物过大，难产<br>· 消瘦：受孕问题，流产，出生体重下降，新生动物死亡率升高 |
| | 哺乳犬 | · 高质量的幼犬发育食物<br>· 避免<br>  · 低热量食品（如控制体重处方粮） | · 自由采食<br>· 每日能量需求大约为非哺乳犬的3倍<br>· 哺乳高峰期在产后的3～5周，将持续到产后8周<br>· 每一个新生动物，母犬均需大约25%的DER | · 肥胖/消瘦：奶水不足 |
| | 猫 | · 用于繁殖/哺乳或发育的高质量日粮 | · 哺乳高峰期是产后3～4周<br>· 母猫哺乳期间DER是平时的2～3倍。见技能框3.1 健康动物每日热量需求记录表，第57页 | · 肥胖/消瘦：奶水不足 |
| | 老年动物 | · 高质量的成年健康动物食品<br>· 公众认可的自制食品<br>· 根据医疗条件来调整饮食（如蛋白质、脂肪、磷、钠、纤维、维生素、矿物质） | · 每天饲喂2～3次<br>· 见技能框3.1 健康动物每日热量需求记录表，第57页，计算合适的食物量<br>· 减少热量摄入以达所要求的BCS<br>· 不要将食盘放在难以够到的地方 | · 肥胖：糖尿病，骨关节炎，皮肤问题，外科风险<br>· 消瘦：低血糖症，低体温，肌肉疾病 |

表3.2　体况评分系统

　　体况评分系统是对动物整体外表的标准化评估。BCS是每次检查的基本内容，并需记录，以便将来进行比较。这种方法可以快速地传授给饲主，作为在家体重管理的一部分。体重改变10%体况评分改变1分。

| 犬 | 体况评分 | 猫 |
| --- | --- | --- |
|  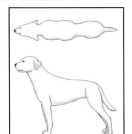 | **1：非常瘦**<br>肋骨：易看到和摸到，没有脂肪覆盖<br>腰部：消瘦的腰部<br>尾根：腰椎和盆骨凸出，皮肤和骨头之间没有脂肪<br>侧面观察：严重的腹褶裥<br>俯视观察：显著的沙漏形状 | 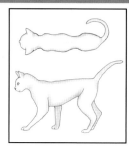 |
| 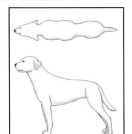 | **2：体重偏轻**<br>肋骨：易触摸到，极少量脂肪覆盖<br>腰部：易观察到<br>尾根：皮肤和骨头之间有极少量脂肪<br>侧面观察：凸出的腹褶裥<br>俯视观察：明显的沙漏形状 |  |
| 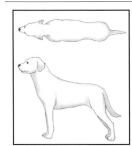 | **3：理想体况**<br>肋骨：易触摸到，少量脂肪覆盖<br>腰部：在肋骨后观察到<br>尾根：外形平滑，皮肤和骨头之间有少量脂肪<br>侧面观察：腹褶裥<br>俯视观察：很匀称的腰部 | 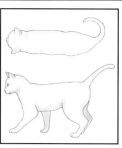 |

（续）

| 犬 | 体况评分 | 猫 |
|---|---|---|

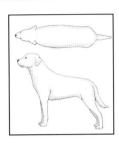

**4：略胖**

肋骨：不易观察到肋骨，中度脂肪覆盖

腰部：不易辨别

尾根：轻度变厚，可以在中度脂肪下触摸到尾骨

侧面观察：无腹褶裥

俯视观察：背部轻度增宽

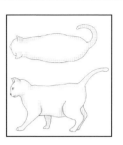

**5：肥胖**

肋骨：较难触摸到，大量的脂肪覆盖

腰部：看不到

尾根：变厚，在显著的脂肪层下难以触摸到尾骨

侧面观察：腹部有大量的脂肪

俯视观察：明显变宽，明显的腰旁脂肪沉积

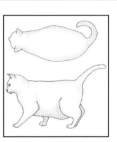

表3.3 疾病营养需求

　　单种疾病或多种并发症均能改变动物对营养的需求。每只动物都应做全面的营养评估，以确保日粮类型和喂食方法的合理性。全面考虑相关营养使BCS最佳化。保持动物饮食往往比提供精确的营养需求更重要。如对于慢性心力衰竭的动物来说，食入足够的食物以预防恶病质比限制钠的摄入更重要。这往往要求热心的饲主来满足动物饮食的改变并提供必要的营养需求。

　　特殊营养的改变不在本书论述的范围，关于对特殊营养进行改变的建议请查阅专业的营养文献和咨询有资格证的兽医营养师。

| 疾病 | 目的 | 备注 |
| --- | --- | --- |
| 贫血 | ·促进红细胞生成 | ·营养评估：矿物质（如铁），蛋白质，维生素（如B族维生素）<br>·铁缺乏通常是由于大量的丢失（如出血、胃肠道溃疡和体外寄生虫）和摄入不足 |
| 骨质疏松和骨折修复 | ·保证饮食平衡<br>·保证足够的能量和蛋白质的摄入 | ·营养评估：能量，矿物质（如钙、磷），蛋白质<br>·提供的钙要可吸收并要与摄入的磷平衡 |
| 心脏病 | ·控制和纠正恶病质<br>·维持BCS<br>·控制钠滞留<br>·诱导饮食 | ·营养评估：氨基酸（如牛磺酸），肉毒碱，能量，矿物质（如氯、镁、磷、钾、钠），水<br>·根据心脏病的程度不同，进行钠和氯的限制<br>·当测定总钠摄入量时应考虑其他来源的钠（如软化水、治疗、剩饭） |
| 便秘 | ·胃肠道动力正常<br>·增加水摄入量<br>·体积增加，数量减少<br>·优化BCS | ·营养评估：纤维，水<br>·饲喂高度易消化的日粮<br>·临床症状消退前每周增加≤5%的纤维<br>·通过处方粮或在普通日粮中添加≤10%的纤维（如南瓜和高纤维谷物）来满足纤维需求<br>·少量多次喂饲<br>·增加运动和防止肥胖<br>·诱导排便（如经常散步、清洁猫砂）<br>·检查肛门或直肠，以便查出不良的排便习惯，里急后重或大便困难的原因 |
| 退行性骨关节病 | ·↓退行性关节变化<br>·优化BCS | ·营养评估：脂肪酸，维生素（如维生素E）<br>·±软骨蛋白保护剂 |
| 牙病 | ·预防和纠正牙周疾病<br>·优化口腔健康 | ·营养评估：糖类，矿物质（如钙、磷），蛋白质，维生素（如维生素A、B族维生素、维生素C、维生素D），水<br>·食物适口性和组成有助于减少牙斑的积聚 |
| 糖尿病 | ·优化BCS<br>·减小餐后血糖波动<br>·调整饲喂次数和热量摄入 | ·营养评估：能量，脂肪，脂肪酸，纤维，矿物质，蛋白质，可溶性糖类，水<br>·避免饲喂半湿食物，因为这些食物含有糖类可导致血糖过高<br>·少量多次喂饲，经常称量体重<br>·运动和体重发生变化时可能需要改变胰岛素的剂量 |

| 疾病 | 目的 | 备注 |
|---|---|---|
| 胰外分泌机能不全 | · 纠正营养不良<br>· 减少消化酶的需求<br>· 增加热量摄入<br>· 优化BCS | · 营养评估：脂肪，纤维，维生素（如维生素A、维生素D、维生素K、维生素B$_{12}$、叶酸）<br>· 避免高纤维日粮<br>· 少量多次喂饲 |
| 肠胃胀气 | · 降低胃肠道气体的产生和未消化食物的细菌发酵<br>· 减少吞气症 | · 营养评估：糖类，纤维，蛋白质，维生素<br>· 饲喂高度易消化的日粮<br>· 少量多次喂饲<br>· 严禁暴饮暴食；单独喂食或使用新方法缓慢给食<br>· 加强锻炼，减少应激 |
| 食物过敏 | · 识别和避免使用动物厌恶的食品（蛋白质）和/或食品添加剂<br>· 缓解临床症状（如耳炎、瘙痒、皮炎、红斑、周边淋巴结肿大） | · 营养评估：食品添加剂，蛋白质，血管活性胺或生物胺<br>· 专门饲喂含有1~2种动物没有接触过的蛋白质日粮8~12周进行排除试验，避免食品添加剂，血管活性胺，生物胺和过量蛋白质<br>· 无论喂食的食物是商品化或自制的，营养对动物生命阶段和身体状况都必须是充足的<br>· 给予糖皮质激素后指定的饮食应持续2~3周<br>· 罐装食品含有最少量的添加剂<br>· 食盘最好用玻璃、陶瓷或不锈钢<br>· 宠物在户外应避免随意捡食东西<br>· 避免所有调味药物、零食、剩饭和维生素添加剂<br>· 随着临床症状消失，开始每天饲喂1种原来排除的食物持续7d。如果复发则停止饲喂；如果7d后也没反应，则认为该食物不过敏 |
| 肝病 | · 维持体重和BCS<br>· 促进肝再生<br>· 增加热量摄入 | · 营养评估：氨基酸（如牛磺酸），能量，脂肪，纤维，矿物质（如铁、钾、锌），蛋白质，维生素（如维生素C、维生素E、维生素K）<br>· 饲喂高度易消化的日粮<br>· 少量多次喂饲 |
| 肝脂肪 | · 纠正厌食症和营养不良<br>· 增加热量摄入 | · 营养评估：肉毒碱，能量，脂肪，矿物质（如铁、钾、锌），蛋白质，维生素（如维生素C、维生素E、维生素K）<br>· 康复直接与早期诊断和通过肠道或肠外提供营养有关 |
| 肾上腺皮质功能亢进 | · 纠正恶病质<br>· 优化BCS | · 营养评估：脂肪，纤维，矿物质（如氯、钠），蛋白质，水<br>· 饲喂高度易消化的日粮 |
| 甲状腺功能亢进 | · 纠正恶病质<br>· 优化BCS | · 营养评估：能量，脂肪，矿物质（如钙、氯、碘、铁、磷、钾、硒、钠），蛋白质，水<br>· 饲喂高度易消化的日粮<br>· 许多营养素吸收较差且代谢加速 |
| 肾上腺皮质功能减退 | · 优化BCS | · 营养因子评估：能量，矿物质（如氯、钾、钠），蛋白质，水<br>· 饲喂高度易消化的日粮 |

| 疾病 | 目的 | 备注 |
|------|------|------|
| 甲状腺功能减退 | · 优化BCS | · 营养评估：脂肪，能量，纤维，微量元素 |
| 肠炎 | · 降低胃肠道抗原刺激作用<br>· 胃肠道休整，恢复正常动力<br>· 增加水摄入量 | · 营养评估：能量，脂肪，脂肪酸，粗纤维，矿物质（如钾、锌），蛋白质，维生素（如维生素B₁、维生素K）<br>· 食物包括高度易消化低残留的GIT饮食，纤维或消除饮食[开始饲喂一种"牺牲"新型蛋白质（a "sacrificial" novel protein），当胃肠道痊愈后由第二种新蛋白质或水解蛋白饮食长期取代] |
| 肥胖 | · 体重下降，优化BCS<br>· 控制热量摄入<br>· 预防肥胖相关疾病 | · 营养评估：糖类，能量，脂肪，纤维，蛋白质<br>· 肥胖的预防易于治疗<br>· 见技能框3.2 肥胖管理，第66页 |
| 肿瘤 | · 防控癌症恶病质<br>· 增加营养吸收<br>· 诱导饮食 | · 营养评估：氨基酸（如精氨酸、谷氨酰胺、甘氨酸、酪氨酸、苯丙氨酸、蛋氨酸、天门冬酰胺），脂肪，脂肪酸，糖类，蛋白质，维生素（如类视黄醇、维生素C和维生素E、β-胡萝卜素）<br>· 饲喂高度易消化的日粮<br>· 营养供应必须早期开始，避免恶病质 |
| 骨科疾病，发育的 | · 减少营养相关疾病<br>· 优化BCS | · 营养评估：能量，脂肪，矿物质（如钙、铜、磷、锌），维生素（如维生素A、维生素C、维生素D）<br>· 大型和巨型犬在快速生长阶段喂食过多和提供过量的矿物质（如钙）可导致骨骼疾病<br>· 应避免给生长期动物饲喂成年食物，因为营养元素不适合（如钙）<br>· 见表3.1 不同生长阶段的喂养准则，第58页 |
| 胰腺炎 | · 胰腺分泌减少<br>· 提供胰腺休息时间<br>· 优化BCS | · 营养评估：脂肪，蛋白质，水<br>· 饲喂高度易消化的日粮<br>· 肠内和/或肠外饲养均为开始治疗的内容<br>· 传统的低脂肪食物，体重控制处方粮都对热量限制<br>· 犬：NPO 3~7d，开始给予少量的水，逐渐添加糖类（如大米）和然后添加生物利用度高的蛋白源（如脱脂乳粉制奶酪、瘦肉） |
| 蛋白丢失性肠病（PLE） | · 纠正恶病质<br>· 血浆蛋白肠内丢失降低 | · 营养评估：糖类，脂肪，纤维，蛋白质<br>· 饲喂高度易消化的日粮<br>· 确定PLE的潜在病因，可能会改变营养<br>· 监测蛋白营养不良<br>· 少量多次喂饲 |
| 肾病 | · 肾衰竭<br>· 减少含氮废物量（氮血症降低）<br>· 避免营养不良，优化BCS<br>· 增加水摄入量<br>· 诱导饮食 | · 营养评估：酸中毒，氨基酸（如精氨酸），能量，脂肪，纤维，矿物质（如氯、磷、钾、钠），蛋白质，维生素（如维生素A、B族维生素、维生素D），水<br>· 饲喂高度易消化的日粮<br>· 在中度至重度肾衰时，应避免给过多的日粮蛋白质<br>  · 蛋白推荐：<br>    · 犬：2.0~2.2g/(kg·d)<br>    · 猫：3.3~3.5g/(kg·d)<br>· 检测和控制矿物质失衡（如磷、钙）<br>· 优化BCS比限饲蛋白质更重要<br>· 限制钠盐应逐步进行，超过2~4周 |

| 疾病 | 目的 | 备注 |
|---|---|---|
| 尿石病，犬尿酸铵 | • 保持碱性尿（pH 7.0～7.5）<br>• 结石溶解和预防<br>• 增加水摄入量，降低尿液浓度 | • 营养评估：蛋白质，水<br>• 溶解平均需要4周<br>• 肉食日粮会增加嘌呤；素食日粮可能更合适 |
| 草酸钙 | • 保持碱性尿（pH 7.1～7.7）<br>• 预防结石<br>• 增加水摄入量，降低尿液浓度 | • 营养评估：矿物质（如钙、镁、钠），草酸盐，蛋白质，维生素（如维生素$B_6$、维生素C、维生素D），水<br>• 草酸钙结石一旦形成，用药物进行溶解是不可能的 |
| 胱氨酸 | • 保持碱性尿（pH 7.5）<br>• 结石溶解和预防<br>• 增加水摄入量，降低尿液浓度 | • 营养评估：蛋白质，水<br>• 添加2-MPG可能会溶解结石 |
| 鸟粪石 | • 保持酸性尿（pH 6.2～6.4）<br>• 解决潜在的感染<br>• 增加水摄入量，降低尿液浓度 | • 营养评估：矿物质（如镁、磷），蛋白质，水<br>• 溶解平均需要3.5个月<br>• 避免长期使用溶解日粮，因其蛋白质和钠含量低 |
| 尿石病，猫<br>草酸钙 | • 保持碱性尿（pH 6.6～6.8）<br>• 预防结石<br>• 增加水摄入量，降低尿液浓度 | • 营养评估：脂肪，纤维，矿物质（如钙、镁、钠），草酸盐，蛋白质，维生素（如维生素$B_6$、维生素C、维生素D），水<br>• 草酸钙结石一旦形成，药物溶解是不可能的 |
| 鸟粪石 | • 保持酸性尿（pH＜6.4）<br>• 结石溶解和预防<br>• 增加水摄入量，降低尿液浓度 | • 营养评估：脂肪，矿物质（如镁、磷、钾），蛋白质，水<br>• X光检查阴性后，溶解平均需35d<br>• 避免给未成年，怀孕/哺乳，肾衰竭，CHF的动物喂饲溶解日粮<br>• 自由采食可使尿液pH更稳定，但可能会促进肥胖 |
| 呕吐/腹泻 | • 保证胃肠道休息增加胃分泌物和正常的动力<br>• 增加水摄入量<br>• 量增加<br>• 增加热量摄入 | • 营养评估：氨基酸（如谷氨酰胺），能量，脂肪，纤维，矿物质（如氯、钾、钠），水<br>• NPO 24～48h，每2～3h给予少量饮水，随后饲喂少量食物，每天6～8次<br>• 腹泻消失后逐渐恢复正常饮食（连续2～3次正常大便）<br>• 少量多次饲喂，预防暴饮暴食 |

随着伴侣动物中肥胖的比例持续上升，很有必要对饲主进行肥胖管理教育。肥胖本身可导致或进一步加重许多疾病，如糖尿病，FLUTD，脂肪肝，骨科疾病和皮肤疾病。尽管早期预防是关键，但只要饲主遵守减肥计划条约仍可以顺利地实施和进行。

动物摄入的能量超过机体的需求量时就开始变胖。一些疾病状态也可引起肥胖（如甲状腺功能减退），但大多数动物是因为相对于它们的运动/活动水平来说摄入过多。因此，减少食物的摄入量和增加运动均可以达到减肥的目的。

动物的体况评分已是4分（5分制）或5分（5分制）时，应该实施肥胖管理。见表3.2 体况评分系统，第60页。下述关于饲主需遵守的措施将会使宠物健康快乐的生活。给饲主附加的信息应包括监测零食的量，家庭其他成员的喂饲习惯和其他家养宠物的食物。

- 对动物进行全面的检查和适当的诊断，检测排除医疗问题（如血液检查、尿液分析）。
- 追溯动物完整的饮食史包括所喂食物的名字和饲喂量（如商品化粮、自制食品、零食、剩饭），获得的额外食物来源（如其他宠物的食物、其他家庭成员或邻居喂饲宠物、打猎）。
- 计算动物当前的能量摄入量，并限制到当前摄入量的60%~80%。如果不能获得精确的日粮史，计算DER来优化动物的体重。见技能框3.1 不同生长阶段的喂养准则，第57页。

- 调整食物中的蛋白质含量至推荐量以满足特殊动物所需（每天每磅体重为1g蛋白质）。如果没有改变蛋白质的含量，可能会导致肌肉损失和脂肪损失。
- 在规定的时间内设定更小、更合理的减肥目标。使用BCS有助于饲主更好地理解目标。
- 每2~3周称量动物体重以确保体重减轻，并随之调整所有的推荐方案。体重减轻的目标是每周减轻1%~2%。如果没有达到这个目标，应进一步限制热量摄入。如果体重每周减轻>2%，则认为不利于动物的健康。
- 零食应<每日总热量的10%且必须计算入每日总热量。
- 开始或增加每日运动计划以增加热量消耗，提升肌肉质量，促进新陈代谢。
- 添加微粒体三酰甘油转运蛋白抑制剂（如Slentrol）和改变喂饲量及习惯一样有益。

**成功小技巧：**
- 每天少食多餐满足宠物。
- 提供合适的零食（如低热量的商品处方粮、纯爆米花、纯年糕）。
- 使全体家庭成员都积极参与减肥计划。
- 做饭和吃饭时将宠物挡在厨房外面，减少乞讨和主人的冲动喂食。

# 第**3**部分

# 诊断技术

# 第 **4** 章

# 实验室检验

| 关键词和短语[a] | | 缩写 | 额外资源，页码 |
|---|---|---|---|
| 凝集（作用） | 冻干的 | μg，微克 | 麻醉，437 |
| 聚集（反应） | 溶解的 | μm，微米 | 犬传染性疾病，36 |
| 红细胞大小不均 | 溶酶体 | μmol，微摩尔 | 消毒剂，626 |
| 核不均 | 大红细胞症 | AchRs，抗乙酰胆碱受体 | 猫传染性疾病，42 |
| 抗凝剂 | 巨细胞核 | ACT，活化凝血时间 | 一般治疗，199 |
| 轴丝 | 间叶细胞 | ACTH，促肾上腺皮质激素 | 注射，346 |
| 轴杆 | 代谢 | ADH，抗利尿激素 | 肿瘤学，271 |
| 嗜碱的 | 微丝蚴 | AIHA，自身免疫性溶血贫血 | 药理学，565 |
| 布朗运动 | 有丝分裂象 | Alk phos，碱性磷酸酶 | |
| 糖类 | 媒染剂 | ALP，碱性磷酸酶 | |
| 细胞构成 | 黏蛋白 | ALT，丙氨酸氨基转移酶 | |
| 绦虫 | 线虫 | APTT，活化部分凝血激酶时间 | |
| 比色的 | 色素正常的 | AST，天门冬氨酸氨基转移酶 | |
| 角质化的 | 核仁 | AT，肾上腺肿瘤 | |
| 皱缩 | 钩球蚴 | BA，血琼脂 | |
| 皮肤癣菌 | 肿胀的 | BMBT，口腔黏膜出血时间 | |
| 脑病 | 卵囊 | BTT，淡蓝色顶管 | |
| 酶 | 盖 | BUN，尿素氮 | |
| 上皮的 | 旁栖宿主 | CBC，全血细胞计数 | |
| 细胞外的 | 经皮的 | CDV，犬瘟热病毒 | |
| 体外的 | 血浆 | Cl，氯 | |
| 纤维蛋白原 | 多形性 | CNS，中枢神经系统 | |
| 颊梳 | 异形红细胞 | CO2，二氧化碳 | |
| α–球蛋白 | 多染色性的 | cPLI，犬胰脂肪酶免疫反应 | |
| β–球蛋白 | 红细胞增多 | DEA，犬红细胞抗原 | |
| γ–球蛋白 | 餐后的 | DIC，弥漫性血管内凝血 | |
| 糖原异生 | 显露前期 | dL，分升 | |
| 氨基葡聚糖 | 餐前的 | DM，糖尿病 | |
| 糖原分解 | 节片 | EDTA，乙二胺四乙酸 | |
| 颗粒性 | 前背的 | ℃，摄氏度 | |
| 溶血的 | 原虫 | FDP，纤维蛋白降解产物 | |
| 止血 | 固缩的 | FeLV，猫白血病病毒 | |
| 肝素化 | 立克次体 | FIP，猫传染性腹膜炎 | |
| 肝样的 | 灭鼠剂 | FIV，猫免疫缺陷病毒 | |
| 棘球蚴 | 钱串状红细胞 | fL，飞升 | |
| 细胞过多的 | 血清 | FNA，细针抽吸 | |
| 增生 | 孢子囊 | FNB，细针活组织检查 | |
| 高渗尿 | 孢子 | FSP，纤维蛋白裂解产物 | |
| 细胞减少的 | 血栓 | GIT，胃肠道 | |
| 低色素性 | 吸虫 | GRNTT，绿顶管 | |
| 发育不全 | 滋养体 | GTT，灰顶管 | |
| 低渗尿 | 尿石症 | HAC，肾上腺皮质机能亢进 | |
| 无生命的 | 空泡 | HCO₃，碳酸氢盐 | |
| 中间宿主 | | Hct，血细胞比容 | |
| 细胞内的 | | IFA，免疫荧光试验 | |
| 体内的 | | | |
| 脂血症的 | | | |

| | 缩写 | | |
|---|---|---|---|
| | IgE，免疫球蛋白E | | |
| | IM，肌内注射 | | |
| | IMHA，免疫介导溶血性贫血 | | |
| | IV，静脉注射 | | |
| | K，钾 | | |
| | kg，千克 | | |
| | KPO₄，磷酸钾 | | |
| | L，升 | | |
| | LTT，淡紫色顶管 | | |
| | MC，麦康凯琼脂 | | |
| | MCHC，红细胞平均血红蛋白浓度 | | |
| | MCV，红细胞平均容积 | | |
| | mEq，毫（克）当量 | | |
| | mg，毫克 | | |
| | Na，钠 | | |
| | ng，纳克 | | |
| | NMB，新甲基蓝 | | |
| | NSAIDs，非甾体类抗炎药 | | |
| | PAP，免疫过氧化物酶试验 | | |
| | PCR，聚合酶链式反应 | | |
| | PCV，红细胞压积 | | |
| | PDH，垂体依赖性肾上腺皮质机能亢进 | | |
| | pg，皮克 | | |
| | pH，酸碱度 | | |
| | PIVKA，维生素K诱导拮抗的蛋白质 | | |
| | pmol，皮摩尔 | | |
| | PT，凝血酶原时间 | | |
| | PTH，凝血酶原时间 | | |
| | RBC，红细胞 | | |
| | RTT，红顶管 | | |
| | SAP，碱性磷酸酶 | | |
| | SGOT，血清谷草转氨酶 | | |
| | SGPT，血清谷丙转氨酶 | | |
| | SST，血清分离管 | | |
| | T3，三碘甲状腺氨酸 | | |
| | T4，甲状腺素 | | |
| | TBT，趾甲出血时间 | | |
| | TLI，胰蛋白酶样免疫反应性 | | |
| | TP，总蛋白 | | |
| | TRH，促甲状腺激素释放激素 | | |
| | TSH，促甲状腺激素 | | |
| | TT，凝血酶时间 | | |
| | TWBC，总白细胞计数 | | |
| | U，单位 | | |
| | USG，尿密度 | | |
| | WBC，白细胞 | | |

[a] 关键词和术语的定义见第629页词汇表。

熟练掌握实验室技术是动物医院最重要的技能之一。每间诊所都将不同程度地使用其实验室，但为了得到最准确的结果，要始终保持正确的操作并对每一道程序都有很好地理解。学习实验室技能的关键是要识别正常的。清楚地知道什么是正常的，并能够非常迅速地识别异常。

本章涵盖了实验室检验的所有方面。每一部分都是从实验室样本的合理采集、处理、储存和运输开始，然后对每项检查所需的具体步骤进行介绍。根据实验室的不同，一些规程可能会存在一些变化。

实验室检验是诊断的重要组成部分，并且这一操作通常由技术人员开始。

# 血液生化

血液生化评估各种血液浓度来洞察不同的身体机能。血液生化的关键步骤是样品的采集和处理。例如，室温保存的血样可能会造成一些生化指标升高和一些指标降低，从而可能导致不正确的诊断、治疗和结果。对每一个样品都应极其谨慎并尽最大努力地确保最准确的结果。

## 血样采集、处理、储存和运输技巧

### 采集

- 采样时动物应禁食，至少应为餐后2h，4～6h更佳。脂血症的样品可导致溶血，并引起RBC数量下降。脂血症和溶血样品的结果失去真实性，可选择血清生化。
- 如果可行，每一个血样至少采集可以检测3次的量。这样可为人为错误、机器错误以及必要时稀释留出余地。
- 静脉穿刺的位点和技术对样品的质量有极大的帮助。
- 通常将注射器的针头和采血管的塞子去掉，让血液沿着管内壁流入管中。在橡胶塞中插入针头将会导致进一步溶血，尤其是使用<25G针头时。理想状态下，应使用真空采血系统以减少溶血并确保所采集的血液与抗凝剂比例正确。

### 处理

- 首先加入抗凝管以减少血栓形成，最后移动空白管。
- 轻轻摇匀管内所含的各种成分，以免溶血。
- 采血后用新鲜血液及时制作血涂片，散开放置以便快速干燥（见技能框4.5 涂片技术，第88页）。
- 血涂片血量过多时会导致羽状缘靠近玻片末端，从而将大细胞推破。
- 将采血管正立放置进行血凝，这样可以防止在离心时血细胞黏在橡胶塞上和溶血。
- 在30～45min内将血清与血细胞分离，以免改变实验室检测结果。
- 每个样品管都应有清晰的标签，包括动物全名、日期和采样时间。

### 储存

- 如果样品不能在4～6h内检测，血浆或血清样品应倒掉或冷冻储存。
- 血涂片应完全干燥，以免在玻片盒中凝结而破坏细胞的形态。
- 血涂片应在室温下制作和储存，冷冻可引起凝结而破坏细胞的形态。
- 不要冷冻全血，这样可造成溶血。
- 如果要冰冻样品，应立即进行冰浴、离心，后移入塑料管中冰冻。

### 运输

- 使用纸巾或报纸包裹冰袋或血样管，以免直接接触而引起溶血。

**表4.1 血液采集管**

| 采血管 | 内含物 | 用途 | 基本信息 |
|---|---|---|---|
| **全血（非凝集的）或血浆样品** | | | |
| • 立即颠倒采血管6~10次，以防止血液凝固 | | | |
| 灰顶管（GTT） | • 草酸钾和氟化钠 | • 血糖测定 | • 在糖酵解途径中阻止RBCs代谢葡萄糖抑制酶，比使用SST和RTT能更准确地测定血糖浓度（如糖尿病和胰岛瘤） |
| 绿顶管（GRNTT） | • 肝素锂 | • 血铅测定 | • 结合铅<br>• 不适用于做细胞形态学检查 |
| 淡紫色顶管（LTT） | • 乙二胺四乙酸 | • 血涂片 | • 不改变细胞形态和体积 |
| 淡蓝色顶管（BTT） | • 枸橼酸钠 | • 凝血试验 | • 测定凝血时间[如维勒布兰德病、华法林中毒、活化部分凝血激酶时间（APTT）、凝血酶原时间（PT）]<br>• 必须具有熟练的静脉穿刺技术，避免激活凝血途径<br>• 必须采足血量，确保血液与抗凝剂比例合适 |
| **血清样品** | | | |
| • 颠倒采血管激活凝血，直立放置20min，离心15min确保适当分离 | | | |
| 血清分离管（SST），红/灰顶管 | • 活化凝血高分子凝胶 | • 血液生化 | • 离心后血清不能和血块混合<br>• 促凝剂可干扰一些实验室检测（如苯巴比妥水平） |
| 红顶管（RTT） | • 无内含物 | • 血液生化、血清学和血库检查 | • 如果管倾斜，血清和血块可再次混合<br>• 离心后，血清应分离到单独的无内含物的试管中<br>• 离开接触细胞后，葡萄糖代谢每小时大约10% |

小技巧：要检测样品中液体的量，可以评估良好水合动物的血细胞容积（PCV）。样品的PCV为50%时会有50%细胞和50%液体。因此，一个10mL的样品，将会有5mL的液体。

表4.2　血液生化

| 生化指标 | 定义 | 正常范围 | 相关因素 | 处理和注意事项 |
|---|---|---|---|---|
| **丙氨酸氨基转移酶**<br>（ALT，SGPT） | 来源<br>•主要：肝细胞<br>•少部分：心肌，骨骼肌，胰腺<br>作用<br>•氨基酸代谢<br>注<br>•肝特异性<br>•ALT水平与肝细胞损伤有关联，与肝功能无关联<br>•ALT升高常见于肝损伤后的2~3d，14d后恢复 | 犬/猫<br>•5~65U/L | 升高：胆管炎/胆管肝炎，充血性心脏衰竭，糖尿病，扩张型心肌病（犬/猫），埃里希体病，心内膜病，胰外分泌功能不全，猫肥厚性心肌病，肝病/肝衰竭，脂肪肝，肾上腺皮质功能亢进，甲状旁腺功能亢进，高血压，甲状腺功能亢进，肾上腺皮质功能减退，胰腺炎，腹膜炎，子宫蓄脓，落基山斑疹热，血小板减少症，弓形虫病 | 处理<br>•溶血和脂血症导致结果偏高<br>储存<br>•室温或冷藏24h<br>•68℉（20℃）放置2d<br>•32~39℉（0~4℃）储存1周<br>•不要冻结样品<br>注<br>•皮质激素和抗惊厥药±ALT增加（犬） |
| **白蛋白** | 来源<br>•肝细胞<br>作用<br>•通过保留血管内的液体维持血浆胶体渗透压<br>•结合和运输蛋白质<br>注<br>•水肿和积液可导致含量下降<br>•占血浆总蛋白的35%~50%<br>•更好地解释球蛋白水平 | 犬<br>•2.3~4.0g/dL<br>猫<br>•2.6~4.0g/dL<br>危险水平<br>•1.0 | 升高：落基山斑疹热<br>降低：布鲁氏菌病，胆管炎/胆管肝炎，埃里希体病，心丝虫病，肝病/肝衰竭，脂肪肝，肾小球疾病，高球蛋白血症，高血压，肠炎，胸腔积液，蛋白丢失性肠病，弓形虫病 | 处理<br>•严重溶血和脂血症可导致水平升高<br>储存<br>•密封样品，防止脱水；值升高<br>•68℉（20℃）储存1周<br>•32~39℉（0~4℃）储存1个月<br>注<br>•氨苄西林±假性白蛋白升高 |
| **白蛋白：球蛋白**<br>（A：G比例） | 来源<br>•见白蛋白和球蛋白<br>作用<br>•见白蛋白和球蛋白<br>注<br>•蛋白质异常的第一项指标<br>•用白蛋白浓度除以球蛋白浓度 | 犬<br>•0.6~1.2<br>猫<br>•0.5~2.0 |  | 处理<br>•见白蛋白和球蛋白<br>储存<br>•见白蛋白和球蛋白<br>注<br>•见白蛋白和球蛋白 |

4

| 生化指标 | 定义 | 正常范围 | 相关因素 | 处理和注意事项 |
|---|---|---|---|---|
| **碱性磷酸酶**<br>（Alk phos，ALP，SAP） | 来源<br>• 大部分：肝（成年动物），骨骼（幼年动物）<br>• 少部分：肾，肠<br>作用<br>• 协助各种化学反应<br>注<br>• 犬在主要症状出现之前，犬的ALP水平往往升高2~4倍<br>• 因为半衰期和肝中ALP的量不同，犬和猫的ALP水平解释也略有不同 | 犬<br>• 10~84U/L<br>猫<br>• 10~70U/L | 升高：胆管炎/胆管肝炎，充血性心脏衰竭，糖尿病，药物（如糖皮质激素、巴比妥等），埃里希体病，肝病/肝衰竭，脂肪肝，肾上腺皮质功能亢进，甲状旁腺功能亢进，高血压，甲状腺功能亢进，胰腺炎，子宫蓄脓，落基山斑疹热，血小板减少症，弓形虫病 | 处理<br>• 不要使用EDTA或草酸盐混凝剂<br>储存<br>• 室温>24h：±值升高<br>• 32~39℉（0~4℃）储存8d<br>注<br>• 无 |
| **氨** | 来源<br>• 肝和肌肉<br>作用<br>• 蛋白质，胺，氨基酸，核酸和尿素的代谢产物<br>注<br>• 无 | 犬<br>• 45~120μg/dL<br>猫<br>• 30~100μg/dL<br>危险水平<br>• 大于1 000（犬） | 升高：胆管炎/胆管肝炎，肝病/肝衰竭，脂肪肝 | 处理<br>• 先处理肝素样品<br>• 离心并立即去掉血浆<br>储存<br>• 冰上放置，1h内检测<br>• 立刻冻结，2d内检测<br>注<br>• 长时间的静脉阻塞或剧烈运动：值升高<br>• 抗生素，灌肠剂，乳果糖，苯海拉明，肠外氨基酸，麻醉剂，利尿药或输血都可能会改变实验室检测结果 |
| **淀粉酶** | 来源<br>• 大部分：胰腺<br>• 少部分：肝和小肠<br>作用<br>• 分解淀粉和糖原<br>• 淀粉酶水平的升高，不能完全指示疾病的严重性，也不具备特异性 | 犬<br>• 300~1 500单位<br>猫<br>• 500~1 500单位 | 升高：胰腺炎，腹膜炎，慢性肾功能衰竭，弓形虫病 | 处理<br>• 溶血：值升高<br>• 脂血症：值降低<br>• 不要使用EDTA<br>储存<br>• 68℉（20℃）储存7d<br>• 32~39℉（0~4℃）储存一个月<br>注<br>• 皮质激素±值降低<br>• 糖化法±假性值升高（犬） |

| 生化指标 | 定义 | 正常范围 | 相关因素 | 处理和注意事项 |
|---|---|---|---|---|
| **阴离子间隙**（AG） | 来源<br>• 无<br>作用<br>• 鉴别代谢性酸中毒的原因<br>注<br>• 计算：$(Na^+-K^+)-(Cl^-+HCO_3^-)=AG$ | 犬<br>• 12~25<br>猫<br>• 13~25 | | 处理<br>• 参考$Na^+$，$K^+$，$Cl^-$和$HCO_3^-$储存<br>• 参考$Na^+$，$K^+$，$Cl^-$和$HCO_3^-$<br>注<br>• 联合用药会增大间隙 |
| **天冬氨酸氨基转移酶**（AST，SGOT） | 来源<br>• 大部分：肝细胞<br>• 少部分：心脏和骨骼肌，肾脏，胰腺和红细胞<br>作用<br>• 氨基酸代谢<br>注<br>• 无肝脏特异性；肝损伤，剧烈运动和肌内注射都会使值升高<br>• 肝病时，平行于ALT | 犬<br>• 16~60U/L<br>猫<br>• 26~43U/L | 升高：胆管炎/胆管肝炎，充血性心脏衰竭，糖尿病，心内膜炎，猫扩张型心肌病，猫肥厚性心肌病，肝病/肝衰竭，脂肪肝，甲状腺机能亢进，肾上腺皮质功能减退，腹膜炎，弓形虫病 | 处理<br>• 溶血和高血脂会使值升高<br>储存<br>• 68℉（20℃）储存2d<br>• 32~39℉（0~4℃）储存2周<br>注<br>• 无 |
| **碳酸氢盐**（静脉$TCO_2$） | 来源<br>• 所有细胞<br>作用<br>• 将组织中的$CO_2$运送到肺<br>• $HCO_3^-/CO_3^{2-}$缓冲系<br>注<br>• 检测95％的$CO_2$ | 犬/猫<br>• 21~31mEq/L | 下降:代谢性酸中毒，急性肾功能衰竭 | 处理<br>• 放置在冰水中，防止酸碱成分改变<br>储存<br>• 不要冰冻，会导致溶血<br>注<br>• 无 |
| **胆红素** | 来源<br>• 肝代谢的血红蛋白<br>作用<br>• 无<br>注<br>• 红细胞的降解产物<br>• 总胆红素由结合态和游离态胆红素组成<br>• 无肝特异性 | 犬/猫<br>• 0~0.5mg/dL | 升高：胆管炎/胆管肝炎，肝病/肝衰竭，血巴尔通体病，溶血性贫血，脂肪肝，甲状腺机能亢进，胰腺炎，腹膜炎，弓形虫病 | 处理<br>• 脂血症会使值升高<br>储存<br>• 光照或68℉（20℃）放置不稳定<br>• 32~39℉（0~4℃）避光可储存2周<br>注<br>• 直接暴露在日光或人造光源下，总胆红素可能以每小时50％的速度降低 |

| 生化指标 | 定义 | 正常范围 | 相关因素 | 处理和注意事项 |
|---|---|---|---|---|
| 尿素氮<br>（BUN，SUN） | 来源<br>·肝代谢的氨基酸<br>作用<br>·无<br>注<br>·氨基酸分解产物<br>·75%以上的肾单位失去功能时，BUN值才会升高 | 犬<br>·6～29mg/dL<br>猫<br>·10～35mg/dL | 升高：犬/猫的扩张型心肌病，充血性心力衰竭，膀胱结石，埃里希体病，心内膜炎，肝病/肝衰竭，高血压，甲状腺机能亢进，肾上腺皮质功能减退，乳腺炎，胰腺炎，肾盂肾炎，肾功能衰竭，落基山斑疹热<br>下降：胆管炎/胆管肝炎，肝病/肝衰竭，脂肪肝，水中毒，限制饮食中的蛋白质 | 处理<br>·无<br>储存<br>·68℉（20℃）储存8h<br>·32～39℉（0～4℃）储存10d<br>注<br>·最好在18h内检测，因为高蛋白饮食可引起BUN值升高 |
| 钙 | 来源<br>·骨骼<br>作用<br>·维持神经肌肉兴奋性和紧张性<br>·无机离子跨越细胞膜<br>·血凝<br>注<br>·血红蛋白和胆红素，通过比色测试值升高<br>·血白蛋白减少：值下降 | 犬/猫<br>·8.0～12.0mg/dL<br>危险水平<br>·≤7.0mg/dL或<br>≥16.0mg/dL | 升高：甲状旁腺功能亢进，肾上腺皮质功能减退，肿瘤，肾功能衰竭<br>降低：难产，惊厥，甲状旁腺功能减退，胰腺炎，蛋白丢失性肠炎，肾功能衰竭 | 处理<br>·溶血和接触软木塞：值降低<br>·脂血症：值升高<br>·柠檬酸，草酸或EDTA抗凝剂：值降低<br>储存<br>·68℉（20℃）或32～39℉（0～4℃）可储存10d<br>注<br>·无 |
| 氯 | 来源<br>·细胞外液<br>作用<br>·酸碱平衡<br>·维持水分布<br>·血液渗透压<br>注<br>·血红蛋白和胆红素，通过比色测试值升高<br>·平行于血清钠 | 犬<br>·100～115mEq/L<br>猫<br>·117～128mEq/L | 升高：代谢性酸中毒<br>降低：犬扩张型心肌病，便秘，利尿药，严重呕吐，落基山斑疹热 | 处理<br>·溶血和脂血症会使值升高<br>储存<br>·从血细胞分离出来后较稳定<br>注<br>·溴化钾，醋唑磺胺，氯化铵，雄激素，消胆胺，锂，地美环素和两性霉素的值升高 |

4

| 生化指标 | 定义 | 正常范围 | 相关因素 | 处理和注意事项 |
|---|---|---|---|---|
| 胆固醇 | 来源<br>• 大部分：肝细胞<br>• 少部分：肾上腺皮质，卵巢，睾丸和肠上皮细胞<br>作用<br>• 类固醇激素产物<br>注<br>• 有助于甲状腺功能减退和库欣氏病的筛查 | 犬<br>150~275mg/dL<br>猫<br>75~175mg/dL | 升高：糖尿病，肝病，肝衰竭，肾上腺皮质功能亢进，高血压，肾上腺皮质功能减退，甲状腺机能减退，胰腺炎，落基山斑疹热<br>降低：药物，胰外分泌功能不全，肝病/肝衰竭，蛋白丢失性肠病 | 处理<br>• 溶血，氟化物和草酸；±值升高，取决于检测方法<br>储存<br>• 从血中分离后，68°F放置非常稳定<br>注<br>• 皮质激素；±值升高 |
| 肌酸激酶<br>（CK） | 来源<br>• 心脏，骨骼肌和脑组织<br>作用<br>• 使清除肌肉中因能量利用而产生的肌酸酶<br>注<br>• 肌肉损伤后，6~12h达到高峰，24~48h恢复正常，除非损伤继续<br>• 特异性强，敏感性也很强<br>• 只有值非常高才有临床意义（≥10 000U/L）或慢性升高（≥2 000U/L），表明仍有肌肉损伤 | 犬/猫<br>• 50~300U/L | 升高：脑炎，猫扩张型心肌病，猫肥厚型心肌病，甲状腺机能减退，重症肌无力，多肌炎 | 处理<br>• 严重溶血，黄疸，肌内注射；值升高<br>• EDTA，枸橼酸盐，氟化物，暴晒，延误分析；值下降<br>储存<br>• 冰冻不稳定，要尽快测定<br>注<br>• 运动，躺卧，肌内注射；±值升高 |
| 肌酐 | 来源<br>• 骨骼肌<br>作用<br>• 无<br>注<br>• 肌酸降解<br>• 75%以上的肾单位失去功能时，值才会升高 | 犬<br>• 0.6~1.6mg/dL<br>猫<br>• 1.0~2.0mg/dL | 升高：犬/猫扩张型心肌病，充血性心力衰竭，药物，埃里希体病，心内膜炎，高血压，甲状腺机能亢进，肾上腺皮质功能减退，严重的肌肉损伤，胰腺炎，肾盂肾炎，肾衰竭，落基山斑疹热，弓形虫病 | 处理<br>• 无<br>储存<br>• 86~98.6°F（30~35.9℃）储存1周<br>注<br>• 运动，肌肉萎缩和肉类饮食；值轻微升高 |
| 纤维蛋白原 | 来源<br>• 肝细胞<br>作用<br>• 促凝<br>注<br>• 血清中没有纤维蛋白原，在凝血过程中已被移除<br>• 主要用于牛和马 | 犬<br>• 100~245mg/dL<br>猫<br>• 110~370mg/dL | 升高：胆管炎/胆管肝炎，肝衰竭，重度炎症<br>降低：DIC，肝功能衰竭/末期 | 处理<br>• 肝素；值降低<br>储存<br>• 68°F（20℃）可储存数天<br>• 32~39°F（0~4℃）可储存数周<br>注<br>• 无 |

| 生化指标 | 定义 | 正常范围 | 相关因素 | 处理和注意事项 |
|---|---|---|---|---|
| γ-谷氨酰胺转移酶（GGT） | 来源<br>• 大部分：肝细胞<br>• 少部分：肾脏，胰腺，肠和肌肉细胞<br>作用<br>• 酶：功能未知<br>注<br>• 通常与ALP平行升高；继发非肝因素或酶诱导药物对其影响不大<br>• 对猫的肝脏疾病的敏感性比犬稍强 | 犬<br>• 2～10U/L<br>猫<br>• 1～8U/L | 升高：前葡萄膜炎，布鲁氏菌病，深部脓皮病，埃里希体病，猫免疫缺陷病，肝病/肝衰竭，脑膜炎，胸腔积液，子宫蓄脓 | 处理<br>• 无<br>储存<br>• 68℉（20℃）储存2d<br>• 32～39℉（0～4℃）储存1周<br>注<br>• 皮质激素或抗惊厥药；±值升高 |
| 球蛋白 | 来源<br>• α球蛋白：肝细胞<br>• β球蛋白：肝细胞<br>• γ球蛋白：血浆细胞<br>作用<br>• α球蛋白和β球蛋白：结合运输蛋白质<br>• γ球蛋白：抗体<br>注<br>• 血清总球蛋白=血清总蛋白－白蛋白 | 犬<br>• 2.7～4.4g/dL<br>猫<br>• 2.6～5.1g/dL | 升高：糖尿病，肝衰竭，肾上腺皮质功能亢进，高血压，甲状腺机能亢进，免疫介导性疾病，肿瘤，胰腺炎，免疫球蛋白疾病，急性肾功能衰竭<br>下降：严重失血，心丝虫病，蛋白质丢失性肠炎/肾炎 | 处理<br>• 溶血和脂血症；值升高<br>储存<br>• 见白蛋白和总蛋白<br>注<br>• 脱水；值升高<br>• 新生动物是成年动物值的60%～80%；值降低 |
| 血糖 | 来源<br>• 饮食摄入，糖原异生和肝糖原分解<br>作用<br>• 细胞能量<br>注<br>• 指示糖类代谢和胰腺内分泌功能的指标 | 犬<br>• 65～130mg/dL<br>猫<br>• 70～125mg/dL<br>危险水平<br>• ≤60mg/dL | 升高：糖尿病，高血压，甲状腺机能亢进，肾上腺皮质功能亢进，甲状旁腺功能减退，肾盂肾炎，肾功能衰竭<br>降低：难产，肝衰竭，肾上腺皮质功能减，胰岛瘤，肿瘤，腹膜炎，败血症 | 处理<br>• 血液中按6～10mg/mL的GTT作为防腐剂<br>储存<br>• 立即从血液中分离（<30min）<br>• 68℉（20℃）储存8h<br>• 32～39℉（0～4℃）储存72h<br>注<br>• 建议禁食16～24h，除非怀疑低血糖<br>• 如果没有从血液完全分离，血糖水平将以每小时10%下降<br>• 应激；值升高 |

**4**

| 生化指标 | 定义 | 正常范围 | 相关因素 | 处理和注意事项 |
|---|---|---|---|---|
| 无机磷 | 来源<br>• 骨骼<br>作用<br>• 能量的储存、释放和转移，糖类代谢和组成<br>注<br>• 钙负相关 | 犬<br>• 3.0～7.0mg/dL<br>猫<br>• 3.5～6.1mg/dL | 升高：骨骼病变，慢性肾功能衰竭，中毒<br>降低：呕吐/腹泻，Fanconi综合征（胱氨酸病），脂肪肝，甲状旁腺功能亢进，肾上腺皮质功能减退 | 处理<br>• 溶血和脂血症；值升高<br>储存<br>• 立即分离<br>• 68℉（20℃）储存3～4d<br>• 32～39℉（0～4℃）储存1周<br>注<br>• 合成代谢类固醇，呋塞米，甘露醇，二甲胺四环素和静脉滴注KPO₄可能改变值 |
| 脂肪酶 | 来源<br>• 胰腺和胃黏膜<br>作用<br>• 分解血脂中的长链不饱和脂肪酸<br>注<br>• 值的大小不代表疾病的严重程度<br>• 平行于血清淀粉酶 | 犬<br>• 0～425单位<br>猫<br>• 0～200单位 | 升高：胰腺炎，肾上腺皮质功能亢进，肝脏疾病，肾脏疾病，肾功能衰竭 | 处理<br>• 脂血症；值升高<br>• 不要用能结合钙的抗凝剂<br>储存<br>• 68℉（20℃）储存1周<br>• 32～39℉（0～4℃）储存3周<br>注<br>• 皮质激素；值升高 |
| 血脂/三酰甘油 | 来源<br>• 饮食；肠吸收<br>作用<br>• 脂肪代谢<br>• 刺激肠淋巴流动<br>注<br>• 动物血脂升高的因素有肥胖，高脂食物的摄入和遗传倾向（如迷你雪纳瑞和喜马拉雅猫） | 犬<br>• 50～150mg/dL<br>猫<br>• 17～50mg/dL<br>危险水平<br>• >1 000mg/dL | 升高：糖尿病，高脂血症，甲状腺机能减退，胰腺炎，餐后<br>降低：淋巴管扩张，蛋白丢失性肠炎 | 处理<br>• 脂血症；值升高<br>储存<br>• 无<br>注<br>• 建议禁食12h |
| 镁 | 来源<br>• 骨骼<br>功能<br>• 激活酶系统，参与乙酰胆碱的合成和分解<br>注<br>• 胆红素升高可使镁升高 | 犬<br>• 1.8～2.4mg/dL<br>猫<br>• 2.0～2.5mg/dL<br>危险水平<br>• <1.0mg/dL或<br>>10.0mg/dL | 升高：肾上腺皮质功能减退，肾功能衰竭<br>降低：代谢状况 | 处理<br>• 溶血和金属容器；值升高<br>• 只能用肝素抗凝<br>储存<br>• 样品很稳定<br>注<br>• 无 |

| 生化指标 | 定义 | 正常范围 | 相关因素 | 处理和注意事项 |
|---|---|---|---|---|
| 钾 | 来源<br>• 细胞内液<br>作用<br>• 肌肉功能，呼吸，心脏功能神经冲动传递，糖类的代谢<br>注<br>• 无 | 犬<br>• 4.0～5.7mEq/L<br>猫<br>• 4.0～5.8mEq/L<br>危险水平<br>• ≤2.5mEq/L<br>　≥7.5mEq/L | 升高：糖尿病，肾上腺皮质功能减退，大面积的组织创伤，急性肾功能衰竭，尿道阻塞<br>降低：犬/猫扩张型心肌病，充血性心力衰竭，便秘，糖尿病，胃肠道丢失，脂肪肝，腹膜炎，肾功能衰竭 | 处理<br>• 溶血（尤其是秋田犬）和冷冻的未分离的样品；值升高<br>储存<br>• 不能冷冻未分离的样品<br>• 稳定性未知<br>注<br>• 血浆是首选样品 |
| 钠 | 来源<br>• 细胞外液<br>作用<br>• 水分分布，维持体液渗透压和酸碱平衡<br>注<br>• 在高脂血症和严重的高蛋白血症病例中，可遇到"假低钠血症" | 犬<br>• 140～158mEq/L<br>猫<br>• 145～160mEq/L | 升高：脱水，心绞痛<br>降低：犬扩张型心肌病，充血性心力衰竭，胃肠道亏损，肾上腺皮质功能减退，慢性肾功能衰竭，落基山斑疹热 | 处理<br>• 肝素；值升高<br>• 溶血；值降低<br>储存<br>• 稳定性未知<br>注<br>• 利尿药；值降低 |
| 总蛋白（TP） | 来源<br>• 见白蛋白和球蛋白<br>作用<br>• 维持渗透压，转运机制和免疫 | 犬<br>• 5.4～7.6g/dL<br>猫<br>• 6.0～8.1g/dL | 升高：脱水，γ球蛋白病<br>降低：急性失血，水中毒 | 处理<br>• 严重溶血和样品脱水；值升高<br>储存<br>• 密封样品，防止脱水<br>• 稳定性未知<br>注<br>• 见白蛋白和球蛋白 |

# 骨髓评估

　　骨髓评估可以用来诊断疾病，确定某些肿瘤生长期或检查身体状况及机体对治疗的反应。骨髓样品的采集和保存是制作载玻片的关键。适当地采集样品并制备载玻片，通常可以在经细胞病理学专家确诊前于诊所内得到初步诊断。

## 骨髓样品采集、处理、储存和运输技巧

### 采集

• 骨髓样品采集后迅速变性，中性粒细胞首先发生形态学变化，类似肿瘤。

• 样品必须在动物死亡后的30min内获得并制备好。

**技能框4.1　骨髓采集必需品**

- 外科准备材料

- 无菌外科必需品（如手套和创巾）

- 止痛/麻醉药

- 16～18G，2.54～4.45cm的骨髓活检针

- 手术刀片

- 12mL或20mL注射器

- 洁净的显微镜载玻片

- 10～20mL注射器，内含2%～3%的EDTA/等渗溶液

小技巧：将0.35mL的等渗溶液注入含0.07mL（原书7mL是否有误——译者注）EDTA的采血管中，即为0.42mL 2.5%的EDTA/等渗溶液。

## 处理

- 如果不能立即制片，应将抽吸的骨髓立即放入EDTA采血管中。

- 如果没有使用EDTA/等渗溶液，为了避免凝血和细胞形态改变，必须在30s内涂片。

- 涂片自然风干。

- 为了保持准确的细胞形态，样品染色越快越好。

- 为了能充分着色，染色时间通常是普通片染色时间的2倍。

**技能框4.2　涂片技术**

| 技术 | 定义/用途 | 步骤 | 基本信息 |
|---|---|---|---|
| 涂片，未用EDTA | • 使用洁净干燥的注射器采集样品 | 1. 保持一个载玻片呈45°～70°角<br>2. 在倾斜的玻片上滴骨髓样品，让骨髓颗粒附着在玻片上<br>3. 将第一张玻片平放，第二张玻片放其上面，样品扩散开来，按相反方向平稳水平地拉这两张玻片<br>4. 涂片自然风干，然后染色 | • 必须在采集样品后30s内制片 |
| 涂片，使用EDTA | • 使用带有EDTA/等渗溶液的注射器采集样品 | 1. 将含EDTA/等渗溶液的注射器采集的样品挤出到培养皿中<br>2. 倾斜培养皿，使液体流到培养皿底部，骨髓颗粒附着在培养皿内<br>3. 用一个PCV管，采集骨髓颗粒/骨针，轻轻地放在玻片上<br>4. 将盖玻片呈45°角放在载玻片上，盖玻片的角将悬在玻片外面<br>5. 拉动盖玻片的一个角，制作骨髓颗粒涂片<br>6. 涂片自然风干，然后染色 | • 必须在采集样品数分钟内制片 |

注：制作一些不压的片子，制作一些轻轻用手指压盖玻片的片子。

储存

- 涂片必须完全风干后才能放入片盒中。

运输

- 片夹两面均应放置垫料以防破损（如泡沫包装纸，软垫）。
- 不要用含有福尔马林的瓶子邮寄涂片，因为气体会改变涂片染色的稳定性。

## 评估

自然风干的涂片应立刻用亚甲基蓝染色以检验骨髓成分（如巨核细胞）和其诊断质量。如果涂片不足，需再次采集样本。如果切片可以使用，按照循序渐进的方法，做出全面的评估。

1. 准备已染色涂片
2. 4倍镜下浏览玻片
   a. 检验染色是否充分
   b. 检验涂片制备是否合适
   c. 确定细胞结构
   d. 确定巨核细胞的数量和发育成熟度
3. 10倍镜下检查涂片
   a. 细胞大小
   b. 细胞类型
4. 40倍镜下检查涂片
   a. 染色模式
   b. 核仁
5. 油镜下检查切片
   a. 粒/红比例

表4.3　骨髓评估

| | 定义 | 检查 | 分类 |
|---|---|---|---|
| 细胞结构 | 细胞与脂肪细胞的比例 | 低倍（×4～×10） | 比例<br>• 正常细胞的: 30%～70%<br>• 细胞过多的: 大于50%～70%<br>• 细胞减少的: 小于30%～50% |
| 巨核细胞 | 数量，发育成熟和形态 | 低倍（×4～×10） | 数量<br>• 发育不全: <3/大颗粒<br>• 增生: >50/大颗粒<br>发育<br>• 成熟: >50% |
| 红细胞 | 数量，比例和形态 | 低倍和高倍（×10～×100） | 数量<br>• 中幼红细胞: 60%～70%<br>• 晚幼红细胞: 30%～35%<br>• 原始红细胞: <1%<br>形态<br>• 核溶解，未成熟细胞固缩，细胞质或空泡，巨幼红细胞变化 |

| | 定义 | 检查 | 分类 |
|---|---|---|---|
| 粒细胞 | 数量，比例和形态 | 低倍和高倍（×10~×100） | 数量<br>• 晚幼粒细胞，杆状中性粒细胞，分叶中性粒细胞：80%<br>• 原始粒细胞，早幼粒细胞，中幼粒细胞：20%<br>形态<br>• 胞质嗜碱性，空泡形成 |
| 粒细胞/红细胞比例 | 在不同视野检查300~500个细胞，把它们分成粒细胞或红细胞 | 高倍（×100） | • 正常：稍微>1:1 |
| 有机体 | 鉴定 | 高倍（×100） | • 微生物：荚膜组织胞浆菌，鼠弓形虫，猫焦虫，埃里希体<br>• 寄生虫：支原体和巴贝斯虫 |

注：淋巴细胞，浆细胞，单核细胞，巨噬细胞和铁储存都可评估。

**表4.4 细胞类型鉴定（图4.1、图4.2和图4.3，见彩图第3页）**

| 细胞类型 | | 特征 |
|---|---|---|
| 红细胞 | 原红细胞 | • 1~2个蓝染核仁<br>• 大而圆，暗紫色核，边缘光滑<br>• 细颗粒状，线性染色<br>• 鲜明的蓝色 |
| | 早幼红细胞 | • 比原红细胞小<br>• 圆形核，边缘光滑<br>• 染色质粗，浓染<br>• 发红 |
| | 中幼红细胞 | • 比早幼红细胞小<br>• 染色质粗的深色团块开始消失<br>• 核仁正在消失<br>• 红色加深 |
| | 晚幼红细胞 | • 比成熟红细胞大<br>• 很暗，核仁固缩<br>• 染色质和核仁消失 |
| | 网织红细胞 | • 大<br>• 无核<br>• 嗜碱性着色<br>• 残留无功能的RNA |

**4**

| 细胞类型 | | 特征 |
|---|---|---|
| 粒细胞 | 原粒细胞 | · 大<br>· 无粒，胞质呈蓝色–粉红色<br>· 圆形至椭圆形，红色核<br>· 染色质呈颗粒样<br>· 1~2个淡蓝色核仁 |
| | 早幼粒细胞 | · 胞质含有小的粉红色颗粒<br>· 核深染<br>· 染色质深染，花边样<br>· 核仁 |
| | 中幼粒细胞 | · 椭圆形核<br>· 染色质比较粗糙<br>· 胞质呈灰蓝色<br>· 颗粒着色<br>　· 嗜酸性——红色颗粒<br>　　· 犬：多形的<br>　　· 猫：杆状的<br>　· 嗜碱性——蓝色颗粒<br>　　· 犬：圆形，紫红色，少<br>　　· 猫：椭圆形，淡紫色，充满胞质<br>· 易同外周血液中单核细胞混淆 |
| | 晚幼粒细胞 | · 细胞核呈锯齿状或U形<br>· 胞质呈淡蓝色<br>· 易同外周血液中单核细胞混淆 |
| | 杆状核粒细胞 | · 核呈U形，边缘光滑<br>· 染色质成团<br>· 胞浆呈淡蓝色 |
| 血小板 | 原巨核细胞 | · 由于大小和数量，骨髓样本常常不做鉴别<br>· 2个微红色核<br>· 嗜碱性胞浆少 |
| | 幼巨核细胞 | · 分裂核<br>· 胞浆呈深蓝色<br>· 2~4个核仁 |
| | 巨核细胞 | · 极大<br>· 有大量的深蓝色至淡蓝色的颗粒胞质<br>· >4个核仁 |

## 判读

涂片检查的结果应结合CBC的结果进行判读。判读可能得出明确的诊断，也可能仅是诊断过程的一个步骤。根据检查结果，决定是否进行进一步的检查或建立初步治疗方案。即使兽医师已得出初步的诊断，这些涂片也要送到细胞学实验室，由委员会认证的临床病理学家/血液学专家来证实和分期。

# 细胞学

细胞学检查是临床上的日常基础检查。一个熟练的细胞学技术人员能够快速轻松地得到初步结果。这些结果有助于区分细胞类型（如腺癌），疾病的发展阶段和预测病情。尽管最终的诊断结果需要兽医师给出，但技术人员对涂片进行重要的评估和判读，从而有助于兽医师进行诊断。

## 细胞采集、处理、储存和运输技巧

### 采集

- 应从患处进行多部位采集，以确保样本具有代表性。
- 细针抽吸（FNA）要有一定的力度，确保能抽出细胞。
- 注射器负压过大或吸入时间过长，往往造成血液污染而致使涂片无诊断意义。
- 制作数张玻片，用不同的染色方法进行染色。

技能框4.3　采集技术

| 技术 | 应用 | 步骤 | 备注 |
|---|---|---|---|
| 压印法 | · 体外损伤或手术活组织检查或尸体剖检时的新鲜组织样本 | 1. 用洁净干燥的纱布将损伤或压片处吸干<br>2. 用一干净的玻片轻轻按压损伤处，制作压片<br>　· 可用1张玻片轻轻按压几次<br>　· 溃疡处清洗前后均要制作压片 | · 通常采集极少的细胞和极多的污染物 |
| 刮片法 | · 体外损伤或手术活组织检查或尸体剖检时的组织样本 | 1. 清洗损伤处并吸干<br>2. 握住手术刀垂直损伤处刮取<br>3. 刮样本时刀片朝向操作者<br>4. 用刀片把刮除的物质放到玻片中间，制作涂片 | · 采集大量细胞，可能会有大量的细菌污染和炎症 |
| 拭子法 | · 窦道和阴道样本采集 | 1. 用生理盐水湿润无菌棉签<br>2. 将棉签贴窦道或阴道内壁并轻轻地旋转<br>3. 轻轻地将棉签在玻片滚动，把样本转移到玻片上 | · 仅在管状的患处选择使用<br>· 粗暴或不合适的处理，增大细胞损伤 |

| 技术 | 应用 | | 步骤 | 备注 |
|---|---|---|---|---|
| 细针活组织检查[a] | 抽吸 | ·损伤 | 1. 分离和固定肿瘤<br>2. 把细针插进肿瘤，抽拉活塞到3/4 刻度形成较强负压，然后释放压力<br>3. 把细针再次插入肿瘤的不同部位，使用相同的压力，采集样品在不同的部位按同样的操作采集样品<br>4. 迅速利用涂片技术1涂抹样品（见技能框4.5涂片技术，第88页）<br>·如果肿瘤很大，当细针再次插入时负压需要维持片刻 | ·避免表面污染，抽吸时肿瘤周围组织污染概率升高<br>·某些肿瘤类型可使血液污染概率升高<br>·允许损伤范围内多个部位采集样品 |
| | 非抽吸 | ·肿块或大小足以分离的实质性病变<br>·深部组织可以在超声引导下进行活组织检查<br>·高度血管病变 | 1. 分离和固定肿瘤<br>2. 只能将细针插入肿瘤，在同一路径快速来回移动细针<br>3. 拔下针头，接上有气体的注射器，轻柔地将采集的样品推到洁净的玻片上<br>4. 用涂片技术1 涂抹样品（见技能框4.5涂片技术，第88页） | ·避免表面污染，插入时肿瘤周围组织污染概率升高<br>·需要采集充足的样品，因为制作1张涂片可能会降低诊断意义 |

[a] 肿块中央进行FNB通常会产生坏死碎片和炎性细胞，外围部位进行FNB结果最好。对于≤10mm的小肿块比较困难。

**技能框4.4 FNB针头和注射器的选择**

·被抽吸组织越软，所选用的针头和注射器越小

·不要用大于21G的针头，因为较大号的针头会抽吸到组织团块，增大血液污染的可能性

·12mL注射器对所有肿瘤都很安全

## 处理

·采集的样品应立即处理并涂片，以免干燥，成团，凝固。

·涂片时，尽可能不要涂到玻片的边缘。

·涂片后应迅速使玻片风干，可以在空气中挥动玻片或用吹风机吹干。

·玻片必须标记好，在玻片的正面标记出动物的信息。

·制备好2～3张自然风干的未染色的玻片和2～3张自然风干的已染色的玻片一起送往实验室。染色的玻片可以为不能很好保持且长时间不染色的细胞，留作备用。

·液体样品尽可能与制好的玻片一起送往实验室。

**技能框4.5　涂片技术**

　　细胞学检查最常见的错误是实验室技术人员处理样品。不恰当准备玻片包括破坏细胞或对过厚区域进行判读，或样品在涂片前已经干燥。所有这些错误都会导致不恰当的评估，但可以通过适当的技术和实验室技术人员的细心来补救。

| 技术 | 定义/应用 | 步骤 |
|---|---|---|
| 血液涂片技术 | · 将液体涂以薄层于载玻片上<br>· 液体样品 | 1. 把抽吸到的材料推到玻片上<br>2. 用第2张玻片以30°~40°角放置到第1个玻片上的样品前面<br>3. 向后拉动第2张玻片到样本处，然后轻轻地迅速拉动玻片到第1个玻片的末端<br>　· 用指尖压住要涂的片，平稳快速地推动玻片<br>　· 涂片的末端要呈羽状边缘，不要溢出玻片的边缘 |
| 压迫制片 | · 制作涂片良好的玻片<br>· 较厚的样品（如骨髓） | 1. 将抽吸到的物质推到玻片上<br>2. 以合适的角度将第2张玻片覆盖到样本上<br>3. 不要用任何压力，轻轻地迅速滑动上面玻片，制备涂片 |
| 改良的压迫制片 | · 制备良好的涂片，降低细胞破裂的倾向<br>· 较厚的样品（如骨髓） | 1. 按照上面的第1步和第2步<br>2. 以45°角旋转上面的玻片，然后向上抬起 |
| 联合制片技术 | · 压片技术和血液涂片技术的联合使用<br>· 任何样品 | 1. 把抽吸到的材料推到玻片上<br>2. 在心里将样品分成三部分，按血涂片技术制备玻片一端的1/3部分，按压片技术制备玻片另一端的1/3部分 |
| 海星形制片 | · 防止脆弱细胞的破坏<br>· 任何样品 | 1. 把抽吸到的物质推到玻片上<br>2. 用针尖把样品摊开成海星的形状 |

储存

· 涂片必须完全风干后才能放入片盒中。

运输

· 片夹两面均应放置垫料以防破损（如泡沫包装纸、软垫）；
· 不要用含有福尔马林的瓶子邮寄涂片，因为气体会改变涂片染色的稳定性；
· 防止玻片受潮，以免样品变形。

## 评估

经过适当的采集样本并制备好玻片后，常在诊所评估获得初步诊断。技术人员评估玻片并留意是否有任何变化，这是检验步骤中不可分割的环节。然后，经由DVM证实玻片内容，得到初步诊断结果。然后将玻片送到相关实验室得出官方诊断结果。

1. 制备染色玻片。
2. 4倍镜下，浏览整张玻片。
   a. 检查染色是否充分。

b. 检查染色特征和人为假象。
   c. 检查总体细胞构成和局部区域的细胞构成。
   d. 检查晶体，异物，寄生虫，真菌菌丝。
3. 10倍镜下，检查玻片。
   a. 细胞大小。
   b. 细胞类型。
   c. 细胞构成。
4. 40倍镜下，检查玻片。
   a. 染色模式。
   b. 核仁。
5. 油镜下，检查玻片。
   a. 细胞包含体。
   b. 有机体。
   c. 有丝分裂象。

小技巧：在制备好的玻片上滴一滴油（不包括湿涂片），然后用一个盖玻片覆盖在油上，使玻片内容物更加清晰。增加放大倍数到100倍，在盖玻片上再滴一滴油进行检查。为了保存玻片以便日后评估，应轻轻将盖玻片水平滑出去，以免破坏玻片内容。

表4.5 恶性肿瘤的细胞学标志

　　玻片中出现1个或下面细胞学变化的组合都应仔细重新检查，看是否存在潜在的恶性肿瘤。如果必要，应该咨询细胞学实验室进行分类。已经证实，核的特征是诊断恶性肿瘤最可靠的原始资料。然而，仍要对细胞进行全面的评估。一些类型的恶性细胞常常不表现下述任何特征，因此，应同时进行恶性肿瘤诊断的其他方面检查。

| 细胞学特征 | 特征 | 肿瘤细胞类型 |
|---|---|---|
| 胞核 | · 细胞核大小不均<br>· 巨细胞核<br>· 胞核：胞浆比例改变<br>· 不规则胞核纹理<br>· 大小、形状和核仁形态异常<br>· 不规则的核膜 | 上皮细胞<br>· 圆形核，染色质光滑至轻微粗糙，通常位于中央<br>· 1个或多个核仁<br>间质细胞<br>· 椭圆形细胞核，位于中央<br>圆形细胞<br>· 位于中央或离心位置 |
| 胞浆 | · 空泡化<br>· 不同细胞间胞浆量不同<br>· 瑞氏染色呈嗜碱性<br>· 胞浆边界异常 | 上皮细胞<br>· 胞浆增多，分泌物或空泡化<br>间质细胞<br>· 胞浆边界异常和延伸<br>· 适量<br>圆形细胞<br>· 明显的胞浆边界<br>· 量、颗粒性和空泡化可变 |
| 结构 | · 细胞大小不均<br>· 大红细胞症<br>· 多形性 | 上皮细胞<br>· 大至很大型细胞<br>· 圆形，椭圆形，尾状细胞，易去角质成片，成簇，团块<br>间质细胞<br>· 小至中型细胞<br>· 梭形细胞，不易去角质<br>· 单个细胞或混乱集群<br>圆形细胞<br>· 小至中型细胞<br>· 圆形，椭圆形；易去角质单个细胞 |

**恶性肿瘤的细胞学标志**

| | 正常/增生 | 恶性肿瘤 |
|---|---|---|
| **一般或大体标志** | | |
| 细胞构成 | 低至中等 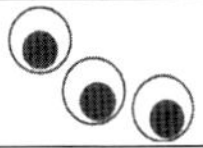 | 中等至高  |
| 位置 | 正常组织表示组织样品 | 异常组织表示组织位置 |
| 多形性<br>红细胞大小不均<br>大红细胞症 | 没有至极少 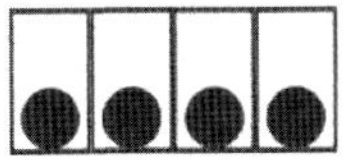 | 中等至明显 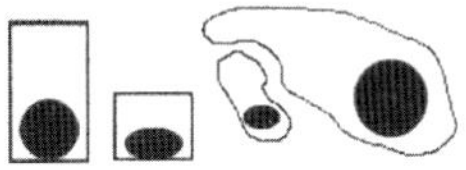 |
| **恶性细胞核的标志** | | |
| 大小（细胞核大小不均） | 一致的 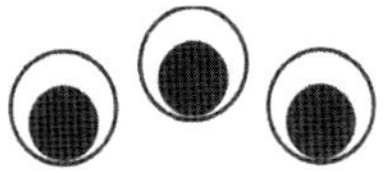 | 可变的 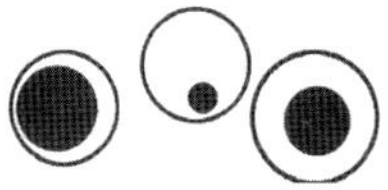 |
| 胞核：胞浆比例 | 一致的 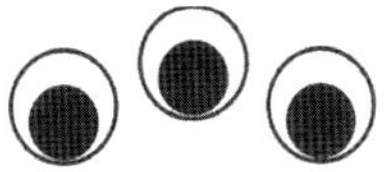 | 可变的 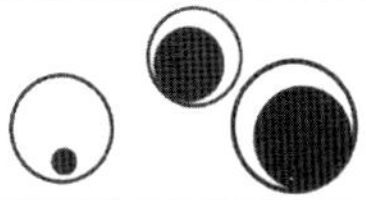 |
| 核仁 | 通常呈小圆形，单个至很少 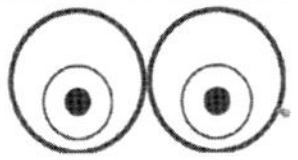 | 大，多个，突出和不规则形状  |
| 胞核染色质 | 一致的纹理 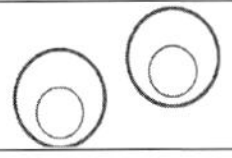 | 异常成群（围绕核仁，沿核信封样）  |
| 有丝分裂 | 很少至正常  | 正常和异常外形增加 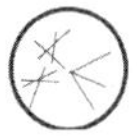 |
| 胞核形状 | 一致的，圆形至椭圆形  | 不规则的，明显锯齿状的，可能都是异常分裂的结果  |
| 核仁数目 | 通常1个或偶数个  | 可能是奇数或偶数多个核仁，单个细胞中核仁大小改变  |
| **恶性细胞胞浆标志** | | |
| 嗜碱性 | 很小，除非激活产生蛋白质 | 可能增加，深蓝色 |
| 空泡化 | 正常的吞噬，分泌或退化的细胞 | 可能大的或异常的"戒指"形状 |
| 恶性细胞吞噬作用 | 无 | 可能存在 |

图4.4 恶性肿瘤的细胞学标志

表4.6 肿瘤细胞

下表给出了常见肿瘤类型的大体描述。由于位置，持续时间和恶性肿瘤会发生多种变化。应该评估每一个细胞代替其余玻片和动物的大体结果。特殊情况的诊断必须有兽医进行。

| 肿瘤类型 | | 特征 |
|---|---|---|
| 上皮细胞 | 乳腺癌 | • 嗜碱性胞浆，空泡和分泌产物<br>• 胞核大小和胞核∶胞浆比例易变<br>• 核仁常常离开中心到细胞的边缘<br>• 成簇的细胞呈圆形至椭圆形<br>• 核仁形状和数目易变 |
| | 肛周腺瘤 | • 出现肝样团块<br>• 圆形至椭圆形核仁，1~2个核仁<br>• 大量的，泡沫状，灰色到棕褐色胞浆±颗粒 |
| | 皮脂腺肿瘤 | • 大细胞<br>• 胞核呈轻微粗糙的染色质纹理<br>• 胞核∶胞浆比例变大<br>• ±嗜碱性和泡沫状胞浆 |
| | 鳞状细胞癌 | • 嗜碱性胞浆至大量的，苍白胞浆<br>• 大核仁，成簇染色质<br>• 胞核∶胞浆比例易变 |
| 间质细胞 | 脂肪瘤 | • 脂肪膨胀的大细胞或花边、萎缩的细胞 |
| | 骨肉瘤 | • 核大小易变，染色质成簇<br>• 纺锤形<br>• 大量的，泡沫状嗜碱性胞浆 |
| | 软组织肉瘤 | • 红细胞大小不均或纺锤形<br>• 胞浆呈深蓝色±空泡和粉红色颗粒<br>• 核仁数目和大小易变 |

| 肿瘤类型 | 特征 |
|---|---|
| **圆形细胞肿瘤** | |
| 组织细胞瘤<br>· 彩图4.5，CP-4 | · 红细胞大小不均<br>· 异形红细胞<br>· 细胞质呈淡蓝色，数量可变<br>· 胞核：胞浆比例上升<br>· 核仁呈圆形、椭圆形或不规则形状，染色质纹理呈花边样或细斑点状 |
| 淋巴瘤<br>· 彩图4.6，CP-4 | · 密集细胞核边缘为嗜碱性细胞质<br>· 胞核：胞浆比例上升<br>· 颗粒状染色质<br>· ≥1个核仁 |
| 肥大细胞瘤<br>· 彩图4.7，CP-4 | · 红细胞大小不均<br>· 胞核呈圆形或椭圆形，染色较浅<br>· 细胞质中有光滑到粗糙，深蓝色到紫红色的颗粒<br>· 胞核：胞浆比例根据细胞的分化和等级而变化 |
| 黑素瘤 | · 细胞质中有呈绿色至棕黑色的形状和大小不规则的颗粒<br>· 异形红细胞 |
| 浆细胞瘤 | · 呈椭圆形或圆形，染色质粗糙、成团<br>· 1个小核仁<br>· ±嗜碱性细胞质<br>· 未染色的高尔基体离开中心位置 |

## 判读

一旦评估了玻片，应该确定结果是炎症和/或肿瘤过程。如果确定是炎症，兽医往往决定初步协议和治疗方案即可。如果发现有肿瘤细胞，兽医将会审查恶性肿瘤标志。根据对细胞类型的初步诊断，结合病例，兽医可以诊断出恶性肿瘤。通常，将结果送往细胞学实验室进行确认和分期。

**表4.7 粪便细胞学**

粪便细胞学检查是确诊胃肠道内炎性细胞和潜在病原微生物的一项重要诊断工具。动物的急性、慢性腹泻，均可使用该诊断方法。检查的第一步是确定有无细菌及其数量。一种优势菌的存在暗示其可能为病原微生物，应进行细菌培养。在某些情况下，可能会存在1种以上的优势菌（如吸收不良、消化不良等）。正常动物的粪便细胞学检查可能会检测到少量上皮细胞。然而，当检测到存在中性粒细胞或嗜酸性粒细胞则表明可能存在炎性病变（如沙门氏菌、弯曲杆菌感染、嗜酸性结肠炎等）。粪便细胞学检查还可能检测出原虫（如贾第鞭毛虫）或真菌（如组织胞浆菌）。

粪便细胞学检查建立在2种操作方法上：湿制片法或干制片法。更多详细信息资料，请参见技能框4.16 内寄生虫检测方法，第132页。

| 微生物 | | 特征 |
|---|---|---|
| **梭菌属**<br>· 彩图4.8，CP-4 | | · 革兰阳性大杆菌<br>· 其芽胞更容易被辨认<br>· 外观呈"安全别针样"，表示孢子囊（细胞体）内未染色的孢子<br>· 当在×100视野下>5个，即表明其过度繁殖 |
| **贾第鞭毛虫**<br>· 彩图4.9，CP-5 | | 滋养体<br>· 梨形，腹面凹陷<br>· 两个细胞核的轮廓像眼睛，鞭毛及中体则像是鼻子和嘴巴<br>· 运动性：向前或"落叶"运动<br>· 大小：6~10μm<br>包囊<br>· 在粪便悬浮物中失水塌陷时，形成新月状<br>· 细胞核、包囊壁及鞭毛可见<br>· 大小：11~13μm |
| **弯曲菌或螺旋菌** | **弯曲杆菌**<br>· 彩图4.10，CP-5 | · 革兰阴性菌<br>· 细小、弯曲的革兰阴性杆菌（非紧密螺旋）<br>· 两个连在一起的菌体形状如同"海鸥"或"W"样<br>· 运动迅速飞快，如同"移动的蜂群"<br>· 大小：1.5~5μm |
| | **密螺旋体及螺旋菌属（真螺旋体）**<br>· 彩图4.11，CP-5 | · 革兰阴性菌<br>· 紧密/密集的螺旋状杆菌<br>· 螺旋形路线运动 |
| | **短螺旋体属** | · 松散、正弦型的细小螺旋体<br>· 迅速线虫样运动，当大量菌体附着藏匿于上皮细胞时，则类似于鞭毛 |
| | **滴虫属** | · 单核，波形膜<br>· 旋转、游走样运动，轴柱弯曲可见，抖动<br>· 可与贾第鞭毛虫（猫、腹泻）发生混淆 |
| **酵母菌** | **念珠菌样**<br>· 彩图4.12，CP-5 | · 内部结构极少，体积小于贾第鞭毛虫的包囊 |
| | **Cyniclomyes（酵母样菌Sarrharomycopsis）** | · 大而细长的酵母菌，且两极有包含体，有时可见分支 |

## 阴道细胞学

阴道细胞学检查用于判断动物的发情周期情况。由于在发情周期内，细胞结构在不断变化，因此每隔几天就应进行一次阴道细胞学检查，同时应同动物的病史及检查密切的联系起来（如多个连续样本的检查可提高发情期阶段检查的准确性）。

表4.8　阴道细胞分类

| 阴道细胞 | | 特征 |
|---|---|---|
| 未角质化的鳞状上皮细胞 | 副基底细胞 | · 细胞小而圆，有少量的细胞质<br>· 圆而清晰的胞核<br>· 大小、形状一致 |
| | 中间细胞 | · 大而圆，有大量细胞质<br>· 圆形核 |
| | 表层中间细胞 | · 胞质增多，细胞不规则，有褶皱、棱角<br>· 胞核小，固缩 |
| 角质化鳞状上皮细胞 | 表层细胞 | · 大细胞<br>· 胞浆增加，细胞有褶皱、棱角<br>· 边缘明显<br>细胞时期<br>· ± 细胞核（早期细胞有细胞核，老龄/晚期细胞则无细胞核），空泡 |

表4.9 发情周期

| 发情周期 | 定义 | 细胞特征 |
|---|---|---|
| 乏情期 | • 无生理变化<br>• 不吸引雄性，也不接受雄性<br>• 持续时间：<4.5个月 | • 中间细胞或旁基底细胞<br>• ±中性粒细胞（可能存在中性粒细胞）<br>• ±细菌（可能存在细菌） |
| 发情前期 | • 外阴肿胀，阴道排出血样分泌物<br>• 吸引雄性动物，但不接受交配<br>• 持续时间：4~13d | 早期<br>• 未角质化的鳞状上皮细胞<br>• 中性粒细胞和红细胞<br>• ±细菌（可能存在细菌）<br>晚期<br>• 表层中间细胞和角质化上皮细胞<br>• 中性粒细胞减少，且红细胞增加<br>• ±细菌（可能存在细菌） |
| 发情期 | • 外阴肿胀，粉红色到稻草色分泌物<br>• 接受爬跨交配（接受雄性）<br>• 持续时间：4~13d | 早期<br>• 角质化鳞状上皮细胞达90%<br>• ±表层中间细胞（可能存在表层中间细胞）<br>• ±红细胞（可能存在红细胞）<br>• （存在）细菌<br>晚期<br>• 中性粒细胞增多，红细胞减少<br>• （存在）细菌 |
| 动情后期/间情期 | • 外阴肿胀和分泌物逐渐消退<br>• 不吸引雄性，也不接受雄性<br>• 持续时间：2~3个月 | 早期<br>• 角质化鳞状上皮细胞<br>• 细胞碎片增多<br>晚期<br>• 中间细胞和副基底细胞<br>• ±中性粒细胞，红细胞（可能存在中性粒细胞、红细胞） |

# 功能测试

功能测试是用来强制机体内系统执行特殊方式（如抑制或刺激）从而提供预期结果。根据这些结果，获得的信息将会帮助兽医来判断该系统功能是否正常。大部分功能测试都需要禁食、注射、数次采血的特定程序，然而，

针对每个独立的实验室应咨询他们自己具体的方法规定。对于任何的实验室检测，在采集及操作处理中都存在着巨大的人为误差之处，同时这也是最容易进行正确地监测与执行的部分。

表4.10 功能测试

| 试验 | 定义/用途 | 正常范围 | 操作规程 | 处理和注意事项 |
|---|---|---|---|---|
| 促肾上腺皮质激素（ACTH）源性血浆，浓度<br><br>试管：LTT<br>用量：全管<br><br>适用范围：肾上腺皮质机能亢进，肾上腺皮质机能减退 | 区分垂体依赖性肾上腺皮质机能亢进（PDH），肾上腺皮质肿瘤（ATs）以及原发性和继发性肾上腺皮质机能减退 | 犬<br>• 2.2～25pmol/L<br>• <2.2 pmol/L =AT<br>• 2.2～10 pmol/L =无诊断意义<br>• >10 pmol/L =PDH | • 禁食12h<br>• 采集血液样品 | 处理/储存<br>• 脂血症：可能会干扰试验<br>• 样品采集后应立即置于冰盒内，离心，移至塑料试管内，冷冻保藏<br>• 尽快将保存于干冰中的样品送至实验室检测<br>• 往EDTA管中添加抑肽酶以抑制ACTH的降解，而使样品无需冷冻<br>注<br>• 无 |
| ACTH刺激试验或ACTH应答试验<br><br>试管：STT或RTT<br>用量：每份样本需0.5mL血清或血浆<br><br>适用范围：肾上腺皮质机能亢进，肾上腺皮质机能减退；筛检及监测治疗 | 肾上腺通过释放与其大小和发育状况成比例的糖皮质激素对外源性促肾上腺皮质激素（ACTH）刺激做出应答反应。该试验测量实际的皮质醇激素 | 犬<br>试验前：<br>• 0～10μg/dL<br>试验后：<br>• 8～22μg/dL<br>猫<br>试验前：<br>• 0.4～4.0μg/dL<br>试验后：<br>• 8～12μg/dL | • 获得基准样品<br>• 替可克肽（合成促皮质素）<br>  • 犬：0.25mg，肌内注射<br>    猫：0.125mg，肌内注射<br>  • 注射1h后，对犬采血；注射30min和1h后对猫采血<br>• ACTH凝胶<br>  • 按照每磅体重1个单位肌内注射<br>  • 注射2h后，对犬采血；注射1h和2h后，对猫采血 | 处理/储存<br>• 延迟血清/血浆与血细胞分离和脂血症，则值降低<br>• 样品采集后应立即置于冰盒内，离心，移至塑料试管内，冷冻保藏<br>注<br>• 测试前24～48h应停止使用泼尼松、强的松龙、可的松和氟氢可的松 |
| ADH应答试验或血管加压素应答试验<br><br>适用范围：尿崩症；鉴别中枢性和肾原性尿崩症 | 在脱水或限水情况下，评估外源性ADH对肾小管浓缩尿液能力的影响 | 犬/猫<br>• 尿密度（USG）上升 | • 限水试验后立即进行；按照0.5U/kg剂量肌内注射血管加压素（最大剂量为5U）<br>• 在30min、60min、90min和120min时排空膀胱并测量尿密度和渗透压 | 处理/储存<br>• 无<br>注<br>• 试验结束前禁食禁水 |

| 试验 | 定义/用途 | 正常范围 | 操作规程 | 处理和注意事项 |
|---|---|---|---|---|
| **氨耐受试验**（ATT）<br><br>试管：GRNTT<br>用量：全管<br><br>适用范围：肝脏疾病及门体分流 | 检测异常门脉血流及肝功能障碍 | 犬<br>给氨前：<br>· 44～106μg/L<br>给氨后：<br>· 85～227μg/L<br>危险水平：<br>· >1 000μg/dL | · 禁食12h，灌肠清理下段肠道<br>· 采集基准样品<br>· 按照0.1g/kg剂量给予氯化铵（最大剂量为3g）<br>　· 口服，将氯化铵溶解于20～50mL水中，并通过胃管给药<br>　· 直肠给药，5%的溶液<br>　· 口服，将粉末装入软胶囊<br>· 给药后（胶囊）30～45min内，采集肝素化血液样本 | 处理/储存<br>· 立刻离心，分离出血浆，并在1～3h内进行试验，或将其冷冻于-68℉（-20℃）<br>注<br>· 不推荐将该法应用于猫<br>· 如果犬在静息状态下氨的水平就已升高，则不应进行此项检测，因为该试验可能会导致肝性脑病<br>· 口服投药可能会导致动物返流<br>· 动物可能会发生呕吐，但并不会导致试验测试无效<br>· 静脉堵塞，活动有力，保定时肌肉收缩；值升高<br>· 值升高3～10倍，提示为门体分流 |
| **胆汁酸**<br><br>试管：SST<br>用量：0.5mL血清<br><br>适用范围：肝脏疾病，门体分流及胆汁淤积性疾病 | 肝胆系统功能障碍会导致系统性的胆汁酸水平上升。此试验为检测肝脏及胆道异常非常敏感的功能测试 | 犬/猫<br>禁食：<br>· <5μmol/L<br>餐后：<br>· <25μmol/L | · 禁食12h<br>· 采集基准样品<br>· 犬饲喂≥2汤匙的高脂肪饮食，猫饲喂≥1汤匙<br>· 饲喂2h后采集血液样品 | 处理/储存<br>· 无<br>注<br>· 熊去氧胆酸；值会发生变动<br>· 溶血；值降低<br>· 回肠疾病及剧烈腹泻；值降低 |
| **犬胰脂肪酶免疫反应性**（cPLI）<br><br>试管：SST<br>用量：0.5mL血清<br><br>适用范围：胰腺炎，胰腺肿块 | 直接检测胰脏脂肪酶和血清总脂酶活力的总测定 | 犬<br>· 1.9～82.8μg/L | · 禁食12～18h<br>· 采集血液样品 | 处理/储存<br>· 分离血清，将样品存放于冰上，直接送至Texas A&M GI 实验室检测<br>注<br>· 无 |

| 试验 | 定义/用途 | 正常范围 | 操作规程 | 处理和注意事项 |
|---|---|---|---|---|
| **地塞米松抑制试验 高剂量**<br><br>试管：SST<br>用量：每份样品0.5mL血清<br><br>适用范围：肾上腺皮质机能亢进 | 区分犬的垂体依赖性肾上腺皮质机能亢进（PDH）与肾上腺皮质肿瘤（ATs）。注射地塞米松通过负反馈切断ACTH的产生，就像PDH一样。这也是猫HAC的诊断性筛检试验 | 犬<br>PDH：<br>测试前：<br>・1.1~8.0 µg/dL<br>测试后：<br>・0.1~1.4 µg/dL或≤测试前水平的50%<br>AT：<br>测试前：<br>・2.5~10.8µg/dL<br>测试后：<br>・1.4~5.2µg/dL | ・获得基准样品<br>・地塞米松，按照0.01mg/kg剂量，静脉注射<br>・注射4h后（时间可选）和8h后采集血液样品 | 处理/储存<br>・无<br>注<br>・无 |
| **地塞米松抑制试验 低剂量**<br><br>试管：SST<br>用量：每份样品0.5mL血清<br><br>适用范围：肾上腺皮质机能亢进 | 用于诊断或确诊HAC | 犬<br>测试前：<br>・1.1~8.0 µg/dL<br>测试后：<br>・0.1~0.9 µg/dL<br>・（无诊断意义1.0~1.4 µg/dL）<br>猫<br>测试前：<br>・1~4 mg/mL<br>测试后：<br>・<1.5 µg/dL | ・获得基准样品<br>・地塞米松磷酸钠，按照0.01mg/kg剂量（犬），0.1mg/kg剂量（猫），静脉注射<br>・注射4h后和8h后采集血液样品 | 处理/储存<br>・无<br>注<br>・测试期间，保持猫处于无应激的环境中 |
| **叶酸和钴胺素**<br>试管：SST<br>用量：1mL血清<br><br>适用范围：肠道细菌过度生长，吸收不良，胰外分泌功能不足，炎性肠炎或肠道肿瘤 | 叶酸在空肠被吸收，钴胺素在回肠内被吸收<br>反映肠道的吸收功能以及肠道菌群的情况 | 犬<br>叶酸：<br>・3.5~11µg/L<br>钴胺素：<br>・300~700 ng/L<br>猫<br>叶酸：<br>・6.5~11.5µg/L<br>钴胺素：<br>・290~1 500ng/L | ・禁食12h<br>・采集血液样品 | 处理/储存<br>・叶酸溶血；值升高<br>・避免长时间的暴露于光和热中<br>注<br>・无 |
| **果糖胺**<br><br>试管：SST或RTT<br>用量：0.5mL血清<br><br>适用范围：糖尿病 | 糖尿病的辅助诊断，胰岛素治疗期间监测血糖的控制情况 | 犬<br>・370 µmol/L<br>猫<br>・375 µmol/L | ・采集血液样本 | 处理/储存<br>・无<br>注<br>・糖皮质激素，孕激素，噻嗪类利尿剂，生长激素，含葡萄糖液体和吗啡；值升高 |

| 试验 | 定义/用途 | 正常范围 | 操作规程 | 处理和注意事项 |
|---|---|---|---|---|
| **凝血酶原时间**（PTH，PT）<br><br>试管：BTT<br>用量：1.8mL全血<br><br>适用范围：肝病及抗凝剂毒性 | 肝脏可产生一种维生素K依赖性凝血蛋白（因子）。评估外在的和常见的凝血途径 | 犬<br>· 5~8s<br>猫<br>· 8~11s | · 采集血液样本 | 处理/储存<br>· 采血管必须完全装满<br>· 3 000rpm离心10min，移除血浆<br>· 若检测在24h后才能进行，则离心血样，将血浆冷藏<br>注<br>· 无 |
| **血清中抗乙酰胆碱受体自身抗体**<br><br>试管：SST<br>用量：1mL血清<br><br>适用范围：重症肌无力 | 鉴定专门针对肌肉中AchRs的免疫反应 | 犬<br>· <0.6nmol/L<br>猫<br>· <0.3nmol/L | · 采集血液样本 | 处理/储存<br>· 分离血清并迅速置于冰上/冷藏保存<br>注<br>· 皮质类固醇治疗会降低血清中抗体水平 |
| **$T_3$抑制试验**<br><br>试管类型：RTT<br>用量：0.1mL血清<br><br>适用范围：隐性甲状腺机能亢进 | 评估在$T_4$分泌下降后，甲状腺抑制垂体分泌TSH的能力 | 犬/猫<br>· 口服$T_3$ 72h后，血清中$T_4$含量下降 | · 获得$T_4$和$T_3$的基准样品<br>· $T_3$，25μg/猫，口服，每日三次，于次日早晨开始连用7次<br>· 用药第三日早上，口服25μg $T_3$后，4h内再次采集血液样品，测定$T_3$和$T_4$ | 处理/储存<br>· 无<br>注<br>· $T_3$含量升高证实饲主给动物药物的依从性 |
| **甲状腺激素，基础血清**（$T_4$和$T_3$）<br><br>试管：SST<br>用量：1mL血清<br><br>适用范围：甲状腺机能亢进，甲状腺机能减退 | 评测静息时的甲状腺激素浓度，测量$T_4$或$T_3$的总浓度 | 犬<br>$T_4$：<br>· 1.0~4.0μg/dL<br>$T_3$：<br>· 0.5~1.8ng/mL<br>猫<br>$T_4$：<br>· 1.8~4.5μg/dL<br>$T_3$：<br>· 0.4~1.6ng/mL | · 采集血液样本 | 处理/储存<br>· 无<br>注<br>· 皮质类固醇，疾病，发情，妊娠，应激；会改变检测结果<br>· 在疾病的早期阶段，$T_3$检测结果并不准确 |
| **甲状腺激素，游离**（游离$T_4$和游离$T_3$）<br><br>试管：SST<br>用量：0.5mL血清<br><br>适用范围：甲状腺机能亢进，甲状腺机能减退 | 测量未结合蛋白质的甲状腺激素含量和进入细胞内含量 | 犬<br>· 0.3~0.5ng/dL<br>猫<br>· 0.8~5.2ng/dL | · 采集血液样本 | 处理/储存<br>· 无<br>注<br>· 最不可能受非甲状腺疾病的影响 |

| 试验 | 定义/用途 | 正常范围 | 操作规程 | 处理和注意事项 |
|---|---|---|---|---|
| **促甲状腺激素释放激素（TRH）刺激试验或TRH应答试验**<br><br>试管：SST<br>用量：每份样品0.5mL血清<br><br>适用范围：甲状腺机能亢进（猫）；甲状腺机能减退（犬） | TRH的功能是促使垂体前叶释放促甲状腺激素（TSH）及释放最终的合成产物甲状腺激素。通过TRH给药后激素变化的程度来评估甲状腺功能 | 犬<br>· > 2μg/dL，TRH给药后或≥0.5μg/dL，甲状腺素$T_4$基准值之上<br>猫<br>· 几乎不上升 | · 采集基准样品<br>· 按照0.1mg/kg剂量，静脉注射TRH<br>· 注射4h和6h后采集血液样品（犬）；注射4h后采集血液样品（猫） | 处理/储存<br>· 无<br>注<br>· TRH给药后通常会引起可持续4h的流涎，呼吸急促和呕吐 |
| **甲状腺刺激激素浓度**（内源性TSH）<br><br>试管：SST<br>用量：0.5mL血清<br><br>适用范围：甲状腺机能减退 | TSH的功能为刺激甲状腺合成甲状腺激素 | 犬<br>· 0.02~0.5ng/mL | · 采集血液样本 | 处理/储存<br>· 无<br>注<br>· 无 |
| **胰蛋白酶样免疫反应性**（TLI）<br><br>试管：SST或RTT<br>用量：1mL血清<br><br>适用范围：胰外分泌功能不足，胰腺炎 | 检测胰脏消化功能<br>当正常胰腺细胞数目减少时，血清中TLI的含量也会下降 | 犬<br>· 5~35μg/L<br>猫<br>· 17~49μg/L | · 禁食12h<br>· 采集血液样本 | 处理/储存<br>· 室温下允许凝块<br>· 血清−20℃保存<br>注<br>· 在胰腺炎诊断上比淀粉酶/脂肪酶有更高的敏感性和特异性 |
| **尿皮质醇：肌酐比例**<br><br>用量：3~4mL尿液<br><br>适用范围：肾上腺皮质机能亢进 | 尽管动物的尿肌酐在肾脏功能稳定时是相对稳定的，但在肾上腺皮质机能亢进时，尿皮质会升高 | 犬<br>· < 1.35×10⁻⁵ | · 采集尿液样本<br>· 测定尿皮质醇和肌酐浓度 | 处理/储存<br>· 无<br>注<br>· 采集尿样时减少应激<br>· 在家里采集晨尿样品<br>· 通常会有假阳性 |
| **尿蛋白：肌酐比例**<br><br>用量：1mL 尿液<br>膀胱穿刺采样<br><br>适用范围：肾小球性肾炎及肾脏疾病 | 检测尿液中蛋白质的意义；不依赖于尿液浓度 | 犬<br>· < 0.3<br>猫<br>· < 0.6 | · 膀胱穿刺术采集尿液样本<br>· 测定尿液中蛋白质及肌酐浓度 | 处理/储存<br>· 无<br>注<br>· 采集检测晨尿样品 |

| 试验 | 定义/用途 | 正常范围 | 操作规程 | 处理和注意事项 |
|------|-----------|----------|----------|----------------|
| 限水试验<br><br>适用范围：尿崩症 | 使身体脱水至ADH释放临界点和随后肾脏浓缩尿液的浓度 | 犬<br>• 1.045<br>猫<br>• 1.075<br>• USG为1.025时需考虑为适当反应 | • 当动物体重下降 ≥5%，生病或 USG >1.025时停止任何测试<br>逐渐的<br>• 测定不设限制情况下的每日饮水量<br>• 测量USG和动物体重<br>• 每天减少5%的饮水量（不少于每天66mL/kg）<br>• 每天测量USG和动物体重<br>突然的<br>• 排空膀胱，测量USG和动物体重<br>• 试验结束前禁食禁水<br>• 每2~4h1次，排空膀胱，测量USG和动物体重 | 处理/储存<br>• 无<br>注<br>• 禁忌症：脱水、肾脏疾病和氮血症<br>• 改良的限水试验是紧接着标准的限水试验后的ADH反应测试<br>• 在两项测试整个过程中应定期检测BUN |

# 血液学

尽管许多诊所将血样送到外面参考实验室进行检测或在诊所内使用自动化机器进行检测，但有些时候，掌握人工全血细胞计数（CBC）的操作是非常有用的。例如，急诊情况下，时间是关键，有时技术人员会在诊所内进行人工CBC或当自动化机器不正常工作时进行人工CBC。从而为兽医提供关于动物血液学情况的重要信息（如贫血、感染和肿瘤）。

参考血液生化部分的血液采集、处理、储存和运输技巧。

CBC包括RBC和WBC评估，PCV，TP，血红蛋白（Hgb）浓度，鉴别，血小板评估，RBC指数和网织红细胞计数。这些检测需使用抗凝管如EDTA（见表4.1　血液采集管，第73页）中的全血样品进行检测。形态的评估和细胞计数都应在玻片上单层区域进行。较厚的区域和羽状缘应评估大的结构，如血小板团块、微丝蚴和肥大细胞。细胞内含物常常与血小板和色斑沉淀混淆，它们的位置（如细胞内、细胞表面）应通过调焦来核实。

| 方法 | 定义/用途 | 技巧 | 正常值 | 相关状况 |
|---|---|---|---|---|
| **血细胞压积**（PCV，血细胞比容，Hct） | · RBCs在全血中的百分比 | · 用全血填充到毛细管的2/3~3/4，用黏土封闭剂封住一端<br>· 离心后读取百分比<br>· 记录血浆的颜色和透明度 | 犬<br>· 37%~55%<br>猫<br>· 24%~45%<br>血浆<br>· 黄色，透亮 | · ↑红细胞增多，脱水，应激，新生儿<br>· ↓贫血，水中毒，刚断奶的动物 |
| **总蛋白浓度**[a]（TP） | · 指示血液的运输氧能力 | · 在白细胞层上面折断毛细管，将血浆放到折射仪上 | 犬<br>· 5.4~7.6g/dL<br>猫<br>· 6.0~8.1g/dL | · ↑脱水<br>· ↓水中毒 |
| **血红蛋白浓度**（Hgb） | · 指示血液运输氧的效力 | · 按照所用仪器制造商的操作指南进行 | · PCV的1/3 | · ↑（假性）脂血症，海因茨小体<br>· ↓低色素性贫血 |
| **红细胞计数** | · 提供一个准确的RBCs计数<br>· 已证实仪器计数仪比人工计数准确<br>· 主要使用的RBC计数是计算指数 | 1. 准备样品（1∶200稀释），血细胞计数器（见技能框4.7，第106页）<br>2. 4倍镜下找到网格，着重看网格中的小方块，调换到10倍，计数小方块中的RBCs数目，4个角用100倍<br>3. 取网格总计数的平均值，并添加4个零<br>4. 四舍五入到最接近的十位数，用科学计数法表示 | 犬<br>· （5.5~8.5）×10⁶个/μL<br>猫<br>· （5~10）×10⁶个/μL | · ↑红细胞增多，脱水<br>· ↓贫血，水中毒 |
| **白细胞计数**（TWBC） | 提供一个准确的总WBCs计数 | 1. 准备样品（1∶20稀释），血细胞计数器<br>2. 10倍镜下，计数整个网格<br>3. 平均2个网格总计数<br>4. [总计数平均值（AT）+10%AT]×100<br>如，<br>　　网格#1=75<br>　　网格#2=85<br>　　75+85=160/2=80<br>　　（80+8）×100=8 800 | 犬<br>· 6 000~16 000μL<br>猫<br>· 5 000~19 000μL | · ↑溶血，炎症，出血，免疫介导性疾病，感染，白血病，坏死，肿瘤，毒血症<br>· ↓骨髓疾病，辐射，药物，逆转录酶病毒（一种致肿瘤病毒），骨髓细胞癌，淋巴增生性疾病 |

| 方法 | 定义/用途 | 技巧 | 正常值 | 相关状况 |
|---|---|---|---|---|
| **分类** | · 指示血液中各种白细胞的数量<br>· TWBC应大致上等于各种白细胞的总和 | 1. 用100倍镜检查制备好的血涂片<br>2. 计数100个WBCs[中性粒细胞（N），杆状（B），淋巴细胞（L），单核细胞（M），嗜酸性粒细胞（E），嗜碱性粒细胞]，根据类型分类<br>3. 见技能框4.8 分类计数，第106页 | 犬<br>· N——3 600~11 500<br>· B——0~300<br>· M——15~1 350<br>· L——1 000~4 800<br>· E——100~1 250<br>猫<br>· N——2 500~12 500<br>· B——0~300<br>· M——0~850<br>· L——1 500~7 000<br>· E——0~1 500 | · 根据细胞的类型发生变化 ↑或↓ |
| **有核红细胞**（nRBC）<br>彩页4.13 | · 幼稚红细胞的早期释放<br>· 当>5个nRBCs时，需准确计算其数量，并进行分类 | 1. 进行分类，计算nRBCs数目<br>2. 计算纠正TWBC计数<br><br>纠正TWBC计数$=\dfrac{观察到的TWBC数 \times 100}{100+nRBC}$ | · 无 | · 贫血，铅中毒，血管肉瘤 |
| **血小板评价** | · 指示充分凝血的能力 | 1. 用100倍镜检查制好的血涂片，RBCs接近但未触及，通常在玻片的边缘<br>2. 计数5个不同视野，并取其平均数<br>3. 乘以15 000和18 000，得到一个范围<br>· 当看到大范围的簇团时，认为有足够数量的血小板 | 犬<br>· 200 000~500 000μL<br>猫<br>· 300 000~800 000μL | · ↑骨髓增生性疾病，巨核细胞白血病<br>· ↓维生素B$_{12}$，铁或叶酸缺乏，药物毒性，急性出血，辐射，病毒，尿毒症，再生障碍性贫血 |

**网织红细胞**

　　直到多染性红细胞用瑞氏染液染上色，它们才称为网织红细胞。这些细胞巨大，无核细胞含有RNA，可以离体活体染色（如NMB）。RNA显示为蓝色的细胞内颗粒。犬只有1种网织红细胞；而猫有2种网织红细胞，且要分别计数和报告。猫有聚集型网织红细胞和圈点网织红细胞。聚集型网织红细胞类似于犬网织红细胞，有明显的深蓝色颗粒团块，瑞氏染色呈多染性红细胞。圈点网织红细胞有个别零散的蓝色颗粒、无团块，瑞氏染色呈成熟的大红细胞。当进行网织红细胞计数时，仅有总网织红细胞计数是再生性贫血的最佳指标。血液丢失或破坏后的2~4d内网织红细胞增多。网织红细胞计数>60 000个/μL表示再生性贫血，< 60 000 个/μL表示非再生性贫血。见彩页彩图4.13和彩图4.17。

| 方法 | 定义/用途 | 技巧 | 正常值 | 相关状况 |
|---|---|---|---|---|
| 网织红细胞计数 | · 幼稚RBCs<br>· 用来评估贫血时骨髓的反应<br>· 与CBC一起，严重贫血时出现<br>  · PCV值：<br>   · 犬：≤30%<br>   · 猫：≤20% | 1. 将等量的全血和NMB混合，搅匀，静置10min。<br>2. 制备血涂片。<br>3. 100倍下计数1 000个RBCs，单独计算网织红细胞数目。<br>4. 网织红细胞数目除以1000，转换为百分比。<br>5. 计算纠正网织红细胞数。<br><br>纠正网织红细胞%= $\dfrac{\text{观察到的网织红细胞\% × PCV}}{\text{本物种的正常平均PCV}}$ | · <1% | · ↑再生性贫血 |
| 红细胞指数<br>红细胞平均容积<br>（MCV） | · 指示RBCs的大小或体积<br>· 贫血分类：正常红细胞的，大红细胞的或小红细胞的 | $MCV(fL)= \dfrac{PCV(\%) × 10}{RBC × 10^6（\text{个/μL}）}$ | 犬<br>· 60~77fL<br>猫<br>· 39~5fL | · ↑网织红细胞，维生素B$_{12}$，叶酸缺乏<br>· ↓铁缺乏 |
| 红细胞平均血红蛋白<br>（MCH） | · 每个RBC中Hgb的平均重量<br>· 用于实验室校对<br>· ↑MCH应该见↑MCV<br>· ↓MCH应该见↓MCV | $MCH（PG）= \dfrac{Hgb（g/dL）× 10}{RBC × 10^6（\text{个/μL}）}$ | 犬<br>· 19~4PG<br>猫<br>· 12~7PG | · ↑溶血<br>· ↓铁缺乏 |
| 红细胞平均血红蛋白量<br>（MCHC） | · 指示每个RBC平均血红蛋白浓度<br>· 贫血分类：血红蛋白过少的或正常色素的 | $MCHC(g/dL)= \dfrac{Hb(g/dL) × 100}{PCV(\%)}$ | 犬<br>· 32~6g/dL<br>猫<br>· 30~6g/dL | ↑溶血，脂血症，海因茨小体<br>↓铁缺乏 |

ª 使用玻片的边缘在毛细管白细胞层上划痕以便容易折断。将未被折断的一端，轻叩到折射仪表面或向管内吹入空气排出血浆。

## 技能框4.7　血细胞计数器的使用

1. 按照仪器制造商的操作手册准备WBC或RBC样品。

2. 混匀样品。

3. 通过挤压瓶子填充管芯，排出里面的所有气泡。

4. 将血细胞计数器放在桌面上，放置盖玻片在上面。

5. 固定血细胞计数器，将管芯放在缩进的部分，轻轻挤压直到盖玻片下填满。
   · 填充过多会导致红细胞的多能级或造成假性值升高。

6. 像上述步骤一样，加载其他缩进部分。

## 技能框4.8　分类计数

1. 计数100个WBC并区分其类型，以%/μL记录结果。
   如：45中性粒细胞=45%/μL=0.45/μL
   　　45淋巴细胞=45%/μL=0.45/μL
   　　7单核细胞=7%/μL=0.07/μL
   　　3嗜酸性粒细胞=3%/μL=0.03/μL
   　　0嗜碱性粒细胞=0
   　　100WBCs

2. 每种类型WBC乘以先前获得的TWBC数。
   如：TWBC数=8 650
   　　8 650×0.45=3 893/μL中性粒细胞
   　　8 650×0.45=3 893/μL淋巴细胞
   　　8 650×0.07=606/μL单核细胞
   　　8 650×0.03=260/μL嗜酸性粒细胞
   　　8 652/μLTWBC

3. TWBC应大致等于TWBC计数。
   如：TWBC（8 652）=TWBC计数（8 650）

## 评估

　　一旦进行了这些检查，血液就应该基于其形态、包含体和外观上进行检查和评估。检查血涂片上的单层区域时，油镜检查，每个视野下异常可以用数目来分级，或使用术语偶见的和极少。

1. 制备血涂片并染色或使用不同方法已制好的玻片。

2. 低倍镜下，快速浏览玻片。

   a. 血小板聚集

   b. RBC钱串状

   c. RBC凝集

3. 油镜下，检查血涂片。

   a. RBC形态

   　　i. 大小

   　　ii. 形状

   　　iii. 颜色

   　　iv. 变化

   b. WBC形态

   　　i. 毒性变化

   　　ii. 核变性

   　　iii. 细胞质包含体

   　　iv. 变化

   c. 血小板

   　　i. 分布

   　　ii. 变化

## RBC变化和形态

　　犬RBC的正常形态为体积较大、均匀一致的双凹圆盘形（7.5μm），中心苍白。猫正常的RBC为稍小的双凹圆盘形（5μm），只有轻微的中心苍白区。当使用制备好的血涂片观察RBC形态时，应从细胞大小、形状、颜色和包含体的变化进行评估。

表 4.11 RBC变化和形态

| 变化 | 定义 | 特征 | 相关因素 |
|---|---|---|---|
| **排列** | | | |
| 凝集 | · 免疫球蛋白相关细胞桥接 | · 细胞不规则，或球形聚集，或团集 | · IMHA，不匹配输血 |
| 钱串状 | · 血浆蛋白浓度升高（如纤维蛋白原、免疫球蛋白）可导致红细胞线性聚集 | · 线性堆叠或呈硬币状堆叠 | · 多发性骨髓瘤，淋巴增生性疾病，炎症性疾病<br>· 存在微量的钱串状红细胞正常 |
| **包含体** | | | |
| 嗜碱性颗粒<br>· 见彩图4.13 | · 残余的RNA | · 红细胞表面有小、深蓝色的包含体 | · 贫血或铅中毒 |
| 瘟热<br>· 见彩图4.14 | · 病毒抗原或病毒包含体（依据可变） | · 包含体呈大小不一的圆形，椭圆形或不规则形<br>· 最常见于多染色性细胞<br>· 淡蓝色或紫红色 | · 犬瘟热病毒 |
| 海因茨小体<br>· 见彩图4.17 | · 某些化学物质或氧化剂药物导致变性血红蛋白<br>· 在正常猫的红细胞中可多达10% | · 红细胞膜内呈单一，浅色的圆形突起<br>· 用新亚甲蓝染色更容易看见 | · 淋巴肉瘤，慢性肾功能衰竭，甲状腺机能亢进，糖尿病，氧化毒素（如洋葱，锌，扑热息痛） |
| 豪-若二氏体<br>· 见彩图4.13<br>· 彩图4.15<br>· 彩图4.30 | · 年幼红细胞中的嗜碱性核残余 | · 深蓝色到黑色的球形包含体 | · 脾脏疾病 |
| **形态，颜色** | | | |
| 低色素性<br>· 见彩图4.18 | · 血红蛋白浓度下降<br>· 易与环状红细胞和幼稚的多染性红细胞混淆 | · 中央淡染区增大<br>· 环状外观 | · 铁缺乏<br>· 常伴随再生性贫血中红细胞大小不均 |
| 多染色性<br>· 见彩图4.16<br>· 见彩图4.17<br>· 见彩图4.20 | · 提前释放的幼稚红细胞<br>· 多染性红细胞用离体活体染色法（如NMB）染色，被称为网织红细胞 | · 蓝色或灰色 | · 铁缺乏，再生性贫血 |
| **形态，大小** | | | |
| 小红细胞症 | · 细胞体积减小 | · 比正常红细胞小 | · 铁缺乏 |
| 大红细胞症 | · 细胞体积增大<br>· 幼稚红细胞，网织红细胞 | · 比正常红细胞大 | · 再生性贫血 |

| 变化 | 定义 | 特征 | 相关因素 |
|------|------|------|----------|
| 红细胞大小不均<br>· 见彩图4.30 | · 细胞体积可变<br>· 多种可能性（如早期细胞释放或红细胞分裂增加）<br>· 需要注意细胞数目的变化以及从最大细胞到最小细胞的变化程度 | · 细胞大小可变 | · 肝脏疾病，脾脏疾病，再生性贫血 |
| **形态，形状** | | | |
| 棘形红细胞（棘突红细胞）<br>· 见彩图4.20 | · 细胞膜内的胆固醇浓度变化所致 | · 不规则的穗状花序 | · 严重的肝脏疾病，弥散性血管内凝血（DIC），血管肉瘤，脂肪肝，淋巴肉瘤，门体分流和肾脏疾病 |
| 水泡细胞<br>（prekeratocytes）<br>· 见彩图4.18 | · 内层细胞膜融合 | · 细胞膜上出现水泡或空泡 | · 铁缺乏 |
| 红细胞皱缩 | · 血涂片风干较慢导致pH改变 | · 细胞膜呈切口状或扇形 | · 人为污染<br>· 多见于猫 |
| 泪形红细胞 | · 成熟过程中变形<br>· 在制备涂片过程中与涂抹的红细胞混淆 | · 泪滴状 | · 骨髓纤维变性 |
| 偏心细胞（半影细胞） | · 抗氧化细胞膜融合 | · 血红蛋白移到一侧，一层薄膜包被的新月形空白区，没有中央淡染区 | · 氧化损伤 |
| 棘状细胞（棘红细胞） | · 机制尚不清楚，可能与体内钙或三磷酸腺苷（ATP）变化有关 | · 均匀分布，钝圆至尖的凸起，形状大小一致<br>· 扇形边缘 | · 肾脏疾病，淋巴肉瘤，慢性阿霉素毒性，电解液耗竭，毒蛇咬伤 |
| 角化红细胞（噬细胞或头盔细胞）<br>· 见彩图4.18 | · 水泡细胞（空泡细胞）能够扩大或打开细胞膜的一面 | · 有2个或更多个凸起的细刺细胞 | · 弥散性血管内凝血（DIC），充血性心力衰竭，血管肉瘤，肾小球性肾炎，慢性阿霉素毒性 |
| 薄红细胞（编码细胞，靶形红细胞）<br>· 见彩图4.19 | · 特征：细胞膜增多，血红蛋白水平降低 | · 皱褶或状似靶标 | · 非再生性贫血 |

| 变化 | 定义 | 特征 | 相关因素 |
|---|---|---|---|
| **有核红细胞**（晚幼红细胞，幼红细胞）<br>· 见彩图4.1<br>· 见彩图4.13<br>· 见彩图4.16 | · RBCs的早期释放，细胞内仍有细胞核 | · 大小正常红细胞中暗紫色核 | · 再生性贫血，脾功能障碍，强烈应激，肾上腺皮质功能亢进，皮质类固醇治疗 |
| **异形红细胞** | · 特征：红细胞脆性增加 | · 形状易变 | · 肝、肾、脾及其他血管疾病 |
| **裂红细胞**（红细胞碎片，头盔细胞）<br>· 见彩图4.20 | · 血管内损伤引起RBC破裂 | · 形状不规则的碎片和尖状凸起 | · 弥散性血管内凝血（DIC），血管肿瘤，严重烧伤，铁缺乏 |
| **球形红细胞**<br>· 见彩图4.16 | · 由巨噬细胞的部分吞噬作用引起细胞膜数量下降<br>· 猫很难区分 | · 小、黑、圆形红细胞，中央淡染区较少或没有 | · 自身免疫性溶血性贫血（AIHA），输血，寄生虫感染，锌毒性和蛇毒 |
| **裂口红细胞**（口细胞） | · 较多可能性（如钠和钾离子从细胞膜外流） | · 杯形<br>· 红细胞中央有裂缝 | · 肝病，遗传性疾病（如阿拉斯加雪橇犬） |
| **环状红细胞** | · 常与低血色素红细胞混淆 | · 碗状或"凿除状细胞"<br>· 血红蛋白有一厚厚的外圈，中央区域轮廓清晰 | · 无意义 |
| **寄生虫** | | | |
| **巴贝斯虫属**<br>· 见彩图4.21 | · 罕见的原虫，蜱传播的一种犬的疾病 | · 大，在细胞内呈泪珠或环形结构，常成对出现<br>· 大小：1.5～3.0μm | · 巴贝斯虫病（急性血管内和血管外溶血和血红蛋白尿） |
| **猫焦虫**<br>· 见彩图2.22 | · 罕见的原虫，蜱传播的一种猫的疾病 | · 细胞小，红细胞、淋巴细胞或巨噬细胞内呈小的、不规则的环形<br>· 大小：0.5～2.0μm | · 溶血性贫血，黄疸，抑郁和发热 |
| **犬溶血性支原体** | · 犬罕见的立克次体病 | · 小球菌或棒菌构成的链横跨红细胞的表面<br>· 链可能分支<br>· 大小：0.3～3.0μm | · 脾切除或免疫功能低下的犬 |
| **猫溶血性支原体**<br>· 见彩图4.15 | · 猫常见的立克次体病<br>· 寄生虫是周期性的，需要制备多张涂片来进行诊断<br>· 使用抗生素（四环素类）治疗会使寄生虫迅速消失 | · 细胞膜外围呈现非折射的球状、杆状或环状结构<br>· 暗紫色染色<br>· 大小：0.5～1.0μm | · 免疫功能低下的猫，猫血巴尔通体病，猫传染性贫血 |

# 白细胞形态

白细胞主要是防御机体免受外来生物的侵害，在组织中发挥其自身正常功能。在机体循环系统中，它们往往不发挥作用。不同类型的白细胞形态差异显著。它们在体内出现的频率如下表所示。

表4.12　白细胞形态（见彩图6~11页）

| 白细胞 | 定义 | 特征（染色） | 相关因素 |
|---|---|---|---|
| **中性粒细胞**（多形核粒细胞，分叶核中性粒细胞）<br>· 见彩图4.15<br>· 见彩图4.23<br>· 见彩图4.29<br>· 见彩图4.30 | · 抵御感染的第一道防线<br>· 高度运动性和吞噬能力<br>· 每天在体内更换2.5次 | · 卷曲核和分叶核<br>· 清澈至浅粉色的细胞质，内含有弥漫性颗粒<br>· 染色质粗糙，呈团块状 | · 害怕，运动，应激或炎症会使中性粒细胞增多<br>· 严重感染，感染因子引起的骨髓再生下降，化学毒性及遗传性疾病会使中性粒细胞降低 |
| **杆状中性粒细胞**<br>· 见彩图4.23 | · 不成熟的中性粒细胞<br>· 细胞核分叶少，收缩，宽度不到细胞核的1/2<br>· 不成熟的中性粒细胞中，核左移现象增多 | · 细胞核呈马蹄铁形，边缘大而圆 | · 炎症，细菌感染及肿瘤会使杆状中性粒细胞数量增多 |
| **淋巴细胞**<br>· 见彩图4.24<br>· 见彩图4.30 | · 免疫和抗体生成<br>· 抵御病毒和肿瘤 | · 大，圆形，轻微的锯齿状，核色暗<br>· 细胞呈圆形，少量蓝色细胞质<br>· 大的粉红色胞质颗粒 | · 害怕，兴奋，慢性感染，白血病，淋巴肉瘤会使淋巴细胞增多<br>· 皮质激素类，免疫缺陷病，淋巴损失和淋巴细胞受损都会使淋巴细胞减少 |
| **单核细胞**<br>· 见彩图4.25<br>· 见彩图4.26 | · 高度吞噬；清除颗粒及细胞碎片<br>· 抗病毒及抗肿瘤特性<br>· 一旦到血管外则变成巨噬细胞 | · 细胞核大，伸长，呈分叶状，有压痕<br>· 细胞质呈蓝灰色<br>· 细胞体积较大，由空泡引起的花边外观<br>· 粉色灰尘样包含体<br>· 弥散核染色质<br>· 钝圆，嗜碱性粒细胞，淡蓝色细胞质伪足 | · 皮质激素类，应激，或严重感染和出血会使单核细胞增多 |
| **嗜酸性粒细胞**<br>· 见彩图4.27<br>· 见彩图4.29<br>· 见彩图4.30 | · 吞噬抗体/抗原反应产物<br>· 每天更换1次 | 犬<br>· 细胞质透明，含有由小到大的，暗橙色颗粒，部分充满细胞<br>猫<br>· 细胞质淡染，小的暗橙色颗粒完全填充细胞 | · IgE刺激，寄生虫感染及过敏会使嗜酸性粒细胞数量增多<br>· 皮质激素类会使嗜酸性粒细胞减少 |
| **嗜碱性粒细胞**<br>· 见彩图4.28<br>· 见彩图4.29 | · 功能尚不清楚，但与免疫有关<br>· 很少看见，可能是因为快速脱粒 | 犬<br>· 紫黑色颗粒部分填充细胞<br>· 高度分叶核<br>· 蓝灰色细胞浆空泡<br>猫<br>· 细胞质呈紫色，含有椭圆形未染色的颗粒<br>· 高度分叶核 | · 高脂血症，慢性IgE刺激和过敏会使嗜碱性粒细胞减少 |

表4.13　白细胞变化

中性粒细胞毒性变化是指由于骨髓生成改变导致的形态学变化。中性粒细胞的功能并没有改变，其功能正常。在炎症反应中，骨髓以更快的速度释放中性粒细胞而导致形态变化，如Döhle小体、胞质嗜碱性和空泡化。以1+、2+等指数进行报告。见彩图4.32和彩图4.33。

| 变化 | 定义 | 特征 | 相关因素 |
|---|---|---|---|
| **包含体** | | | |
| **犬瘟热** | · 病毒 | · 大小不等的圆形，椭圆形或不规则形细胞质和细胞核包含体<br>· 大多数见于嗜多染性细胞<br>· 浅蓝色或紫红色 | · 犬瘟热病毒 |
| **Döhle小体**<br>· 见彩图4.32<br>· 见彩图4.33 | · 附着在粗面内质网<br>· 成熟的骨髓中少见 | · 蓝灰色，角形的细胞质包含体<br>· 通常位于细胞边缘<br>· 大小：0.5~2.0μm | · 严重毒血症，炎症和感染 |
| **形态** | | | |
| **白细胞颗粒异常综合征**<br>（契–东综合征） | · 常染色体隐性遗传疾病<br>· 原有颗粒融合<br>· 最常受到影响的是波斯猫 | · 中性粒细胞中有1~4个大的（2.0μm），融合的淡粉红色或嗜酸性粒细胞胞浆溶酶体<br>· 嗜酸性粒细胞周边出现透明带 | · 白细胞颗粒异常综合征 |
| **细胞质嗜碱性**<br>· 见彩图4.32<br>· 见彩图4.33 | · 持久性核糖体 | · 不同程度的固体至片状，淡蓝色至蓝紫色细胞质 | · 严重毒血症，炎症和感染 |
| **细胞质空泡化**<br>· 见彩图4.33 | · 骨髓生成破坏，导致颗粒和膜完整性受损 | · 泡状，泡沫状，不染色的环 | · 全身毒性 |
| **黏多糖症** | · 甘油氨基聚糖降解所需的溶酶体缺乏 | · 中性粒细胞中含有暗紫色或紫红色颗粒<br>· 淋巴细胞中含有颗粒和空泡 | · 黏多糖症，溶酶体贮积症 |
| **细胞核分叶过多** | · 循环周期延长 | · ≥5个核叶 | · 老龄中性粒细胞，血液长期贮存 |
| **核低分化** | · 杆状和未成熟的中性粒细胞的早期释放 | · 无分叶细胞核 | · 类固醇药物的使用，剧烈/严重的炎症反应 |
| **佩–休二氏异常** | · 可见佩–休二氏异常杂合子 | · 低分叶的成熟中性粒细胞染色质纹理粗糙且没有炎症 | · 佩–休二氏异常 |
| **核固缩** | · 不恰当抗凝的结果<br>· 对细胞核的影响 | · 核浓缩，溶解或损伤 | · 无意义 |

| 变化 | 定义 | 特征 | 相关因素 |
|---|---|---|---|
| **反应性淋巴细胞**<br>（免疫细胞）<br>· 见彩图4.31 | · 免疫刺激T-细胞和B-细胞 | · 细胞质和嗜碱性粒细胞增多，细胞核增大且更加卷曲 | · 抗原刺激（如犬埃里希体病） |
| **空泡化淋巴细胞** | · 存储物质的聚集（如蛋白质、糖类、油脂） | · 胞浆空泡 | · 获得性溶酶体储存障碍，血液长期贮存 |
| **寄生虫** | | | |
| **猫焦虫** | · 罕见的原虫，蜱传播的一种猫的疾病 | · 细胞小，红细胞、淋巴细胞或巨噬细胞内呈小的、不规则的环形<br>· 大小：0.5～2.0μm | · 溶血性贫血，黄疸，抑郁和发热 |
| **犬埃里希体** | · 立克次体，蜱传播的一种犬的疾病 | · 大颗粒淋巴细胞<br>· 细胞质和细胞大小增加<br>· 大小可变的粉红色胞浆颗粒，通常紧贴于细胞核（难以发现） | · 埃里希体病 |

## 表4.14　白细胞左移

血液中未成熟的中性粒细胞数目增多表示左移。透明带是鉴定不成熟中性粒细胞最常见的方法；在更严重的病例中也可以看到晚幼粒细胞和中幼粒细胞。

| | 特征 |
|---|---|
| **左移** | · 不成熟中性粒细胞增多<br>· >300μL/血液 |
| **再生性左移** | · 中性粒细胞增多<br>· 成熟细胞>不成熟细胞<br>· 淋巴细胞减少<br>· 单核细胞增多 |
| **退行性左移** | · 中性粒细胞增多或轻微的中性粒细胞增多<br>· 成熟细胞<不成熟细胞<br>· 淋巴细胞减少 |
| **过渡性左移** | · 中度至显著的中性粒细胞增多<br>· 成熟细胞<不成熟细胞 |
| **右移** | · 细胞核分叶过多 |
| **应激白细胞象**<br>（糖皮质激素白细胞象） | · 成熟中性粒细胞增多<br>· 淋巴细胞减少<br>· 嗜酸性粒细胞减少<br>· +/-单核细胞减少 |

## 血小板形态

血小板吸收和纤维蛋白携带所需的血浆因素以促进止血。血小板大小和形状不同，无核，淡蓝色的薰衣草颗粒。常见于血涂片的边缘或羽状边缘。见彩图4.15、彩图4.17 和彩图4.30。

### 表4.15 血小板变化

| 变化 | 定义 | 特征 | 相关因素 |
|------|------|------|----------|
| 巨血小板<br>（应激血小板，转移血小板或巨型血小板）<br>· 见彩图4.31 | · 见于猫，不能够使用电子计数器 | · 比红细胞大 | · 骨髓障碍，骨髓增生症 |

## 凝血试验

凝血是出血的正常停止，该过程异常可见于失血过多（出血）或过度凝血（血管内栓塞）。凝血过程分为3个途径：内在的、外在的和共同的。每种途径都包含数种凝血因子来完成整个凝血过程。任何1种或几种凝血因子缺失或异常都可改变整个凝血过程而导致凝血紊乱。

对出现凝血能力可疑的动物进行凝血试验。以区别凝血异常和血管损伤或血管疾病。凝血试验或数种凝血试验联合可有助于诊断（如冯-维勒布兰德病，DIC）或者可以检测遗传情况或当前体况。

凝血试验必须抽血，并根据不同的采血管进行不同的处理以得出合理的结果。凝血途径的激活将会导致错误的结果。以下技巧应牢记：

1. 静脉穿刺应该是无创伤，同时尽可能选用大的静脉。
2. 抽出的血液应尽快接触到管内添加物。
3. 下列采血管将会导致无效的结果，请勿使用LTT、GRNTT、SST。
4. 旋转样品。如果已溶血或可看到血块，则应重新抽血。

### 表4.16 凝血筛查

根据凝血试验所能评估到的凝血因子选择。

| 凝血因子 | ACT | APTT | PIVKA | PT | TT |
|----------|-----|------|-------|-----|-----|
| **外在途径** | | | | | |
| III | | | | × | |
| VII | | | × | × | |
| **内在途径** | | | | | |
| VIII | × | × | | | |
| IX | × | × | × | | |
| XI | × | × | | | |
| XII | × | × | | | |
| **共同途径** | | | | | |
| I（纤维蛋白原） | × | × | | × | × |
| II（凝血酶原） | × | × | × | × | |
| V | × | × | | × | |
| X | × | × | × | × | |

技能框4.9　凝血试验

| 试验 | 定义 | 步骤 | 正常 |
|---|---|---|---|
| **快速评估测试** | | | |
| **活化凝血时间**（ACT） | · 内在凝血机制的测试<br>· 敏感性没有APTT强<br>· 水杨酸盐，NSAIDs，抗凝剂，抗生素，巴比妥酸盐的使用都会抑制血块形成 | 1. 将注射器和含有硅藻土的管加温到37℃ª<br>2. 将抽出的2mL新鲜全血注入管中，颠倒5次混匀<br>3. 当血液注入管中时开始计时，并在温水中水浴1min<br>4. 每5s观察一次，记录第一次出现血凝块的时间<br>　· 每5s查看一次，需将管放回水浴中 | 犬<br>· 60～120s<br>猫<br>· 60～75s<br>· 血小板减少时可能会稍微延长 |
| **颊黏膜出血时间**（BMBT） | · 在颊黏膜上切一个标准的切口，记录出血停止的时间<br>· 一些NSAIDs、镇痛药和镇静剂会影响结果<br>· 评估血小板功能障碍和严重的冯−维勒布兰德病 | 1. 在无毛部位（如颊、齿龈和鼻）做深部穿刺<br>2. 当出血时开始计时<br>3. 每隔30s用滤纸将血清除<br>4. 不再出血时停止计时<br>　· 不要将滤纸接触皮肤 | 犬/猫<br>· 1～5min |
| **趾甲出血时间**（TBT） | · 评估血小板功能障碍和严重的冯−维勒布兰德病，DIC出血阶段和凝血因子不足 | 1. 向后快速剪去指甲引起出血<br>2. 保持动物安静，监测出血停止 | 犬/猫<br>· <5min |
| **血小板估计** | · 血小板数目的评估 | 1. 检查制好的血涂片，100倍镜下，观察红细胞接近但未到边缘的区域<br>2. 检查至少5个视野以确保结果准确 | 犬<br>· （8～29）×100倍镜下视野<br>猫<br>· （10～29）×100倍镜下视野 |
| **血块凝缩试验** | · 血小板数目和功能以及内在和外在途径的评估 | 1. 将血液样品抽入空的无菌管中，37℃温育<br>2. 60min检查管子时，应该出现明显血块<br>3. 4h检查管子时，应该发现血块凝缩<br>4. 24h检查管子时，应该发现血块明显压实 | · 60min：血块明显<br>· 4h：血块凝缩<br>· 24h：血块明显压实 |

| 试验 | 定义 | 步骤 | 正常 |
|---|---|---|---|
| **可靠性试验** | | | |
| **活化部分凝血激酶时间**（APTT） | · 检测内在凝血机制和共同凝血途径<br>· 以秒为计时单位，测定纤维蛋白凝块形成时间<br>· 合理的稀释是确保该试验结果准确的关键 | 1. 抽取新鲜血液样品注入BTT<br>2. 轻轻地颠倒样品6～10次以激活抗凝<br>3. 如果在24h内检测，可冷藏；否则离心样品，吸取血浆并冻结在一个塑料管内 | 犬<br>· 8～13s<br>猫<br>· 13～30s |
| **纤维蛋白裂解产物**（FSP）**或纤维蛋白降解产物**（FDP） | · 检测纤维蛋白和纤维蛋白原的纤溶酶作用产物<br>· 合理的稀释是确保该试验结果准确的关键<br>· 有助于DIC的诊断 | 1. 抽取新鲜血液样品注入FDP管（2mL）<br>2. 轻轻地颠倒样品6～10次<br>· 血液抽取后应很快形成血块 | 犬/猫<br>· <10mg/mL |
| **纤维蛋白原** | · 血浆纤维蛋白原的定量检测 | 1. 抽取新鲜血液样品注入LTT<br>2. 轻轻地颠倒样品6～10次以激活抗凝 | 犬<br>· 100～250mg/dL<br>猫<br>· 100～350mg/dL |
| **蛋白C活性测定** | · 测定蛋白C的百分比<br>· 有助于血栓性疾病和肝脏疾病的诊断 | 1. 抽取新鲜血液样品，使用一个针（首选真空采血管），抽入到2mL BTT，或使用含有枸橼酸钠的注射器（1份枸橼酸钠：9份血液）<br>· 不要使用干燥的注射器和随后转移血液进入BTT<br>2. 离心血液和轻轻地吸取血浆到塑料容器并冻结 | 犬<br>· 75%～135%<br>猫<br>· 65%～120% |
| **维生素K拮抗/缺失诱发蛋白质**（PIVKA试验） | · 检测外在凝血机制和共同凝血途径中任何凝血因子的缺乏 | 1. 抽取新鲜血液样品注入BTT<br>2. 轻轻地颠倒样品6～10次以激活抗凝<br>3. 离心样品，吸取血浆并冻结在一个塑料管内 | 犬<br>· <25s |
| **凝血酶原时间**（PT） | · 检测外在凝血机制和共同凝血途径<br>· 以秒为计时单位，测定纤维蛋白凝块形成时间<br>· 合理的稀释是确保该试验结果准确的关键<br>· 用于维生素K拮抗剂中毒 | 1. 抽取新鲜血液样品注入BTT<br>2. 轻轻地颠倒样品6～10次以激活抗凝<br>3. 如果在24h内检测，可冷藏；否则离心样品，吸取血浆并冻结在一个塑料管内 | 犬<br>· 5～8s<br>猫<br>· 8～11s |

4

| 试验 | 定义 | 步骤 | 正常 |
|------|------|------|------|
| **凝血酶时间**（TT） | • 纤维蛋白原到纤维蛋白转换异常的检测<br>• 测定添加凝血酶后枸橼酸钠血浆中纤维蛋白凝块形成的时间<br>• 鼠药中毒的正常值 | 1. 抽取新鲜血液样品注入BTT<br>2. 轻轻地颠倒样品6～10次以激活抗凝<br>3. 如果在24h内检测，可冷藏；否则离心样品，吸取血浆并冻结在一个塑料管内 | 犬/猫<br>• 10～12s |
| **冯－维勒布兰德因子试验**（vWF） | • vWF 抗原的测定<br>• 合理的稀释是确保该试验结果准确的关键<br>• 怀孕、发情、哺乳期间不能检测 | • 开始治疗前（如血浆、冷凝蛋白质）或等到治疗48h后抽取血液<br>1. 抽取新鲜血液样品，使用一个真空采血针，抽入到2mL BTT，或使用含有枸橼酸钠的注射器（1份枸橼酸钠：9份血液）<br> • 不要使用干燥的注射器和随后转移血液进入BTT<br>2. 离心血液和轻轻地吸取血浆到塑料容器并冻结<br> • 要在30min内离心血液样品，移入塑料管并冻结 | • 根据出血时间和vWF抗原百分比而变 |

ª 将管放在身体上（如腋下或手），以便更容易温育。

**技能框4.10　交叉配血**

　　交叉配血通过洗涤红细胞并与血浆混合孵育来确定供血者和受血者血液的兼容性。该过程将确定不兼容，不能根据血型确定，因为血型只能识别最常见的类型。然而，交叉配血不能获得低滴度抗体或白细胞抗原，无法识别与DEA1血型的不兼容性，除非先前发生过致敏作用（如先前输血史）。交叉配血不能代替血型；对每一只动物两种方法都必须进行（尤其是猫）。

| 交叉配血 | 用途 | 步骤 | 结果 |
|---|---|---|---|
| **主侧配血** | · 比较供血者红细胞和受血者血清<br>· 检查受血者血清中对抗供血者RBCs的抗体 | 1. 采集1mL供血者血液和1mL受血者血液，将其分别放入紫顶管（EDTA）或绿顶管（肝素）。每个试管离心10min以分离血浆。从每个试管中移除并保存血浆到干净的玻璃或塑料管中<br>2. 取0.2mL的红细胞加入5mL的0.9％的盐水中进行清洗红细胞。离心1min，去除上清液，再将颗粒红细胞重复2次上述步骤<br>3. 准备3个管分别标记为主侧配血、次侧配血和受血者对照。在每个管中，滴加2滴血浆和2滴血细胞，方法如下：<br>　· 主交叉配血：受血者血浆+供血者血细胞<br>　· 次交叉配血：供血者血浆+受血者血细胞<br>　· 受血者对照：受血者血浆+受血者血细胞<br>4. 混合后，在室温下放置15~30min，然后离心15s<br>5. 检查上清液是否溶血，然后轻轻敲管壁重悬细胞颗粒以检查红细胞是否凝集。对照发生凝集或溶血表明免疫介导性疾病<br>6. 如果没有观察到凝集，取少量于载玻片上并置显微镜下检查有无凝集 | 阳性<br>· 任何溶血或凝集都会使供血者提供的任何输血机会无效<br>· 凝集呈葡萄样群集 |
| **次侧配血** | · 比较受血者红细胞和供血者血清<br>· 检查供血者血清中能溶解受血者RBCs的抗体 | | 阳性<br>· 严重溶血或凝集会使该供血者提供的输血无效<br>· 如果对受血者的血浆量非常重要的供血者血浆有轻微溶血或凝集，则可从全血中将血浆移除，使用无菌生理盐水重新稀释浓缩的RBCs |

| | 步骤 | 结果 |
|---|---|---|
| 犬 | 按照制造商的说明<br>• 每孔中加入稀释剂水化冻干材料。在适当的孔中加入1滴对照和紫色顶血液样品。混匀每孔后摇动测试板。以10°角抬起测试板使血液流到孔底。注意孔中发生肉眼看到的凝集。 | • 如果在标有"动物测试"的孔中出现肉眼看到的凝集，并且没有自身凝集反应，则动物血型为DEA1.1阳性。如果在标有"动物测试"的孔中没有看到凝集，则动物血型为DEA1.1阴性。<br>• 如果动物非常贫血，凝集的方式可能是分散的，小聚集，每个都像大别针头部，而不是肉眼可见的凝集。<br>• 2min后出现任何精细的，颗粒状外观，在确定结果时应被忽略。 |
| 猫 | 按照制造商的说明<br>• 每孔中加入稀释剂水化冻干材料。在适当的孔中加入1滴对照和紫色顶血液样品。混匀每孔后摇动测试板。以10°角抬起测试板使血液流到孔底。注意孔中发生肉眼看到的凝集。 | • 如果试验操作正确，可视凝集至少在标有"动物测试"孔的其中一个孔中发生。<br>• 如果动物血液样品在标有"A型"的孔中发生凝集，则猫测试血型A。如果动物血液样品在标有"B型"的孔中发生凝集，则猫测试血型B。如果动物血液样品在标有"A型"和"B型"的孔中均发生凝集，则猫测试血型AB。<br>• 如果动物非常贫血，凝集的方式可能是分散的，小聚集，每个都像大别针头部，而不是肉眼可见的凝集。<br>• 2min后出现任何精细的，颗粒状外观，在确定结果时应被忽略。 |

# 免疫学和血清学测试

### 表4.17　免疫学和血清学测试

　　免疫学和血清学测试是专门的实验室检测，分别用来获得免疫系统功能状态的信息和血清抗体的诊断鉴定。与其他诊断方法结合使用，在传染性疾病和自身免疫性疾病的诊断方面，免疫学和血清学测试非常有价值。由于这些测试的复杂性，要求在参考实验室进行。每个实验室对样品提交都有不同的要求，应该参考更多的信息。

　　参考血液生化部分，血液采集、处理、储存和运输技巧，第72页。

| 测试 | 技术 | 相关因素 |
|---|---|---|
| **库姆斯试验**（直接的抗球蛋白试验） | 一种特异性库姆斯反应物添加到血液中。抗体包被的红细胞将会与添加的反应物发生凝集 | • 自身免疫性溶血性贫血（AIHA） |
| **酶联免疫吸附试验**（ELISA） | 在抗体包被的微孔板的孔中加入样品。如果存在任何抗原，将会结合孔中包被的抗体。加入第二个酶标记的抗体，结合形成抗体–抗原复合物。随后，加入酶作用底物，如果存在抗原则会发生颜色改变。颜色改变的程度与样品中的抗原量是成比例的。抗原可能是病毒/细菌（如FeLV）或宿主的对致病原的抗体（如FIV） | • 心丝虫，犬细小病毒，FIV，FIP，FeLV，弓形虫病，孕酮，先天性过敏，非再生性贫血，变态反应和莱姆病 |

| 测试 | 技术 | 相关因素 |
|------|------|----------|
| 免疫扩散 | 病毒抗原和抗体分别放在琼脂上不同的孔中。如果存在病毒抗原，它们则通过琼脂扩散，形成一条可视的沉淀带 | • 病毒和真菌病原体 |
| 免疫荧光试验（IFA） | | |
| 直接IFA | 针对特定病毒的抗体使用荧光燃料包被，并与样品结合。如果存在特定病毒，抗体结合且显微镜检查时呈现荧光 | • 埃里希体病和落基山斑疹热 |
| 间接IFA | 由动物（如兔子）产生的抗病毒抗体（免疫球蛋白）和荧光包被的抗兔免疫球蛋白与样品结合。第二种抗体结合第一种抗体（第一种抗体结合样品中存在的任何病毒抗原）。在显微镜检查时，抗体–抗体–抗原复合物呈现荧光 | • 隐孢子虫，FIV，贾第鞭毛虫和全身性红斑狼疮 |
| 免疫过氧化物酶试验（PAP） | 特定抗体绑定在细胞或组织样品。特定抗体的检测可以通过3种不同的方法，所有含有标记的抗体，最终产生彩色的物质 | • CDV，瘟热，FeLV，FIP，孢子，弓形虫 |
| 皮内试验 | 过敏原提取物注射到皮内并观察变化。出现丘疹则表明存在抗体和过敏反应 | • 变态反应；跳蚤过敏 |
| 乳胶凝集反应 | 包被乳胶颗粒小的，球形抗体（或抗原）悬浮于水中。添加样品，任何抗体–抗原复合物会发生凝集。水将呈乳白色或含有乳胶颗粒团块 | • 犬类风湿因子，布鲁氏菌病，DIC抗原复合物形成会引起凝集 |
| 聚合酶链式反应（PCR） | 特定的核酸引物与存在异常的微生物基因组的一部分发生反应。结合体扩增生成许多DNA序列片段。然后，使用电泳检测结合体并测定片段大小和迁移模式<br>• 通常用来证实其他检测的结果 | • 疱疹病毒，FeLV，FIV，冠状病毒，巴尔通体，埃里希体等 |
| 放射免疫测定法 | 针对特定病毒或抗原的抗体使用放射性元素（如碘）进行包被并与样品结合。使用伽玛计数器鉴定抗体–抗原复合物 | • 甲状腺疾病 |
| 血清抗核抗体（ANA） | 血清连续稀释，滴加在已制备的载玻片上10个单层细胞区域。如果存在抗核抗体，它们结合核，可以通过免疫荧光或免疫过氧化物酶技术检测 | • 肾小球性肾炎，免疫介导性血小板减少症，多关节炎，多肌炎，全身性红斑狼疮 |

| 测试 | 技术 | 相关因素 |
|---|---|---|
| **血清类风湿因子** | 使用结合患病动物血清或滑膜液中类风湿因子抗体的抗原包被乳胶微球 | · 关节炎的侵蚀/溶骨类型 |
| **蛋白质印迹**（免疫印迹） | 抗原由电泳分离并转移到硝酸纤维膜上。膜与标记抗体一起孵育，然后使用酶或放射性方法观察抗体的结合情况<br>· 用来证实ELISA结果 | · FIV |

# 微生物学

　　小动物实验室应负责初步的细菌鉴定。确诊所需的进一步测试应送往拥有更大数量技术人员和仪器设备的参考实验室。技能框4.12样品采集的基本准则，以及初步评估和对细菌生长的判读。为进一步改变测试和技术请查阅微生物相关书籍。

## 微生物样本采集、处理、储存和运输技巧

采集

· 无菌条件下采集样本。
· 采集充足的样本以便进行全面检查。
· 应在使用抗生素治疗之前采集样本。

技能框4.12　采集技术

| 部位 | 采集 |
|---|---|
| 流产 | · 应在动物死亡后尽可能快地采集样本，整个胎儿或从全身部位采集多个样本 |
| 脓肿/创伤 | · 未破裂：带有大口径针的注射器<br>· 破裂：拭子在创口边缘采样，脓肿内壁刮削碎屑 |
| 厌氧菌 | · 带有细针头的注射器<br>· 采集样本前排出注射器中的所有气体 |
| 血液 | · 至少从2个不同部位采集到5~10mL血液，并迅速分别放入各自的血液培养瓶。一天采集多个样本 |
| 耳 | · 使用拭子从2个耳道采样，如果需要，还需在中耳采样 |
| 眼 | · 角膜刮屑，结膜囊拭子或泪液分泌拭子 |
| 粪便 | · 1g排泄的新鲜粪便或直肠检查获得的粪便<br>· 采样前清洁肛门，以免肛门皮肤菌群污染 |
| 生殖器 | · 外阴黏膜拭子 |
| 钩端螺旋体病 | · 20mL中段尿 |
| 尿液 | · 5mL 经导尿管或膀胱穿刺获得的尿液 |

注：见细胞学，技能框4.3，第86页和尿液分析，第145页和技能框12.8，第432页和技能框12.10，第433页，样本采集技术章节。

处理

· 样本应细心处理，以免人为污染。

· 分隔多个样本，以免交叉污染。

· 保持实验室测试空间的环境清洁。

· 怀疑为衣原体时，请勿使用木棒和棉头拭子。

· 样本应清晰地标记动物姓名、编号、样本的来源、采集时间和是否冷藏。

储存

· 拭子样本如果不立即接种，需要放入运输培养基。

· 琼脂平板倒置储藏，以免在琼脂表面出现凝结。

**表4.18 样本储存**

| 试验 | 样本 | 储存 |
|------|------|------|
| 抗酸染色 | 组织 | · 红顶管 |
| | 载玻片 | · 玻片盒 |
| 厌氧菌 | 液体 | · 用胶带固定在橡胶塞上的带细针头的无菌注射器<br>· Culturette拭子 |
| 血液 | 血液（5~10mL） | · 血液培养瓶（商用准备） |
| 衣原体 | 组织或涤纶拭子 | · 衣原体运输培养基 |
| 细菌培养和药敏试验（细菌的） | 拭子 | · Culturette 拭子或Transwab |
| | 液体 | · 红顶管 |
| | 组织 | · 肠运输培养基或红顶管 |
| 粪便培养 | 粪便 | · Culturette拭子<br>· 肠运输培养基<br>· 红顶管<br>· 清洁、干燥的容器 |
| 真菌培养 | 毛发，刮屑或拭子（只有酵母菌） | · 红顶管<br>· Culturette拭子<br>· Transwab |
| | 液体 | · 螺丝帽的管 |
| 革兰染色 | 载玻片 | · 玻片盒 |
| | 拭子 | · Culturette拭子<br>· Transwab |
| | 液体或组织 | · 红顶管 |
| 仅供鉴定 | 拭子 | · Culturette拭子<br>· Transwab |
| | 液体 | · 红顶管 |
| | 组织 | · 肠运输培养基<br>· 红顶管 |
| | 生长平板 | · 培养皿 |
| KOH制备 | 刮屑或剪毛或趾甲 | · 红顶管 |
| 支原体 | 液体和组织 | · 支原体运输培养基<br>· Culturette拭子<br> · 注：支原体可能会黏附在拭子上，导致阴性结果 |
| 仅测敏感度 | 生长平板 | · 培养皿 |
| 尿液 | 液体 | · 培养需在2h内进行，以免无意义细菌的过度生长或冷藏不超过18~24h |

## 运输

- 在装运前用胶带黏合接种管和接种板的盖和帽。
- 进行真菌培养的组织应冻结并标记"小心",因为存在潜在的人兽共患。

- 清空盖子上的积水,要避免滴到琼脂平板上和混淆细菌菌落。

**表4.19  最常用的培养基**

培养基有多种类型,然而,大多数兽医诊所使用的只有少数几种。更广泛的培养基被送往参考实验室进行生长培养和判读。

| 培养基 | 制备 | 用途 | 判读 |
|---|---|---|---|
| 血琼脂 | · 胰酶大豆琼脂<br>· 羊血 | · 支持大多数细菌生长的营养丰富的培养基 | · 观察生长,生长率,形态和溶血类型<br>　γ:不溶血或颜色改变<br>　α:红细胞不完全溶血,细菌生长的周围呈绿色环<br>　β:红细胞溶血,细菌生长的周围呈透明环 |
| 脑心浸液肉汤 | · 小牛大脑<br>· 牛心<br>· 葡萄糖 | · 营养丰富以增加有机物的数目 | · 接种24h后在琼脂平板上进行次代培养 |
| 皮肤癣菌试验培养基 | · 沙氏葡萄糖琼脂<br>· 抗生素<br>· 放线菌酮<br>· 酚红 | · 犬小孢子菌和石膏样小孢子菌的检测 | · 观察在14~21d生长情况以及红颜色改变情况 |
| 麦康凯琼脂 | · 结晶紫<br>· 胆汁酸<br>· pH指示剂 | · 革兰阴性菌和肠杆菌生长有选择性<br>· 有助于鉴别细菌 | · 粉红色至红色菌落:发酵乳糖<br>· 无色至淡黄色菌落:无发酵乳糖 |
| 硫乙醇酸盐肉汤[a] | · 巯基乙酸<br>· 酵母提取物<br>· 葡萄糖 | · 支持厌氧菌和兼性厌氧菌的生长 | · 混浊或纹理,如果混浊度不受影响 |

[a] 硫乙醇酸盐肉汤不应该被认为是采集培养基的唯一来源。

**技能框4.13　培养基接种和孵育**

**适当技术要点**

· 保持培养皿闭合，除非接种或挑取样本。

· 请勿去除管帽，以避免污染。

· 挑取样本前后，在火焰上烧一下管颈。

· 当在火焰上烧接种环或接种丝时，将最接近手柄端放置在火焰的最热部分，即蓝色部分，然后逐渐移向接种环，防止液体飞溅。

· 当接种样本到琼脂上时，要轻轻触碰以避免将琼脂表面撕裂。

**平板接种**

1. 主观意识上将琼脂平板分为4个象限。

2. 火焰烧接种环并使其冷却。

3. 用接种环浸入需培养的样本。

4. 在象限A范围内用沾过样本的接种环划痕。

5. 重复步骤2~4，在象限A中略微重叠，然后在每个象限中重复。确保仅在象限A中重叠先前的划痕1~2次，以避免在1个区域出现过多的细菌。
   · 尽量使象限D中生长单个的菌落。

6. 移除接种环，火焰烧灼。

**斜面接种**

1. 火焰烧接种丝并使其冷却。

2. 用接种丝浸入需培养的样本。

3. 斜面接种的类型：

a. 仅有斜面：使用接种丝的前端在斜面以S形划痕。

b. 仅针刺：将接种丝刺入琼脂，然后慢慢地沿刺入路径拔除。

c. 对接和斜面：结合上述2种方法，开始用针刺方法，以斜面方法结束。

4. 移除接种丝，火焰烧灼。

**肉汤接种**

1. 火焰烧接种环或接种丝并使其冷却。

2. 用接种丝浸入需培养的样本。

3. 将接种环或接种丝插入肉汤液面下并探到管壁。

4. 移除接种环或接种丝，火焰烧灼。

小技巧：操作时使用2个接种环；一个冷却的同时可以使用另一个。

**培养孵育**

· 保持保温箱的温度在37℃，湿度为70%。

· 培养皿应倒置放置，防止在琼脂板表面出现凝结。

· 在孵育过程中，试管培养基的螺丝帽不能旋紧。

· 培养应孵育48h，并在24h后查看。

· 为了增加二氧化碳，将培养皿倒置放在玻璃缸内上面放上蜡烛。点燃蜡烛，牢稳地放在上面的盖子上。让蜡烛自己熄灭，这样将减少氧气的量并增加二氧化碳的量。这并不会创造厌氧环境。

· 在保温箱的底部放碗水以保持高湿度。

## 培养生长的评估

1. 鉴定样品来源。
2. 生长。

| 有显著意义的 | 无显著意义的 |
|---|---|
| • 只有1～2种类型培养基有细菌生长 | • 多于3种培养基缺乏细菌生长 |
| • 圆形菌落，边界清楚，光滑，凸面或圆形的 | • 大，不规则，颗粒状菌落，蔓延的边缘 |
| • 不透明至灰色 | • 严重的色素沉着 |

3. 培养基的改变。
   a. 溶血模式
   b. 颜色改变
   c. 气味
4. 显微镜评估。
   a. 简单染色
   b. 革兰染色
   c. 抗酸染色
   d. 负染色
5. 鉴别试验。
   a. 过氧化氢酶试验
      i. 鉴别过氧化氢酶阳性菌（如葡萄球菌）和过氧化氢酶阴性菌（如链球菌、肠球菌）
      ii. 阳性试验：形成气泡
   b. 氧化酶试验
      i. 鉴别氧化酶阳性菌（如支气管败血波氏菌、绿脓杆菌）和氧化酶阴性菌（如肠杆菌属、埃希菌属）
      ii. 阳性试验：紫色颜色变化
   c. 吲哚试验
      i. 鉴别吲哚阳性菌（如大肠埃希菌、普通变形杆菌）和吲哚阴性菌（如化脓链球菌、鼠伤寒沙门氏菌）
      ii. 阳性试验：试管表面呈红色

### 技能框4.14　染色液和方法

微生物玻片鉴定的第一步是妥善地制备玻片。所有玻片染色前应先使其自然风干加热固定。为了加热固定玻片，使玻片在火焰（如火柴、打火机或煤气喷灯）上加热数次。一旦玻片浸入染色液，摇动玻片使染色液成分接触玻片表面。

| 染色技术 | 用途 | 制备 | 步骤 | 判读 |
|---|---|---|---|---|
| **鉴别染色法** | | | | |
| **Diff-Quik染色**（改良的瑞氏染色） | 一般细胞学和细菌染色 | • 固定液：甲醇，三芳基甲烷燃料<br>• 嗜酸性染液：夹氧杂蒽染料<br>• 嗜碱性染液：噻嗪染料合剂 | 1. 将制备的玻片慢慢地浸入甲醇固定液5次<br>2. 在嗜酸性染色和嗜碱性染液中重复上述步骤<br>3. 用水冲洗<br>4. 自然风干 | • 细胞形态的清晰鉴别<br>• 染色范围从淡粉红色到暗紫色 |
| **姬姆萨染色** | 螺旋体和立克次体的检测 | • 固定液：甲醇<br>• 姬姆萨粉<br>• 甘油 | 1. 将制备的玻片在无水甲醇中固定3～5min后自然风干<br>2. 将玻片放入稀释的染液中0～30min<br>3. 用水冲洗，自然风干 | • 细菌呈紫红色-蓝色 |

| 染色技术 | 用途 | 制备 | 步骤 | 判读 |
|---|---|---|---|---|
| 革兰染色 | 根据细胞壁结构，区分革兰阳性菌和革兰阴性菌 | • 主要着色：结晶紫<br>• 媒染剂：革兰碘<br>• 脱色剂：酒精<br>• 复染剂：稀释的碳酸复红或番红精 | 1. 使用结晶紫覆盖涂面染色；30~60s<br>2. 用清水冲洗5s<br>3. 使用革兰碘覆盖涂面染色；30~60s<br>4. 用清水冲洗5s<br>5. 脱色直到紫色消退；大约10d<br>6. 用清水冲洗5s<br>7. 使用稀释的碳酸复红覆盖涂面染色；30~60s<br>8. 用清水冲洗5s<br>9. 自然风干或在毛巾间吸干 | • 紫染细菌为革兰阳性菌<br>• 红染细菌为革兰阴性菌 |
| 乳酚棉兰染色 | 鉴定真菌 | • 乳酚棉兰染色 | 同单染色法 | • 菌丝，隔膜，芽胞结构可视化 |
| 施乐/纳尔逊或抗酸染色 | 鉴定分枝杆菌属和奴卡菌属 | • 碳酸复红<br>• 酸性酒精<br>• 亚甲蓝 | 1. 使用碳酸复红覆盖涂面并在火焰上加热直到出现蒸气即离开；5min<br>2. 用清水冲洗<br>3. 使用酸性酒精脱色直到红色消退；1~2min<br>4. 用清水冲洗<br>5. 使用亚甲蓝复染；2min<br>6. 用清水冲洗并在低热下干燥 | • 抗酸细菌染成红色<br>• 非抗酸菌染成蓝色 |
| 改良的施乐/纳尔逊染色（碱性亮绿） | 鉴定分枝杆菌属和奴卡菌属 | • 碳酸复红<br>• 酸性酒精<br>• 碱性亮绿 | 1. 使用碳酸复红覆盖涂面；3min后加热<br>2. 用清水冲洗<br>3. 使用酸性酒精脱色；3min<br>4. 用清水冲洗<br>5. 使用碱性亮绿复染<br>6. 冲洗，干燥 | • 抗酸细菌染成红色<br>• 非抗酸菌染成绿色 |
| 改良的施乐/纳尔逊染色（亚甲蓝） | 鉴定布鲁氏菌属、奴卡菌属和衣原体 | • 碳酸复红<br>• 乙酸<br>• 0.5%亚甲蓝 | 1. 使用稀释的碳酸复红覆盖涂面；10min<br>2. 用清水冲洗<br>3. 使用乙酸脱色；20~30s<br>4. 用清水冲洗<br>5. 使用亚甲蓝复染；2min<br>6. 冲洗，干燥 | • 布鲁氏菌和衣原体染成鲜红色并成簇 |

| 染色技术 | 用途 | 制备 | 步骤 | 判读 |
|---|---|---|---|---|
| **简单染色法** | | | | |
| **负染色** | 检测荚膜和难染色的细菌（如螺菌） | 带负电荷的显色染色<br>· 黑墨水<br>· 苯胺黑 | 1. 制备自然风干的涂片<br>2. 取1~2滴染液滴在涂片上<br>3. 盖上盖玻片作为湿涂片检查 | · 荚膜呈透明和未染色，被黑色颗粒包绕 |
| **单染色** | 显示细菌、一般形态和形状排列 | 带正电荷的显色染色<br>· 碳酸复红<br>· 结晶紫<br>· 亚甲蓝<br>· 新亚甲蓝<br>· 番红精 | 技术1<br>1. 滴1滴到盖玻片上并盖到制好的涂片上<br>2. 用纸巾覆盖在盖玻片上，并轻轻按压吸去多余的染色液<br>技术2<br>1. 紧贴制备好的玻片上的盖玻片滴1滴染色液，使染色液渗到盖玻片下<br>2. 用纸巾覆盖在盖玻片上并轻轻按压吸去多余的染色液 | · 细胞形状和排列可视化<br>· 网织红细胞，海因茨小体，尿沉渣和油性准备（如怀疑脂肪瘤时使用新亚甲蓝） |

注：1. 染液应该定期过滤，使用滤纸除去可能形成的任何沉淀。
　　2. 冲洗玻片的背面以免破坏样品。
　　3. 如果玻片在Diff-Quik中过度染色，可将玻片放入甲醇中数分钟进行脱色，之后重新染色。如果玻片在Diff-Quik中未染色，则可选用合适的染液重新染色。

**技能框4.15　染色问题**

为了避免染色问题，使用新鲜干净的染色液和玻片，不要触碰玻片的表面，玻片自然风干后迅速染色。

| 问题 | 解决方法 |
|---|---|
| 过度染色 | · 缩短染色时间<br>· 在换用不同染色液间和染色后充分冲洗玻片<br>· 制作更薄的玻片样本<br>· 在盖玻片之前使玻片干燥 |
| 染色不足 | · 延长染色时间<br>· 更换染色液<br>· 玻片自然风干后迅速染色<br>· 保持染色液容器的帽盖紧，防止挥发 |
| 染色不均匀 | · 只用干净和干燥的玻片<br>· 制备玻片前后请勿触摸样本区域<br>· 将玻片倾斜一个角度，放置使其干燥，避免平放液体直接让液体干燥<br>· 染色液混合不充分<br>· 保持染色液容器的帽盖紧，防止污染和挥发 |
| 玻片沉淀 | · 在换用不同染色液间和染色后充分冲洗玻片<br>· 使用干净的玻片<br>· 染色不可使染色液干在玻片上<br>· 定期更换和过滤染色液<br>· 保持染色液容器的帽盖紧，防止污染和挥发 |

**表4.20　细菌鉴定**

| 病原体 | 基本信息 | 相关因素 | 微观形态 | 培养 |
|---|---|---|---|---|
| 支气管败血波氏杆菌 | · 革兰阴性菌 | · 上呼吸道感染和肺炎 | · 小杆状 | · BA：小，圆形，露珠状，$\beta$溶血；生长缓慢<br>· MC：生长不良 |
| 伯氏疏螺旋体 | · 螺旋体 | · 莱姆病 | · 送往参考实验室进行鉴定 | · 送往参考实验室进行鉴定 |
| 犬布鲁氏菌 | · 革兰阴性菌 | · 不育症、流产和脊椎骨髓炎 | · 小，红色的球杆菌，呈团块状 | · BA：圆的，光滑，有光泽，半透明 |
| 弯曲杆菌<br>见彩图4.10，CP-5 | · 革兰阴性菌<br>· 离开宿主≥3h即不能存活 | · 胃肠炎，不育症，流产 | · 微小的，弯曲的，革兰阴性杆菌（不紧紧地螺旋在一起）<br>· 两个杆菌黏附在一起呈"海鸥"状或"W"状<br>· "成群的蜜蜂"，快速和飞快的蠕动 | · 送往参考实验室进行鉴定 |

| 病原体 | 基本信息 | 相关因素 | 微观形态 | 培养 |
|---|---|---|---|---|
| 衣原体 | • 类似于革兰阴性菌<br>• 专性细胞内寄生 | • 结膜炎和肺炎 | • 小、红色、形态多样的球杆菌，呈团块状 | • 无 |
| 梭状芽胞杆菌<br>• 见彩图4.8，CP–4 | • 革兰阳性菌<br>• 专性厌氧菌<br>• 能抵抗大多数消毒剂，需要煮沸20min或在高压灭菌器中121℃ 20min | • 胃肠炎，中耳炎和破伤风 | • 大的，芽胞杆菌，两端钝圆"安全别针"状，中心肿胀、澄清，两端深染 | • BA：直径1~3mm，圆形或稍不规则，隆起，颗粒状，透明的双环溶血环<br>• MC：不生长 |
| 大肠杆菌 | • 革兰阴性菌<br>• 兼性厌氧菌<br>• 消毒剂、光照、干燥能完全杀死大肠杆菌 | • 生殖道感染，肌肉骨骼感染，肺炎，肠炎，脓肿，泌尿道感染，败血症 | • 小，无芽胞杆菌 | • BA：大、光滑、灰色、黏液菌落<br>• MC：红色，发酵乳糖，溶血性模式 |
| 梭形杆菌 | • 革兰阴性菌<br>• 专性厌氧菌 | • 胸膜炎和脓肿 | • 细长棒状，尖头，长串珠细丝 | • BA：小，光滑，凸起，白色或黄色菌落，伴有狭窄的 $\alpha$ 或 $\beta$ 溶血 |
| 结核分枝杆菌 | • 革兰阳性菌 | • 肺结节（犬）和胃肠问题（猫） | • 小，直或稍微弯曲的抗酸棒状，单一或呈团块 | • 送往参考实验室进行鉴定 |
| 支原体 | • 革兰阴性菌<br>• 无细胞壁，因此不能很好充分染色而进行评估<br>• 常用的消毒剂即能很好地杀灭 | • 生殖道感染，关节炎，结膜炎（猫）和肺炎 | • 小，球状棒，无芽胞，无细胞壁，+/–形态多样 | • 送往参考实验室进行鉴定 |
| 诺卡氏菌 | • 革兰阳性需氧菌<br>• 在土壤中腐生<br>• 部分耐酸 | • 胸膜炎和多组织脓肿 | • 分支丝状棒或球状棒 | • BA：不规则皱褶，隆起，光滑至粗糙的干燥颗粒状纹理；生长不良<br>• MC：不生长 |
| 巴氏杆菌 | • 革兰阴性菌<br>• 兼性厌氧菌<br>• 常用的消毒剂即能很好地杀灭 | • 结膜炎，生殖道感染，上呼吸道感染，肺炎，胸膜炎，脓肿和泌尿道感染 | • 小，无芽胞球杆菌或杆菌 | • BA：圆形，光滑，灰色菌落+/–溶血<br>• MC：不生长 |
| 变形杆菌 | • 革兰阴性菌<br>• 兼性厌氧菌<br>• 常用的消毒剂、光照、干燥能完全杀灭 | • 膀胱炎，泌尿道感染，腹泻，创伤和中耳炎 | • 中等大小，无芽胞杆菌 | • BA：大，光滑，灰色，丛集，黏液菌落+/–溶血<br>• MC：无色增长，可能扩散 |

| 病原体 | 基本信息 | 相关因素 | 微观形态 | 培养 |
|---|---|---|---|---|
| **假单胞菌** | • 革兰阴性菌<br>• 常见消毒剂即可杀灭，对高倍稀释的季胺类化合物和酚类化合物有抵抗作用 | • 结膜炎，中耳炎，肌肉骨骼感染，脓肿，泌尿道感染 | • 小棒状 | • BA：直径3~5mm，不规则，扩散，半透明，蓝色金属光泽，β溶血，葡萄气味<br>• MC：黄绿色素性增长，葡萄气味 |
| **立克次体** | • 类似于革兰阴性菌<br>• 专性细胞内寄生<br>• 能自我复制的最小的生物体<br>• 离开宿主不能生存 | • 落基山斑疹热，鲑鱼中毒症，埃里希体病和血巴尔通体病 | • 小，形态多样的球杆菌 | • 无 |
| **沙门氏菌** | • 革兰阴性菌<br>• 常见消毒剂，光照，干燥环境即可完全将其杀灭 | • 肠胃炎，流产，肝炎，败血病 | • 小，无芽胞杆菌 | • BA：大，光滑，灰色，黏液菌落+/−溶血<br>• MC：无色生长 |
| **螺旋体**<br>• 见彩图4.11，CP-5 | • 革兰阴性菌 | • 莱姆病，钩端螺旋体病 | • 生硬的螺旋杆状，螺旋致密<br>• 蛇状运动 | • 无 |
| **金黄色葡萄球菌/中间葡萄球菌** | • 革兰阳性菌<br>• 在干脓液或其他体液中可稳定存活数月<br>• 对常见的消毒剂抵抗力增强 | • 结膜炎，生殖道感染，乳房炎，脓皮病，中耳炎，骨髓炎，肌肉骨骼感染，肺炎，脓肿和泌尿道感染 | • 球菌，排列成葡萄串状，无芽胞，+/−荚膜 | • BA：直径4mm，圆形，光滑，闪光的双环溶血环，金色着色<br>• MC：不生长 |
| **链球菌属** | • 革兰阳性菌<br>• 兼性厌氧菌<br>• 离开机体后可以存活数周到数月<br>• 常用的消毒剂即能很好地杀灭 | • 结膜炎，生殖道感染，中耳炎，肺炎，脓肿和泌尿道感染 | • 球菌，单个或呈长度不等的链状，无芽胞 | • BA：直径1mm，圆形，光滑，发光，露珠状，β溶血（α溶血和β溶血菌落是典型的正常菌落）<br>• MC：不生长 |

注：BA=血琼脂培养基，MC=麦康凯培养基。

表4.21　真菌鉴定

| 病原体 | 相关因素 | 微观形态 | 培养 |
|---|---|---|---|
| 曲霉菌 | • 鼻腔感染<br>• 常见实验室污染物 | • 准备：有乳酚蓝的干净玻璃纸胶带或将刮屑与10％的NaOH混合<br>• 鉴定：梗较短，有隔菌丝 | • 培养基：血琼脂和沙氏葡萄糖琼脂<br>• 添加剂：无<br>• 孵育：77~98.6℉（25~37℃）培养48h<br>• 鉴定：扁平，白色，绒毛状，后变为绿色至深绿色，粉末状 |
| 皮炎芽生菌 | • 肺结节，内部溃疡<br>• 脓肿 | • 准备：20％的KOH制作湿涂片<br>• 鉴定：大，椭圆形或球形，厚壁，单芽，单芽靠宽基与母细胞相连 | • 培养后送往参考实验室进行鉴别 |
| 念珠菌 | • 鹅口疮（犬）<br>• 肠炎（幼猫） | • 准备：创伤处刮下来的碎屑用20％的KOH，印度墨汁和乳酚棉兰制作湿涂片<br>• 鉴定：薄壁（无荚膜）椭圆形的芽殖酵母细胞+/−假菌丝 | • 培养基：血琼脂和沙氏葡萄糖琼脂<br>• 添加剂：无<br>• 孵育：77~98.6℉（25~37℃）培养2d<br>• 鉴定：奶油色，光滑菌落和酵母样气味 |
| 球孢子菌 | • 全身和骨骼感染 | • 准备：未染色的湿涂片<br>• 鉴定：厚壁的孢子囊 | • 谨慎：因为其具有人兽共患性，送往参考实验室进行培养 |
| 隐球菌 | • 鼻窦和中枢神经系统感染 | • 准备：将少量的分泌物在载玻片上与比例为1∶2的水和印度墨汁混合<br>• 鉴定：芽生酵母样细胞，有荚膜 | • 培养基：血琼脂和沙氏葡萄糖琼脂<br>• 添加剂：无<br>• 孵育：95~98.6℉（35~37℃）培养14d<br>• 鉴定：褶皱，白色颗粒状菌落至黏液，奶油色至棕色菌落 |
| 荚膜组织胞浆菌 | • 全身、肺、胃肠感染<br>• 土壤传播 | • 准备：姬姆萨或瑞氏法<br>• 鉴定：单核细胞内可见小卵圆形酵母细胞被光环环绕 | • 谨慎：因为其具有人兽共患性，送往参考实验室进行培养 |
| 厚皮病马拉色菌 | • 慢性外耳道炎（犬）<br>• 脓皮病 | • 准备：10％的NaOH制作湿涂片<br>• 鉴定：椭圆形或瓶状，小芽生细胞 | • 培养基：血琼脂和沙氏葡萄糖琼脂<br>• 添加剂：橄榄油或椰子油<br>• 孵育期：$CO_2$培养箱中，77℉（25℃）培养14d<br>• 鉴定：绿色色素沉着 |
| 犬小孢子菌 | • 皮真菌病 | • 准备：将拔掉少许毛发，鳞屑，皮肤刮，20％KOH，黑色印度墨汁于玻片上，稍微用力盖上盖玻片<br>• 轻轻加热玻片，后放置10~15min<br>• 鉴定：孢子和高折光的链式分节孢子 | • 培养基：皮肤癣菌试验培养基（DTM，改良沙氏葡萄糖琼脂）<br>• 添加剂：酚红，pH指示剂<br>• 孵育期：室温培养2周<br>• 鉴定：扁平菌落，表面白色，中心柔滑，琼脂变成红色 |

# 寄生虫

粪便检查是小动物诊所诊疗过程中最常见的实验室检查之一。制备和阅读检查结果所需的技术都是很简单的，也是每个技术人员都要会的。尽管简单，但这些检查结果及随后的治疗往往会使动物完全康复。

## 粪便采集、处理、储存和运输技巧

### 采集

- 样品尽可能新鲜，因为排出体外后虫卵会快速孵化。
- 饲主应该目睹动物排便，确保新鲜并观察有无任何染色、新鲜血液或其他问题。
- 新鲜样品如果2h内不检查应冷藏保存，且不能超过24h。
- 提供的检测量相当于成年男性的拇指大小，至少10g。
- 样品应标明动物的名字、号码、采集时间以及是否冷藏过。

### 处理

- 样品应认真处理，以免造成人为污染。

- 保持清洁的实验室检查环境。
- 保存清晰的操作记录。

### 储存

- 可使用无菌取样袋、小塑料夹层袋、塑料容器或实验室一次性手套（把里面翻出来）贮存粪便。
- 样品可以无限期地储存在10%的福尔马林中（1份粪便+9份福尔马林），局限性较小。
- 样品不能冷冻储存，不能用70%酒精或100%甲醇储存。

### 运输

- 样品应在冰箱中放置到39.2℉（4℃），然后包裹在冰上或冰袋上24~48h。
- 将重要样品装入单独的塑料袋中，以免样品液体泄漏。

技能框4.16　内寄生虫检查方法

| 方法 | 用途 | 技术 | 备注 |
|---|---|---|---|
| 大体检查 | · 黏稠度<br>· 颜色<br>· 血液、黏膜或寄生虫成虫 | · 直接用肉眼检查粪便或呕吐物 | · 肉眼检查不到（如潜血）要使用其他检查方法 |
| 直接涂片：湿法制片 | · 原虫（如贾第鞭毛虫）<br>· 寄生虫荷量（隐孢子虫）<br>· 细菌（如螺旋体、弯曲杆菌） | 1. 在载玻片上滴1滴盐水或水后，加上等量的粪便。充分混匀粪便和水，在载玻片上涂抹制成一层薄膜<br>2. 移除任何大块粪便，盖上盖玻片以待检查<br>3. 先在10倍镜下检查寄生虫卵，40倍镜下检查原虫，100倍镜下检查细菌<br>· 可以从盖玻片一侧滴加染色剂，以便更清楚地鉴定 | · 没有虫卵变形<br>· 没有一种浓缩技术（小样本）会导致低数目<br>· 活力可以成为一个有用的辅助诊断 |

| 方法 | 用途 | 技术 | 备注 |
|------|------|------|------|
| **直接涂片：干法制片** | • 原虫（如贾第鞭毛虫）<br>• 寄生虫荷量（隐孢子虫）<br>• 细菌（如螺旋体、弯曲杆菌） | 1. 在玻片上放小量的粪便，使用涂药棒将其薄薄散开<br>2. 加热固定，使用Diff-Quick染色<br>3. 先在10倍镜下检查寄生虫卵，40倍镜下检查原虫，100倍镜下检查细菌 | • 没有虫卵变形<br>• 没有一种浓缩技术（小样本）会导致低数目<br>• 不能判断寄生虫的活力 |
| **标准或简单的：浮集法** | • 大多数寄生虫<br>• 寄生虫荷量 | 1. 将1~2g粪便放进合适的容器（如纸杯），添加悬浮液<br>2. 用压舌板充分混匀，使用茶滤网或棉布过滤到第二个容器中<br>3. 将混合物倒入检测管，继续添加悬浮液直到凹液面形成<br>4. 在凹液面上放置一盖玻片10~15min<br>5. 取下盖玻片，放在载玻片上进行检查 | • 可用商品化的粪便悬浮液试剂盒<br>• 收集虫卵的效果比离心浮集法差<br>• 因为重力作用，幼虫沉降而检测不到 |
| **离心浮集法** | • 大多数寄生虫<br>• 寄生虫荷量 | 1. 取1茶匙粪便放进纸杯，与充足的水或悬浮液混合制成半固体悬浮液<br>2. 在第二个纸杯上放置茶滤网或棉布，清空上面的内容物<br>3. 用压舌板按压液体通过滤网，随后丢弃固体废物<br>4. 将过滤后的混合物倒入15mL的离心管<br>5. 用悬浮液填充满离心管，形成一个轻微的凸液面；不要加过多悬浮液<br>6. 在离心管顶部放一盖玻片<br>7. 将离心管平衡后离心，1 300 rpm 离心5min<br>8. 取出离心管，静置10min<br>9. 直接向上提起盖玻片，放在载玻片上 | • 收集虫卵要比标准浮集法更有效<br>• 需要一个能容纳15mL离心管的水平转子离心机<br>• 因为重力作用，幼虫沉降而检测不到 |
| **贝尔曼技术** | • 线虫幼虫 | 1. 用温水或生理盐水[86℉（30℃）]装入漏斗以覆盖网筛<br>2. 放一块棉布或纱布覆盖住漏斗内的网筛<br>3. 在棉布上放5~15g的粪便、土壤或组织样品，将伸出的棉布盖到样品表面。确保样品被温水覆盖<br>4. 让样品静置过夜（>8h）<br>5. 取一张玻片，放在被截断的吸管下面，滴一滴液体到玻片上<br>6. 盖上盖玻片并检查。如果检查结果呈阴性，重复多张载玻片以保证结果准确 | • 可以有效地收集幼虫 |

| 方法 | 用途 | 技术 | 备注 |
|------|------|------|------|
| 粪便培养 | · 钩虫幼虫<br>· 区分有相似外观的虫卵和孢囊的寄生虫 | 1. 将粪便放入用0.1%的NaHCO₃溶液冲洗的玻璃罐中或放在垫有滤纸的培养皿中<br>2. 盖上容器并放置到黑暗的地方7~10d。容器内要保持足够的湿度以产生液滴；如果没有液滴，加入少量的水<br>3. 7~10d后，使用少量的水冲洗容器，收集液体并离心<br>4. 在显微镜下检查沉渣 | · 保证鉴定 |
| 湿涂片/粪便培养<br>· Inpouch™ | · 胎儿三毛滴虫 | 遵照制造商的说明<br>　　从包装盒中取出袋子，并确认在上面腔室有1mL液体。打开袋子，将带有0.03g新鲜粪便的涂药棒或棉签插入上面腔室中的液体中。在拇指和食指间以及腔室壁上轻轻摩擦将粪便留在里面。密封袋子做好标记。<br>湿涂片<br>　　将袋子口朝上静置15min，使胎儿三毛滴虫集中在袋子底部。将观看夹水平横跨袋子，随后将袋子摊放在显微镜下检查，要特别注意检查袋子边缘。<br>粪便培养<br>　　将所有的液体挤压进入下面的袋子，密封袋子，培养 18~24h。抓住袋子边缘，将其上下颠倒3~4次混匀。将观看夹水平横跨袋子，随后将袋子摊放在显微镜下检查。 | · 过多的粪便将导致培养基呈云雾状而无法识别<br>· 如果没有检查到胎儿三毛滴虫，连续查看2~4d，然后隔天查看到12d<br>· 1~10个虫体足会导致预期的阳性试验<br>· 粪便培养往往比湿涂片更准确 |

注：1. 一条干的绦虫节片可以浸泡在水中或生理盐水中1~4h水化。
　　2. 其他的粪便细胞学资料可以参考表4.7 粪便细胞学检查，第94页。

**技能框4.17　粪便悬浮液**

　　粪便悬浮液用来帮助检查出粪便样品中的寄生虫卵。所选液体必须具有能使寄生虫卵漂浮，同时使大量粪便下沉的密度。因为水的密度比多数寄生虫卵稍微偏低，添加糖或盐增加溶液的密度，以使虫卵漂浮。所需的密度为1.2～1.25g/mL。溶液密度>1.35g/mL将会使碎片和虫卵均漂浮，使得虫卵的鉴定更加困难。密度<1.10 g/mL的溶液将迫使碎片和虫卵下沉，无法诊断。

　　因为质量原因，购买预混溶液是首选。在临床上混合的溶液往往无法保证质量，并给出各种各样的结果。几乎所有的留在载玻片上的溶液都会形成结晶。

| 悬浮液 | 制备 | 密度（g/mL） | 基本信息 |
|---|---|---|---|
| 硫酸镁溶液 | · 硫酸镁：400g<br>· 自来水：1 000mL | 1.20 | · 随时可取得且廉价 |
| 氯化钠溶液 | · 氯化钠：400g<br>· 自来水：1 000mL<br>· 边搅拌边往水里添加氯化钠。不需要加热，但加热可以加快溶解 | 1.18～1.20 | · 随时可取得且廉价<br>· 腐蚀昂贵的实验室设备<br>· 严重使虫卵变形 |
| 硝酸钠溶液 | · 硝酸钠：400g<br>· 自来水：1 000mL<br>· 边搅拌边往水里添加硝酸钠。不需要加热，但加热可以加快溶解 | 1.20 | · 漂浮最大百分比的虫卵<br>· 可以购买一个现成的混合溶液<br>· 15min后可使虫卵变形<br>· 可能不是随时可取得的且更昂贵 |
| 糖溶液，<br>Sheather's 溶液 | · 砂糖：454g<br>· 自来水：355mL<br>· 通过低热量加热和搅拌使糖溶于水。加入2ml 37％的甲醛或苯酚晶体以防止细菌生长 | 1.27～1.33 | · 随时可取得且廉价<br>· 不会使虫卵变形或结晶<br>· 漂浮足够百分比的虫卵<br>· 最好结合离心浮集法使用 |
| 硫酸锌溶液 | · 硫酸锌：371g<br>· 自来水：1 000mL<br>· 边搅拌边往水里添加硫酸锌。不需要加热，但加热可以加快溶解 | 1.18 | · 肠道原虫（如贾第鞭毛虫）的最佳选择<br>· 光源必须调暗，并立即集中在盖玻片上<br>· 漂浮很高百分比的虫卵 |

　　注：如果采集的粪便样品已超过1h，虫卵可能会水肿，致使变形或下沉到底部。

技能框4.18 血液寄生虫检查方法

| 方法 | 用途 | 技术 | 基本信息 |
|------|------|------|----------|
| 直接检查 | · 微丝蚴 | 1. 滴1滴血液于载玻片上<br>2. 盖上盖玻片并检查虫体运动 | · 样本量小，灵敏度低 |
| 薄血涂片 | · 锥虫、原虫和立克次体 | 1. 在靠近载玻片的平面一端滴1滴血液<br>2. 将另一张玻片以30°~40°角放在血液前面<br>3. 向后拉起玻片，直到血液沿着第二张载玻片边缘扩散<br>4. 平稳地向前推动玻片至第一张玻片的边缘，制成有羽状边缘的涂片<br>5. 在空气中干燥，+/−染色，检查 | · 样本量小 |
| 厚血涂片 | · 微丝蚴、原虫和立克次体 | 1. 滴3滴血液于载玻片上，用木制涂药棒将其涂成直径2cm的圆<br>2. 载玻片在空气中自然干燥<br>3. 将玻片倾斜放置于盛有蒸馏水的容器中<br>4. 当玻片褪去红色时取出，在空气中自然干燥<br>5. 将玻片浸入甲醇中10min<br>6. 用姬姆萨染液染色30min<br>7. 冲洗玻片并检查 | · 较大的样本量 |
| 白细胞层 | · 微丝蚴 | 1. 向血细胞比容管中注入血液，并离心3min<br>2. 使用锉或玻片，在略低于白细胞层处的管壁上划痕并掰断管子<br>3. 轻叩血细胞比容管，直到白细胞层滴在玻片上<br>4. 滴加1滴盐水和1滴染色剂，盖上盖玻片，然后检查 | · 不能进行微丝蚴种类的鉴定 |
| 改良的诺茨技术 | · 微丝蚴 | 1. 在检测管中加入1mL抗凝全血和9mL 2%的福尔马林<br>2. 以1 300~1 500 rpm离心5min<br>3. 倒掉上清液，在沉淀中加入2~3滴染色剂<br>4. 使用吸管将沉淀和染色剂混合<br>5. 在玻片上滴1滴混合液，盖上盖玻片，于10倍镜下检查 | · 可以进行微丝蚴种类的鉴定 |

**技能框4.19　外寄生虫检查方法**

| 方法 | 用途 | 技术 | 基本信息 |
|---|---|---|---|
| 大体检查 | ·虱子、螨、蜱虫、苍蝇或跳蚤 | 在动物体表看到外寄生虫或用跳蚤梳后看到 | ·仅有有限的寄生虫可以看到 |
| 透明胶带 | ·虱子或螨 | 1. 将透明胶带黏面朝外弯曲成一个环<br>2. 在动物皮肤上按压胶带<br>3. 在玻片上滴1滴水，将胶带黏面朝下放在水上并按压<br>4. 显微镜下检查 | ·仅有有限的寄生虫可以看到 |
| 显微镜检查 | ·大多数外寄生虫 | 1. 在玻片上滴一滴矿物油<br>2. 在矿物油中滚动棉签或采集的样品以收集所有的碎片<br>3. 在玻片上盖上盖玻片，显微镜下检查，使用4倍镜 | ·外寄生虫诊断最彻底的技术 |

**表4.22　内寄生虫**（见彩图11~13页）

　　人类预防内寄生虫感染的措施包括良好的卫生习惯（如洗手和合理的烹饪食物），隔离感染动物以及检疫新获得的动物。每一份粪便样品都应看为存在有人兽共患的风险，并要进行合理的治疗。

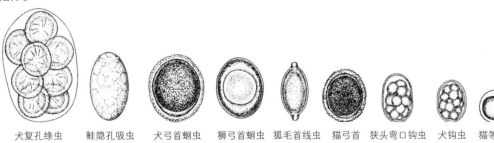

犬复孔绦虫　　鲑隐孔吸虫　　犬弓首蛔虫　　狮弓首蛔虫　　狐毛首线虫　　猫弓首蛔虫　　狭头弯口钩虫　　犬钩虫　　猫等孢球虫　　绦虫属　　犬等孢球虫　　鼠弓形虫

图 4.35　寄生虫卵的相对大小

摘自《Veterinary Parasitology Reference Manual》，作者William J. Foreyt。

| 寄生虫 | 传播途径 | 临床症状 | 诊断 | 常见的治疗方法 |
|---|---|---|---|---|
| **犬钩虫**<br>人兽共患<br>·通用名：南部钩虫<br>·种类：线虫<br>·感染物种：犬<br>·消毒：漂白剂<br>·环境：可以在阴凉，潮湿的土壤中生存数周<br>·图像：彩图4.36 | 虫卵排出→食入、经皮感染、产前感染和通过乳房感染→在肺中发育→随咳嗽向上摆动并下咽→在小肠发育为成虫<br>·潜伏期：2周 | ·贫血、虚弱、腹痛、生长缓慢、干咳、腹泻、便秘和柏油样大便 | ·粪便浮集法<br>·虫卵：卵圆形或椭圆形，胶囊形，一个薄壁内有8~16个细胞<br>·样品必须在48h内检查，因为在体外环境虫卵会迅速隐藏起来 | ·布他咪唑<br>·敌敌畏<br>·海群生/奥苯达唑<br>·非班太尔/吡喹酮<br>·芬苯达唑<br>·伊维菌素<br>·氯酚奴隆+米尔贝肟<br>·甲苯达唑<br>·米尔贝肟<br>·莫西克丁<br>·抗虫灵（噻嘧啶） |

| 寄生虫 | 传播途径 | 临床症状 | 诊断 | 常见的治疗方法 |
|---|---|---|---|---|
| **管形钩口线虫**<br>人兽共患<br>·通用名：猫钩虫<br>·种类：线虫<br>·感染动物：猫<br>·消毒：漂白剂<br>·环境：可以在阴凉，潮湿的土壤中生存数周<br>·图像：彩图4.37 | 虫卵排出→食入、经皮肤感染、产前感染和通过乳房感染→在肺中发育→随咳嗽向上摆动并下咽→在小肠发育为成虫<br>·潜伏期：3～3.5周 | ·趾间皮炎、肺部病变、贫血和被毛质量差 | ·粪便浮集法<br>·虫卵：卵圆形或椭圆形，胶囊形，一个薄壁内有8～16个细胞<br>·样品必须在48h内检查，因为在体外环境虫卵会迅速隐藏起来 | ·敌敌畏<br>·芬苯达唑<br>·米尔贝肟<br>·甲苯达唑<br>·莫西克丁<br>·抗虫灵（噻嘧啶） |
| **隐孢子虫**<br>人兽共患<br>·通用名：无<br>·种类：原虫<br>·感染动物：犬和猫<br>·消毒：加热>131℉（55℃）持续15～20min，充分干燥，5% 氨水和甲醛<br>·环境：存活数月<br>·图像：彩图4.38 | 卵囊排出→终末宿主食入→在回肠和盲肠中发育<br>·潜伏期：2～7d | ·无症状或腹泻 | ·粪便浮集法、抗酸染色法、负染检查、ELISA和IFA<br>·卵囊：卵圆形至椭圆形，壁厚，形成孢子<br>·注：粪便浮集法较难与酵母细胞区分 | ·克林霉素<br>·泰乐菌素<br>·阿奇霉素<br>·巴龙霉素 |
| **犬复孔绦虫**<br>人兽共患<br>·通用名：跳蚤绦虫<br>·种类：绦虫<br>·感染动物：犬和猫<br>·图像：彩图4.39 | 节片排出，释放成千个虫卵→中间宿主（跳蚤和虱子）→发育→终末宿主食入中间宿主→在小肠内附着并发育为成虫<br>·潜伏期：4周 | ·肛门瘙痒，慢性肠炎，呕吐或神经系统疾患 | ·粪便浮集法或对粪便、肛周区或窝垫进行肉眼检查<br>·虫卵：双孔，大米或黄瓜种子外观，椭圆形储卵囊内含20个虫卵或更少 | ·依西太尔<br>·非班太尔/吡喹酮<br>·吡喹酮 |
| **犬恶丝虫**<br>人兽共患<br>·通用名：心丝虫<br>·种类：线虫<br>·感染动物：犬和猫<br>·图像：彩图4.40 | ·中间宿主（蚊子）必须携带幼虫15～17d，温度≥58℉（14℃）→中间宿主传染给终末宿主→幼虫从静脉循环进入心脏→移行至肺动脉和右心室→微丝蚴循环进入血液并再次感染中间宿主（蚊子）<br>·潜伏期：24周 | ·杂音、耐力不足、体重减轻、慢性咳嗽、肺血管堵塞和充血性心力衰竭 | ·诺茨试验，白细胞层检查，直接血涂片，血液微孔过滤，成虫抗原的各种血清监测<br>·微丝蚴：呈直线形，一端呈锥形（头部）和一端呈线形（尾部） | 杀成虫药<br>·硫乙胂胺钠<br>·美拉索明<br>·二氢氯化物<br>杀微丝蚴虫药<br>·海群生<br>·海群生/奥苯达唑<br>·二噻嗪<br>·伊维菌素<br>·左旋咪唑<br>·米尔贝肟<br>·莫西克丁<br>·赛拉菌素 |

| 寄生虫 | 传播途径 | 临床症状 | 诊断 | 常见的治疗方法 |
|---|---|---|---|---|
| **细粒棘球绦虫和多房棘球绦虫**<br>人兽共患<br>• 通用名：分别为犬绦虫和猫绦虫<br>• 种类：绦虫<br>• 感染动物：犬和猫<br>• 图像：彩图4.41 | 节片排出→中间宿主（如牛、猪、羊和啮齿动物）食入→附着在肝脏→终末宿主食入中间宿主→在小肠内附着并发育为成虫<br>• 潜伏期：4周 | • 腹泻<br>• 中间宿主患棘球蚴病 | • 粪便浮集法或使动物泄泻，采集末端澄清的黏液<br>• 虫卵：卵圆形含有单个有3对钩的六钩蚴<br>• 注：不能与绦虫属的虫卵进行区分 | • 甲苯达唑<br>• 吡喹酮 |
| **奥氏类丝虫**<br>• 通用名：气管虫和犬肺虫<br>• 种类：线虫<br>• 感染动物：犬 | 虫卵排出→食入（可以通过理毛行为或返流食物从母体传给幼仔）→移行至小肠，后到肺脏发育→移行至口腔或通过粪便排出<br>• 潜伏期：10周 | • 咳嗽和慢性气管支气管炎，在大的气道处形成小结 | • 粪便浮集法、贝尔曼技术和痰液涂片<br>• 幼虫：短，S样尾巴 | • 阿苯达唑<br>• 伊维菌素 |
| **贾第鞭毛虫**<br>人兽共患<br>• 通用名：贾第虫<br>• 种类：原虫<br>• 感染动物：犬和猫<br>• 消毒：漂白剂和季铵<br>• 图像：彩图4.12和彩图4.42 | 虫卵排出→食入→移行至小肠<br>• 潜伏期：5~7d | • 无症状或腹泻（呈灰白色，油腻，恶臭稀便） | • 粪便浮集法、粪便直接涂片和IFA<br>• 活动形态：梨样，结构像一张脸，内斜眼，鼻子和嘴 | • 呋喃唑酮<br>• 甲硝唑 |
| **犬/猫等孢子球虫**<br>人兽共患<br>• 通用名：球虫<br>• 种类：原虫<br>• 感染动物：犬和猫<br>• 消毒：火焰消毒，蒸汽消毒，开水、10%的氨水浸泡<br>• 预防：控制昆虫和啮齿动物，注意环境卫生<br>• 环境：极耐环境条件<br>• 图像：彩图4.43 | 虫卵排出，往往由母体排出→食入，常常被幼犬或幼猫食入→发育为滋养体→移行至小肠<br>• 潜伏期：1~2周 | • 无症状或腹泻，逐渐发展为呕吐、腹痛和脱水 | • 粪便浮集法<br>• 虫卵：小，椭圆形，壁薄<br>• 孢子：每个虫卵里有2个孢子囊<br>• 未形成孢子：虫卵内为1个细胞 | • 呋喃唑酮<br>• 磺胺嘧啶+磺胺增效剂<br>• 磺胺二甲氧嘧啶<br>• 托曲珠利 |

| 寄生虫 | 传播途径 | 临床症状 | 诊断 | 常见的治疗方法 |
|---|---|---|---|---|
| **鲑隐孔吸虫**<br>人兽共患<br>• 通用名：鲑鱼中毒吸虫<br>• 种类：吸虫<br>• 感染动物：犬 | 终末宿主（如浣熊）排出虫卵→被中间宿主（蜗牛）食入→排出幼虫→被中间宿主（鲑鱼）食入→鲑鱼被终末宿主（如犬）食入→在小肠内发育<br>• 潜伏期：1周 | • 淋巴结肿大，抑郁，呕吐，出血性肠炎<br>• 可由吸虫携带的立克次体（新立克次体helminthoica）致病 | • 粪便浮集法或粪便涂片<br>• 虫卵：金色，一端有孔盖，另一端钝圆 | 吸虫<br>• 吡喹酮<br>立克次体<br>• 氯霉素<br>• 强力霉素<br>• 土霉素<br>• 四环素 |
| **狼尾旋线虫**<br>• 通用名：食道线虫或公园虫（park worm）<br>• 种类：线虫<br>• 感染动物：犬 | 终末宿主（如犬）排出虫卵→被中间宿主（甲虫）食入→被旁栖宿主（如蜥蜴、鸟和啮齿动物）食入→幼虫穿透胃壁，移行通过动脉到食道→形成瘘管并在粪便中释放虫卵<br>• 潜伏期：5~6个月 | • 吞咽困难、返流、呕吐、食道肿瘤、唾液分泌过多和肥厚性骨病 | • 粪便浮集法（密度>1.036g/mL）或粪便涂片<br>• 虫卵：厚壁，椭圆形的含幼虫卵 | • 二碘硝酚钠<br>• 伊维菌素<br>• 多拉菌素 |
| **豆状绦虫**<br>• 通用名：绦虫<br>• 种类：绦虫<br>• 感染动物：犬<br>• 图像：彩图4.44 | 节片排出→被中间宿主（如兔子和反刍动物）食入→在腹腔附着并发育→终末宿主食入中间宿主→在小肠内发育<br>• 潜伏期：8周 | • 肠炎和肠梗阻 | • 粪便浮集法或肉眼检查粪便，肛周或窝垫<br>• 虫卵：圆形，含有单个有3对钩的六钩蚴<br>• 每段节片含有许多个虫卵 | • 依西太尔<br>• 非班太尔+吡喹酮<br>• 芬苯达唑<br>• 甲苯达唑<br>• 吡喹酮 |
| **带状绦虫**<br>• 通用名：猫绦虫<br>• 种类：绦虫<br>• 感染动物：猫 | 节片排出→被中间宿主（如啮齿动物）食入→在肝脏附着并发育→终末宿主食入中间宿主→在小肠内发育<br>• 潜伏期：5~6周 | • 腹泻和肠阻塞 | • 粪便浮集法或肉眼检查粪便，肛周或窝垫<br>• 虫卵：椭圆形，含有单个有3对钩的六钩蚴<br>• 每段节片含有许多个虫卵 | • 依西太尔<br>• 非班太尔+吡喹酮<br>• 芬苯达唑<br>• 甲苯达唑<br>• 吡喹酮 |

| 寄生虫 | 传播途径 | 临床症状 | 诊断 | 常见的治疗方法 |
|---|---|---|---|---|
| **狮弓首蛔虫**<br>人兽共患<br>• 通用名：蛔虫<br>• 种类：线虫<br>• 感染动物：犬和猫<br>• 消毒：漂白剂<br>• 环境：虫卵可以在感染的土壤中存活数月至数年<br>• 图像：彩图4.45 | 虫卵排出→被终末宿主或中间宿主（如鼠）食入→终末宿主食入中间宿主→在小肠内附着并发育<br>• 潜伏期：8～10周 | • 慢性腹泻，呕吐，便秘和瘦弱 | • 粪便浮集法或粪便肉眼检查<br>• 虫卵：球形至卵圆形，不含幼虫的卵，胞质色浅，外壳光滑 | • 敌敌畏<br>• 海群生<br>• 芬苯达唑<br>• 米尔贝肟<br>• 甲苯达唑<br>• 哌嗪<br>• 抗虫灵（噻嘧啶） |
| **犬弓首蛔虫**<br>人兽共患<br>• 通用名：蛔虫<br>• 种类：线虫<br>• 感染动物：犬<br>• 消毒：漂白剂<br>• 环境：虫卵可以在感染的土壤中存活数月至数年<br>• 图像：彩图4.45 | 虫卵排出→经环境或旁栖宿主摄入→在小肠内孵化并穿透黏膜→移行至肝脏和心脏，到达肺脏→在肺脏中发育→随咳嗽向上摆动并下咽→进入小肠发育为成虫，需要4～6周<br>• 潜伏期：4～6周 | • 腹胀、虚弱、瘦弱和腹泻 | • 粪便浮集法或肉眼检查粪便或呕吐物<br>• 虫卵：球形，不含幼虫的卵，中心深色，外壳粗糙，有凹痕 | • 敌敌畏<br>• 海群生<br>• 海群生/奥苯达唑<br>• 非班太尔+吡喹酮<br>• 芬苯达唑<br>• 甲苯达唑<br>• 米尔贝肟<br>• 哌嗪<br>• 抗虫灵（噻嘧啶） |
| **猫弓首蛔虫**<br>人兽共患<br>• 通用名：蛔虫<br>• 种类：线虫<br>• 感染动物：猫<br>• 消毒：漂白剂<br>• 环境：虫卵可以在感染的土壤中存活数月至数年<br>• 图像：彩图4.46 | 虫卵排出→经环境或旁栖宿主摄入→在小肠内孵化并穿透黏膜→移行至肝脏和心脏，到达肺脏→在肺脏中发育→随咳嗽向上摆动并下咽→进入小肠发育为成虫，需要4～6周<br>• 潜伏期：7～8周 | • 发育障碍和移行导致的损伤 | • 粪便浮集法<br>• 虫卵：球形，不含幼虫的卵，中心深色，外壳粗糙，有凹痕 | • 敌敌畏<br>• 海群生<br>• 芬苯达唑<br>• 氯酚奴隆<br>• 甲苯达唑<br>• 哌嗪<br>• 抗虫灵（噻嘧啶）<br>• 赛拉菌素 |

**4**

| 寄生虫 | 传播途径 | 临床症状 | 诊断 | 常见的治疗方法 |
|---|---|---|---|---|
| **刚地弓形虫**<br>人兽共患<br>· 通用名：弓形虫<br>· 种类：原虫<br>· 感染动物：猫<br>· 环境：可以在土壤中存活数月，甚至>1年<br>· 图像：彩图4.47 | 卵囊排出→经环境，中间宿主（大多数温血脊椎动物）食入或经胎盘→移行至小肠并经血液和淋巴侵入全身组织<br>· 潜伏期：食入包囊时，3~10d；食入卵囊时，20~40d | · 无症状或一过性腹泻，厌食，抑郁，发热，根据侵入部位和移行损伤的程度（如CNS、肝脏、肺脏）表现出临床症状 | · 粪便浮集法，ELISA或凝集法<br>· 卵囊：卵圆形，不形成孢子 | · 克林霉素<br>· 乙胺嘧啶<br>· 磺胺嘧啶+磺胺增效剂<br>· 托曲珠利 |
| **狐毛首线虫**<br>· 通用名：鞭虫，粪宝石<br>· 种类：线虫<br>· 感染动物：犬<br>· 消毒：稀释的氢氧化钠<br>· 环境：非常耐<br>· 图像：彩图4.48 | 虫卵排出→食入→穿透小肠并发育→移行至盲肠并发育，需要60~80d<br>· 潜伏期：9~12周 | · 体重减轻，间断性和慢性腹泻，盲肠炎 | · 粪便浮集法<br>· 虫卵：厚，棕黄色匀称的外壳，两端有明显的极塞，不含幼虫 | · 海群生/奥苯达唑<br>· 非班太尔+吡喹酮<br>· 芬苯达唑<br>· 伊维菌素<br>· 甲苯达唑<br>· 米尔贝肟 |
| **狭头弯口线虫**<br>人兽共患<br>· 通用名：北部犬钩虫<br>· 种类：线虫<br>· 感染动物：犬和猫<br>· 消毒：漂白剂<br>· 环境：可以在阴凉，潮湿的土壤中生存数周<br>· 图像：彩图4.49 | 虫卵排出→食入，经皮肤感染，产前感染和通过乳房感染→在肺中发育→随咳嗽向上摆动并下咽→在小肠发育为成虫<br>· 潜伏期：2周 | · 虚弱，腹痛，生长缓慢和腹泻 | · 粪便浮集法<br>· 虫卵：卵圆形或椭圆形，胶囊形，一个薄壁内有8~16个细胞<br>· 样品必须在48h内检查，因为在体外环境虫卵会迅速隐藏起来 | · 敌敌畏<br>· 芬苯达唑<br>· 伊维菌素<br>· 甲苯达唑<br>· 米尔贝肟<br>· 抗虫灵（噻嘧啶） |

表4.23　外寄生虫（见彩图13~15页）

| 寄生虫 | 传播途径 | 临床症状 | 诊断 | 常见的治疗方法 |
|---|---|---|---|---|
| **姬螯螨属**<br>人兽共患<br>· 通用名：犬和猫毛皮螨和移行性皮炎<br>· 种类：螨虫<br>· 感染动物：犬和猫<br>· 人类感染风险：低<br>· 图像：彩图4.50 | · 食入：角质碎屑和组织液<br>· 部位：皮肤<br>· 传播：直接接触和通过无生命的物体接触<br>· 生命周期：18~21d | · 无症状、轻度脱毛、皮屑和瘙痒 | · 患处边缘刮片，蚤梳，肉眼检查或透明胶带<br>· 成虫：身体外观像盾或橡子，钩样附件口器和每条腿尖呈梳状结构 | · 伊维菌素<br>· 赛拉菌素 |
| **犬/猫栉首蚤**<br>· 通用名：跳蚤<br>· 感染动物：犬和猫<br>· 人类感染风险：低<br>· 图像：彩图4.51 | · 食入：血液<br>· 部位：头部和尾根<br>· 传播：直接接触和通过无生命的物体接触<br>· 生命周期：21d~1年或更久 | · 跳蚤叮咬性皮炎、贫血、瘙痒、红色病变、脱毛和溃疡 | · 肉眼和蚤梳<br>· 成虫：中等褐色至赤褐色，身体横向扁平，2~8mm长有前背栉和颊栉<br>· 传播复孔绦虫属和血巴尔通体属 | · 氟虫腈<br>· 吡虫啉<br>· 氯酚奴隆<br>· 甲氧普烯<br>· 烯啶虫胺<br>· 除虫菊酯/拟除虫菊酯<br>· 吡丙醚<br>· 赛拉菌素 |
| **黄蝇**<br>· 通用名：灭鼠蝇，皮蝇，皮蝇蛆病<br>· 种类：蝇<br>· 感染动物：犬和猫<br>· 人类感染风险：低 | · 食入：无<br>· 部位：面部和颈部毛皮区内<br>· 传播：接触鼠洞或成虫排出的卵<br>· 生活周期：3~4周 | · 伴有呼吸孔的皮肤肿块 | · 肉眼检查<br>幼虫<br>· 第2阶段：奶油色至白色，齿状棘，长5~10mm<br>· 第3阶段：大，煤黑，明显的棘，可达3cm长 | · 手术移除幼虫<br>· 注：移除时不可压碎幼虫，因为会引起过敏反应<br>· 伤口处理 |
| **犬蠕形螨**<br>· 通用名：泡状疥螨，红疥螨或幼犬疥螨<br>· 种类：螨虫<br>· 感染动物：犬<br>· 人类感染风险：无<br>· 图像：彩图4.52 | · 食入：尚不清楚<br>· 部位：毛囊和皮脂腺<br>· 传播：直接接触从母体传给幼犬；否则宿主间不会传染<br>· 生命周期：21d | · 鼻镜，面部和前肢脱毛；红斑，2°细菌性脓皮病和瘙痒 | · 挤压皮肤深部刮片或活组织检查<br>· 成虫：雪茄外形，在身体的前端有8条粗短的腿，长1/4cm | · 0.025% 双甲脒<br>· 伊维菌素<br>· 米尔贝肟<br>· 补充多种维生素/脂肪酸<br>· 与双甲脒一起使用，5%的过氧化苯甲酰（凝胶或香波）有助于渗透入毛囊中 |
| **变异革蜱 / 安氏革蜱**<br>· 通用名：美国犬蜱和森林蜱<br>· 种类：蜱虫<br>· 感染动物：犬<br>· 人类感染风险：高<br>· 图像：彩图4.53 | · 食入：血液<br>· 部位：全身<br>· 传播：接触<br>· 生命周期：3个月~2年<br>· 蜱必须附着5~20h才会传播疾病 | · 无症状或血管炎<br>· 中间宿主会患落基山斑疹热，兔热病和其他的立克次体属病 | · 肉眼检查<br>· 成虫：硬壳上呈蓝灰色和白色斑纹 | · 敌敌畏<br>· 氟虫腈<br>· 除虫菊酯<br>· 吡丙醚<br>· 赛拉菌素 |

| 寄生虫 | 传播途径 | 临床症状 | 诊断 | 常见的治疗方法 |
|---|---|---|---|---|
| **棘颚虱**<br>• 通用名：犬吸虱<br>• 种类：虱<br>• 感染动物：犬<br>• 人类感染风险：低<br>• 环境：离开宿主可以存活7d<br>• 图像：彩图4.54 | • 食入：血液<br>• 部位：全身<br>• 传播：接触<br>• 生命周期：3～4周<br>• 终末宿主：犬和猫 | • 皮肤刺激、痒、皮炎、脱毛、贫血和被毛粗糙 | • 肉眼检查<br>• 成虫：背腹扁平，红色至灰色，头比胸部最宽处的要狭窄，第1对爪比第2对和第3对小 | • 氟虫腈<br>• 伊维菌素<br>• 除虫菊酯 |
| **耳痒螨**<br>• 通用名：耳螨<br>• 种类：螨虫<br>• 感染动物：犬和猫<br>• 人类感染风险：无<br>• 图像：彩图4.55 | • 食入：表皮碎片<br>• 部位：耳朵和尾根<br>• 传播：接触<br>• 生命周期：18～21d | • 摇头、疼痛、中耳炎、血肿、歪头、转圈和痉挛 | • 肉眼检查或耳拭子<br>• 成虫：卵圆形，8条腿，头部和胸部融合，短且无关节肉茎，一些腿上有吸盘 | • 清洁耳道内的所有结痂碎片<br>• 伊维菌素<br>• 米尔贝肟<br>• 赛拉菌素 |
| **血红扇头蜱**<br>• 通用名：褐色犬蜱<br>• 种类：蜱虫<br>• 感染动物：犬<br>• 图像：彩图4.56 | • 食入：血液<br>• 部位：全身<br>• 传播：接触<br>• 生命周期：6周～1年 | • 贫血<br>• 中间宿主为巴贝斯虫病和表皮脱落 | • 肉眼检查<br>• 成虫：褐色，头部横向延伸凸出，外观呈六角形 | • 敌敌畏<br>• 氟虫腈<br>• 除虫菊酯<br>• 吡丙醚<br>• 赛拉菌素 |
| **犬疥螨**<br>人兽共患<br>• 通用名：兽疥螨或疥螨<br>• 种类：螨虫<br>• 感染动物：犬<br>• 人类感染风险：低<br>• 图像：彩图4.57 | • 食入：组织间液<br>• 部位：耳朵，肘关节外侧和腹部<br>• 传播：接触<br>• 生命周期：2～3周 | • 剧痒、皮肤干燥增厚、红斑、丘疹、碎屑、结痂和表皮脱落 | • 深部皮肤刮片<br>• 成虫：卵圆形，8条腿，头部和胸部融合，长且无关节肉茎，一些腿上有吸盘 | • 伊维菌素<br>• 双甲脒<br>• 苯甲酸苄酯<br>• 石硫合剂<br>• 赛拉菌素 |
| **犬毛虱**<br>• 通用名：犬咬虱<br>• 种类：虱<br>• 感染动物：犬<br>• 环境：离开宿主可存活7d<br>• 图像：彩图4.58 | • 食入：皮肤和毛发<br>• 部位：全身<br>• 传播：接触<br>• 生命周期：3～4周 | • 痒、被毛粗糙和皮炎 | • 肉眼检查<br>• 成虫：背腹扁平，黄色，头大而圆；头部比身体的其他部位都宽，2～4mm | • 除虫菊酯 |

# 尿液分析

尿液分析是小动物临床中最常用的实验室检测之一。由于泌尿系统的过滤性质，因此从该项检测中所获得的信息有助于兽医师做出最终诊断。仅根据尿液分析就可做出诊断的情况极少，但当结合临床症状、血液生化和其他诊断试验时，通常能够做出诊断。尽管此为实验室的常规检测，但在检测过程中必须特别小心谨慎，以确保结果的准确性。轻微的改变可导致最终的检测结果发生极大改变。作为一名技术人员，熟练掌握一系列完整的尿液分析是必须的。

## 尿液采集、处理、储存和运输技巧

### 采集

- 尽可能采集给药前的尿液样本。
- 早晨空腹时所采集尿样的尿密度、pH、细胞组分是最准确可靠的，但是需要考虑膀胱内管型过夜后的变性。
- 采样容器必须清洁干净，充分洗涤，无消毒剂残留。
- 至少采集3～5mL尿样。
- 尿样采集的操作指南，见技能框12.8，第432页及技能框12.10，第433页。

### 处理

- 样品采集后应立即封闭保存，以避免pH发生变化及污染。
- 如在1h内不能对采集的样品进行检测，则应将其冷藏保存；样品检测延迟则导致各项尿液分析结果都发生改变。

- 检测前需将样本充分混匀。
- 检测前将样本慢慢地回温至室温，同样，尿液采集后需将尿样冷却至室温。
- 尿样以500～3 000rpm离心3～5min。
- 轻轻地将上清液倒掉，避免干扰剩余的沉淀颗粒。
- 轻轻地混匀沉淀颗粒，避免细胞损伤。

注：采用制动机制会导致试验步骤突然停止，有可能使沉淀重新悬浮，改变测试结果。

### 储存

- 在室温下的样本，必须在60min内进行检测。
- 样品在有盖的容器内，可冷藏保存6～12h。
- 冷藏的样品有形成结晶的倾向。
- 冷藏的样品可用于化学方面检测，但细胞组成则会受到破坏。

### 运输

- 样本中加入1～2滴血清，可保护细胞形态。
- 每盎司（约28g）尿液滴加1滴40%福尔马林。

## 尿液检查/尿液分析

对所有的尿液样本，以下物理性质都需进行评估。以下列表中的各项判定内容，除尿密度外，都是通过对样本的肉眼观察而获得。尿密度通过折射仪测定，其可准确测量尿样中固体溶解物的含量。最精确的结果是测量上清液，因为其摆脱了可能会导致假性增高的细胞碎片的干扰。折射仪应每日检查并准确校准。1滴蒸馏水的密度测量值应为0.00。

表4.24　肉眼检查

| 物理性质 | 观察 | 定义 | 相关因素 |
|---|---|---|---|
| **颜色** | 黄色 | • 任何深浅的黄色都应认为是正常的<br>• 常由于尿浓度改变而发生变化（如尿密度低时透明色浅） | • 无 |
| | 红色或红/棕色 | • 云雾状，红色的尿液是含完整未损红细胞的血尿<br>• 澄清，红色的尿液为含游离血红蛋白的血红蛋白尿 | • 尿路感染，膀胱炎，外伤，瘤形成，尿石症 |
| | 棕色 | • 含有肌红蛋白 | • 肌细胞溶解 |
| | 黄/棕色或黄/绿色 | • 含有胆色素 | • 肝脏疾病 |
| | 白色 | • 含有白细胞 | • 尿路感染，膀胱炎，严重的结晶尿 |
| **泡沫** | 少量 | • 摇动尿样而产生，正常 | • 无 |
| | 大量 | • 含有蛋白 | • 肾脏疾病，发热，运动过量 |
| | 绿色 | • 含有胆色素 | • 肝脏疾病 |
| **气味** | 氨味 | • 脲酶分解 | • 尿路感染，膀胱炎 |
| | 甜，有水果味 | • 含有酮体和/或葡萄糖 | • 糖尿病 |
| **相对密度**<br>（USG） | 犬<br>• 1.015～1.045<br>猫<br>• 1.035～1.060 | • 正常<br>• 和纯水相比，测量尿液的密度 | • 无 |
| | 犬<br>• ＞1.045<br>猫<br>• ≥1.060 | • 高相对密度<br>• 脱水：犬：≥1.030；猫：≥1.035<br>• 假性增高：葡萄糖及蛋白含量增高 | • 饮水量增加或溶质排泄<br>• 冷的尿样会导致USG假性增高 |
| | ≤1.007 | • 低相对密度 | • 饮水量减少，子宫积脓，肝脏疾病，肾脏疾病，服用利尿剂或尿崩症 |
| **透明度** | 透明 | • 正常 | • 无 |
| | 云雾状或絮状 | • 含细胞组分 | • 尿路感染 |
| **尿量** | 多尿 | • 尿量增加，尿色浅，尿相对密度下降（≤1.020） | • 肾炎，糖尿病，尿崩症，子宫积脓，肝脏疾病和肾脏疾病 |
| | 少尿 | • 尿量减少 | • 饮水量减少，发热，休克，心脏病及脱水 |
| | 频尿 | • 频繁排尿 | • 尿路感染，尿石症及结晶尿 |
| | 无尿 | • 完全无尿液排出<br>• 12h内无尿液排出 | • 尿路梗阻，膀胱破裂及死亡 |

## 准备

化学试纸条检验所提供的尿样检测项目有可能是肉眼检查或显微镜检查能够检查或是不能够检查到的。由于化学试纸条检验会出现许多假阴性结果，因此应同时进行肉眼检查和显微镜检查。

化学试纸条，应在室温保存，远离强光、潮湿及热源。试纸条需在尿样中浸润2~3s以保证上面的各化学反应区充分浸透。浸润时间过长则有可能导致化学试剂渗漏到尿样中。使用移液管或滴管也可浸润试纸条上的各反应区，然后将试纸条翻转至另一面，轻轻敲拍以除去多余的尿液。若使尿液沿试纸条流下，则将导致试纸条上各反应区内的化学物质发生混合，从而将改变检验结果。结果应根据制造商规定的时间来进行判读，并使用固定的人造光以避免自然光所产生的波动。颜色的改变可能是主观的，也可能是因为存在尿色素（如胆红素、血红蛋白）而导致颜色改变。

表4.25 化学试纸条检验

| 化学性质 | 观察 | 定义 | 相关因素 |
|---|---|---|---|
| 胆红素 | 胆红素尿 | · 血红蛋白分解的副产物<br>· 对于犬，当USG≥1.030时，则有微量存在；但对于猫则是罕见的<br>· 假阴性：尿样暴露于光<br>· 确认试验：尿胆红素检查片 | · 溶血性贫血，胆道梗阻，肝脏疾病，发热，长期禁食或饥饿 |
| 血[a] | 血尿 | · 存在完整的红细胞<br>· 离心后，尿样变澄清，底部有红色的沉淀 | · 尿路感染，膀胱炎，肾脏疾病，剧烈运动，外伤，生殖道污染 |
| | 血红蛋白尿 | · 含游离的血红蛋白，尤其是发生血管内溶血时<br>· 离心后，尿样仍为红色 | · 溶血性贫血，严重烧伤，不兼容血型输血，钩端螺旋体病，巴贝斯虫病，全身性红斑狼疮以及金属中毒 |
| | 肌红蛋白尿 | · 含肌红蛋白，尤其是发生肌肉损伤时<br>· 尿液呈深褐色到黑色 | · 肌肉损伤 |
| 葡萄糖 | 糖尿 | · 当超过血糖的阈值时即出现<br>· 犬：>180mg/dL<br>· 猫：>300mg/dL<br>· 正常动物的尿液中检测不到<br>· 假阴性：尿样温度过低 | · 糖尿病，库兴氏综合征，慢性肝脏疾病，高糖类饮食，应激，害怕，抑制，静脉注射葡萄糖及范可尼综合征 |
| 酮体 | 酮尿 | · 脂肪酸分解形成<br>· 正常动物的尿液中检测不到<br>· 产生一种甜、水果般气味<br>· 假阴性：检验分析被推迟<br>· 假阳性：色素尿<br>· 确认试验：酮体检查片 | · 糖尿病，肝脏疾病，持续性发热，高脂肪饮食，饥饿，禁食，长期厌食 |

| 化学性质 | 观察 | 定义 | 相关因素 |
|---|---|---|---|
| pH | 正常 | • H⁺浓度，测量碱度或酸度<br>• 犬：5.2~6.8<br>• 猫：6.0~7.0 | • 无 |
| | 碱性 | • H⁺离子浓度下降<br>• >7.0<br>• 假性增高：分析推迟 | • 餐后碱潮，素食，尿路感染，代谢性和/或呼吸性碱中毒，远端肾小管酸中毒，尿潴留及某些药物（如碳酸氢盐、柠檬酸盐） |
| | 酸性 | • H⁺离子浓度上升<br>• <7.0 | • 蛋白饮食，代谢性或呼吸性酸中毒，发热，饥饿，肌肉运动量过大，氯损耗及某些药物（如DL-蛋氨酸、呋塞米） |
| 蛋白质 | 蛋白尿 | • 检测白蛋白及球蛋白<br>• 正常尿液中仅微量存在<br>• 通常根据尿密度和尿沉渣沉积物来进行解释<br>• 假阳性：尿密度上升，pH上升，色素尿，洗涤剂污染<br>• 确认试验：磺柳酸试验，微量白蛋白尿测试（如 Heska ERD screen） | • 肾小球肾炎，肾小球淀粉样变性，多发性骨髓瘤，分娩，发情期以及尿路感染 |
| 蛋白：肌酸酐 | 正常 | • 量化蛋白尿水平显著与否<br>• 犬：≤0.3<br>• 猫：≤0.6 | • 无 |
| | 升高 | • 尿蛋白丢失增加<br>• >1 | • 慢性间质性肾炎，肾小球肾炎以及淀粉样变性 |

ᵃ 为区分血红蛋白尿与肌红蛋白尿，应同时比较血浆样本与尿样。血浆与尿样均呈红色为血红蛋白尿，而只有尿液呈现红色到棕色则为肌红蛋白尿。

## 尿沉渣检验

尿沉渣显微镜检测法应为尿常规检查中的一部分。它被用于验证肉眼检查与化学试纸条检验的结果。尿沉渣镜检可获得更多其他检查方法所不能发现的额外信息。清晨一早或动物禁水几小时后采集的尿样可提供最多的诊断信息。尿样的浓度越高，检测到有形成分的可能性也越高。

各实验室需要建立各自实验室的正常值与尿检操作程序。通常，标准尿量为5mL的尿样离心后去上清，留取底部沉渣及大约0.3mL的尿液在试管内。将剩余物混合，取1滴置于载玻片上，加盖玻片。镜检的玻片可染色，也可不染色。

若镜检样本未染色，则调节显微镜至合适光线（如稍稍降低聚光器或关闭部分光圈），观察折光元素是很重要的。

低倍镜下镜检整张玻片以检测细胞簇，管型，细胞构成；注意观察边缘区域。管型与结晶体在低倍镜下观察评估，并以 #/lpf（低倍镜视野）记录。红细胞（RBCs），白细胞（WBCs）以及上皮细胞在高倍镜下镜检，并以 #/hpf（高倍镜视野）记录。细菌及精子在高倍镜下检测并记录，且极少能超过4个。

## 细菌和精子的记录

罕见——镜检大量视野后仅发现少量

1+：<1/hpf

2+：<1~5/hpf

3+：<6~20/hpf

4+：>20/hpf

**表4.26　尿沉渣检验（见彩图15~22页）**

### 细菌

在使用正确方法采集的健康尿液中很难发现细菌。细菌往往伴随着白细胞一同出现，暗示存在细菌感染，然而没有出现白细胞则通常表明样品被污染。经穿刺或导尿管采集的尿样应是无菌的，若检测有细菌存在则具有显著意义（如糖尿病、库兴氏综合征及糖皮质激素治疗）。见彩图4.59和彩图4.61。

注：未染色的尿沉渣中，经常会将正常存在的布朗运动与细菌混淆。

| 成分 | 特征 | 定义 | 相关因素 |
|---|---|---|---|
| 球菌 | · 单个，成对或链状的圆形细菌<br>· 折光且有布朗运动<br>· 尿样涂片风干后，革兰染色可确认；球菌一般为革兰阳性<br>· 若＜100 000 cfu/mL很难被检测到 | · 酸性pH：肠球菌和链球菌<br>· 碱性pH：葡萄球菌 | · 尿路感染，膀胱炎，肾盂肾炎，子宫炎，前列腺炎，阴道炎 |
| 杆菌 | · 单个，成对或链状杆状细菌<br>· 折光且有布朗运动<br>· 若＜100 000 cfu/mL很难被检测到 | · 酸性pH：大肠杆菌<br>· 碱性pH：变形杆菌 | · 尿路感染，膀胱炎，肾盂肾炎，子宫炎，前列腺炎，阴道炎 |

### 血细胞

以每个高倍镜视野（#hpf）下的数目将血细胞分类。通常检测到血细胞是很有临床意义的，除非在检查时动物受其他因素干扰。例如，一个动物的尿样中仅发现少量的红细胞而无其他异常，说明有可能是在导尿过程中使动物受外伤所致。检测到白细胞也被认为具有临床意义，因为通常只有当感染达一定程度后白细胞才会出现；除非发生炎症的生殖器污染尿样。白细胞不需要分类。当它们进入膀胱时，已经变性为难以识别的程度。出现白细胞后，应全面地找寻细菌。

| | | | |
|---|---|---|---|
| 红细胞<br>· 见彩图4.64<br>· 见彩图4.69 | · 边缘光滑，小且双面凹形<br>· 大小：6~7μm<br>· 未染色：色淡，黄色至橙色的圆盘，无细胞核<br>· 染色：颜色从浅粉色到暗红色不等<br>· 皱缩：边缘褶皱，颜色略深<br>· 溶解：大小不同的无色圆环<br>· 稀释的尿液中可见到大而肿胀、球状的红细胞 | · 正常：自然排尿0~8/hpf；导尿0~5/hpf；膀胱穿刺0~3/hpf<br>· 非创伤性技术会产生以上数值，多次尝试可能会增加红细胞的数目 | · 膀胱炎，瘤形成，结石，炎症，坏死，外伤，出血性疾病 |

| 成分 | 特征 | 定义 | 相关因素 |
|---|---|---|---|
| **白细胞**<br>· 见彩图4.60<br>· 见彩图4.62<br>· 见彩图4.63<br>· 见彩图4.64 | · 圆形的颗粒样外形（细胞核明显）<br>· 大小：10～14μm<br>· 白细胞在稀释的尿液中变大，浓缩尿中变小<br>· 检测到白细胞后，需格外细心观察是否存在细菌，并考虑培养 | · 正常：自然排尿0～1/ hpf<br>· 中性粒细胞是镜检最常见的白细胞类型 | · 肾炎，肾盂肾炎，膀胱炎，尿道炎，输尿管炎 |

**管型**

由黏蛋白基质构成的管型，在肾脏的远端小管和集合管的管腔内形成。因管型形成的部位，故其都是平行边、末端钝圆的圆柱形。管型的形态结构易受到高速离心、粗糙处理以及延迟分析（在碱性尿液或长久放置的尿液中易降解）的影响。管型数量的增加可能预示着肾小管疾病，但是其数量并不能说明疾病的持续时间及严重程度。

| | | | |
|---|---|---|---|
| **上皮管型**<br>· 见彩图4.65 | · 几乎透明，澄清，高度折光的肾上皮细胞 | · 来源于亨利氏袢，远端小管和集合管<br>· 正常尿液中绝不会出现 | · 肾毒性，急性肾脏疾病，局部缺血，肾盂肾炎 |
| **脂肪管型**<br>· 见彩图4.66 | · 粗糙的脂肪滴颗粒 | · 表明肾小管变性 | · 糖尿病，肾脏疾病 |
| **颗粒管型**<br>· 见彩图4.67 | · 粗细不等的颗粒<br>· 橙色：胆红素<br>· 粉红色到红色：血红蛋白或肌红蛋白 | · 由坏死或变性的肾小管细胞所形成的微粒构成<br>· 透明管型包含颗粒管型<br>· 正常情况下0～2/hpf | · 急性肾脏疾病 |
| **透明管型**<br>· 见彩图4.68 | · 几乎透明，澄清，高度折光<br>· 圆形末端<br>· 染色：淡粉红色到紫色<br>· 可能含有少量包含体 | · 纯蛋白沉淀形成（黏蛋白基质）<br>· 正常情况下0～2/hpf | · 发热，慢性肾脏疾病，全身麻醉，静脉注射利尿药，剧烈运动 |
| **红细胞/白细胞管型**<br>· 见彩图4.69<br>· 见彩图4.70 | · 红细胞<br> · 包含少量到许多的红细胞<br> · 深黄色到橙色<br>· 白细胞<br> · 包含少量到许多的白细胞<br> · 一旦细胞开始退化，外观变为颗粒状 | · 由红细胞和/或白细胞聚集而成<br>· 正常尿液中绝不会出现 | · 肾内出血或感染，创伤，肾小球肾炎，肾小管间质发炎，毒性 |
| **蜡样管型**<br>· 见彩图4.71 | · 高度折光，质地均匀，半透明<br>· 末端钝圆，有裂缝 | · 颗粒管型退化的末期<br>· 在所有管型中最稳定 | · 慢性肾脏疾病 |

4

| 成分 | 特征 | 定义 | 相关因素 |
|---|---|---|---|
| **结晶** | | | |

晶体可能会反映出身体状况，也可能反映不出。晶体的形成有可能是因对样品的处理（如冷藏）或是正常尿液成分的积聚。形成晶体的类型受尿液的pH、浓度、温度和尿液成分的溶解度影响。晶体可被记录为偶见、中度、大量或使用1+ ~ 4+来评分。

| 成分 | 特征 | 定义 | 相关因素 |
|---|---|---|---|
| **无定形磷酸盐**<br>· 见彩图4.59<br>· 见彩图4.72 | · 颗粒样沉淀<br>· 颜色为暗棕色 | · 通常见于中性或碱性尿液<br>· 正常尿液中可见<br>· 易与细菌混淆 | · 肝脏疾病，门体分流或品种倾向（大麦町犬和英国斗牛犬） |
| **无定形尿酸盐**<br>· 见彩图4.73 | · 颗粒样沉淀（钠盐、钾盐、镁盐及钙盐）<br>· 颜色为黄色或黄棕色 | · 通常在酸性尿液中可见<br>· 可溶于碱性尿液<br>· 易与细菌混淆 | · 肝脏疾病，门体分流或品种倾向（大麦町犬和英国斗牛犬） |
| **尿酸铵**<br>· 见彩图4.74 | · 伴有长突刺的圆形<br>· 形如曼陀罗<br>· 颜色：黄色至棕色 | · 见于碱性、中性或弱酸性尿液中 | · 肝脏疾病，门体分流，尿酸盐尿路结石或品种倾向（大麦町犬和英国斗牛犬） |
| **胆红素**<br>· 见彩图4.75 | · 细长的突刺<br>· 颜色为棕红色或金黄色 | · 可能会见于正常尿液中 | · 肝脏疾病或溶血性贫血 |
| **碳酸钙**<br>· 见彩图4.76 | · 圆形，多条放射性线条呈中心放射状<br>· 可能形如短哑铃 | · 通常见于碱性尿液中 | · 无 |
| **二水草酸钙**<br>· 见彩图4.77 | · 无色，方形，且在表面折光线形成一个×形交叉（如信封）<br>· 射线穿透不过且坚硬，有尖锐的突起<br>· +/–长方体形 | · 通常见于中性或酸性尿液中<br>· 可能会见于正常尿液中 | · 乙二醇中毒，草酸盐尿石症 |
| **一水草酸钙** | · 小、扁平，细长且两端尖头（如纺锤） | · 通常见于中性或酸性尿液中 | · 乙二醇中毒，草酸盐尿石症 |
| **胱氨酸**<br>· 见彩图4.78 | · 扁平的六边形<br>· 有可能单个或层叠出现 | · 通常见于酸性尿液中 | · 肾小管功能障碍 |
| **亮氨酸**<br>· 见彩图4.79 | · 黄色或棕色，圆形且有同心纹 | · 通常见于酸性尿液中<br>· 不易辨认 | · 急性肝脏疾病或氯仿中毒或磷中毒 |
| **磺胺**<br>· 见彩图4.80 | · 澄清至棕色，滑轮状且有离心的结合针状物 | · 使用新型的磺胺类药物，则很少有发现 | · 磺胺类药物治疗 |
| **三磷酸盐**<br>(鸟粪石，磷酸铵镁，MAPS)<br>· 见彩图4.81 | · 八面棱柱体，面与末端倾斜<br>· 形如棺材盖<br>· 氨含量上升形成蕨叶样外观 | · 通常见于中性或碱性尿液中 | · 膀胱炎或鸟粪石尿路结石 |

| 成分 | 特征 | 定义 | 相关因素 |
|---|---|---|---|
| 酪氨酸<br>• 见彩图4.82 | • 无色或黄色，滑轮状或成簇中存在极细的针状物 | • 通常见于酸性尿液中<br>• 不易辨认 | • 急性肝脏疾病或氯仿中毒或磷中毒 |
| 尿酸<br>• 见彩图4.83 | • 黄棕色，尖头末端的钻石形，玫瑰形或椭圆状盘形 | • 通常见于酸性尿液中 | • 肝脏疾病，门体分流或品种倾向（大麦町犬和英国斗牛犬） |

### 上皮细胞

　　鳞状上皮细胞和移行上皮细胞在正常动物的尿液中普遍可见。鳞状上皮细胞是最大的上皮细胞，被认为无显著意义。已经证实，移行上皮细胞只有在数量大量增加时才有显著意义。然而，肾上皮细胞通常仅见于肾脏疾病并被认为有显著意义。肾上皮细胞是最小的上皮细胞，并经常与白细胞混淆。

| 成分 | 特征 | 定义 | 相关因素 |
|---|---|---|---|
| 肾上皮细胞<br>• 见彩图4.84 | • 圆形或带尾状，偏向底部一侧有大偏心核<br>• 细胞核明显<br>• 常与白细胞混淆 | • 上皮细胞来源于肾小管<br>• 极少见，通常暗示着肾脏疾病 | • 肾脏疾病 |
| 鳞状上皮细胞<br>• 见彩图4.85 | • 非常大、薄，且为多边形<br>• 细胞有自身折叠倾向，单个或成片出现<br>• 小而圆的细胞核，位置靠近细胞中央<br>• 形似煎蛋 | • 来源于尿道，膀胱，阴道和包皮<br>• 常见，且通常无显著意义 | • 无 |
| 移行上皮细胞<br>• 见彩图4.86 | • 圆形或带尾状，颗粒和小的胞核位于细胞中央<br>• 大小不等 | • 来源于近端尿道，膀胱，输尿管和肾盂<br>• 常见，且只有当大量，成丛或成片出现时才有显著意义 | • 膀胱炎，肾盂肾炎或瘤形成 |

### 其他成分

　　因尿液样品污染可见到许多人为污染。下列成分也可在尿道相关的疾病中见到。

| 成分 | 特征 | 定义 | 相关因素 |
|---|---|---|---|
| 血红蛋白 | • 大小不等的橙色小球 | • 血管内溶血产生游离血红蛋白<br>• 常与红细胞混淆 | • 严重的溶血性疾病或碱性尿液 |
| 脂肪滴<br>• 见彩图4.87 | • 大小不等，圆形，浅绿色，且高度折光<br>• 可见于紧贴盖玻片下的平面 | • 常见于无病的尿液中<br>• 常与红细胞混淆 | • 糖尿病，肥胖及甲状腺功能减退 |
| 黏液丝 | • 如卷曲的丝带 | • 更常见于插管后<br>• 也可见于正常动物 | • 尿道刺激或被生殖器分泌物污染 |

| 成分 | 特征 | 定义 | 相关因素 |
|---|---|---|---|
| **寄生虫** | | | |
| 犬和猫有两种泌尿道寄生虫。粪便污染可能会导致尿液中发现大量寄生虫，但下列寄生虫是唯一来源于膀胱的。 | | | |
| **狐膀胱毛细线虫**<br>· 见彩图4.88 | · 透明至黄色，两极扁平末端有塞，且外壳粗糙 | · 犬、猫类的膀胱蠕虫<br>· 通过肺移行并有可能导致咳嗽 | · 无致病原因 |
| **肾膨结线虫** | · 桶状，双极头，黄棕色且外壳有横纹 | · 犬的巨肾虫病<br>· 感染家畜的线虫中最大的线虫<br>· 虫体摄取宿主右肾的实质组织，仅留下被膜<br>· 小龙虾及鱼类为中间宿主 | · 肾脏疾病或腹膜炎 |

# 尿液中的人为产物

许多物质都能够污染尿液样品。它们有可能是采样不当，环境因素或解剖位置而导致。除下表所列的人为产物外，寄生虫卵、粪便、真菌孢子以及真菌也可能被检测到。请参看鉴别此类物质所相对应的章节。

**表4.27 尿液中的人为产物**

| 尿液中人为产物 | 特征 | 定义 |
|---|---|---|
| **气泡**<br>· 见彩图4.78 | · 大小不等，圆形，扁平，折光区有黑色边缘 | · 在加盖玻片的过程中混入空气所致 |
| **真菌** | · 无隔或有隔菌丝 | · 污染<br>· 患全身性真菌疾病动物侵袭泌尿系统而致（罕见） |
| **毛发** | · 针状，锥状边缘 | · 环境或外围生殖器污染 |
| **花粉** | · 双芽生孢子（如米老鼠®） | · 环境污染 |
| **精子** | · 椭圆形的头，鞭子样尾巴 | · 在未去势的雄性动物或近期内有交配行为的雌性动物的尿液中可见 |
| **淀粉颗粒**<br>· 见彩图4.89 | · 边缘为多面或扇形，中心呈锯齿形或酒窝形<br>· 不折光 | · 手套污染 |
| **酵母**<br>· 见彩图4.90 | · 椭圆形，无色的芽生体，双折光壁<br>· 大小不等 | · 环境或外围生殖器污染<br>· 某些种类的酵母可能会感染患病动物的尿路，引起顽固性尿路感染（罕见） |

注：本章所使用正常值已获菲尼克斯中心实验室授权许可。

# 第 **5** 章

# 影像学

| 关键词和术语[a] | 缩写 | | 额外资源，页码 |
|---|---|---|---|
| 校准 | C，头侧的 | L，侧位的 | 解剖学，3 |
| 联合 | Cd，尾侧的 | LAT，侧位 | 麻醉，437 |
| 计算机X线摄影 | CHF，充血性心力衰竭 | M，内侧的 | 液体疗法，357 |
| 对比 | CMIARF，造影剂诱发急性肾功能衰竭 | mA，毫安 | 一般治疗，199 |
| 密度 | CRT，毛细血管再充盈时间 | mA-s，毫安-秒 | 注射，346 |
| 放射量仪 | CSF，脑脊液 | MHz，兆赫兹 | 医疗程序，425 |
| 高渗的 | CT，计算机断层成像 | MM，黏膜 | 患病动物监护，330 |
| 胸骨柄 | D，背侧的 | MRI，磁共振 | 胃管放置，426 |
| 黏液囊肿 | Di，远侧的 | OBL，斜的 | 尿导管插入术，433 |
| 射线可透过的 | DR，数字化X线照相术 | Pa，掌侧 | |
| 不透射线的 | DV，背腹位 | Pl，跖的 | |
| 退行性 | EU，下行性尿路造影术 | Pr，近侧的 | |
| Santes'规则 | FFD，焦点到胶片的距离 | R，嘴侧的 | |
| 痛性尿淋沥 | GIT，胃肠道 | s，秒 | |
| 经轴地 | IP，影像板 | SID，射线源到影像距离 | |
| | IVP，静脉肾盂造影术 | V，腹侧的 | |
| | IVU，静脉尿路造影术 | VD，腹背位 | |
| | kVp，千伏峰值 | | |

[a]关键词和术语的定义见第629页词汇表。

# 放射学

X线片对于兽医而言是一个非常有用的诊断工具。然而，为了诊断，X线片必须正确反映对动物的测量和定位。兽医技术人员在X线片的产生过程中发挥着重要作用。X线检查中对物种解剖结构及其形状的了解对诊断性的X线片拍照会有很大的帮助。本章包括X线设备、成像因素、摆位信息和对比造影的基本信息。

数字化X线照相术（DR）已经进入到兽医领域。该技术补充了在计算机技术上的进步并给动物、兽医和工作人员带来了许多益处。DR的优势包括提高了在处理、存储和X线片检索方面的时间效率，提高了同一图像中软组织和骨的对比度以及远程放射学的使用能力。也能够改变图像的对比度和密度，以提高诊断的敏感性，但这种技术也可以造成伪影而导致混淆和误诊。由于计算机操作和DR系统效率的提高，X线片重拍数量预期减少，所以动物和工作人员的安全性增加。

表 5.1 放射线摄影装置

放射线摄影装置非常昂贵，因此使用和维护必须极其小心。然而，X线照相术中最大的危害是动物和工作人员的安全。科学证实电离辐射可造成活细胞（如生殖细胞、生长细胞、性腺细胞、癌细胞和代谢活跃的细胞）的损伤。只要有照射就会有伤害，因此必须小心尽可能地将照射限制在最低水平。防护服装是防止辐射照射的第一道防护——在任何情况下，铅围裙、甲状腺防护围脖和手套都是必须要穿戴的。工作人员必须通过穿戴放射量测定仪和护目镜，同时尽可能地远离原射线束和随后的散射辐射来做到自我保护。应该避免过量的和不必要的辐射。

| 装置 | 描述 | 维护 |
| --- | --- | --- |
| 防护服装 | ·围裙<br>·甲状腺防护围脖<br>·手套<br>·放射性剂量仪 | ·垂直悬挂或水平放置围裙<br>·手套应放在垂直支架或无底汤罐上，让气流畅通和避免铅衬里有裂缝<br>·所有服装每季度拍X线以评估其防护性能，同时检查有无裂缝、撕裂或其他不平整 |
| 胶片–荧屏照相 | | |
| 处理池 | ·冲洗胶片<br>·人工或自动 | ·定期清理，如需补充液体<br>·每隔2~3月彻底清洗一次<br>·检查所使用机器制造商的说明书 |
| 胶片 | ·记录影像（多种类型） | ·小心处理<br>·垂直存放在一个阴凉、干燥和避光的地方 |
| 暗盒 | ·存放胶片和增感屏 | ·避免水滴或泄漏液体进入暗盒<br>·定期用温和的肥皂和水清洗外壁<br>·定期用商品化溶液，温和的肥皂和水或稀释的酒精清洁增光屏<br>·保持暗盒敞开并垂直支撑晾干<br>·装有胶片时应垂直放置 |
| 计算机X线摄影 | | |
| 阅读器 | ·从影像板上解读图像 | |
| 影像板（IP） | ·记录影像 | ·每天要消磁<br>·每周清洁一次 |
| 计算机 | ·处理和允许查看图像 | |
| 直接数字化X线照相术 | | |
| 硒探测器板 | ·利用直接能量转换过程捕获图像 | ·每天校准偏移 |

表5.2 放射线摄影曝光及成像因素

| 因素 | 定义 | 应用 |
| --- | --- | --- |
| 对比度 | • 胶片中最亮和最暗的部分之间的差异，反映两束相邻射线的密度差异 | • 组织为高kVp（低对比度）<br>• 骨为低kVp（高对比度） |
| 密度 | • 胶片的黑暗程度 | • 为了产生更暗的胶片，提高mA，kVp或曝光时间 |
| 细节 | • 胶片上图像的清晰度 | • 为了得到更清晰的细节，使用更长射线源到影像距离（SID），病畜更接近胶片和使用更短的曝光时间 |
| 变形 | • 原始影像的改变 | • 为了减少变形，使用短的SID，病畜更接近胶片和射线尽可能垂直胶片或病畜 |
| 曝光时间（s） | • 测量允许电子流过电子管的时间长度 | • 较长的曝光时间=X射线的产生量增加<br>• mA-s是毫安数和曝光时间的产物。表明在一次曝光中产生的X射线数量<br>• 设置较高的mA值以缩短曝光时间 |
| 滤线器因子 | • 通过滤线装置补偿吸收来提高曝光质量 | • 用于形成一个技术图表（Santes'规则一部分） |
| 千伏电压峰值（kVp） | • 测量X射线管中阴极和阳极的电压差值 | • 高kVp=更大的穿透力<br>• 控制质量<br>• 与胶片上密度成正比；与胶片的对比度成反比 |
| 毫安（mA） | • 测量电子流从整个电子管阴极到阳极的数量 | • 高mA=产生更多的X射线<br>• 与胶片的密度成正比 |
| 毫安-秒（mA-s） | • 每秒钟产生X射线的数量 | • 控制X射线的数量和产生量 |
| 射线源到影像距离（SID）<br>• 焦点到胶片距离（FFD） | • 阳极焦点和射线照相胶片之间的距离 | • 高SID= 到达胶片的X射线数量减少 |

## 放射线摄影技术图表

每一个有X线电机的诊所，应该有一个由当地放射学家认可的适合您诊所里所用机器的技术图表。这些图表可以明显降低计算机设置所需的时间，从而减少每一次X线拍片所花费的时间。图表也确保使用中个人操作仪器的一致性。技术图表中涉及的因素包括物种、解剖区域、X线机、屏幕类型和胶片类型。建立一个技术图表的基本步骤：

1. 选择一个能反映其种类的大小合适的动物［如犬约50磅（23kg）；猫约9磅（4kg）］。

2. 横向测量动物胸廓最厚的部分。设置标准的SID为常数（40）。

3. 利用Santes'规则计算需要的kVp：（2×厚度，以cm为单位）+SID+滤线器因子=kVp。

• 例：（2×15cm）+40+8=78 kVp。

4. 根据下面的图表确定所需的毫安-秒：

| 快速/高速增感屏 | 一般的犬 | 中速/标准速增感屏 |
|---|---|---|
| mA-s | 解剖区域 | mA-s |
| 2.5 | 四肢 | 5.0 |
| 5.0 | 胸部 | 7.5 |
| 7.5 | 腹部 | 10.0 |
| 10.0 | 骨盆 | 12.5 |

一般的猫：建议mA-s值为1.5。

5. 在尽可能保证最高mA值的情况下确定mA和曝光时间。用mA-s除以mA得到曝光时间（s）。

6. 利用计算好的条件给动物拍一张试验性的X线片并评估其质量。以30%~50%的尺度增大或减少mA-s并重新拍摄X线片。

7. 诊断X线片一经成功，开始利用您图表中的这些因子数值。这将需要对身体的多个部位和每个物种进行重复。可以参考下述指导制作图表：

　　80kVp以下，组织厚度每改变1cm需增加或减少2 kVp。

　　80~100 kVp，组织厚度每改变1cm需增加或减少3kVp。

　　100kVp以上，组织厚度每改变1cm需增加或减少4kVp。

8. 此法的修改包括：

　　a. 胸水或腹水或明显的器官肿大（如心脏扩大症）（增加50% mA-s）；

　　b. 肥胖、肌肉丰满的犬或造影研究（增加50% mA-s）；

　　c. 过瘦的动物或幼犬/幼猫（减少50% mA-s）。

下面的图表反映两种不同风格的技术图表。有利于委员会认证的放射学家审查你的图表。

## 例1：兽医X线技术图表

下述针对使用QUANTA 3屏SID为40"。滤线栅条比例为8：1

CRONEX 7 胶片

柯达 LANEX REGULAR

柯达TMG-1 胶片

| | mA | 时间 | mA-s | kVp |
|---|---|---|---|---|
| **颅骨** | | | | |
| 小型犬和猫 | 300 | | 3.3 | （2×cm）+55 kVp |
| 中型犬和大型犬 | 300 | 1/60 | 5 | （2×cm）+55 kVp |
| **颈部** | | | | |
| 小型犬和猫 | 300 | 1/60 | 5 | （2×cm）+50kVp |
| 中型犬和大型犬 | 300 | 1/30 | 10 | （2×cm）+48 kVp |
| **胸部** | | | | |
| 小型犬和猫 | 300 | | 3.3 | （2×cm）+43 kVp |
| 中型犬和大型犬 | 300 | 1/60 | 5 | （2×cm）+43 kVp |
| **腹部和胸椎** | | | | |
| 小型犬和猫 | 300 | 1/60 | 5 | （2×cm）+45 kVp |
| 中型犬和大型犬 | 300 | 1/30 | 10 | （2×cm）+50 kVp |
| **骨盆** | | | | |
| 小型犬和猫 | 300 | 1/60 | 5 | （2×cm）+52 kVp |
| 中型犬和大型犬 | 300 | 1/30 | 10 | （2×cm）+52 kVp |
| 巨型犬 | 300 | 1/30 | 10 | （2×cm）+60 kVp |
| **四肢：股骨和肱骨** | | | | |
| 小型犬和猫 | 300 | 1/45 | 6.6 | （2×cm）+45 kVp |
| 中型犬和大型犬 | 300 | 1/30 | 10 | （2×cm）+45 kVp |
| **四肢：桡骨和尺骨** | | | | |
| 小型犬和猫 | 300 | 1/45 | 6.6 | （2×cm）+45 kVp |
| 中型犬和大型犬 | 300 | 1/30 | 10 | （2×cm）+45 kVp |

例2：兽医X线技术图表

| cm | 骨骼 300mA 时间 | 骨骼 300mA 操作台 kVp | 骨骼 300mA 滤线器 | 胸部300mA 时间 | 胸部300mA 操作台 kVp | 胸部300mA 滤线器 | 腹部300mA 时间 | 腹部300mA 操作台 kVp | 腹部300mA 滤线器 |
|---|---|---|---|---|---|---|---|---|---|
| 4 | 1/30 | 42 | — | 1/60 | 44 | — | 1/30 | — | — |
| 5 | " | " | — | " | 46 | — | " | — | — |
| 6 | " | 44 | — | " | 48 | — | " | — | — |
| 7 | " | " | 55 | " | 50 | — | " | — | — |
| 8 | " | " | 57 | " | 52 | — | 1/15 | — | 51 |
| 9 | " | 46 | 59 | " | 54 | — | " | — | 53 |
| 10 | " | " | 61 | " | 56 | — | " | — | 55 |
| 11 | " | — | 63 | " | 58 | — | " | — | 57 |
| 12 | " | — | 65 | " | 60 | 74 | " | — | 59 |
| 13 | " | — | 67 | " | 62 | 76 | " | — | 61 |
| 14 | " | — | 69 | " | 64 | 78 | " | — | 63 |
| 15 | " | — | 71 | " | 66 | 80 | " | — | 65 |
| 16 | " | — | 73 | " | 68 | 82 | " | — | 67 |
| 17 | " | — | 75 | " | — | 85 | " | — | 69 |
| 18 | " | — | 77 | " | — | 88 | " | — | 71 |
| 19 | " | — | 79 | " | — | 91 | " | — | 73 |
| 20 | " | — | 81 | " | — | 95 | " | — | 75 |
| 21 | " | — | 84 | " | — | 99 | " | — | 77 |
| 22 | " | — | 87 | " | — | 103 | " | — | 79 |
| 23 | " | — | 90 | " | — | 103 | " | — | 82 |
| 24 | " | — | 94 | 1/30 | — | 96 | " | — | 85 |
| 25 | " | — | 96 | " | — | 100 | " | — | 88 |
| 26 | " | — | 103 | " | — | 105 | " | — | 91 |
| 27 | " | — | 108 | " | — | 110 | " | — | 95 |

注： " ，表示与上面的值一样； — ，表示不适用的。

## X线技术评估

按照技术图表拍照X线片是一个简单的过程。然而，这可能仍然无法产生一张高质量对比度和密度的X线片。影响胶片质量的因素很多，除了设备自身问题，mA、kVp和时间都会在很大程度影响胶片的质量。掌握它们之间的关系，并基于BCS、品种和疾病状态的不同，以产生所需质量的X线片。

## 密度评估

胶片的密度即其黑暗程度，主要受mA-s控制。确定黑暗程度来评估密度。动物身体之外部位和体内平行的部位应是黑的。较浅的色调表示需要升高密度值。

**表5.3 曝光评估**

如果要确定X线是否需要调整，首先必须能够评估胶片的质量。对一张恰当曝光的图像有一些基本准则，但也包括兽医的个人喜好。首先评估X线片的整体外观（如太亮或太暗）。将X线片放置在标准观片架，将你的手放在其下面。如果能看到你的手指，且看不到手指上的皱纹和折痕则说明图像曝光正确；如果不能够看到你的手指，表明图像曝光过度（太暗）；如果能看到你的手指和手指上所有的皱纹和折痕，则说明图像曝光不足（过轻）。如果一个图像太亮或太暗，需要采取进一步的评估以确定原因。

| | 曝光不足（过轻） | 曝光良好 | 曝光过度（太暗） |
|---|---|---|---|
| 手指试验 | • 手指、皱纹和折痕可见 | • 手指可见 | • 手指不可见 |
| 胸部 | • 可见：周围血管<br>• 不可见：心脏上面血管，膈膜接触的肺脏 | • 可见：后腔静脉、降主动脉、支气管、肺血管、心脏轮廓和空气充满肺部<br>• 吸气时拍照<br>• 最优的：高kVp 和低mA-s（对比度升高和密度下降） | • 肺和背景一样黑 |
| 腹部 | • 内脏都冲洗出来，但是无法区分 | • 可见：内脏器官边缘，胃，膈，小肠和大肠，肝脏，脾脏，膀胱，± 肾脏，前列腺<br>• 呼气时拍照<br>• 最优的：低kVp 和高mA-s（密度和对比度都升高） | • 内脏黑色，无法区别 |
| 骨结构<br>评估X线技术 | • 骨黑暗没有细节 | • 紧凑型骨边缘清晰，有一透亮中心，青年动物存在骨骺（直到14个月才闭合）<br>• 最优的：低kVp 和高mA-s（密度和对比度都升高） | • 骨亮白没有细节 |

**表5.4 对比度评估**

对比度是指灰色的色度或黑白的程度，主要是受kVp控制。kVp设置太高将降低对比度（如整体呈现灰色外观）控制；kVp设置太低会产生很高的对比度（如强烈的黑和白）。

一旦X线片已被评估，并决定需要更改，要做出需要改变什么设置的决定。遗憾的是，这不是一个确切的科学，并可能需要调整一个或多个设置。然而，调整设置时也有一些一般性的出发点。一般来说，mA-s改变25%～50%即可发生明显的整体变化和改变密度（黑色程度）。kVp改变10%～15%可以实现小的精细变化和改变对比度。

另一点，曝光中kVp调整10%～15%和mA-s改变50%（如mA-s减半或加倍）可引起几乎相同的变化。因此，曝光合理，只需要改变对比度的情况下，kVp和mA-s必须一起向相反的方向改变（如kVp升高和mA-s降低）。

| 评估 | 改变 | |
|---|---|---|
| **胶片** | 密度增加<br>· 胶片太黑 | · mA–s升高<br>· X射线的量和暗度降低 | 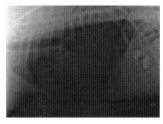 |
| | 密度减少<br>· 胶片太亮 | · mA–s升高<br>· X射线的量和暗度升高 | 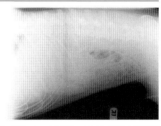 |
| | 对比增加<br>· 胶片上黑白分明 | · kVp升高<br>· X射线的透射力增强和增加对比度 | 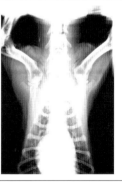 |
| | 对比减少<br>· 胶片洗脱/灰色的外观 | · kVp降低<br>· X射线的透射力减弱和缩短对比度 |  |

表 5.5　X 线变化

根据放射学的经验，在拍摄第一张X线片前可以先调整mA-s 和 kVp。 根据技术图表，某些解剖因素（如体重、肌肉块和被毛）也可以影响图像。技术图表是基于"普通的"动物和临床使用中往往需要调整设置。要牢记的最重要一点是可以大幅度调整mA-s（25%~50%）和小幅度调整kVp（10%~15%）。

| | 评估 | X线效果 | 设置变化 | 备注 |
|---|---|---|---|---|
| BCS | BCS 1-2 | · 身体脂肪含量少，肌肉消瘦 | · ↓ mA-s 和/或 kVp | · 动物密度减少 |
| | BCS 4-5 | · 身体脂肪含量多 | · ↑ mA-s和/或kVp | · 增加动物密度 |
| 品种和解剖 | 软骨发育不全性侏儒 | · 压缩纵隔区<br>· 腿短，密度高 | · ↑ mA-s和/或kVp | · 增加动物密度<br>· 确保腿被拉到拍摄范围之外（如胶带黏成马镫形） |
| | 桶状胸 | · 胸腔变大 | · ↑ mA-s | · 增加动物密度<br>· 尽可能向前延伸颈部 |
| | 短头颅 | · 运动伪影<br>· 残存空气<br>· 不在吸气/呼气时拍摄X线片 | · ↓ mA-s和/或kVp以减少密度 | · 对其鼻子吹气以使停止喘气 |
| | 深胸品种 | · 前胸部深和后胸部薄 | · ↓ mA-s和/或kVp | · 为达到前后胸均能恰当地曝光，需要拍摄正侧位片<br>· 确保VD位影像的正确摆位（如辅助设备），以避免发生倾斜 |
| | 巨型品种 | · 整体大小变大 | · ↑ mA-s | · 动物密度增加<br>· 分为两部分（如前胸和后胸）来检查整个区域 |
| | 被毛 | · 数量过多或垫子<br>· 碎片和异物 | · ↑ kVp | · 动物密度增加<br>· 尽可能将过多的毛发移出拍摄范围<br>· 影像上发现异物时应确认不是在被毛中 |
| | 肌肉 | · 肌肉块变大 | · ↑ mA-s和/或 kVp | · 动物密度增加<br>· 确保VD图像的正确摆位（如辅助设备），以避免发生倾斜 |
| | 皮肤 | · 皮肤皱褶增加 | · ↑ mA-s和/或kVp | · 动物密度增加<br>· 尽可能将皮肤褶皱拉出拍摄范围 |
| 疾病 | 任何情况下导致： | · 腹水/水肿 | · ↑ mA-s 和 ± ↓ kVp | · ↑ kVp存在游离液体=↑ 散射时 |
| | | · 游离空气 | · ↓ mA-s和/或kVp | · 动物密度减少 |
| | | · 异物 | · ± mA-s和/或kVp 改变 | · 根据异物透光度来调整 |
| | | · 软组织肿胀 | · ↑ mA-s和/或kVp | · 动物密度增加 |

表 5.6　X线伪影

| X线片上所见的问题 | 伪影 | 解决方法 |
|---|---|---|
| 模糊影像 | ·移动<br>·重复曝光 | ·正确摆位和保定动物<br>·再次检查储片夹托盘是否有异物 |
| X线片两面有空白区 | ·胶片雾状<br>·到达胶片的光束定位误差 | ·正确处理胶片<br>·确证光束和暗盒对齐 |
| 物体镜像影像的暗线 | ·胶片自身折叠 | ·正确装载暗盒 |
| 暗的半圆影像 | ·指压痕迹 | ·正确处理胶片 |
| 暗条纹（海地衣或虚线） | ·静电 | ·正确处理胶片 |
| 灰色条纹 | ·动物皮毛潮湿 | ·清洁并吹干动物皮毛 |
| 动物体内外出现无法解释的可以看到的线条或物质 | ·暗盒上面或里面存在异物（如毛发、纸等） | ·正确清洁暗盒<br>·正确处理胶片 |
| 硬木样底线 | ·木地板样 | ·↓mA–s |
| 白线横过胶片 | ·胶片上的划痕 | ·正确处理胶片 |

## X线摆位

　　为进行X线检查的动物摆位最重要的因素是要在意识上有拍照部位的形态，并要很好地掌握其解剖位置。第二重要因素是使用辅助设备以确保动物正确对齐和减少机器的曝光。辅助设备包括沙袋、不透X线的楔、不透X线

的槽、纱布和胶带。根据品种、大小和动物的状况进行X线照相，下列摆位准备可能需要做相应的调整。

　　了解定向术语是每次X线照相时正确摆位的关键。具体的解剖标志已在"第一章　解剖学"部分列出。

表 5.7　方位术语

| 方位术语 | 定义 |
|---|---|
| 背侧的（D） | ・任何朝向背的部位 |
| 腹侧的（V） | ・任何朝向胸部和腹部下面区域的部位，最靠近地面 |
| 头侧的（C） | ・任何朝向头部的部位<br>・四肢腕关节和跗关节以上朝向头部的部位 |
| 尾侧的（Cd） | ・任何朝向尾部的部位<br>・四肢腕关节和跗关节以上朝向尾部的部位 |
| 嘴侧的（R） | ・任何头部朝向鼻子的部位 |
| 近侧的（Pr） | ・任何最接近起始或附着点的部位 |
| 远侧的（Di） | ・任何离起始或附着点最远的部位 |
| 内侧的（M） | ・接近中线的区域<br>・四肢内侧面 |
| 侧面的（L，Lat） | ・远离或背离中线的区域<br>・四肢外侧面 |
| 掌侧的（Pa） | ・前肢远端到腕关节的尾部 |
| 跖侧的（Pl） | ・后肢远端到腕关节的尾部 |

## 摆位术语

　　根据摆位术语来确定动物的位置从而使X线进入和离开。例如，尾头位意味着在一个特定的解剖部位X线从尾侧进入，从头侧离开。

更多的例子：
尾颅位（CdC）
颅尾位（CCd）

背腹位（DV）
腹背位（VD）
背掌位（DPa）
掌背位（PaD）
背跖位（DPl）
跖背位（PlD）

侧卧：动物侧躺，左侧或右侧。

斜的（Obl）：动物倾斜摆位以致使X线以一定的角度进入身体。

# 软组织摆位

技能框 5.1　软组织摆位：胸部

| 解剖部位 | 胸部 | | |
|---|---|---|---|
| 视图 | 侧位 | V/D | D/V |
| 摆位 | · 左侧卧（心脏评估）<br>· 右侧卧（肺脏评估）<br>· 前肢和头部向前伸展<br>· 后肢向尾侧延伸 | · 仰卧<br>· 前肢向前伸展<br>· 后肢弯曲 | · 俯卧<br>· 前肢向前伸展并固定肘关节<br>· 头平放于两前肢之间<br>· 后肢蹲位 |
| 测量 | · 胸腔最宽的区域 | · 胸腔最宽的区域 | · 胸腔最宽的区域 |
| 光束中心 | · 肩胛骨的尾侧边缘 | · 肩胛骨的尾侧边缘（第6肋骨） | · 肩胛骨的尾侧边缘（第6肋骨） |
| 视图区域 | · 胸廓入口到最后一根肋骨 | · 胸廓入口到最后一根肋骨 | · 胸廓入口到最后一根肋骨 |
| 注释 | · 在吸气末拍摄<br>· 如果怀疑是气胸，也可能需要拍摄呼气时的X线片。<br>· 可能需要辅助设备（如楔子）保持与胸椎与胸骨水平 | · 在吸气末拍摄<br>· 如果怀疑是气胸，也可能需要拍摄呼气时的X线片<br>· 在肩胛骨/腋窝处保定动物以使胸部成直线 | · 在吸气末拍摄<br>· 如果怀疑是气胸，也可能需要拍摄呼气时的X线片<br>· 心脏评估或呼吸紧张动物的首选拍摄视图 |

技能框 5.2　软组织摆位：腹部和咽

| 解剖部位 | 腹部 | | 咽 |
|---|---|---|---|
| 视图 | 侧位 | V/D | 侧位 |
| 摆位 | · 右侧卧<br>· 前肢朝颅侧方向伸展<br>· 后肢向尾端伸展 | · 仰卧<br>· 前肢朝颅侧方向平行伸展 | · 侧卧<br>· 前肢朝尾侧弯曲<br>· 头部应该与操作台平行（可能需要支撑物）和颈部伸展 |
| 测量 | · 第13肋骨向后部位或最宽的部位 | · 后肢朝尾侧方向平行伸展 | · 颅骨基部 |
| 光束中心 | · 第13肋骨向后部位 | · 第13肋骨向后部位或最宽的范围 | · 只是颅骨尾侧基部 |
| 视图区域 | · 胸骨剑状软骨前5~8cm至股骨头范围 | · 第13肋骨向后部位 | · 外眼角到C3 |
| 注释 | · 呼气暂停时拍摄<br>· 也可能还要拍摄一张左侧卧的X线片<br>· 大型犬可能需要2张胶片 | · 呼气暂停时拍摄<br>· 大型犬可能需要2张胶片 | |

## 头部摆位

确保颅骨与暗盒平行对产生一张诊断性X线片是极其重要的。在鼻口部、颈部或颅骨放置合适的支撑物将会有所帮助。

技能框 5.3　头部摆位：**颅骨**

| 解剖部位 | | **颅骨** | | |
|---|---|---|---|---|
| **视图** | 侧位 | D/V | V/D | 头骨–嘴尾位 |
| **摆位** | ·侧卧<br>·在颈中部使用支撑物使头部在暗盒上伸展以保持适当的对齐<br>·鼻子与暗盒平行<br>·颅骨水平放在暗盒上<br>·前肢朝向尾端伸展 | ·俯卧<br>·头部与暗盒平行<br>·前肢放松，腕屈曲并置于光束外 | ·仰卧<br>·在颈中部使用支撑物使头部在暗盒上伸展以保持适当的对齐<br>·鼻子与暗盒平行<br>·颅骨水平放在暗盒上<br>·前肢朝向尾端伸展 | ·仰卧<br>·颅骨基部置于暗盒上，颈部呈弯曲位，并用胶带或纱布将下巴拉向胸部<br>·前肢朝向尾端伸展 |
| **测量** | ·颧弓最高点 | ·颅骨的最宽处 | ·眼外眦 | ·额窦 |
| **光束中心** | ·眼外眦 | ·眼外眦 | ·眼外眦 | ·两眼之间 |
| **视图区域** | ·鼻尖到颅骨基部 | ·鼻尖到颅骨基部 | ·鼻尖到颅骨基部 | ·整个颅骨 |
| **注释** | ·可能需要深度的镇静或全身麻醉 | ·可能需要深度的镇静或全身麻醉 | ·可能需要深度的镇静或全身麻醉 | ·可能需要深度的镇静或全身麻醉<br>·如果放置气管插管需监测褶皱 |

技巧框 5.4　头部摆位：颧弓

| 解剖部位 | | | 颧弓 | | |
|---|---|---|---|---|---|
| 视图 | 侧位 | D/V | 正面位 | 侧斜位 | V/D 张口 |
| 摆位 | · 侧卧<br>· 在颌骨下放置泡沫楔<br>· 鼻中隔与暗盒平行<br>· 前肢朝向尾侧伸展 | · 俯卧<br>· 头部置于暗盒上<br>· 前肢放松，腕屈曲并置于光束外 | · 仰卧<br>· 头部置于暗盒上，颈部自然弯曲<br>· 鼻子稍微偏离垂直的X射线束<br>· 颅骨水平放在暗盒上<br>· 前肢朝向尾端伸展 | · 侧卧<br>· 颅骨用楔形支撑物以使颧弓呈一斜角<br>· 鼻中隔垂直于暗盒 | · 仰卧<br>· 在颈中部使用支撑物使头部伸展<br>· 使用纱布拉下颌骨<br>· 颅骨水平放在暗盒上<br>· 前肢朝向尾侧伸展 |
| 测量 | · 颧弓最高点 | · 颧弓最高点 | · 眼外眦 | · 颅骨最高点 | · 眼外眦 |
| 光束中心 | · 眼外眦 | · 眼外眦 | · 眼外眦 | · 轻微偏离颅骨中心 | · 与上部第3和第4前臼齿之间的颌骨成45°角 |
| 视图区域 | · 鼻尖到颅骨基部 | · 鼻尖到颅骨基部 | · 鼻尖到颅骨基部 | · 鼻尖到颅骨基部 | · 鼻腔到颅骨前颞部 |
| 注释 | · 可能需要深度的镇静或全身麻醉 | · 可能需要深度的镇静或全身麻醉 | · 可能需要深度的镇静或全身麻醉 | · 可能需要深度的镇静或全身麻醉 | · 如果放置气管插管需监测褶皱 |

**技能框 5.5　头部摆位: 鼓室泡**

| 解剖部位 | 鼓室泡 | | |
|---|---|---|---|
| 视图 | D/V | 侧斜位 | 嘴尾位: 张口 |
| 摆位 | ·俯卧<br>·头部放在暗盒上<br>·前肢放松, 腕屈曲并置于光束外 | ·侧卧<br>·不影响鼓室泡朝向暗盒<br>·颅骨略微倾斜<br>·前肢稍微朝向尾端伸展 | ·仰卧<br>·上颌骨和下颌骨用支撑物打开, 鼻子垂直于暗盒<br>·颅骨基部与暗盒水平<br>·前肢朝向尾端伸展 |
| 测量 | ·颅骨最高点 | ·鼓室泡水平位置 | ·嘴唇合缝水平位置 |
| 光束中心 | ·鼓室泡中心 | ·鼓室泡中心 | ·嘴中心和嘴唇合缝水平之间 |
| 视图区域 | ·眼外眦到颅骨基部 | ·眼外眦到颅骨基部 | ·整个鼻咽区 |
| 注释 | ·颅骨的重叠使得鼓室泡不太理想, 然而, 允许在1个视野比较左边和右边的鼓室泡 | | |

**技能框 5.6　头部摆位: 颞下颌关节**

| 解剖部位 | 颞下颌关节 | |
|---|---|---|
| 视图 | D / V | V/D 斜位(矢状斜) |
| 摆位 | ·俯卧<br>·头部放在暗盒上<br>·前肢放松, 腕屈曲并置于光束外 | ·侧卧<br>·颅骨朝向暗盒旋转20° (下颌骨下放置支撑物) |
| 测量 | ·颅骨最高点 | ·眼外眦 |
| 光束中心 | ·眼外眦 | ·颞下颌关节 |
| 视图区域 | ·鼻基部到颅骨基部 | ·眼内眦到颅骨基部 |

| 解剖部位 | 鼻腔和鼻窦 | | |
|---|---|---|---|
| 视图 | 侧位 | D / V | D / V: 咬合面 |
| 摆位 | · 侧卧<br>· 在颌骨下放置泡沫楔使鼻口部与暗盒平行<br>· 鼻中隔与暗盒平行<br>· 前肢朝向尾端伸展 | · 俯卧<br>· 头部放在暗盒上<br>· 前肢放松，腕屈曲并置于光束外 | · 俯卧<br>· 头部放在暗盒上<br>· 胶片放在上颌骨和下颌骨之间<br>· 前肢放松，腕屈曲并置于光束外 |
| 测量 | · 颧弓最高点 | · 颅骨最高点 | · 颌骨的尾侧部分 |
| 光束中心 | · 眼外眦 | · 眼外眦 | · 颌骨的尾侧部分 |
| 视图区域 | · 鼻尖到颅骨基部 | · 鼻尖到颅骨合缝处 | · 鼻尖到眶骨 |
| 注释 | | | · 最好使用"无暗盒"的胶片（如乳房X线照相胶片） |

| 解剖部位 | 鼻腔和鼻窦 | | |
|---|---|---|---|
| 视图 | V/D 张口 | 侧斜位 | 正面或嘴尾位 |
| 摆位 | · 仰卧<br>· 前肢朝向尾端伸展<br>· 颈中部使用支撑物使头部伸展在暗盒上<br>· 鼻子与暗盒平行，使用辅助物将下颌骨朝尾端伸展<br>· 如果必要可用胶带将上颌骨固定到其位<br>· 颅骨水平放在暗盒上 | · 侧卧<br>· 用楔子支持头部<br>· 鼻中隔垂直于暗盒 | · 仰卧<br>· 前肢朝向尾端伸展<br>· 头部放在暗盒上，颈部呈放松弯曲位，鼻口部向上对着X线管<br>· 鼻子稍微偏离暗盒垂直方向（10°）<br>· 颅骨水平放在暗盒上 |
| 测量 | · 第3上臼齿 | · 颅骨最高点 | · 鼻口部的最尾端部分（鼻子末端） |
| 光束中心 | · 以偏离垂直光束15° 角从张开口腔的第3和第4前臼齿之间进入 | · 眼外眦 | · 两眼之间 |
| 视图区域 | · 鼻尖到咽部 | · 鼻尖到颅骨基部 | · 鼻尖到颅骨基部 |
| 注释 | · 移除气管内插管或将其系在下颌骨上 | | · 同样的技术可以用于拍摄枕骨大孔X线片<br>· 移除气管内插管或将其系在下颌骨上 |

## 脊柱摆位

拍摄脊柱X线片时，脊柱必须与胶片保持水平。未对齐的脊柱将会导致在X线片上失真，从而可能成为一张没有诊断意义的X线片。可以通过在下颌骨，颈部或胸部或四肢之间使用支撑物来达到水平。在所有腹背位拍摄中建议使用"V"槽或楔形物来稳定动物的身体。通过校准来排除软组织的干扰。这些摆位中大多数将需要一些形式的镇静或全身麻醉。已被用来节省空间的缩写如下：

O=枕骨，A=寰椎，C =颈椎，T=胸椎，TL=胸腰椎，L=腰椎，S=荐椎

**技能框 5.9 脊柱摆位：颈椎**

| 解剖部位 | 颈椎 | | | | |
|---|---|---|---|---|---|
| **视图** | 侧位 | V/D | 侧位伸展 | 侧位弯曲 | 斜侧面 |
| **摆位** | • 侧卧<br>• 前肢朝向尾端伸展<br>• O–A关节45° 弯曲<br>• 用支撑物抬升下颌骨使之与操作台平行<br>• 可能需要用纱布缠住嘴巴稍微朝前牵拉头部 | • 仰卧<br>• 前肢沿身体朝向尾端伸展<br>• 脊柱与暗盒平行<br>• 颈部下使用支撑物可以最大程度减少因脊椎未对齐所引起的失真 | • 侧卧<br>• 前肢朝向尾端伸展<br>• 使颈部向背侧最大程度的伸展；可能要在鼻口部周围放置纱布<br>• 在下颌骨和颈部下放置支撑物使脊柱保持水平（尤其是长脖子犬） | • 侧卧<br>• 前肢朝向尾端伸展<br>• O–A关节呈90° 弯曲<br>• 必要时抬升颈部，使其与脊椎保持水平（楔形物）<br>• 用纱布拉开下颌骨以保持90° 角 | • 侧卧<br>• 用支撑物（楔形物）抬升下颌骨使之与操作台平行<br>• 用支撑物（楔形物）在椎体水平/平面上将胸骨抬升20° 角 |
| **测量** | • C7上方 | • C5–C6 | • 胸廓入口(C7) | • 胸廓入口(C7) | • 胸廓入口(C7) |
| **光束中心** | • C4–C5和脊柱中心 | • C4–C5和脊柱中心 | • C4–C5和脊柱中心 | • C4–C5和脊柱中心 | • C4–C5和脊柱中心 |
| **视图区域** | • 颅骨尾端到T1 | • 颅骨尾端到T1–T2 | • 颅骨尾端到T1–T2 | • 颅骨尾端到T1–T2 | • 颅骨尾端到T1–T2 |
| **注释** | • 大型犬拍照时建议使用2张胶片 | • 大型犬拍照时建议使用2张胶片 | | • 小心不可使颈部过度弯曲，因为可能会损伤气管 | |

技能框 5.10　脊柱摆位：胸椎和腰椎

| 解剖部位 | 胸椎 | | 胸腰椎 | | 腰椎 | |
|---|---|---|---|---|---|---|
| 视图 | 侧位 | V/D | 侧位 | V/D | 侧位 | V/D |
| 摆位 | · 侧卧<br>· 前肢朝向颅侧伸展<br>· 后肢朝向尾侧伸展<br>· 抬升胸骨至胸椎水平以减少人为扭转 | · 仰卧<br>· 前肢朝向颅侧伸展<br>· 后肢呈放松位置 | · 侧卧<br>· 前肢稍微朝向颅侧伸展<br>· 后肢稍微朝向尾侧伸展 | · 仰卧<br>· 前肢朝向颅侧伸展<br>· 后肢呈放松位置 | · 侧卧<br>· 前肢呈放松位置<br>· 后肢朝向尾端伸展，后肢间可用支撑物保持臀部与操作台平行 | · 仰卧<br>· 前肢朝向颅侧伸展<br>· 后肢呈放松位置 |
| 测量 | · 第7~8 肋骨 | · 胸骨最高点 | · 胸椎–腰椎接合处 | · 胸椎–腰椎接合处 | · 最厚部位(L1) | · 最厚部位(L1) |
| 光束中心 | · T6–T7 | · T6–T7（肩胛骨后缘） | · 胸椎–腰椎接合处 | · 胸椎–腰椎接合处 | · L4 | · L4 |
| 视图区域 | · C7–L1 | · C7–L1 | · T8–L5 | · T8–L5 | · T13–S1 | · T13–S1 |
| 注释 | | | · 可能在胸骨和腰椎中部需要放置支撑物，以防人为的沿轴旋转 | | · 胸骨和腰椎部位需要支撑物，以便正确对齐和防止人为的沿轴旋转（尤其在软骨营养障碍性侏儒的长腰犬） | |

技能框 5.11　脊柱摆位：荐椎和尾椎

| 解剖部位 | 荐椎 | | 尾椎 | |
|---|---|---|---|---|
| 视图 | 侧位 | V/D | 侧位 | V/D |
| 摆位 | · 侧卧<br>· 后肢稍微分开，并放松，之间放置支撑物<br>· 尾巴朝向尾端伸展，不需支撑 | · 仰卧<br>· 后肢呈半屈状放松 | · 侧卧<br>· 尾巴朝向尾端伸展，需要进行支撑，以免过度下垂或侧屈 | · 仰卧<br>· 后肢呈半屈状放松<br>· 尾巴朝向尾端伸展，需要进行支撑，以免过度下垂或侧屈 |
| 测量 | · 股骨的转子 | · 荐椎中部 | · 所要拍摄的部位 | · 所要拍摄的部位 |
| 光束中心 | · 股骨大转子 | · 以30° 角朝向耻骨 | · 所要拍摄的部位 | · 所要拍摄的部位 |
| 视图区域 | · 骨盆至尾侧椎段近端区域 | · L6至尾侧椎段近端 | · 包括所要拍摄的部位和两边的几个脊椎 | · 包括所要拍摄的部分和两边的几个脊椎 |

5

技能框 5.12　肩部和前肢摆位：肩胛骨和肩

| 解剖部位 | 肩胛骨 | | | 肩 | |
|---|---|---|---|---|---|
| 视图 | 侧位–有张力 | 侧位–无张力 | 尾颅位 | 侧位 | 尾颅位 |
| 摆位 | • 侧卧<br>• 患侧前肢肘部屈曲成90°，并朝向尾侧牵拉直至肱骨与脊柱平行，桡骨/尺骨垂直于脊柱<br>• 健康前肢朝向尾侧伸展 | • 侧卧<br>• 患侧前肢朝向尾侧伸展<br>• 健康前肢朝向颅侧伸展 | • 仰卧<br>• 前肢朝向颅侧伸展<br>• 稍微旋转胸骨离开需拍照的肩胛骨（朝向对侧中线） | • 侧卧<br>• 患侧前肢朝向颅侧伸展<br>• 健康前肢向尾侧背侧屈曲，平行于胸部<br>• 头朝前伸展 | • 仰卧<br>• 前肢朝向颅侧伸展 |
| 测量 | • 肩/前胸部最厚的部位 | • 肩/前胸部最厚的部位 | • 肩/前胸部最厚的部位 | • 胸骨柄上方 | • 肩部最厚的部位 |
| 光束中心 | • 肩胛骨中部 | • 肩胛骨中部 | • 肩胛骨中部 | • 肩关节 | • 肩关节 |
| 视图区域 | • 肩关节前缘到肩胛嵴尾侧 | • 肩关节前缘到肩胛嵴尾侧 | • 肩关节到T6 | • 肩胛骨中部到肱骨中部 | • 肱骨中部到肩胛骨中部 |
| 注释 | | • 动物受伤或疼痛时采用该方法 | • 检查肩胛冈肩峰最好的视图方法 | • 确保胸骨柄和颅胸骨不与肩关节重叠 | • 应意识到肱骨的任何旋转会导致斜位 |

技能框 5.13　肩部和前肢的摆位：肱骨

| 解剖部位 | 肱骨 | | |
|---|---|---|---|
| 视图 | 侧位 | 尾颅位 | 颅尾位 |
| 摆位 | • 侧卧<br>• 患侧前肢朝颅侧腹侧方向伸展<br>• 健康前肢朝尾侧背侧方向伸展<br>• 头向背侧伸展 | • 仰卧<br>• 前肢朝向颅侧伸展<br>• 患侧前肢平行于暗盒 | • 仰卧<br>• 患侧前肢沿身体向尾侧伸展，但不妨碍胸部 |
| 测量 | • 肩部最厚的部位 | • 肩部最厚的部位 | • 肩部最厚的部位 |
| 光束中心 | • 肱骨中部 | • 肱骨中部 | • 肱骨中部 |
| 视图区域 | • 肩关节到肘关节 | • 肩关节到肘关节 | • 肩关节到肘关节 |

**技能框 5.14　肩部和前肢摆位：肘**

| 解剖部位 | 肘 | | |
|---|---|---|---|
| 视图 | 侧位 | 侧位弯曲 | 颅尾位 |
| 摆位 | ・侧卧<br>・患侧前肢朝颅侧腹侧方向伸展，肘稍微屈曲<br>・健康前肢朝尾侧背侧方向伸展<br>・头向背侧伸展 | ・侧卧<br>・患肢在肘关节处屈曲，腕拉向颈部<br>・健康前肢朝尾侧背侧方向伸展<br>・头向背侧伸展 | ・仰卧<br>・患肢朝向颅侧伸展<br>・健康前肢作为动物头部的支撑物<br>・头部放置在健康前肢上 |
| 测量 | ・肘关节最厚的部分 | ・肘关节弯曲过程中最厚的部分 | ・肘关节最厚的部分 |
| 光束中心 | ・肘关节 | ・肘关节 | ・肘关节 |
| 视图区域 | ・肱骨中部到桡骨/尺骨中部 | ・肱骨中部到桡骨/尺骨中部 | ・肱骨中部到桡骨/尺骨中部 |
| 注释 | | ・确保牵拉腕时肘部不旋转<br>・该视图为肘部发育不良筛查最好的视图（尤其是尺骨肘囊损伤）<br>・进行诊断性分析时可能需要拍摄一个高度屈曲的视图 | |

5

技能框 5.15　肩部和前肢的摆位：桡骨/尺骨和腕骨

| 解剖部位 | 桡骨/尺骨 | | 腕骨 | |
|---|---|---|---|---|
| 视图 | 侧位 | 颅尾位 | 侧位 | 背掌位 |
| 摆位 | · 侧卧<br>· 患肢朝向颅侧伸展，肘部稍微屈曲<br>· 健侧肢朝向尾侧伸展<br>· 头部后仰远离暗盒 | · 仰卧<br>· 患肢朝向颅侧伸展<br>· 健侧肢朝向尾侧伸展<br>· 头部放在健侧肢上 | · 侧卧<br>· 患肢朝向颅侧伸展<br>· 健侧肢朝向腹侧自然伸展<br>· 头部后仰远离暗盒 | · 仰卧<br>· 患肢朝向颅侧伸展<br>· 健侧肢朝向颅侧伸展<br>· 头部放在健侧肢上 |
| 测量 | · 肘关节 | · 肘关节最厚的部分 | · 腕骨远端 | · 腕骨中部 |
| 光束中心 | · 桡骨/尺骨中部 | · 桡骨/尺骨中部 | · 腕骨中部 | · 腕骨中部 |
| 视图区域 | · 肱骨远端到掌骨中部 | · 肱骨远端到掌骨中部 | · 桡骨/尺骨远端到掌骨远端 | · 桡骨/尺骨远端到掌骨远端 |
| 注释 | · 在猫应避免桡骨/尺骨旋转 | | · 肘部下放支撑物有助于维持正确的腕部摆位<br>· 为显示存在韧带松弛，可能需要镇静或全身麻醉状态下进行拍照 | · 肘部下放支撑物有助于维持正确的腕部摆位<br>· 可能还需要拍摄45°角的斜位 |

技能框 5.16　肩部和前肢的摆位：掌骨/指骨

| 解剖部位 | 掌骨/指骨 | |
|---|---|---|
| 视图 | 侧位 | 背掌位 |
| 摆位 | · 侧卧<br>· 患肢朝向颅侧伸展<br>· 患侧指骨使用纱布或胶带隔离并朝向背侧牵拉<br>· 健侧肢朝向尾侧自然伸展<br>· 头部后仰远离暗盒 | · 仰卧<br>· 患肢朝向颅侧伸展<br>· 健侧肢朝向尾侧伸展<br>· 头部放在健侧肢上 |
| 测量 | · 第二节指骨 | · 掌骨中部 |
| 光束中心 | · 指骨中部或受损指骨 | · 掌骨中部 |
| 视图区域 | · 桡骨/尺骨远端到指骨远端 | · 桡骨/尺骨远端到指骨远端 |
| 注释 | · 肘部下放支撑物有助于维持正确的腕部摆位<br>· 有的情况下可能需要拍摄斜位 | · 肘部下放支撑物有助于维持正确的腕部摆位<br>· 可能还需要拍摄45°角的斜位 |

# 骨盆和后肢的摆位

**技能框 5.17 骨盆和后肢的摆位：骨盆**

| 解剖部位 | 骨盆 | | | |
|---|---|---|---|---|
| 视图 | 侧位 | 侧斜位 | V/D–青蛙腿（屈曲） | V/D–伸展 |
| 摆位 | ·侧卧<br>·两后肢朝向腹侧伸展下来，稍微分开，患肢在前健侧肢在后，使用支撑物进行分离，以避免脊椎旋转 | ·侧卧<br>·患侧后肢朝向腹侧伸展下来，稍微朝颅侧摆放<br>·健侧后肢朝向背侧抬高20°角 | ·仰卧<br>·后肢保定，并与脊柱成45°角弯曲，摆位一致 | ·仰卧<br>·骨盆平放于成像板<br>·后肢开始呈屈曲的青蛙腿姿势。抓住后跟上部，后肢向内旋转使两膝关节靠近至2.54~5.08cm，随后朝向尾侧伸展超过耻骨部分，直到两后肢伸直为止，髌骨在股骨上 |
| 测量 | ·大转子 | ·大转子 | ·髋臼（腹股沟） | ·髋臼（腹股沟） |
| 光束中心 | ·大转子 | ·大转子 | ·耻骨//髋臼 | ·耻骨//髋臼 |
| 视图区域 | ·腰椎中部到股骨中部 | ·腰椎中部到股骨中部 | ·腰椎中部到尾椎中部 | ·腰椎中部到膝关节远端 |
| 注释 | ·如果怀疑马尾疼痛，L–S骨的变化为最佳视图<br>·大型犬则要求高mA–s以穿透骨盆 | | ·怀疑有骨盆创伤时使用<br>·沙袋和V型托盘有助于正确摆位 | ·镇静是必要的<br>·臀部评估的标准摆位<br>·正确的摆位将会使股骨平行；髌骨位于股骨髁正中；左、右骨盆应显示为镜像对称<br>·如果存在臀部松弛的问题，有时建议采用Penn–HIP法，这需要专家认证的兽医 |

技能框 5.18　骨盆和后肢的摆位：股骨，膝关节，胫骨/腓骨

| 解剖部位 | 股骨 | | 膝关节 | | 胫骨/腓骨 | |
|---|---|---|---|---|---|---|
| 视图 | 侧位 | 颅尾位 | 侧位 | 颅尾位 | 侧位 | 颅尾位 |
| 摆位 | ·侧卧<br>·患肢关节自然稍微屈曲<br>·健侧肢朝向背侧伸展或保定到射线光束外 | ·仰卧<br>·患肢朝向尾侧伸展并稍作保定<br>·健侧肢自然屈曲<br>·尾巴（如果够长）放在健侧肢下面 | ·侧卧<br>·患肢自然稍微屈曲，如果有必要在后踝下面放置支撑物，以阻止膝关节旋转<br>·健侧肢朝向背侧伸展到射线光束外 | ·俯卧<br>·患肢朝向尾侧伸展<br>·健侧肢自然屈曲，并支撑 | ·侧卧<br>·患肢自然屈曲，跗骨下放置支撑物以阻止胫骨旋转<br>·健侧肢朝向颅侧伸展 | ·俯卧<br>·患肢出现尾侧伸展<br>·健侧肢自然屈曲，并支撑 |
| 测量 | ·股骨中部 | ·股骨中部 | ·膝关节最厚的部位 | ·膝关节最厚的部位 | ·胫/腓骨中部 | ·胫/腓骨中部 |
| 光束中心 | ·股骨中部 | ·股骨中部 | ·膝关节中部 | ·膝关节中部 | ·胫/腓骨中部 | ·胫/腓骨中部 |
| 视图区域 | ·髋关节到胫/腓骨近端 | ·髋关节到胫/腓骨近端 | ·股骨中部到胫/腓骨中部 | ·股骨中部到胫/腓骨中部 | ·膝关节到跗关节远端 | ·膝关节到跗关节远端 |
| 注释 | ·股骨肿瘤的最佳视图 | | | | | ·根据动物的大小，抬升骨盆区域的将减轻膝关节的负重 |

| 解剖部位 | 跗骨 | | | 跖骨 | | |
|---|---|---|---|---|---|---|
| 视图 | 侧位 | 跖背位 | 背跖位 | 侧位 | 跖背位 | 背跖位 |
| 摆位 | ・侧卧<br>・患肢稍微自然屈曲，跗骨下放置支撑物<br>・健侧肢朝向颅侧伸展 | ・俯卧<br>・患肢朝向尾侧伸展，支撑物支撑膝关节<br>・健侧肢自然屈曲，并支撑 | ・俯卧<br>・患肢朝向尾侧伸展，支撑物支撑膝关节 | ・侧卧<br>・患肢在膝关节和跗骨处稍微屈曲，并支撑膝关节<br>・健侧肢朝向颅侧伸展 | ・俯卧<br>・患肢朝向尾侧伸展并支撑膝关节<br>・健侧肢自然屈曲，并支撑 | ・俯卧<br>・患肢朝向尾侧伸展并在膝关节处支撑，使其向外旋转 |
| 测量 | ・跗骨最厚的部位 | ・跗骨最厚的部位 | ・跗骨最厚的部位 | ・跗关节远端 | ・跗关节远端 | ・跗关节远端 |
| 光束中心 | ・跗骨中部 | ・跗骨中部 | ・跗骨中部 | ・跖骨中部 | ・跖骨中部 | ・跖骨中部 |
| 视图区域 | ・胫/腓骨中部到跖骨中部 | ・胫/腓骨中部到跖骨中部 | ・胫/腓骨中部到跖骨中部 | ・胫/腓骨远端到指骨远端 | ・胫/腓骨远端到指骨远端 | ・胫/腓骨远端到指骨远端 |

5

## X线造影研究

从平片中不能对所关注的部位做出诊断查看的情况下进行造影检查。造影检查会为兽医对受影响部位提供更加彻底的观察。下表中所列的很多程序仅供兽医来操作。然而，根据所提供的表格，技术人员可以提前做好准备，并在整个过程中有效地协助兽医。动物的准备是极其重要的，且在检查过程中动物通常要洁净和干爽。在某些情况下，可能要求灌肠和禁食，以便使胃肠道不受解剖影像重叠或扭曲的食糜或粪便的干扰。技术人员应该注意造影剂可能产生的不良反应，并准备合理的急救措施。这些程序的准备和造影剂剂量的准备一样，在执行前需经兽医核准。

**表 5.8　造影剂种类**

| 造影剂 | 阳性不溶性碘剂 | 阳性可溶性碘剂 | | 阴性造影剂 |
|---|---|---|---|---|
| 分类 | • 硫酸钡（微粉悬液） | • 离子型（盐制剂） | • 非离子型（低渗透压） | • 气体 |
| 商品名 | • Microtrast，Esophotrast，E-Z Past，Novopaque，Barotrast，Polibar | • 碘酞葡胺和碘酞葡胺43，泛影钠<br>• 泛影葡胺76（静脉注射，尿道，瘘管，腹腔注射），泛影葡胺（仅口服） | • 碘佛醇240、320和350，碘帕醇注射剂（碘帕醇），欧乃派克（碘海醇），威视派克（碘克沙醇）静脉注射，尿道内，瘘管内，腹腔注射 | • 二氧化碳、一氧化二氮，氧气和室内空气 |
| 适应证 | • 食道，胃，小肠和大肠，支气管和鼻腔的造影 | • 血管内使用 | • 血管内和脊髓造影研究 | • 膀胱，腹膜，心包，关节和大脑的造影 |
| 禁忌证 | • 怀疑穿孔或破裂时禁用 | • 脊髓造影术和关节造影术<br>• CHF，脱水和肾功能衰竭 | • CHF和肾功能衰竭 | • 无法忍受短暂的血流减少或中断的部位 |
| 不良反应 | • 如果泄漏到胃肠道外，可引起肉芽肿/病变<br>• 具有优良的黏膜包被性能，但可以掩盖异物 | • 急性肾功能衰竭，短暂性肺水肿，腹泻，脱水和呕吐（对猫有苦味，使用胃管给药） | • 较少频繁说明 | • 气体可能导致栓塞；如果进入血管系统可能是致命的 |
| 监测 | • 呕吐和窒息 | • 恶心，呕吐，皮肤红斑，面部肿胀，肺水肿（呼吸），脱水，低血压和低血容量（脉博，CRT，MM和体温） | | |
| 注释 | • 不透X线——在X线片上显示为白色 | • 不透X线——在X线片上显示为白色<br>• 任何使用离子型造影剂的动物都必须有充足的水分 | | • X线可透过——在X线片上显示为黑色<br>• 可结合其他造影剂进行双重造影 |

## 瘘管造影研究

技能框 5.20　瘘道造影术

| 方法 | 瘘道造影术 |
| --- | --- |
| 研究范围 | ·瘘道和引流伤口 |
| 适应证 | ·无反应的引流伤口 |
| 禁忌证 | ·无 |
| 造影剂 | ·阳性，阴性或双重造影剂 |
| 器材 | ·气囊式导管 |
| 动物准备 | ·镇静<br>·X线片检查 |
| 技术 | 1. 导管放入窦道或瘘管<br>2. 将离子或非离子型碘造影剂注入空腔<br>3. 将导管留在瘘道内，进行X线拍照 |
| X线视图 | 侧位，腹背位和 ± 斜位 |

## 腹部造影研究

技能框 5.21　腹部造影研究：腹腔造影术

| 方法 | 腹腔造影术（腹膜腔造影术）<br>阳性造影 |
| --- | --- |
| 研究范围 | ·腹腔（膈肌，腹壁和腹腔脏器的浆膜表面） |
| 适应证 | ·怀疑存在膈疝 |
| 禁忌证 | ·无 |
| 造影剂 | ·阳性（碘） |
| 器材 | ·± 导管/针 |
| 动物准备 | ·镇静或全身麻醉<br>·排空病畜膀胱<br>·腹腔X线片检查 |
| 技术 | 1. 放置针或导管到腹腔（外侧到腹中线，尾到肚脐）<br>2. 抽吸测试（抽到脐脂肪则研究无效）<br>3. 注入非离子型造影剂和细心使动物翻转<br>4. X线片拍照 |
| X线视图 | ·右侧卧，左侧卧，腹背位和背腹位 |

# 胃肠道造影研究

技能框 5.22　胃肠道造影研究：食管造影术和胃造影术

| 方法 | 食管造影术 | 胃造影术 | | |
|---|---|---|---|---|
| | | 阳性造影研究 | 阴性造影研究（胃充气造影片） | 双重造影研究 |
| 研究范围 | · 食管的位置和形态 | · 胃的形态 | · 胃的形态 | · 胃的形态 |
| 适应证 | · 呕吐未消化的食物，作呕或吞咽困难 | · 胃内团块/异物或呕吐 | · 胃内团块/异物或呕吐 | · 胃内团块/异物或呕吐 |
| 禁忌证 | · 无法下咽，支气管食管破裂/穿孔或呼吸困难 | · 寄生虫感染 | · 存在食物或液体 | · 糖尿病（如果使用胰高血糖素） |
| 造影剂 | · 硫酸钡或碘造影剂(如果怀疑穿孔) | · 30%~50%的硫酸钡<br>· 有机碘化物（10%泛影葡胺溶液） | · 二氧化碳，一氧化二氮和氧气 | · 30%~50%的硫酸钡和阴性造影气体 |
| 器材 | · 大注射器<br>· 湿毛巾 | · 口胃管<br>· 大注射器<br>· 湿毛巾<br>· 牙垫 | · 口胃管（只有使用气体时）<br>· 大注射器<br>· 3通阀<br>· 牙垫 | · 口胃管<br>· 大注射器<br>· 湿毛巾<br>· 3通阀<br>· 牙垫 |
| 动物准备 | · 禁食：12h<br>· X线片检查 | · 禁食：12~24h<br>· 大碗<br>· 排泄或灌肠<br>· X线片检查<br>· 有意识的动物 | · 禁食：12~24h<br>· X线片检查<br>· 有意识的动物 | · 禁食：12~24h<br>· X线片检查<br>· 有意识的动物 |
| 技术 | 技术 I<br>黏膜评估<br>1. 病畜侧卧<br>2. 将阳性造影剂投予颊囊<br>3. 病畜吞咽时拍照X线片<br>技术 II<br>狭窄<br>1. 喂服不同大小的钡填充的明胶胶囊，注入钡的棉花糖或与食物混合<br>2. 拍照X线片 | 1. 用注射器口服或通过口胃管给予阳性造影剂（4~8mL/kg）<br>2. X线片拍照 | 1. 插入口胃管至胃，核实其位置<br>2. 给予5~8mL/kg气体（空气或二氧化碳）<br>3. 移除口胃管，拍照X线片过程中保持嘴巴闭合 | 1. 插入口胃管至胃，核实其位置<br>2. 给予阳性造影剂（2mL/kg）<br>3. 随后再给予10~20 mL/kg的气体（空气或二氧化碳），使胃鼓胀<br>4. 使动物滚动以便覆盖胃壁，X线片拍照 |

| 方法 | 食管造影术 | 胃造影术 | | |
|---|---|---|---|---|
| | | 阳性造影研究 | 阴性造影研究（胃充气造影片） | 双重造影研究 |
| X线视图 | ·右侧位，颈部和胸部右腹背斜位 | ·右侧位，左侧位，背腹位和腹背位 | ·右侧位，左侧位，背腹位和腹背位 | ·右侧位，左侧位，背腹位和腹背位 |
| 注释 | ·监护吸入造影剂<br>·X线透视检查可能有助于运动和功能的评估<br>·碘造影材料呈苦味，并可能导致呕吐。它们也是高渗的（如果吸入可导致肺水肿）<br>·因为存在呕吐后吸入的风险，不建议使用全身麻醉 | ·监护吸入造影剂<br>·因为抑制胃肠道蠕动和呕吐后吸入的风险，故不建议使用全身麻醉 | ·监护吸入造影剂<br>·因为抑制胃肠道蠕动和呕吐后吸入的风险，故不建议使用全身麻醉 | ·监护吸入造影剂<br>·因为抑制胃肠道蠕动和呕吐后吸入的风险，故不建议使用全身麻醉 |

注：请参阅技能框12.1胃管和洗胃，第426页。

**技能框 5.23　胃肠道造影研究：上、下消化道研究**

| 方法 | 上消化道研究（UGI）<br>钡 | 上消化道研究（UGI）<br>碘造影剂 | 下消化道研究（UGI）<br>双造影剂钡剂灌肠 |
|---|---|---|---|
| 研究范围 | ·小肠形态和功能 | ·小肠形态和功能 | ·大肠形态 |
| 适应证 | ·呕吐，腹泻，瘤形成或梗阻 | ·出血性腹泻 | ·大肠梗阻或出血性腹泻 |
| 禁忌证 | ·食管或胃穿孔<br>·大肠梗阻 | ·脱水病畜<br>·高渗造影剂不应使用于低血容量动物（如泛影葡胺） | ·破裂/穿孔 |
| 造影剂 | ·30％的硫酸钡 | ·离子或非离子型碘造影剂 | ·稀释的硫酸钡(10％~20％) |

| 方法 | 上消化道研究（UGI）<br>钡 | 上消化道研究（UGI）<br>碘造影剂 | 下消化道研究（UGI）<br>双造影剂钡剂灌肠 |
|---|---|---|---|
| 器材 | • 胃管<br>• 湿毛巾<br>• 人注射器<br>• 牙垫 | • 胃管<br>• 湿毛巾<br>• 大注射器<br>• 牙垫 | • 检查手套<br>• 温硫酸钡<br>• 灌肠注射器<br>• 润滑剂<br>• 有机管<br>• 气囊导尿管<br>• 3通阀<br>• 压迫桨<br>• 湿毛巾 |
| 动物准备 | • 禁食：24h<br>• 温热盐水4~12h前灌肠<br>• 必要时进行化学保定，但不使用副交感神经药物<br>• 有意识的动物<br>• X线片检查 | • 禁食：24h<br>• 温热盐水4~12h前灌肠<br>• 必要时进行化学保定，但不使用副交感神经药物<br>• 有意识的动物<br>• X线片检查 | • 禁食：24h<br>• 口服泻药和温水（或生理盐水）灌肠<br>• 全身麻醉<br>• X线片检查 |
| 技术 | 1. 用注射器口服钡剂（≈4~8mL/kg）或通过口胃管投予<br>2. X线片拍照 | 1. 用注射器口服钡剂（≈4~8mL/kg）或通过口胃管投予<br>2. X线片拍照 | 1. 使动物右侧卧，球囊导管插入肛门，使气球膨胀完全闭塞肛管<br>2. 缓慢注入稀释的，接近体温的硫酸钡混合物至大肠和盲肠（≈10~15mL/kg）<br>3. 夹紧导管，X线片拍照（如果肠管扩张不足应添加更多的造影剂）<br>4. 拍片结束后排清钡，使在动物左侧卧和注入气体以使结肠再次膨胀<br>5. X线片拍照 |
| X线视图 | 曝光时间<br>• 0分钟：右侧位和左侧位，腹背位<br>• 5~15min：右侧位，腹背位<br>• 30min：右侧位，腹背位<br>• ±45min：右侧位，腹背位<br>• 每隔±60min：右侧位，腹背位<br>• 考虑胃完全排空和造影剂在大肠 | • 左侧位，腹背位，每10~30min直到造影剂进入大肠 | • 右侧位，腹背位，腹部给予钡剂后和随后注入气体后 |
| 注释 | • 必须谨慎选择麻醉/镇静药，以免妨碍胃肠道的蠕动 | • 必须谨慎选择麻醉/镇静药，以免妨碍胃肠道的蠕动 | • 如果是进行肠梗阻或肠套叠诊断的研究，粪便疏散是没有必要的<br>• 颅部抬高身体的2/3可能有助于造影剂的移除 |

注：请参阅技能框12.1 胃管和洗胃，第426页。

# 头部造影研究

技能框 5.24　头部造影研究：泪囊鼻腔造影术，鼻腔造影术和唾液腺造影术

| 方法 | 泪囊鼻腔造影术 | 鼻腔造影术 | 唾液腺造影术 |
|------|--------------|-----------|-------------|
| 研究范围 | ·鼻泪管 | ·鼻腔 | ·唾液腺导管和腺体 |
| 适应证 | ·结膜炎，泪囊炎或肿瘤 | ·怀疑梗阻 | ·囊肿，肿胀，脓肿或肿瘤 |
| 造影剂 | ·阳性碘化剂 | ·阳性（20%~30%硫酸钡或碘化造影剂） | ·阳性碘化剂 |
| 器材 | ·套管<br>·23~27G泪针<br>·注射器 | ·注射器 | ·套管<br>·注射器 |
| 动物准备 | ·全身麻醉<br>·鼻X线片检查 | ·全身麻醉<br>·鼻部X线片检查，包括侧位和张嘴腹背位 | ·全身麻醉<br>·颅骨/颈部X线片检查 |
| 技术 | 1. 上泪小点或下泪小点插管导管<br>2. 注入碘化造影剂直到在外部鼻孔可以看到数滴造影剂 | 1. 腹侧鼻道注入阳性造影剂<br>2. 随着碘化造影剂的注入，将鼻子抬升约15° | 1. 唾液涎腺导管插管<br>2. 注入少量的碘化造影剂 |
| X线视图 | ·侧位和背腹位 | ·侧位和腹背位（张嘴） | ·侧位和背腹位 |

**技能框 5.25　脊髓和关节造影研究：脊髓造影术和硬膜外腔造影术**

| 方法 | 脊髓造影术 | 硬膜外腔造影术 |
|---|---|---|
| 研究范围 | · 脊髓 | · 硬膜外腔 |
| 适应证 | · 临床横断性脊髓炎 | · 腰椎间盘突出症/挤压，疑似病变或肿瘤 |
| 禁忌证 | · 传播性脊髓炎，脑脊膜病，脑脊液（CSF）感染 | |
| 造影剂 | · 只能用阳性非离子型造影剂（如碘帕醇和碘海醇） | · 只能用阳性非离子型造影剂（如碘帕醇和碘海醇） |
| 器材 | · 20~22G各种尺寸的脊髓穿刺针：1½，2½和3½ | · 脊髓穿刺针 |
| 动物准备 | · 全身麻醉<br>· 脊髓X线片检查<br>· 在合适的脊柱位置做无菌准备 | · 全身麻醉<br>· 脊髓X线片检查<br>· 在腰荐部或尾骨间隙做无菌准备 |
| 技术 | 1. 小脑延髓池或后段腰椎（L5–L6）间隙行无菌脊髓蛛网膜下腔穿刺<br>2. 在蛛网膜下腔慢慢注入非离子型造影剂<br>3. 拔除穿刺针或不拔除进行X线片照相 | 1. 动物俯卧或侧卧<br>2. 在腰荐或尾骨间隙处无菌放置脊髓穿刺针至椎管外<br>3. 向空隙中注入非离子型造影剂<br>4. 拔除脊髓穿刺针 |
| X线视图 | · 侧位，腹背位，背腹位，斜位，伸展/弯曲侧位 | · 侧位，弯曲侧位，伸展侧位，腹背位或背腹位 |
| 注释 | · 必要时倾斜身体以协助造影剂的涂层更广泛<br>· 复苏过程中提升头部<br>· 监护呼吸暂停和癫痫发作 | |

**技能框 5.26　脊髓和关节造影研究：椎间盘造影术和关节造影术**

| 方法 | 椎间盘造影术 | 关节造影术 |
|---|---|---|
| 研究范围 | ·椎间盘的中央部分 | ·关节评估（肩关节和膝关节） |
| 适应证 | ·疝或破裂 | ·关节缺损或关节囊异常 |
| 造影剂 | ·只能用阳性非离子型造影剂（如碘帕醇和碘海醇） | ·阳性碘化剂稀释至兽医建议的浓度 |
| 器材 | ·脊髓穿刺针<br>·无菌手套<br>·载玻片<br>·培养基 | ·无菌手套<br>·22G针头<br>·载玻片 |
| 动物准备 | ·脊髓针<br>·无菌手套<br>·全身麻醉<br>·脊髓X线平片检查<br>·合适的椎间盘间的无菌准备 | ·全身麻醉<br>·关节X线片检查<br>·预检查关节周围的准备 |
| 技术 | 1. 动物侧卧<br>2. 通过弓间韧带和椎管放置脊髓穿刺针进入预检查的椎间盘<br>3. 注入非离子型造影剂<br>4. X线片拍照 | 1. 无菌关节穿刺<br>2. 抽取少量的关节液供分析<br>3. 根据动物的大小和兽医的建议用量注入稀释的非离子型造影剂<br>4. 拔除穿刺针<br>5. 处理关节和X线片拍照 |
| X线视图 | ·站立侧位，过度弯曲，侧位，背腹位或腹背位 | ·尾颅位，侧位，斜位<br>·X线片应在注入造影剂后尽快拍照 |
| 注释 | | ·阳性造影研究能提供更多的信息<br>·不建议双重造影研究 |

# 尿道造影研究

**技能框 5.27　尿道造影研究：尿道造影术，犬**

| 方法 | 尿道造影术 | |
|---|---|---|
| | **犬：雄性** | **犬：雌性** |
| 研究范围 | ·尿道口的位置和形态 | ·尿道口的位置和形态 |
| 适应证 | ·痛性尿淋沥，血尿，排尿困难，可疑肿块或病变 | ·痛性尿淋沥，血尿，排尿困难，可疑肿块或病变 |
| 禁忌证 | ·不受控制的血尿 | ·不受控制的血尿 |
| 造影剂 | ·碘化造影剂（1份碘加2份水；10%~15%溶液） | ·碘化造影剂（1份碘加2份水；10%~15%溶液） |
| 器材 | ·预先填充造影剂的导尿管（Foley导管，软聚乙烯雄性导管）<br>·大注射器<br>·3通阀<br>·无菌生理盐水<br>·润滑剂<br>·湿毛巾<br>·碗<br>·利多卡因 | ·预先填充造影剂的导尿管（Foley导管，Swan~Ganz导管，软聚乙烯雄性导管）<br>·大注射器<br>·3通阀<br>·无菌生理盐水<br>·润滑剂<br>·湿毛巾<br>·碗<br>·透亮刮板或木勺 |
| 动物准备 | ·禁食：24h<br>·4h前灌肠<br>·镇静<br>·X线片检查<br>　·后肢朝向颅侧伸展，会阴和阴茎区域侧卧 | ·禁食：24h<br>·4h前灌肠<br>·镇静<br>·X线片检查 |
| 技术 | 逆行尿道造影术<br>1. 从尿道远端无菌放置导尿管<br>2. ±注入2~5mL利多卡因以降低尿道痉挛<br>3. 注入未稀释的造影剂（10~20mL）以填充尿道<br>4. 在注入最后几毫升造影剂的同时进行X线拍照，如果还需另外X线拍照需重复注入造影剂。<br>顺行尿道造影术<br>1. 从尿道远端无菌放置导尿管<br>2. ±注入2~5mL利多卡因以降低尿道痉挛<br>3. 注入充足的未稀释的造影剂（10~20mL）来填充膀胱并诱导排尿<br>4. 排尿时进行X线拍照，可能需要温和的压力按压膀胱 | 逆行尿道造影术<br>1. 从尿道远端无菌放置导尿管<br>2. ±注入2~5mL利多卡因以降低尿道痉挛<br>3. 注入未稀释的造影剂（5~10mL）以填充尿道<br>4. 在注入最后几毫升显影剂的同时进行X线拍照；如果还需另外X线拍照需重复注入造影剂<br>顺行尿道造影术<br>1. 从尿道远端无菌放置导尿管<br>2. ±注入2~5mL利多卡因以降低尿道痉挛<br>3. 注入充足的未稀释的造影剂（10~20mL）来填充膀胱并诱导排尿<br>4. 排尿时进行X线拍照，可能需要温和的压力按压膀胱 |
| X线视图 | ·侧位（包括会阴区）<br>·如果还需另外X线拍照，需重复注入造影剂 | ·侧位，腹背位 |
| 注释 | 顺行的<br>·在阳性造影膀胱X线拍照或尿道X线拍照后进行<br>·准备赶上排泄的尿液 | |

注：请参阅技能框12.10，第433页。

技能框 5.28　尿道造影研究：尿道造影术，猫

| 方法 | 尿道造影术 |
| --- | --- |
| | **猫：雄性和雌性** |
| 研究范围 | ·尿道口的位置和形态 |
| 适应证 | ·痛性尿淋沥，血尿，排尿困难，可疑肿块或病变 |
| 禁忌证 | ·不受控制的血尿 |
| 造影剂 | ·碘化造影剂（碘1份加2份水；10%~15%溶液） |
| 器材 | ·预先填充造影剂的导尿管（雄性用tomcat导管）<br>·大注射器<br>·3通阀<br>·无菌生理盐水<br>·润滑剂<br>·湿毛巾<br>·碗<br>·利多卡因 |
| 动物准备 | ·禁食：24h<br>·4h前灌肠<br>·镇静<br>·X线片检查 |
| 技术 | 逆行尿道造影术<br>1. 从尿道远端无菌放置导尿管<br>2. ±注入2~5mL利多卡因以降低尿道痉挛<br>3. 注入未稀释的造影剂（10~20mL）以填充尿道<br>4. 在注入最后几毫升造影剂的同时进行X线拍照。如果还需另外X线拍照，重复注入造影剂<br>顺行尿道造影术<br>1. 从尿道远端无菌放置导尿管<br>2. ±注入2~5mL利多卡因以降低尿道痉挛<br>3. 注入充足的未稀释的造影剂（10~20mL）来填充膀胱并诱导排尿<br>4. 排尿时进行X线拍照，可能需要温和的压力按压膀胱 |
| X线视图 | ·侧位，±斜位 |

注：请参阅技能框12.10，第433页。

# 阴道造影术

技能框 5.29　阴道造影研究：阴道造影术

| 方法 | 阴道造影术 |
|---|---|
| | **逆行阴道尿道造影术** |
| 研究范围 | · 阴道，子宫颈和尿道形态 |
| 适应证 | · 肿块，可疑的输尿管异位 |
| 禁忌证 | |
| 造影剂 | · 碘化造影剂（1份碘加2份水；10%~15%溶液） |
| 器材 | · 预先填充造影剂的导尿管（Foley导管，软聚乙烯雄性导管）<br>· 注射器2个(20~60mL)<br>· 3通阀<br>· 无菌生理盐水<br>· 润滑剂<br>· 湿毛巾<br>· 碗<br>· 缝线或巴布科克钳 |
| 动物准备 | · 禁食：24h<br>· 4h前灌肠<br>· 全身麻醉<br>· X线片检查 |
| 技术 | · 将导尿管放入阴户，使膨胀的套管刚过阴道穹窿<br>· ±采用荷包缝合或巴布科克钳保持外阴双唇紧闭，在该过程中保持Foley导尿管在适当位置<br>· 注入未稀释的碘造影剂以填充阴道（如注射器上感到有阻力）<br>· 注入造影剂过程中进行X线拍照，此时呈阴道扩张状态 |
| X线视图 | · 骨盆和后腹部侧位，±腹背位 |
| 注释 | · 阴道过度扩张会迫使造影剂上行至尿道和进入膀胱 |

## 尿路造影研究

在产生优质的尿路造影X线片过程中，动物的准备非常重要。在拍照前应进行灌肠，因为粪便对输尿管或背侧膀胱壁的压迫可以破坏研究。应该用温的生理盐水进行灌肠。在开始任何操作前，应该进行水合评估并确保稳定。技术人员应该注意特殊事项，当进行静脉内尿路造影术（IVU）/排泄性尿路造影术（EU）/静脉肾盂造影术（IVP）检查时需要监护。虽然极少发生意外，但一旦发生并发症，将会是致命的，对可能出现的紧急情况做好准备，以便及时采取相应措施。

**技能框 5.30　尿路造影研究：膀胱造影术**

| 方法 | 膀胱造影术 |
|---|---|
| | **静脉内尿路造影术（IVU），排泄性尿路造影术（EU），静脉肾盂造影术（IVP）** |
| 研究范围 | · 泌尿系统：肾，输尿管和膀胱 |
| 适应证 | · 脓尿，血尿，肿块，腹部触痛，肾脏大小异常，大小便失禁，外伤或可疑性输尿管异位 |
| 禁忌证 | · 低血容量<br>· 肌酐>3~3.5mg/L<br>· 脱水，如果怀疑为腹部肿块或肿胀或囊性肾脏且没有压缩 |
| 造影剂 | · 静脉注射碘化造影；温的 |
| 器材 | · 静脉导管，大口径，短（黏性造影剂）<br>· 注射器<br>· 22G1英寸（2.54cm）针头<br>· 碘化造影剂<br>· 压迫绷带<br>· 备用液体<br>· 复苏套件（肾上腺素，急救袋，氧气准备） |
| 动物准备 | · 禁食24h但不禁水<br>· 4h前灌肠（温和的生理盐水）<br>· 水化评估，稳定和监控<br>· 造影前采集尿液样本<br>· 静脉导管<br>· 镇静或全身麻醉<br>· 腹部X线片检查 |

| 方法 | 膀胱造影术 |
|---|---|
| | **静脉内尿路造影术（IVU），排泄性尿路造影术（EU），静脉肾盂造影术（IVP）** |
| 技术 | 1. 快速（1~3min）静脉注入温的碘化造影剂（3mL/kg；最大量90mL）<br>2. 立即拍照X线片，并在下面列出的时间点拍照X线片 |
| X线视图 | 曝光时间点<br>· 0min：腹背位，侧位<br>· 3~5min：腹背位，±侧位，±腹背斜位，±右侧斜位<br>· 10~15min：腹背位，侧位，±侧斜位<br>· 30~120min：腹背位，侧位，±侧斜位 |
| 注释 | · 监控低血压，呕吐，心律失常，心血管性虚脱，过敏反应，造影剂引起的急性肾功能衰竭（CMIARF）<br>· 腹部压迫，可使肾脏收集系统和近端输尿管显影<br>· 为了使远端输尿管显影可能需要拍照斜位X线片<br>· 不要用肥皂水灌肠<br>· 造影剂可能会导致血管扩张和剧痛<br>· 三个阶段包括肾脏X线片、肾盂X线片和膀胱X线片 |

注：请参阅技巧框8.9　静脉导管放置，外周和颈静脉，第347页。

| 方法 | 膀胱造影术 | | |
|---|---|---|---|
| | 阳性造影术 | 阴性造影术（膀胱充气造影术） | 双重造影术 |
| 研究范围 | • 膀胱壁的完整性和位置 | • 膀胱 | • 膀胱黏膜细节 |
| 适应证 | • 外伤，血尿或损伤 | • 外伤，血尿，或损伤 | • 外伤，血尿或损伤 |
| 禁忌证 | • 膀胱扩张 | • 膀胱扩张 | • 膀胱扩张 |
| 造影剂 | • 碘化造影剂（1份造影剂加3份水） | • 气体（二氧化碳、一氧化二氮和氧气） | • 阴性和阳性碘化造影剂 |
| 器材 | • 导尿管（Foley，tomcat或软聚乙烯雄性导管）<br>• 大注射器<br>• 3通阀<br>• 无菌生理盐水<br>• 润滑剂<br>• 湿毛巾<br>• 碗<br>• 5~10mL 2%利多卡因（痉挛↓） | • 导尿管（Foley，tomcat或软聚乙烯雄性导管）<br>• 大注射器<br>• 3通阀<br>• 无菌生理盐水<br>• 润滑剂<br>• 湿毛巾<br>• 碗<br>• 5~10mL 2%利多卡因（痉挛↓） | • 导尿管（Foley，tomcat或软聚乙烯雄性导管）<br>• 大注射器<br>• 3通阀<br>• 无菌生理盐水<br>• 润滑剂<br>• 湿毛巾<br>• 碗<br>• 5~10mL 2%利多卡因（痉挛↓） |
| 动物准备 | • 禁食24h<br>• 4h前灌肠（温的生理盐水）<br>• 造影前采集尿液样本<br>• 镇静或全身麻醉<br>• X线片检查 | • 禁食24h<br>• 4h前灌肠（温的生理盐水）<br>• 造影前采集尿液样本<br>• 镇静或全身麻醉<br>• X线片检查 | • 禁食24h<br>• 4h前灌肠（温的生理盐水）<br>• 造影前采集尿液样本<br>• 镇静或全身麻醉<br>• X线片检查 |
| 技术 | 1. 无菌放置导尿管至膀胱颈<br>2. 排空膀胱，并注意排出的量来估计造影剂的使用量<br>3. 注入5~10mL利多卡因以降低膀胱痉挛<br>4. 将生理盐水稀释的阳性造影剂（≈10mL/kg）注入导尿管，并通过触诊监测膀胱直至膀胱扩张<br>5. X线拍照 | 1. 无菌放置导尿管至膀胱颈<br>2. 排空膀胱，并注意排出的量来估计造影剂的使用量<br>3. 注入5~10mL利多卡因以降低膀胱痉挛<br>4. 将气体（≈10mL/kg）注入导尿管，并通过触诊监测膀胱直至膀胱扩张<br>5. X线拍照 | 1. 无菌放置导尿管至膀胱颈<br>2. 排空膀胱，并注意排出的量来估计造影剂的使用量<br>3. 注入5~10mL利多卡因以降低膀胱痉挛<br>4. 将气体（≈10mL/kg）注入导尿管，并通过触诊监测膀胱直至膀胱扩张<br>5. 将少量的碘化造影剂（犬：1~3mL；猫：1~2mL）注入导尿管<br>6. 滚动动物使其覆盖膀胱壁并X线拍照 |

| 方法 | 膀胱造影术 | | |
| --- | --- | --- | --- |
| | 阳性造影术 | 阴性造影术（膀胱充气造影术） | 双重造影术 |
| X线视图 | ·侧位，腹背斜位<br>·如果进一步的X线拍照是必要的，需注入额外的造影剂 | ·侧位，腹背位±斜位<br>·如果进一步的X线片是必要的，需注入额外的造影剂 | ·侧位，腹背斜位 |
| 注释 | ·并发症可能包括因不当的导尿，医源性感染或化学性膀胱炎造成的创伤 | ·室内空气可能导致空气栓子；建议使用二氧化碳<br>·并发症可能包括不当的导尿，医源性感染，空气栓塞或化学性膀胱炎造成的创伤 | ·室内空气可能导致空气栓子；建议使用二氧化碳<br>·并发症可能包括不当的导尿，医源性感染，空气栓塞或化学性膀胱炎造成的创伤 |

注：请参阅技巧框12.10，第433页。

## 其他影像技术

除了X线片外，使用下列方法，以进一步协助诊断动物的医疗问题。在使用这些方法之前应先进行X线片评估。

表5.9 计算机断层扫描和超声心动图

| 方法 | 计算机断层扫描（CT，CAT扫描） | 超声心动图 |
| --- | --- | --- |
| 定义 | 由一个旋转的图像记录仪拍照而成的横断面图像。一套3张图片，然后经由计算机构建成最终的图像。这项技术通过避免周围器官的叠加而有利于更容易的显影。CT也能够辨别气体，脂肪，液体和钙化 | 使用超声波检查法对心脏及其结构（主动脉、心室、心房、心耳附属物和所有的心脏瓣膜）进行无创性研究 |
| 技术 | ·薄层旋转的X线束经轴地透过动物，通过计算机应用在视频屏幕上传输的数据重建检查部位的三维图像 | ·将涂有超声耦合剂的超声探头放置在剪毛和清理区域<br>·M-型超声用于查看心脏的结构和生成图像。动物侧卧或仰卧或站立。 |
| 适应证 | ·对X线片结果的确认或进一步评估<br>·颅内疾病，肌肉骨骼，脊柱，胸部，腹部疾病 | ·心脏内部结构的可视化<br>·评估心脏功能、大小和缺陷（如瓣膜病变、分流、心肌异常、肿块、积液和狭窄病变）<br>·呼吸窘迫或胸腔积液评估 |
| 专用设备 | ·CT装置 | ·超声波机、探头和多普勒仪（血细胞检测和分析）和超声耦合剂 |
| 注意事项 | ·辐射暴露风险增加（成像过程的量更大） | ·无 |
| 注释 | ·两项研究通常均需要（有造影剂和无造影剂） | ·在右侧第3~6和左侧第4~7肋间进行剪毛可能是必要的 |

**表 5.10　荧光透视**

| 方法 | 荧光透视 |
|------|----------|
| 定义 | 使用X线机和透视屏幕以及影像增强器，进行移动解剖部位的实时放射影像检查 |
| 技术 | • X线透过动物的身体到达影像增强管 |
| 适应证 | • 用于评估咽、食道、胃和肠道的蠕动和功能<br>• 评估呼吸道和心功能 |
| 专用设备 | • 透视X线管<br>• 影像增强管<br>• 镜成像或电视成像系统<br>• 不透X线的造影剂<br>• 防护服 |
| 注意事项 | • 在此过程有高剂量的辐射，因此会增加辐射暴露的风险 |
| 注释 | • 在图像上，骨骼呈现为黑色，气体为白色<br>• 内镜和超声波更频繁地使用替代该技术 |

**表 5.11　磁共振成像和核医学**

| 方法 | 磁共振成像(MRI) | 核医学（闪烁照相术） |
|------|----------------|---------------------|
| 定义 | 利用磁场和无线电波来绘制动物身体的横截面视图 | 使用放射性药物来查明动物某种器官或身体的某部分的功能状态 |
| 技术 | • 磁铁围绕动物的身体，且磁场与动物身体的氢原子发生反应，然后由计算机重建图像到视频显示屏上 | • 给动物静脉注射放射性核素。利用伽玛闪烁摄影机，对核素经过的所有部位进行捕获，并在X线胶片成像 |
| 适应证 | • 对X线片结果的确认或进一步评估<br>• 软组织造影，大脑和脊椎 | • 特定区域需要特定器官功能的更多信息以进行诊断评估（如甲状腺功能亢进、跛行和肝功能不全） |
| 专用设备 | • 磁共振成像装置<br>• 装置需要的特殊房/建筑<br>• 不含铁的造影剂 | • 放射性药物<br>• 伽玛闪烁摄影机<br>• X线照相胶片<br>• 保护性实验大衣<br>• 在处理药物和动物排泄物方面需进行专门培训 |
| 注意事项 | • 动物和操作者必须没有任何金属装置（起搏器），金属异物（子弹、弹片、皮肤缝合钉等）铁磁的植入物<br>• 操作者在与动物隔离的区域 | • 需要特殊处理动物的排泄物和限制与动物的接触时间 |
| 注释 | • CT是进行骨骼评估的首选方法 | • 用特定的药物来分析各个领域 |

## 超声波检查

超声波的适应证广泛并能提供其他级别的诊断。这种非侵入性，非疼痛的技术被用来作为放射技术的一个补充，能够进行许多疾病的评估、诊断和分期。超声波是评估充液和软组织器官的最好方法，尤其针对重要的心脏。

多普勒超声是一个用于识别血液的流量和流速以及计算心脏和子宫压力的辅助技术。超声还擅长诊断其他任何测试不明显的稀疏变化。由于超声检查结果细微的复杂性，在可行的和/或实际的情况下，寻求一个委员会认证的兽医放射科医生的意见往往是必要的。

**表 5.12　超声波检查**

| 方法 | 超声波检查 |
| --- | --- |
| 定义 | 从超声探头发射进入动物体内和返回的声波的基础上产生计算机图像 |
| 技术 | • 超声耦合剂涂在剪毛和清洁的准备检查的区域。将传感器探头放在耦合剂上。B–型超声用于检查腹腔结构。通过传感器发出的声波进入体内，声波敲击内部结构，然后发送回音到传感器。然后收到的回音作为一个灰度图像在屏幕上重现 |
| 适应证 | • X线片检查发现存在异常需要进一步确认或评估<br>• 特定内分泌紊乱（如肾上腺和甲状腺）或关节，肌腱，心脏，胸腔，肾脏，肝脏，消化道，腹腔，泌尿生殖系统，眼睛，血管，妊娠，软组织伤害/疾病的评估<br>• 用多普勒超声进行心脏功能的评估 |
| 专用设备 | • 超声波机<br>• 合适的探头（如5MHz、7.5MHz的探头）<br>• 超声耦合剂 |
| 注意事项 | • 由于缺乏直接的可视化而造成活组织检查并发症（如出血和器官裂伤）<br>• 检查时的伪影可导致误导性的信息和不正确的诊断或治疗（操作者的经验是关键） |
| 注释 | • 超声引导的细针抽吸和最常用的核心活检时镇静或全身麻醉是必要的<br>• 如果必要，则需对于焦虑或易怒的动物进行镇静<br>• 进行超声心动图时禁止镇静及全身麻醉<br>• 饲主应当意识到大面积的毛发可能会被剪掉<br>• 尽快擦拭探头清洁耦合剂<br>• 用冷水清洗传感器探头（不要浸泡），柔软毛巾擦干 |

注：怀孕的确认可以在配种后20d（猫）或25d（犬），比X线照相日期要早

**技能框 5.32　超声波检查：基本扫描技术**

1. 动物准备：
   a. GIT扫描：禁食12h
   b. 尿路扫描：膀胱充盈是很有帮助的
   c. 剃毛和清理准备检查的区域
   d. ± 镇静/麻醉
2. 与扫描表一致的方向定位动物（这将使得学习和图像方向一致均更容易）
3. 如果惯用右手，右手握持探头通常最容易，使用左手调整控制面板
4. 减弱室内照明，以减少屏幕反射，提高图像的可视化

5. 为动物和检查区域选择最高频率的探头进行检查。这将提供最佳分辨率，但也限制了声束的穿透深度
6. 设置尽可能低的功率，但在该视野中可以看出最远端的结构
7. 使用时间增益补偿控制，以获得均匀亮度的图像
8. 不要用太大力气将探头按压在动物身体上，因为这可能引起动物不舒服。只需用足够的压力保持探头与皮肤之间的良好接触即可
9. 慢慢地进行全面扫描，以确保对每一个结构都进行仔细全面的检查，扫描器官至少有2个平面以从横断面图像建一个立体的印象

转载自《BSAVA Manual of Advanced Veterinary Nursing》1999 ,P129.经出版商的许可，由Alasdair Hotston Moore编辑。

**技能框 5.33　超声波检查：超声扫描部位**

| 器官 | 动物体位 | 扫查部位 | 应用 |
|---|---|---|---|
| 肝脏和胆囊 | ·仰卧或侧卧或站立位（如果肠道气体干扰可能需要重新定位以使肠道气体迁移） | ·从剑状软骨到肚脐，中线两侧数厘米范围内的腹部腹侧 | ·局灶性病变（如肿瘤）<br>·弥漫性病变（如肝硬化）<br>·胆道阻塞<br>·门腔静脉分流<br>·静脉淤血 |
| 肝脏（深胸犬） | ·左侧卧 | ·右侧倒数第4肋骨腹侧1/3处。在肋间隙放置探头 | |
| 脾脏 | ·仰卧或右侧卧 | ·如检查肝脏一样，但向尾端延伸更远。在左侧找到脾头，然后扫查脾体和脾尾 | ·局灶性病变（如肿瘤）<br>·弥漫性病变（如静脉淤血、肿瘤） |
| 肾脏 | ·侧卧，使预检查的肾脏在最高部位（或可以采取俯卧或站立位） | ·腰肌稍下方<br>·左侧：最后1根肋骨后<br>·右侧：最后2肋间隙 | ·局灶性病变（如囊肿）<br>·弥漫性病变（如肿瘤）<br>·肾积水<br>·肾盂肾炎<br>·肾结石 |
| | ·仰卧 | ·腹部腹侧（但如上述从侧面进行检查的方法为最好） | |

| 器官 | 动物体位 | 扫查部位 | 应用 |
|---|---|---|---|
| 卵巢 | · 如检查肾脏一样为侧卧位 | · 如检查肾脏一样<br>· 位于肾脏前缘 | · 多囊卵巢<br>· 肿瘤 |
| 肾上腺 | · 如检查肾脏一样为侧卧位 | · 如检查肾脏一样<br>· 肾上腺位于肾脏前缘 | · 增生（如库兴氏综合征）<br>· 瘤 |
| 膀胱 | · 仰卧或侧卧或站立 | · 沿肚脐到耻骨边缘的腹中线或公犬沿包皮的一侧进行扫查 | · 膀胱结石<br>· 肿瘤<br>· 膀胱炎 |
| 前列腺 | · 仰卧或侧卧 | · 耻骨边缘前包皮一侧。找到膀胱，然后慢慢向后移动 | · 局灶性病变（如囊肿）<br>· 弥漫性病变（如肿瘤）<br>· 副前列腺囊肿 |
| 子宫 | · 仰卧或侧卧 | · 从肚脐到耻骨的腹中线 | · 妊娠诊断<br>· 胎儿窘迫/死亡<br>· 子宫积脓<br>· 残端肉芽肿 |
| 睾丸和阴囊 | · 仰卧或侧卧 | · 阴囊睾丸很少需要任何剪毛 | · 阴囊疝<br>· 肿瘤<br>· 脓肿 |
| 隐睾睾丸 | · 仰卧或侧卧 | · 耻骨到脐部腹中线合适的一侧。从耻骨前面开始，先找向膀胱，然后朝向肾脏方向寻找 | · 腹腔内睾丸的位置 |
| 胰腺 | · 仰卧 | · 从剑状软骨至脐部的整个腹部腹侧 | · 胰腺炎<br>· 肿瘤 |
| 胃肠道 | · 仰卧 | · 整个腹部腹侧 | · 肠壁增厚<br>· 肠套叠<br>· 肠道肿瘤 |
| 腹腔 | · 仰卧 | · 整个腹部腹侧 | · 游离性积液<br>· 不明身份的团块（如肠系膜肿瘤） |
| 心脏 | · 左侧卧或右侧卧<br>· 最好使用一个有洞口的桌子，以便可以从下方扫查；使得心脏靠近胸腔壁且保持肺脏不阻挡 | · 第4~6肋骨腹侧1/3处<br>· 探头放置在肋间隙 | · 心包积液<br>· 心脏瓣膜病<br>· 心肌病<br>· 先天性缺陷 |

| 器官 | 动物体位 | 扫查部位 | 应用 |
|---|---|---|---|
| 胸腔 | ・左侧卧和右侧卧 | ・预检查的部位 | ・游离积液<br>・肿块（如胸腺淋巴瘤、胸壁肿块）<br>・膈肌破裂 |
| 眼睛<br>・如果直接检查模糊不清时非常有用 | ・使用局部麻醉剂滴在角膜上 | ・直接将探头放置在角膜上（也可以通过闭合的眼睑扫描，但图像不好） | ・视网膜脱落<br>・眼内肿块 |
| 眼眶 | ・如眼睛检查一样 | ・如眼睛检查一样 | ・眼球后异物，脓肿，肿瘤 |

转载自《BSAVA Manual of Advanced Veterinary Nursing》第129~130页；经出版商的许可，由Alasdair Hotston Moore编辑。

# 第**6**章

# 一般治疗

| 关键词和术语[a] | | 缩写 | | 额外资源，页码 |
|---|---|---|---|---|
| 杀成虫的 | 捻发音 | μg，微克 | cPLI，犬胰脂肪酶免疫反应性 | 腹腔穿刺术，427 |
| 脱毛 | 发绀 | μmol，微摩尔 | CRF，慢性肾脏功能衰竭 | 解剖学，3 |
| 淀粉样变性 | 皮真菌病 | ACE，血管紧张素转化酶 | CRT，毛细血管再充盈时间 | 包扎，403 |
| 关节强直 | 后弹力层突出 | AChR，乙酰胆碱受体 | CT，计算机断层成像 | 洗澡，51 |
| 无晶状体的 | 椎间盘脊椎炎 | ACT，活化凝固时间 | DIC，弥散性血管内凝血 | 血液生化，72 |
| 房水闪辉 | 大便困难 | ACTH，促肾上腺皮质激素 | DJD，退行性关节病 | 血气分析，333 |
| 关节固定术 | 吞咽困难 | ADH，抗利尿激素 | dL，分升 | 血压，330 |
| 腹水 | 发声困难 | AGID，琼脂凝胶免疫扩散 | DNA，脱氧核糖核酸 | 输血，365 |
| 共济失调 | 湿疹 | Alk phos，碱性磷酸酶 | DOCP，三甲醋酸去氧皮质酮 | 心脏检查，28 |
| 心房颤动 | 水肿 | ALP，碱性磷酸酶 | ECG，心电图 | 中心静脉压，332 |
| 氮质血症 | 水肿的 | ALT，丙氨酸氨基转移酶 | EEG，脑电图 | 化学疗法，350 |
| 菌血症 | 脑病 | ANA，抗核抗体 | ELISA，酶联免疫吸附试验 | 放置胸腔管，429 |
| 活组织显微镜检查 | 眼内炎 | APC，房性期前收缩 | FBD，猫支气管肺病 | 凝血试验，113 |
| 眼睑痉挛 | 附睾炎 | ARF，急性肾衰竭 | FDP，纤维蛋白降解产物 | 全血细胞计数，102 |
| 肠鸣音 | 泪溢 | AST，天门冬氨酸氨基转移酶 | FeLV，猫白血病病毒 | 拍打胸壁，430 |
| 支气管扩张 | 鼻出血 | BP，血压 | FLUTD，猫下泌尿道疾病 | 细胞学，86 |
| 恶病质 | 促红细胞生成素 | BUN，血尿素氮 | | 消毒剂，625 |
| 心脏压塞 | 恶臭的 | CBC，全血细胞计数 | | 药物治疗，346 |
| 球结膜水肿 | 毛囊炎 | CK，肌酸激酶 | | 心电图，336 |
| 粉刺 | 疖病 | CNS，中枢神经系统 | | 内窥镜检查，549 |
| 食粪癖 | 肾小球性肾病 | | | 灌肠，428 |

| 关键词和术语[a] | | 缩写 | | 额外资源，页码 |
|---|---|---|---|---|
| 测角术 | 减轻的 | FNA，细针穿刺（吸引术） | OCD，剥脱性骨软骨炎 | 粪便检查，132 |
| 口臭 | 苍白 | fPLI，猫胰脂肪酶免疫反应 | OVH，卵巢子宫切除术 | 液体疗法，357 |
| 便血 | 全血细胞减少症 | FUS，猫泌尿系统综合征 | PABA，对氨基苯甲酸 | 保温管理，344 |
| 血尿 | 全眼球炎 | GGT，γ-谷氨酰转肽酶 | PCR，聚合酶链反应 | 免疫学和血清学，118 |
| 咯血 | 轻瘫 | GI，胃肠的 | PCV，红细胞压积 | 注射，346 |
| 肝肿大 | 排尿异常 | HAC，肾上腺皮质功能亢进 | PD，烦渴 | 胰岛素治疗，355 |
| 感觉过敏 | 瘀点 | IFA，免疫荧光试验 | PDT，光动力疗法 | 实验室检验，69 |
| 肥大的 | 眼球痨 | IgG，免疫球蛋白G | PE，体格检查 | 淋巴结检查，32 |
| 张力减退 | 异食癖 | 1gM，免疫球蛋白M | pg，皮克 | 磁共振成像，194 |
| 黄疸 | 多形性 | IM，肌内注射 | pH，酸碱度 | 医疗程序，425 |
| 肠梗阻 | 胸膜炎 | IMHA，免疫介导性溶血性贫血 | PPA，苯丙醇胺 | 计量吸入器，430 |
| 脓疱病 | 异形红细胞病 | IMT，免疫介导性血小板减少症 | PT，凝血酶原时间 | 微生物学，120 |
| 迟钝 | 尿频 | ITP，特发性血小板减少性紫癜 | PTH，甲状旁腺素 | 雾化，430 |
| 肠套叠 | 预防药 | IV，静脉注射 | PTT，部分促凝血酶原激酶时间 | 营养，55 |
| 虹膜震颤 | 瘙痒 | IVDD，椎间盘疾病 | PU，多尿 | 肥胖管理，66 |
| 等渗尿 | 精神性的 | K，钾 | PZI，鱼精蛋白锌胰岛素 | 骨科检查，34 |
| 黄疸 | 产后的 | KBr，溴化钾 | RAST，放射性过敏原吸附试验 | 耳镜检查，31 |
| 白细胞增多 | 脉搏短缺 | KCS，干燥性角结膜炎 | RBC，红细胞 | 氧气疗法，373 |
| 白细胞减少 | 发热 | LA，左心房 | ROM，关节活动度 | 疼痛管理，377 |
| 淋巴结肿大 | 视网膜病 | LDH，乳酸脱氢酶 | S，化脓的 | 肠外营养，411 |
| 淋巴结病 | 硬化的 | LRS，乳酸林格液 | SAP，碱性磷酸酶 | 药理学，565 |
| 巨红细胞症 | 皮脂溢的 | LV，左心室 | $T_3$，三碘甲状腺原氨酸 | 体格检查，16 |
| 肥大细胞症 | 脂肪泻 | MCHC，平均红细胞血红蛋白浓度 | $T_4$，甲状腺素 | 物理疗法，556 |
| 巨血小板症 | 鼾声 | MCV，平均红细胞体积 | TLI，胰蛋白酶样免疫反应 | 肺部检查，30 |
| 黑粪症 | 斜视 | mg，毫克 | TP，总蛋白 | 脉搏血氧饱和度，461 |
| 威胁反应 | 痛性尿淋沥 | MRI，磁共振成像 | TPLO，胫骨平台平整截骨术 | X线造影研究，179 |
| 转移 | 角质层 | NPH，低精蛋白锌胰岛素 | TSH，促甲状腺激素 | 放射学，157 |
| 小肝 | 喘鸣 | NPO，禁食 | UA，尿液分析 | 躺卧动物护理，345 |
| 发病率 | 晕厥 | NS，非化脓性的 | UTI，尿道感染 | 外科手术，519 |
| 死亡率 | 虹膜粘连 | NSAIDs，非甾体类抗炎药 | v，可变的 | 胸腔穿刺术，429 |
| 黏液脓性的 | 里急后重 | | VD，腹背的 | 超声波检查，195 |
| 肌痛 | 手足搐搦 | | VPC，室性早搏/复合波 | 尿液分析，145 |
| 黏液水肿 | 血小板减少 | | vWF，冯-维勒布兰德病 | 生命体征，17 |
| 新血管形成 | 血栓栓塞 | | WBC，白细胞 | 创伤处理，394 |
| 夜尿 | 三角区 | | | |
| 正常色素的 | 牙关紧闭 | | | |
| 正常红细胞的 | 充盈 | | | |
| 眼球震颤 | 葡萄膜炎 | | | |
| 卵囊 | | | | |
| 骨质减少 | | | | |

[a] 关键词和术语的定义见第629页词汇表。

# 心肺病

### 表 6.1  心肺病：哮喘和短头呼吸道综合征

| 疾病 | | 哮喘，支气管炎，支气管肺炎（FBD） | 短头呼吸道综合征 |
|---|---|---|---|
| **定义** | | 哮喘和支气管炎继发于由炎症和气道障碍引起的支气管狭窄。这种不适常见于呼气过程或咳嗽发作。病因可能是过敏、细菌、感染、肺部寄生虫、心丝虫疾病或吸入刺激物 | 短头颅品种先天性易患气道阻塞，因为软腭与会厌顶部重叠。常见的原因有鼻孔狭窄和软腭拉长；继发喉球囊外翻是后遗症 |
| **症状** | 临床表现 | • 张口呼吸，咳嗽，喘鸣，作呕，喷嚏（可变的），呼吸困难，呕吐，嗜睡和食欲不佳 | • 咳嗽，作呕，喘气，张口呼吸，呼吸困难，呼吸急促，嗓音改变和运动不耐受 |
| | 检查结果 | • 气管敏感，呼吸急促，发绀，湿啰音，心动过速或心动过缓 | • 鼾声，喘鸣和扁桃体增大 |
| **诊断** | 初步检查 | • 病史/临床表现 | • 病史/临床表现<br>• 呼吸道检查 |
| | 实验室检验 | • CBC：中性粒细胞增多，单核细胞增多（可变的）和嗜酸性粒细胞增多（可变的）<br>• 粪便检查：寄生虫（如并殖吸虫属）<br>• 贝尔曼技术：寄生虫（如猫圆线虫属）<br>• 心丝虫检测：抗原和抗体 | • 血气分析 |
| | 影像学 | • 胸部X线检查：肺部过度充气，吞气症，膈扁平，支气管浸润，间质性浸润，中肺肺不张或肺塌陷或支气管纹理增粗 | • 颈椎/咽X线检查：软腭增厚拉长，气管狭窄<br>• 胸部X线检查：气管狭窄或吸入性肺炎 |
| | 方法 | • ECG：心脏疾病检查<br>• 支气管镜检查：肿瘤和气道病理<br>• 细胞学检查，气管或支气管冲洗：嗜酸性粒细胞，激活的巨噬细胞，非再生性中性粒细胞，细菌和寄生虫 | • 脉搏血氧饱和度<br>• 喉镜检查/咽镜检查：喉和咽异常<br>• 气管镜检查：狭窄气管损伤，咽异常的位置和敏感度 |
| **治疗** | 一般治疗 | • 对症治疗<br>• 氧气疗法 | • 手术：鼻楔形切除术，喉球囊摘除术或葡萄肿切除术 |
| | 药物治疗 | • 驱肠虫剂：根据诊断或临床表现和地理位置<br>• 抗生素：氯霉素，阿莫西林克拉维酸钾，磺胺甲氧苄啶，四环素或喹诺酮类<br>• 支气管扩张剂：氨茶碱，茶碱，特布他林或舒喘灵<br>• 皮质激素：泼尼松龙和地塞米松<br>• 皮质激素（吸入）：氟地松<br>• 赛庚啶<br>• 白三烯受体阻滞剂：扎鲁司特<br>• 拟交感神经药：肾上腺素，异丙肾上腺素，特布他林和舒喘灵 | • 无特效药物 |
| | 护理 | • 护理要轻，以免加重应激 | • 严格监测术后呼吸道塌陷症状（如生命体征） |

| 疾病 | | 哮喘，支气管炎，支气管肺炎（FBD） | 短头呼吸道综合征 |
|---|---|---|---|
| 后续追踪 | 监护 | ·监测临床表现 | ·术后监测数天，以免采食时吸入<br>·环境温度升高时不提倡运动，而限制运动 |
| | 预防/避免 | ·早期检测反复感染<br>·排除任何有害环境因素（如香烟烟雾，空气清新剂，头发喷雾剂，脏的火炉过滤器或某种猫砂） | ·控制合适的体重<br>·选择品种 |
| | 并发症 | ·病情发展<br>·支气管扩张 | ·死于麻醉中或麻醉后低血氧<br>·切口出血导致喉阻塞<br>·体温过高 |
| | 预后 | ·谨慎<br>·确切检测环境过敏原 | ·一般<br>·如果严重影响则需谨慎 |
| 注 | | | ·**注意：**麻醉过程中气管内插管应放置足够的时间以避免气管阻塞 |
| 饲主教育 | | ·症状消失后仍需继续药物治疗<br>·可能会终生用药和改变环境 | ·犬不应剧烈运动或待在高温环境中 |

6

表 6.2　心肺病：支气管炎和肥大型心肌病

| 疾病 | | 支气管炎（犬） | 肥大型心肌病 |
|---|---|---|---|
| | | | 猫（舒张期功能障碍） |
| 定义 | | 支气管炎常常是病情发展导致永久性损伤。急性可逆转损伤的发生概率较少。病因包括病毒、细菌、支原体、感染、肺部寄生虫、心丝虫疾病、过敏、吸入刺激物或异物 | 肥大型心肌病是一种不依赖于其他心脏疾病独立发生的疾病。其特征是心室游离壁和/或室间隔向心性肥厚。这将导致心室顺应性降低和心室舒张期功能障碍 |
| 症状 | 临床表现 | ·恶病质，咳嗽，呼吸困难，作呕，张口呼吸，呼吸短促，呼吸急促，喘鸣，运动不耐受 | ·厌食，虚脱，持续嗷叫，咳嗽，沉郁，呼吸困难后肢瘫痪，低体温，反应迟钝，不愿动，疼痛，突然死亡，呼吸急促 |
| | 检查结果 | ·心律不齐，发绀，脱水，发热，杂音，湿啰音，晕厥，心动过速，气管敏感 | ·房性奔马律，甲床和脚垫发绀，股动脉搏动弱，后肢冰凉，心音低沉，胸腔积液，肺水肿，收缩期杂音，窦性心动过速 |

| 疾病 | | 支气管炎（犬） | 肥大型心肌病 |
|---|---|---|---|
| | | | 猫（舒张期功能障碍） |
| **诊断** | 初步诊断 | · 病史/临床症状<br>· 呼吸道检查 | · 病史/临床症状<br>· 心脏听诊 |
| | 实验室检验 | · 血气分析<br>· CBC：中性粒细胞增多或单核细胞增多，嗜酸性粒细胞增多，PCV升高<br>· 生化指标：ALT和ALP升高<br>· 尿液分析：尿密度升高<br>· 粪便检查：寄生虫<br>· 心丝虫检测：微丝蚴和成虫抗原<br>· 细胞学检查，经气管或支气管冲洗：细菌集群，嗜酸性粒细胞，巨噬细胞，中性粒细胞<br>· 细菌和真菌培养，经气管或支气管冲洗：分离和鉴定 | · 生化指标：CK，AST，ALT升高和氮血症<br>· 甲状腺指标（$T_4$、游离$T_4$、$T_3$）：在继发于原发性甲状腺机能亢进的心脏病病例中升高 |
| | 影像学 | · 胸部X线检查：急性病例中心脏大小正常或变大（可变的），间质密度升高，吞气症，支气管浸润，肺叶不张，膈扁平，气管扩张，充气过度或肺纹理增粗<br>· 超声心动图：右心扩张，排除充血性心力衰竭 | · 胸部X线检查：心脏尺寸变大，情人节状心脏，心脏阴影细长，左心房增大，肺水肿，肺静脉扩张<br>· 超声心动图：室间隔，左室后壁，乳头肌肥肥厚，左心房扩大，心肌高动力性<br>· MRI：鉴别轻微疾病以及评估治疗效果 |
| | 方法 | · 支气管镜检查：痰样本，肿瘤，炎症，异物和寄生虫<br>· ECG：窦性心律不齐，P波变尖，游动的心房起搏点 | · 心电图：窦性心动过速，APCs，VPCs，P波持续时间变长，R波振幅增强，QRS宽度增宽，心房颤动<br>· 血压：低血压 |
| **治疗** | 一般治疗 | · 支持疗法<br>· 供氧疗法 | · 对症疗法<br>· 液体疗法<br>· 氧气疗法<br>· 胸腔穿刺术 |
| | 药物治疗 | · 抗生素：阿莫西林克拉维酸钾，磺胺甲氧苄啶，头孢噻吩，恩诺沙星等喹诺酮类<br>· 止咳药：氢可酮或布托啡诺<br>· 支气管扩张剂：氨茶碱，茶碱或特布他林<br>· 皮质激素：泼尼松，地塞米松<br>· 皮质激素（吸入）：氟地松<br>· 拟交感神经药：肾上腺素，异丙肾上腺素，特布他林，舒喘灵<br>· 镇静剂 | · β-阻断剂：心得安或阿替洛尔<br>· ACE抑制剂：依那普利<br>· 阿司匹林<br>· 支气管扩张药：氨茶碱<br>· 钙离子通道阻断剂：地尔硫卓<br>· 利尿剂：呋塞米<br>· 镇静剂：乙酰丙嗪<br>· 血管扩张剂：硝化甘油药膏，卡托普利<br>· 华法林 |
| | 护理 | · 喷雾治疗<br>· 拍击胸壁 | · 热支持<br>· 低应激性环境<br>· 限制运动 |

| 疾病 | | 支气管炎（犬） | 肥大型心肌病 |
|---|---|---|---|
| | | | 猫（舒张期功能障碍） |
| 后续追踪 | 监护 | · 体重减轻 | · 密切观察临床症状的恢复<br>· 根据治疗药物的选择，进行血液学检查<br>· 开始药物治疗后的4~6个月重复超声心动图检查<br>· 限钠饮食<br>· 使用华法林时，监测凝血酶原时间 |
| | 预防/避免 | · 控制合适的体重<br>· 使用肩带代替项圈<br>· 排除任何有害环境因素（如香烟烟雾和脏炉过滤器）<br>· 轻微运动后使用加湿器以促进痰液排出<br>· 保持口腔健康<br>· 预防心丝虫 | · 避免应激情况 |
| | 并发症 | · 肺炎<br>· 细菌感染<br>· 支气管扩张<br>· 晕厥 | · 心律不齐<br>· 弥散性血管内凝血<br>· 左心衰竭<br>· 二尖瓣回流<br>· 突然死亡<br>· 血栓栓塞 |
| | 预后 | · 良好<br>· 慢性支气管炎不可逆的损伤时预后较差 | · 某些类型如果早期诊断和治疗得当则预后一般到良好<br>· 进行性心衰竭则预后不良 |
| 注 | | · **注意**：使用的仪器（如雾化仪）需要彻底清洁以避免细菌污染 | · **注意**：积极的液体疗法必须密切监测以免过量或病情恶化<br>· 疼痛和嚎叫可能表明后主动脉分支血栓栓塞 |
| 饲主教育 | | · 肩带代替项圈<br>· 体重减轻可能会改善症状<br>· 运动有助清理呼吸道，如果咳嗽则应限制运动<br>· 牙齿护理减少继发细菌感染的可能 | |

表 6.3　心肺病：扩张型心肌病

| 疾病 | | 扩张型心肌病 | |
|---|---|---|---|
| | | 犬 | 猫（收缩期功能障碍） |
| 定义 | | 扩张型心肌病是一种心室肌疾病。该病晚期呈现所有腔室扩张。该病的病因通常是特发性的，但在某些病例中与营养缺乏，病毒，原中和免疫介导机制有关 | 扩张型心肌病是一种心室肌疾病。该病的晚期呈现所有腔室扩张。该病最常见的病因是牛磺酸缺乏且通常是可逆转的。该病也可是特发性的，往往是其他疾病的末期。该病会导致CHF或者心排血量下降 |
| 症状 | 临床表现 | • 腹部膨胀，厌食，腹水，恶病质，虚脱，咳嗽，呼吸困难，不耐运动，晕厥，呼吸急促 | • 厌食，持续嚎叫，抑郁，呼吸困难，迟钝，疼痛，后肢轻瘫，呼吸急促，虚弱，呕吐 |
| | 检查结果 | • CRT延长，心律不齐，心房颤动，湿啰音，发绀，奔马音，肝肿大，颈静脉搏动显著，低沉的心音和肺音，心杂音，胸腔积液，肺水肿，脉搏短缺，心动过速，喘鸣 | • 心律不齐，CRT延长，湿啰音，股动脉搏动虚弱或缺失，肝肿大，低体温，颈静脉怒张或显著跳动，心杂音，眼底异常，苍白，胸腔积液，肺水肿，脉搏短缺，皮肤充盈度下降，轻柔的心音和肺音，重叠奔马律，心动过速或心动过缓，室性奔马律 |
| 诊断 | 初步诊断 | • 病史/临床症状<br>• 心脏听诊<br>• 肺部听诊 | • 病史/临床症状<br>• 心脏听诊<br>• 肺部听诊 |
| | 实验室检验 | • 生化指标：↑尿素氮，肌酐，ALT和↓钠，氯化物，钾，蛋白质<br>• 血浆牛磺酸和左旋肉碱：降低<br>• 血气分析下降：代谢性酸中毒 | • CBC：白细胞增多，贫血，红细胞压积降低（<18%）<br>• 生化指标：↑CK，AST，ALT，BUN，肌酐，葡萄糖和钾↓<br>• 尿液分析：肌红蛋白升高<br>• 血浆牛磺酸：<40 nmol/L<br>• 胸腔积液分析：总蛋白<4.9g/dL，有核细胞计数<2 500/mL为诊断依据 |
| | 影像学 | • 胸部X线检查：心脏尺寸变大，左心房，左心室，后腔静脉尾侧扩大，胸腔积液和肺水肿<br>• 超声心动图：腔室扩张以及周期和血流的速度，心肌收缩力减弱 | • 胸部X线检查：心脏尺寸变大，心尖变圆，后腔静脉和肺静脉扩大，腹水，胸腔积液或肺水肿<br>• 超声心动图：解剖异常，左心房和左心室扩张，左心室收缩力降低，瓣膜回流，主动脉血流速度变慢或左心室肌肉变薄<br>• 心血管造影术：动脉栓塞 |
| | 方法 | • ECG：心房颤动，心律不齐，低电压(v)，QRS波持续时间变长，心动过速，室性早搏，左心室扩张 | • ECG：心律不齐，P波振幅和持续时间增加，左心房或心室扩张模式，窦性心动过缓(v)，心房颤动，室性早搏 |

6

| 疾病 | | | 扩张型心肌病 | |
|---|---|---|---|---|
| | | | 犬 | 猫（收缩期功能障碍） |
| 治疗 | 一般治疗 | | • 对症治疗<br>• 胸腔穿刺术（治标） | • 对症治疗<br>• 液体疗法<br>• 氧气疗法<br>• 胸腔穿刺术 |
| | 药物治疗 | | • β-阻断剂：索他洛尔<br>• 血管紧张素转换酶抑制剂：依那普利<br>• 醛固酮阻断剂：螺内酯<br>• 抗心律失常药：利多卡因，普鲁卡因胺，美西律<br>• 支气管扩张剂：氨茶碱<br>• 钙离子通道阻断剂：地尔硫卓<br>• 利尿剂：呋塞米<br>• 纤维扩张剂：匹莫苯丹<br>• 正性肌力药：地高辛和多巴酚丁胺<br>• 牛磺酸或左旋肉碱补充剂<br>• 血管扩张剂：硝酸甘油软膏 | • 血管紧缩素转化酶抑制剂：依那普利，卡托普利<br>• 动脉扩张剂：肼屈嗪<br>• 阿司匹林<br>• 支气管扩张剂：氨茶碱<br>• 利尿剂：呋塞米<br>• 正性肌力药：地高辛，多巴酚丁胺，米力农<br>• 镇静剂：乙酰丙嗪<br>• 牛磺酸补充剂<br>• 血管扩张剂：硝酸甘油软膏 |
| | 护理 | | • 按门诊病例对待 | • 热支持<br>• 低应激环境<br>• 营养支持 |
| 后续追踪 | 监护 | | • 定期监测PE，X线检查，ECG，BP和肾脏轮廓<br>• 限钠饮食<br>• 限制活动，并限制锻炼 | • 监测牛磺酸，电解质和肾脏水平<br>• 根据治疗选择的药物监测血值<br>• 开始治疗1周后进行胸部X线检查<br>• 开始治疗3~6个月后重复超声心动图检查<br>• 限钠饮食 |
| | 预防/避免 | | • N/A | • 饲喂添加有足够牛磺酸的高质量食物 |
| | 并发症 | | • 猝死<br>• 甲状腺功能减退 | • 甲状腺功能亢进<br>• 血栓栓塞 |
| | 预后 | | • 预后慎重：诊断后6~24个月 | • 幸存后的前两周补充牛磺酸预后良好<br>• 特发性病因预后不良 |
| 注 | | | • 大丹犬，爱尔兰猎犬，圣伯纳犬，杜宾犬，史宾格犬和可卡犬 | • **注意**：积极的液体疗法必须密切监测以免过量或病情恶化<br>• 疼痛和嚎叫也许暗示后主动脉分支血栓栓塞<br>• 缅甸猫，埃塞俄比亚猫和暹罗猫 |

表 6.4　心肺病：限制性心脏病和先天性心脏病

| 疾病 | | 猫限制性心脏病（舒张功能不全） | 先天性心脏病 |
|---|---|---|---|
| 定义 | | 限制性心脏病是一组心肌疾病导致心室充盈受损。这种疾病病因不明，但可能是由于迟发性心肌松弛或心内膜纤维化引起 | 先天性心脏病是小于1岁的动物最常见的心脏病。该病是心脏或大血管畸形。下面所列为先天性心脏缺陷：动脉导管未闭，肺动脉狭窄，主动脉瓣下狭窄，室间隔缺损，房间隔缺损，二尖瓣发育不良，三尖瓣发育不良和法乐四联症 |
| 症状 | 临床表现 | • 恶病质，精神抑郁，呼吸困难，低体温，张口呼吸，喘息，呼吸急促，湿啰音，疼痛，胸腔积液，后肢轻瘫或者瘫痪，肺水肿 | • 缺氧，呼吸困难，运动不耐受，发育障碍，癫痫发作，昏厥，呼吸急促，虚弱 |
| | 检查结果 | • 心律失常，腹水，湿啰音，发绀，奔马音，颈静脉搏动膨胀，心脏杂音，胸腔积液，肺水肿 | • 腹部膨胀，发绀，心脏杂音 |
| 诊断 | 初步诊断 | • 病史/临床表现<br>• 心脏听诊<br>• 肺部听诊 | • 病史/临床体征<br>• 心脏听诊 |
| | 实验室检验 | • 生化指标：↑CK，AST，ALT，肌酐，钾和氮血症<br>• 血浆牛磺酸水平 | • CBC：红细胞压积升高 |
| | 影像学 | • 胸部X线检查：心脏尺寸变大，情人节状心脏，胸腔积液，肺水肿，肺静脉膨胀，心房和后腔静脉扩张<br>• 超声心动图：心房，左心室或右心室扩张，心肌纤维化，间隔或左心室心肌肥大，瓣膜反流，乳头肌改变或突出<br>• 心血管造影术：动脉血栓形成 | • 胸部X线检查：心脏尺寸和形状，大血管和肺血管；每种缺陷/类型有不同的变化<br>• 超声心动图：解剖异常，分流病变位置和严重程度，异常血流 |
| | 方法 | • ECG：心律失常，窦性心动过速，心房早搏复合征，心房颤动，P波的振幅增强和持续时间增加或左心房及左心室扩大模式 | • ECG：± 腔室扩大模式 |
| 治疗 | 一般治疗 | • 对症治疗<br>• 液体疗法<br>• 氧气疗法<br>• 胸腔穿刺术/心包穿刺术 | • 支持疗法<br>• 对症治疗<br>• 外科手术：根据缺陷进行选择 |
| | 药物治疗 | • β-阻断剂：心得安或阿替洛尔<br>• 血管紧缩素转化酶抑制剂：依那普利，卡托普利<br>• 抗心律失常药：利多卡因<br>• 阿司匹林<br>• 钙离子通道阻断剂：地尔硫卓<br>• 利尿剂：呋塞米<br>• 正性肌力药：地高辛<br>• 血管扩张剂：硝酸甘油软膏<br>• 华法林 | • β-阻断剂：阿替洛尔<br>• 抗心律失常药：利多卡因或普鲁卡因胺<br>• 钙离子通道阻断剂：地尔硫卓<br>• 利尿剂：呋塞米<br>• 正性肌力药：地高辛<br>• 血管舒张剂：依那普利 |

| 疾病 | | 猫限制性心脏病（舒张功能不全） | 先天性心脏病 |
|---|---|---|---|
| 治疗 | 护理 | • 热支持<br>• 低应激环境<br>• 限制活动<br>• 12~24h内进行X线检查以监测胸腔积液<br>• 每天监测电解质，连续3~5d<br>• 监测水合作用和肾脏轮廓 | • 按门诊病例护理直到伴随慢性衰竭的并发症<br>• 标准术后护理 |
| 后续追踪 | 监护 | • 每2~4个月重新评估1次病患动物<br>• 限钠饮食 | • 监测临床表现<br>• 每1~3个月监测1次PCV<br>• 定期监测X线检查和超声心动图<br>• 限制活动<br>• 限钠饮食 |
| | 预防/避免 | • 避免应激环境 | • 品种选育 |
| | 并发症 | • 血栓栓塞 | • 慢性心力衰竭<br>• 心律失常<br>• 死亡 |
| | 预后 | • 预后不良 | • 无外科手术时则预后谨慎 |
| 注 | | • **注意**：积极的液体疗法必须密切监测以免过量或病情恶化<br>• 疼痛和嚎叫也许暗示后主动脉分支血栓栓塞 | |

**表 6.5 心肺病：心内膜病和心丝虫病**

| 疾病 | | 心内膜病（慢性心脏瓣膜病，慢性二尖瓣功能不全） | 心丝虫病 |
|---|---|---|---|
| 定义 | | 心内膜病是犬最常见的心血管疾病。在犬充血性心力衰竭病例中占75%以上。该病是二尖瓣复杂结构的改变而引起的功能障碍和渐进性继发性心脏改变，最终导致慢性心力衰竭 | 心丝虫病是在美国影响大部分犬的最主要疾病。该病是心丝虫通过许多种类的蚊子传染。蠕虫位于肺动脉并且可以进入右心房和心室 |
| 症状 | 临床表现 | • 慢性小气管病，充血，咳嗽，昏厥，呼吸急促，喘鸣 | • 恶病质，咳嗽，呼吸困难，咯血，昏厥，呕吐（间歇性，猫），喘鸣 |
| | 检查结果 | • 心律失常，心脏压塞，慢性小气管病，湿啰音，发绀，心音低沉，胸腔积液，脉搏短缺，收缩期杂音，心动过速 | • 肺音异常，腹水，湿啰音，奔马音，高血压，心脏杂音，器官巨大症，心动过速 |

| 疾病 | | 心内膜病（慢性心脏瓣膜病，慢性二尖瓣功能不全） | 心丝虫病 |
|---|---|---|---|
| 诊断 | 初步诊断 | • 病史/临床表现<br>• 心脏听诊<br>• 肺脏听诊 | • 病史/临床表现<br>• 心脏听诊 |
| | 实验室检验 | • 生化指标：尿素氮，肌酐，磷，ALT，AST，碱性磷酸酶升高，白蛋白降低<br>• 尿液分析：蛋白质↑，白蛋白，颗粒管型，WBC，潜血<br>• 血液培养：+诊断依据 | • CBC：嗜酸性粒细胞增多和嗜碱性粒细胞增多(v)<br>• 生化指标：↑肝酶，胆汁酸和↓白蛋白，球蛋白，氮质血症<br>• 尿液分析：蛋白质↑，球蛋白，白蛋白，颗粒管型<br>• 酶联免疫吸附测定：成年雌性蠕虫抗原<br>• 直接血涂片，诺特试验或微孔滤器试验：微丝蚴<br>• 免疫诊断法筛选：微丝蚴抗原<br>• 血清学：+恶丝虫 |
| | 影像学 | • 胸部X线检查：心脏尺寸变大，肺间质，肺泡充血，肺水肿，肺泡性水肿，左心房和左心室扩张，肝门淋巴结肿大，左心房和左心室及主支气管结构改变<br>• 超声心动图：解剖异常，胸膜和心包积液，房室瓣关闭不全及反流存在和严重性，二尖瓣异常 | • 胸部X线检查：动脉扩大，缩短或扭曲，右侧心脏增大，肺炎，局部或全身性间质性和/或肺泡浸润<br>• 超声心动图：右心房，右心室以及肺动脉扩张，蠕虫情况和疾病的严重程度 |
| | 方法 | • ECG：心律失常的识别和鉴定以及P波持续时间的延长 | • ECG：心律失常，右心室肥大模式或P波变高 |
| 治疗 | 一般治疗 | • 支持疗法<br>• 对症疗法<br>• 氧气疗法 | • 对症疗法<br>• 血小板计数 |
| | 药物治疗 | • 血管紧缩素转化酶抑制剂：依那普利<br>• 肾上腺素能阻滞剂：哌唑嗪<br>• 抗生素：盘尼西林，庆大霉素，恩氟沙星，阿莫西林<br>• 动脉扩张剂：肼屈嗪<br>• 钙离子通道阻断剂：地尔硫卓<br>• 利尿剂：呋塞米<br>• 正性肌力药：地高辛<br>• 血管扩张剂：硝酸甘油软膏 | • 杀成虫剂：硫胂胺钠或美索拉明<br>• 阿司匹林（低剂量）<br>• 皮质激素：泼尼松或泼尼松龙（猫）<br>• 杀幼虫剂：伊维菌素或米尔贝肟 |
| | 护理 | • 低应激环境 | • 注射前半个小时饲喂患病动物以观察厌食症<br>• 监测黄疸，发热，精神抑郁，呼吸困难或血栓栓塞的其他症状<br>• 注射后密切监测毒性症状（注射部位的炎症，呕吐，食欲减退，嗜睡，黄疸和↑BUN，ALT或胆红素） |

| 疾病 | | 心内膜病（慢性心脏瓣膜病，慢性二尖瓣功能不全） | 心丝虫病 |
|---|---|---|---|
| 后续追踪 | 监护 | 当使用利尿剂和血管紧缩素转化酶抑制剂时需监测BUN和肌酐<br>· 开始治疗1周后监测PE，ECG和X线检查<br>· 抗生素治疗后监测血培养和超声心动图<br>· 每6~12个月使用X线监测心脏<br>· 限制活动<br>· 限钠饮食 | · 监测黄疸，发热，精神抑郁，呼吸困难或血栓栓塞其他症状<br>· 严格限制活动4~6周<br>· 成虫治疗4周后开始杀幼虫剂<br>· 成虫治疗后7周再检查微丝蚴 |
| | 预防/避免 | · N/A | · 预防性治疗：米尔贝肟<br>· 犬心丝虫检测试验：开始预防后6~12个月，以后定期检测 |
| | 并发症 | · 心房颤动<br>· 死亡<br>· 左心房破裂<br>· 肺部和全身栓塞<br>· 右侧心力衰竭<br>· 快速性心律失常<br>· 填塞<br>· 毒血症 | · 弥散性血管内凝血<br>· 血小板减少<br>· 心脏衰竭<br>· 急性肺血栓栓塞<br>· 硫肿胺钠毒性 |
| | 预后 | · 取决于疾病的严重程度 | · 亚临床型或病情轻微时预后良好<br>· 中等到重度疾病预后一般<br>· 未治疗或心丝虫数量很多时预后谨慎 |
| 注 | | · 贵宾犬，约克夏犬，查理士王小猎犬，雪纳瑞犬，可卡犬 | · 当使用硫乙肿胺治疗时猫致死率非常高<br>· 使用美索拉明进行肌内注射会引起疼痛和无菌性脓肿<br>· 每次静脉注射硫肿胺钠时都要尽可能地选择在末端的不同位置且要尽可能的远<br>· 治疗时不建议使用留置导管 |

## 表 6.6　心肺病：充血性心力衰竭

| 疾病 | | 充血性心力衰竭 | |
| --- | --- | --- | --- |
| | | 左侧 | 右侧 |
| **定义** | | 心力衰竭是指左侧或右侧心脏不能够泵出足够多的血液以满足体循环或肺循环。充血性心力衰竭的病因可能是机械故障（瓣膜功能不全，主动脉回流或高血压），心肌衰竭（心肌炎、扩张型心肌病或瘤），心脏充盈受扰（严重的心律失常、肥厚性心肌病或填塞）或心排血量需求增加（贫血、运动过度、怀孕或甲状腺功能亢进） | |
| **症状** | 临床表现 | • 恶病质，咳嗽，呼吸困难，咯血，四肢肿胀，晕厥，呼吸急促，喘鸣 | • 恶病质，苍白，晕厥 |
| | 检查结果 | • 心律失常，腹水，湿啰音，发绀，CRT延长，股动脉搏动虚弱，奔马音，心脏杂音，器官巨大症，苍白，肺水肿，脉搏短缺，虚弱，洪脉或不规则 | • 心律失常，腹水，奔马音，颈静脉膨胀，心音低沉，心脏杂音，器官巨大症，心包积液，胸腔积液，皮下水肿，全身静脉充血 |
| **诊断** | 初步诊断 | • 病史/临床表现<br>• 心脏听诊 | |
| | 实验室检验 | • 生化指标：↑ALT，AST，碱性磷酸酶，尿素氮，肌酐和↓钠，钾，蛋白<br>• 心丝虫检查：微丝蚴和成虫抗原 | • CBC：嗜酸性细胞增多症(v)<br>• 生化指标：↑ALT，AST，碱性磷酸酶，γ–谷氨酰基转移酶，尿素氮和肌酐，↓钠，钾，蛋白质 |
| | 影像学 | • 胸部X线检查：心脏尺寸变大，全身或肺静脉扩张，肺水肿或肝门淋巴结肿大<br>• 超声心动图：疾病的病因和程度，心包或胸膜积液，瘤或心丝虫病 | • 胸部X线检查：心脏尺寸变大，腔静脉扩大，胸腔积液和/或腹水，肺水肿，肺动脉膨胀 |
| | 方法 | • ECG：心律失常，P波变宽（如果是右侧则还会变高），高和宽的QRS复合波和左轴方向 | |
| **治疗** | 一般治疗 | • 对症治疗<br>• 液体疗法<br>• 氧气疗法<br>• 根据需要选择胸腔穿刺术/心包穿刺术/腹腔穿刺术<br>• 取决于潜在病因 | |
| | 药物治疗 | • β–阻断剂：心得安，阿替洛尔或美托洛尔<br>• 血管紧张素转换酶抑制剂：依那普利或卡托普利<br>• 动脉的扩张剂：肼屈嗪<br>• 钙离子通道阻断剂：地尔硫卓，氨氯地平<br>• 利尿剂：呋塞米<br>• 纤维扩张剂：匹莫苯丹<br>• 正性肌力药:地高辛，多巴酚丁胺或多巴胺<br>• 镇静剂：硫酸吗啡，马来酸乙酰丙嗪<br>• 硝普钠<br>• 牛磺酸补充剂<br>• 血管扩张剂：硝酸甘油软膏 | • 血管紧张素转换酶抑制剂：依那普利或卡托普利<br>• 钙离子通道阻断剂：氨氯地平<br>• 利尿剂：呋塞米<br>• 正性肌力药：地高辛 |
| | 护理 | 限制应激：只有在必要时操作处理 | |

| 疾病 | | 充血性心力衰竭 | |
|---|---|---|---|
| | | 左侧 | 右侧 |
| 后续追踪 | 监护 | | · 限制活动以及降低焦虑<br>· 定期监测ECG，超声心动图，血清生化和血清地高辛浓度<br>· 监测休息时呼吸率（正常：<30 次/min）<br>· 限钠饮食 |
| | 预防/避免 | | · 最小应激和运动 |
| | 并发症 | | · 主动脉血栓栓塞（猫）<br>· 心律失常<br>· 电解质失衡<br>· 地高辛中毒<br>· 肾衰竭<br>· 高血压<br>· 肌萎缩 |
| | 预后 | | · 取决于潜在病因 |
| 注 | | | · 注意：积极的液体疗法必须密切监测以免过量或病情恶化 |

表 6.7 心肺病：高血压和心肌炎

| 疾病 | | 高血压 | 心肌炎 |
|---|---|---|---|
| 定义 | | 高血压是肺动脉或全身性血压升高。该病可能是原发性疾病，也可能是继发性疾病。全身性高血压可通过多普勒进行诊断，而肺动脉高血压则需通过心导管检查发现 | 心肌炎是心肌的一种炎症。该病的原因包括传染性、病毒、原虫、局部缺血性损伤、创伤或毒性。原发感染罕见；通常是继发于其他疾病进程 |
| 症状 | 临床表现 | · 根据潜在病因<br>· 食欲减退，共济失调，失明，转圈运动，腹泻，定向障碍，呼吸困难，不耐运动，咯血，后肢轻瘫，眼睛出血，PU/PD，癫痫发作，呼吸急促，呕吐 | · 咳嗽，发热，不耐运动，昏厥，虚弱 |
| | 检查结果 | · 心音和肺音异常，腹水，心房性奔马律，湿啰音，发绀，水肿，血氧不足，视网膜脱落，收缩期杂音 | · 心律失常，奔马音，心脏杂音，VPCs，室性心动过速 |

| 疾病 | | 高血压 | 心肌炎 |
|---|---|---|---|
| **诊断** | 初步诊断 | • 病史/临床表现 | • 病史/临床表现（如细小病毒和美洲锥虫病）<br>• 心脏听诊 |
| | 实验室检验 | • CBC：中性粒细胞增多症和淋巴球减少症(v)，血小板减少症，白细胞减少症以及红细胞压积升高<br>• 生化指标：↑磷，ALT，胆固醇，尿素氮，肌酐，葡萄糖，碱性磷酸酶和↓白蛋白以及电解质失衡<br>• 尿液分析：↓蛋白，潜血，葡萄糖和尿密度↓，伴随肾功能不全 | • 生化指标：↑CK，LDH，AST<br>• 血清学，细小病毒，弓形虫病，+锥虫病 |
| | 影像学 | • 胸部X线检查：心脏尺寸变大，密度增加，肺动脉膨胀，腹水，瘤，支气管塌陷，气管变窄<br>• 腹部X线检查：肝肿大或肾脏异常<br>• 超声心动图：肺性高血压，右心膨胀<br>• 超声：肾上腺肿大 | • 胸部X线检查：肺水肿，充血，胸膜积液，心脏轮廓变大或心尖变圆<br>• 超声心动图：心包积液，心包膜增厚或心肌斑点区及片状斑块区增厚<br>• 血管造影术：涉及的房室或胸腔积液 |
| | 方法 | • 血压：全身性高血压<br>• 肺动脉导管插入术：肺动脉高压（侵入性测量） | • 心电图：心律不齐和扩张的模式 |
| **治疗** | 一般治疗 | 只适用于复杂疾病<br>• 支持疗法<br>• 液体疗法<br>• 氧气疗法 | • 支持疗法<br>• 心包穿刺术 |
| | 药物治疗 | • α-肾上腺素能受体阻断药：哌唑嗪<br>• β-肾上腺素能受体阻断药：普萘洛尔<br>• 血管紧缩素转化酶抑制剂：依那普利<br>• 钙离子通道阻断剂：地尔硫卓或氨氯地平（猫）<br>• 利尿剂：呋塞米<br>• 肼屈嗪 | 取决于潜在病因<br>• 血管紧缩素转化酶抑制剂：依那普利<br>• 抗心律失常药：奎尼丁<br>• 利尿剂：呋塞米<br>• 正性肌力药：地高辛 |
| | 护理 | • 如果能减少整体应激则按门诊病例治疗 | • 限制活动 |
| **后续追踪** | 监护 | • 限钠饮食<br>• 监测低血压症状<br>• 每1~2周监测血压，然后每1~3个月监测1次 | • 限钠饮食<br>• 监测ECG和听诊<br>• 重复X线检查 |
| | 预防/避免 | • 控制适当的体重<br>• 所有肾衰竭动物均要测量BP | • 疫苗接种<br>• 对使用阿霉素的动物应监测ECG和超声心动图<br>• 避开流行地区（如墨西哥湾沿岸） |

| 疾病 | | 高血压 | 心肌炎 |
|---|---|---|---|
| 后续追踪 | 并发症 | • 肾衰竭<br>• 慢性心力衰竭<br>• 肾小球性肾病<br>• 视网膜病变/失明<br>• CNS症状 | • 心肌病<br>• 慢性心力衰竭 |
| | 预后 | • 潜在病因可查明并治疗，则预后良好 | • 取决于疾病的程度和严重性 |
| 注 | | 犬异常的系统值<br>  • 收缩压：>160 mm Hg<br>  • 舒张压：>100 mm Hg<br>猫异常的系统值<br>  • 收缩压：>160 mm Hg<br>  • 舒张压：>120mm Hg<br>• 测量3次取平均值以充分评估患病动物的血压<br>• 避免使用PPA<br>• 测量BP前和期间保持低应激状态 | |

**表 6.8　心肺病：肺炎和胸腔积液**

| 疾病 | | 肺炎 | 胸腔积液 |
|---|---|---|---|
| 定义 | | 肺炎是肺部的炎症反应。大多数是由细菌引起，但也可由食物吸入、真菌、过敏原、异物、病毒、肿瘤、肺部寄生虫或挫伤所引起。具有较高的死亡率和发病率，尤其是住院动物 | 胸腔积液是在胸腔内液体积聚。该病可见单侧或双侧。该病是由许多病因所导致的异常进程，通常表明一个更严重的潜在病情 |
| 症状 | 临床表现 | • 恶病质，呼吸困难，黏液脓性鼻分泌物，排痰性咳嗽，呼吸急促，喘鸣 | • 厌食，精神抑郁，呼吸困难，不耐运动，苍白，胸膜炎，张口呼吸，偏爱俯卧，呼吸急促 |
| | 检查结果 | • 湿啰音，发绀，脱水，发热，响亮或不对称的支气管音，心动过速 | • 腹水，发绀，发热，心音和肺音低沉，心动过速 |
| 诊断 | 初步诊断 | • 病史/临床表现<br>• 肺部听诊 | • 病史/临床表现<br>• 心脏听诊<br>• 肺部听诊<br>• 胸部触诊和叩诊 |

6

| 疾病 | | 肺炎 | 胸腔积液 |
|---|---|---|---|
| 诊断 | 实验室检验 | • CBC：中性粒细胞增多伴随或没有核左移和单核细胞增多<br>• 气管冲洗，细胞学：中性粒细胞增多和细菌增多<br>• 气管冲洗，培养：细菌分离和鉴定 | • CBC：白细胞增多和贫血<br>• 生化指标：球蛋白升高，白蛋白降低（<1 g/dL）<br>• 血清学：猫白血病病毒，猫传染性腹膜炎，猫免疫缺陷病毒或心丝虫<br>• 液体分析：颜色，澄明度，黏性，密度，总蛋白，有核细胞计数，中性粒细胞，巨噬细胞，间皮细胞，淋巴细胞，嗜酸性粒细胞或肿瘤细胞 |
| | 影像学 | • 胸部X线检查：肺密度增高，肺实变，肺动脉扩张或间质性支气管造影片<br>• 造影研究：吞咽障碍 | • 胸部X线检查：心脏尺寸变大，肿瘤，肺叶扭转，膈疝，纵膈增宽，肺叶边缘变圆，心脏边缘和膈模糊，腹水，胸膜裂线<br>• 造影研究：肿瘤，膈疝和心脏疾病 |
| | 方法 | • 支气管镜检查：异物或中性粒细胞炎症 | ECG：所有振幅均变平扁 |
| 治疗 | 一般治疗 | • 支持疗法<br>• 液体疗法<br>• 氧气疗法<br>• 外科手术：肺叶切除术（罕用） | • 对症治疗<br>• 液体疗法<br>• 胸腔穿刺术<br>• 放置胸管<br>• 外科手术学：开胸术 |
| | 药物治疗 | • 抗生素：取决于分离出的细菌的种类，并且能够很好地渗透至肺组织的药物（如恩诺沙星）<br>• 抗真菌药：两性霉素，氟胞嘧啶，酮康唑，氟康唑<br>• 支气管扩张剂：茶碱或特布他林 | • 抗生素：取决于分离出的细菌种类<br>• 镇痛药：布比卡因，NSAIDs，吗啡，哌替啶 |
| | 护理 | • 使用无刺激性的气雾剂进行雾化<br>• 拍打胸壁<br>• 气管推拿术<br>• 限制活动<br>• 至少每2h变换下患病动物的姿势<br>• 营养支持 | • 监测体温，呼吸频率，用力情况和脉搏<br>• 营养支持<br>• 胸导管处置 |
| 后续追踪 | 监护 | • 湿化气道<br>• 轻微运动<br>• 在48~72h X线检查，然后2~6周再进行X线检查 | • 监测X线检查 |
| | 预防/避免 | • 疫苗接种 | • 监测X线检查 |
| | 并发症 | • 慢性支气管炎<br>• 继发感染/败血病 | • 死亡 |
| | 预后 | • 预后良好 | • 预后谨慎到预后不良 |

6

| 疾病 | 肺炎 | 胸腔积液 |
|---|---|---|
| 注 | | • 液体分类<br>　• 无色到淡黄色：漏出液<br>　• 黄色到粉红色：改良的漏出液或非化脓性渗出液<br>　• 黄色到棕红色：化脓性渗出液<br>　• 奶油白：乳糜<br>　• 红色：出血<br>• 止痛药可直接注入胸膜镇痛 |

**表 6.9　心肺病：鼻炎/鼻窦炎和气管塌陷**

| 疾病 | | 鼻炎/鼻窦炎 | 气管塌陷 |
|---|---|---|---|
| 定义 | | 鼻窦感染是兽医学中一种常见的疾病。该病分为自限性的急性鼻炎和需要持续治疗的慢性窦炎。病因可能是细菌、病毒、真菌、异物、牙科疾病、传染性病原体或肿瘤 | 气管塌陷是指在气管内发生的一系列动态变化导致在气管某处沿长轴方向塌陷。可能也涉及主支气管引发的塌陷。该病可能是后天获得性缺陷或先天性缺陷。最常见于老年玩具品种犬 |
| 症状 | 临床表现 | • 咳嗽，作呕，黏液脓性鼻涕，眼分泌物，张口呼吸，干呕，喷嚏 | • 恶病质，声音改变，呼吸困难，作呕，热耐受不良，间歇性"喇叭声"咳嗽，昏厥 |
| | 检查结果 | • 骨肿胀，发热，淋巴结病，口腔溃疡，眼睛或神经系统改变 | • 发绀，扁桃体肿大，鼾声，喘鸣 |
| 诊断 | 初步诊断 | • 病史/临床表现<br>• 鼻腔检查 | • 病史/临床表现<br>• 气道检查 |
| | 实验室检验 | • 细胞学及培养：细菌识别和鉴定<br>• 真菌培养：分离和鉴定 | • N/A |
| | 影像学 | • 颅骨X线检查：液体增多和骨骼变化（如骨骼细节的损失和鼻中隔偏曲） | • 胸部X线检查：气管直径狭窄或鼓胀，以及右侧心脏尺寸变大<br>• 颈/咽部X线检查：气管直径狭窄或鼓胀 |
| | 方法 | • 鼻镜检查：异物和骨骼变化<br>• 活组织检查：细菌或真菌 | • 支气管镜检查：严重程度和小气道疾病<br>• X线透视检查：气管直径狭窄可能是动态的 |
| 治疗 | 一般治疗 | • 支持疗法<br>• 液体疗法<br>• 放射疗法<br>• 外科手术：鼻探查术、鼻切开术或鼻甲切除术 | • 对症治疗<br>• 外科手术：应用管腔内或管腔外假体 |

| 疾病 | | 鼻炎/鼻窦炎 | 气管塌陷 |
|---|---|---|---|
| 治疗 | 药物治疗 | • 抗生素：头孢氨苄，磺胺甲氧苄啶和氯霉素<br>• 皮质激素：泼尼松<br>• 杀真菌剂：恩康唑，伊曲康唑，噻苯哒唑或酮康唑 | • 止咳药：布托啡诺，氢可酮<br>• 支气管扩张剂：氨茶碱，茶碱，特布他林，愈创甘油醚<br>• 皮质激素：泼尼松 |
| | 护理 | • 湿化气道 | • 术中和术后密切监测动物缺氧症状 |
| 后续追踪 | 监护 | • 监测临床症状复发 | • 限制活动<br>• 体重减轻<br>• 胸背带 |
| | 预防/避免 | • 接种疫苗<br>• 保持良好的口腔卫生<br>• 避免接触鸟粪(曲霉菌病和隐球菌病) | • 保持适当的体重控制<br>• 避免温度和湿度的大幅改变 |
| | 并发症 | • 脑部感染<br>• 鼻出血 | • 缺氧引发的死亡（罕见） |
| | 预后 | • 预后一般到良好 | • 简单的外科手术预后良好<br>• 对症治疗预后谨慎 |
| 注 | | • 浆液性鼻分泌物反映为急性或变态性疾病<br>• 黏液脓性鼻分泌物表明细菌或真菌感染（感染可能只是继发于潜在肿瘤） | • 进行吸气和呼气的X线检查：气管塌陷可发生在呼吸过程中的任何时候 |

# 皮肤病

表6.10　皮肤病：痤疮

| 疾病 | | 痤疮 | |
|---|---|---|---|
| | | 犬 | 猫 |
| 定义 | | 慢性炎性疾病常见于短毛品种。该病常伴发于浅表及深部脓皮病。通常多发于年轻动物下巴和嘴唇 | 猫痤疮常发于下巴和下唇。该病可能是单次发作，也可能是持续终身。不良的理毛行为被认为是该病的一个病因 |
| 症状 | 临床表现 | • 红斑丘疹，肿胀，渗出物和瘢痕 | • 粉刺，红斑丘疹，浆液样痂皮，肿胀和脱毛 |

| 疾病 | | 痤疮 | |
|---|---|---|---|
| | | 犬 | 猫 |
| 诊断 | 初步诊断 | · 临床特征 | · 临床特征 |
| | 实验室检验 | · 细菌培养：细菌分离和鉴定 | · N/A |
| | 影像学 | · N/A | · N/A |
| | 方法 | · 活组织检查：确诊 | · 活组织检查：确诊 |
| 治疗 | 一般治疗 | · 对症治疗<br>· 皮肤治疗 | · 对症治疗<br>· 皮肤治疗 |
| | 药物 | · 抗生素：头孢氨苄，阿莫西林克拉维酸钾，克林霉素，红霉素，头孢泊肟<br>· 抗生素（外用）：莫匹罗星<br>· 皮质激素：泼尼松或泼尼松龙<br>· 药用凝胶：pyoben<br>· 药用洗涤剂：过氧化苯甲酰<br>· 类视黄醇（外用）：雷廷-A凝胶和维A酸 | · 抗生素：阿莫西林克拉维酸钾或恩诺沙星<br>· 抗生素（外用）：莫匹罗星<br>· 药用洗涤剂：过氧化苯甲酰或硫水杨酸<br>· 类视黄醇（外用）：雷廷-A凝胶和维A酸 |
| | 护理 | · 按门诊病例对待 | · 按门诊病例对待 |
| 后续追踪 | 患畜护理 | · 防止自我创伤（如搓下巴、咀嚼骨头并流涎）<br>· 经常清洗/用香波清洗下巴<br>· 热敷 | · 开始每周用香波洗澡1~2次；超过2~3周逐渐减少次数<br>· 每月监护PE和生化指标和视黄醇 |
| | 预防/避免 | · 可能需要终生维护治疗 | · 可能需要终生维护治疗<br>· 避免使用塑料器具喂养食物 |
| | 并发症 | · 深部脓皮病 | · 深部脓皮病 |
| | 预后 | · 预后良好 | · 预后良好 |
| 注 | | · 英国斗牛犬，拳师犬，杜宾犬，大丹犬<br>· 不鼓励饲主挤压病变部位，这样会导致大量炎症 | · 不鼓励饲主挤压病变部位，这样会导致大量炎症 |

表 6.11　皮肤病：肢端舔舐性皮炎、特异反应性皮炎和跳蚤过敏性皮炎

| 疾病 | | 肢端舔舐性皮炎（舔肉芽肿，肢端瘙痒性结节） | 特异反应性皮炎 | 跳蚤过敏性皮炎(FAD) |
|---|---|---|---|---|
| 定义 | | 肢端舔舐性皮炎是局部硬实、隆起、溃疡或增厚，通常位于腕骨、掌骨、踝骨或跖骨背侧。患病部位可能有创伤，异物反应，肿瘤，过敏，内分泌学或其他的疾病。通常会因患病动物不断舔舐和啃咬情况恶化 | 动物已经对正常的无害吸入物质（如花粉、草、跳蚤、霉菌和螨虫）形成变态反应。该病是大多数皮肤问题的病原 | 跳蚤唾液中的抗原引发的过敏性反应称为跳蚤过敏性皮炎。该病是在大多数地区，特别是夏季的几个月中最常见的皮肤病。猫栉头蚤是通常寄生于犬和猫的一种 |
| 症状 | 临床表现 | • 脱毛，过度舔舐，啃咬 | • 瘙痒和皮肤损伤<br>• 犬：脱毛，水肿，摩擦面部，啃咬脚部，色素沉着过度<br>• 猫：脱毛，皮炎，栗粒性湿疹 | • 脱毛（尾根，背腰区域，大腿尾侧，腹股沟，腹部，头部和颈部），断毛，啃咬，毛发干枯，表皮脱落，色素沉着过度，舔舐，瘙痒，打滚，摩擦，鳞屑，搔抓<br>• 猫：脱毛（头部和颈部） |
| | 检查结果 | • 硬实，色素沉着过度，隆起，增厚，溃疡性 | • 犬：外耳炎，复发性脓皮病，脂溢性皮炎<br>• 猫：栗粒性湿疹，嗜酸性肉芽肿 | • 红斑，外耳炎，丘疹<br>• 猫：淋巴结病，栗粒性湿疹 |
| 诊断 | 初步诊断 | • 病史/临床表现 | • 病史/临床表现：季节性 | • 病史/临床表现 |
| | 实验室检验 | • 皮肤刮片：细菌，蠕形螨，皮真菌病<br>• 细菌培养：细菌分离和鉴定<br>• 皮肤活组织检查：瘤<br>• 皮内试验：特应性 | • CBC：嗜酸性粒细胞增多（偶然的）<br>• 皮内试验：最可靠的特定试验<br>• 酶联免疫吸附测定和放射性过敏原吸收试验：值升高（非特异性） | • CBC：嗜伊红细胞增多症（猫–v）<br>• 皮内试验：+（可靠的）<br>• 血清学：+血清<br>• 免疫球蛋白E抗跳蚤抗体滴度 |
| | 影像学 | • 后肢：瘤，不透X线异物，骨质增生和某些形式的外伤 | • N/A | • N/A |
| | 方法 | • 低过敏性测试食物：食物过敏 | | • 跳蚤梳 |

| 疾病 | | 肢端舔舐性皮炎（舔肉芽肿，肢端瘙痒性结节） | 特异反应性皮炎 | 跳蚤过敏性皮炎(FAD) |
|---|---|---|---|---|
| 治疗 | 一般治疗 | • 对症治疗<br>• 激光烧蚀 | • 对症治疗 | • 对症治疗 |
| | 药物治疗 | • 抗组胺药：马来酸氯苯那敏和盐酸羟嗪<br>• 抗生素：可变的<br>• 精神药物：盐酸氯米帕明，阿米替林或盐酸氟西汀 | • 抗组胺药：马来酸氯苯那敏，羟嗪和苯海拉明<br>• 皮质激素：泼尼松或甲泼尼龙<br>• 环孢菌素<br>• 免疫疗法：皮下注射过敏原的增加剂量<br>• 药用香波<br>• 精神药物：阿米替林，氟西汀，巴比妥类 | • 抗组胺药：苯海拉明或马来酸氯苯那敏<br>• 抗寄生虫药：氟虫腈<br>• 皮质激素：曲安西龙<br>• 补充脂肪酸<br>• 杀虫剂：吡虫啉和赛拉菌素<br>• 昆虫生长调节剂：氯芬奴隆，吡丙醚，甲氧普烯 |
| | 护理 | • 按门诊病例对待 | • 按门诊病例对待 | • 按门诊病例对待 |
| 后续追踪 | 监护 | • 密切监测舔舐和啃咬<br>• 对接受三环抗抑郁药的动物每1~2个月监测CBC，生化指标和ECG | • 补充脂肪酸<br>• 经常洗澡以减少瘙痒<br>• 治疗期间每2~8周检查1次，以后每3~12个月检查1次 | • 定期使用跳蚤梳 |
| | 预防/避免 | • 如有可能，确定潜在的疾病 | • 避免接触冒过敏原 | • 保持全年控制跳蚤：跳蚤梳，每月口服药物，浇淋药物 |
| | 并发症 | • 深部脓皮病 | • 浅表性脓皮病<br>• 跳蚤过敏性皮炎<br>• 表面脓皮病 | • 浅表或深部脓皮病<br>• 急性湿性皮炎<br>• 肢端舔舐皮炎 |
| | 预后 | • 如果没有潜在疾病且没有怀疑精神性疾病，则预后谨慎（没有生命危险） | • 如果确定过敏原则预后良好 | • 预后极好 |
| 注 | | • 伊丽莎白项圈，恶臭味的药物和喷剂，绷带可用来防止舔舐和啃咬<br>• 如果怀疑是精神性病因，则额外的关心和运动是有帮助的 | • 不要使用盘尼西林或四环素类来治疗浅表性脓皮病<br>• 一些类型的治疗通常需要终生维持<br>• 需要6~12个月免疫疗法才能起效 | • 一个完整的跳蚤控制计划包括治疗宠物，家庭的其他宠物，室内和户外环境<br>• 可能需要4~8周实现控制<br>• 许多新的跳蚤控制产品的出现，浸泡，喷剂和跳蚤项圈应作为跳蚤控制的最后选择<br>• 当使用杀虫药时要特别注意避免动物和人的过量使用<br>• 跳蚤感染的动物还应该检查犬复孔绦虫 |

表 6.12　皮肤病：食物过敏和外耳炎

| 疾病 | | 食物过敏 | 外耳炎 |
|---|---|---|---|
| 定义 | | 食物过敏表现的症状是由食物或食品添加剂摄入所引发的明显的或高度可疑的免疫反应 | 外耳炎是外耳道软组织的炎症。其病因往往是多方面的，表明全身性皮肤病问题。该病或者是原发性疾病或者是继发性疾病，这会导致该病非常令人泄气和难以治疗 |
| 症状 | 临床表现 | ·脱毛，腹泻，肠胃气胀，瘙痒（脚、耳朵、脸、颈部、腹股沟或腋窝部、会阴），癫痫发作，呕吐 | ·行为变化（烦躁不安、攻击性的），恶臭，摇头，头部倾斜，听力丧失，疼痛，搔抓，摩擦耳朵 |
| | 检查结果 | ·红斑，外耳炎，马拉色菌性皮炎，丘疹 | ·耳道的钙化/增厚，碎屑，渗出物，炎症，肿胀，溃疡 |
| 诊断 | 初步诊断 | ·病史/临床表现<br>·非季节性发生并且对皮质激素部分或不完全应答 | ·病史/临床表现<br>·耳镜检查 |
| | 实验室检验 | ·N/A | ·N/A |
| | 影像学 | ·N/A | ·颅骨X线检查：仅用于慢性病例以确定耳道的开放程度并且排除中耳炎 |
| | 方法 | ·皮内试验：不一致的结果<br>·低过敏性测试饮食或新颖的排除饮食试验 | ·细胞学：寄生虫，细胞，细菌，酵母菌和真菌<br>·培养：细菌识别和鉴定<br>·皮内试验：+阳性 |
| 治疗 | 一般治疗 | ·对症治疗 | ·对症治疗<br>·冲洗和干燥耳道：使用Tris-EDTA作为治疗前冲洗 |
| | 药物治疗 | ·如果有，取决于临床症状 | ·抗生素：头孢氨苄，磺胺甲氧嘧啶，恩诺沙星，克林霉素，阿莫西林克拉维酸钾，环丙沙星，二氟沙星，头孢泊肟<br>·抗生素（局部的）：恩诺沙星，妥布霉素，磺胺嘧啶银<br>·抗真菌：酮康唑，咪康唑<br>·皮质激素：泼尼松<br>·耳朵清洁剂<br>·杀寄生虫药：伊维菌素 |
| 后续追踪 | 护理 | ·按门诊病例对待 | ·按门诊病例对待 |
| | 监护 | ·10~12周只饲喂限制性膳食<br>·避免加过香料的咀嚼玩具，骨头，零食，维生素和药物 | ·频繁地重新检查耳朵，直到恢复正常：为了获取更好的可视性，在检查之前不要治疗 |
| | 预防/避免 | ·限制饲喂过敏性食物 | ·定期清洁耳道<br>·游泳和洗澡后彻底干燥耳朵<br>·耳侧切除术 |
| | 并发症 | ·瘙痒：由其他原因引起 | ·耳鼓膜破裂<br>·中耳炎，永久性耳道变形：狭窄和钙化 |
| | 预后 | ·如果能够测定引起过敏的食物，则预后良好 | ·治疗较早，则预后极好 |

| 疾病 | 食物过敏 | 外耳炎 |
|---|---|---|
| 注 | ·食谱中应包含动物以前没有接触过的食物（如大米、土豆、羔羊肉），并且不含添加剂或防腐剂（见表3.3 疾病营养需求，第62页）<br>·如果没有改善，须检查其他食物来源和其他种类的过敏原（如跳蚤和吸入剂）<br>·皮质激素只用于严重瘙痒，否则该类药物会改变低过敏性饮食试验的结果 | ·足够的局部用药必须包被整个耳道以保证其有效性，感染一旦解决，则用药逐渐变少<br>·某些渗出液的可能病因：<br>　·深色的，干燥的，颗粒状的：耳疥螨虫感染<br>　·潮湿的，黄色的，气味：细菌感染<br>　·棕色的，蜡状的：酵母感染<br>　·黄色的，蜡状到油状：角质化疾病<br>·耳鼓膜破裂时只使用温的0.9%生理盐水冲洗<br>·从耳道内拔毛可能会导致刺激并诱发外耳炎 |

表 6.13 皮肤病：脓皮病

| 疾病 | 脓皮病 | | |
|---|---|---|---|
| | 深部 | 浅表的（浅表细菌性毛囊炎） | 表面的（急性湿性皮炎，皮褶皮炎） |
| 定义 | 深部脓皮病延伸到真皮，在严重的病例，延伸到皮下组织。细菌性皮肤感染有许多不同的形式，两个最常见的形式是毛囊炎和疖病。该病几乎总是继发于其他疾病 | 表皮是细菌感染性浅表脓皮病的靶器官。该病可以体现在两方面：穿透角质层（脓包病）或入侵毛囊（毛囊炎） | 自我创伤和深部皮肤皱褶是表面脓皮病最常见的病因。这是由于细菌在表皮表面增殖，而不入侵角质层或毛囊。急性湿性皮炎及皮褶性皮炎是表面脓皮病最主要的两种表现形式 |
| 症状　临床表现 | ·脱毛，食欲减退，精神抑郁，外周淋巴结肿大，发热<br>·脓疱：腹股沟，腹侧腹部，腋窝扩展到整个身体<br>·红斑的，疼痛，皮肤瘙痒<br>·分泌物和痂皮，排液管道和出血性大疮 | ·枯燥的毛发，过度的脱落，鳞片<br>·脓疱病：脓疱（腹股沟和腹侧腹部区域，特别是年轻的动物），斑片状脱毛<br>·毛囊炎：脓疱（腹股沟，腹侧腹部区域，腋部区域） | ·动物啃咬，舔舐，摩擦<br>急性湿性皮炎<br>·脱毛，稀薄的渗出液层，红斑，周围被乱蓬的毛发和增厚的皮肤环绕并磨损<br>皮褶性脓皮病<br>·炎症，渗出液，恶臭，脱毛和红斑 |
| 症状　检查结果 | | ·毛囊炎：表皮环脱（"牛眼样"病变），红斑，皮肤瘙痒 | |

| 疾病 | | 脓皮病 | | |
| --- | --- | --- | --- | --- |
| | | 深部 | 浅表的（浅表细菌性毛囊炎） | 表面的（急性湿性皮炎 [hot spots]，皮褶皮炎） |
| 诊断 | 初步诊断 | • 病史/临床表现 | • 病史/临床表现 | • 病史/临床表现<br>• 自我创伤，环境刺激或任何皮肤瘙痒 |
| | 实验室检验 | • CBC：白细胞增多伴随核左移(v)<br>• 生化指标：球蛋白升高(v)<br>• 细胞学：中性粒细胞，巨噬细胞和细菌<br>• 皮肤刮片：体外寄生物<br>• 血液培养：细菌<br>• 培养：细菌识别和鉴定<br>• 皮肤活组织检查：以确定毛囊炎，毛囊周炎或疖病 | • 细胞学：中性粒细胞和细菌<br>• 皮肤刮片：体外寄生物<br>• 培养：细菌的分离和鉴定<br>• 皮肤活组织检查：以确定毛囊炎 | • 培养：细菌分离及鉴定<br>• 皮肤活组织检查：非毛囊角膜下脓疱，化脓性炎症伴发败血症<br>• 皮肤刮片：鳞状上皮细胞上成簇的球菌或出芽酵母 |
| | 影像学 | • N/A | • N/A | • N/A |
| | 方法 | • 皮肤刮片和活组织检查 | • 皮肤刮片和活组织检查 | • N/A |
| 治疗 | 一般治疗 | • 对症治疗<br>• 液体疗法（严重病例） | • 对症治疗 | • 对症治疗<br>• 创伤处理 |
| | 药物治疗 | • 抗生素：可变的<br>• 药用香波 | • 抗生素：可变的<br>• 药用香波：抗菌剂 | • 抗生素（口服及/或外用）：可变的<br>• 皮质激素（外用）：panalog 膏和Neo-Predef粉 |
| | 护理 | • 对长毛品种犬修剪毛发 | • 按门诊病例对待 | • 按门诊病例对待 |
| 后续追踪 | 监护 | • 1~2周每天洗澡2次，然后每周1~2次<br>• 漩涡浴<br>• 提供高质量的食物<br>• 补充必需脂肪酸<br>• 填充床上用品来缓解压迫脓皮病 | • 每周洗浴2~3次，持续2~3周<br>• 防止自我创伤<br>• 提供高质量食物<br>• 补充必须脂肪酸 | • 保持创口的清洁和干燥<br>• 防止自我创伤：限制、颈圈等 |
| | 预防/避免 | • 确定潜在病因<br>• 定期用合适的香波洗澡 | • 确定潜在病因<br>• 游泳后使用合适的香波洗澡 | • 确定潜在病因<br>• 定期使用收敛剂，以保证皮肤皱褶的清洁和干燥 |
| | 并发症 | • 菌血症或败血症<br>• 疤痕形成 | • 深部脓皮病<br>• 复发 | • 浅表或深部脓皮病 |
| | 预后 | • 如果确定潜在病因则预后极好 | • 预后极好 | • 预后极好 |
| 注 | | • 德国牧羊犬 | • 如果持续瘙痒，体外寄生或过敏可能是潜在的病因 | • 可卡犬，史宾格犬，圣伯纳犬，爱尔兰长毛猎犬，沙皮犬，巴吉度犬，斗牛犬，波士顿狸，巴哥犬<br>• 慢性感染的皮肤皱褶可进行矫形外科手术 |

# 内分泌学和生殖疾病

| 疾病 | | 流产 | 尿崩症 |
| --- | --- | --- | --- |
| 定义 | | 流产是妊娠的终止。该病可能是母体、胎儿或胎盘的问题。母体接触毒素或感染已被证明 | 尿崩症是由抗利尿激素（ADH）释放减少或肾小管对ADH不敏感导致的抗利尿激素（ADH）作用减弱而造成的水代谢紊乱 |
| 症状 | 临床表现 | • 食欲减退，精神抑郁，嗜睡，呕吐和腹泻<br>• 妊娠早期：阴道恶臭和脓性排出物<br>• 妊娠晚期：烦躁不安和腹肌收缩 | • 失明，定向障碍，失禁，夜尿，PU/PD，癫痫发作，体重减轻 |
| | 检查结果 | • 先前已经记录（如触诊、超声、X线检查）胎儿消失 | • 脱水 |
| 诊断 | 初步诊断 | • 病史/临床表现<br>• 观察疾病的任何全身性症状 | • 临床表现 |
| | 实验室检验 | • 细菌培养：细菌分离和鉴定<br>• 放射性过敏原吸收试验或琼脂凝胶免疫扩散试验：犬布鲁氏菌 | • 生化指标：钠升高<br>• 尿液分析：蛋白升高（∨），尿相对密度下降（<1.010）<br>• 突然的或渐进的禁水试验：UA尿密度<1.025 μg/dL<br>• 抗利尿激素反应性试验：服用外源性ADH后尿浓缩失败<br>• 服用抗利尿激素 |
| | 影像学 | • 腹部X线检查：保留胎儿<br>• 超声检查：子宫的病理学及保留胎儿 | • 核成像和计算机断层扫描：鉴别脑垂体或下丘脑损伤 |
| | 方法 | • 死胎的尸体剖检 | |
| 治疗 | 一般治疗 | • 对症治疗<br>• 液体疗法<br>• 外科手术：剖宫产术 | • 对症治疗 |
| | 药物治疗 | • 抗生素：可变的<br>• 前列腺素 | • 抗利尿激素补充剂：加压素，鞣酸加压素 |
| | 护理 | • 分娩后或术后护理 | • 自由饮水 |
| 后续追踪 | 监护 | • 治疗后7~14d体格检查 | • 自由饮水<br>• 限钠饮食 |
| | 预防/避免 | • OVH | • 避免会显著增加水丢失的情况发生 |

（续）

| 疾病 | | 流产 | 尿崩症 |
|---|---|---|---|
| 后续追踪 | 并发症 | ·死亡<br>·不育<br>·腹膜炎<br>·子宫蓄脓<br>·败血症<br>·休克<br>·子宫破裂 | ·原发病 |
| | 预后 | ·及早治疗则预后极好 | ·抗利尿激素释放缺乏的情况下预后良好<br>·肾小管对抗利尿激素不敏感度的情况预后谨慎 |
| 注 | | ·在妊娠早期，很难区分流产和不育<br>·流产胎儿或胎盘可能会有传染性；将患病动物与其他所有犬、幼犬和人类隔离 | ·脱水动物禁止进行禁水验 |

**表 6.15  内分泌学和生殖疾病：糖尿病**

| 疾病 | | 糖尿病 |
|---|---|---|
| 定义 | | 糖类的慢性代谢紊乱，特征是因胰岛素产生和利用不足而引发的高血糖症和糖尿<br>类型1：胰岛素依赖型（低或没有分泌能力）<br>类型2：非胰岛素依赖型（胰岛素分泌不足或延缓，或外周组织对胰岛素不敏感） |
| 症状 | 临床表现 | ·PU/PD，多食，体重减轻<br>·后期：食欲减退，嗜睡，油性毛发，背部肌肉萎缩，精神抑郁和呕吐 |
| | 检查结果 | ·肝肿大，白内障（犬），跖行姿势（猫） |
| 诊断 | 初步诊断 | ·病史/临床表现 |
| | 实验室检验 | ·CBC：嗜酸性粒细胞增多和淋巴细胞增多(v)，红细胞压积/总蛋白升高，轻微的非再生性贫血，海恩茨体病<br>·生化指标：葡萄糖（犬>200 mg/dL；猫 >250 mg/dL)，胆固醇，钠，磷，碱性磷酸酶，ALT，AST升高，钾降低，代谢性酸中毒 |
| | 影像学 | ·胸部X线检查：心过小，肺灌注不足<br>·超声检查：胰脏和肝脏病理 |
| | 方法 | ·肝脏活组织检查（如黄疸动物） |

| 疾病 | | 糖尿病 |
|---|---|---|
| **治疗** | 一般治疗 | · 支持疗法<br>· 液体疗法 |
| | 药物治疗 | · 胰岛素：精蛋白锌胰岛素(PZI)，中性鱼精蛋白锌胰岛素(NPH)，甘精胰岛素，Vetsulin，caninsulin<br>· 口服降血糖药：曲格列酮，二甲双胍，格列吡嗪，阿卡波糖 |
| | 护理 | · 自由饮水<br>· 尝试模仿和在家一样的饲喂时间<br>· 低应激环境 |
| **后续追踪** | 监护 | · 保持严格管制的食谱和给药时间<br>· 监测医源性低血糖症的临床症状，PU/PD，食欲和体重<br>· 每天持续锻炼以预防胰岛素需求发生波动<br>· 连续监测血糖（开始时每数周1次，一旦控制住，则每数月1次）或监测血清果糖胺或糖基化血红蛋白 |
| | 预防/避免 | · 预防或纠正肥胖<br>· 避免使用不必要的皮质激素或甲地孕酮 |
| | 并发症 | · 继发感染<br>· 贫血和血红蛋白血症伴随低磷血症<br>· 白内障（犬）<br>· 糖尿病神经病变（猫）<br>· 癫痫发作或昏迷 |
| | 预后 | · 猫可以恢复但随后会复发<br>· 犬会永久性发病。需要终身治疗 |
| **注** | | · 膳食应配合胰岛素<br>· 每天饲喂2次罐装低糖类和高蛋白食物（特别是猫）<br>· 患病动物择期手术：上午12时之后禁食，手术当天早上给予动物正常剂量一半的胰岛素，监测血液葡萄糖水平，术后5%葡萄糖静脉点滴维持，如果需要给予R胰岛素，直到恢复食物摄取<br>· 荷兰狮毛犬，匈牙利长毛牧羊犬，小型杜宾犬和凯恩㹴 |

注：见胰岛素疗法，技能框8.14、技能框8.15和技能框8.16，第355页。

表6.16　内分泌学和生殖疾病：难产和子痫

| 疾病 | | 难产 | 子痫（产后搐搦） |
|---|---|---|---|
| 定义 | | 难产起因于分娩的异常情况。该病是由原发性或继发性子宫无力。原发性宫缩无力是子宫收缩无力导致分娩失败。继发性宫缩无力是胎儿梗阻，主要是由于胎儿较大、产道狭窄、胎位不正等 | 子痫可危及生命，常见于产后1~4周。该病是由于血清离子钙含量极低 |
| 症状 | 临床表现 | • 阴道分泌物异常，积极使劲>45min，嚎叫并啃咬外阴部，间歇性虚弱收缩>2h，在外阴看到胎膜>15min，不使劲的休止期 >4~6h | • 共济失调，痉挛，流涎，肌肉震颤，神经质，踱步，喘息，烦躁不安，多涎，癫痫发作，步态僵硬，呼吸急促，震颤，哀鸣 |
| | 检查结果 | • 产道狭窄 | • 瞳孔散大，瞳孔对光反应迟钝，发热，心动过速，抽搐 |
| 诊断 | 初步诊断 | • 病史/临床表现<br>• 过期妊娠：从第一次交配起>72d | • 病史/临床表现 |
| | 实验室检验 | • CBC：↑红细胞压积/总蛋白，↓葡萄糖和钙 | • 生化指标：↓钙(≤7 mg/dL)和葡萄糖（罕见） |
| | 影像学 | • 腹部X线检查：胎儿死亡的特征为胎儿内气体模式，脊髓萎缩，颅骨重叠或产道内有幼犬<br>• 超声：子宫病理和胎儿窘迫（心率下降和胎儿排便） | • N/A |
| | 方法 | • 阴道检查 | • ECG：QT间期延长，心动过缓，心动过速或VPCs |
| 治疗 | 一般治疗 | • 对症治疗<br>• 液体疗法<br>• 经阴道人工检查<br>• 外科手术：紧急剖宫产术 | • 对症治疗 |
| | 药物治疗 | • 麻醉：异氟醚或可逆诱导剂<br>• 催产剂：催产素，葡萄糖酸钙，马来酸麦角新碱或葡萄糖<br>• 安定药：乙酰丙嗪 | • 补充钙：葡萄糖酸钙<br>• 安定药：地西泮 |
| | 护理 | • 分娩后或标准术后护理 | • 补充钙通常会导致呕吐，很快会平息下来<br>• 冷水浴和灌肠<br>• 人工喂养幼犬，直到疾病恢复正常 |
| 后续追踪 | 监护 | • 分娩后护理<br>• 监测新生儿生长和护理习惯 | • 监测钙水平<br>• 哺乳期补充口服钙剂 |
| | 预防/避免 | • OVH<br>• 计划剖宫产术 | • 不要在怀孕期间补充钙<br>• OVH |

| 疾病 | | 难产 | 子痫（产后搐搦） |
|---|---|---|---|
| 后续追踪 | 并发症 | • 母体或胎儿的死亡<br>• 今后怀孕危险性增高<br>• 胎儿卡在产道内 | • 脑水肿<br>• 死亡 |
| | 预后 | • 及早发现则预后极好 | • 及时治疗则预后良好<br>• 延误治疗则预后较差 |
| 注 | | • 在给予催产剂前排除梗阻性难产<br>• 威尔士柯基犬和短头品种有先天性小骨盆的倾向，并且幼崽往往有大头和大肩膀的倾向 | • 对治疗反应迅速，因此，诊断怀疑时，即进行治疗的同时进行实验室确诊<br>• 再次产仔时可能会复发 |

见表2.4，犬和猫的正常分娩，技能框7.4 剖宫产后胎儿复苏，第315页。

**表 6.17 内分泌学和生殖疾病：肾上腺皮质功能亢进和甲状旁腺功能亢进**

| 疾病 | | 肾上腺皮质功能亢进（HAC，库兴氏综合征） | 甲状旁腺功能亢进 |
|---|---|---|---|
| 定义 | | 肾上腺皮质功能亢进最常见于中年到老年犬。该病由肾上腺过度分泌皮质醇所引起的。过度的糖皮质激素来自垂体微腺瘤过度分泌的促肾上腺皮质激素或肾上腺皮质瘤。皮质类固醇过度服用能够导致医源性HAC，单独的综合征 | 该病是因甲状旁腺激素(PTH)的过度分泌造成的。该病可由腺瘤，癌或甲状旁腺增生引起 |
| 症状 | 临床表现 | • 行为改变，双重对称性脱毛，圆圈运动，毛发干燥，呼吸困难，过度喘气，不育，腹部下垂，膨胀或锅腹，多食，PU/PD，复发的皮肤感染，癫痫 | • 食欲减退，共济失调，便秘，精神抑郁，面部肿胀，嗜睡，肌肉震颤，PU/PD，癫痫，颤抖，步态僵硬，颤搐，呕吐，虚弱 |
| | 检查结果 | • 肌肉和睾丸萎缩，皮肤变薄且色素沉着过度和脆性升高（尤其是猫） | • 白内障，心动过速 |
| 诊断 | 初步诊断 | • 病史：外源性糖皮质激素<br>• 临床表现 | • 临床表现<br>• 甲状旁腺触诊（猫） |
| | 实验室检验 | • CBC：类固醇白细胞象和轻微红细胞增多(v)<br>• 生化指标：碱性磷酸酶，胆固醇，丙氨酸转氨酶和葡萄糖升高(v)<br>• 尿液分析：蛋白质，血，细菌，白细胞，皮质醇：肌酐比值(>35)升高，尿相对密度降低（<1.020）<br>• 促肾上腺皮质激素刺激试验：确定诊断类型，内源性 HAC时>20μg/dL或对医源性HAC反应迟钝或无反应<br>• 低剂量地塞米松抑制试验：确定诊断，8h测试>1μg/dL<br>• 高剂量地塞米松抑制试验：确定诊断类型，脑下垂体依赖性HAC时<1.5μg/dL，肾上腺皮质瘤时>1.5μg/dL<br>• 内源性血浆促肾上腺皮质激素浓度：以鉴别类型，脑下垂体依赖性HAC时>40pg/mL和肾上腺皮质瘤时<20 pg/mL | • 生化指标：↑钙，ALT，碱性磷酸酶，磷<br>• 尿液分析：密度下降<br>• 血清离子钙：值升高<br>• 血清甲状旁腺激素浓度：值升高 |

| 疾病 | | 肾上腺皮质功能亢进（HAC，库兴氏综合征） | 甲状旁腺功能亢进 |
|---|---|---|---|
| 诊断 | 影像学 | • 胸部X线检查：支气管壁矿化<br>• 腹部X线检查：肾上腺肿瘤和肝肿大<br>• 超声检查：肝脏和肾上腺变大<br>• 计算机断层扫描：垂体瘤和可疑的脑下垂体微腺瘤可视化（X线检查和超声检查可被应用，但并不准确） | • 骨骼X线检查：全身骨质疏松，骨吸收（下颌的牙槽骨）和骨骼的囊样区域增加<br>• 超声检查：甲状旁腺，尿石病及肾脏畸形可视化 |
| | 方法 | • N/A | • ECG：室性早搏复合 |
| 治疗 | 一般治疗 | • 对症治疗<br>• 放射疗法：脑垂体的巨腺瘤或巨腺癌<br>• 外科手术：肾上腺肿瘤切除，脑垂体切除（垂体切除术） | • 对症治疗<br>• 液体疗法<br>• 外科手术：甲状旁腺瘤切除 |
| | 药物治疗 | • 皮质激素：泼尼松或泼尼松龙<br>• 酮康唑<br>• 丙炔苯丙胺<br>• 米托坦，曲洛司坦 | • 利尿药：呋塞米<br>• 骨化三醇（术后一过性医源性低血钙） |
| | 护理 | • 按门诊病例对待 | • 标准术后护理 |
| 后续追踪 | 监护 | • 监测以前临床症状复发<br>• 开始药物治疗5~10d进行促肾上腺皮质激素反应试验（除丙炔苯丙胺），然后每3~6个月监测1次<br>• 监测由药物引起的腹痛，水消耗严重减少，姿势，活动，呕吐或腹泻 | • 术后每天监测血清钙1~2次，持续1周<br>• 高磷低钙饮食 |
| | 预防/避免 | • N/A | • N/A |
| | 并发症 | • 血栓栓塞<br>• 充血性心力衰竭<br>• 高血压<br>• 临床症状复发<br>• CNS症状进展<br>• 感染：皮肤和泌尿系统<br>• 糖尿病 | • 低钙血症（医源性的）<br>• 肾脏衰竭 |
| | 预后 | • 根据此病相关的并发症数量预后谨慎 | • 适当治疗则预后极好<br>• 伴随肾脏疾病时预后较差 |
| 注 | | • 皮肤容易擦伤（犬），静脉穿刺术应特别小心<br>• 最常见于贵宾犬，腊肠犬，波士顿狗狸犬和拳师犬 | • 这是唯一一导致磷下降钙升高的疾病<br>• 荷兰卷尾狮毛犬，德国牧羊犬，挪威猎麋犬，暹罗猫 |

表 6.18　内分泌学和生殖疾病：甲状腺功能亢进和肾上腺皮质功能减退

| 疾病 | 甲状腺功能亢进（猫） | 肾上腺皮质功能减退（阿狄森综合征） |
|---|---|---|
| 定义 | 在中年到老年猫最常见的一种多系统代谢紊乱。该病是由循环甲状腺激素过量引起。该病导致基础代谢率增高，反过来又引起疾病的临床症状 | 肾上腺皮质功能减退是因肾上腺皮质分泌的糖皮质激素和/或盐皮质素类缺乏而导致的肾上腺疾病。通常认为是特发性病因或有时是因感染，出血性梗塞，瘤转移，创伤和淀粉样变性引起。大多见于年轻和中年雌性犬 |

| 症状 | 临床表现 | • ↑食欲，行为变化，腹泻，呼吸困难，过度脱毛并失去光泽，热耐受不良，过度兴奋，换气过度，喘气，PU/PD，烦躁不安，呼吸急促，毛发脱落，呕吐，虚弱，体重减轻 | • 间歇的食欲减退，虚弱，精神抑郁，腹泻，嗜睡，黑粪症，肌无力，多尿，PU/PD，颤抖，呕吐，体重减轻 |
|---|---|---|---|
| | 检查结果 | • 心律失常，单个或两个甲状腺肿胀，奔马律，淋巴结肿大，苍白，收缩期杂音，心动过速 | • 心律失常，脱水，心动徐缓，并逐渐发展，休克，脉搏虚弱 |

| 诊断 | 初步诊断 | • 病史/临床表现<br>• 甲状腺触诊 | • 病史/临床表现 |
|---|---|---|---|
| | 实验室检验 | • CBC：红细胞增多(v)，成熟白细胞增多，嗜酸性粒细胞减少，单核细胞增多，↑PCV，MCV，海恩茨体(v)<br>• 生化指标：↑ALT，AST，碱性磷酸酶，尿酸氮，肌酐，钙，葡萄糖，磷，胆红素，乳酸<br>• 基础血清甲状腺激素浓度：>4μg/dL<br>• 游离四碘甲腺原氨酸平衡分析：值升高<br>• 三碘甲腺原氨酸抑制试验：>1.5μg/dL<br>• 甲状腺促素释素反应试验：血清四碘甲腺原氨酸没有或极轻微升高<br>• 胰蛋白酶免疫反应性评估试验：促甲状腺激素降低 | • CBC：正常红细胞的，正色素非再生性贫血<br>• 生化指标：↑ALT，AST，钙，钾，肌酐，尿素氮；↓磷，钠，氯，胆固醇，葡萄糖<br>• 尿液分析：酮类，葡萄糖升高，相对密度降低（<1.030）<br>• 促肾上腺皮质激素刺激试验，原发性肾上腺皮质功能减退（<1μg/dL）<br>• 血浆促肾上腺皮质激素浓度：原发性>500 pg/mL和继发性<20 pg/mL<br>• 血浆醛固酮：值下降<br>• 钠：钾<27：1 |
| | 影像学 | • 胸部X线检查：心脏扩大，肺水肿，情人节状心脏<br>• 腹部超声：潜在肾脏疾病<br>• 超声心动图：心房和左心室扩张，过强收缩<br>• 甲状腺过锝酸盐扫描：+甲状腺放射性同位素 | • 腹部X线检查：膀胱或肾脏结石，胆囊炎和胰腺炎 |
| | 方法 | • ECC：心房颤动，APCs，VPCs，心动过速<br>• 血压：高血压 | • ECG：T波峰值，P-R波延长直到P波最终消失，QRS波群变宽，R-R间隔不规则 |

6

| 疾病 | | 甲状腺功能亢进（猫） | 肾上腺皮质功能减退(阿狄森综合征) |
|---|---|---|---|
| 治疗 | 一般治疗 | • 对症治疗<br>• 放射性碘治疗<br>• 外科手术：甲状腺切除术 | • 支持疗法<br>• 液体疗法（急性病例） |
| | 药物治疗 | • β-肾上腺素受体阻断药<br>• 抗心律失常药：普萘洛尔<br>• 抗甲状腺：甲巯咪唑，卡比马唑，碘泊酸钠 | • 皮质激素：泼尼松龙琥珀酸钠， 地塞米松，泼尼松<br>• 盐皮质素类：新戊酸脱氧皮质酮（DOCP），氟氢可的松，氢化可的松半琥酯，磷酸氢化可的松<br>• 葡萄糖酸钙<br>• 碳酸氢钠 |
| | 护理 | • 按门诊病例对待 | • 按门诊病例对待 |
| 后续追踪 | 监护 | • 甲巯咪唑治疗后前3个月每2~4周监测CBC，BUN，肌酐和血清四碘甲腺原氨酸<br>• 甲状腺切除术后第一周监测血清四碘甲腺原氨酸，以后每3~6个月检查1次<br>• 放射性碘治疗两周后监测四碘甲腺原氨酸，然后每3~6个月监测1次 | • 每周监测电解质类，直到病情稳定<br>• 每个月监测电解质，尿素氮和肌酐，持续3个月，然后每3~12个月监测1次 |
| | 预防/避免 | • N/A | • N/A |
| | 并发症 | • 充血性心力衰竭<br>• 脱水<br>• 腹泻<br>• 甲状腺功能减退（医源性）<br>• 肾脏损伤<br>• 视网膜脱落 | • 药物引起PU/PD |
| | 预后 | • 治疗则预后极好<br>• 甲状腺癌预后较差 | • 适当诊断和治疗的情况下，预后良好到极好<br>• 由肿瘤引起的疾病预后较差 |
| 注 | | • 适当治疗后临床症状可全部消失<br>• 放射性碘治疗是治愈该病的最好治疗选择<br>• 一旦甲状腺机能正常，则肾脏疾病可能会变得明显 | • 最常见于小于7岁的雌性犬<br>• 在应激的状态下如旅行、住院和外科手术时糖皮质激素（如泼尼松龙）需要增加<br>• 大丹犬，罗威纳犬，葡萄牙水猎犬，西高地白㹴，麦色㹴，标准贵宾犬 |

表6.19　内分泌学和生殖疾病：甲状旁腺功能减退，甲状腺功能减退，乳腺炎

| 疾病 | | 甲状旁腺功能减退 | 甲状腺功能减退（犬） | 乳腺炎 |
|---|---|---|---|---|
| | 定义 | 甲状旁腺功能减退症是甲状旁腺素分泌不足。该病在犬最常见于自然发生；在猫通常见于甲状腺切除术后 | 甲状腺功能减退在犬是最常见诊断出的内分泌疾病。该病是因四碘甲腺原氨酸产生和分泌不足所致。其是由甲状腺的破坏或垂体分泌的促甲状腺激素受损所引起 | 乳腺炎是一个或多个泌乳乳腺细菌感染。多见于产后的母犬或母猫 |
| 症状 | 临床表现 | ·厌食，共济失调，精神抑郁，腹泻，倦怠，肌肉痉挛，神经过敏，喘息，四肢伸展僵硬，癫痫，步态僵硬，震颤，抽搐，呕吐，体重减轻 | ·流产，乏情，寒冷耐受不良，不孕不育，不育，嗜睡，精神迟钝，肌无力，体重增长 | ·厌食，恶病质，精神抑郁，嗜睡，乳腺脓肿<br>·被忽视的臃肿，新生儿嚎叫，不安，生长不良 |
| | 检查结果 | ·白内障，心动过速，脉搏微弱 | ·心动过缓，色素沉着，心肌收缩性受损，黏液性水肿，神经病，脓皮病，睾丸萎缩<br>·躯干腹侧和两侧，大腿尾侧，尾背侧，鼻背侧和颈腹侧两侧对称性非瘙痒性脱毛 | ·脱水，发热<br>·乳腺：硬实，肿胀，变热，疼痛，脓性或出血性分泌物 |
| 诊断 | 初步诊断 | ·临床表现 | ·临床表现 | ·病史/临床表现 |
| | 实验室检验 | ·生化指标：磷升高和钙降低<br>·血清甲状旁腺激素浓度：值下降 | ·CBC：轻度正细胞正色素，非再生性贫血<br>·生化指标：胆固醇↑，ALT，AST，SAP，CK和钙↓<br>·基础血清四碘甲腺原氨酸浓度：<1.0μg/dL<br>·血清促甲状腺激素浓度：值升高<br>·游离四碘甲腺原氨酸平衡分析：值下降 | ·CBC：白细胞增多伴随核左移或白细胞减少伴随败血病，以及红细胞压积升高(v)<br>·生化指标：总蛋白和尿素氮升高<br>·细胞学和培养，乳汁：中性粒细胞，巨噬细胞，红细胞，细菌分离和鉴定 |
| | 影像学 | ·N/A | ·N/A | ·N/A |
| | 方法 | ·ECG：QT段和ST段延长，T波深宽，快速性心律失常 | ·N/A | ·N/A |
| 治疗 | 一般治疗 | ·支持疗法<br>·液体疗法 | ·对症治疗 | ·支持疗法<br>·液体疗法<br>·外科手术：柳叶刀切割，清创术，感染乳腺放置引流装置 |
| | 药物治疗 | ·钙补充剂：葡萄糖酸钙，乳酸钙，碳酸钙<br>·维生素D补充剂：维生素D，双氢速甾醇，骨化三醇 | ·左旋甲状腺素钠 | ·抗生素：可变的，取决于乳汁酸碱度 |

| 疾病 | | 甲状旁腺功能减退 | 甲状腺功能减退(犬) | 乳腺炎 |
|---|---|---|---|---|
| 治疗 | 护理 | ·按门诊病例对待 | ·按门诊病例对待 | ·如果乳腺坏死并需要手术治疗，则人工饲养新生儿或为新生儿找一个代母<br>·每天冷热交替敷乳房并手工挤奶数次 |
| 后续追踪 | 监护 | ·每周监测血清钙持续1个月，然后每个月监测1次持续6个月，然后每2~4个月监测1次<br>·高钙低磷饮食 | ·治疗1个月后检查血清四碘甲腺原氨酸，然后每6~12个月1次 | ·同上<br>·监测新生儿的生长和摄食习惯 |
| | 预防/避免 | ·N/A | ·N/A | ·干净的环境<br>·剪新生儿的趾甲<br>·乳腺周围剃毛 |
| | 并发症 | ·高钙血症（医源性）<br>·肾脏疾病 | ·服用高剂量的L-甲状腺素所导致的甲状腺毒症 | ·乳腺脓肿<br>·人工饲养新生儿 |
| | 预后 | ·密切监测钙浓度则预后极好 | ·适当治疗后预后极好<br>·由甲状腺肿瘤所引起的疾病则预后不良 | ·立刻治疗则预后良好 |
| 注 | | ·检查白蛋白水平，因为白蛋白是引发假性低钙血症最常见的原因<br>·一过性甲状旁腺机能减退患猫甲状腺切除后通常需要4~6个月才能恢复正常功能<br>·玩具贵宾犬，迷你雪纳瑞，德国牧羊犬，拉布拉多寻回犬，苏格兰㹴犬 | ·3个月临床症状仍没有明显改善则可能是由于诊断错误<br>·开始治疗1~2周后即可看到症状改善（如主要是行为和食欲）<br>·服用L-甲状腺素4~6h后检查血清四碘甲腺原氨酸水平<br>·终身治疗<br>·金毛寻回犬，杜宾犬，爱尔兰㹴犬，大丹犬，艾里㹴，英国古代牧羊犬，迷你雪纳瑞，可卡犬，贵宾犬和拳师犬 | ·避免使用能透入乳汁中并对新生儿有害的抗生素 |

6

表 6.20  内分泌学和生殖疾病：妊娠和子宫蓄脓

| 疾病 | | 妊娠 | 子宫蓄脓 |
|---|---|---|---|
| **定义** | | 怀孕是指子宫内携带发育中胚胎的情况。分娩包括3个阶段：第一阶段的特点是烦躁不安，焦虑，筑巢行为，颤抖并且可持续6~12h。第二阶段是胎儿的产出。有可见的子宫收缩以及从第二阶段开始1~2h内产出第一个胎儿。在胎儿产出之间可能会有一个长达4h的休息期。第三阶段是胎盘的排出，通常都是紧接着每个胎儿产出 | 子宫蓄脓可在犬和猫发情或服用孕酮后1~2个月发生。该病是由子宫激素变化引起的继发感染，常见的有开放性子宫颈或闭合性子宫颈 |
| **症状** | 临床表现 | · 腹部膨胀，乳腺发育及泌乳，自觉筑巢 | · 厌食，精神抑郁，嗜睡，腹泻，呕吐<br>· 开张性子宫蓄脓：轻微的全身性症状，PU/PD，阴道分泌物（脓性、血性、黏液性）<br>· 闭合性子宫蓄脓：虚弱，更严重的全身性症状 |
| | 检查结果 | · 证明胎儿存在（如触诊、超声检查、X线检查） | · 腹部膨胀，子宫增大，低体温，败血症，休克 |
| **诊断** | 初步诊断 | · 病史/临床表现<br>· 腹部触诊：配种后25~36d（犬）；21~28d（猫） | · 病史/临床表现 |
| | 实验室检验 | · 生化指标：↑松弛素和孕酮水平 | · CBC：中性粒细胞增多伴随核左移和轻度非再生性贫血<br>· 生化指标：↑球蛋白，蛋白质，ALT，ALP，氮质血症（v）以及电解质失衡<br>· 尿液分析：蛋白升高和等渗尿<br>· 细胞学和培养：细菌分离和鉴定 |
| | 影像学 | · 腹部X线检查：怀孕≥42d胎儿骨骼钙化 | · 腹部X线检查：子宫增大或破裂，以及腹膜炎<br>· 超声检查：区别子宫蓄脓和妊娠，子宫管腔内容物，子宫壁增厚 |
| | 方法 | · 超声检查：怀孕16d | · 阴道镜检查：确定脓性分泌物的部位 |
| **治疗** | 一般治疗 | · N/A | · 对症治疗<br>· 液体疗法<br>· OVH和腹部灌洗<br>· 医疗管理 |
| | 药物治疗 | · N/A | · 抗生素：头孢噻吩，氨苄西林或恩诺沙星<br>· 前列腺素$F_{2\alpha}$（$PGF_{2\alpha}$） |
| | 护理 | · N/A | · 标准的术后护理 |

| 疾病 | | 妊娠 | 子宫蓄脓 |
|---|---|---|---|
| 后续追踪 | 监护 | • 整个妊娠期提供足够的营养<br>• 为母犬/母猫生产提供一个安静及安全的地方<br>• 监控分娩过程，注意任何并发症 | • 开始治疗1周后复查子宫蓄脓的药物治疗情况<br>• 治疗停止1周后监测孕酮水平<br>• 治疗4周后仍可能看到阴道分泌物 |
| | 预防/避免 | • OVH<br>• 监督 | • OVH |
| | 并发症 | • 难产<br>• 胎儿或胎盘滞留<br>• 子痫<br>• 乳腺炎 | • 治疗后很快发情<br>• 前列腺素F$_{2\alpha}$不良反应<br>• 复发性子宫蓄脓有必要进行医疗管理<br>• 败血症和腹膜炎<br>• 子宫破裂 |
| | 预后 | • 适度产前保健预后极好 | • OVH以及没有腹部污染则预后良好<br>• 闭合性子宫蓄脓进行医疗管理则预后谨慎 |
| 注 | | • 整个妊娠期从排卵期开始为63d，但可能在56~72d<br>• 分娩24d内瞬变温差<br>• 正常的胎儿心率是母体的2倍 | • 当怀疑子宫蓄脓时，由于子宫易碎和腹部可能受到污染，所以不要进行膀胱穿刺<br>• 使用无菌生理盐水1∶1稀释PGF$_{2\alpha}$，注射后使动物走路30min可降低不良反应 |

# 胃肠病学

表 6.21　胃肠病学：肛囊疾病，胆管炎和胆管肝炎

| 疾病 | | 肛囊疾病 | 胆管炎和胆管肝炎 |
|---|---|---|---|
| 定义 | | 这是小动物（特别是犬）最常见的肛周疾病。该病是肛门腺的嵌塞、炎症、感染、脓肿和/或破裂 | 胆管炎是炎症仅限于胆管。胆管肝炎是胆管以及邻近的肝细胞炎症。炎性浸润分为化脓性(S)（最常见于年轻的猫）和非化脓性的(NS)（多见于老年猫） |
| 症状 | 临床表现 | • 行为改变，啃咬，咀嚼，坐时不安，舔舐，恶臭，排便疼痛，磨蹭肛周，走路急速，咬尾，里急后重 | • 食欲减退，精神抑郁，腹泻，嗜睡，呕吐，体重减轻 |
| | 检查结果 | • 肛周分泌物，肛门腺肿胀 | • 腹痛，腹水，脱水，全身淋巴结病（少见），肝肿大(v)，发热，黄疸 |

| 疾病 | | 肛囊疾病 | 胆管炎和胆管肝炎 |
|---|---|---|---|
| 诊断 | 初步诊断 | ·临床表现<br>·肛门腺触诊 | ·病史/临床表现 |
| | 实验室检验 | ·渗出物/分泌物细胞学：白细胞和细菌培养，细菌分离和鉴定 | ·CBC：轻度非再生性贫血，中性粒细胞增多伴随核左移<br>·生化指标：胆红素↑、氨、ALT，AST，ALP，GGT、球蛋白，白蛋白↓和尿素氮<br>·尿液分析：胆红素下降<br>·胆汁酸浓度：值升高<br>·凝血：延长<br>·活组织检查：<br>　·S：肝内中性粒细胞升高<br>　·NS：肝门淋巴细胞浸润<br>·胆汁培养：细菌分离和鉴定 |
| | 影像学 | ·N/A | ·腹部的X线检查：肝肿大和胆石病<br>·超声检查：胆石病，胆囊炎，梗阻，胰腺畸形，且肝脏回声升高 |
| | 方法 | ·N/A | |
| 治疗 | 一般治疗 | ·挤肛门腺<br>·肛囊插管及灌洗<br>·外科手术：肛囊摘除术 | ·支持疗法<br>·液体疗法<br>·使用开腹术解除梗阻 |
| | 药物治疗 | ·抗生素（全身的）：氯霉素，盘尼西林或氨基糖苷类<br>·抗生素（局部的）：panalog | ·抗生素：氨苄西林，阿莫西林，头孢菌素类，甲硝唑<br>·皮质激素(NS)：泼尼松龙<br>·熊去氧胆酸：actigal<br>·维生素K₁治疗 |
| | 护理 | ·按门诊病例对待<br>·如果做手术则按标准术后处理 | ·营养支持<br>·补充维生素：维生素E和水溶性维生素 |
| 后续追踪 | 监护 | ·高纤维饮食<br>·运动<br>·每3~14d挤肛门腺，直到恢复正常<br>·体重控制 | ·初始期每7~14d检查1次肝酶和胆红素，然后每季度检查1次 |
| | 预防/避免 | ·高纤维饮食<br>·常规防控 | ·预防炎性肠病 |
| | 并发症 | ·肛囊摘除后大便失禁<br>·破裂<br>·败血病 | ·死亡<br>·糖尿病<br>·脂肪肝<br>·非化脓性疾病的复发 |
| | 预后 | ·预后极好<br>·大便失禁时预后谨慎到不良 | ·化脓性疾病早期治疗后预后良好<br>·非化脓性预后不定 |

| 疾病 | 肛囊疾病 | 胆管炎和胆管肝炎 |
|---|---|---|
| 注 | ·肛门腺液的颜色和黏稠度：<br>  ·无色或淡黄棕色：正常<br>  ·黏稠，糊状褐色：嵌塞<br>  ·奶油黄色或淡绿色：感染<br>  ·黄色：炎症<br>  ·红棕色渗出物：脓肿 | ·**注意**：所用药物必须谨慎选择，以免经代谢进一步对肝脏造成损伤<br>·**注意**：皮质激素不能用于化脓性疾病<br>·喜马拉雅猫，波斯猫和暹罗猫 |

**表 6.22 胃肠病学：便秘和巨结肠**

| 疾病 | | 便秘和巨结肠 |
|---|---|---|
| 定义 | | 便秘是粪便排泄时间延长，增加水分吸收，从而导致干硬的粪便团块。这些粪便团块可引起肠黏膜的刺激和炎症并肠道正常蠕动紊乱 |
| 症状 | 临床表现 | ·食欲减退，出血，精神抑郁，黏液，里急后重，干硬粪便，粪便量不足，被毛无光泽，呕吐，虚弱 |
| | 检查结果 | ·脱水，腹部膨胀、疼痛 |
| 诊断 | 初步诊断 | ·病史/临床表现<br>·腹部触诊：结肠膨大，内有大量粪便团块，并且结肠充满多分节的粪便球<br>·直肠指检：粪便嵌塞，且可能会触诊到潜在的病因 |
| | 实验室检验 | ·CBC：应激白细胞象，并且红细胞压积/总蛋白升高<br>·生化指标：钙升高，氯和钾降低<br>·$T_4$（猫）：值升高 |
| | 影像学 | ·腹部X线检查：结肠扩，内有大量粪便团块，结肠充满分节的粪球，可能会检测到潜在病因（如骨盆骨折、脊髓异常）<br>·造影，钡剂灌肠造影<br>·检查：梗阻性肿瘤 |
| | 方法 | ·结肠镜检查：梗阻物或损害 |
| 治疗 | 一般治疗 | ·支持疗法<br>·液体疗法<br>·手动疏通结肠<br>·外科手术：结肠造口术，结肠切除术，骨盆切骨术 |

| 疾病 | | | 便秘和巨结肠 |
|---|---|---|---|
| 治疗 | 药物治疗 | | • 乙酰胆碱酯酶抑制剂: 雷尼替丁，尼扎替丁，新斯的明<br>• 轻泻药:<br>  • 体积成形: 车前草，南瓜<br>  • 软化剂：多库酯钠，DSS<br>  • 润滑剂：矿物油，Laxatone或无菌胶冻状润滑剂<br>  • 渗透剂：乳果糖，牛奶或甘油<br>• 米索前列醇<br>• 促胃肠动力药: 西沙必利 |
| | 护理 | | • 促进排便: 清洁便盆，多走动 |
| 后续追踪 | 监护 | | • 术后恢复鼓励活动和运动<br>• 膳食纤维补充剂：车前草，麦麸，南瓜<br>• 加强运动 |
| | 预防/避免 | | • 同上 |
| | 并发症 | | • 巨结肠<br>• 顽固性便秘<br>• 手工疏通时结肠穿孔<br>• 腹膜炎，腹泻或手术后狭窄 |
| | 预后 | | • 终身治疗时预后一般<br>• 巨结肠预后不良 |
| 注 | | | • 通常见于横结肠和降结肠<br>• 确保充分水合后添加膳食纤维补充剂 |

## 表 6.23 胃肠病学：腹泻

| 疾病 | | 腹泻 | |
|---|---|---|---|
| | | 急性 | 慢性 |
| 定义 | | 腹泻可分为急性或慢性（持续超过3~4周），也可为小肠性腹泻或大肠性腹泻。病因包括摄入毒素、药物、肠道寄生虫和全身性或代谢紊乱 | |
| 症状 | 临床表现 | • 食欲减退，嗜睡，呕吐<br>• 潜在原因的临床表现<br>• 小肠性腹泻：水样，大量恶臭<br>• 大肠性腹泻：水样，黏液状，血便且里急后重以及明显紧迫感 | |
| | 检查结果 | • 腹痛，脱水，肠梗阻，发热 | |

| 疾病 | | 腹泻 | |
|---|---|---|---|
| | | 急性 | 慢性 |
| 诊断 | 初步诊断 | · 病史/临床表现<br>· 腹部触诊：肿块，疼痛，肠系膜淋巴结肿大，肠袢增厚或液性膨胀<br>· 直肠指诊：肿块，狭窄或肛门疾病 | |
| | 实验室检验 | · 粪便漂浮法：寄生虫或细菌<br>· 粪便直接涂片法：包囊，幼虫，滋养体<br>· 粪便细胞学：细菌，真菌，原虫，炎症细胞<br>· 粪便培养：+ T.胎儿（猫）<br>· 酶联免疫吸附试验（ELISA）：细小病毒，贾第鞭毛虫，轮状病毒<br>· 叶酸和钴胺素：取决于不同疾病和发病位置<br>· 贾第鞭毛虫/隐孢子虫间接免疫荧光试验（IFA）：+ | · 血常规：嗜酸性粒细胞增多，巨红细胞症和贫血<br>· 粪便漂浮法：寄生虫或细菌<br>· 粪便细胞学：传染性病原体或炎症细胞<br>· 叶酸和钴胺素：多少取决于不同疾病 |
| | 影像学 | · 腹部X线检查：异物，梗阻，肠套叠以及肠梗阻 | · 腹部X线检查：梗阻，团块，异物，器官巨大症<br>· 造影研究：肠壁增厚或不规则，肿瘤，狭窄或异物<br>· 超声检查：肠壁增厚或不规则，团块，异物，肠套叠，肠梗阻或其他疾病 |
| | 方法 | · ±内窥镜检查：获取活组织检查 | · 内窥镜检查：获取活组织检查 |
| 治疗 | 一般治疗 | · 支持疗法<br>· 液体疗法<br>· 外科手术：使用剖腹术移除梗阻 | · 支持疗法<br>· 液体疗法<br>· 外科手术：使用剖腹手术移除梗阻或团块或获取全层增厚肠壁的活组织检查 |
| | 药物治疗 | · 抗生素<br>· 驱虫药：芬苯达唑和甲硝唑<br>· 局部保护剂：碱式水杨酸铋<br>· 胃肠蠕动调节剂：阿片制剂，洛哌丁胺，地芬诺酯<br>· 益生菌 | · 驱虫药：芬苯达唑或甲硝唑 |
| | 护理 | · 至少禁食24h<br>· 提供清洁的便盆或经常走动 | · 提供清洁的便盆或经常走动 |
| 后续追踪 | 监护 | · 寄生虫病治疗后重新进行粪便检查<br>· 少食多餐<br>· 清淡或低过敏性食物 | · 清淡或低过敏性食物<br>· 监测粪便量：黏稠度和排便次数<br>· 监测体重 |
| | 预防/避免 | · 每年进行粪便检查 | · 每年进行粪便检查 |

| 疾病 | | 腹泻 | |
|---|---|---|---|
| | | 急性 | 慢性 |
| 后续追踪 | 并发症 | · 肠套叠 | · 脱水<br>· 腹腔积液和肠道癌<br>· 炎性肠病 |
| | 预后 | · 轻微病例和适当治疗的严重病例预后极好<br>· 对治疗无效的慢性腹泻则预后不良 | |
| 注 | | · 大多数急性腹泻一般在3~4d内自行好转<br>· 猫禁用碱式水杨酸铋 | |

### 表 6.24 胃肠病学：胰腺外分泌机能不全和胃扩张扭转

| 疾病 | | 胰腺外分泌机能不全(EPI) | 胃扩张扭转(GDV) |
|---|---|---|---|
| 定义 | | 胰腺外分泌机能不全表现为消化酶分泌不足和吸收不良的临床症状。该病发生于萎缩组织中严重的腺泡组织逐渐丧失，最常见于中老年犬 | 胃扩张扭转是胃充气或液体膨胀以及沿中心轴旋转的过程。胃扩张时也可不发生胃扭转，但是最好使用外科手术进行治疗，因为复发率为80% |
| 症状 | 临床表现 | · 恶病质，食粪癖，腹泻，被毛干枯，过度脱落，粪便量大，胃肠胀气，会阴周围油腻，肌肉张力降低，异食癖，食欲极度旺盛，消瘦，呕吐，饮水增加 | · 腹部膨胀，嗳气，虚弱，精神抑郁，干呕（呕吐失败），唾液过度分泌，呼吸无力 |
| | 检查结果 | · 腹鸣，脱水 | · CRT延长，四肢末端变冷，↓股动脉搏，黏膜苍白，心动过速，呼吸急促，前腹部膨胀 |
| 诊断 | 初步诊断 | · 病史/临床表现 | · 病史/临床表现 |
| | 实验室检验 | · CBC：轻微的淋巴球减少症和嗜酸性粒细胞增多症<br>· 生化指标：ALT升高以及胆固醇、脂类、多不饱和脂肪酸类降低<br>· TLI测定：<5 μg/dL（犬）；<31 μg/dL（猫）<br>· TLI 刺激试验：无反应<br>· 粪便弹性蛋白酶：<10 μg/gm<br>· 粪便蛋白水解活性：值下降<br>· 口服苯替酪胺消化试验：对氨基苯甲酸略微升高<br>· 叶酸：根据不同的情况而变<br>· 钴胺素：值下降 | · CBC：PCV/TP变化<br>· 生化指标：钾值下降<br>· 尿液分析：尿密度升高<br>· 血气分析：代谢性酸中毒<br>· 血凝试验，PT，APTT，FOP：时间延长<br>· 血浆乳酸：<6 mmol/L，残余率升高 |
| | 影像学 | · N/A | · 腹部X线检查："双气泡形的"伴随幽门充气 |
| | 方法 | · N/A | · 腹腔穿刺术/细胞学：胃穿孔和腹膜炎 |

| 疾病 | | 胰腺外分泌机能不全(EPI) | 胃扩张扭转(GDV) |
|---|---|---|---|
| 治疗 | 一般治疗 | • 对症治疗 | • 对症治疗<br>• 支持疗法<br>• 液体疗法<br>• 氧气疗法<br>• 使用胃管/套管针/洗胃术减压<br>• 外科手术：探查性剖腹术及胃固定术 |
| | 药物治疗 | • 抗生素：四环素类、甲硝唑和泰洛星<br>• $H_2$-受体阻断剂：西咪替丁和雷尼替丁<br>• 每餐添加胰酶替代物<br>• 补充维生素：钴胺素、维生素E和维生素$K_1$ | • 碱化药物：碳酸氢钠<br>• 抗心律失常药：利多卡因和普鲁卡因胺<br>• 抗生素：头孢唑林、头孢西丁、恩诺沙星和甲硝唑<br>• 抗凝剂：肝素<br>• 皮质激素：磷酸地塞米松<br>• $H_2$-受体阻断剂：法莫替丁和雷尼替丁 |
| | 护理 | • 把每日食物分为2~3餐摄入<br>• 食物应该低纤维易消化<br>• 多种维生素，特别是脂溶性维生素、钴胺素和生育酚 | • 手术后禁食12~24h<br>• 液体疗法<br>• 氧气疗法<br>• 监控：酸/碱比例，BP，CBC，生化指标，中心静脉压，心电图，电解质和尿排出量 |
| 后续追踪 | 监护 | • 监控体重增长以及粪便黏稠度<br>• 随着动物恢复正常逐渐降低酶替代物的量 | • 逐渐恢复至正常饮食 |
| | 预防/避免 | • N/A | • 每天少食多餐<br>• 避免餐后运动 |
| | 并发症 | • 小肠细菌的过度繁殖<br>• 胰酶替代物不充分反应<br>• 小肠疾病 | • 心律失常<br>• 吸入性肺炎<br>• 弥散性血管内凝血<br>• 胃溃疡和腹膜炎<br>• 再灌注疾病/中毒 |
| | 预后 | • 饮食及酶处理则预后良好<br>• 伴发糖尿病时预后不良 | • 预后谨慎到严重<br>• 患病动物在治疗7d后恢复则预后良好 |
| 注 | | • 德国牧羊犬、粗毛柯利犬<br>• 皮下注射钴胺素以便吸收 | • 大型，深胸品种：爱尔兰长毛猎犬、大丹犬、圣伯纳犬、罗威纳犬、阿拉斯加雪橇犬、拉布拉多寻回犬和德国牧羊犬(任何品种都有可能) |

**6**

表 6.25　胃肠病学：肝脏疾病/衰竭

| 疾病 | | 肝脏疾病/衰竭（肝脏疾病） |
|---|---|---|
| 定义 | | "肝脏衰竭"是肝脏突然丧失>75%的功能所致，"肝脏疾病"是指肝脏内炎症细胞长期积聚但有足够的肝功能。病因包括传染性病原体、药物、毒物、免疫介导、外伤性损伤、热损伤及缺氧 |
| 症状 | 临床表现 | • 食欲减退，转圈运动，便秘，痴呆，精神抑郁，腹泻，定向障碍，血尿，多涎，嗜睡，黑粪症，恶心，PU/PD，癫痫和呕吐 |
| | 检查结果 | • 腹痛，腹水，共济失调，痴呆，出血，肝肿大，发热，黄疸，肝萎缩和苍白 |
| 诊断 | 初步诊断 | • 病史/临床表现<br>• 腹部触诊：肝肿大和肝痛 |
| | 实验室检验 | • CBC：正常细胞，正色素非再生性贫血，血小板减少症，±有核红细胞<br>• 生化指标：↑ALT，AST，ALP，GGT，总胆红素，球蛋白，氨，尿素氮（急性），葡萄糖（慢性），胆固醇；↓白蛋白，尿素氮（慢性），葡萄糖（急性）和胆固醇<br>• 尿液分析：↑胆红素，尿胆素原，氨，胆红素结晶，尿酸铵结晶，↓尿密度<br>• 血凝试验，ACT，PTT，PT：延长<br>• 胆汁酸浓度：值升高<br>• 空腹胆汁酸浓度：>30 μmol/L<br>• 餐后胆汁酸浓度：>30 μmol/L<br>• 血氨浓度：值升高<br>• 氨耐受试验：值升高 |
| | 影像学 | • 胸部X线检查：转移到肺实质<br>• 腹部X线检查：肝脏尺寸变大或缩小，肝组织特征和轮廓改变<br>• 超声检查：肿块，脓肿，囊肿，梗阻及损伤 |
| | 方法 | • 活组织检查：确定肝脏疾病的性质和严重程度 |
| 治疗 | 一般治疗 | • 对症治疗<br>• 支持疗法<br>• 液体疗法<br>• 呼吸窘迫时行穿刺术 |
| | 药物治疗 | • 抗生素：青霉素，氨苄西林，头孢菌素，甲硝唑和氨基糖苷类<br>• 抗氧化物：维生素E，维生素C，S-腺苷-L-蛋氨酸和奶蓟<br>• 硫唑嘌呤（慎重）<br>• 秋水仙素<br>• 皮质类固醇：泼尼松龙<br>• 胃肠道保护剂：硫糖铝<br>• H$_2$-受体阻断剂：雷尼替丁和西咪替丁<br>• 乳果糖<br>• 苯巴比妥<br>• 熊去氧胆酸: actigal<br>• 维生素K治疗<br>• 锌 |

| 疾病 | | 肝脏疾病/衰竭（肝脏疾病） |
|---|---|---|
| 治疗 | 护理 | • 适度限制活动<br>• 营养支持<br>• 监测体重，体温，脉搏，呼吸和精神状况<br>• 警惕感染症状<br>• 维生素和矿物质补充剂 |
| 后续追踪 | 监护 | • 根据疾病的严重情况经常监测CBC和血清生化值<br>• 在6个月和12个月时分别进行活组织检查<br>• 饮食调整（如降低铜） |
| | 预防/避免 | • 接种疫苗预防传染源性病原体<br>• 检查易感品种<br>• 避免肝毒性药物 |
| | 并发症 | • 死亡<br>• 弥散性血管内凝血和出血体质<br>• 胃肠溃疡<br>• 肝脏衰竭和肝脑病<br>• 肾脏疾病或衰竭<br>• 败血症 |
| | 预后 | • 取决于治疗后剩余的肝脏数量<br>• 确定潜在病因则预后把握增大 |
| 注 | | • **注意：** 所用药物必须谨慎选择，以免经代谢进一步对肝脏造成损伤<br>• **注意：** 肝性脑病病患避免使用碱化剂（如乳酸盐和碳酸氢钠）<br>• 伯灵顿㹴，杜宾犬，可卡犬，拉布拉多猎犬，标准贵宾犬，斯凯㹴和西高地白㹴 |

**表 6.26　胃肠病学：脂肪肝和炎性肠病**

| 疾病 | | 肝脂沉积（脂肪肝） | 炎性肠病(IBD) |
|---|---|---|---|
| 定义 | | 脂肪肝几乎仅见于猫。该病是>50%肝脏细胞积累过量甘油三酯类的结果。该病如果不进行治疗则将导致死亡。当脂肪沉积率和代谢率不同时发生。通常发生于长期厌食 | 炎性肠病是炎性细胞浸润至黏膜及黏膜下层的一组胃肠道疾病。该病可能包括胃，小肠和大肠或其组合。犬猫最常见的炎性肠病类型是淋巴细胞–浆细胞浸润 |
| 症状 | 临床表现 | • 便秘，精神抑郁，腹泻，嗜睡，长期食欲减退，呕吐，虚弱，体重减轻 | • 腹泻，肠胃气胀，便血，间歇性呕吐，倦怠，黏液，毛发粗劣，脂肪泻，里急后重，呕吐，体重减轻 |
| | 检查结果 | • 脱水，肝肿大，黄疸，肌萎缩，苍白 | • 肠系膜淋巴结肿大，肠袢增厚 |

| 疾病 | | 肝脂沉积（脂肪肝） | 炎性肠病(IBD) |
|---|---|---|---|
| 诊断 | 初步诊断 | • 病史/临床表现：肥胖 | • 临床表现<br>• 犬炎性肠病分析指标(CIBDAI) |
| | 实验室检验 | • CBC： 正常细胞，正色素非再生性贫血，异形红细胞（如果长期），中性粒细胞增多和淋巴细胞减少(v)<br>• 生化指标：↑ALP，ALT，AST，GGT，氨，胆红素，↓钾，磷，白蛋白，尿素氮，氮血症(v)<br>• 尿液分析：脂类及胆红素升高<br>• 血凝试验，ACT，PTT，PT：延长<br>• 胆汁酸浓度：值升高 | • CBC：轻度非再生性贫血或轻度白细胞增多无核左移（猫）和中性粒细胞增多伴随核左移（犬）<br>• 生化指标：甲状腺素（猫）升高，蛋白质降低（犬）和白蛋白（猫）降低<br>• 空腹血清TLI：排除EPI<br>• 钴胺素和叶酸分析：升高或降低取决于不同疾病<br>• 猫白血病病毒/猫免疫缺陷病毒：+结果 |
| | 影像学 | • 腹部X线检查：肝肿大<br>• 超声检查：肝肿大及肝脏回声变强 | • 腹部X线检查：查看平片以排除<br>• 钡餐造影研究：黏膜异常和肠袢增厚<br>• 超声检查：测量胃及肠壁厚度，并排除其他疾病 |
| | 方法 | • 活组织检查：肝细胞空泡 | • 内窥镜检查：肠道活组织检查 |
| 治疗 | 一般治疗 | • 支持疗法<br>• 液体疗法 | • 对症治疗<br>• 如果呕吐则需要输液治疗<br>• 外科手术：肠切开术活组织检查 |
| | 药物治疗 | • 止吐药：甲氧氯普胺<br>• 抗生素：氨苄西林、阿莫西林和甲硝唑<br>• 乳果糖<br>• 熊去氧胆酸: actigal<br>• 维生素K疗法 | • 5-氨基水杨酸药物：柳氮磺吡啶、奥沙拉秦和美沙拉嗪<br>• 抗生素：甲硝唑、土霉素和泰洛星<br>• 止泻药：洛哌丁胺和地芬诺酯<br>• 皮质激素：泼尼松和布地奈德<br>• 化学疗法：苯丁酸氮芥<br>• 环孢霉素A<br>• 免疫抑制剂：硫唑嘌呤<br>• 益生菌 |
| | 护理 | • 通过注射器，鼻胃管，食管造口插管或胃切开插管进行积极的营养支持<br>• 维生素补充剂：维生素$B_{12}$、维生素E、硫胺素、牛磺酸、精氨酸、左旋肉碱和左旋瓜氨酸 | • 营养支持，如果严重营养不良<br>• 维生素补充剂：叶酸、钴胺素、欧米伽-3、维生素$B_{12}$和脂溶性维生素 |
| 后续追踪 | 监护 | • 动物主人通过导管持续饲喂4~6周或在动物呕吐后饲喂10d，可以自行采食且生化值正常<br>• 监测钾和磷<br>• 监测体重和水合作用 | • 低过敏性饮食管理<br>• 定期评估，直到患病动物的值稳定 |
| | 预防/避免 | • 预防厌食（特别是肥胖猫）<br>• 在应激或其他疾病过程中监测肥胖猫的食物摄入 | • N/A |

| 疾病 | | 肝脂沉积（脂肪肝） | 炎性肠病(IBD) |
|---|---|---|---|
| 后续追踪 | 并发症 | • 呕吐<br>• 饲管功能障碍<br>• 肝脏衰竭<br>• 死亡 | • 药物不良反应<br>• 贫血<br>• 营养不良和脱水<br>• 蛋白丢失性肠病<br>• 小肠细菌过度增殖 |
| | 预后 | • 如果不治疗则预后严重<br>• 如果治疗恰当，65％的病患会恢复 | • 持续维护和控制复发则预后良好<br>• 易发品种病程常是渐进式的 |
| 注 | | • 注意：避免葡萄糖的补充，因为它会干扰脂肪氧化<br>• 大多数猫在患此病前就已经肥胖<br>• 活组织检查前至少12h肌内注射维生素K<br>• 活组织样本通常会漂浮在福尔马林中 | • 低过敏性蛋白源是指动物先前没有接触过或为水解蛋白<br>• 食物应该避免添加人工色素、香料及防腐剂<br>• 当胃肠道疾病痊愈后饲喂新的蛋白源6周，然后更换为其他新的蛋白源<br>• 巴塞恩金犬，软毛惠顿狗及沙皮犬 |

表 6.27　胃肠病学：巨食道

| 疾病 | | 巨食道 |
|---|---|---|
| 定义 | | 巨食道是食管局部性或弥散性运动不足和扩张。该病有3种主要病因：先天性、后天特异性或继发于其他疾病（如重症肌无力、脑干病变和破伤风） |
| 症状 | 临床表现 | • 咳嗽，呼吸困难，消瘦，全身肌无力或萎缩，口臭，黏脓性鼻分泌物，反流，流涎，体重减轻 |
| | 检查结果 | • 发热，神经病学障碍，肺湿啰音，刺耳的呼吸音 |
| 诊断 | 初步诊断 | • 病史/临床表现<br>• 膨胀食管的触诊 |
| | 实验室检验 | • CBC：中性粒细胞增多症和核左移<br>• 乙酰胆碱受体抗体滴度：筛查重症肌无力 |
| | 影像学 | • 胸部X线检查：食管扩张内有空气、液体或食物，吸入性肺炎<br>• 造影研究：液体流动性降低并淤积 |
| | 方法 | • X线透视检查：收缩强度和协调性或蠕动性降低<br>• 内窥镜检查：食管扩张，异物，瘤和食管炎 |

| 疾病 | | 巨食道 |
|---|---|---|
| 治疗 | 一般治疗 | ・对症治疗<br>・支持疗法 |
| | 药物治疗 | ・用于吸入性肺炎的抗生素：可变的<br>・$H_2$-受体阻断剂：硫糖铝<br>・甲氧氯普胺<br>・促胃肠动力药：西沙必利 |
| | 护理 | ・营养支持以确保食物顺利通过扩张的食管 |
| 后续追踪 | 监护 | ・给患病动物提供少食多餐，食后保持站立10~15min |
| | 预防/避免 | ・勤勉的饲喂将会延长病患的寿命<br>・早期检查复发性肺炎 |
| | 并发症 | ・体重减轻<br>・吸入性肺炎 |
| | 预后 | ・勤勉的支持疗法则预后一般 |
| 注 | | ・使动物呈站立姿势，给其饲喂"肉团"，罐装食物常常会减少反流 |

6

表 6.28　胃肠病学：胰腺炎和腹膜炎

| 疾病 | | 胰腺炎 | 腹膜炎 |
|---|---|---|---|
| 定义 | | 胰腺炎是胰腺的炎症，可以是急性或慢性。慢性胰腺炎常见于胰腺的形态学变化。可能是由肥胖、摄入过多脂肪或多种其他疾病引起 | 腹膜炎是一种炎症过程，涉及全部或部分腹膜腔，是危及生命的疾病，需要渐进式医疗管理来解决 |
| 症状 | 临床表现 | ・食欲减退，精神抑郁，腹泻，黄疸，喘气，祈祷姿势，烦躁不安，呼吸急促，颤抖，呕吐，虚弱 | ・腹泻，祈祷姿势，不愿动，呼吸急促，腹部蜷起，呕吐 |
| | 检查结果 | ・脱水，发热，前腹部疼痛，团块 | ・腹痛，脱水，发热，休克，心动过速 |

| 疾病 | | 胰腺炎 | 腹膜炎 |
|---|---|---|---|
| 诊断 | 初步诊断 | ·病史/临床表现<br>·腹诊：胰腺肿大和疼痛 | ·病史/临床表现<br>·腹部触诊：疼痛或器官巨大症 |
| | 实验室检验 | ·CBC：中性粒细胞增多症伴随或没有核左移，白细胞增多，血小板减少症，贫血<br>·生化指标：↑淀粉酶，脂肪酶，ALP，ALT，胆红素，尿素氮，肌酐，胆固醇，脂类，葡萄糖，↓白蛋白，钙(v)，氮质血症（急性型）<br>·犬胰脂肪酶免疫反应性(cPLI)：值升高<br>·猫胰脂肪酶免疫反应性(fPLI)：值升高<br>·TLI:值升高 | ·CBC：中性粒细胞增多症伴随或没有核左移，白细胞增多，贫血<br>·生化指标：↑淀粉酶，脂肪酶，ALT，AST，胆红素，↓蛋白质，葡萄糖，钾，电解质失衡和氮血症<br>·腹腔细胞学：中性粒细胞退化和细胞内细菌<br>·±培养：细菌分离和鉴定 |
| | 影像学 | ·胸部X线检查：肺水肿或胸膜积液（罕见）<br>·腹部X线检查：胃和十二指肠移位、密度升高、胃扩张对比度降低、静气模式、十二指肠壁增厚且皱折<br>·超声检查：胰腺的不规则扩大和脓肿，回声增强或减弱，胰腺周围积液<br>·计算机断层扫描对比：识别和处理 | ·腹部X线检查：游离液体或气体，细节模糊，肠梗阻，肠袢肿胀且有液体或气体<br>·碘造影研究：定位胃肠道穿孔位置<br>·超声检查：游离液体、脓肿、团块和腹膜炎的病因 |
| | 方法 | ·活组织检查：确定诊断 | ·腹腔穿刺术 |
| 治疗 | 一般治疗 | ·对症治疗<br>·支持疗法<br>·液体疗法<br>·外科手术：剖宫术 | ·支持疗法<br>·液体疗法<br>·腹腔灌洗<br>·外科手术：剖腹术，纠正主要病因，灌洗和引流 |
| | 药物治疗 | ·镇痛药：盐酸哌替啶和布托啡诺<br>·抗生素：氨苄西林，头孢菌素，磺胺甲氧苄啶，恩诺沙星<br>·止吐药：氯丙嗪，多拉司琼，昂丹司琼<br>·皮质激素（休克）：泼尼松<br>·高血糖素<br>·生长抑素<br>·血管加压素 | ·镇痛药：可变的<br>·抗生素：青霉素，头孢菌素或氨基糖苷类，氨苄西林，恩诺沙星 |
| | 护理 | ·禁食<br>·钾补充剂<br>·完全休息和监禁 | ·标准术后护理<br>·限制活动<br>·营养支持 |
| 后续追踪 | 监护 | ·呕吐停止1~2d后，慢慢地恢复饮水，随后逐渐地给予高糖类饮食 | ·每1~2d检查CBC，生化指标和尿液分析，即使病患动物对治疗有反应 |
| | 预防/避免 | ·避免脂肪类食物以及随意饮食<br>·保持最佳的体重控制<br>·避免皮质激素治疗 | ·N/A |

**6**

| 疾病 | | 胰腺炎 | 腹膜炎 |
|---|---|---|---|
| 后续追踪 | 并发症 | ·蛋白质和胶体渗透压下降<br>·腹膜炎<br>·急性肾功能衰竭<br>·感染性休克<br>·血栓栓塞性疾病<br>·恶化性腹膜炎 | ·腹腔内容物疝<br>·粘连 |
| | 预后 | ·不治疗会致死<br>·有并发症则预后不良 | ·即使尽力治疗也会预后不良 |
| 注 | | ·复发性胰腺炎病患最好尝试一段时间试验性的酶治疗 | ·注意：不要使用聚维酮碘溶液进行灌洗，因为该药会被机体吸收并产生毒性作用<br>·选择对腹腔伤害最小的造影剂以防备渗漏（如碘海醇） |

**表 6.29　胃肠病学：蛋白丢失性肠病和呕吐**

| 疾病 | | 蛋白丢失性肠病 | 呕吐 |
|---|---|---|---|
| 定义 | | 蛋白丢失性肠病是一种血清蛋白过度从肠道丢失的疾病。该病可以是原发性胃肠道疾病，也可以继发于全身性疾病（如充血性心力衰竭、肾脏综合征或瘤转移） | 呕吐是将胃内及小肠近端内容物经口有力的反射性地排出。其持续时间或短或长（>14d） |
| 症状 | 临床表现 | ·腹泻，呼吸困难 | ·食欲减退，精神抑郁，多涎，恶心，反复吞咽，舔嘴唇<br>·其他症状取决于潜在疾病 |
| | 检查结果 | ·腹水，水肿，胸腔积液，肠袢增厚 | ·腹胀或疼痛 |
| 诊断 | 初步诊断 | ·病史/临床症状<br>·腹部触诊：肠 | ·病史/临床症状<br>·呕吐物的检查 |
| | 实验室检验 | ·CBC：+/－贫血和+/－淋巴细胞减少<br>·生化检验：白蛋白↓，球蛋白，钙和胆固醇<br>·尿液分析：尿蛋白/肌酐比值升高<br>·粪便检查：排除寄生虫或细菌过度繁殖<br>·TLI及叶酸：结果取决于疾病进程<br>·钴胺素：值下降<br>·血清胆汁酸：评价肝功能<br>·T$_4$：值升高（猫） | ·取决于潜在疾病 |

6

| 疾病 | | 蛋白丢失性肠病 | 呕吐 |
|---|---|---|---|
| 诊断 | 影像学 | • 胸部X线检查：排除心脏疾病或真菌病<br>• 腹部X线检查：排除真菌病，肿瘤或肠梗阻<br>• 造影：肿瘤或肠道疾病<br>• 超声检查：腹部异常或肿瘤 | • 胸部X线检查：犬恶丝虫病<br>• 腹部X线检查：异物，胰腺炎，子宫蓄脓<br>• 造影：异物<br>• 超声检查：腹部异常或肿瘤 |
| | 方法 | • 内窥镜检查：黏膜可视化和活组织检查 | • 内镜检查：胃及十二指肠近端异常 |
| 治疗 | 一般治疗 | • 对症治疗<br>• 支持疗法<br>• 输血或羟乙基淀粉<br>• 外科手术：剖腹探查，做诊断性全层活组织检查 | • 对症治疗<br>• 液体疗法<br>• 外科手术：开腹探查 |
| | 药物治疗 | • 抗生素：甲硝唑，泰洛星，柳氮磺吡啶<br>• 化学疗法：苯丁酸氮芥<br>• 皮质激素：泼尼松<br>• 利尿剂：呋塞米<br>• 免疫抑制剂剂：硫唑嘌呤，环孢菌素 | • 止吐药：甲氧氯普胺，苯海拉明，丙氯拉嗪，氯丙嗪<br>• 抗分泌药：西咪替丁，法莫替丁，雷尼替丁，奥美拉唑<br>• 胃肠道保护剂：硫糖铝 |
| | 护理 | • 按门诊病例对待<br>• 标准术后护理 | • NPO |
| 追踪观察 | 监护 | • 根据病因调整膳食<br>• 每7~14d复查体重和蛋白质浓度<br>• 监控临床症状复发 | • 呕吐停止12h后，慢慢地恢复饮水，然后逐步地恢复单一的蛋白质和糖类饮食<br>• 断奶到恢复正常饮食需超过4~5d |
| | 预防/避免 | • 控制炎性肠病 | • 避免饮食不洁 |
| | 并发症 | • 严重腹泻<br>• 严重营养不良<br>• 呼吸困难<br>• 伤口愈合缓慢 | • 脱水<br>• 电解质失衡<br>• 吸入性肺炎 |
| | 预后 | • 预后需谨慎 | • 轻症病例和适当治疗的重症病例预后良好 |
| 注 | | • 因白蛋白下降，伤口愈合缓慢导致术后感染风险增高，浆膜修补移植可能是必要的 | 呕吐类型<br>• 未消化或部分消化的食物>12~16h：胃排空延迟<br>• 喷射性呕吐：胃或上段小肠阻塞<br>• 蟑螂姿势：胃肠道疼痛<br>呕吐物的物理性质<br>• 胆汁：胃十二指肠返流<br>• 新鲜血：食道或胃近期出血<br>• 消化的血液：溃疡性疾病<br>• 黏液：胃和肠道同时刺激 |

# 血液学

表 6.30　血液学：贫血和弥漫性血管内凝血

| 疾病 | 贫血 | | 弥漫性血管内凝血(DIC) |
| --- | --- | --- | --- |
| | 非再生性 | 再生性 | |
| **症状** — 定义 | 贫血是指红细胞数量的减少和初级骨髓功能的减弱。可由红细胞丢失、破坏和生成减少造成的。通常分为两类：再生性贫血（丢失和破坏）和非再生性贫血（生成减少）。再生性贫血可能是由免疫介导引起红细胞破坏并导致免疫介导性溶血性贫血（IMHA） | | 弥漫性血管内凝血是一种经常继发于其他疾病过程的复杂疾病。弥漫性血管内凝血被定义为凝血机制过度激活并伴随凝血因子完全消耗 |
| **症状** — 临床表现 | ·厌食，虚脱，精神沉郁，呼吸困难，运动不耐受，黑粪，呼吸急促，虚弱 | | ·潜在疾病的临床症状<br>·呼吸困难，黑粪，瘀点，自发性出血孔 |
| **症状** — 检查结果 | ·跳蚤感染，黄疸，淋巴结病，苍白，瘀点，发热，视网膜出血，轻微的心脏杂音，脾肿大，心动过速 | | ·发热，皮下血肿和瘀点，心动过速 |
| **诊断** — 初步诊断 | ·病史/临床表现 | | ·病史/临床表现 |
| **诊断** — 实验室检验 | ·CBC：MCV↑，PCV↓，MCHC，TP，白细胞减少，血小板减少<br>·尿液分析：尿血升高，+/－胆红素<br>·粪便检查：钩虫和球虫<br>·酶标记免疫吸附测定：诊所内部筛选猫白血病病毒<br>·骨髓细胞学：红细胞系发育不足 | ·CBC：+/－MCHC↑，PCV↓，+/－MCV，TP，网状细胞增多，中性粒细胞增多，血小板增多，有核红细胞，嗜碱性颗粒（猫），球形红细胞（犬，IMHA)<br>·生化指标：胆红素升高<br>·粪便检查：钩虫和球虫<br>·校正的网织红细胞：>1%<br>·骨髓细胞学：红细胞系发育不足<br>·库姆斯试验和ANA血清学试验：+结果<br>·玻片凝集试验：+结果提示贫血为免疫介导性 | ·CBC：血小板减少，裂红细胞，血小板计数↓，纤维蛋白原水平和纤维蛋白降解产物的出现<br>·生化指标：尿素氮升高<br>·尿液分析：血尿<br>·纤维蛋白降解产物化验：+<br>·血凝试验，PT，PTT，ACT：时间延长<br>·乳胶凝集试验：值升高 |
| **诊断** — 影像学 | ·腹部X线检查：脾肿大 | ·胸部X线检查：积液<br>·腹部X线检查：积液 | ·N/A |
| **诊断** — 方法 | | | ·N/A |
| **治疗** — 一般治疗 | ·支持治疗<br>·输血<br>·液体疗法<br>·氧气疗法 | | ·对症治疗<br>·积极的液体疗法<br>·输血<br>·氧气疗法 |

（续）

| 疾病 | | 贫血 | | 弥漫性血管内凝血(DIC) |
|---|---|---|---|---|
| | | 非再生性的 | 再生性的 | |
| 治疗 | 药物治疗 | • 免疫抑制剂：环孢霉素<br>• 促红细胞生成素<br>• 硫酸亚铁 | • 抗生素：四环素类<br>• 皮质激素：泼尼松，地塞米松<br>• 免疫抑制剂：硫唑嘌呤，环孢霉素，达那唑，苯丁酸氮芥<br>• 硫酸亚铁 | • 抗生素<br>• 抗凝血药：肝素钠<br>• 皮质激素（内毒素性休克）<br>• 冷凝蛋白质<br>• 利尿剂：甘露醇<br>• 非甾体类抗炎药：阿司匹林 |
| | 护理 | • 监测药物的不良反应和输血<br>• 监护心率，呼吸频率和体温<br>• 保温<br>• 限制活动 | | • 避免肌内注射和颈部牵引<br>• 严格限制活动<br>• 饲喂软食<br>• 使用末梢血管进行采血及导管放置 |
| 后续追踪 | 监护 | • 每3~5d监测1次CBC，直到正常<br>• 监测血压 | • 每周监测红细胞压积，直到动物恢复正常；然后每2周监测一次，持续2个月；以后每月监测一次<br>• 在治疗期间每月监测CBC | • 有关的潜在疾病 |
| | 预防/避免 | • 阉割隐睾雄性<br>• 监测接受癌症药物动物的CBCs | • N/A | • 有关的潜在疾病 |
| | 并发症 | • 输血有关的并发症<br>• 促红细胞生成素有关的并发症<br>• 出血<br>• 败血症 | • 心律不齐<br>• 弥散性血管内凝血<br>• 栓塞<br>• 缺氧<br>• 感染 | • 有关的潜在疾病 |
| | 预后 | • 诊断出并治疗潜在疾病时预后一般到不良<br>• 痊愈期持续数周至数月 | • 正确治疗时预后不良到良好<br>• 伴发 IMHA时预后一般到不良 | • 预后谨慎 |
| 注 | | | • IMHA：英国古代牧羊犬、可卡犬、贵宾犬、爱尔兰长毛猎犬、英国史宾格犬和柯利犬 | • **注意**：静脉穿刺部位能够导致过度血肿；按操作流程放置压力套 |

**表 6.31　血液学：血小板减少和冯−维勒布兰德病**

| 疾病 | 免疫介导性血小板减少（IMT，特发性血小板减少性紫癜，ITP，自身免疫性血小板减少症） | 冯−维勒布兰德病 |
|---|---|---|
| 定义 | 血小板减少症是血小板缺乏症。原发性免疫介导性是不明原因的血小板破坏。血小板减少症既可能是单一的免疫介导性疾病，也可能同其他的免疫介导性疾病一起发生 | 冯−维勒布兰德病是由血浆蛋白（冯−维勒布兰德氏因子，vWF）功能紊乱或不足所造成的出血性疾病，这种血浆蛋白主要是保证正常的血小板功能。这是犬最常见的遗传性出血性疾病 |

| 疾病 | | 免疫介导性血小板减少（IMT，原发性血小板减少性紫癜，ITP，自身免疫性血小板减少症） | 冯－维勒布兰德病 |
|---|---|---|---|
| **症状** | 临床表现 | • 厌食，呼吸困难，视网膜和黏膜出血，鼻出血，便血，黑粪，嗜睡，呕吐，虚弱 | • 伤口或手术位点出血↑，口腔及鼻腔黏膜表面，胃肠道和泌尿生殖道的自发性出血 |
| | 检查结果 | • 心脏杂音，黏膜苍白，发热，心动过速 | • 内出血 |
| **诊断** | 初步诊断 | • 病史/临床表现<br>• 动物对治疗的反应 | • 病史/临床表现 |
| | 实验室检验 | • CBC：血小板减少（<50 000/μL），微血小板增多，中性粒细胞增多症或中性粒细胞减少，裂红细胞，自身凝集反应，贫血<br>• 生化结果：中度ALT↑和ALP(v)，蛋白下降<br>• 尿液分析：蛋白质↑，血（少见）<br>• 血小板计数：血小板减少，转移血小板↑，不成熟血小板<br>• 骨髓细胞学：巨核细胞增多<br>• 血清学：犬埃里希体病，落基山斑疹热，犬恶丝虫病及钩端螺旋体病<br>• 抗核抗体测定：+结果<br>• 凝固试验：凝固时间减短 | • CBC：贫血，中性粒细胞增多和轻度核左移及急性出血后网状细胞增多，血小板减少，巨血小板症<br>• 生化结果：ALT，AST升高<br>• 口腔黏膜出血时间：时间延长<br>• 脚趾出血时间：时间延长<br>• vWF抗原检测：值下降<br>• 血小板功能测试：时间延长<br>• 胶原蛋白结合试验<br>• DNA试验：分类的影响和媒介物 |
| | 影像学 | • 胸部X线检查：肿瘤<br>• 腹部X线检查：肿瘤 | • N/A |
| | 方法 | | • N/A |
| **治疗** | 一般治疗 | • 支持疗法<br>• 液体疗法<br>• 输血<br>• 外科手术：脾切除术 | • 支持疗法<br>• 液体疗法<br>• 激素疗法<br>• 输血 |
| | 药物治疗 | • 皮质激素：泼尼松，泼尼松龙，地塞米松<br>• 免疫抑制剂剂：长春新碱，环磷酰胺，硫唑嘌呤，达那唑，环孢霉素，来氟米特<br>• $H_2$－受体阻断剂：硫糖铝<br>• 人用免疫球蛋白 | • 冷凝蛋白质：vWF的浓缩物和VILL因子<br>• 醋酸去氨加压素：vWF升高，出血时间减短 |
| | 护理 | • 按门诊病例对待<br>• 标准术后护理<br>• 严格限制活动 | • 避免肌内注射，颈部牵引，外伤等<br>• 严格限制活动<br>• 饲喂软食<br>• 使用末梢血管进行采血及导管放置 |

6

| 疾病 | | 免疫介导性血小板减少（IMT，原发性血小板减少性紫癜，ITP，自身免疫性血小板减少） | 冯－维勒布兰德病 |
|---|---|---|---|
| 后续追踪 | 监护 | ·严格限制活动，直到血小板恢复到正常值<br>·痊愈后定期检测血小板数目 | ·外科手术后48h内监测出血 |
| | 预防/避免 | ·避免个必要的疫苗接种<br>·使压力最小化<br>·避免使用可能会造成初始IMT的药物<br>·给未做过绝育的雌性动物提供OVH，以防止雌性荷尔蒙失衡 | ·去势犬<br>·根据DNA试验选育品种 |
| | 并发症 | ·胃肠道溃疡<br>·中枢神经系统出血<br>·出血性休克 | ·出血 |
| | 预后 | ·皮质激素治疗预后良好 | ·取决于vWF因子的浓度 |
| 注 | | | ·甲状腺素补充证据显示可能升高vWF因子的浓度和降低出血倾向<br>·直到血小板计数<40 000个/μL才会发现出血症状<br>·杜宾犬，苏格兰㹴，喜乐蒂牧羊犬，金毛猎犬，柯基犬和标准贵宾犬 |

# 传染病

表 6.32　传染病：布鲁氏菌病和埃里希体病

| 疾病 | | 布鲁氏菌病（人兽共患） | 埃里希体病 |
|---|---|---|---|
| 定义 | | 由犬布鲁氏菌引发的疾病。该细菌可通过摄食或吸入传播，动物感染后可在淋巴系统，生殖道，眼睛，肾脏和椎间盘分离到 | 由埃里希体属引起的犬最常见的立克次体病。棕色犬壁虱，血红扇头蜱，美洲花蜱，美洲钝眼蜱叮咬是最常见的传播方式。常发于墨西哥湾沿岸，东部沿海地区，中西部和加利福尼亚 |
| 症状 | 临床表现 | ·步态异常，厌食，共济失调，运动不耐受，虚弱<br>·雄性：阴囊肿胀或皮炎，附睾变大，睾丸萎缩<br>·雌性：流产，不育，流产后1~6周仍有阴道分泌物 | ·急性：共济失调，呼吸困难，运动不耐受，眼鼻分泌物<br>·慢性：呼吸困难，鼻出血，黏膜苍白，自发性出血，虚弱，体重减轻 |
| | 检查结果 | ·前葡萄膜炎，腹水，角膜水肿，附睾炎，淋巴结病，瘫痪，轻瘫，发热，脊髓感觉过敏，脾肿大 | ·急性：淋巴结病，器官巨大症，发热，前庭功能障碍<br>·慢性：关节炎，周期性的四肢水肿，神经系统体征，器官巨大症，发热，葡萄膜炎 |

| 疾病 | | 布鲁氏菌病（人兽共患） | 埃里希体病 |
|---|---|---|---|
| 诊断 | 初步诊断 | • 临床表现 | • 病史/临床表现 |
| | 实验室检验 | • 生化指标：球蛋白升高，白蛋白降低<br>• 尿液分析:蛋白升高，白蛋白<br>• 放射变应原吸附试验：对未感染的动物检测结果是准确的，感染犬要在感染3~4周后才能检测出<br>• 琼脂凝胶免疫扩散试验：敏感度非常高，感染后4~12周可检测出<br>• TAT/2ME-TAT：+滴度，感染后3~4周可被检测出<br>• 细菌培养：犬布鲁氏菌的鉴定<br>• 淋巴结细胞学：非特异性反应性增生<br>• 精液细胞学：>80％的精子形态学异常，且有炎症细胞<br>• 血液，尿液，精液，阴道排出物，流产胎儿培养：分离和鉴定出布鲁氏菌 | • CBC：急性，血小板减少症，贫血(v)，白细胞减少症；慢性非再生性贫血，血小板减少症，淋巴细胞增多，全血细胞减少症，白细胞减少症或白细胞增多<br>• 生化指标：急性，球蛋白升高，ALT，ALP，BUN，肌酐升高，白蛋白降低；慢性，球蛋白，尿素氮，肌酐升高，白蛋白下降<br>• 尿液分析：急性，尿蛋白，密度↑<br>• 免疫荧光试验：效价>1:10（接触2~3周后测定，抗体标准并不适用于所有的物种）<br>• 埃里希体PCR检测：+，治疗后仍为阳性则可判定仍有埃里希体<br>• ACT：凝血时间延长<br>• 血沉棕黄层试验：白细胞内含有埃里希体<br>• 骨髓细胞学：急性，细胞过多，巨核细胞；慢性，红细胞过度增生，肥大细胞增多 |
| | 影像学 | • 脊柱X线检查：如果发现脊椎椎盘炎则需检查布鲁氏菌病 | • N/A |
| | 方法 | • N/A | • N/A |
| 治疗 | 一般治疗 | • 支持疗法 | • 支持疗法<br>• 输血<br>• 液体治疗 |
| | 药物治疗 | • 抗生素：米诺环素，庆大霉素，多西环素，恩诺沙星，链霉素 | • 合成代谢的药物：羟甲烯龙，癸酸诺龙，达那唑，司坦唑醇抗生素（四环素、多西环素、氯霉素、双咪苯脲二丙）<br>• 皮质激素：泼尼松，泼尼松龙 |
| | 护理 | • 按门诊病例对待 | • 限制活动 |
| 后续追踪 | 监护 | • 多个疗程的抗生素治疗<br>• 每3个月进行一次血清学效价的测定，然后每6个月测定一次<br>• 限制工作犬活动 | • 限制活动<br>• 恢复正常之前每3d进行一次血小板计数<br>• 9个月内重复血清学试验；应在12个月内检测不到 |
| | 预防/避免 | • 阉割感染的动物<br>• 对所有新进犬及育种犬都要检疫 | • 控制蜱虫，避免使用喷雾剂和浇淋剂<br>• 避免进入蜱虫流行区 |
| | 并发症 | • 不育<br>• 性传播 | • N/A |
| | 预后 | • 早期检测到则治疗效果会提高<br>• 如果晚期检测到则预后谨慎 | • 预后极好<br>• 如果骨髓严重发育不良则预后不良 |

6

| 疾病 | 布鲁氏菌病（人兽共患） | 埃里希体病 |
|------|------|------|
| 注 | • 通过交配或流产或接触精液，阴道分泌物传染，以及尿液渗透到口鼻，结膜，生殖道黏膜<br>• 持续6~64个月<br>• 如果卫生条件比较好，轻度感染，及早治疗，则人类感染的风险较低 | • 通过棕色犬蜱及输血传染<br>• 潜伏期为7~21d<br>• 德国牧羊犬及杜宾犬 |

**表 6.33 传染病：落基山斑疹热和鲑鱼肉中毒**

| 疾病 | | 落基山斑疹热 | 鲑鱼肉中毒 |
|------|------|------|------|
| 定义 | | 这是一种由立克次体引起的蜱传播疾病。这是人类最重要的立克次体疾病。发现于美国东部沿海地区，中西部和平原地区 | 一种由蠕虫新立克次体引起的立克次体病，本病发现于太平洋西北地区。本病的靶器官是小肠上皮和周围的淋巴系统 |
| 症状 | 临床表现 | • 步态异常，食欲减退，共济失调，惊厥，抑郁，腹泻，呼吸困难，鼻出血，面部及四肢水肿，嗜睡，肌痛，虚弱 | • 腹泻，低体温，鼻眼分泌物，体重急剧减轻，呕吐 |
| | 检查结果 | • 前葡萄膜炎，关节炎，腹水，结膜炎，淋巴结病，眼睛疼痛，点状出血，发热，巩膜充血，心动过速，血管炎，前庭体征 | • 结膜炎，淋巴结病，发热，心动过速 |
| 诊断 | 初步诊断 | • 病史/临床表现<br>• 最近从犬身上发现过蜱 | • 病史/临床表现<br>• 近期食用过生的鲑鱼肉 |
| | 实验室检验 | • CBC：白细胞增高并伴随核左移，+/−毒性中性粒细胞，单核细胞增多，轻度贫血，血小板减少<br>• 生化检查：↑ALT，ALP，BUN，肌酐，胆固醇，白蛋白，↓钠，氯，蛋白质，代谢性酸中毒<br>• 尿液分析：蛋白质↑，潜血<br>• 微量间接免疫荧光试验：效价>1：128<br>• 直接免疫荧光皮肤活体组织检查：感染后3~4d即可检测出立克次体抗原<br>• ACT：凝固时间延长 | • 尿液分析：尿密度↑<br>• 直接粪便涂片：有盖的吸虫卵（鲑隐孔吸虫)<br>• 淋巴结姬姆萨染色FNA：淋巴结增生并且巨噬细胞胞浆内能够发现立克次体 |
| | 影像学 | • N/A | • N/A |
| | 方法 | • N/A | • N/A |

| 疾病 | | 落基山斑疹热（人兽共患） | 鲑鱼肉中毒 |
|---|---|---|---|
| 治疗 | 一般治疗 | • 支持疗法<br>• 输血<br>• 液体治疗 | • 支持疗法 |
| | 药物治疗 | • 抗生素：四环素，多西环素，氯霉素，双咪苯脲，双丙酸酯 | • 抗生素：四环素类，氯霉素<br>• 抗绦虫药：吡喹酮 |
| | 护理 | • 限制活动 | • 限制活动 |
| 后续追踪 | 监护 | • 恢复正常之前每3d进行血小板计数<br>• 第一次测定效价后2~4周测定微量间接免疫荧光试验效价：效价上升2~4倍<br>• 限制活动 | • 监测体温，水合，电解质和酸/碱平衡 |
| | 预防/避免 | • 控制蜱和啮齿类动物<br>• 戴手套或使用工具，每天检查蜱并移除发现的所有蜱 | • 避免吃生鱼（三文鱼类）<br>• 彻底煮熟或冷冻鱼 |
| | 并发症 | • N/A | • N/A |
| | 预后 | • 如果早期诊断和治疗则预后良好<br>• 如果在后期出现CNS疾病则预后不良 | • 治疗则预后良好 |
| 注 | | • **注意**：即使蜱没有吸附在动物身上，处理感染的蜱也可能会导致该病的传播<br>• 通过美国鹿蜱，安氏革蜱，美洲花蜱传播和输入<br>• 蜱虫在感染犬身上吸附5~20h<br>• 初级宿主是啮齿类动物和兔子<br>• 潜伏期2d至2周<br>• 治疗成功1年后仍能测出高效价 | • 通过吃生鱼片或其他相关携带鲑隐孔吸虫囊的鱼类传播<br>• 潜伏期5~21d |

表6.34 传染病：破伤风和弓形虫病

| 疾病 | | 破伤风 | 弓形虫病 |
|---|---|---|---|
| 定义 | | 由破伤风梭菌引起的疾病，该菌存在于土壤中，是哺乳动物正常的肠道菌群 | 由原虫寄生虫刚地弓形虫引起，能够侵入动物体内所有种类的细胞，并在其内增殖 |
| 症状 | 临床表现 | • 共济失调，痉挛，定向障碍，呼吸困难，耳朵直立，前额皱起，多涎，嘴唇紧收，局部或全身肌肉僵直，癫痫发作，僵硬，强制性肌痉挛，牙关紧闭，行走困难，虚弱 | • 大多数情况下为亚临床症状<br>• 厌食，共济失调，精神抑郁，腹泻，呼吸困难，运动不耐受，嗜睡，瘫痪，轻瘫，癫痫，步态僵硬，震颤，呕吐，虚弱，体重减轻 |
| | 检查结果 | • 心率和呼吸频率改变，换气过度，喉部痉挛，发热，心动过速 | • 腹腔积液和疼痛，前和后葡萄膜炎，失明，黄疸，心肌炎，胰腺炎，肺炎，发热 |

| 疾病 | | 破伤风 | 弓形虫病 |
|---|---|---|---|
| 诊断 | 初步诊断 | • 临床表现<br>• 最近的创口（特别是有大范围的坏死和厌氧环境） | • 临床表现 |
| | 实验室检验 | • 生化指标：CK↑ (CPK) | • CBC：白细胞减少伴随退行性核左移或中性粒细胞增多和非再生性贫血<br>• 生化指标：↑胆红素，胆汁酸，AST，ALT，ALP，GGT，肌酐，淀粉酶，脂肪酶，↓白蛋白<br>• 尿液分析：蛋白及胆红素升高<br>• IgM：感染后2周检测，>1：256或>1：64，IgG阴性说明正处于感染活跃期<br>• IgG：感染后2~4周检测，>1：512说明正处于感染活跃期，2周后效价升高2~4倍<br>• 血清抗原滴度：±感染后1~4周 |
| | 影像学 | • N/A | • 腹部X线检查：肝肿大，积液<br>• 胸部X线检查：积液，肺泡和肺间质片状浸润 |
| | 方法 | • N/A | • ECG：心律失常，心脏不规则 |
| 治疗 | 一般治疗 | • 支持疗法<br>• 液体疗法<br>• 创口处理：清创术，双氧水冲洗，清洁 | • 支持疗法<br>• 液体疗法 |
| | 药物治疗 | • 抗生素：青霉素G或甲硝唑<br>• 抗惊厥药/肌松药：地西泮，氯丙嗪，乙酰丙嗪，苯巴比妥，戊巴比妥，美索巴莫<br>• 破伤风抗毒素 | • 抗生素：克林霉素，乙胺嘧啶，甲氧苄氨嘧啶－磺胺<br>• 叶酸，酵母<br>• 眼科滴剂：1%泼尼松 |
| | 护理 | • 使病患呆在一个光线较暗、安静的环境，并且不要打扰动物<br>• 为病患提供柔软的被褥，并且每4h翻转动物一次以防止褥疮和肺充血<br>• 使用导尿管和灌肠防止尿液和粪便潴留<br>• 营养支持：不建议强行喂食，因为它可能会导致强直状态<br>• 监测血压和心电图 | • 通常按门诊病例对待<br>• 对有神经症状的病患要进行限制 |
| 后续追踪 | 监护 | • N/A | • 首次治疗后第2天和第14天进行检查以观察治疗情况<br>• 提供高营养的食物，每半年进行一次体检，每年检查一次血液、疫苗，并且及时关注疾病 |

| 疾病 | | 破伤风 | 弓形虫病 |
|---|---|---|---|
| 后续追踪 | 预防/避免 | • 预防皮肤创伤：保持清洁和安全的跑步和场地<br>• 提供恰当的创伤处理<br>• 无菌外科手术 | • 禁止食用生肉、骨头、内脏或未经高温消毒的牛奶<br>• 禁止随意捕食猎物或接触家养的食用动物 |
| | 并发症 | • N/A | • N/A |
| | 预后 | • 严重感染时预后要非常谨慎 | • 预后谨慎：如果免疫力功能低下，则可能会成为弓形虫携带者，并表现临床症状 |
| 注 | | • 临床症状可达5d至3周<br>• 呼吸功能障碍引发死亡<br>• 先通过皮内注射抗毒素观察是否存在过敏反应，持续观察30min | • **注意**：本病可以经感染的人类母亲传给未出生的胎儿<br>• 通过摄入感染动物的组织，猫的粪便和经胎盘感染<br>• 感染1~2周后排卵3~10d：如果应激会重复排卵<br>• 卵囊形成孢子才具有传染性<br>• 卵囊在土壤中的可存活>1年 |

# 肌肉骨骼疾病

表6.35　肌肉骨骼疾病：关节炎

| 疾病 | | 关节炎 | |
|---|---|---|---|
| | | 急性 | 退行性关节病（DJD，骨关节炎） |
| 定义 | | 关节炎在临床上有两种类型：退行性和急性炎症性。急性关节炎是病原微生物进入到闭合的关节腔，并且发展为3种类型：感染性的、创伤性的和免疫介导性的。退行性关节病是一种逐步恶化的疾病，其临床特征是透明软骨基质损耗和软骨细胞死亡。目前退行性关节炎还没有治疗方案；治疗主要是缓解临床症状和减缓退化速度 | |
| 症状 | 临床表现 | • 关节肿胀，跛行，疼痛，不愿跳跃或爬楼梯，步态僵硬 | • 步态异常，共济失调，运动不耐受，中等到剧烈运动后跛行加重，躺卧后站立困难，肿胀，行走困难 |
| | 检查结果 | • 捻发音，轻泻，疼痛，活动度下降 | • 捻发音，浮肿，轻泻，肌肉萎缩，疼痛 |
| 诊断 | 初步诊断 | • 病史/临床表现<br>• 关节触诊及推拿 | • 病史/临床表现<br>• 关节触诊 |

| 疾病 | | 关节炎 | |
|---|---|---|---|
| | | 急性 | 退行性关节病（DJD，骨关节炎） |
| 诊断 | 实验室检验 | • CBC：白细胞增多，中性粒细胞增多<br>• 尿液分析：蛋白升高<br>• 抗核抗体试验：+结果<br>• 蜱媒剂血清学：+结果<br>• 滑膜液分析：↑白细胞和细菌<br>• 滑液活组织检查：瘤<br>• 滑液细胞学：白细胞、混浊度、细菌均升高<br>• 滑液培养：细菌、酵母、真菌和其他有机物<br>• 黏蛋白凝块试验：凝结较差 | • 滑膜液分析：单核细胞（如淋巴细胞）↑，蛋白质，黏度↓，细胞计数（与感染性和炎症性关节炎相比）<br>• 黏蛋白凝块试验：凝块较差 |
| | 影像学 | • 患侧关节X线检查：关节囊肿胀，软组织增厚，关节积液及骨溶解 | • 患侧关节X线检查：骨赘，软骨下硬化，关节间隙狭窄和软骨下骨/骨骺重塑 |
| | 方法 | • 关节穿刺术 | • 关节穿刺术 |
| 治疗 | 一般治疗 | • 支持疗法 | • 支持疗法<br>• 外科手术：切除成形术，关节置换术，关节固定术 |
| | 药物治疗 | • 抗生素：可变的<br>• 软骨保护剂：牛血代血浆，葡糖胺和硫酸软骨素<br>• 皮质激素：泼尼松或曲安西龙<br>• 甲基磺酰基甲烷<br>• 米索前列醇<br>• NSAIDs：阿司匹林，卡洛芬，地拉考昔，依托度酸，非罗考昔，美洛昔康，替泊沙林 | • 软骨保护剂：葡糖胺和硫酸软骨素<br>• 皮质激素：泼尼松或曲安西龙<br>• NSAIDs：阿司匹林，卡洛芬，地拉考昔，依托度酸，非罗考昔，美洛昔康，替泊沙林 |
| | 护理 | • 标准术后护理<br>• 按门诊病例对待 | • 标准术后护理<br>• 按门诊病例对待 |
| 后续追踪 | 监护 | • 适度运动，但将不适程度限制到最小<br>• 严格限制活动急性疼痛发作<br>• 肥胖控制<br>• 物理疗法：热/冷敷，游泳，ROM锻炼和按摩 | • 体重控制<br>• 鼓励中度和连续运动（如游泳、低影响） |
| | 预防/避免 | • 维持适当的体重控制<br>• 早期发现以防止继发疾病 | • 维持适当的体重控制<br>• 早期使用葡糖胺及硫酸软骨素来减缓疾病的进程 |
| | 并发症 | • 无法行走<br>• 退行性关节病<br>• 骨髓炎 | • 无法行走 |
| | 预后 | • 感染性预后良好<br>• 免疫介导性的预后一般到谨慎 | • 进行性的 |

表 6.36　骨骼肌肉疾病：十字韧带疾病和髋关节发育不良

| 疾病 | 十字韧带疾病（前十字韧带断裂） | 髋关节发育不良 |
|---|---|---|
| 定义 | 十字韧带疾病导致膝关节部分或全部不稳定。前交叉韧带撕裂可能是急性或渐进性 | 髋关节发育不良是髋关节的最常见疾病和骨关节炎的病因。该病是继生命早期髋关节松弛和半脱位而导致的髋关节发育不良。关节不稳定性是由于肌肉发育和成熟滞后于骨骼的生长速度 |

| 症状 | 临床表现 | ·步态异常，急性或间歇性跛行，共济失调，行走困难 | ·步态异常，共济失调，运动不耐受，后肢跛行 |
|---|---|---|---|
| | 检查结果 | ·膝关节变形，水肿，关节积液，后肢肌肉萎缩，肿胀 | ·Barden's症状，Barlow's症状，捻发音，关节松弛，肌肉萎缩，奥托兰尼试验，疼痛，ROM增大 |

| 诊断 | 初步诊断 | ·病史/临床表现<br>·关节触诊：±前抽屉征 | ·病史/临床表现<br>·关节触诊 |
|---|---|---|---|
| | 实验室检验 | ·滑膜液分析：排除败血症和免疫介导性疾病 | ·N/A |
| | 影像学 | ·患侧关节X线检查：关节积液及囊状膨胀，关节周围骨质增生，髌骨下脂肪垫压缩和十字韧带钙化<br>·核磁共振成像：确诊疾病和严重程度 | ·骨骼X线检查：股骨头关节半脱位，股骨头扁平，髋臼变浅，关节周围骨质增生或股骨头和髋臼之间的关节间隙变宽 |
| | 方法 | ·关节穿刺术<br>·关节镜检查：确诊疾病和严重程度 | ·N/A |

| 治疗 | 一般治疗 | ·对症治疗<br>·笼养休息<br>·外科手术：胫骨平台水平截骨术(TPLO)，"越过顶部over the top"阔筋膜移植，腓骨头移位迭盖术，囊外加固术 | ·外科手术：三联骨盆截骨术(TPO)，股骨头和股骨颈切除置换术，耻骨肌切除术，股骨粗隆间截骨术或全髋关节置换术 |
|---|---|---|---|
| | 药物治疗 | ·软骨保护剂：牛血代血浆，葡糖胺和硫酸软骨素<br>·米索前列醇<br>·NSAIDs：阿司匹林，卡洛芬，地拉考昔，依托度酸，非罗考昔，美洛昔康，替泊沙林 | ·镇痛药：可变的<br>·软骨保护剂：牛血代血浆或葡糖胺，硫酸软骨素<br>·皮质激素：泼尼松，曲安西龙（短期使用）<br>·米索前列醇<br>·NSAIDs：阿司匹林，吡罗昔康，卡洛芬，依托度酸，保泰松，甲氯灭酸 |
| | 护理 | ·放置罗伯特·琼斯绷带 | ·术后进行X线检查以评估外科手术<br>·物理疗法<br>·限制活动 |

| 疾病 | | 十字韧带疾病（前十字韧带断裂） | 髋关节发育不良 |
|---|---|---|---|
| 后续追踪 | 监护 | • 冷冻疗法<br>• 物理疗法：ROM锻炼和按摩<br>• 限制活动：只在锻炼时栓皮带，并且术后3个月不能上下楼梯<br>• 8周后进行X线检查<br>• 术后6~9月进行全方位锻炼<br>• 控制肥胖 | • 限制活动<br>• 进行X线检查以评估退化程度 |
| | 预防/避免 | • 选择育种<br>• 保持适当的体重控制 | • 选择育种<br>• 大型犬生长和发育过程中提供营养调控<br>• 避免过度运动 |
| | 并发症 | • 骨关节炎 | • 骨关节炎<br>• 无法行走 |
| | 预后 | • 手术后预后良好 | • 预后良好取决于疾病的严重程度 |
| 注 | | • 触诊关节进行抽屉运动，在胫骨压缩试验中胫骨的活动和股骨相关，且关节囊变厚<br>• 30%~40%犬，对侧前十字韧带在17个月内断裂<br>• 罗威纳犬和拉布拉多犬 | |

**表 6.37　骨骼肌肉疾病：骨软骨病和骨髓炎**

| 疾病 | | 骨软骨病或剥脱性骨软骨炎（OCD） | 骨髓炎 |
|---|---|---|---|
| 定义 | | 骨软骨病是软骨内成骨缺陷导致的软骨过度保留。任何肢体关节都可能会出现这种缺陷。肘部未连接的过程和碎片的喙突也可有骨软骨病或分离。该病在5~10月龄的动物较常见 | 骨髓炎是骨、软组织和骨膜的感染。传染性微生物往往很复杂，从而导致感染治疗非常困难，甚至是无法治疗。 |
| 临床症状 | 临床表现 | • 异常步态，食欲减退，恶病质，前肢或后肢跛行，不愿运动，行走困难 | • 食欲减退，恶病质，精神沉郁，运动不耐受，跛行，嗜睡，抬腿困难，虚弱 |
| | 检查结果 | • 关节炎，捻发音，伸展过度疼痛，关节积液，关节疼痛，肌肉萎缩，肿胀 | • 浮肿，发炎，间歇性引流道，疼痛，瘫痪，轻瘫，发热，肿胀，心动过速 |
| 诊断 | 初步诊断 | • 病史/临床表现<br>• 关节触诊 | • 病史/临床表现<br>• 骨骼触诊<br>• 神经检查 |

| 疾病 | | 骨软骨病或剥脱性骨软骨炎(OCD) | 骨髓炎 |
|---|---|---|---|
| **诊断** | **实验室检验** | • 关节液分析：确认涉及关节和含有单核细胞 | • CBC：中性粒细胞增多<br>• 细胞学：毒性中性粒细胞，吞噬细菌或真菌<br>• 培养：细菌分离鉴定和药敏试验 |
| | **影像学** | • 关节X线检查：关节畸形，骨骼长度，关节炎，潜在的骨或骨片/骨瓣硬化（关节"鼠"）<br>• 计算机断层扫描/核磁共振成像：损伤定位和严重程度<br>• 关节X线检查：通过关节内注射增强关节X线照片对比度，来鉴别软骨碎片或浮游软骨 | • 骨骼X线检查：软组织肿胀，骨质吸收，硬化，骨坏死，骨折不愈合，骨皮质变薄，骨折缝增宽，骨膜新骨反应，异物或真菌病变<br>• 造影：窦的位置和严重程度，异物<br>• 放射性核素显像：检测骨髓炎 |
| | **方法** | • 关节镜检查：确定软骨损伤 | • N/A |
| **治疗** | **一般治疗** | • 对症治疗<br>• 外科手术：关节切开术或关节镜检查 | • 对症治疗<br>• 伤口处理：清创术，引流及冲洗<br>• 外科手术：死骨清除术，截肢术，骨移植或活组织检查 |
| | **药物治疗** | • 镇痛药<br>• NSAIDs | • 抗生素：可变的 |
| | **护理** | • 术后冷冻疗法<br>• 放置改良的罗伯特·琼斯绷带 | • 手术创口使用无菌敷料包扎<br>• 每天用无菌生理盐水冲洗 |
| **后续追踪** | **监护** | • 如果没有包扎，每天进行3次15~20min的冷冻疗法，持续3~5d<br>• 物理疗法：ROM锻炼<br>• 4周内限制活动，接下来4周逐步增加活动至正常水平<br>• 术后4~6周再次X线检查<br>• 肥胖管理 | • X线检查监测骨折愈合 |
| | **预防/避免** | • 选择育种<br>• 控制适当的体重<br>• 在大型品种犬的生长和发育过程中提供营养调控 | • 正确的伤口和骨折处理 |
| | **并发症** | • 骨关节炎<br>• 废用性萎缩 | • 复发<br>• 肢体畸形或功能不全<br>• 神经疾病 |
| | **预后** | • 早期外科手术修复预后良好（前肢）<br>• 膝关节或跗骨预后谨慎 | • 急性病例预后良好<br>• 慢性疾病预后不良 |
| **注** | | • 大丹犬，拉布拉多犬，纽芬兰犬，罗特韦尔犬，伯恩山犬，英国长毛猎犬和英国古代牧羊犬 | • 圣伯纳犬，德国牧羊犬，拉布拉多犬，金毛寻回猎犬和罗特韦尔犬 |

表 6.38　骨骼肌肉疾病：髌骨脱位和全骨炎

| 疾病 | | 髌骨脱位（内侧的） | 全骨炎（内生骨疣） |
|---|---|---|---|
| 定义 | | 内侧髌骨脱位在小型犬中非常普遍。该病通常是先天性或膝关节发育畸形引起髌骨从股骨滑车移位。脱位分为Ⅰ~Ⅳ级，可由此指导选择治疗方案 | 全骨炎是年轻的大型品种犬开始于营养孔区域骨髓的一种疾病。发病原因不详。该病引起单个或多个肢体间歇性跛行。该病是自限性的，但其临床症状会持续几个月 |
| 临床症状 | 临床表现 | ·步态异常，共济失调，后肢间歇性跛行，跳跃，行走困难 | ·食欲减退，共济失调，恶病质，精神沉郁，前肢和后肢跛行，嗜睡，四肢交替跛行，行走困难 |
| | 检查结果 | ·关节炎，疼痛，后膝关节变形 | ·触诊骨干疼痛，发热 |
| 诊断 | 初步诊断 | ·病史/临床表现<br>·髌骨触诊：松弛 | ·病史/临床表现<br>·骨骼触诊 |
| | 实验室检验 | ·N/A | ·CBC：嗜酸性粒细胞增多(v) |
| | 影像学 | ·后肢X线检查：胫骨，股骨弓形弯曲和扭转，股骨滑车的形状 | ·骨骼X线检查：密度增高，骨髓腔渐进性出现斑纹和射线不透区，新骨生成和骨皮质增厚<br>·骨骼闪烁扫描图：骨损伤 |
| | 方法 | ·N/A | ·N/A |
| 治疗 | 一般治疗 | ·支持疗法<br>·对症治疗<br>·外科治疗：滑车整复术，滑车沟成形术，凹处沟成形术，滑车软骨成形术，软骨成形术，滑车沟楔形加深，髌骨成形术或胫骨粗隆移位 | ·支持疗法 |
| | 药物治疗 | ·镇痛药<br>·软骨保护剂：牛血代血浆或葡糖胺，硫酸软骨素<br>·皮质激素：泼尼松（短期使用）<br>·米索前列醇<br>·NSAIDs：阿司匹林，卡洛芬，依托度酸，吡罗昔康 | ·镇痛药<br>·皮质激素：泼尼松<br>·米索前列醇<br>·NSAIDs：阿司匹林，吡罗昔康，卡洛芬，依托度酸 |
| | 护理 | ·如果没有使用绷带，术后立即使用冷冻疗法，其后3~5d使用冷冻疗法，每天15~20min<br>·放置罗伯特·琼斯绷带<br>·物理疗法：ROM锻炼和游泳 | ·按门诊病例对待 |
| 后续追踪 | 监护 | ·限制活动：只有在锻炼的时候使用牵带，术后3个月不能上下楼梯<br>·外科手术6~9个月后可进行全方位锻炼<br>·纠正肥胖 | ·限制活动<br>·每2~4周复查有无更严重的骨科问题 |

| 疾病 | | 髌骨脱位（内侧的） | 全骨炎（内生骨疣） |
|---|---|---|---|
| 后续追踪 | 预防/避免 | · 选择育种<br>· 控制适当的体重 | · N/A |
| | 并发症 | · 手术后会复发<br>· 退行性关节病 | · N/A |
| | 预后 | · 手术后预后良好 | · 预后良好 |
| 注 | | · 迷你和玩具贵宾犬，约克夏犬，博美犬，北京犬，吉娃娃犬和波士顿狭犬 | · 德国牧羊犬，爱尔兰长毛猎犬，圣伯纳犬，杜宾犬，艾尔谷犬，巴吉度犬和迷你雪纳瑞犬 |

**6**

# 神经病学

**表 6.39 神经病学：脑炎和癫痫**

| 疾病 | | 脑炎 | 癫痫 |
|---|---|---|---|
| 定义 | | 脑炎是一种大脑的炎性疾病，可随机发展。该病的病因广范，从品种偏好到病毒、原虫、真菌或细菌感染。临床症状，诊断和治疗完全取决于相关疾病的确诊 | 癫痫是不论病因周期性发作的疾病。原发性癫痫的发病原因尚不清楚，可能是遗传的。继发性癫痫是由于脑损伤和/或炎症引起 |
| 临床症状 | 临床表现 | · 取决于相关疾病<br>· 攻击，共济失调，行为变化，转圈运动，精神抑郁，头部倾斜，跛步，瘫痪，羞明，癫痫发作，震颤，呕吐 | 癫痫发作的3个阶段<br>· 预兆：癫痫、烦躁不安、呜咽和躲藏后立即发作<br>· 发作：急性癫痫，持续时间<2~5min，僵硬，肌肉痉挛，使劲咀嚼下巴，大量流涎，小便，大便，鸣叫，四肢泳动<br>· 发作后：紧接癫痫发作后，持续时间<30min，行为变化，虚弱，失明，饥饿，口渴，精神沉郁，跛步或疲倦 |
| | 检查结果 | · 心跳和呼吸频率改变，角膜变化，眼球震颤，肺部异常，发热 | · 发作后症状 |
| 诊断 | 初步诊断 | · 病史/临床表现<br>· 神经系统检查 | · 病史/临床表现<br>· 神经系统检查 |
| | 实验室检验 | · CBC：白细胞增多，并根据相关疾病不同会有变化<br>· 生化指标：蛋白质，肌酸激酶升高<br>· CSF 分析：白细胞，蛋白质，真菌，细菌增多<br>· CSF效价：+结果<br>· 血清学：抗体识别和鉴定 | · N/A |

| 疾病 | | 脑炎 | 癫痫 |
|---|---|---|---|
| 诊断 | 影像学 | · 胸部X线检查：肺部异常<br>· 颅骨X线检查：鼻窦炎或鼻炎（隐球菌病）<br>· 计算机断层扫描/核磁共振成像：肿瘤 | · 胸部X线检查：肿瘤<br>· 腹部X线检查：肿瘤<br>· 颅骨X线检查：脑积水，外伤和肿瘤<br>· 计算机断层扫描：肿瘤，炎症或肉芽肿<br>· 核磁共振成像：肿瘤，炎症 |
| | 方法 | · EEG：大脑弥漫性多病灶<br>· 检眼镜检查：视网膜炎，脉络膜炎，葡萄膜炎或视网膜血管炎 | · EEG：肿瘤，炎症或代谢疾病<br>· 检眼镜检查：视网膜炎，脉络膜炎，葡萄膜炎或视网膜血管炎 |
| 治疗 | 一般治疗 | · 对症治疗<br>· 支持疗法<br>· 放射疗法 | · 对症治疗<br>· 氧气疗法<br>· 挤压眼睛<br>· 液体疗法：使用溴化钾进行治疗的动物不能给予乳酸林格液 |
| | 药物治疗 | · 取决于潜在疾病<br>· 抗生素：恩诺沙星，阿莫西林克拉维酸钾<br>· 皮质激素：地塞米松<br>· 真菌：伊曲康唑或氟康唑<br>· 洛莫司汀 | 急性（静脉/骨内）<br>· 抗惊厥药：地西泮，劳拉西泮，咪达唑仑，苯巴比妥，戊巴比妥钠，非尔氨酯，唑尼沙胺<br>· 丙泊酚<br>慢性（口服）<br>· 抗惊厥药：加巴喷丁，苯巴比妥，非尔氨酯，溴化钾 |
| | 护理 | · 取决于潜在疾病<br>· 检测神经功能<br>· 频繁翻身以预防褥疮性溃疡和肺水肿<br>· 体温过高时用冷水、酒精擦身或冰裹法 | · 对癫痫和体温过高进行连续监测<br>· 体温过高时用冷水、酒精擦身或冰裹法 |
| 后续追踪 | 监护 | · 检测神经功能<br>· 根据发病原因检测血液值 | · 避免游泳<br>· 每年监测CBC，生化指标，尿液分析，苯巴比妥，溴化物，胆汁酸<br>· 病患动物癫痫发作时对其进行维护，每半年请兽医进行一次复查 |
| | 预防/避免 | · 蜱控制<br>· 疫苗接种<br>· 正确的伤口处理 | · 阉割感染的动物<br>· 维持抗癫痫药物 |
| | 并发症 | · 取决于潜在疾病<br>· 死亡 | · 苯巴比妥的并发症<br>· 癫痫持续状态 |
| | 预后 | · 可变的：取决于潜在疾病<br>· 许多形式都是致死的 | · 正确治疗可降低癫痫发作的频率 |

| 疾病 | 脑炎 | | 癫痫 |
|---|---|---|---|
| 注 | • **注意：** 必须选用能够透过血脑屏障的药物<br>• 确定潜在疾病是病患存活的关键 | | • 挤压眼睛要用手指在上眼睑轻轻地往眼眶里挤压眼球，持续10~60s，间歇5min<br>• 大多数癫痫发作于睡觉或休息时，常常发作于晚上或清晨<br>• 突然停药可导致癫痫复发；用4~8周逐渐缓慢地减量（逐渐地减小）<br>• 德国牧羊犬，爱尔兰长毛猎犬，迷你贵宾犬，西伯利亚爱斯基摩犬，比格犬，可卡犬，拉布拉多犬，荷兰狮毛犬和迷你雪纳瑞犬 |

**表6.40 神经病学：椎间盘疾病和脑膜炎**

| 疾病 | | 椎间盘疾病 | 脑膜炎 |
|---|---|---|---|
| 定义 | | 椎间盘疾病是一种和年龄有关的疾病，可影响单个椎间盘或数个椎间盘。该病会导致椎间盘突出或挤出从而压迫脊髓、神经根或髓膜。该病的进程可能是退行性或感染性（椎间盘脊髓炎） | 细菌感染脑膜引起脑膜炎。该病可能是败血病、局部浸润或咬伤伤口引起的。大脑或脊髓的继发炎症也可被视为脑膜炎 |
| 症状 | 临床表现 | • 步态异常，共济失调，触摸嚎叫，某肢或所有肢体轻瘫或瘫痪，不愿运动或跳跃，站姿/外观僵直或驼背，尿失禁，行走困难 | • 共济失调，恶病质，痉挛，精神抑郁，呼吸困难 |
| | 检查结果 | • 水肿，疼痛，希夫谢林顿综合征 | • 共济失调，颈部疼痛及僵硬，窦或内耳感染，轻微震颤 |
| 诊断 | 初步诊断 | • 病史/临床表现<br>• 脊柱触诊 | • 病史/临床表现<br>• 神经系统检查 |
| | 实验室检验 | • 尿液分析：白细胞，↑蛋白质和细菌<br>• CSF：炎症细胞和传染性病原体 | • CBC：白细胞增多<br>• 生化指标：球蛋白升高<br>• 尿液分析：脓尿，细菌增多<br>• 血清学检查：阳性<br>• 皮肤、眼睛、鼻涕和痰的细胞学检查：细菌，真菌，原虫，立克次体或病毒<br>• CSF分析：细菌，中性粒细胞增多，蛋白质 |

| 疾病 | | 椎间盘疾病 | 脑膜炎 |
|---|---|---|---|
| 诊断 | 影像学 | • 脊椎X线检查：狭窄的，楔形盘间隙，小椎间孔，关节面萎缩或脊髓椎间盘矿化，椎间孔或椎体终板溶解或硬化<br>• CT/MRI：椎间盘病变位置和严重程度，脊髓水肿<br>• 脊髓造影：椎间盘病变的位置和严重程度 | • 脊椎X线检查：骨性感染<br>• 颅骨X线检查：鼻窦，鼻腔或耳部感染<br>• MRI/CT：大脑半球的不透明，缺乏对比 |
| | 方法 | | • N/A |
| 治疗 | 一般治疗 | • 对症治疗<br>• 笼中休息2周<br>• 针灸<br>• 外科手术：椎板切除术，偏侧椎板切除术，硬脑膜切开术，减压术 | • 对症治疗<br>• 支持疗法<br>• 液体治疗 |
| | 药物治疗 | • 皮质激素：泼尼松，泼尼松龙或甲基泼尼松龙琥珀酸酯 | • 抗生素：可变的<br>• 抗惊厥药物：地西泮或苯巴比妥<br>• 皮质激素：地塞米松，泼尼松龙<br>• 利尿药：甘露醇（渗透型） |
| | 护理 | • 小心处理病畜防止再次创伤：在移动中保护脊柱<br>• 营养支持<br>• 监测神经系统病症恶化<br>• 监测尿量和排便<br>• 至少每4h翻转躺卧病畜，保持良好的垫料 | • 重症监护监测<br>• 限制活动 |
| 后续追踪 | 监护 | • 限制活动<br>• 物理治疗：ROM锻炼，水疗，术后2周开始<br>• 监测无法走动动物的尿液分析<br>• 使用安全带使颈椎间盘不受压力<br>• 肥胖管理 | • 监护神经症状，发热，全身症状和白细胞增多 |
| | 预防/避免 | • 控制适当的体重<br>• 避免易患品种剧烈运动 | • 早期治疗局部感染，彻底防止感染扩散到中枢神经系统 |
| | 并发症 | • 疼痛复发 | • 大脑和脊髓的不可逆损伤<br>• 弥散性血管内凝血 |
| | 预后 | • 术后预后良好 | • 可变，取决于感染和炎症的程度 |
| 注 | | • **注意**：皮质激素不能用于椎间盘脊髓炎<br>• **注意**：皮质激素不能与非甾体类抗炎药合用，因为会造成胃肠道出血<br>• 为了限制用力，必须拴住行走以消除受力<br>• 比格犬，玩具贵宾犬，腊肠犬，杜宾犬和所有软骨营养不良品种犬 | |

表6.41 神经病学：重症肌无力和脊髓病

| 疾病 | | 重症肌无力 | 脊髓病（退行性脊髓病） |
|---|---|---|---|
| 定义 | | 重症肌无力与烟碱型乙酰胆碱受体（AChRs）的自身抗体有关。这将会导致烟碱型乙酰胆碱受体的缺失，能够损害神经肌肉接头传递，导致肌肉无力和短暂的萎缩 | 脊髓病是一种影响脊髓髓鞘和轴突的退化过程。这种缓慢的渐进性疾病病因尚不清楚，但它限制了后肢的活动。目前尚无特效疗法，只是支持疗法 |
| 症状 | 临床表现 | • 步态异常，身体颤抖，吞咽困难，过度流口水，发声困难，呼吸困难，肌肉无力，轻瘫/麻痹，反流 | • 步态异常，共济失调，后肢交叉，后肢突球，划伤，转向时摇动，行走困难，虚弱，指甲磨损 |
| | 检查结果 | • 咀嚼功能障碍，头部前屈 | • 肌肉萎缩 |
| 诊断 | 一般诊断 | • 病史/临床表现（短暂的）<br>• 神经检查 | • 病史/临床表现<br>• 神经检查 |
| | 实验室检验 | • 生化指标：CK↑<br>• 甲状腺和肾上腺功能测试<br>• ANA分析：+结果<br>• 抗烟碱型AChRs的血清抗体：+结果<br>• 氯化腾喜龙激发试验：注射后肌肉强度增加<br>• 腾喜龙反应试验：+<br>• 电生理评估：疾病的位置和严重程度 | • CSF分析：蛋白质，白细胞升高 |
| | 影像学 | • 胸部X线检查：巨食管，颅纵隔肿块，吸入性肺炎 | • 胸部X线检查：转移灶和肿瘤<br>• 腹部X线检查：同上<br>• 脊椎X线检查：骨化，椎关节强直或狭窄椎间盘空隙<br>• MRI：排除IVDD |
| | 方法 | • X线透视：吞咽功能障碍 | • N/A |
| 治疗 | 一般治疗 | • 支持疗法<br>• 液体疗法<br>• 氧气疗法<br>• 外科手术：饲管放置或肿瘤切除 | • 支持疗法 |
| | 药物治疗 | • 抗胆碱酯酶药：吡啶斯的明或新斯的明<br>• 糖皮质激素：泼尼松<br>• 环磷酰胺 | • 氨基己酸(v)<br>• N-乙酰半胱氨酸(v)<br>• 补充维生素：维生素C，维生素E |
| | 护理 | • 营养支持 | • 按门诊病例对待 |
| 后续追踪 | 监护 | • 动物直立时饲喂食物，饲喂后确保动物直立姿势至少10min<br>• 饲喂不同硬度的食物，以检测哪一种更好的起作用<br>• 每4~6周进行一次X线检查监护巨食管<br>• 每6~8周复检一次AChR抗体滴度，直至正常 | • 尽可能延迟无法走动状态的开始<br>无法走动<br>• 悬带手推车进行移动<br>• 避免褥疮性溃疡<br>• 导尿管<br>• 维生素补充剂 |

6

| 疾病 | | 重症肌无力 | 脊髓炎 |
|---|---|---|---|
| 后续追踪 | 预防/避免 | · N/A | · N/A |
| | 并发症 | · 吸入性肺炎<br>· 三度心脏传导阻滞<br>· 呼吸停止 | · 褥疮性溃疡<br>· 大小便失禁 |
| | 预后 | · 预后良好<br>· 前部纵隔肿块则预后谨慎 | · 预后谨慎到不良<br>· 病患最终失去前肢和后肢功能 |
| 注 | | · 杰克罗素狸，史宾格犬，刚毛猎狐狸，金毛寻回犬，德国牧羊犬，拉布拉多犬，腊肠犬和苏格兰狸 | · 德国牧羊犬，柯利犬，拉布拉多犬，切萨皮克湾寻猎犬，凯利蓝狸，柯基犬 |

**表6.42 神经病学：前庭疾病和摇摆综合征**

| 疾病 | | 老龄犬前庭疾病（急性） | 摇摆综合征(后段颈椎脊髓病，颈椎不稳) |
|---|---|---|---|
| 定义 | | 前庭疾病是影响老龄犬的急性疾病。该病是外周前庭系统的障碍。年轻犬的常见发病原因是中耳炎 | 摇摆综合征是由于骨骼或脊柱韧带畸形而对脊髓造成的压力引起的。该病会导致不稳定性或慢性椎间盘疾病。营养过剩和快速增长被认为是一种促进因素 |
| 症状 | 临床表现 | · 食欲减退，不对称的共济失调，转圈运动，定向障碍，跌落，头部向患侧倾斜，失去平衡，恶心，眼球震颤，旋转，呕吐 | · 步态异常，共济失调，脚趾拖动，突球，后躯轻瘫或能走动或无法走动的四肢轻瘫，颈部僵硬弯曲，行走困难 |
| | 检查结果 | · 面部轻瘫或麻痹，霍纳氏综合征，斜视 | · 本体感觉下降，疼痛，冈上肌萎缩 |
| 诊断 | 初步诊断 | · 临床表现<br>· 神经系统检查<br>· 耳镜检查：液体，鼓膜的破裂或鼓出 | · 病史/临床表现 |
| | 实验室检验 | · N/A | · N/A |
| | 影像学 | · 颅骨X线检查：骨疱液化，骨硬化，骨炎<br>· 核磁共振成像/计算机断层扫描：肿瘤，骨疱硬化 | · 脊柱X线检查：骨质改变，椎间盘突出，半脱位或椎间盘间隙狭窄<br>· 脊髓造影照片：脊髓压迫的位置和类型 |
| | 方法 | · 脑干听觉诱发反应（BAER）：第Ⅷ对脑神经的耳蜗部分评估 | · CSF分析：蛋白质升高<br>· 促甲状腺素兴奋试验：最低限度到无反应 |

| 疾病 | | 老龄犬前庭疾病（急性） | 摇摆综合征(后段颈椎脊髓病，颈椎不稳) |
|---|---|---|---|
| 治疗 | 一般治疗 | · 支持疗法<br>· 液体疗法 | · 支持疗法<br>· 外科手术：腹侧脊椎切除术，背侧椎板切除术，开窗术，相关椎骨的稳定或融合 |
| | 药物治疗 | · 抗生素：甲氧苄氨嘧啶–磺胺类，头孢氨苄，头孢羟氨苄，恩诺沙星，奥比沙星<br>· 止吐药：茶苯海明，美克洛嗪<br>· 镇静剂：地西泮 | · 皮质激素：泼尼松，甲基强的松琥珀酸钠，地塞米松<br>· 肌肉松弛药：美索巴莫，地西泮 |
| | 护理 | · 按门诊病例对待 | · 无法走动病患要留置导尿管<br>· 避免褥疮性溃疡<br>· 对四肢进行物理疗法以预防关节强直<br>· 对可走动病患要限制活动或使用颈部支撑物 |
| 后续追踪 | 监护 | · 因病患定向障碍，故要限制活动<br>· 出院后2~3d复查以证明症状有持续改善 | · 监测神经系统功能<br>· 物理疗法 |
| | 预防/避免 | · 如果耳部感染，则应及时识别和诊断 | · 限制跑跳<br>· 使用肩带代替颈圈 |
| | 并发症 | · 脱水<br>· 电解质失衡<br>· 肾机能不全 | · 外科修复手术失败<br>· 椎间盘外围间隙的变性改变<br>· 褥疮性溃疡<br>· 尿路感染或尿液灼伤 |
| | 预后 | · 预后极好<br>· 大多数病患在2~3周内恢复正常 | · 能走动病患预后良好<br>· 无法走动且四肢轻瘫的病患预后不良 |
| 注 | | | · **注意**：X线检查时的弯曲和拉紧应激可使临床症状更严重<br>· 大丹犬和杜宾犬 |

# 肿瘤学

表 6.43　肿瘤学：瘤形成

| 疾病 | | 瘤形成 |
|---|---|---|
| 定义 | | 瘤形成是新的、异常形成的组织作为肿瘤发育。它没有任何功能，但消耗健康器官的营养 |
| 症状 | 临床表现 | · 肿瘤出现或影响2个相邻器官/组织损伤（如口臭、肿胀和疼痛）<br>· 食欲减退，精神抑郁，腹泻，腹痛，嗜睡，呕吐和体重减轻 |
| | 检查结果 | · 肿瘤的检测、鉴别诊断（如淋巴结病、器官巨大症和黏膜充血）和其他疾病 |

| 疾病 | | 瘤形成 |
|---|---|---|
| 诊断 | 初步诊断 | · 病史/临床表现<br>· 体格检查：肿瘤和淋巴结触诊 |
| | 实验室检验 | · CBC：可变的（根据具体的肿瘤类型）；贫血：正常红细胞和正常色素<br>· 生化指标：可变的（根据具体的肿瘤类型）<br>· 尿液分析：可变的（根据具体的肿瘤类型）<br>· 肿瘤或肿大淋巴结的细针抽吸，组织芯活组织检查或外科手术活组织检查<br>· 细胞学：细胞符合恶性肿瘤的标准<br>· 组织病理学：清晰的边缘和肿瘤分级 |
| | 影像学 | · 胸部X线检查（腹背位，左侧位和右侧位）：肿瘤鉴别，转移灶，淋巴结病，胸腔积液<br>· 腹部X线检查：肿瘤鉴别，转移灶，淋巴结病，器官巨大症<br>· 超声检查：肿瘤鉴别，淋巴结病，指导活组织检查<br>· 核磁共振成像/计算机断层扫描：肿瘤鉴别，转移灶，淋巴结病，肿瘤边缘，组织来源 |
| | 方法 | · 可变的 |
| 治疗 | 一般治疗 | · 对症治疗<br>· 液体疗法<br>· 放射疗法<br>· 冷冻外科手术<br>· 光动力疗法<br>· 手术切除肿瘤边缘外2~3cm范围 |
| | 药物治疗 | · 可变的（根据具体的肿瘤类型）<br>· 化疗药物<br>· 皮质激素<br>· 镇痛药 |
| | 护理 | · 外科切除术后标准的术后护理 |
| 后续追踪 | 监护 | · 可变的（根据具体的肿瘤类型）<br>· 监测具体的血液值<br>· 监测治疗，化疗（见技能框8.13，第354页）后的食欲，排泄和能量水平 |
| | 预防/避免 | · N/A |
| | 并发症 | · 可变的（根据具体的肿瘤类型） |
| | 预后 | · 取决于肿瘤的类型、大小、位置、发现的时间和切除的完整性 |

表 6.44　肿瘤学：组织细胞瘤，乳腺瘤，肥大细胞瘤

| 疾病 | | 组织细胞瘤（纽扣肿瘤） | 乳腺瘤 | 肥大细胞瘤 |
|---|---|---|---|---|
| 定义 | | 组织细胞瘤是一种良性皮肤肿瘤，常发头部、耳廓和四肢。本病最常见于不到2岁的犬 | 乳腺瘤在雌性未绝育犬中非常普遍，但雄性犬非常罕见。50%的肿瘤是恶性的。如果肿瘤是恶性的，则通常在被诊断前已经转移 | 肥大细胞瘤是由肥大细胞异常增生产生的恶性瘤。该肿瘤的外观、生长速率和治疗效果都难以预测 |
| 症状 | 临床表现 | • 生长快速，坚实，小型，半球型或钮扣状团块，单独存在，无疼痛感，± 溃疡 | • 坚实的结节性团块：± 溃疡<br>• 乳头：变红，肿胀和渗出液（如棕褐色、红色）<br>• 发热 | 犬<br>• 淋巴结病，红斑，水肿<br>• 肿瘤：皮肤或皮下单个团块，持续数天至数月，近期快速增长<br>猫<br>• 食欲减退及呕吐<br>• 肿瘤：在皮下或真皮中，丘疹，结节，单个或多发，多毛或脱毛和/或溃疡 |
| | 检查结果 | | • 后肢水肿 | • 淋巴结病，肝肿大，肠壁变厚，脾肿大 |
| 诊断 | 初步诊断 | • 临床表现 | • 临床表现<br>• 乳腺触诊 | • 病史/临床表现 |
| | 实验室检验 | • 细胞学：多形性圆形细胞，不同大小和形状的细胞核，肝细胞样外观，类似单核细胞的数量不等的淡蓝色细胞质，± 淋巴细胞，浆细胞，中性粒细胞浸润 | • CBC：贫血，白细胞增多<br>• 细胞学：细胞胞质嗜碱性，细胞核/细胞质比例可变，如果恶性的则有典型的癌团簇（如腺泡的） | • CBC：嗜酸性粒细胞增多，嗜碱性粒细胞增多(v)，贫血，肥大细胞增多（罕见）<br>• 血沉棕黄层涂片：肥大细胞<br>• 细胞学：圆形细胞伴随嗜碱性胞质颗粒没有形成片状或块状和 ± 嗜酸性粒细胞浸润<br>• 活组织检查：确认和病情的严重性<br>• 组织病理学：确认切除的完整性 |
| | 影像学 | • N/A | • 胸部X线检查：胸腔积液和肺转移灶<br>• 腹部X线检查：腹水和腰下淋巴结增大<br>• 超声检查：腹水和腰下淋巴结大小 | • 腹部X线检查：脾脏，肝脏，淋巴结变大<br>• 超声检查：内脏转移 |
| | 方法 | • N/A | • N/A | • 淋巴结抽吸物<br>• 达里埃氏征：已经处理的肿瘤将会导致细胞失粒（译者注：I 型过敏反应中肥大细胞的调节现象）引起红斑和形成轮状 |

| 疾病 | | 组织细胞瘤（纽扣肿瘤） | 乳腺瘤 | 肥大细胞瘤 |
|---|---|---|---|---|
| 治疗 | 一般治疗 | • 自发性消退<br>• 外科手术：切除或冷冻手术 | • 对症治疗<br>• 外科手术：乳房切除术 | • 对症治疗<br>• 化学疗法<br>• 放射疗法<br>• 冷冻手术（I期，小型，皮肤）<br>• 外科手术：积极的切除和脾切除术 |
| | 药物治疗 | • N/A | • 化学疗法：多柔比星，环磷酰胺和米托蒽醌 | • 化学疗法：L–门冬酰胺酶，长春碱，环磷酰胺，洛莫司汀和长春新碱<br>• 皮质激素：泼尼松<br>• 胃肠的保护剂：硫糖铝<br>• $H_1$–受体阻断剂：苯海拉明<br>• $H_2$–受体阻断剂：西咪替丁，雷尼替丁 |
| | 护理 | • 标准术后护理 | • 标准术后护理 | • 标准术后护理 |
| 后续追踪 | 监护 | • 监控肿瘤的生长和新肿瘤的出现 | • 每2个月进行复查有无乳腺瘤复发 | • 在每次化疗前监测CBC和淋巴结肿大<br>• 监测新肿瘤的出现 |
| | 预防/避免 | • N/A | • 早期子宫切除：≤第2次发情 | • N/A |
| | 并发症 | • N/A | • 贫血<br>• 腹水<br>• 弥散性血管内凝血<br>• 高钙血症<br>• 骨质疏松症<br>• 胸腔积液 | • 品种<br>• 化学疗法<br>• 出血性胃肠炎<br>• 放射反应 |
| | 预后 | • 预后极好 | • 取决于大小，检测时间，切除的完整性 | • 取决于受影响的部位，检测时间和切除的完整性<br>• 转移到局部淋巴结，肝脏，脾脏和骨髓 |
| 注 | | • 拳师犬，腊肠犬，可卡犬，大丹犬，喜乐蒂牧羊犬 | • 可以自由移动的肿瘤暗示为良性，固定在体壁或皮肤上的暗示为恶性肿瘤<br>• 建议切除所有4个受影响侧的腺体 | • 肿瘤位于四肢的动物寿命较肿瘤位于躯干动物寿命长<br>• 拳师犬，波士顿㹴犬，斗牛獒，英国雪达犬，暹罗猫 |

表 6.45　肿瘤学：各种肿瘤

| 癌症类型 | 临床症状 | 诊断 | 治疗 | 后续追踪 | 并发症 | 预后 |
|---|---|---|---|---|---|---|
| **癌** | | | | | | |
| **腺癌** | | | | | | |
| **肛门囊**<br>• 最常见于老年雌性犬，具有非常高的转移率 | • 大便困难，里急后重，PU/PD，瘙痒，溃疡，出血，虚弱和轻瘫 | • 生化指标：钙升高，磷下降<br>• 甲状旁腺激素/甲状旁腺激素相关蛋白：值升高<br>• 胸部X线检查：转移（小瘤）<br>• 腹部X线检查：淋巴结肿大，有液体<br>• 腹部超声检查：淋巴结肿大，肝脏或脾脏小瘤<br>• 活组织检查：确认 | • 化学疗法：顺铂（犬），卡铂，多柔比星<br>• 降钙素<br>• 利尿剂：呋塞米<br>• 液体疗法<br>• 放射疗法<br>• 外科手术：肿瘤和淋巴结切除/斑块切除 | • 外科手术后每3个月进行检查，X线检查，超声检查和血液学检查 | • 大便失禁<br>• 转移<br>• 肾衰竭<br>• 复发<br>• 败血病 | • 预后不良 |
| **鼻**<br>• 大多数肿瘤开始为单侧，但发展为双侧 | • 鼻出血，泪溢，打喷嚏，鼻分泌物，口臭和癫痫发作<br>• 面畸形：鼻骨肿胀 | • 颅骨X线检查：肿瘤位置，范围<br>• 胸部X线检查：转移（小瘤）<br>• 核磁共振成像/计算机断层扫描或者鼻镜检查：肿瘤位置，范围和对周围结构的影响和活组织检查<br>• 真菌培养：真菌性鼻炎<br>• 活组织检查：确认 | • 止吐药：布托啡诺<br>• 化学疗法：顺铂（犬），环磷酰胺，吡罗昔康，长春新碱<br>• 放射疗法<br>• 外科手术：肿瘤切除/斑块切除 | • 当临床体征复发时进行X线检查，计算机断层扫描或核磁共振成像检查 | • 肿瘤横穿筛骨板则会涉及大脑 | • 放射治疗时预后一般<br>• 涉及大脑则预后较差 |
| **胰腺**<br>• 肝脏转移很常见 | • 腹水，黄疸，消化不良<br>• 可触及腹部团块，发热 | • CBC：中度贫血，中性粒细胞增多<br>• 生化指标：淀粉酶，脂肪酶升高<br>• 腹部X线检查：转移灶，液体，腹水<br>• 腹部超声检查：肿瘤，胰腺炎<br>• 活组织检查：确认 | • 缓和剂<br>• 外科手术：肿瘤切除 | • 监控生活质量 | • 尿崩症<br>• 肠道或胆道阻塞<br>• 胰腺脓肿<br>• 胰腺炎<br>• 腹膜炎 | • 预后慎重 |

| 癌症类型 | 临床症状 | 诊断 | 治疗 | 后续追踪 | 并发症 | 预后 |
|---|---|---|---|---|---|---|
| **前列腺**<br>• 前列腺肿瘤通常是恶性的 | • 恶病质，便秘，大便困难，呼吸困难，排尿困难，运动不耐受，后肢跛行，痛性尿淋沥，里急后重<br>• 血尿，发热 | • CBC：炎性白细胞像<br>• 生化指标：碱性磷酸酶↑，氮血症<br>• 尿液分析：脓尿，潜血↑，恶性的上皮细胞<br>• 胸部X线检查：转移<br>• 腹部X线检查：病变，前列腺变化，淋巴结病<br>• 腹部超声检查：前列腺变化（不对称）<br>• 膀胱造影对比：前列腺尿道的变形 | • 镇痛药：NSAIDs或阿片类药物<br>• 化学疗法：顺铂（犬），卡铂，多柔比星<br>• 放射疗法<br>• 粪便软化剂<br>• 外科手术：前列腺切除术，去势术 | • 监测排尿和排便能力<br>• 监测疼痛的等级 | • 便秘<br>• 转移<br>• 尿道梗阻 | • 预后慎重 |
| **唾液腺** | • 吞咽困难，张口疼痛，上颈部，耳基，上唇，上颌骨，唇黏膜肿胀 | • 胸部X线检查：转移<br>• 活组织检查：确认 | • 放射疗法<br>• 外科手术：肿瘤切除术 | • 每3~6个月监测肿瘤的生长 | • 未知 |  |
| **甲状腺**<br>• 高转移率<br>• 活组织检查和细针抽吸能够引发过多出血<br>• 在猫罕见 | • 吞咽困难，发声困难，呼吸困难，PU/PD，反流<br>• 坚实，无疼痛感，颈部团块，心动过速<br>• 可见犬甲状腺功能减退症状 | • CBC：非再生性贫血<br>• 颈部X线检查：正常结构的移位<br>• 胸部超声检查：疾病程度<br>• 计算机断层扫描：疾病程度<br>• 放射性碘研究：甲状腺激素的生成<br>• 四碘甲腺原氨酸，三碘甲状腺氨酸，促甲状腺激素浓度<br>• 甲状腺闪烁扫描术：位置 | • β–阻断剂<br>• 镇痛剂：布托啡诺<br>• 化学疗法：多柔比星，顺铂<br>• 甲巯咪唑<br>• 放射性碘（猫）<br>• 放射疗法<br>• 外科手术：肿瘤，腺体，淋巴结切除术<br>• 甲状腺素（继发甲状腺功能减退） | • 每3个月检查肿瘤部位和X线检查<br>• 检测钙，甲状腺素浓度水平 | • 贫血<br>• 弥散性血管内凝血<br>• 甲状旁腺功能减退<br>• 甲状腺功能减退<br>• 喉麻痹<br>• 呼吸性窘迫 | • 取决于肿瘤的尺寸和涉及的淋巴结<br>• 较大的固定肿瘤预后较差 |

| 癌症类型 | 临床症状 | 诊断 | 治疗 | 后续追踪 | 并发症 | 预后 |
|---|---|---|---|---|---|---|
| **鳞状细胞癌** | | | | | | |
| **足趾**<br>• 常见于大型黑色犬<br>• 从指甲下上皮开始 | • 慢性和渐进性跛行，肿胀，溃疡 | • 患侧足X线检查：第3节指骨溶解 | • 化学疗法：顺铂（犬），米托蒽醌，牛胶原基质与5−氟脲嘧啶<br>• 吡罗昔康<br>• 类视黄醇<br>• 外科手术：广泛截肢 | • 限制阳光曝晒<br>• 在爪部的低色素沉着区使用防晒霜或纹身 | | • 预后良好 |
| **耳部**<br>• 低色素沉着区和易受太阳辐射区风险更大 | • 耳廓边缘硬壳湿疹样病变，溃疡 | • 活组织检查：确认 | • 博来霉素<br>• 化学疗法：顺铂（病灶内注射）<br>• 冷冻手术<br>• 阿维A酯<br>• 高温<br>• 光动力疗法<br>• 放射疗法<br>• 外科手术：切断术/部分或整个耳朵切除术 ± 耳道切除<br>• 维生素E | • 限制阳光曝晒<br>• 在爪部的低色素沉着区使用防晒霜或纹身 | | • 完全切除后预后良好 |
| **牙龈** | • 血性口腔分泌物，吞咽困难，多涎，口臭，牙齿松动和面部畸形 | • 颅骨X线检查：骨累及和骨溶解<br>• 胸部X线检查：转移<br>• 计算机断层扫描：骨累及和骨溶解<br>• 活组织检查：确认 | • 化学疗法：顺铂（犬），米托蒽醌，卡铂<br>• 冷冻手术<br>• 光动力疗法(PDT)<br>• NSAIDs：吡罗昔康，± 美洛昔康<br>• 放射疗法<br>• 外科手术：肿瘤切除/斑块切除 | • 饲喂软食或者使用肠饲管 | | • 局部侵害预后较差（猫）<br>• 嘴侧的肿瘤越多，预后越好（犬） |

6

| 癌症类型 | 临床症状 | 诊断 | 治疗 | 后续追踪 | 并发症 | 预后 |
|---|---|---|---|---|---|---|
| **皮肤**<br>• 低色素沉着区和易受太阳辐射区风险更大<br>• 鳞状上皮的恶性肿瘤 | • 结痂，色素沉着，溃疡<br>• 面部皮肤累及（猫），甲床累及（犬） | • 患肢X线检查：骨累及<br>• 胸部X线检查：转移<br>• 活组织检查：确认 | • 化学疗法：顺铂（犬），卡铂，米托蒽醌，牛胶原基质与5-氟脲嘧啶（犬）<br>• 冷冻手术<br>• 光动力疗法<br>• 放射疗法<br>• 类视黄醇<br>• 外科手术：肿瘤切除/斑块切除 | • 每3个月复查和X线检查，持续1年，然后每6个月复查和X线检查，持续1年<br>• 限制阳光曝晒<br>• 在爪部的低色素沉着区使用防晒霜或纹身 | | • 浅表性病变预后良好<br>• 累及甲床或者足趾时预后谨慎 |
| **移行细胞癌** | | | | | | |
| **膀胱，尿道**<br>• 高转移率<br>• 细针抽吸可能会引起肿瘤细胞沿着针道附着 | • 排尿困难，血尿，尿频，PU/PD，复发性痛性尿淋沥，里急后重，尿失禁 | • 生化指标：如果在膀胱三角区则会出现氮血症指标<br>• 尿液分析：潜血↑，恶性上皮细胞<br>• 尿培养：尿路感染（UTI）<br>• 胸部X线检查：转移<br>• 双重膀胱造影：不规则或占位性病变<br>• 静脉肾盂造影，排尿性尿道造影照片或阴道X线照片<br>• 腹部超声检查：病变范围，近膀胱三角区 | • 化学疗法：顺铂（犬），卡铂，米托蒽醌<br>• NSAIDs：吡罗昔康，美洛昔康<br>• 放射疗法 | • 每6~8周进行膀胱造影术或超声检查<br>• 每2~3个月进行胸部X线检查 | • 在外科手术或活组织检查中癌细胞会移植<br>• 尿失禁，尿道或输尿管梗阻，肾衰竭 | • 预后慎重 |
| **肉瘤** | | | | | | |
| **软骨肉瘤** | | | | | | |
| **骨骼**<br>• 影响大型犬 | • 跛行，鼻分泌物<br>• 疼痛，肿胀 | • 患侧肢体X线检查：病变<br>• 胸部X线检查：转移<br>• 电脑断层扫描：病变范围<br>• 核素骨扫描：疾病分期<br>• 活组织检查：确诊 | • 化学疗法：顺铂（犬），卡铂，多柔比星<br>• 放射疗法<br>• 外科手术：肿瘤切除术，截肢术 | • 每月胸部X线检查持续3个月，然后每3个月检查一次 | • 累及脑 | • 预后不良到极好，取决于肿瘤的程度 |

6

| 癌症类型 | 临床症状 | 诊断 | 治疗 | 后续追踪 | 并发症 | 预后 |
|---|---|---|---|---|---|---|
| **鼻腔和鼻旁窦**<br>• 影响大型犬 | • 溢泪，口臭，鼻分泌物，癫痫，喷嚏<br>• 面畸形，疼痛 | • 颅骨X线检查：肿瘤，积液，尾侧鼻甲骨破坏<br>• 核磁共振成像/计算机断层扫描：筛板骨的完整性和侵害眼眶 | • 化学疗法：多柔比星<br>• 放射疗法<br>• 外科手术：肿瘤切除术/斑块切除 | • 当临床症状重复出现时，使用X线，计算机断层扫描/核磁共振成像再次检查 | | • 预后一般<br>• 脑累及的情况下预后不良（筛骨板破坏） |

**纤维肉瘤**

| 癌症类型 | 临床症状 | 诊断 | 治疗 | 后续追踪 | 并发症 | 预后 |
|---|---|---|---|---|---|---|
| **骨骼**<br>• 主要影响中轴骨骼 | • 骨折，跛行，疼痛，肿胀 | • 患肢X线检查：病变<br>• 胸部X线检查：转移<br>• 计算机断层扫描：病变范围<br>• 活组织检查：确诊 | • 化学疗法：顺铂（犬），卡铂，多柔比星<br>• 放射疗法<br>• 外科手术：肿瘤切除术，切断术 | • 每月进行胸部X线检查，持续3个月，然后每3个月检查一次 | | • 预后谨慎 |
| **牙龈** | • 血性口腔分泌物，吞咽困难，过度流涎，口臭<br>• 面畸形，牙齿松动 | • 颅骨X线检查：骨累及<br>• 活组织检查：口腔内 | • 化学疗法：多柔比星，顺铂<br>• 冷冻手术<br>• 放射疗法<br>• 外科手术：肿瘤切除术/斑块切除 | • 饲喂软食 | | • 早期监测和积极治疗则预后一般 |

**血管肉瘤**

| 癌症类型 | 临床症状 | 诊断 | 治疗 | 后续追踪 | 并发症 | 预后 |
|---|---|---|---|---|---|---|
| **骨骼** | • 骨折，跛行，苍白，肿胀 | • CBC：再生性的贫血，有核红细胞，异形红细胞病，红细胞大小不均，血小板减少，白细胞增多，蛋白下降<br>• 血纤维蛋白降解产物（FDP），凝血酶原时间（PT），部分促凝血酶原激酶时间（PTT）：值升高<br>• 纤维蛋白原：值下降<br>• 骨骼X线检查：溶解<br>• 胸部X线检查：转移<br>• 超声检查：转移<br>• 计算机断层扫描：疾病范围 | • 化学疗法：多柔比星，环磷酰胺<br>• 外科手术：肿瘤切除，切断术 | • 每3个月进行胸部X线检查和超声检查，持续1年，然后每6个月检查一次 | • 病理性的骨折<br>• 破裂的肿瘤引起出血 | • 未知 |

6

| 癌症类型 | 临床症状 | 诊断 | 治疗 | 后续追踪 | 并发症 | 预后 |
|---|---|---|---|---|---|---|
| **心脏**<br>• 肺转移，很常见 | • 呼吸困难，运动不耐受，晕厥，体重减轻<br>• 胸腹腔积液，心律失常，肝肿大，后肢轻瘫，颈静脉怒张，脉搏短缺 | • CBC：贫血，有核红细胞<br>• 生化指标：氮血症<br>• 胸部超声检查：肿瘤位置<br>• 心脏活组织检查：确诊 | • 化学疗法：多柔比星，长春新碱，环磷酰胺<br>• 心包和胸腔穿刺术<br>• 外科手术·肿瘤切除/斑块切除 | • 每月进行胸部X线检查和超声检查 | • 穿刺，外科手术并发症 | • 预后谨慎到不良 |
| **脾脏，肝脏**<br>• 快速生长和泛发型转移血管瘤 | • 共济失调，痴呆，间歇性虚脱，跛行，轻瘫，癫痫，虚弱<br>• 腹部膨大，黏膜苍白，腹腔积液，心动过速 | • CBC：非再生性贫血，多染（色）性细胞增多，网织红细胞增多，有核红细胞，红细胞大小不均，白细胞增多，中性粒细胞增多，血小板减少<br>• 生化指标：肝酶升高<br>• 血纤维蛋白降解产物（FDP），凝血酶原时间（PT），部分促凝血酶原激酶时间（PTT）：值升高<br>• 腹部X线检查：肿瘤检测，液体<br>• 胸部X线检查：转移<br>• 心脏超声检查：肿瘤位置和转移 | • 抗组胺药：苯海拉明<br>• 生物反应调节剂：左旋胞壁酰三肽磷酯酰乙醇胺（L-MTP-PE）<br>• 输血<br>• 化学疗法：环磷酰胺，多柔比星，苯丁酸氮芥，甲氨蝶呤，长春新碱<br>• 液体疗法<br>• 外科手术：脾切除术 | • 限制活动<br>• 每3个月进行胸腹部X线检查和腹部超声检查 | • 败血病<br>• 皮肤脱落<br>• 肿瘤破裂导致出血<br>• 呕吐和腹泻 | • 预后不良 |
| **淋巴肉瘤/淋巴瘤** | | | | | | |
| **猫**<br>• 最常见的部位是消化道，前部纵隔，肝脏，脾脏和肾脏 | • 取决于肿瘤形式（纵隔的，肾脏的，消化器官的，单个或多中心）<br>• 咳嗽，张口呼吸，反流，体重减轻<br>• 肾衰竭症状，肠壁增厚 | • CBC：贫血，白细胞增多，淋巴细胞增多<br>• 生化指标：↑肌酐，BUN，ALT，AST，钙<br>• 尿液分析：↑胆红素，蛋白，等渗尿<br>• 血清学：+ FeLV<br>• 钴胺素和叶酸：值降低<br>• 腹部超声检查<br>• 细胞学：骨髓，肿瘤，淋巴结<br>• 组织病理学：边缘整齐和肿瘤分级 | • 化学疗法：长春新碱，胞嘧啶阿拉伯糖苷，甲氨蝶呤，环磷酰胺，苯丁酸氮芥，L-门冬酰胺酶，多柔比星，放线菌素D<br>• 皮质激素：泼尼松<br>• 外科手术 | • 每周化学疗法前都要进行CBC检查和血小板计数 | • 白细胞减少<br>• 败血病 | • 取决于肿瘤形式 |

| 癌症类型 | 临床症状 | 诊断 | 治疗 | 后续追踪 | 并发症 | 预后 |
|---|---|---|---|---|---|---|
| **犬**<br>· 最常见于实体组织：淋巴结，骨髓和内脏器官<br>· 接触除草剂2，4-二氯苯氧乙酸会增加风险 | · 咳嗽，多涎，吞咽困难，呼吸困难，运动不耐受<br>· 前葡萄膜炎，腹水，淋巴结病，淋巴结浸润，器官巨大症 | · CBC：贫血，淋巴细胞增多，淋巴细胞减少，中性粒细胞增多症，单核细胞增多，循环未成熟细胞和血小板减少<br>· 生化指标：↑ALT，ALP，钙<br>· 超声：心脏的收缩力<br>· 腹部超声检查<br>· 细胞学：骨髓，肿瘤，淋巴结<br>· 组织病理学：边缘整齐和肿瘤分级<br>· 淋巴细胞的免疫组织化学染色 | · 化学疗法：多柔比星，长春新碱，表柔比星，环磷酰胺，L-门冬酰胺酶，甲氨蝶呤，苯丁酸氮芥<br>· 皮质激素：泼尼松<br>· 液体疗法<br>· 放射疗法<br>· 类视黄醇<br>· 外科手术<br>· 胸腹腔穿刺术 | · 白细胞计数下降或血小板计数下降的病患限制活动<br>· 化学治疗期间监测CBC和血小板计数<br>· 超声和ECG：多柔比星的心脏毒性 | · 脱毛<br>· 弥散性血管内凝血<br>· 白细胞减少和中性粒细胞减少<br>· 胰腺炎<br>· 败血病<br>· 组织脱落<br>· 呕吐和腹泻 | · 预后良好 |
| **骨肉瘤**<br>· 犬最常见的骨肿瘤，通常影响大型和巨型犬的四肢骨骼 | · 跛行，疼痛，肿胀<br>· 病理性长骨骨折 | · 患骨X线检查：骨溶解，长骨干骺端增生，软组织肿胀<br>· 核素骨扫描：骨或软组织转移疾病 | · 镇痛药：布托啡诺，吡罗昔康，芬太尼，硫酸吗啡<br>· 生物反应调节剂：左旋胞壁酰三肽磷酯酰乙醇胺（L-MTP-PE）<br>· 化学疗法：顺铂〔犬〕，卡铂，多柔比星<br>· 放射疗法<br>· 外科手术：切断术 | · 限制活动<br>· 每2~3个月 X线检查监测<br>· 化学治疗后7~10d监测CBC和血小板计数 | · 转移（检查时>90%的病例）和肥大性骨病 | · 一旦出现转移则预后谨慎 |
| **疫苗引起的肉瘤**<br>· 通常是纤维肉瘤，但可以有许多其他类型的肉瘤<br>· 最常与猫白血病和狂犬病一同发生 | · 坚实，无痛，皮下肿胀，位于先前疫苗接种部位 | · 肿瘤部位X线检查：沿着其他组织面有骨溶解或肿瘤延伸<br>· 胸部X线检查：转移检查<br>· 对比CT扫描：病变范围<br>· 活组织检查：确诊<br>· 组织病理学：边缘整齐和肿瘤分级 | · 放射疗法：多柔比星，环磷酰胺<br>· 放射疗法<br>· 外科手术 | · 每月检查1次，持续3个月，然后每3个月检查1次<br>· 在每次化学疗法前监测CBC和血小板计数 | · 复发，新的病变 | · 预后不良 |

**6**

# 眼科学

6

表 6.46　眼科学：前葡萄膜炎和白内障

| 疾病 | | 前葡萄膜炎 | 白内障 |
|---|---|---|---|
| 定义 | | 前葡萄膜炎是虹膜和睫状体的炎症。角膜溃疡，创伤，自身免疫，晶状体引发或感染可引发前葡萄膜炎，但该病也可是原发性的 | 白内障是导致眼内不透明的病理变化。包括晶状体蛋白成分或晶状体纤维断裂的变化。通常该病病因为遗传，炎症，代谢，外伤，营养或中毒 |
| 症状 | 临床表现 | • 眼睑痉挛，失明，瞬膜隆起，溢泪，食欲不振，嗜睡，瞳孔缩小，羞明，发红，流泪 | • 失明，视觉缺陷 |
| | 检查结果 | • 房水闪辉，结膜充血，张力减退，角膜水肿，纤维蛋白性渗出物 | • 房水闪辉，散瞳后晶状体中出现任何不透明体，虹膜粘连 |
| 诊断 | 初步诊断 | • 临床表现<br>• 眼科检查 | • 病史/临床表现<br>• 眼科检查 |
| | 实验室检验 | • 生化指标：球蛋白升高<br>• 血清学：弓形虫病，巴尔通体，猫白血病（FeLV），猫传染性腹膜炎（FIP），猫免疫缺陷病（FIV），猫疱疹病毒–1（FHV–1） | • 血清学：全身性真菌病，弓形虫病，猫白血病（FeLV），猫免疫缺陷病（FIV） |
| | 影像学 | • 胸部X线检查：肿瘤或真菌性疾病<br>• 腹部X线检查：肿瘤<br>• 眼部超声检查：异物和贯通创伤 | • 眼部超声检查：视网膜脱落 |
| | 方法 | • 眼压测量法：当继发青光眼时压力下降或升高 | • 视网膜电流图：视网膜萎缩的程度<br>• 前房角镜检查法<br>• 活组织显微镜检查<br>• 眼压测量法：压力下降 |
| 治疗 | 一般治疗 | • 对症治疗 | • 支持疗法<br>• 外科手术：晶体乳化法，囊外摘出术，人工晶状体植入术<br>• 激光外科手术：晶状体囊切开术 |
| | 药物治疗 | • 抗生素：克林霉素<br>• 皮质激素（全身用药）：泼尼松<br>• 皮质激素（局部用药）：1%醋酸泼尼松龙，0.1%地塞米松<br>• 散瞳–睫状肌麻痹期药：0.5%~1%阿托品<br>• 非甾体类抗炎药：0.03%氟比洛芬，1%舒洛芬，卡布洛芬，Deramaxx，美洛昔康 | • 皮质激素：1%醋酸泼尼松龙<br>• 散瞳药：1%托吡卡胺<br>• 非甾体类抗炎药（NSAIDs）<br>• 散瞳–睫状肌麻痹期药：阿托品 |
| | 护理 | • 按门诊病例对待 | • 按门诊病例对待<br>• 标准术后护理（如监测炎症）<br>• 疼痛管理 |

| 疾病 | | 前葡萄膜炎 | 白内障 |
|---|---|---|---|
| 后续追踪 | 监护 | ·开始治疗5~7d后复查，然后每2~3周复查一次<br>·监测眼压 | ·外科手术后数月内要经常检查，然后终生检查，每6个月1次 |
| | 预防/避免 | ·N/A | ·及时治疗葡萄膜炎<br>·选择育种<br>·新生儿营养均衡 |
| | 并发症 | ·失明<br>·继发性青光眼<br>·白内障<br>·眼内炎或全眼球炎<br>·虹膜萎缩<br>·晶状体脱位 | ·前葡萄膜炎<br>·角膜内皮损伤<br>·青光眼<br>·视网膜脱落 |
| | 预后 | ·取决于疾病呈现的严重程度 | ·取决于疾病的发展阶段和位置以及动物的年龄 |
| 注 | | ·**注意**：皮质激素禁用于原发性结膜炎和角膜溃疡<br>·损伤后血–房水屏障需要2个月才能完全痊愈；因此治疗需要持续2个月 | ·**注意**：区别核硬化，因其既是晶状体核透明度的增加也是正常的衰老过程<br>·糖尿病病患的用药和程序必须采取特殊考虑<br>·迷你贵宾犬，美国可卡犬，迷你雪纳瑞犬，金毛寻回犬，波士顿狸犬，西伯利亚雪橇犬，波斯猫，伯曼猫和喜马拉雅猫 |

**表 6.47 眼科学：结膜炎和眼睑内翻**

| 疾病 | | 结膜炎 | 眼睑内翻 |
|---|---|---|---|
| 定义 | | 结膜炎是眼睛黏膜，包括巩膜和眼睑内面的炎症总括。可能由感染，异物，创伤，泪液膜缺陷，化学或环境刺激，免疫介导或其他眼病引起 | 眼睑内翻是指眼睑向内翻转，从而导致睫毛或眼睑上的毛发与眼球接触 |
| 症状 | 临床表现 | ·分泌物，疼痛 | ·眼睑痉挛，失明，泪溢，脓性分泌物，视觉缺陷 |
| | 检查结果 | ·结膜水肿，充血，组织增生 | ·结膜炎，角膜破裂，角膜溃疡 |

| 疾病 | | 结膜炎 | 眼睑内翻 |
|---|---|---|---|
| 诊断 | 初步诊断 | · 病史/临床表现<br>· 眼科检查 | · 病史/临床表现<br>· 眼科检查 |
| | 实验室检验 | · 血清学：猫白血病（FeLV）或猫免疫缺陷病（FIV）<br>· 细胞学：发炎，瘤形成，病毒或衣原体感染<br>· 活组织检查：瘤形成或眼前黏蛋白缺乏 | · N/A |
| | 影像学 | · N/A | · N/A |
| | 方法 | · Schirmer泪液试验：眼泪分泌减少<br>· 荧光染色：溃疡和鼻泪管通畅<br>· 培养:细菌或真菌的分离和鉴定<br>· 眼压测量法：压力升高 | · N/A |
| 治疗 | 一般治疗 | · 对症治疗<br>· 外科手术：角膜切削术，移除异物，毛发或团块 | · 外科手术：眼睑内翻校正术，眼睑外翻缝合术 |
| | 药物治疗 | · 氨基酸：L-赖氨酸（猫疱疹病毒-1）<br>· 抗生素（全身性）：四环素，红霉素，氯霉素<br>· 抗生素（局部性）：三联抗生素，土霉素，红霉素，多西环素<br>· 抗病毒剂：曲氟尿苷，阿糖腺苷，干扰素<br>· 皮质激素（全身用药）：醋酸甲地孕酮<br>· 皮质激素（局部用药）：1%地塞米松<br>· 泪液刺激剂：透明质酸<br>· 非甾体类抗炎药 | · 抗生素（局部性）：三联抗生素 |
| | 护理 | · 用洗眼药水冲洗眼睛来移除所有的分泌物<br>· 修剪眼周围的毛发<br>· 使用伊丽莎白项圈来防止自我损伤 | · 按门诊病例对待 |
| 后续追踪 | 监护 | · 保持眼睛的清洁，移除分泌物<br>· 开始治疗后5~7d进行检查，然后按需要使用 | · 选择育种 |
| | 预防/避免 | · 疫苗接种<br>· 将患有传染性结膜炎的病患隔离<br>· 对患有疱疹性结膜炎病患的应激降到最小 | · 选择育种 |
| | 并发症 | · 角膜腐骨<br>· 睑球粘连<br>· 干燥性角结膜炎(KCS) | · 结膜炎<br>· 视觉损伤 |
| | 预后 | · 细菌性结膜炎预后极好<br>· 猫疱疹病毒，免疫介导性疾病或干燥性角结膜炎（KCS）预后一般 | · 预后良好 |
| 注 | | · **注意**：皮质激素禁用于原发性结膜炎和角膜溃疡 | · 松狮犬，沙皮犬和猎犬 |

表 6.48　眼科学：睫毛疾病和青光眼

| 疾病 | | 睫毛疾病（双行睫，倒睫和异位睫） | 青光眼 |
|---|---|---|---|
| 定义 | | 睫毛疾病是睫毛位置或形状异常。倒睫是纤毛从正常的部位向眼睛生长；双行睫是指从睑板腺和导管均生长睫毛；异位睫是指睫毛从睑板腺和眼睑结膜表面长出 | 青光眼是眼内压增加并随后会损伤视神经的疾病。慢性青光眼常常是由视网膜、视神经变性和眼积水引起 |
| 症状 | 临床表现 | • 眼睑痉挛，分泌物，泪溢 | • 眼睑痉挛，失明，瞳孔散大，泪溢，视觉损伤，瞳孔对光反应迟钝<br>• 对威胁反应弱甚至无反应 |
| 症状 | 检查结果 | • 瞳孔不等，充血，结膜水肿，疼痛，色素沉着，组织增生，血管生成 | • 眼积水，结膜充血，角膜水肿，晶状体脱位，视网膜变性 |
| 诊断 | 初步诊断 | • 病史/临床表现<br>• 眼科检查 | • 病史/临床表现<br>• 眼科检查 |
| 诊断 | 实验室检验 | | |
| 诊断 | 影像学 | • N/A | • 颅骨X线检查：真菌或肿瘤病变<br>• 眼睛超声检查：结构异常 |
| 诊断 | 方法 | • N/A | • 眼压测量法：压力升高，>25~30mmHg（犬）和>31mmHg（猫）<br>• 视网膜电描记术：视力减退 |
| 治疗 | 一般治疗 | • 外科手术：冷冻拔毛，电脱毛，睑板结膜切除术，面部褶皱切除术或内侧眼角闭合术 | • 支持疗法<br>• 对症治疗<br>• 外科手术：睫状体光凝固术，前房角植入术，眼球内修复术或摘除术 |
| 治疗 | 药物治疗 | • 抗生素（局部）：三联抗生素 | • 肾上腺能药：0.1%双特戊酰肾上腺素，0.25%~0.5%噻吗洛尔<br>• 缩瞳药：2%毛果芸香碱，地美溴铵，1%肾上腺素，0.1%盐酸双特戊酰肾上腺素或0.5%马来酸噻吗洛尔<br>• 碳酸酐酶抑制剂：醋甲唑胺，多佐胺，布林唑胺<br>• 皮质激素：地塞米松<br>• 利尿剂：20%甘露醇或甘油<br>• 前列腺素：拉坦前列素 |
| 治疗 | 护理 | • 按门诊病例对待 | • 按门诊病例对待 |
| 后续追踪 | 监护 | • 使用局部抗生素，皮质激素和/或高渗生理盐水治疗肿胀 | • 外科手术后每天2次使用温暖，潮湿的敷布敷眼睛，连续5~7d<br>• 每1~2d监测1次改善情况，持续1周<br>• 使用自律药预防性地治疗另一只眼睛 |

6

（续）

| 疾病 | | 睫毛疾病（双行睫，倒睫和异位睫） | 青光眼 |
|---|---|---|---|
| 后续追踪 | 预防/避免 | ·修剪面部和眼睛周围的毛发 | ·易患青光眼的品种每年都要进行眼科检查<br>·当1只眼睛已患青光眼时，另外1只未受影响的眼睛1年要检查2~3次 |
| | 并发症 | ·复发<br>·结膜炎<br>·角膜炎 | ·失明<br>·慢性高眼压疼痛 |
| | 预后 | ·面部皱褶切除则预后极好<br>·拔毛后预后一般到良好 | ·手术则预后一般<br>·仅用药物治疗预后不良 |
| 注 | | ·猫没有睫毛，犬正常仅在上眼睑有睫毛 | ·正常的眼压为 15~25mmHg<br>·50%的动物第二只眼睛在开始诊断的8个月内发生青光眼<br>·无论治疗与否，40%犬的患眼在1年内将会失明<br>·视力恢复可能需要长达6周 |

表 6.49　眼科学：角膜炎和干性角膜结膜炎

| 疾病 | | 角膜炎 | | 干性角膜结膜炎（KCS，干眼综合征） |
|---|---|---|---|---|
| | | 非溃疡性(慢性浅层角膜炎) | 溃疡性（角膜溃疡/糜烂） | |
| 定义 | | 角膜炎是角膜的一种炎症，可能出现角膜糜烂。它可由创伤，异物，细菌感染，刺激物，睫毛疾病，KCS，猫疱疹病毒或角膜暴露引起 | 溃疡是全层上皮损失和至少伴随一些基质损失。它可由创伤，细菌感染（假单胞菌），猫疱疹病毒，上皮营养不良，角膜干燥，神经营养性角膜炎，角膜干燥或其他疾病的并发症引起 | KCS是因正常泪液产生不足引起角膜和结膜的干燥和炎症。它被认为是泪腺的一种免疫介导疾病。长期使用磺胺类药物也可引起该病 |
| 症状 | 临床表现 | ·眼睑痉挛，羞明，第三眼睑腺脱出，斜视，擦拭眼睛，浆液性黏液脓性分泌物，流泪 | ·眼睑痉挛，泪溢，羞明，擦拭眼睛，浆液性黏液脓性分泌物 | ·眼睑痉挛，失明，揉眼睛，黏液性脓性分泌物，眼周结痂，羞明，瘙痒 |
| | 检查结果 | ·角膜水肿，充血，新生血管形成，色素沉着 | ·房水闪辉，角膜水肿，角膜混浊，结膜充血，张力减退，瞳孔缩小，新生血管形成，表面凹陷 | ·结膜水肿，角膜混浊，不透明或色素沉着，充血，浅层血管形成，结膜增厚，溃疡 |

| 疾病 | | 角膜炎 | | 干性角膜结膜炎（KCS，干眼综合征） |
|------|------|------|------|------|
| | | 非溃疡性(慢性浅层角膜炎) | 溃疡性（角膜溃疡/糜烂） | |
| **诊断** | 一般诊断 | • 病史/临床表现<br>• 眼科检查 | • 病史/临床表现<br>• 眼科检查 | • 病史/临床表现<br>• 眼科检查 |
| | 实验室检验 | • 病毒分离：猫疱疹病毒 | • 病毒分离：猫疱疹病毒<br>• 培养：细菌或真菌的分离和鉴定 | • 细胞学：细菌过度生长的严重程度 |
| | 影像检查 | • N/A | • N/A | • N/A |
| | 程序 | • Schirmer泪液试验：产生减少<br>• 细胞学检查：细菌的识别和鉴定 | • 荧光素染色：保留染色<br>• Schirmer泪液试验：>15mm/min | • Schirmer泪液试验：产生减少，<10 mm/min<br>• 荧光素染色：保留染色 |
| **治疗** | 一般治疗 | • 对症治疗<br>• 接触镜片<br>• 使用锶–90生成的β–射线进行贴近疗法<br>• 外科手术：清创术，裂伤修补术，角膜切开术，角膜切削术，表面角膜切开术或结膜瓣手术 | • 对症治疗<br>• 溃疡边缘清创<br>• 外科手术：结膜瓣，组织粘连，蒂状瓣，角膜切除术，线状角膜切开术，接触镜片和胶原蛋白眼罩 | • 对症治疗<br>• 外科手术：腮腺唾液管移位术 |
| | 药物治疗 | • 2%环孢霉素<br>• 抗生素：氯霉素，妥布霉素，红霉素，三联抗生素或庆大霉素<br>• 抗病毒药：三氟尿苷或碘苷<br>• 散瞳–睫状肌麻痹药：阿托品<br>• 皮质激素（局部）：0.1%地塞米松，1%泼尼松龙琥珀酸酯<br>• 黏液溶解剂：乙酰半胱氨酸<br>• 非甾体类抗炎药：阿司匹林 | • 抗生素（全身）：可变的<br>• 抗生素（局部）：妥布霉素，三联抗生素或庆大霉素<br>• 抗蛋白酶：乙酰半胱氨酸 | • 抗生素（局部）：可变的<br>• 人工泪液补充剂：透明质酸，羟丙基甲基纤维素<br>• 免疫抑制剂：环孢霉素，他克莫司<br>• 缩瞳剂：毛果芸香碱<br>• 黏液溶解剂：乙酰半胱氨酸 |
| | 护理 | • 作为门诊病例治疗 | • 较深溃疡时，严格限制活动以防止破裂<br>• 使用伊丽莎白项圈，以防止自我创伤 | • 定期清洁眼睛，远离排出物 |
| **后续追踪** | 监护 | • 每1~2周检查监测进展情况，直至恢复 | • 每1~2d用荧光素染色来监测愈合情况，直至可以看到改善 | • 每2~4周监测Schirmer泪液试验，直至正常<br>• 定期清洁眼睛，远离排出物 |
| | 预防/避免 | • N/A | • 短头颅品种要给予润滑油膏(犬)<br>• 继续治疗KCS | • N/A |

| 疾病 | | 角膜炎 | | 干性角膜结膜炎（KCS，干眼综合征） |
|---|---|---|---|---|
| | | 非溃疡性(慢性浅层角膜炎) | 溃疡性（角膜溃疡/糜烂） | |
| 后续追踪 | 并发症 | • 失明<br>• 干性角膜结膜炎（KCS）<br>• 溃疡性角膜炎 | • 后弹力层突出<br>• 慢性眼炎<br>• 青光眼<br>• 眼球破裂<br>• 眼内炎<br>• 失明<br>• 眼球痨 | • 溃疡性角膜炎 |
| | 预后 | • 根据疾病的严重程度可能需要终生治疗 | • 预后一般到良好：需要数周时间治愈 | • 终生治疗预后良好 |
| 注 | | | • **注意**：皮质激素禁用于原发性结膜炎和角膜溃疡 | • Schirmer泪液试验：至少湿润15mm/min<br>• 5%乙酰半胱氨酸按照1:1与人工泪液混合滴眼<br>• 可卡犬，斗牛犬，西高地白㹴，拉萨犬，迷你雪纳瑞和西施犬 |

6

表 6.50　眼科学：晶状体脱位和第三眼睑腺脱出

| 疾病 | | 晶状体脱位 | 第三眼睑腺脱出（樱桃眼） |
|---|---|---|---|
| 定义 | | 晶状体脱位是晶状体向前或向后的移动。该病通常是由青光眼，葡萄膜炎，白内障，创伤或原发性悬韧带变性引起 | 樱桃眼是因瞬膜腺在第三眼睑上吸附较弱而使其从第三眼睑前缘突出/脱出 |
| 症状 | 临床表现 | • 眼睑痉挛，溢泪，发红 | • 眼睑痉挛，分泌物，溢泪，内眦肿胀 |
| | 检查结果 | • 无晶状体新月，角膜水肿，充血，虹膜震颤，疼痛 | • 结膜炎，充血 |
| 诊断 | 初步诊断 | • 临床表现<br>• 眼科检查 | • 病史/临床表现<br>• 临床症状 |
| | 实验室检验 | • N/A | • N/A |
| | 影像学 | • 胸部X线检查：眼球瘤转移<br>• 眼部超声检查：结构畸形 | • N/A |
| | 方法 | • Wood's灯：清晰的晶状体荧光<br>• 眼压测量法：值升高 | • N/A |

| 疾病 | | 晶状体脱位 | 第三眼睑腺脱出（樱桃眼） |
|---|---|---|---|
| 治疗 | 一般治疗 | • 支持疗法（后脱位）<br>• 外科手术（前脱位）：睫状体冷冻术，眼球内容摘除术，巩膜内修复术或摘出术 | • 外科手术：瞬膜的复位和锚固 |
| | 药物治疗 | • 散瞳药：1%托吡卡胺<br>• 缩瞳药：地美溴铵<br>• 碳酸酐酶抑制剂：双氯非那胺<br>• 皮质激素（局部）：0.1%地塞米松，醋酸泼尼松龙<br>• 利尿剂：甘露醇 | • 抗生素：可变的<br>• 皮质激素（局部）：1%地塞米松<br>• 非甾体类抗炎药（NSAIDs） |
| | 护理 | • 按门诊病例对待 | • 标准术后护理 |
| 后续追踪 | 监护 | • 在24h内检查，随后经常检查，直到眼内压稳定<br>• 每3个月检查1次 | • 不允许揉眼睛/缝线 |
| | 预防/避免 | • 选择育种 | • 选择育种 |
| | 并发症 | • 葡萄膜炎<br>• 角膜水肿<br>• 瞳孔变形<br>• 失明<br>• 虹膜粘连<br>• 青光眼<br>• 视网膜脱落<br>• 玻璃体内陷入切口 | • 腺体再次脱出<br>• 手术部位感染<br>• 角膜溃疡/糜烂继发于缝线磨损 |
| | 预后 | • 手术治疗后预后良好 | • 手术治疗后预后极好 |
| 注 | | • **注意**：急性晶状体前脱位时不应该进行散瞳<br>• 贵宾犬，沙皮犬，惠比特犬，挪威猎鹿犬和小猎犬 | • 可卡犬，斗牛犬，牛头狗，比格犬，纯血猎犬，拉萨犬，西施犬和沙皮犬 |

6

# 泌尿系统

表 6.51　泌尿系统：膀胱结石，猫下泌尿道疾病和肾盂肾炎

| 疾病 | 膀胱结石（尿道膀胱结石） | 猫下泌尿道疾病(FLUTD)<br>（猫泌尿系统综合征，FUS） | 肾盂肾炎（上泌尿路感染） |
|---|---|---|---|
| 定义 | 膀胱中任何肉眼可见的结石都被称为膀胱结石。可在膀胱中任何部位 | 猫下泌尿道疾病是包括膀胱和尿道在内的下泌尿道的炎症。该病通常是特发的，但也可继发于细菌感染，结晶尿或医源性的（如尿导管插入术） | 肾盂肾炎是肾实质，收集管，输尿管和肾盂的炎症。通常用来指肾脏感染，最常见的是继发性细菌入侵 |
| 症状　临床表现 | ·排尿困难，血尿，恶臭，痛性尿淋沥，尿频 | ·无尿，排尿困难，血尿，舔舐会阴部，排尿异常，尿频，多尿 | ·食欲减退，弓背，恶病质，精神抑郁，排尿困难，血尿，嗜睡，尿液恶臭或变色，尿频，PU/PD，痛性尿淋沥，呕吐 |
| 症状　检查结果 | ·腹痛，脱水 | ·增厚，稳固收缩的膀胱壁 | ·腹部和腰部疼痛，脱水，发热，心动过速 |
| 诊断　初步诊断 | ·历史/临床表现：复发性细菌性尿路感染<br>·膀胱触诊(v) | ·病史/临床表现<br>·腹部触诊：膀胱<br>·会阴部检查 | ·病史/临床表现<br>·腹部触诊：肾脏 |
| 诊断　实验室检验 | ·生化指标：↑钾，尿素氮，肌酐和代谢性酸中毒<br>·尿液分析：↑细菌，结晶，pH改变（取决于结晶的类型）<br>·尿培养：细菌分离和鉴定<br>·胆汁酸或氨浓度：尿酸铵结石和门体分流术时升高<br>·结石分析和细菌培养：长期治疗时需要 | ·尿液分析：脓尿，↑潜血，细菌，结晶<br>·尿培养：细菌的分离和鉴定 | ·CBC：中性粒细胞增多伴随核左移(v)和非增生性贫血<br>·生化指标：↑尿酸氮，肌酐，磷和氮血症<br>·尿液分析：脓尿，↑细菌，血，蛋白，白细胞管型，晶体，↓尿密度<br>·尿培养：细菌的分离和鉴定<br>·肾盂细胞学：细菌及中性粒细胞 |
| 诊断　影像学 | ·腹部X线检查：不透X线结石<br>·造影：射线可穿透的结石和膀胱脐尿管憩室<br>·腹部超声波：结石 | ·腹部X线检查：解剖异常，结石，尿道阻塞，肿瘤或脐尿管憩室<br>·造影：尿道狭窄，肿瘤，射线可穿透的结石或膀胱脐尿管憩室<br>·腹部超声检查：解剖异常，结石，肿瘤或脐尿管憩室 | ·腹部X线检查：肾脏尺寸和轮廓变小 (v)<br>·腹部超声波：肾盂和近端输尿管膨大，肾脏尺寸及肾石病 |
| 诊断　方法 | ·N/A | ·N/A | ·肾盂穿刺 |

| 疾病 | | 膀胱结石（尿道膀胱结石） | 猫下泌尿道疾病(FLUTD)（猫泌尿系统综合征，FUS） | 肾盂肾炎（上泌尿路感染） |
|---|---|---|---|---|
| 治疗 | 一般治疗 | • 对症治疗<br>• 药物溶解（只有鸟粪石）<br>• 水压脉冲式冲洗疗法<br>• 外科手术 | • 对症治疗 | • 对症治疗<br>• 外科手术：肾切开术<br>• 碎石术 |
| | 药物治疗 | • 别嘌呤醇(尿酸铵)<br>• 抗生素：可变的<br>• 2-巯基丙酰甘氨酸（MPG）或D-青霉胺（胱氨酸）<br>• 尿液碱化剂：柠檬酸钾 | • 镇痛药：布托啡诺，丁丙诺啡<br>• 抗生素：可变的<br>• 抗胆碱能类：丙胺太林<br>• 黏多糖：葡糖胺，木聚硫钠<br>• 孟德立酸乌洛托品<br>• 酚苄明<br>• 镇静剂：地西泮<br>• 三环类抗忧郁药：阿米替林<br>• 尿液酸化剂：DL-甲硫氨酸，氯化铵 | • 抗生素：可变的 |
| | 护理 | • 提供清洁的猫砂盆或经常走动<br>• 监测无尿 | • 提供清洁的猫砂盆或经常走动<br>• 监测无尿<br>• 按门诊病例对待 | • 提供清洁的猫砂盆或经常走动<br>• 按门诊病例对待 |
| 后续追踪 | 监护 | • 监测尿液pH和尿密度<br>• 根据结石的类型进行严格的饮食限制<br>• 每月通过X线检查，尿液分析，尿培养和超声检查来监测溶解情况<br>• 外科手术移除后每3~4个月对病患监测是否复发 | • 治疗1周后进行尿液培养<br>• 通过饲喂罐装食物与水混合来增加水的摄入量，添加钾或氯化钠到食物中或皮下注射<br>• 监测雄性尿道梗阻 | • 开始治疗3~5d后和1个月后进行尿液培养<br>• 治疗结束后7d和28d各进行一次尿液分析及尿液培养<br>• 通过饲喂罐装食物与水混合来增加水的摄入量，添加钾或氯化钠到食物中或皮下注射 |
| | 预防/避免 | • 根据结石的类型进行严格的饮食限制<br>• 监测尿液pH | • 酸化或低镁食物<br>• 避免应激<br>• 鼓励多摄入水<br>• 保持猫砂盆的清洁 | • 纠正异位输尿管<br>• 鼓励多摄入水 |
| | 并发症 | • 复发<br>• 尿道梗阻<br>• 继发细菌尿路感染 | • 尿道梗阻（猫，雄性）<br>• 复发 | • 慢性肾衰竭<br>• 复发<br>• 肾石病<br>• 败血病或败血性休克<br>• 转移性感染 |
| | 预后 | • 治疗后预后极好 | • 预后极好 | • 预后一般到良好：可能会导致不可逆的肾脏损伤 |

**6**

| 疾病 | 膀胱结石（尿道膀胱结石） | 猫下泌尿道疾病(FLUTD)<br>（猫泌尿系统综合征，FUS） | 肾盂肾炎（上泌尿路感染） |
|---|---|---|---|
| 注 | • 结石和尿液pH<br>　• 鸟粪石：碱性尿<br>　• 尿酸铵和二氧化硅：中性到酸性尿液<br>　• 胱氨酸：酸性尿液<br>　• 草酸钙：任何尿液pH | | |

表 6.52　泌尿系统：肾衰竭

| 疾病 | | 肾衰竭 | |
|---|---|---|---|
| | | 急性肾衰竭(ARF) | 慢性肾衰竭(CRF) |
| 定义 | | 急性肾衰是肾脏功能的迅速下降。该病是由于肾脏过滤功能的衰竭，对液体、电解质及酸碱平衡的调节异常而导致的尿毒症毒素的蓄积。不同于慢性肾衰竭，如果诊断及时治疗合理该病是可以逆转的 | 慢性肾衰竭是肾脏功能的逐步减退而导致其数月至数年的抑制。引起的损伤是不可逆的。病因可能为家族遗传、毒素、感染、肿瘤或传染病 |
| 症状 | 临床表现 | • 食欲减退，无尿，共济失调，挫伤，腹泻，呼吸困难，嗜睡，精神抑郁，少尿，多尿，癫痫，呼吸急促，呕吐 | • 食欲减退，失明，昏迷，便秘，腹泻，嗜睡，夜尿症，PU/PD，癫痫，呕吐，脱水，虚弱和运动不耐受 |
| | 检查结果 | • 心动过缓，心脏异常，脱水，肾脏增大疼痛，口臭，低体温，触诊不到膀胱，口腔溃疡，发热 | • 腹水，脱水，口臭，口腔溃疡，小的、坚实的结节性肾脏，皮下水肿 |
| 诊断 | 初步诊断 | • 病史/临床表现<br>• 腹部触诊：肾脏 | • 病史/临床表现<br>• 腹部触诊：肾脏 |
| | 实验室检验 | • CBC：白细胞增多伴有或没有核左移(v)，淋巴细胞减少，单核细胞增多，红细胞压积增高和非再生性贫血(v)<br>• 生化指标：↑尿素氮，肌酐，磷，葡萄糖，钾，碱性磷酸酶，白蛋白，脂肪酶，钙(ARF)，↓蛋白，钙（乙二醇），氮血症<br>• 尿液分析：脓尿，细菌，结晶，↑白蛋白，葡萄糖，细胞和颗粒管型，尿密度下降<br>• 蛋白与肌酐比值：>1 (3~5 严重)<br>• 尿液培养：细菌的分离和鉴定<br>• 血气分析：代谢性酸中毒<br>• 血清学：钩端螺旋体病或埃里希体病<br>• 乙二醇浓度：+结果<br>• 活组织检查：确认，疾病的病因和严重程度 | • CBC：非再生性贫血<br>• 生化指标：↑蛋白，尿素氮，肌酐，淀粉酶，脂肪酶，磷，↓钾±钙和代谢性酸中毒<br>• 尿液分析：蛋白升高(v)，尿密度下降<br>• 蛋白与肌酐比值：确定蛋白尿和肾小球疾病的严重程度<br>• 尿液培养：细菌的分离和鉴定<br>• 肾脏活组织检查：确认，疾病的病因和严重性 |

| 疾病 | | 肾衰竭 | |
| --- | --- | --- | --- |
| | | 急性肾衰竭(ARF) | 慢性肾衰竭(CRF) |
| 诊断 | 影像学 | • 腹部X线检查：肾脏尺寸和形状，肾脏结石，腹膜炎<br>• 造影：梗阻或结构破裂<br>• 腹部超声检查：肾脏结石、肾实质和解剖结构异常 | • 腹部X线检查：肾脏尺寸和形状，肾结石<br>• 造影：梗阻或结构破裂 |
| | 方法 | • 内窥镜检查：胃溃疡<br>• 血压：高血压 | • 血压：高血压 |
| 治疗 | 一般治疗 | • 对症治疗<br>• 支持疗法<br>• 液体疗法，±钾<br>• 血液透析<br>• 腹膜透析<br>• 输血疗法<br>• 中毒解毒剂（如乙二醇）<br>• 肾移植 | • 对症治疗<br>• 支持疗法<br>• 液体疗法<br>• 血液透析<br>• 腹膜透析<br>• 输血疗法<br>• 肾移植 |
| | 药物治疗 | • 碱化剂：碳酸氢钠<br>• 合成激素：睾酮，诺龙，羟甲烯龙，司坦唑醇<br>• 抗生素：可变的<br>• 止吐药：曲美苄胺或氯丙嗪<br>• 葡萄糖酸钙<br>• 利尿剂：20%甘露醇，20%葡萄糖，呋塞米<br>• $H_2$-受体拮抗剂：西咪替丁或雷尼替丁<br>• 磷酸盐结合剂：氢氧化铝，碳酸钙，醋酸钙，Epakitin<br>• 钾补充剂：氯化钾，葡萄糖酸钾<br>• 血管扩张药：多巴胺 | • 血管紧张素转换酶抑制剂：依那普利，贝那普利，氨氯地平<br>• 碱化剂：碳酸氢钠<br>• 雄激素：司坦唑醇，癸酸诺龙<br>• 促红细胞生成素：rHuEPO<br>• $H_2$-受体拮抗剂：西咪替丁，法莫替丁，雷尼替丁<br>• 磷酸盐结合剂：氢氧化铝，碳酸钙，乙酸钙，Epakitin<br>• 钾补充剂：氯化钾，葡萄糖酸钾<br>• 维生素D：骨化三醇 |
| | 护理 | • 营养支持<br>• 监测尿量，开始1~3 mL/min<br>• 监测水合作用，体温和体重<br>• 监测红细胞压积和血液值 | |
| 后续追踪 | 监护 | • 在恢复正常之前监测血液值<br>• 营养支持<br>• 肾脏营养粮：↑欧米伽-3，欧米伽-6，热量密度，纤维，↓高质量蛋白质、磷、钠<br>• 随时供应新鲜水以增加水摄入量<br>• 皮下注射以备利尿和水合 | • 营养支持<br>• 肾脏营养粮：↑欧米伽-3，欧米伽-6，热量密度，纤维，↓高质量蛋白质，磷，钠<br>• 随时供应新鲜水以增加水摄入量<br>• 皮下注射以备利尿和水合<br>• 开始时每周监测，然后监测水合作用；根据CRF的严重程度每1~4个月监测体重和血液值 |

| 疾病 | | 肾衰竭 | |
|------|------|------|------|
| | | 急性肾衰竭(ARF) | 慢性肾衰竭(CRF) |
| 后续追踪 | 预防/避免 | • 在易患动物预防急性肾衰竭，进行预防性的液体和药物治疗<br>• 避免使用肾毒性药物<br>• 避免动物接触防冻剂<br>• 在麻醉期间维持足够的血压，特别是在长时间手术和老龄动物 | • 在易患动物预防急性肾衰竭，进行预防性的液体和药物治疗<br>• 避免使用肾毒性药物<br>• 在麻醉期间维持足够的血压<br>• 选择育种 |
| | 并发症 | • 心律不齐，充血性心力衰竭，肺水肿，尿毒症性肺炎或心跳呼吸骤停<br>• 胃肠道出血<br>• 血容量不足，败血病及死亡<br>• 癫痫发作或昏迷 | • 贫血<br>• 脱水和便秘<br>• 胃肠炎<br>• 高血压<br>• 尿毒症口炎<br>• 尿路感染<br>• 体重减轻 |
| | 预后 | • 预后谨慎至不良，取决于该病的严重程度和病因 | • 因长期的疾病进展，预后谨慎至不良 |
| 注 | | 尿量<br>• 无尿：≤0.1 mL/（kg·h）<br>• 少尿：≤0.25 mL/（kg·h）<br>• 非少尿：≥ 2 mL/（kg·h） | • 在血清尿素氮和肌酐值升高前，肾脏75%的功能已经丧失 |

**表 6.53　尿路梗阻和尿路感染**

| 疾病 | | 尿路梗阻 | 尿路感染（膀胱炎，尿道膀胱炎） |
|------|------|------|------|
| 定义 | | 尿路梗阻限制了尿液从肾至尿道外口途径的流动。梗阻物可能是血块，尿道栓塞、尿结石或脱落的组织碎片 | 尿路感染常是由于细菌导致的包括膀胱和尿道在内的下尿路炎症。该病是由尿道口上行感染或血源性的细菌感染引起 |
| 症状 | 临床表现 | • 厌食，拱背，精神抑郁，排尿困难，血尿，嗜睡，尿频，尿流变小和速度增加，痛性尿淋沥，呕吐 | • 排尿困难，血尿，恶臭，排尿异常，尿频，痛性尿淋沥，尿失禁 |
| | 检查结果 | • 腹痛，心动过缓，脱水，膀胱膨胀，体温过低，肾肿大 | • 增厚，稳固收缩的膀胱壁 |

| 疾病 | | 尿路梗阻 | 尿路感染（膀胱炎，尿道膀胱炎） |
|---|---|---|---|
| 诊断 | 初步诊断 | · 病史/临床表现<br>· 腹部触诊：肾脏及膀胱 | · 历史/临床表现：最近导尿或泌尿道手术<br>· 腹部触诊:肾脏及膀胱<br>· 直肠指检：雄性的前列腺 |
| | 实验室检验 | · CBC：±应激白细胞象<br>· 生化指标：磷，钾升高，钙降低，氮血症<br>· 尿液分析：↑尿血，尿蛋白，结晶<br>· 血气分析：代谢性酸中毒 | · 生化分析：尿素氮，肌酐升高，氮血症<br>· 尿液分析：脓尿，↑尿血，尿蛋白，细菌和尿密度<br>· 尿培养：细菌的分离和鉴定<br>· 前列腺液分析：细菌和中性粒细胞 |
| | 影像学 | · 腹部X线检查：解剖异常，膀胱膨大，结石，尿道栓塞，肿瘤或脐尿管憩室<br>· 造影：尿道狭窄，肿瘤，射线可穿透的结石或膀胱脐尿管憩室<br>· 腹部超声检查：解剖异常，膀胱膨大，结石，肿瘤或脐尿管憩室 | · 腹部X线检查：解剖异常，结石，肿瘤或脐尿管憩室<br>· 造影：射线可穿透的结石<br>· 腹部超声检查：解剖异常，结石，肿瘤或脐尿管憩室 |
| | 方法 | · 膀胱镜检查<br>· ECG：心动过缓，心房停顿 | · N/A |
| 治疗 | 一般治疗 | · 液体疗法<br>· 水压脉冲式冲洗疗法<br>· 外科手术：尿道切开术，尿道造口术 | · 对症治疗 |
| | 药物治疗 | · 抗生素：可变的<br>· 葡萄糖酸钙<br>· 碳酸氢钠 | · 抗生素：可变的 |
| | 护理 | · 监测膀胱尺寸和尿量 | · 按门诊病例对待 |
| 后续追踪 | 监护 | · 监测尿量和水合状态 | · 开始治疗后1周和1个月进行尿液培养<br>· 使患病动物能够经常到猫砂盆或室外 |
| | 预防/避免 | · 取决于梗阻的原因 | · 避免使用糖皮质激素或尿道导管插入术 |
| | 并发症 | · 再次阻塞<br>· UTI<br>· 膀胱破裂<br>· 导管插入时引起的尿路创伤 | · 肾盂肾炎<br>· 膀胱结石<br>· 复发 |
| | 预后 | · 早期发现和治疗则预后良好 | · 预后极好 |

| 疾病 | 尿路梗阻 | 尿路感染（膀胱炎，尿道膀胱炎） | |
|---|---|---|---|
| 注 | • **注意**：根据动物的危及状态，小心选择麻醉药<br>• 梗阻解除后才能进行液体治疗 | 显著的细菌计数 | |
| | | 犬 | 猫 |
| | | 膀胱穿刺：　≥1 000 | ≥1 000 |
| | | 导尿管：　≥10 000 | ≥1 000 |
| | | 排泄：　≥100 000 | ≥10 000 |
| | | 挤压：　≥100 000 | ≥10 000 |

6

# 第7章

# 急 诊

7

| 关键词和术语[a] | | 缩写 | 额外资源，页码 | |
|---|---|---|---|---|
| 外展 | 同族红细胞溶解 | ACT，活化凝血时间 | 腹腔穿刺术，427 | 营养支持，412 |
| 步行 | 流泪 | ACTH，促肾上腺皮质激素 | 血气分析，333 | 骨科检查，34 |
| 瞳孔不均 | 淋巴结病 | ANA，美国爱护动物协会 | 血压，330 | 耳镜检查，31 |
| 共济失调 | 黑粪症 | BP，血压 | 输血，365 | 氧气疗法，373 |
| 泻药 | 精神活动 | BUN，血液尿素氮 | 骨髓评估，81 | 疼痛管理，377 |
| 发绀 | 排尿 | $Ca^{2+}$，钙 | 中心静脉压，332 | 患病动物监护，330 |
| 去小脑姿势 | 眼球震颤 | cm $H_2O$，厘米水柱 | 剖宫产术，540 | 药理学，565 |
| 去大脑反应 | 少尿症 | CNS，中枢神经系统 | 胸腔引流，429 | 体格检查，16 |
| 大便困难 | 苍白 | CPCR，心肺脑复苏 | 凝血试验，113 | 脉搏血氧饱和度，461 |
| 难产 | 反常呼吸 | CRT，毛细血管再充盈时间 | 拍打胸壁，430 | 放射学，157 |
| 淤血 | 包茎嵌顿 | CT，计算机断层扫描术 | 心肺脑复苏，306 | 躺卧动物护理，345 |
| 水肿 | 人中 | CVP，中心静脉压 | 诊断性腹部灌洗，427 | Shirmer泪液测试，428 |
| 鼻出血 | 尿频 | DOCP，醋酸脱氧皮质酮 | 消毒剂，626 | 胃管，426 |
| 连枷胸 | 多饮，烦渴 | ECG，心电图 | 心电图，336 | 外科手术，519 |
| 呕血 | 多尿 | ET，气管内插管 | 内窥镜，549 | 胸腔穿刺术，429 |
| 便血 | 多涎 | Fr，型号 | 灌肠，428 | 眼压测量法，428 |
| 咯血 | 脉搏短缺 | GDV，胃扩张扭转 | 粪便检查，132 | 气管切开术，375 |
| 充血的 | 化脓的 | GIT，胃肠道 | 细针活组织检查，87 | 超声波检查，195 |
| 感觉过敏 | 希夫–谢林顿姿势 | GV，督脉 | 液体疗法，357 | 尿液分析，145 |
| 反射亢进 | 巩膜充血 | $H_2O_2$，过氧化氢 | 荧光素钠染色，428 | 导尿管维护，434 |
| 体温过高 | 败血病 | HR，心率 | 洗胃，426 | 导尿管插入术，433 |
| 张力亢进 | 斜视 | IV，静脉注射 | 保温管理，344 | 尿液收集，432 |
| 黄疸 | 痛性尿淋沥 | kg，千克 | 实验室检验，69 | 呼吸机，472 |
| 失禁 | 急重症分类 | mg，毫克 | 雾化，430 | 生命体征，17 |
| 骨内的 | | mm Hg，毫米汞柱 | 神经检查，32 | |
| 肠套叠 | | MM，黏膜 | | |
| | | MRI，核磁共振成像 | | |
| | | NPO，禁食 | | |
| | | NSAIDs，非甾体类抗炎药 | | |
| | | PCV，血细胞压积 | | |
| | | pH，酸碱度 | | |
| | | RR，呼吸频率 | | |
| | | Tb，大汤匙 | | |
| | | Tp，总蛋白 | | |
| | | URI，上呼吸道感染 | | |
| | | UTI，泌尿道感染 | | |

[a]关键词和术语的定义见第629页词汇表。

# 急救医学

急救通常发生在最不方便的时候。诊所里储备齐全的急救药物、器械和拥有受过处理急救训练的医护人员将使你的团队能够更轻松更高效地处理每一个急诊。诊所中每一位成员在处理急救病例时都应有其专门的任务。了解急救的基本内容以及能够有序地进行操作和监护能够有效的协助兽医师。本章全面介绍了急救中所需的基本物资、必要的支持和监护技术。本章还全面介绍了身体各系统的急救。

所有的诊断和治疗处方仅能够由兽医师出具。本章中的表格有助于技术人员监护动物。这样，技术人员才能够及时向兽医师提供病患的任何异常，并及时执行兽医师的治疗方案。请注意本章所提到的并不意味着是"全部包括"，我们只是强烈建议每一家诊所最好都拥有全套的急救资源。

### 表 7.1　急救必需品

在任何急救病患到达医院前，救护车应该是装备齐全并做好维护，以便及时协助兽医师及护士处理急救。每家诊所都有自己诊所偏爱的相关急救必需品，并要使急救必需品满足自己诊所的需要。下面所列项目只是必需的例子，并不包括所有。最重要的是要熟悉所选用的急救必需品。每位员工必须清楚它们的存放位置及其用途和操作，这样才能保证抢救的成功。

**救护车**
- 救护车上的物品在处理急救病例中最先被用到。这些急救物品只能用于急救病例，不能用于日常诊疗中。应该安排专职人员维护救护车中的急救物品并在有任何变化时提醒工作人员。

**必需品**

| | | |
|---|---|---|
| · 听诊器 | · 输液系统（液体以及静脉输液袋） | · 手术刀片 |
| · 各种大小的静脉留置针、帽、三通管和胶条 | · 毛剪和术前洗消液 | · 各种类型的缝合材料 |
| · 各种大小的注射器及针头（常规针头、脊髓穿刺针、骨内用针头） | · 口罩和手套 | · 各种规格的气管插管，喉头镜，局部麻醉药，绷带，套管注射器，开口器 |
| · 血液采集管 | · 最简易的手术器械包（手术刀柄，组织镊，持针钳，3把各种大小的止血钳） | · 可用为气管内注射的导尿管 |

**设备**

| | |
|---|---|
| · 除颤器 | · 心电描记器 |

**药物**

| | | |
|---|---|---|
| · 药物剂量表 | · 葡萄糖 | · 静脉输注液体（乳酸林格液，右旋糖酐70，高渗盐水，羟乙基淀粉） |
| · 阿托品 | · 地西泮（应配备有能够上锁的盒子） | · 碳酸氢钠 |
| · 氯化钙或葡萄糖酸钙 | · 肾上腺素 | · ±苯巴比妥（应配备有能够上锁的盒子） |
| · 地塞米松磷酸钠 | · 2%利多卡因 | |

**基本设备**

- 这些设备为病患提供基本的保障。由于型号规格限制及医院多处使用，这些基本装备没有必要全部装配在救护车上，但是救护人员必须清楚它们的位置，并且方便取用。

## 辅助材料

- 包扎材料
- 凝胶润滑剂
- 体温计
- 载热体

- 血压计
- 血气分析仪
- 加压输液袖带
- 静脉输液加热器

- 供氧系统（急救袋，连接氧源的加湿器）
- 脉搏血氧饱和度仪
- 雾化器

## 专门设备

- 这些设备是在特定的危急情况下使用的先进设备。由于型号规格限制及医院多处使用，这些设备没有必要全部装配在救护车上，但是救护人员必须清楚它们的位置，并且方便取用。

- 呼吸器
- 抽吸设备（抽吸管，缸，泵）

- 气管切开手术包
- 开胸手术包

- 心包穿刺手术包
- 腹腔穿刺手术包

## 药物

- 所列的药物囊括了治疗危重病患所需的绝大多数药物。通常情况下这些药物需要保持其在固定的位置，先前提到放置在急救车上的药物除外。

### 强心药

- 抗心律不齐药
  - 地尔硫卓，地塞米松磷酸钠，艾司洛尔，利多卡因，普鲁卡因胺，普萘洛尔，维拉帕米
- 利尿药
  - 呋塞米
- 正性肌力药
  - 地高辛，多巴酚丁胺，多巴胺，异丙肾上腺素

- 血管扩张剂
  - 乙酰丙嗪，肼屈嗪，硝酸甘油软膏，硝酸甘油贴片，卡托普利，地尔硫卓，硝普钠，苯磺酸氨氯地平，依那普利
- 镇静药
  - 吗啡，布托啡诺，丁丙诺啡

- 其他
  - 阿司匹林（抗栓治疗）
  - 氯化钙（心室停搏）
  - 胃长宁
  - 肝素（抗栓治疗）
  - 氯化钾（化学除颤药）

### 呼吸系统药物

- 止咳药
  - 酒石酸布托啡诺，重酒石酸二氢可待因酮，可待因，右美沙芬，特美力-p

- 支气管扩张剂
  - 胆碱能受体阻滞剂，抗组胺药，$\beta_2$-肾上腺素受体激动剂（肾上腺素、异丙肾上腺、沙丁胺醇），甲基黄嘌呤（氨茶碱）

- 兴奋剂
  - 盐酸多沙普仑，纳洛酮，育亨宾

### 胃肠道药物

- 止泻药
  - 麻醉性镇痛药
- 止吐药
  - 氯丙嗪，丙氯拉嗪，抗胆碱药，甲氧氯普胺

- 抗溃疡药
  - $H_2$-受体拮抗剂（西咪替丁、法莫替丁、雷尼替丁），抗酸剂（氢氧化镁），胃黏膜保护剂(硫糖铝)
  - 米索前列醇
- 质子泵抑制剂(奥美拉唑)
- 轻泻药
  - 灌肠剂、镁乳和甘油

- 催吐药
  - 阿扑吗啡，赛拉嗪，吐根，过氧化氢
- 保护剂/吸附剂
  - 碱式水杨酸铋，高岭土/果胶，活性炭

神经系统的药物

| | | |
|---|---|---|
| · 抗癫痫药物<br>· 地西泮，苯巴比妥 | · 肌肉松弛药<br>· 美索巴莫 | · 速效皮质类固醇<br>· 甲基泼尼松龙琥珀酸酯钠 |

眼科用药

| | | |
|---|---|---|
| · 降低眼压（眼内压，IOP）<br>· 碳酸酐酶抑制剂，马来酸噻吗洛尔，甘露醇，甘油 | · 局部麻醉剂<br>· 盐酸丙对卡因，丁卡因 | · 染色剂<br>· 荧光素试纸 |

肾脏/泌尿道药物

| | | |
|---|---|---|
| · 血管紧张素转换酶抑制剂<br>· 卡托普利，依那普利<br>· 抗利尿药<br>· 加压素 | · 钙离子通道阻滞剂<br>· 地尔硫卓，维拉帕米<br>· 利尿剂<br>· 呋塞米，20%甘露醇，葡萄糖 | · 尿液碱化剂<br>· 柠檬酸钾，碳酸氢钠（口服）<br>· 血管扩张剂<br>· 肼屈嗪，多巴胺，多巴酚丁胺 |

生殖系统药物/激素

| | | |
|---|---|---|
| · 缩宫素 | · R-胰岛素 | · Precorten（新戊酸脱氧皮质酮，DOCP) |

毒性药物——解毒药

| | | |
|---|---|---|
| · 解毒药<br>· 乙酰半胱氨酸（抗扑热息痛）<br>· 二硫基丙醇（抗砷化合物）<br>· 乙醇（抗乙二醇） | · 解磷定（抗有机磷酸盐）<br>· 甲吡唑/Antizol-Vet（抗乙二醇——仅适用于犬） | · 止血剂<br>· 维生素$K_1$<br>· 抗组胺药<br>· 苯海拉明 |

**表 7.2　电话评估及紧急运输建议**

　　当客户遇到紧急情况进行电话咨询时，询问具体的问题并建议饲主如何评估动物状况，提供最初的治疗方案，能否移动动物是非常重要的。开始评估之前，询问饲主和动物是否在安全的地方。在任何创伤的紧急情况下，如果动物没有表现呼吸窘迫且黏膜颜色粉红则建议给其带上口罩。如果动物有攻击性或操作会带来其他应激，则下面所列建议应做变动。始终要询问饲主最期望的到达时间。这将使工作人员在他们到达之前做好必要的充分准备。

　　处理紧急情况的目标是使饲主和动物的应激减到最小。多次询问问题以保持对沮丧和心烦意乱的饲主的关注。无论损伤情况如何，只要饲主认为是紧急情况，就必须按照急救方式处理。

| 向客户询问现场问题 | 建议 |
| --- | --- |
| 损伤的性质是什么？ | • 让饲主对损伤性质和程度做出快速的评估。根据这一信息，再进一步询问问题 |
| 创伤性的 | |
| • 被车撞，中毒，癫痫发作，溺水，跌倒，裂伤，骨折和眼部损伤 | |
| • 您的动物清醒还是昏迷？<br>• 您的动物对您的指令有反应吗？ | • 如果动物昏迷，需要快速地评估呼吸和循环情况 |
| • 您的动物是否有呼吸？<br>• 您的动物是否呼吸困难？ | • 呼吸困难的动物在运输过程中应限制移动并保持舒适的姿势<br>• 没有呼吸的动物在运输过程中应进行嘴－鼻复苏和胸腔按压。幸运地是，如果最初是因血管迷走神经反射引起的则可以通过上述方法刺激自主呼吸<br>• 见技能框7.3 心肺脑复苏（CPCR），第306页 |
| • 您的动物黏膜是什么颜色？ | • 将动物的黏膜与您自己的做比较——它们的更白，更蓝或更红<br>• 如果呈白色或蓝色，评估呼吸和循环<br>• 触摸胸壁，检查心跳或感觉颈静脉搏动 |
| • 您的动物有无外出血？<br>• 有无脉搏？ | • 直接按压出血点并抬举，使其高于心脏<br>• 动脉搏动性出血时用牵绳或绳索作为止血带环扎损伤部位的近侧 |
| • 您的动物是否有肢体呈异常姿势？<br>• 它是否跛行或某条腿不能负重？ | • 托扶住肘关节或跗关节以下的骨折<br>• 使用报纸卷、杂志卷、板或纸板结合织物或胶带固定骨折患肢<br>• 如果引起其他应激，则轻轻地将动物移到厚厚的织物上或板上（薄木板或纸板） |
| 急性 | |
| • GDV，中毒，GIT梗阻，荨麻疹，疫苗反应，呼吸系统并发症 | |
| • 您的动物是否癫痫？ | • 如果为糖尿病，口服给予卡罗糖浆<br>• 为保护饲主和动物，在大毛巾中运输；在运输过程中只是松松地包裹动物，以避免体温过高 |
| • 您的动物有无腹部膨胀？ | • 避免压迫腹部<br>• 在运输过程中不要让动物进食或进水<br>• 如果不能走动，将其放在厚织物或板（薄的木板或纸板）上运输 |

| | |
|---|---|
| • 您的动物是否吃过有毒的东西？如果吃过，什么时间？ | • 将毒素移开<br>• 带来任何剩余物质和/或包装，呕吐物或粪便<br>• 如果没有表现其他症状，打电话给毒物控制中心，如可能，则进行催吐（如过氧化氢）<br>• 见技能框7.1，第303页和第17章药理学，第593页 |
| • 您的动物是否呕吐或有过腹泻？ | • 带来样品 |
| • 您的动物是否作呕/干呕？ | • 试图使动物舒服并减少这些症状 |
| • 您的动物是否窒息？ | • 如果可能，观察口腔内，并移除梗阻<br>• 将您的手掌放在肩胛骨间并做一快速短促的挤压<br>• 进行改良的海姆利希（Hrimlich）程序——将动物放在您旁边，头朝前，手臂放于腹部，拳头紧贴肋骨后缘，快速向内猛推腹部3~5次，检查口腔有无异物，如果必要再重复1~2次 |
| 慢性 | |
| • UTI，窝咳，URI | |
| • 您的动物排尿能力如何？ | • 避免挤压腹部 |
| • 您的动物是否咳嗽？ | • 一旦到达诊所，登记的时候将您的动物留在车里 |
| • 您的动物正分娩吗？ | • 将已出生的新生儿放到有加热设备的箱子里（暖水瓶或加热垫裹在毛巾里）<br>• 轻轻地移动母畜，因为它有可能不舒服 |

**技能框 7.1　在家催吐**

　　催吐是异物或毒素摄入最常见的治疗方法。然而，在给出该建议前或执行此方法前都必须仔细护理，因为相对于让动物消化或排除物品来说，通过催吐将物品带出具有更大的危险性。例如，碱、酸、腐蚀剂、石油产品或碳氢化合物都不应被排出，先前存在如癫痫、心血管疾病、虚弱或近期做过腹腔手术或有潜在胃扭转的疾病时应避免催吐。准确信息最好的资源之一是毒物控制中心或中毒控制中心。

　　在家进行催吐最好使用过氧化氢（$H_2O_2$），摄入后2~3h内将40%~60%的胃内容物排出。3%的$H_2O_2$产生轻微的胃刺激导致呕吐。浓度过高或过量将会导致严重的胃炎，尤其是猫。经过2次给予后仍未呕吐，则应带动物就诊，给予阿扑吗啡和/或其他治疗。

$H_2O_2$剂量
每磅1mL（1tsp），最大量为45mL（3Tb）
该剂量可以在10min内重复1次。

在家成功催吐的小技巧
1. 确定$H_2O_2$浓度为3%。
2. 确定$H_2O_2$没有过期。
3. 喂食一点小食物，如1~2片面包。
4. 给予$H_2O_2$。
   a. 与等量的牛奶或冰激凌混合（1 Tb. $H_2O_2$ +1Tb. 牛奶）。
   b. 使用液体喂药注射器，运动喷瓶或滴管。
5. 使动物运动（如衔回，快速走动）。

# 急重症分类

当患有危及生命病情的动物前来就诊时，成功的抢救包括医院设备、有效的团队工作、熟练的急重症分类技能以及对初始检查异常的快速反应。急重症分类是动物急救中必须优先考虑的最关键问题。这一过程开始于机体三大主要系统的评估：呼吸系统、心血管系统和神经系统。快速的初始检查将确保在再次检查中仍可以使用最好的治疗方法。

初始检查是一个简单的体格检查。确定许多细节的同时更快地获得信息。即使有明显的令人担忧的损伤，但在其他损伤处理之前，动物必须保持稳定的心血管和呼吸系统功能。从你靠近动物开始评估，评估其呈现的临床症状。接着，处理任何动脉血管损伤。随后，通过听诊器评估动物的呼吸状态及心脏功能。如果听不到任何呼吸音，尽快通过气管内插管或气管切开术来补充氧气。胸廓两侧都应该能够明确的听到清晰的心音，并结合外周脉搏来进行评估。还要评估动物的毛细血管再充盈时间、黏膜的颜色和体温。任何异常都应该被及时处理（如心肺脑复苏、给药、除颤器等）以便稳定动物的状态。中枢神经系统也应该通过瞳孔反应、瞳孔位置、瞳孔反射以及呈现的临床症状来评估。

**表 7.3　初始检查**

| 临床症状 | 体格检查 | 原因 | 立即采取的措施 |
|---|---|---|---|
| **呼吸系统** | | | |
| • 气喘（猫）<br>• 反常呼吸<br>• 张口呼吸<br>• 咳嗽<br>• 呼吸速率升高或下降<br>• 头部或颈部伸展伴随肘部外展<br>• 鼻潮红 | • 没有气体通过<br>• 吸气音或呼气音增大<br>• 呼吸模式改变<br>• 呼吸费力，呼吸困难<br>• 黏膜颜色改变 | • 呼吸窘迫<br>• 完全或部分阻塞<br>• 上呼吸道创伤或破裂<br>• 气胸<br>• 血胸<br>• 肺挫伤<br>• 膈疝<br>• 连枷胸 | • 氧气疗法<br>• 经口或斜线气管切开术插管<br>• 手工或改良的海姆利希（Hrimlich）法移除异物<br>• 心肺脑复苏 |
| **心血管系统** | | | |
| • 外出血<br>• 气喘<br>• 虚弱，虚脱<br>• 腹部膨胀<br>• 咳嗽、活动或锻炼时恶化 | • 黏膜颜色和湿度变化<br>• 毛细血管再充盈时间延迟<br>• 脉搏的存在和强度<br>• 心率及节奏<br>• 体温过高或体温过低<br>• 四肢冰冷<br>• 肺听诊区有捻发音 | • 动脉或静脉损伤<br>• 心力衰竭<br>• 血栓栓塞<br>• 胸腔积液<br>• 肺水肿 | • 止血<br>• 氧气疗法<br>• 心肺脑复苏<br>• 胸腔穿刺术/心包穿刺术<br>• ECG监护 |

| 临床症状 | 体格检查 | 原因 | 立即采取的措施 |
|---|---|---|---|
| **中枢神经系统** | | | |
| · 意识水平<br>· 头部姿势<br>· 步行<br>　· 严重的前肢末端僵直和后肢末端无<br>　　力：希夫–谢林顿姿势<br>　· 全身虚弱/轻瘫 | · 瞳孔反应、大小以及位置<br>· 眼位：斜视，眼球震颤<br>· 运动反射<br>· 疼痛反应<br>· 体温过高<br>· 张力亢进<br>· 亢进 | · 热创伤<br>· 中毒<br>· 脊髓损伤<br>· 癫痫<br>· 感染：细菌、寄生虫<br>· 前庭综合征 | · 氧气疗法<br>· 抗惊厥药 |
| **身体状况** | | | |
| · 撕裂<br>· 骨折/排列错乱<br>· 眼部损伤<br>· 腹部膨胀<br>· 烧伤 | · 形态和肢体角度变化<br>· 疼痛反应<br>· 出血性软组织伤口 | · 创伤 | · 氧气疗法<br>· 镇痛药<br>· 伤口护理：用无菌水溶性润滑剂和无菌敷料保持湿润<br>· 骨折：剪毛，检查，固定 |

**技能框 7.2　止血**

　　控制出血是预防休克的第一道防线，以便使病患维持充足的血容量。开始，直接用手指压迫出血点来进行止血。可以通过环绕创伤部位近端或施加压力从而对创伤处（或一条肢体或尾部）提供直接的压力。应使用无菌敷料避免创伤污染。可以使用压迫绷带进行止血。如果绷带被浸湿，则应在上面再缠绕一层。由于止血带在数分钟内即可导致组织和神经的坏死，所以应尽量避免使用。对于动脉出血，可能的情况下应钳夹动脉并结扎。如果条件不允许，根据所危及的动脉，按照下述技术之一直接在压迫点按压。

| 出血部位 | 压迫止血点 | 出血部位 | 压迫止血点 |
|---|---|---|---|
| · 上颌动脉 | · 下颌骨相邻的深部和腹侧部位 | · 腹股沟动脉 | · 后腹部 |
| · 肱动脉 | · 腋窝 | · 末梢动脉 | · 血压计袖带置于伤口近端，并施加200mmHg的压力 |
| · 股动脉 | · 腹股沟的，股骨沟部 | | |

**技能框 7.3 心肺脑复苏（CPCR）**

CPCR最好是在一个可调节高度的坚固桌子上进行。根据动物的大小和工作人员的多少，可能提供一张凳子是必要的或在地板上实施复苏。手术准备台不应用来实施CPCR，因为它不能提供胸腔和腹腔压迫所需的对抗压力。下面的步骤应该被分配到各个小组成员，以便动物的复苏尽可能顺畅彻底进行。

**A. 气道**

急救团队随时都处于战备状态。

评估气道。

- 伸展病患的头部和颈部，向前拉舌；用手或抽吸器清除所有碎片。
- 通过气管内插管或斜线气管切口术来建立畅通的气道。

**B. 呼吸**

评估呼吸。

- 确定呼吸暂停。
- 经呼吸袋或用100%纯氧以150 mL/（kg·min）速率通过麻醉机进行机械通气。
  - 开始每2s呼吸2次。
  - 重新评估自主呼吸。
  - 如果还没有自主呼吸，继续以12~20次/min（1次/3~5s）维持机械通气并且尝试针刺来刺激呼吸（将25G针头刺入鼻子下方的正中线[人中]的穴位来刺激督脉［GV］26。穿透皮肤及皮下组织2~4mm。在穴位处上下旋转针头以刺激位点）。
  - 每次呼吸呼气应略长于吸气，压力计的压力读数：
    - 犬的压力：≤20cm $H_2O$
    - 猫的压力：≤15cm $H_2O$

**C. 循环**

评估循环功能。

- 确定没有心搏动和外周脉搏。
- 体外心脏按压。
- 提供约30%的正常心排血量。
  - 在此过程中应反复检查股动脉或颈动脉脉搏。
  - 动物称重<7kg：动物右侧卧，用1只或2只手在第3~5肋间隙开始按压。
  - 动物称重>7kg：动物右侧斜卧或仰卧，用手掌在胸廓远端1/3处开始按压。
    - 使用足够的压力，使胸腔缩小30%。
    - 每次或每隔一次按压给予换气一次。
    - 胸腔按压之间进行腹腔按压。
  - 一个人：5次加压，然后1次换气。
  - 两个人：1次加压，然后1次换气。
  - 三个人：1次加压，1次换气，然后1次腹部按压。
- 胸腔内心脏按压。
  - 提供60%~90%更有效的脑以及冠状动脉灌注。
  - 肋骨骨折、胸腔积液、气胸、心包填塞、膈疝、连枷胸情况下的首选方法。
  - 如果5min仍未见到有效组织灌注则开始采取此法。

- 如果10min仍未恢复自主节律则开始采取此法。
  - 将使用手掌和手指来使心脏以有节律的方式搏动。
  - 病患左侧卧，在第5至第6肋间隙进行胸廓切开术。
D. **药物**（阿托品，肾上腺素，利多卡因，纳洛酮，氯化镁）
E. **全面体检对病患进行评估**
   ECG
F. **控制心房颤动**
   液体

表7.4　再次检查

　　初始检查后，将病患分列为稳定、潜在的不稳定或不稳定。根据这一分类，进行重要功能的复苏和危及生命问题的稳定。病患一旦稳定，应获得详细的既往史和现病史，进行体格检查和收集实验室数据。其次是重新评估原来的治疗。

| 再次检查 | 病史和方法 |
| --- | --- |
| 既往史 | · 用药情况<br>· 药物治疗<br>· 过敏史<br>· 疫苗接种史<br>· 先前输液史 |
| 现病史 | · 现病史<br>· 动物发病时间<br>· 症状的时间表和进展<br>· 潜在的创伤<br>· 衰弱、虚弱或运动能力的病征<br>· 神经行为异常体征<br>· 旅行史<br>· 接触其他动物<br>· 异食 |
| 体格检查 | · 生命体征<br>· 评估不涉及的器官系统<br>· 见第2章体格检查，第16页 |
| 统计实验室数据 | · PCV，TP<br>· 化学指标和电解质<br>· 全血细胞计数<br>· 尿液分析 |

表 7.5  休克

休克通常是血氧输送不良的结果。无论哪种形式的休克，治疗目的都是要优化血氧输送。提高血氧输送最有效的方法是通过补液使前负荷完善，以提高心排血量。

| 紧急情况 | | 低血容量休克 | 心源性休克 | 脓毒性休克 |
|---|---|---|---|---|
| 定义 | | 血容量减少导致组织再灌注不良 | 心排血量不足导致组织再灌注不良 | 细菌或细菌内毒素释放导致循环障碍 |
| 病因 | | 出血，体液丢失（如烧伤、呕吐、腹泻、尿量增多），静脉回流不畅（如GDV），严重的胃肠道出血，严重的鼻出血，阿狄森危象（如低血压） | 心肌病，心脏栓塞，心律不齐，犬恶丝虫病，肺动脉高压，肺动脉栓塞，心包疾病，心力衰竭，心脏瓣膜疾病与代偿失调 | 胃肠道损害/破裂，尿路感染(UTI)，脓毒性腹膜炎，肺炎，细菌性心内膜炎，咬伤，骨髓抑制，前列腺炎 |
| 症状 | 临床症状 | • 肌无力，精神沉郁 | • 肌无力或衰竭，精神沉郁，咳嗽，呼吸困难 | • 极度虚弱，精神沉郁 |
| | 初始检查结果 | 代偿期：洪脉，四肢冷厥，黏膜苍白或潮红，高血压，毛细血管再充盈时间延迟，心动过速，呼吸急促<br>失代偿期：低血压，低体温，精神状态萎靡，少尿，黏膜苍白或暗淡，毛细血管再充盈时间延迟，外周脉搏减弱，心动过速或心动徐缓 | 心音异常（如奔马音、心杂音），心律失常，心包填塞（心动过速，弱脉，肝肿大，颈静脉怒张），四肢冷厥或体温过低，呼吸困难或呼吸急促，肺呼吸音粗厉或有捻发音，黏膜苍白或发绀，毛细血管再充盈时间延迟，心率和呼吸频率异常，股动脉微弱，脉搏短缺 | 代偿期：洪脉，呼吸困难或呼吸急促，黏膜充血潮红，高血压，精神沉郁，发热，毛细血管再充盈时间缩短（<1s），心动过速，虚弱<br>失代偿期：四肢冰冷，胃肠道出血（呕血，便血），黏膜苍白，毛细血管再充盈时间延迟，外周性水肿，淤血，外周脉搏弱，心动过速或心动过缓，呼吸急促 |
| 准备 | 设备 | • 救护车<br>• 基本的急救设备<br>• 专门的急救设备 | • 救护车<br>• 基本的急救设备<br>• 专门的急救设备 | • 救护车<br>• 基本的急救设备<br>• 专门的急救设备 |
| | 药物 | • 血液血浆输注<br>• 正性肌力药<br>• 甾类激素治疗（短效）<br>• 血管加压剂<br>• IV晶体液/胶体液 | • 抗心律不齐药<br>• 利尿药<br>• 正性肌力药<br>• 血管扩张剂 | • 抗生素<br>• 血液/血浆输注<br>• 正性肌力药<br>• 碳酸氢钠<br>• 类固醇<br>• 血管加压剂 |

| 紧急情况 | | 低血容量休克 | 心源性休克 | 脓毒性休克 |
|---|---|---|---|---|
| 诊断/治疗 | 操作 | ·BP<br>·CVP<br>·ECG<br>·内窥镜检查<br>·止血<br>·影像学：<br>　·胸部X线片<br>　·±腹部X线片<br>　·超声检测术<br>·实验室检查：<br>　·ACT<br>　·血气分析<br>　·凝血功能<br>　·统计实验室数据<br>·氧气疗法<br>·胸腔或腹腔穿刺术 | ·BP<br>·CVP<br>·ECG<br>·影像学：<br>　·胸部X线片<br>　·超声心动描记术<br>·实验室检查：<br>　·血气分析<br>　·统计实验室数据<br>·氧气疗法<br>·心包穿刺术<br>·脉搏血氧测定 | ·腹腔穿刺术，关节穿刺术<br>·BP<br>·CVP<br>·ECG<br>·内窥镜检查<br>·影像学：<br>　·胸部X线片<br>　·超声心动描记术<br>　·超声检测术<br>·实验室检查：<br>　·ACT<br>　·血培养<br>　·血气分析<br>　·凝血功能<br>　·统计实验室数据<br>·氧气疗法<br>·手术<br>·创伤护理 |
| 病患护理 | 监护 | ·全身性：大体行为，肌肉强度，体温<br>·呼吸系统：RR和用力情况，肺呼吸音，潮气量，呼吸模式，SpO$_2$<br>·心血管系统：HR及节律，BP，黏膜，CRT，ECG，CVP<br>·肾脏：尿量<br>·实验室检查：PCV，TP，电解质，BUN，肌酐，肝脏酶，血气分析，乳酸 | ·全身性：大体行为，肌肉强度，体温<br>·呼吸系统：RR和用力情况，肺呼吸音<br>·心血管系统：HR及节律，BP，黏膜，CRT，CVP，ECG，SpO$_2$<br>·肾脏：尿量<br>·实验室检查：PCV，TP，电解质，BUN，肌酐，肝脏酶，血气分析 | ·全身性：大体行为，肌肉强度，体温<br>·呼吸系统：RR及用力情况，肺呼吸音<br>·心血管系统：HR及节律，BP，黏膜，CRT，CVP，ECG，SpO$_2$<br>·肾脏：尿量<br>·实验室检查：PCV，TP，电解质，BUN，肌酐，肝脏酶，血气分析 |

**7**

**表 7.6　心血管急救**

| | | |
|---|---|---|
| **紧急情况** | | • 心房或心室中隔缺损，心跳骤停，心律不齐，心脏撕裂，心肌病，后腔静脉综合征，充血性心力衰竭，犬恶丝虫病，高血压，传染性心内膜炎，严重腹水，主动脉瓣狭窄，法乐四联症，血栓栓塞，三尖瓣发育不良，瓣膜，填塞或心包疾病 |
| **症状** | **临床症状** | • 腹部膨胀，焦虑，精神沉郁，运动不耐受，头部伸展 ± 咯血，嗜睡，急性失明，不愿保定/移动，突然跛行，昏厥，虚弱/衰竭，腹式呼吸，呼吸困难 ± 咳嗽或低沉声音，张口呼吸，呼吸急促 |
| | **初始检查结果** | • 腹部水肿，腹水，四肢冰冷，瞳孔散大，衰弱，沉闷的心音，粗糙的肺呼吸音，CRT延迟，心律失常，颈静脉怒张，杂音，黏膜苍白或发绀，心动过速伴随弱或洪脉，肝肿大，脱水，低血压，少尿 |
| **准备** | **设备** | • 基本救护车设备<br>• 专门救护车设备<br>• 放射摄影术 |
| | **药物** | • β–阻断剂　　　　　　　　　• 镇静药<br>• 利尿药　　　　　　　　　　• 血管扩张剂<br>• 钠内流抑制剂　　　　　　　• 拟交感神经药<br>• 正性肌力药 |
| **诊断/治疗** | **操作** | • 双侧胸腔穿刺术或心包穿刺术（伴有心电图监护）<br>• CVP<br>• 脉搏血氧饱和度<br>• ECG<br>• 实验室检查：<br>　• 统计实验室数据<br>　• 动脉血气分析<br>　• 血培养（心包液）<br>• 影像学：<br>　• 胸部X线照片<br>• 氧气疗法和正压通气 |
| **病患护理** | **监护** | • 全身性：体温，体重，疼痛管理，病患处理最小化，周围环境安静，支撑胸骨，提升头部和颈部，以促进脑血流，加热使四肢变暖<br>• 呼吸系统：RR和用力情况，肺呼吸音<br>• 心血管系统：HR及节律，脉率和性质，股动脉搏动（猫），BP，黏膜，CRT，ECG，CVP，胸部X线照片<br>• 肾脏：尿量和水合作用<br>• 实验室检查：电解质检查，尿素氮，肌酐，血气分析 |

**表 7.7  环境因素所致急救**

| | | | |
|---|---|---|---|
| **紧急情况** | | | · 溺水，触电，冻伤，中暑，体温过低 |
| **症状** | **临床症状** | | · 共济失调，烧伤，衰弱，腹泻，鼻出血，呕血，便血，咯血，多涎，倦怠，意识丧失，平滑肌瘤，寒战，呕吐，呼吸困难，湿性咳嗽，癫痫发作 |
| | **初始检查结果** | | · 体温过高或低，低血压，局部肿胀，口腔敏感，淤血，组织坏死，肺水肿，呼吸停止，心脏病，心律失常，黏膜苍白或发绀，心动过速或心动过缓，脉弱或数脉 |
| **准备** | **设备** | | · 基本救护车设备<br>· 放射摄影术 |
| | **药物** | | · 抗生素<br>· 抗惊厥药<br>· 支气管扩张药<br>· 利尿药<br>· 胃黏膜保护剂<br>· 类固醇 |
| **诊断/治疗** | **操作** | | · ECG<br>· 影像学：<br> · 胸部X线照片<br>· 实验室检查：<br> · 统计实验室数据<br> · 凝血功能<br> · 血气分析<br>· 插管法以及呼气末正压通气<br>· 氧气疗法<br>· 温度控制 |
| **病患护理** | **监护** | | · 全身性：疼痛管理，营养支持<br>· 呼吸系统：RR和用力情况<br>· 心血管系统：HR和节律，BP，ECG<br>· 肾脏：尿量<br>· 实验室检查：血气分析 |

表 7.8　胃肠道急救

| 紧急情况 | | · 急性胃炎，急性肝病，急性肠套叠，急性胰腺炎，肠穿孔，便秘，消化道异物/梗阻，胃扩张扭转，出血性胃肠炎，寄生虫感染，毒物，直肠脱垂，胃十二指肠溃疡 |
|---|---|---|
| 症状 | 临床症状 | · 腹部膨胀/疼痛，焦虑，腹泻，大便困难，便血，多涎，嗜睡，黑粪症，干呕，以爪子抓嘴，烦渴，烦躁不安，呕吐（呕血） |
| | 初始检查结果 | · 发绀，腹腔静脉扩张，瘀斑，口臭，过热，脐带出血，瘀点，股动脉搏动减弱，脉搏虚弱或数脉，CRT↓，脱水 |
| 准备 | 设备 | · 基本救护车设备<br>· 内窥镜检查<br>· 放射摄影术<br>· 超声检查法 |
| | 药物 | · 镇痛药　　　　　　　　　　　　· 葡萄糖<br>· 抗酸药　　　　　　　　　　　　· 胃黏膜保护剂<br>· 抗生素　　　　　　　　　　　　· 蠕动调节剂<br>· 止泻药　　　　　　　　　　　　· 血浆疗法<br>· 止吐药　　　　　　　　　　　　· 镇静 |
| 诊断/治疗 | 操作 | · 腹腔穿刺术 ± 诊断性腹腔冲洗<br>· CVP<br>· 实验室检测：<br>　· 统计实验室数据<br>　· ACT<br>　· 凝血功能<br>　· 粪便分析（直接法，漂浮法，细小病毒检查）<br>　· 尿液分析<br>· 影像学：<br>　· 腹部X线照片<br>　· 超声检查法<br>　· 内窥镜（异物取出）<br>· 剖腹术 |
| 病患护理 | 监护 | · 全身性：疼痛管理，禁食数小时到数天后逐渐给予清淡食物，每2~4h给侧卧的病患翻一次身，如果担心病患出现逆流或误吸，可将病患颈部轻微地抬高<br>· 呼吸系统：RR和用力情况<br>· 心血管系统：HR及节律，脉率及强度，BP，黏膜，CRT，ECG，CVP<br>· 肾脏：尿量，水合作用<br>· 实验室检查：PCV，TP，电解质类，尿毒氮，淀粉酶，脂肪酶，血糖，白蛋白，白细胞计数 |

**7**

**表 7.9 血液学急救**

| 紧急情况 | | · 贫血，出血，免疫介导性血小板减少症，凝血紊乱 |
|---|---|---|
| 症状 | 临床症状 | · 食欲减退，衰弱，鼻出血，运动不耐受，跳蚤/蜱，便血，挫伤，血肿，咳血，出血，嗜睡，黑粪症，肌肉萎缩，异食癖，晕厥，虚弱，体重减轻，血尿 |
| | 初始检查结果 | · 淤血，牙龈出血，体温过低，黄疸，关节疼痛或肿胀，淋巴结病，器官巨大症，苍白，瘀点，呼吸困难，杂音，心动过速，弱脉/细脉或洪脉 |
| 准备 | 设备 | · 基本护车设备<br>· 专门救护车设备<br>· 放射摄影术<br>· 超声检查法 |
| | 药物 | · 抗凝血剂<br>· 抗寄生虫药<br>· 血液制品<br>· 化疗药物<br>· $H_2$-阻断剂<br>· 质子泵抑制剂<br>· 类固醇<br>· 维生素K |
| 诊断/治疗 | 操作 | · BP<br>· 骨髓活组织检查<br>· 影像学：<br>  · 胸部和腹部X线照片<br>  · 超声检查法<br>· 实验室检查：<br>  · 统计实验室数据<br>  · 网状细胞计数<br>  · 骨髓评估<br>  · 库姆斯试验<br>  · 凝血功能<br>  · 粪便分析<br>  · 出血时间测试<br>  · ANA 效价<br>  · 冯-维勒布兰德测试<br>· 氧气疗法 |
| 病患护理 | 监护 | · 全身性：体温<br>· 呼吸系统：RR和用力情况，肺呼吸音<br>· 心血管系统：HR和节律，BP，CVP，$SpO_2$<br>· 实验室检查：PCV，TP，尿液分析，ACT |

表 7.10　代谢及内分泌急救

| 紧急情况 | | • 糖尿病，糖尿病酮症酸中毒，高血钙或低血钙症，高血钾或低血钾症，高血钠或低血钠症，肾上腺皮质功能减退（阿狄森氏），低血糖症，代谢性酸中毒，代谢性碱中毒，甲状腺毒症 |
|---|---|---|
| 症状 | 临床症状 | • 食欲减退，共济失调，昏迷，腹泻，干燥或鳞状的皮肤，多涎，Kussmaul氏呼吸，嗜睡，肌肉震颤，气喘，跖行站姿，烦渴，多食，多尿，坐立不安，癫痫发作，呕吐，衰弱，体重减轻 |
| | 初始检查结果 | • 失明，上腹部痛，体温过高或过低，酮病呼吸，肌肉萎缩，严重的精神沉郁，体重减轻，脱水，低血压 |
| 准备 | 设备 | • 基本救护车设备<br>• 血糖监测仪<br>• 电解质分析（如Vet Test，I-stat） |
| | 药物 | • 止吐药<br>• 抗炎药<br>• 骨再吸收抑制剂<br>• 葡萄糖<br>• 利尿药<br>• 输液疗法(±碳酸氢钠，葡萄糖或电解质类)<br>• 胰岛素疗法（开始治疗前将30~50mL胰岛素黏附到塑料的冲洗管）<br>• 盐皮质激素类（如氟氢可的松，拍科登-v[去氧皮质酮]）<br>• 补充<br>　• 钙离子<br>　• 磷<br>　• 钾 |
| 诊断/治疗 | 操作 | • 实验室检验：<br>　• 统计实验室数据<br>　• 促肾上腺皮质激素刺激试验<br>• ECG |
| 病患护理 | 监护 | • 全身性：精神状态和神经状态，体温，体重，疼痛管理<br>• 呼吸：RR和用力情况，肺呼吸音<br>• 肾脏：尿量<br>• 实验室检查：PCV，TP，电解质类，尿素氮，肌酐，血糖，钙离子，磷，血气分析，尿液分析 |

7

表 7.11　新生幼畜急救

| 紧急情况 | | •结膜炎，脱水，严重皮炎，吞咽困难，低血糖症，低体温，缺氧，传染病，肠套叠，新生幼畜蜂窝织炎，新生幼畜同族红细胞溶血症，严重的寄生虫感染，败血症，脐带感染 |
|---|---|---|
| 症状 | 临床症状 | •食欲减退，胃气胀，嗷叫，精神沉郁，腹泻，直肠水肿，面部肿胀，发热，嗜睡，跛行，肌张力差，松弛，震颤，不活泼，呕吐，体重减轻，癫痫发作 |
| | 初始检查结果 | •昏迷，深部脓皮病，胃肠道麻痹，低体温，淋巴结病，黏膜苍白、灰色或发绀，可触及的肠套叠，肠鸣音弱，呼吸减弱，心动过速或心动过缓，脱水 |
| 准备 | 设备 | •基本救护车设备<br>•加温笼或装置 |
| | 药物 | •抗生素<br>•输血<br>•葡萄糖<br>•呼吸兴奋剂<br>•类固醇<br>•维生素K |
| 治疗 | 操作 | •实验室检查：<br>　•统计实验室数据<br>　•血糖<br>　•粪便检测（直接法，漂浮法，细小病毒检测）<br>　•细菌培养样本（全血，尿液，粪便，渗出物）<br>•氧气疗法 |
| 病患护理 | 监护 | •全身性：精神状态，体温，体重，加热器（逐步增温超过30~60min），每小时翻转一次，营养支持<br>•呼吸系统：RR和用力情况，肺呼吸音<br>•心血管系统：HR和节律，黏膜，CRT<br>•肾脏：尿量，水合作用<br>•实验室检查：PCV，TP，血糖 |

技能框 7.4　剖宫产后新生幼畜复苏

　　有许多方法可以用于刺激新生幼畜开始自主呼吸。助手应立即将刚生出的新生幼畜放在一条干燥的毛巾上。用毛巾使劲地擦拭新生幼畜并将其擦干，这样可以减少发生体温降低的概率并能够刺激呼吸。应该检查新生幼畜的呼吸系统是否被分泌物或液体堵塞。如果仍没开始自主呼吸，助手可以采取以下的其中一条或多条方法来进行刺激：

•保护好头部和颈部，以免受到颈椎加速伸展性损伤或震荡伤，将新生幼畜头向下大幅度摆动，通过离心力和重力排出新生幼畜胸腔内的液体。

•在舌下滴1~2滴盐酸多沙普仑。

•刺激穴位督脉（GV）26。把持住新生幼畜，使其头部高于心脏且颈部伸展，用一根25G针头刺入鼻子下方的正中线（人中）。穿透皮肤及皮下组织2~4mm，上下旋转针头来刺激穴位。

•通过在气管内放置一根20G的导管或通过轻轻地向鼻孔和嘴吹气（正常范围：15~40次/min）提供人工呼吸。

**表 7.12　神经系统急救**

| 紧急情况 | | · 细菌感染，癌症/肿瘤，昏迷，头部损伤，代谢失调继发中枢神经系统改变，寄生虫感染，癫痫，脊髓损伤，毒素，前庭综合征 |
|---|---|---|
| 症状 | 临床症状 | · 攻击行为，焦虑，共济失调，失明，圆圈运动，昏迷，精神沉郁，定向障碍，鼻出血，歪头，头部震颤，倾斜，平衡失调/不协调，丧失运动能力，咀嚼，眼球震颤，瘫痪，轻瘫，流涎，木僵，呕吐，换气过度，癫痫发作 |
| | 初始检查结果 | · 面部感觉下降，瞳孔不均，食欲减退，共济失调，霍纳氏综合征；反射亢进，体温过高，张力亢进，中耳炎/内耳炎，疼痛，轻瘫、局部麻痹，反射缺失，陈–施二氏呼吸，去大脑僵直，希夫–谢林顿氏姿势 |
| 准备 | 设备 | · 基本救护车设备 |
| | 药物 | · 抗生素<br>· 抗惊厥药<br>· 利尿药<br>· 类固醇 |
| 治疗 | 操作 | · BP<br>· 实验室检查：<br>　· 统计实验室数据<br>　· 血气分析<br>　· 铅浓度<br>　· 传染性疾病的血清学检查<br>　· 耳细胞学<br>· 脊髓造影术，腰椎穿刺，核磁共振成像<br>· 耳镜检查<br>· 氧气疗法 |
| 病患护理 | 监护 | · 全身性：精神状态检查，体温，疼痛管理，将前躯抬升20°~30° 以增加脑静脉引流并避免颈部压迫<br>· 呼吸系统：RR和用力情况，呼吸模式，$SpO_2$<br>· 心血管系统：HR和节律，脉率和性质，BP<br>· 神经系统：瞳孔大小和反应，运动活动，深部痛觉评估，姿势，视觉<br>· 实验室检查：PCV，TP，血糖，血气分析 |

表 7.13　眼科急救

| 紧急情况 | | • 咬伤/抓创，化学烧伤，角膜裂伤/擦破/穿孔/溃疡，后弹力层突出，严重眼睑外翻，眼球内陷，严重眼睑内翻，异物，青光眼，眼前房出血，干燥性角结膜炎，晶状体脱位，眼眶蜂窝织炎，全眼球炎，眼球脱出，眼球后团状物，睑球粘连，葡萄膜炎 |
|---|---|---|
| 症状 | 临床症状 | • 失明，角膜颜色改变，分泌物，疼痛，扒揉眼睛，畏光，奔跑撞物，斜视 |
| | 初始检查结果 | • 眼内压升高或降低，瞳孔对光反射消失，房水闪辉，眼睑痉挛，眼球突出，角膜水肿，瞳孔散大，无法眨眼，眼睛无法收回，流泪，视力丧失，瞳孔缩小，威胁反射消失 |
| 准备 | 设备 | • 黑光<br>• 荧光素试纸<br>• 检眼镜<br>• Schirmer泪液测试试纸<br>• 眼压计 |
| | 药物 | • 抗青光眼药<br>• 利尿药<br>• 缩瞳药<br>• 散瞳药<br>• 类固醇<br>• 局部麻醉剂<br>• 局部抗生素 |
| 诊断/治疗 | 操作 | • 影像学：<br>　• 颅部X线照片<br>　• CT扫描<br>• 实验室检查：<br>　• 统计实验室数据<br>• 眼科检查：<br>　• 眼压计<br>　• Schirmer泪液测试<br>　• 荧光染色<br>• 手术 |
| 病患护理 | 监护 | • 全身性：伊丽莎白项圈，疼痛管理<br>• 眼部：分泌物，先前的临床症状恶化 |

**表 7.14 肾脏及泌尿系统急救**

| | | |
|---|---|---|
| **紧急情况** | | • 急性或慢性肾衰竭晚期，氮质血症，细菌感染，膀胱/输尿管/尿道破裂，猫科下泌尿道疾病，肾盂肾炎，严重的膀胱炎，毒素，尿路梗阻，尿结石 |
| **症状** | **临床症状** | • 厌食症，共济失调，嗷叫，精神沉郁，排尿困难，嗜睡，呕吐，尿频，烦渴，多尿，痛性尿淋沥，癫痫发作 |
| | **初始检查结果** | • 腹部膨胀和/或疼痛，口臭，体温过高/过低，口腔溃疡，巩膜充血，呼吸急促，心动徐缓，黏膜苍白，无尿，脱水，膀胱膨胀，血尿，肾脏有触痛且变大变硬，烦渴，多尿 |
| **准备** | **设备** | • 基本救护车设备<br>• 放射学<br>• 超声检查法<br>• 导尿管：不同类型（硬管，弗利管，饲管）及型号（3.5~14 Fr)<br>• 封闭的尿液收集系统 |
| | **药物** | • 抗生素<br>• 止吐药<br>• 利尿药<br>• 代谢紊乱药（如$Ca^{2+}$，葡萄糖，胰岛素）<br>• 胃黏膜保护剂<br>• 碳酸氢钠 |
| **治疗** | **操作** | • BP<br>• CVP<br>• 膀胱穿刺术<br>• ECG<br>• 影像学：<br>  • 腹部X线片<br>  • 超声检查<br>• 实验室检查：<br>  • 统计实验室数据<br>  • 尿培养<br>  • 乙二醇测试<br>  • 钩端螺旋体病滴度<br>• 手术<br>• 导尿术，顺行，逆行，冲水推进 |
| **病患护理** | **监护** | • 全身性：伊丽莎白项圈，体重，疼痛管理，营养支持<br>• 呼吸系统：RR和用力情况，肺呼吸音<br>• 心血管系统检查：HR和节律<br>• 肾脏：尿量，水合作用，pH，尿密度<br>• 实验室检查：PCV，TP，电解质，尿素氮，肌酐，$Ca^{2+}$、磷、血糖，血气分析 |

**7**

表 7.15　生殖系统急救

| 紧急情况 | | ·雄性：急性前列腺炎，急性阴囊皮炎，阴茎骨骨折，感染性睾丸炎，阴茎裂伤，包茎嵌顿，阴囊瘤，睾丸扭转<br>·雌性：急性子宫炎，难产，子痫，子宫积脓，化脓性乳腺炎，子宫脱垂/扭转/破裂，阴道脱出/肿瘤 |
|---|---|---|
| 症状 | 临床症状 | ·雄性：精神沉郁，排尿/排便困难，舔舐会阴部，疼痛，尿道有化脓性或血性排出物，呕吐，走路困难<br>·雌性：精神沉郁，疼痛，气喘，坐立不安，流涎，呕吐，走路困难，舔舐会阴部，非生产性分娩，阴道分泌物 |
| | 初始检查结果 | ·雄性：腹部疼痛，阴茎外露，食欲不振，单侧睾丸肿胀<br>·雌性：努责已经>60min但是仍没产出胎儿，食欲减退，发热，恶臭或脓性的外阴分泌物，乳腺发热/肿大/疼痛，肌无力，与前只幼犬/小猫的时间间隔>4~5h |
| 准备 | 设备 | ·基本救护车设备<br>·专门救护车设备<br>·放射学<br>·超声检查 |
| | 药物 | ·抗生素<br>·镇痛药<br>·催产药<br>·代谢失调药（如$Ca^{2+}$，钾，胰岛素，葡萄糖）<br>·NSAIDs |
| 治疗 | 操作 | ·影像学：<br>　·腹部X线片<br>　·超声检查<br>·实验室检查：<br>　·统计实验室数据<br>　·阴道细胞学<br>　·血气分析<br>·人工控制，使用高渗液体局部治疗使组织收缩<br>·手术 |
| 病患护理 | 监护 | ·全身性：精神状态，体温，伊丽莎白项圈，疼痛管理<br>·心血管：HR及节律<br>·肾脏：尿量<br>·实验室检查：PCV，TP，电解质，尿素氮，肌酐，肝脏酶类 |

**7**

**表 7.16　呼吸系统急救**

| 紧急情况 | | • 吸入性肺炎，短头咬合综合征，支气管炎，癌症，气管塌陷，膈疝，猫哮喘，连枷胸，气管及支气管异物，血胸，喉头麻痹，肺挫伤，肺实质问题，胸腔积液，纵隔积气，肺炎，气胸，肺水肿，吸入烟尘，软组织肿胀，气管狭窄 |
|---|---|---|
| 症状 | 临床症状 | • 肘部外展，咳嗽，喇叭形鼻孔，头部伸直，咯血，唇收回，颈部伸展，喜欢站立或俯卧，不愿保持口闭合，皮下气肿，喘息，呼吸暂停，呼吸困难，张口呼吸 |
| | 初始检查结果 | • 体温过高，呼吸频率及用力增加，异常呼吸音（如喉喘鸣），不规则的呼吸模式，黏膜颜色改变，心动过速 |
| 准备 | 设备 | • 基本救护车设备<br>• 专门救护车设备 |
| | 药物 | • 抗生素<br>• 支气管扩张剂<br>• 止咳药<br>• 利尿药<br>• 类固醇<br>• 镇静剂 |
| 治疗 | 操作 | • 气道吸痰<br>• 支气管肺泡灌洗<br>• 胸管放置<br>• 影像学：<br>　• 胸部X线照片<br>　• 气管镜检查，支气管镜检查用于移除异物<br>• 实验室检查：<br>　• 统计实验室数据<br>　• 血气分析<br>　• 犬恶心丝虫检查<br>　• 粪便分析<br>　• 液体分析<br>• 氧气和/或呼吸机治疗<br>• 手术<br>• 胸腔穿刺术<br>• 气管切开术，鼻导管，气管插管<br>• 气管冲洗 |
| 病患护理 | 监护 | • 全身性：疼痛管理，病患处理最小化，周围环境安静，每2~4h翻转病患的躺卧姿势，使用肩带替换颈圈<br>• 呼吸系统：RR和用力情况，肺呼吸音，雾化/拍打胸壁<br>• 心血管系统：HR和节律，脉搏质量和频率，BP，黏膜，$SpO_2$<br>• 肾脏：尿量<br>• 实验室检查：血气分析 |

7

表 7.17 中毒急救

| | | |
|---|---|---|
| **紧急情况** | | ·细菌及真菌毒素，食物成分（如葡萄、洋葱），家用化合物/化学药品，家养植物，杀虫药，除草剂，摄入药物/剂量过大，农药，灭鼠药，摄入锌 |
| **症状** | 临床症状 | ·共济失调，昏迷，腹泻，过度兴奋，多涎，肌肉震颤，渐进性沉郁，木僵，呕吐，虚弱，呼吸困难，癫痫发作，无尿 |
| | 初始检查结果 | ·腹痛，面部水肿，体温过高，口腔异味，心律失常，发绀，黏膜苍白，尿失禁，呕吐 |
| **准备** | 设备 | ·基本救护车设备<br>·专门救护车设备 |
| | 药物 | ·抗惊厥药<br>·解毒剂（如果可获得具体的毒素鉴定）<br>·止吐药<br>·利尿药<br>·催吐药<br>·胃肠道保护剂<br>·肌肉松弛药 |
| **诊断/治疗** | 操作 | ·洗澡，冲洗<br>·ECG<br>·灌肠<br>·催吐<br>·洗胃并给予活性炭<br>·影像学：<br>　·放射学<br>·实验室检查：<br>　·统计实验室数据<br>　·乙二醇测试<br>　·凝血功能 |
| **病患护理** | 监护 | ·全身性：精神状态，体温<br>·呼吸系统：RR和用力情况<br>·心血管系统：HR和节律，脉率和性质，CVP<br>·神经系统：震颤，癫痫发作<br>·肾脏：尿量<br>·实验室检查：电解质，尿素氮，肌酐，尿液分析 |

7

表 7.18 毒素

解毒的目标都是一样的——防止进一步的接触，减少吸入，加速排泄和提供支持疗法。每一种情况的预后取决于毒素、数量和从最初接触毒素开始的持续时间。

| 毒素 | 毒素剂量 | 临床症状 | 治疗 |
|---|---|---|---|
| 扑热息痛 | 犬：150mg/kg<br>猫：50~60mg/kg<br>发病：数小时至数天 | • 黏膜和血液呈棕褐色，精神沉郁，面部或爪部水肿，肝坏死，体温过低，黄疸，呕吐，虚弱，发绀，呼吸困难，呼吸急促，干燥性角结膜炎（犬） | • 催吐，洗胃，泻药，氧气疗法，输血，利尿药，西咪替丁，抗坏血酸<br>• 解毒剂：5%N-乙酰半胱氨酸（NAC）液 |
| 苯异丙胺 | 1.3mg/kg<br>发病：不定 | • 焦躁，循环衰竭，昏迷，高血糖或低血压，机能亢进，高血压，体温过高，瞳孔散大，黏膜苍白或充血，多涎，烦躁不安，颤抖，呼吸急促，心律不齐，心动过速，癫痫发作 | • 催吐，洗胃，活性炭，泻药，氧气疗法<br>• 解毒剂：氯丙嗪 |
| 乙二醇 | 犬：4~6mL/kg<br>猫：1.5mL/kg<br>发病：30min~12h | • 共济失调，昏迷，精神沉郁，突球，嗜睡，眼球震颤，呕吐，呼吸急促，心动过速，多饮，多尿，癫痫发作 | • 黑光灯监测，催吐，洗胃，支持疗法<br>• 解毒剂：20%酒精（猫），4-甲基吡唑（犬） |
| 布洛芬 | 犬：100mg/kg<br>猫：50mg/kg<br>发病：1~4h | • 腹痛，食欲缺乏，昏迷，精神沉郁，腹泻，呕血，黑粪症，多尿，木僵，呕吐，癫痫发作 | • 催吐，洗胃，活性炭，GIT保护剂，利尿 |
| **杀虫剂** | | | |
| 聚乙醛<br>• 蜗牛和蛞蝓诱饵 | 100mg/kg<br>发病：1~4h | • 焦虑，共济失调，感觉过敏，多涎，体温过高，运动失调，眼球震颤，脉搏不规则，颤抖，呼吸缓慢，心动过速或心动过缓，癫痫发作 | • 牛奶，催吐，洗胃，活性炭<br>• 解毒剂：无 |
| 有机磷农药<br>• 喷剂，粉剂，溶液 | 不定<br>发病：不定 | • 急腹痛，腹泻，多涎，流泪，瞳孔缩小，颤抖，呕吐，支气管狭窄，支气管分泌物过多，心动过缓，癫痫发作，尿频 | • 洗澡，活性炭，泻药，抗胆碱能药物<br>• 解毒剂：氯解磷定 |
| 除虫菊酯/拟除虫菊酯<br>• 喷剂，溶液，润湿器 | 不定<br>发病：不定 | • 食欲缺乏，共济失调，精神沉郁，腹泻，定向障碍，机能亢进，过度兴奋，多涎，肌肉收缩，颤抖，呻吟，呕吐，心动过缓，呼吸困难，癫痫发作 | • 洗澡，催吐，洗胃，活性炭，泻药，抗胆碱能药物 |
| • 扑灭司林 | 发病：3~72h | • 颤抖，癫痫 | • 洗澡（洗手液），美索巴莫，巴比妥类，和/或丙泊酚 |

| 毒素 | 毒素剂量 | 临床症状 | 治疗 |
|---|---|---|---|
| **植物** | | | |
| 百合 | 发病：2h | • 食欲缺乏，精神沉郁，呕吐，多尿 | • 催吐，活性炭，泻药 |
| 蘑菇 | 不定<br>发病：6~8h | • 腹痛，共济失调，昏迷，排便，精神沉郁，腹泻，DIC，幻觉，体温过高，流泪，恶心，流涎，呕吐，癫痫发作，排尿 | • 催吐，洗胃，活性炭，泻药，灌肠，氧气疗法，支持疗法 |
| 阿拉伯茶 | 5~6mg/kg<br>发病：15~30min | • 焦躁，头摆动，机能亢进，高血压，体温过高，瞳孔散大，气喘，颤抖，心律不齐，呼吸急促，癫痫发作 | • 催吐，洗胃，活性炭，GIT保护剂，利尿剂 |
| **灭鼠药** | | | |
| 抗凝血剂<br>• 华法林，杀鼠酮，溴敌隆，溴鼠隆，氯鼠酮，噻鼠灵，敌鼠，克灭鼠，双香豆素，difenamrol | 不定<br>发病：6h~2d | • 食欲缺乏，失明，精神沉郁，瘀斑，鼻出血，活动不耐受，直接出血和瘀斑状出血，呕血，便血，跛行，嗜睡，黑粪症，黏膜苍白，瘫痪，关节肿胀，虚弱，咳嗽，呼吸困难，血尿 | • 催吐，活性炭，泻药，输血，氧气疗法<br>维生素K |
| 嗅杀灵 | 犬：4.7mg/kg<br>猫：1.8mg/kg<br>发病：立即至2周 | • 瞳孔不均，CNS抑制，兴奋，前肢伸肌僵硬，低头触地，感觉过敏，过度兴奋，体温过高，失声，瘫痪，麻痹，希夫－谢林顿姿势，颤抖，衰弱，癫痫发作 | • 催吐，洗胃，活性炭，泻药，灌肠，支持疗法，利尿剂，类固醇，银杏<br>• 解毒剂：无 |
| 胆维丁<br>• 维生素D₃ | 0.1mg/kg<br>发病：12~36h | • 食欲缺乏，便秘，精神沉郁，呕血，高血压，嗜睡，肌肉无力，瘀斑，呕吐，心室颤动，多饮，多尿，癫痫发作 | • 催吐，洗胃，活性炭，泻药，利尿剂，类固醇<br>• 解毒剂：降钙素，氨羟二磷酸二钠 |
| 蛇咬伤素性作用 | 不定<br>发病：立即 | • 瞳孔散大，水肿，牙痕，出血，疼痛，流涎，肿胀，心动过速 | • 支持疗法<br>• 解毒剂：抗蛇毒血清，抗三价响尾蛇毒血清，阿托品 |
| 蜘蛛咬伤毒性作用 | 不定<br>发病：立即至数周 | • 腹部僵直，多涎，高血压，肌肉痉挛和僵直，疼痛，烦躁不安，流涎，呼吸窘迫，支气管黏液溢 | • 支持疗法<br>• 解毒剂：抗蜘蛛毒血清，硝苯呋海因钠，氨苯砜 |
| 可可碱<br>• 巧克力 | 10~15mg/kg<br>牛奶巧克力：44mg/oz可可碱<br>烘烤巧克力：390mg/oz可可碱<br>发病：2~4h | • 腹痛，焦躁，共济失调，胃气胀，昏迷，发绀，腹泻，高血压或低血压，肌肉震颤，呕吐，心律不齐，心动过速，癫痫发作，血尿，多饮，多尿，尿失禁 | • 催吐，洗胃，活性炭，泻药，支持疗法，ECG，尿导管<br>• 抗惊厥药和抗心律不齐药 |

7

表 7.19　创伤性急救

| 紧急情况 | | • 动物咬伤，烧伤，骨折，车撞伤，裂伤 |
|---|---|---|
| 症状 | 临床症状 | • 精神沉郁，骨折，裂伤，跛行，意识丧失，疼痛，气喘，战栗，休克，癫痫发作 |
| | 初始检查结果 | • 烧伤，咯血，出血，体温过高或过低，唇或舌坏死，疼痛，瘀点，呼吸困难，不规则的肺呼吸音，呼吸模式和频率改变，四肢重伤或变形，纵隔积气，气胸，肺水肿，皮下气肿，胸腔或腹腔积液，心动过速或心动过缓 |
| 准备 | 设备 | • 基本救护车设备<br>• 专门救护车设备 |
| | 药物 | • 镇痛药<br>• 抗生素<br>• 输血<br>• 皮质激素 |
| 诊断/治疗 | 操作 | • 腹部穿刺放液/腹部压迫性包扎<br>• 绷带包扎，夹板疗法以及简单的伤口护理<br>• ECG<br>• 加热器<br>• 影像学：<br>　• 胸部及腹部X线片<br>　• 脊柱及头部的X线片<br>　• 超声检查<br>• 实验室检查：<br>　• 统计实验室数据<br>　• 血气分析<br>• 氧气疗法<br>• 手术 |
| 病患护理 | 监护 | • 全身性：精神状态，体温，疼痛管理，根据需要进行固定<br>• 呼吸系统：RR和用力情况，肺呼吸音<br>• 心脏血管系统：HR和节律，脉率和性质，BP，ECG，CVP，$SpO_2$<br>• 肾脏：排尿反射，尿量<br>• 实验室检查：PCV，TP，电解质，BUN，血糖，血气分析，血小板计数 |

# 第 **4** 部分

# 病患护理技巧

# 第 **8** 章

# 患病动物护理

8

| 关键词和术语[a] | | 缩写 | | 额外资源，页码 |
|---|---|---|---|---|
| 酸中毒 | 局部缺血 | APC，心室期前收缩/综合征 | KCl，氯化钾 | 解剖学，3 |
| 碱中毒 | 同族抗体 | APTT，活化部分凝血激酶时间 | kg，千克 | 麻醉，437 |
| 同种抗体 | 测压表 | aVF，脚部加压导联 | L，升 | 血液生化，74 |
| 振幅 | 代谢性酸中毒 | aVL，左前肢加压导联 | LA，左前肢 | 犬传染性疾病，36 |
| 止吐药 | 代谢性碱中毒 | aVR，右前肢加压导联 | lb，磅 | 心脏学，202 |
| 退烧药 | 微聚体 | BG，血糖 | LL，左后肢 | 猫传染性疾病，42 |
| 尖端 | 骨髓抑制的 | BGC，血糖曲线 | LRS，乳酸林格液 | 一般治疗，199 |
| 共济失调 | 心肌层 | bpm，每分钟心跳 | mg，毫克 | 注射，346 |
| 两极 | 最低点 | BW，体重 | dL，分升 | 实验室检验，69 |
| 恶病质 | 神经病变 | ℃，摄氏度 | min，分钟 | 雾化，430 |
| 糖类 | 中性粒细胞减少 | CBC，全血细胞计数 | mL，毫升 | 营养，55 |
| 化疗针 | 血量正常的 | CHF，慢性心力衰竭 | NaCl，氯化钠 | 放射学，157 |
| 晶体液 | 示波的 | $CO_2$，二氧化碳 | NSAIDs，非甾体类抗炎药 | 外科手术，519 |
| 紫绀 | 渗透的 | CPCR，心肺脑复苏 | $O_2$，氧气 | 尿液分析，145 |
| 褥疮 | 骨质疏松 | CPD，柠檬酸磷酸葡萄糖 | PCV，血细胞压积 | |
| 舒张压 | 视神经乳头水肿 | CPDA-1，柠檬酸磷酸葡萄糖腺嘌呤-1 | PPV，正压通气 | |
| 电机械分离 | 灌注 | CRT，毛细血管再充盈时间 | PRBCs，浓缩红细胞 | |
| 鼻出血 | 手术前 | CVP，中心静脉压 | PT，凝血酶原时间 | |
| 红斑 | 瘀斑 | $D_5W$，5%葡萄糖 | PZI，鱼精蛋白锌胰岛素 | |
| 细胞外 | 尿频 | DEA，犬红细胞抗原 | R，右 | |
| 外渗 | 烦渴 | DIC，弥散性血管内凝血 | RA，右前肢 | |
| F波 | 多尿 | DMSO，二甲基亚砜 | RBC，红细胞 | |
| 果糖胺 | 心前区的 | ECG，心电图 | RL，右后肢 | |
| 糖基化的 | 预防 | E-collar，伊丽莎白项圈 | SA，窦房的 | |
| 溶血的 | 痒症 | ET，气管内插管 | SIRS，全身炎症反应综合征 | |
| 动态心电图仪 | 复极化 | FeLV，猫白血病病毒 | SQ，皮下注射 | |
| 湿化作用 | 呼吸性酸中毒 | FFP，新鲜冷冻血浆 | STD，标准 | |
| 高钙血症 | 呼吸性碱中毒 | FIV，猫免疫缺陷病毒 | SWB，存储全血 | |
| 高血糖 | 浆液性 | FP，冷冻血浆 | TP，总蛋白 | |
| 高血钾 | 痛性尿淋沥 | Fr，型号 | V，电压 | |
| 高血钠 | 室上性 | FUO，不明原因发热 | VPC，心室期前收缩/综合征 | |
| 高膨胀压 | 收缩期的 | GFR，肾小球滤过率 | WBC，白细胞 | |
| 低血氯 | 手足搐搦症 | $H_2O$，水 | | |
| 低血糖 | 血小板减少 | IM，肌内注射 | | |
| 低钠血症 | 胀满 | IO，骨内注射 | | |
| 反射减弱 | 单极的 | IV，静脉注射 | | |
| 免疫原的 | 荨麻疹 | | | |
| 梗死 | 迷走神经的 | | | |
| 细胞内 | | | | |

a 关键词和术语的定义见第629页词汇表。

# 患病动物监护

对住院动物的监护是兽医技术人员的重要职责之一。本节包含一些基本的监测技术：血压、中心静脉压（CVP）、心脏值（心电图读数）和加热。更多的监测信息，请参阅技能框13.8，第465页和第9章 疼痛管理，第379页。

## 血压

技能框8.1　血压程序

能够准确地测量出动物血压是十分重要的，此过程中需要兽医师丰富的检测经验以及对每一处细节的把握——如动物肢体的选择、合适的袖袋尺寸、袖袋的舒适度、动物的位置等。所有的这些都很重要，因此应确保在进行血压检测的动物肢体或袖袋上无重量或压力干扰，且动物处于轻松、安静的状态。

研究表明，由于处理不当或测量过程本身的原因，动物出现不安或激动时，应先让动物休息8~10min使其平静和放松，待其血压恢复正常后，再继续测量。动物处于激动状态下测得的血压并不代表其真正的血压，故据此就诊断动物为高血压的话，是毫无意义的。

| 方法 | 直接动脉压 | 多普勒超声流量探测器 | 示波法 |
|------|-----------|-------------------|--------|
| 适应证 | ·麻醉，心肺脑复苏，休克，输液和任何可导致继发高血压或低血压的其他情况的监测 | ·麻醉，心肺脑复苏，休克，输液和任何可导致继发高血压或低血压的其他情况的监测<br>·检测四肢末端的血流（如创伤性伤口、鞍血栓），心肺脑复苏过程中的角膜流情况<br>·不规则的脉搏信号或速率可以表明心律失常 | ·麻醉，心肺脑复苏，休克，输液和任何可导致继发高血压或低血压的其他情况的监测 |
| 禁忌证 | ·凝血动物的大血管<br>·不安或激动的患病动物 | ·不安或激动的患病动物 | ·不安或激动的患病动物 |
| 设备 | ·导管（如动脉导管、头皮针、插管）<br>·肝素化生理盐水<br>·压力传感器和监护仪 | ·设备<br>·超声耦合剂 | ·设备（如心电监护仪） |

| 方法 | 直接动脉压 | 多普勒超声流量探测器 | 示波法 |
|---|---|---|---|
| 程序 | 将导管放置到动脉内（如足背动脉，股动脉或耳动脉）并用1~1.5mL肝素化生理盐水冲洗导管。用胶带将导管固定牢稳，避免掉出或扭结。贴上标签，防止意外的动脉注射。然后经由充满肝素化生理盐水的硬管连接到压力传感器上。更多的装备和监护说明请参阅制造商的操作指南。如果传感器系统不可用，此法也可用来测量中心静脉压 | 把患病动物放置在一个舒适的位置。选择一个宽度约为患病动物远端肢体或尾巴圆周40%的袖袋。将袖袋紧贴绕在任何可以接触到的动脉部位，通常选择肢体远端肘部或跗关节或尾根。探头从袖袋远端侧放置在动脉，打开多普勒仪，听动脉血流。移动探头位置直到听到清楚的血流音，用胶带固定。给袖袋充气，慢慢松开触发器，直到听到第一个血流音，这是收缩压。第二次听到的声音是舒张压，常常无法听到 | 把患病动物放置在一个舒适的位置。选择一个宽度约为患病动物远端肢体或尾巴圆周40%的袖袋。将袖袋紧贴绕在任何可以接触到的动脉部位，通常选择肢体远端肘部或跗关节或尾根。将袖袋连接到监护仪并打开。给袖袋充气，直到动脉被闭塞，然后慢慢释放直到脉搏再出现。将显示收缩压、舒张压、平均动脉压和心率 |
| 并发症 | ·出血，血栓形成，感染，坏死 | ·探头和动脉之间接触不良 | ·血流不畅，小动脉，运动，震动或颤抖，都可导致不准确的结果 |

小技巧：使用多普勒仪时，如果皮肤干燥，首先涂抹超声耦合剂，然后涂抹更多再将探头放在动脉上。

表8.1 血压结果

血压测量的正常和不正常的临界值在人类医学上有明确的界定，然而在兽医界尚未完全明确建立。下表显示的是目前公认的范围。

| 血压 | 正常值范围 | 不正常值范围[a] |
|---|---|---|
| 犬 | ·收缩压：110~160mmHg<br>·舒张压：60~100mmHg<br>·平均值：80~120mmHg | ·收缩压：< 80mmHg和 > 160mmHg<br>·舒张压：> 100mmHg<br>·平均值：< 60 mmHg和 > 120mmHg |
| 猫 | ·收缩压：120~170mmHg<br>·舒张压：70~120mmHg<br>·平均值：80~120mmHg | ·收缩压：< 80 mmHg和 > 160mmHg<br>·舒张压：> 120mmHg<br>·平均值：< 60 mmHg和 > 120mmHg |

[a] 不正常的结果并不一定必须治疗。

中心静脉压是评估心脏把血液泵回的能力，也通过与血管容积比较来评估血容量。胸腔内的前腔静脉内的压力与压力计或压力传感器和示波器水柱相连。随着压力的变化可看到波动。中心静脉压升高可以表明由于体积过大（如体液容积过量）的血液回流受阻，导致腹水、肺水肿、气胸或纵隔积气。中心静脉压降低可以表明血容量降低（如脱水，导致血容量减少）。

中心静脉压初始粗略估计也可以通过评估静息时颈静脉怒张程度，以及用手指阻塞后的充盈和松弛时间。阻断颈静脉并观察：

被动的

- 观察张力

- 轻度扩张：患病动物在侧卧时经常看到。

- 高度扩张：患病动物在站立或斜卧时显示中心静脉压升高。

- 平：表示中心静脉压降低和低血容量。

积极测试

- 手指按压阻断并观察充盈时间，然后释放压力并观察松弛时间。

- 充盈时间降低：>4s表示中心静脉压降低和低血容量。

- 松弛时间降低：>2s表示心脏右侧负荷过重，可能与慢性右侧心力衰竭、慢性肝脏疾病和急性心力衰竭有关。

| 方法 | 中心静脉压 |
|---|---|
| 适应证 | · 容易发生高血压患者（例如肾或肝功能衰竭） |
| 禁忌证 | · 插管部位烧伤、擦伤或患脓皮病；严重的凝血障碍、高凝或静脉血栓 |
| 设备 | · 手术部位的准备材料　　　　　　　· 三通阀<br>· 颈静脉导管　　　　　　　　　　　· 包扎材料<br>· 肝素化生理盐水　　　　　　　　　· 静脉输液设备 |
| 程序 | · 放置颈静脉导管，并向前推进入前腔静脉（见技能框8.9　静脉导管放置，外周和颈静脉，第347页）。连接导管延伸设置，然后连接三通阀。将静脉输液连接到三通阀的开口。将压力计连接到三通阀的正上方开口。使动物俯卧，将压力计放在胸骨水平线上。关闭输液设备，并使液体填充血压计。打开延伸设置，液位将均衡。液位稳定时即为中心静脉压的读数。为了准确的结果，需要再重复2次 |
| 并发症 | · 血块或阻塞可使值升高<br>· 如果液体不能通过导管，每隔1h用肝素化生理盐水冲洗 |

| 方法 | 中心静脉压 |
|------|-----------|
| 结果 | 正常值：< 8 cm $H_2O$<br>异常值：> 12~15 cm $H_2O$<br>· 监测一段时间的连续的值，而不是单个时间点的值<br>　液体静推后<br>· 等血容量：↑2~4 cm $H_2O$并在15min内恢复到基值<br>· 低血容量：上升并迅速恢复到基值<br>· 低血容量（严重）：小幅度或无上升 |

小技巧：颈静脉导管放置正确与否可以通过每次呼吸时压力表上2~5mm波动来验证。

# 血气分析

### 技能框8.3 血气分析

血气分析是通过二氧化碳（$CO_2$）、碳酸氢根（$HCO_3^-$）、氢（$H^+$）、氧（$O_2$）之间微妙的平衡从而监测动物的肺功能和代谢状态。$CO_2$或$HCO_3^-$改变则会看到机体的pH变化，最终影响其实现各种酶的活性能力。酸碱等式（$H^+ + HCO_3 \longleftrightarrow CO_2 + H_2O$）显示了$CO_2$或$HCO_3^-$如何变化可以改变pH。肺部主要通过呼吸调节$CO_2$，肾脏通过近端肾小管的重吸收和排泄调节$HCO_3^-$。影响动物机体的酸碱状态（pH）主要因素是$CO_2$和$HCO_3^-$，任何一个因素的变化可以影响另一个。例如，常见的是呼吸变化伴发代谢紊乱。动物机体可以补偿异常变化，往往掩盖潜在的干扰，使诊断和治疗更加困难。

| 方法 | 血气分析 |
|------|---------|
| 适应证 | · 呼吸疾病和/或代谢紊乱的动物（如毒素、肾上腺皮质功能减退、糖尿病、慢性肾功能衰竭） |
| 禁忌证 | · 患病动物服用溴化钾 |
| 设置 | · 1mL注射器和25G针头<br>· 肝素<br>· 采血针或无菌红盖管<br>· 冰浴（暂时储存）<br>· 血气分析仪 |

| 方法 | 血气分析 |
|---|---|
| 程序 | 经肝素（1 000U/mL）包被的注射器用于获取血液样本。采集一份1mL纯血液避免任何肝素稀释。排出注射器内所有多余的空气，立即分析样品。如果样品需要暂时存储，需要将样品放在旋紧的带盖（如软木塞、橡皮塞、红盖管）容器内，在室温下 <10~15min或冰浴 <1~2h<br>动脉血<br>·股骨或舌动脉（可使用其他外周动脉血）<br>静脉血<br>·颈、头或隐静脉血（可使用其他外周静脉血）<br>·注：样品必须隔绝空气，以避免改变 |
| 并发症 | ·在室温下储存>20min的样品：pH下降<br>·过量的肝素：$HCO_3^-$下降 |
| 结果[a] | 正常<br>动脉血<br>　　pH：7.35~7.45<br>　　$PaCO_2$：35~42 mm Hg<br>　　$PaO_2$：85~105 mm Hg<br>　　$HCO_3^-$：20~25 mEq/ L<br>　　BE：−4 ~ +4<br>静脉血<br>　　pH：7.35~7.45<br>　　$PvCO_2$：40~50 mm Hg<br>　　$PvO_2$：30~42 mm Hg<br>　　$HCO_3^-$：20~25 mEq/ L<br>　　BE：−4 ~ +4<br>异常<br>·上面值中单个或多个值改变<br>·pH：<7.35，酸血症；>7.45，碱血症 |

注：所有的文献和仪器都出现正常和异常结果的细微变化；BE：碱剩余代表由代谢成分造成的酸碱异常程度。

评估血气分析结果，以确定动物的状态。这往往是一个棘手的过程，基本解释为如下5个步骤。

**表8.2　酸碱平衡紊乱**

| | 呼吸性酸中毒 | 代谢性酸中毒 | 呼吸性碱中毒 | 代谢性碱中毒 |
|---|---|---|---|---|
| 原因 | • 严重的肺部疾病，呼吸道阻塞，胸腔积液，气胸，中枢神经系统病变，心脏骤停，呼吸器不当使用，呼吸肌疾病 | • 腹泻，糖尿病酮症酸中毒，中毒（如乙二醇），高磷血症，尿毒症酸中毒，慢性低碳酸血症，肾功能衰竭 | • 胸腔疾病，恐惧，焦虑，败血症，缺氧，发热，严重的肝功能衰竭，中枢神经系统疾病，中暑 | • 呕吐，投喂药物（如碳酸氢钠、呋塞米），慢性高碳酸血症，严重低血钾 |
| 临床症状 | • 精神沉郁，嗜睡（长期性），昏迷（急性），缺氧，视神经乳头水肿 | • 换气过度，低血压，心室颤动，厌食，呕吐，高血钾 | • 神经系统（如癫痫发作、手足搐搦症），低血钾 | • 尚无可靠的体征<br>• +/−呼吸频率↑，用力和深度 |
| 血气分析 | • pH↓ 和PCO₂↑ | • pH↓ 和 HCO₃⁻ | • pH↑ 和PCO₂↓ | • pH↑ 和 HCO₃⁻ |
| 治疗 | • 氧气疗法，通气支持<br>• 治疗潜在疾病（如胸腔穿刺术） | • 给予药物（如碳酸氢钠） | • 液体疗法（如0.9%氯化钠）<br>• 给予药物（如钾） | • 治疗潜在疾病 |

# 心电图

心电图（ECG）是心肌电活动的图形解释。它用于准确诊断心律失常和传导障碍。由于听诊很容易错漏掉危及生命的心律失常（如室性心动过速、房性心动过速），因此心电图应该是任何全身性疾病常规检查的一部分。除了体格检查进行心电图检查外，对于老年动物，术前评估以及麻醉监测（术前、围术期、术后）也很有用，并且还可评估心脏药物的影响。这个简单的程序提供了极大的诊断价值，应在每个兽医院作为常规程序。

| 技能框8.4 | 心电图程序 |
|---|---|
| 方法 | 心电图 |
| 适应证 | • 心律失常和心肌的状态<br>• 心动过速，心动过缓，额外的心动，杂音，心肥大，电解质紊乱<br>• 运动不耐受，气喘，呼吸困难，紫绀，昏厥，癫痫发作，休克 |
| 禁忌证 | • 如果动物出现严重的呼吸困难 |
| 设备 | • 设备<br>• 导电溶液（如酒精、凝胶）<br>• 缝合针或缝线 |
| 程序 | 使用绝缘桌面（如防火胶板或用毯子或垫子覆盖的金属台面），使患病动物右侧卧，或如果为病危动物，则在不会进一步加重动物损伤或病情的任一位置。动物四肢应保持相互平行但不接触。前肢应垂直于身体的长轴方向。如果使用夹子，用导电凝胶、糊、膏或酒精润湿接触部位。<br>使用夹子并重复使用导电剂。<br>• 右前肢/左前肢：鹰嘴近端和尾侧（如果出现心脏干扰，电极可能需要被放置在鹰嘴和腕骨中间）。<br>• 右后肢/左后肢：髌骨韧带前面。<br>• 心脏：左肋间肋软骨交界处，取决于所需的胸前单电极胸导联。<br>用导电凝胶、糊或药膏覆盖的小金属板可放置在脚垫或刮毛的皮上，并黏附电极垫（动态心电图仪）进行长时间监测。首先打开心电图仪来记录心脏的活动。记录笔放在纸的中心位置，并在整个记录中保持在该位置。灵敏度开关调整到1，即允许1 mV输入移动记录笔1cm（2个大格）（如果痕迹很小且不清晰则将灵敏度开关调整到2；或如果痕迹很大，延伸到纸张的顶部和底部则将灵敏度开关调整到1/2）。将纸的速度调整到50mm/s，并摁下标准化按钮，记录为1 mV的参考尺寸。记录所需的导联：<br>• 旋转导联选择器至1，记录2组（30个大格）。<br>• 不关闭机器或更改任何其他参数，旋转导联选择器至2，继续通过aVF和$CV_6LU$（$V_4$）。<br>• 旋转导联选择器至2，以25mm/s速度来记录导线II的节律2~4英尺（60.96~121.92cm）。<br>• 如果需要记录胸前的导联，每次读数都要停止记录和重新定位胸部导联。<br>旋转导联选择器至STD并摁下标准化按钮。停止记录并从患病动物身上移去导联夹子。折叠心电图记录纸并在纸上记录患病动物的信息（如姓名、位置、兴奋程度）。 |

（续）

| 方法 | 心电图 |
|---|---|
| 并发症 | ・增加压力进而加重已存在的危重病情<br>・许多犬品种体型结构变化可能会改变标准测量<br>・给药（如化学品限制）可能会改变记录结果<br>・如果机器没有一个现代化三脚插头，接地导线则应连接一个公共接地端的水管或物体 |

小技巧: 1. 记录心电图纸带时，最好是用双手来"驱动"。左手放置在记录笔的位置旋钮以帮助维持中心记录，因为在长时间读数或当切换导线过程中它们往往会移动。右手放在导线选择器开关顺利通过切换各种导联改变。

2. 即使所有的机械活动已停止，患病动物没有可摸到的脉搏（如死亡）（电机械分离），心电图活动仍可能继续表现出正常。

3. 弹簧夹上的齿可以弯曲，平扁或平坦以提高动物的舒适性。

4. 导电凝胶、糊和膏在降低电阻方面比酒精效果更好，且不挥发；然而酒精浸泡过的垫片可用于夹子和皮肤之间。

### 表8.3 ECG导联

| 导联 | 测量 | 运动和电极位置 | 应用 |
|---|---|---|---|
| **双极标准导联** | | | |
| I | ・在两个肢体之间进行测量 | ・右前肢 (–) → 左前肢 (+) | ・异常的P–QRST偏离和心律失常<br>・确定平均电轴 |
| II | | ・右前肢 (–) → 左后肢 (+) | |
| III | | ・左前肢 (–) → 左后肢 (+) | |
| **单极加压肢体导联** | | | |
| aVR | ・从一肢到其他两肢体之间中点进行测量 | ・左前肢和左后肢 (–) → 右前肢 (+) | ・确定平均电轴及心脏位置<br>・从其他导联获得确认信息 |
| aVL | | ・右前肢和左后肢 (–) → 左前肢 (+) | |
| aVF | | ・左前肢和右前肢 (–) → 左后肢 (+) | |
| **单极胸前导联** | | | |
| $CV_5RL$ ($rV_1$) | ・从心脏背部和腹部表面进行测量<br>・肢体导联从一个潜在的相对于心脏中心的位置，测量从心脏中心到胸部导联所选位置的电压 | ・右左前肢和左后肢 (–) → 右侧第5肋间近胸骨边缘 (+) | ・左右心室扩大、心肌梗死、束支传导阻滞、心律失常<br>・从其他导联获得确认信息 |
| $CV_6LL$ ($V_2$) | | ・右左前肢和左后肢 (–) → 左侧第6肋间近胸骨边缘 (+) | |
| $CV_6RU$ ($V_4$) | | ・右左前肢和左后肢 (–) → 右侧第6肋间肋软骨交界处 (+) | |
| $V_{10}$ | | ・右左前肢和左后肢 (–) → 第7胸椎棘突以上 (+) | |

| 导联 | 测量 | 测量和电极位置 | 应用 |
|------|------|------|------|
| 食管 | · 从四肢和心脏基部之间进行测量<br>· 心电图运行并与导联 I 相比较 | · 左前肢 → 心脏基部 | · 心律的监测和P波的准确鉴定 |
| 心脏内 | · 基于通过颈内静脉导管尖端放置的位置和外部电极黏附的位置进行测量 | · 取决于导管尖端在心脏内的位置 | · 心律失常（准确鉴定P波），区别心室和室上性心动过速，心脏起搏 |

表8.4 心电图解析

| 周期阶段 | 运动[a] | 图像 | 测量[b] | 作用 |
|------|------|------|------|------|
| P 波 | · 窦房结→右心房→左心房→房室结 | · 正波 | · 宽度： 0.04 s(2 格)<br>· 高度： 0.4 mV (4格) | · 右左心房去极化 |
| PR间期 | · 窦房结→心室 | · P波和终止直线 | · P波开始到Q波开始（如果没有Q波则开始R波）<br>· 0.006~0.13 s (36.5 格) | · 时间延迟使心室充盈 |
| QRS | · 右束支和左束支→心尖和心室游离壁→游离壁和中隔基底部 | · 负波（Q）随后一个高的正波（R）和短的负波（S）结束 | · Q波开始到S波结束<br>· 宽度： 0.05~0.06 s(2.5 格)<br>· 高度： 2.5~3.0 mV (25~30 格) | · 心室去极化 |
| ST间期 | · 游离壁和中隔基底部→心尖和心室游离壁 | · 没有偏离直线 | · QRS波群结束到T波开始<br>· 宽度： 0.2 mV (2 格)<br>· 高度： 0.015 mV (1.5格) | · 心室复极化早期阶段 |
| T波 | · 心尖和心室游离壁 | · 正波 | · 高度： ≤R波振幅的1/4 | · 心室复极化 |
| QT间期 | · 右束支和左束支→心尖和心室游离壁→游离壁和中隔基底部→心尖和心室游离壁 | · 负波（Q），高正波（R），以同一条直线（ST段）的短期负波（S）结束 | · Q波开始到T波结束 | · 心室去极化和复极化总和 |

[a] 通过心脏的电子脉冲运动。

[b] 以50mm/s速度进行测量。

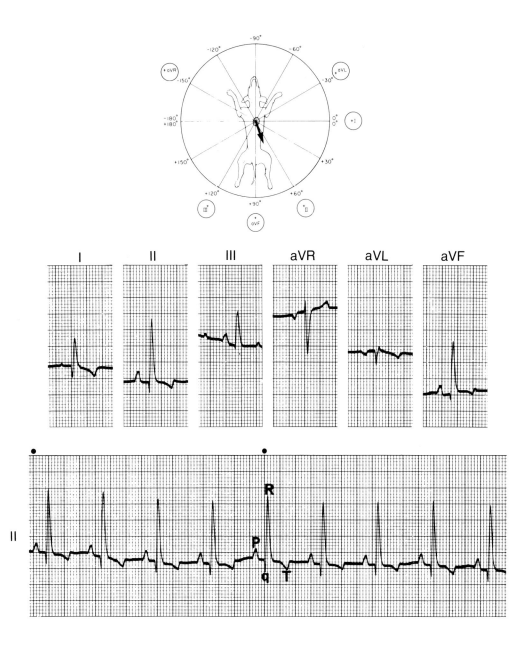

图8.1　正常犬心电图

得到Larry Patrick Tilley版权许可：*Essentials of Canine and Feline Electrocardiogram Interpretation and Treatment*， 3rd ed. Philadelphia， 1992， Lippincott Williams and Wilkins.

**技能框8.5　心率计算**

ECG纸和网格线

25mm/s
　小格0.04s
　大格（5个小方框）= 0.20s
　一组（15个大格）= 3s

50mm/s
　小格= 0.02s
　大格（5个小方框）= 0.10s
　一组（15个大格）= 1.5s

| 心率 | 纸速 | |
|---|---|---|
| | 25mm/s | 50mm/s |
| **规律的心率** | | |
| ·平均心率 | 方法1：1组中所有波的数目×20=bpm | 方法1：1组中所有波的数目×40=bpm |
| ·瞬时心率 | 方法2：1 500/2个QRS波群之间的小方格数量=bpm | 方法2：3 000/2个QRS波群之间的小方格数量=bpm |
| | 方法3：300/2个QRS波群之间的大方格数量=bpm | 方法3：600/2个QRS波群之间的大方格数量=bpm |
| | 方法4：根据提供的说明使用心率计算器 | |
| **不规则节律**<br>·最后一个循环的一小部分应估计在0.1s | 2组中的循环次数×10=bpm | 方法1：2组中的循环次数×20=bpm<br>方法2：4组中的循环次数×10=bpm<br>·速率慢则精确度更高 |

8

表8.5　常见的心率异常

| 心律模式 | 原因 | 影像 | 相关疾病 |
| --- | --- | --- | --- |
| 心房颤动 | ·快速和紊乱的心房去极化方式<br>·心排血量下降 | ·难以区分的P波被无数的F波取代<br>·QRS波群可能是正常或宽度不等 | ·心房增大，先天性心脏缺陷，药物反应，麻醉，恶丝虫病，创伤或肥厚型心肌病 |
| 房性期前收缩/复合波(APC) | ·窦房结以外的心房过早搏动 | ·过早的P波<br>·QRS波群是正常的，除非P波过早出现引起不同程度的重叠<br>·见图8.2 | ·先天性心脏疾病，心肌病，电解质紊乱，肿瘤，甲状腺功能亢进症，药物反应，毒血症，心房心肌炎或老年动物的正常变化 |
| 呼吸窦性心律失常 | ·起源于窦房结的不规则窦性心律<br>·吸气时呼吸频率上升和呼气时呼吸频率下降 | ·正常窦性心律<br>·吸气时循环数增加和呼气时循环数减少 | ·正常结果（短头颅的动物），迷走神经刺激，慢性呼吸系统疾病 |
| ST段下降 | ·心肌细胞复极的净电活动 | ·QRS波群ST段的抑制 | ·正常结果，心肌缺血（循环不足），高或低血钾，心脏创伤或急性心肌梗死 |
| ST段上升 | ·心肌细胞复极的净电活动 | ·QRS波群ST段的上升<br>·见图8.3 | ·正常结果，心肌缺氧（缺氧），心肌梗死或心包炎 |
| 心室颤动 | ·弱和不协调的室性早搏<br>·心排血量减少直至为零 | ·宽度、幅度及形状各异的波呈现完全不规则，混乱，变形反射 | ·休克，缺氧，创伤，电解质失衡，药物反应，主动脉瓣狭窄，心脏外科手术，电击，心肌炎或体温过低 |
| 室性期前收缩/复合波(VPC) | ·起源于心室的搏动代替窦房结 | ·P波从QRS波群分离出来<br>·QRS波群变宽和异常<br>·见图8.4 | ·心肌病，先天性缺陷，GDV，药物反应，心肌炎，心脏肿瘤，甲状腺功能亢进症，或慢性心脏瓣膜疾病 |

8

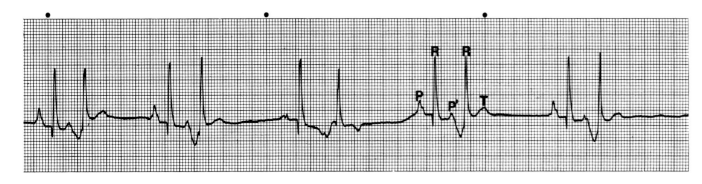

图8.2　房性期前收缩/复合波

得到Larry Patrick Tilley版权许可：*Essentials of Canine and Feline Electrocardiogram Interpretation and Treatment*，3rd ed. Philadelphia，1992，Lippincott Williams and Wilkins.

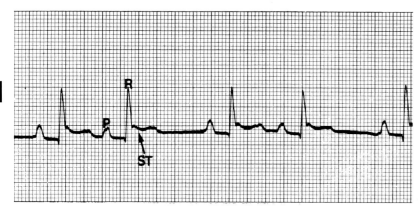

图8.3　ST段上升

得到Larry Patrick Tilley版权许可：*Essentials of Canine and Feline Electrocardiogram Interpretation and Treatment*，3rd ed. Philadelphia，1992，Lippincott Williams and Wilkins.

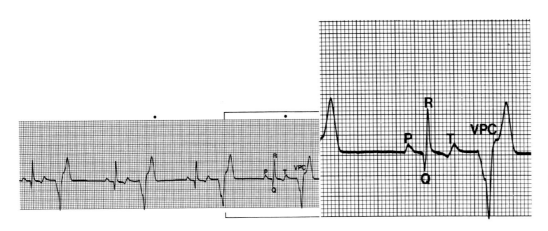

图8.4　室性期前收缩/复合波

得到Larry Patrick Tilley版权许可：*Essentials of Canine and Feline Electrocardiogram Interpretation and Treatment*，3rd ed. Philadelphia，1992，Lippincott Williams and Wilkins.

**表8.6 心电图问题和伪象**

| 伪象 | 问题 | 解决方案 |
|------|------|----------|
| 没有明确界定基准线 | • 基准线界定模糊 | • 记录笔发热，并确认它是否干净<br>• 灵敏度下降至1/2，从而使波的振幅下降 |
| 出现持平线 | • 电极脱落 | • 更换脱落的电极：<br>　• 导线 I 工作，导线 II、III 不工作——调换左后肢<br>　• 导线 II 工作，导线 I、III 不工作——调换左前肢<br>　• 导线 III 工作，导线 I、II 不工作——调换右前肢 |
| 负R波 | • 真性异常<br>• 电极错位 | • 确认电极被放置在正确的位置 |
| 无QRS波群 | • QRS波的幅度过大 | • 灵敏度降低至1/2来降低波的振幅 |
| 基准线快速和不规则振动 | • 肌肉震颤<br>• 身体运动<br>• 猫喘鸣 | • 确认患病动物处于舒适的位置和电极被舒适放置<br>• 手放置在胸壁施加适度的压力以减少患病动物全身震颤<br>• 对猫脸部吹气或轻轻推拿喉部停止其喘鸣<br>• 灵敏度降低至1/2来降低波的振幅 |
| 60个有规律连续尖的上下波 | • 电子干扰 | • 确认仪器已正确接地<br>• 确认电极夹是干净的，牢固地连接到用（不饱和的）凝胶或酒精润湿的皮肤上<br>• 确认四肢相互分开且电极夹没有彼此接触，动物没有接触任何金属（如诊断台）<br>• 确认诊断台上不附有金属性物质和远离电线<br>• 确认电线没有缠着或盘绕在一起 |
| 基准线上下移动 | • 呼吸运动（如气喘和咳嗽） | • 确认把患病动物放在舒适的位置<br>• 为了获取每个导联情况，需保持动物的嘴巴短期闭合 |

### 技能框8.6　保温处理

所有无法调节自身体温到正常水平［100.5~102.5°F（38.1~39.2℃）］的患病动物都需要进行热支持。麻醉、重症和/或机体受损的患病动物都无法调节自身体温，经常需要额外的保温措施。体温过低会明显减缓复苏且严重的体温过低可引起心律失常和凝血问题；预防优于治疗。另外，监测患病动物的热护理过程也很重要，以确保不至于过热甚至烧伤。住院或麻醉的患病动物往往无法离开外部热源，常会减少外周血液供应，有时导致严重和广泛的热灼伤。

颤抖将增加需氧量，高达400％。如果患病动物发冷而颤抖，则应提供额外的氧气。复苏过程中最好不要给患病动物使用保温设备（如在麻醉状态下给予保温）。应立即使用保暖设备；否则，将会继续降温。Bair huggers、恒温箱、静脉输液加热器和循环式加热毯都是理想的加热设备。因为静脉输液加热袋可导致严重和广泛的接触烧伤，故不建议使用。应当在保温袋的所有表面适当填充以确保热量不从底面散失。虽然直肠温不是核心体温，但可以作为体温变化趋势的评估，应定期测量直肠温度，来判定是否恢复到正常体温。食管温度测定可能反映麻醉患病动物的核心体温。

基本保温措施不需要额外的设备，如保持患病动物干燥，远离通风口和空调，保持温暖的室温，并使用绝缘材料隔离诊疗台和笼子。随着提供的热支持，保暖也很重要。已经制订出许多快速的方法，如使用泡沫纱包裹患病动物，将患病动物放在泡沫衬垫上，以及爪子上套上婴儿袜。

| 方法 | 使用 | 备注 |
| --- | --- | --- |
| 循环热水毯 | • 将预热循环控制温水的乙烯基垫放在患病动物下面 | • 可能会出现热灼伤（少见）<br>• 毛毯或其他保护层应该被放置在垫上面，以防止不慎刺穿<br>• 提供最小量的热支持 |
| 热风毯<br>（Bair huggers） | • 毯被放置在患病动物身上<br>• 用棉花毯包裹毯子或长袍大衣以使最大的保暖效果 | • 不要使用透皮药物，因为会加速药物输送，从而导致出现药物过量<br>• 不要将毛毯包裹患病动物的头部，可能出现角膜干燥<br>• 在手术时要小心使用，避免循环污染空气；直到患病动物完全准备好并盖上创巾时才能打开 |
| 加热袋 | • 过期的输液袋，米袋或燕麦袋<br>• 将袋子包裹在毯子或毛巾内，放在患病动物一侧 | • 不建议使用，容易发生严重灼伤<br>• 不能把加热袋放在患病动物的上方、下方或贴紧剃光的皮肤处<br>• 保温袋一旦变凉应该及时拿开，以免发生逆向热交换 |
| 静脉输液加热器 | • 使用金属导热管或多腔循环温水加热输液装置内的液体 | • 其他的方法可以单独使用或与液体加热器一起使用；使输液装置通过盛有热水的碗，沿着输液管放置循环热水毯，将输液管卷曲在患病动物热源下面 |
| 温暖的毛毯和毛巾 | • 干衣机加热毯子和毛巾 | • 热量和保温时间是有限的 |

8

**技能框8.7　躺卧动物护理**

褥疮（压疮）、尿液和粪便灼伤以及肺不张等可以进一步促进患病动物并发症的发生，可能导致动物发病率和死亡率的上升。神经系统或骨科疾病患病动物躺卧时发生这些并发症的风险最大。适当及细心的护理可预防或在早期阶段发现这些并发症。早期发现会将其对患病动物的影响降到最低。患病动物应被吊起并翻转，因为在地板上拖动或拉动可导致患病动物皮肤完整性的破坏而开始发生褥疮。

| 情况 | 原因 | 预防 | 治疗 | 备注 |
|---|---|---|---|---|
| 褥疮 | • 过度的压力、摩擦力、骨隆起部位的剪切力导致局部性缺血<br>• 解剖学上的差异：瘦小型品种（骨骼上覆盖的肌肉或脂肪减少），肥胖或大型和巨型品种（重量和压力过多），厚厚的被毛（捕获水分，无法监测皮肤变化）<br>• 潜在疾病的情况：麻痹、无力或不愿改变位置、营养不良、循环受损、代谢疾病、厚厚的被毛 | • 识别高危患病动物<br>• 日常监测早期征兆（如红斑、水肿、触痛、渗出物、脱毛）<br>• 充足的营养状况<br>• 病床（如吊床、气或水床垫）<br>• 被褥（如矫形垫、厚厚的毛毯）<br>• 保持患病动物皮肤清洁和干爽<br>• 每隔2~4h变换体位<br>• 被动运动和按摩以促进循环 | • 缓解压力（如"甜甜圈"充气环）<br>• 剪毛并用防腐剂清洁<br>• 药物治疗（如全身使用抗生素）<br>• 清创、手术和伤口管理（见第10章创伤护理和包扎，第393页） | • 大转子处是最常见的部位，但也可见于前肢和后肢的其他受压点<br>• 清洗前先采集细菌拭子 |
| 尿液和粪便灼伤 | • 长时间暴露在尿液或粪便中或危及皮肤的完整性 | • 干净的被褥<br>• 炉灰<br>• 病床（如尼龙网状吊床）<br>• 保护性外用药膏（如凡士林）适用于会阴和腹股沟区<br>• 洗澡 | • 剪毛并用防腐剂清洁<br>• 药品治疗（如磺胺嘧啶银，全身使用抗生素）<br>• 清创、手术和伤口管理（见第10章创伤护理和包扎，第393页） | • 尿液浸泡了动物的皮毛则应认为有尿液浸湿皮肤<br>• 可导致严重皮炎，易患褥疮 |
| 肺不张 | • 长时间一侧躺卧 | • 每隔2~4h变换体位 | • 复张（如变换体位，清除胸膜腔气体或液体） | • 听诊发现局部区域有浊音 |

# 药物治疗

| | 皮下注射(SQ) | 肌内注射(IM) | 静脉注射 (IV) |
|---|---|---|---|
| 位置 | • 通常在肩胛骨之间，但可以为可形成"凸起篷"的任何皮肤部位 | • 腰部区域、半膜肌和半腱肌 | • 任何静脉（如颈外静脉、头静脉、大隐静脉、脚静脉、麻醉期间舌静脉） |
| 剂量 | • 液体管理：每个部位注射5~10mL，取决于动物的大小和物种 | • 每个位点注射＜3 mL | • 可以给予大剂量 |
| 技术 | • 提起皮肤，形成一个小的"凸起篷"。注射针斜面朝上，以15°角插入"凸起篷"中心。你应感觉到针头刺穿皮肤。回抽注射器看有无血液，然后注射药物 | **后肢**<br>• 注射器针头至少离股骨一拇指宽的距离。将针头在稍偏尾侧部位刺入，回抽注射器看有无血液，然后进行注射<br>• 避免：坐骨神经、股动脉和静脉、腘窝淋巴结和股骨<br>**腰部区域**<br>• 将拇指放在髂骨翼，中指放在脊椎椎体上。同时将食指自然下垂，食指所指部位即注射部位。将注射针头直接刺入肌肉，回抽注射器看有无血液，然后注射药物<br>• 避免：所有的神经和血管 | **颈静脉**<br>• 用未持注射器手的拇指在胸廓入口的颈沟处按压闭塞颈静脉。头部应朝注射部位稍微旋转以获得更好的视野。颈静脉通常位于从下颌骨升支到胸廓入口皮肤的凹沟内。平行颅侧方向的皮肤进针，回抽有血液，或注入药物或推回血液<br>• 避免：颈动脉<br>**外周静脉**<br>• 一旦静脉由止血带或助手闭塞，拇指紧贴静脉固定静脉。平行颅侧方向的皮肤进针，回抽有血液，或注入药物或推回血液<br>• 避免：所有神经 |
| 小技巧 | • 注射前更换针头，使用25G针头<br>• 轻轻挤压或轻弹注射部位使其变迟钝<br>• 分散注意力（如零食、在诊断台滑动患动物或抬举它们的前肢、拉扯耳朵或拍打鼻子、与动物说话） | • 注射前挤捏注射部位使该部位不敏感<br>• 更换为25G针头也可减少注射时的疼痛，因为新针头锋利且较小<br>• 注射时分散动物的注意力 | • 在准备的皮肤上使用EMLA以减少动物对插入导管的反应。放1g在刮毛部位，用敷料覆盖，全面起效至少需等1h<br>• 通常轻轻地进针比猛烈进针产生的反应更小<br>• 注射时分散动物的注意力 |

8

# 静脉导管置入

兽医学中使用导管进入血管系统进行给药或补充液体，以及获得血液样本。以下部分介绍各种技术及其护理。能够迅速放置导管也是技术人员的一项宝贵技能。

技能框8.9　静脉导管置入：外周静脉和颈静脉

| 方法 | IV导管，外周静脉 | | IV导管，颈静脉 | |
|---|---|---|---|---|
| 适应证 | ·静脉输注液体、给予药物和进行麻醉<br>·要求放置中心线，颈静脉不可使用 | | ·静脉输注液体、给予药物和进行麻醉<br>·患病动物外周静脉或循环不良，CVP测量或可靠的血液样本 | |
| 禁忌证 | ·烧伤、擦伤或进针部位患脓皮病，选择的静脉有血栓形成，注入高渗溶液（肠外营养） | | ·烧伤、擦伤或进针部位患脓皮病，严重的凝血异常，凝固性过高或选择的静脉有血栓形成 | |
| 导管位置 | ·头静脉和隐静脉<br>·脚静脉（忌用高渗溶液） | | ·外部颈静脉和股静脉 | |
| 材料 | ·手术部位的准备材料<br>·0.5（1.27cm）和1英寸（2.54cm）胶带 | ·IV导管<br>·生理盐水冲洗<br>·T形阀<br>·22G针头<br>·手术部位的准备材料 | ·无菌纱布：3×3<br>·0.5英寸（1.27cm）和1英寸（2.54cm）胶带<br>·IV导管 | ·生理盐水冲洗<br>·用生理盐水填充的T形阀<br>·22G针头<br>·2%利多卡因 |
| 程序 | 在导管插入点上下方2"宽的范围剃毛。洗手并戴手套。使用棉球蘸洗必泰溶液轻轻擦拭皮肤（避免剧烈擦洗）。再用酒精棉擦拭确保不从剃毛区域边缘引入细菌。上述步骤后使用Technicare。作为最后准备，使用Technicare，但不要用酒精擦拭掉。更换手套。如有必要，用无菌针尖端进行切割。导管插入皮下并刺穿血管。将T形阀旋在导管上，用生理盐水冲洗，用胶带固定。导管长期放置时需额外的包扎，然而，通常这种情况下更多的是少包扎 | | 准备所有必需的材料。抵挡住颈静脉，仔细剃除插入部位的毛发，避免推剪烫伤（如果动物俯卧，放置导管的操作者抵住静脉；如果动物侧卧，保定者抵住静脉）。洗手、戴手套并按照外周静脉导管置入擦洗技术操作。更换无菌手套，抓起皮肤，以30°~45°角靠近血管将针头刺入皮下。保持该角度，触摸血管，将针尖推入血管内。应感觉到"落空感"。在许多颈静脉导管没有看到血液回流，除非抽吸。将导管的其余部位螺旋推进静脉。如果有针头防护器，放置在槽针，并夹紧。确保导管中心锁定在针头中心。取出针芯并连上T形阀。抽吸并用3~6mL肝素生理盐水冲洗。用蝶形胶带固定导管。针头防护器可以用来固定导管，蝶形胶带可以用来进行加固。用不可吸收缝线做3针简单的间断缝合将导管黏附在皮肤上（导管两侧各缝一针和第三针作为锚定）。在进针部位涂抹三联抗生素软膏。在导管/针头连接处滴一滴适用于导管类型的胶水。逆时针方向黏贴第二条胶带。用松散的石膏垫料顺时针缠绕动物的颈部，随后逆时针缠绕，保持T形阀清洁。以同样的方式进行纱布缠绕。用肝素生理盐水冲洗T形阀，抽吸并再次冲洗。放置一层弹性绷带，以可插入2个手指为标准进行松紧性测试。用胶带固定T形阀并在胶带上写明放置日期。可以拍摄X线片以评估是否正确放置 | |

（续）

| 方法 | IV导管，外周静脉 | IV导管，颈静脉 |
|---|---|---|
| 并发症 | · 静脉炎，堵塞或FUO | · 静脉炎，堵塞或FUO，面部或前肢水肿 |
| 拆除 | · 72h后拆除<br>· 用绷带剪剪去胶带，缓慢拔出导管<br>· 放置棉球和兽用绷带1~2h | · 72h后拆除<br>· 用绷带剪剪去胶带，缓慢拔出导管<br>· 放置棉球和兽用绷带1~2h |

小技巧：颈部右外侧保持伸直状态，通常是颈部放置导管首选的部位。

技能框8.10　导管置入：动脉和骨内

| 方法 | IV导管，动脉 | IV导管，骨内 | |
|---|---|---|---|
| 适应证 | · 血气分析，连续血压监测，血样 | · 中心静脉压，补充液体 | |
| 禁忌证 | · 药物或补充液体<br>· 烧伤、磨损或进针部位患脓皮病<br>· 血栓栓塞性疾病、严重凝血及卧床患病动物 | · 骨质疏松或进针部位感染 | |
| 导管位置 | · 足背、股骨和耳动脉 | · 股骨近端大转子、胫骨近端扁平内侧（肥胖动物）和肱骨大结节 | |
| 材料 | · 手术部位的准备材料<br>· 0.5英寸（1.27cm）和1英寸（2.54cm）的胶带<br>· IV导管<br>· 冲洗用生理盐水<br>· T形阀<br>· 22G针头 | · 手术部位的准备材料<br>· 无菌纱布：3×3英寸<br>· 0.5英寸（1.27cm）和1英寸（2.54cm）的胶带<br>· IV导管<br>· 冲洗用生理盐水<br>· 用生理盐水填充的T形阀 | · 22G针头<br>· 2%利多卡因<br>· 15号或11号手术刀片<br>· 16G骨髓针<br>· 缝合材料<br>· 三联抗生素软膏 |

| 方法 | IV导管，动脉 | IV导管，骨内 |
|---|---|---|
| 程序 | 按照外周导管置入程序。在插入位点下放置纱布块以维持无菌环境以及吸收血液。凭借熟练而稳定的操作技术，将导管斜面向上以30°~40°角插入动脉。<br>进入动脉后可见血液回流。触诊脉搏，然后向脉搏最强部位推进；抽回针芯。在导管中心可见血液。旋上T形阀盖子，用生理盐水冲洗并用胶带固定。标记为动脉导管 | 准备所有必需的材料。在大转子处剃毛并使用洗必泰浸泡的纱布擦洗，按照无菌技术处理。如果动物反应敏感，在皮下注射布比卡因或利多卡因（0.1mL，在导管插入位点）。在插入部位下面放置无菌纱布块以保持无菌区域以及吸收血液。用15号或11号手术刀切开插入位点。使用无菌操作技术，一腿内收，一只手固定股骨并用拇指指向大转子。经切口穿过导管，朝大转子内侧向下并进入转子窝。通过施加向下的压力和旋转（每次旋转1/4圈），使导管通过皮质。当导管通过皮质时，可感觉阻力减少。导管将轻松到达骨骼下端。通过抽吸和观察骨髓微粒及旋转股骨来确认放置；导管和股骨可一起移动。移去帽和管芯，连接输液装置。通过缝合胶带将导管黏附在皮肤上进行固定。用绷带将其固定好 |
| 并发症 | · 静脉穿刺、静脉炎、堵塞或FUO | · 骨髓炎骨折、骨骺板损伤、移位 |
| 拆除 | · 3~5d后拆除<br>· 用绷带剪剪断胶带，慢慢拉出导管<br>· 压力包放置10min，然后放置棉球和兽用绷带1~2h | · 3~5d后拆除<br>· 用绷带剪剪断胶带，慢慢拉出导管 |

小技巧： 1. 在准备的皮肤上使用EMLA以减少动物对插入导管的反应。放1g在刮毛部位，用敷料覆盖，至少需等1h后才全面起效。
2. 用胶带对导管做蝴蝶形固定。在导管两侧留约1英寸（2.54cm）长的胶带，然后胶带黏回自身成环以使导管两侧有约1英寸（2.54cm）的"翅膀"。使用"翅膀"固定导管或作为额外的附着点当环形缠绕到患病动物肢体上。

### 技能框8.11　导管的监测和维护

患病动物护理
· 监测发热、嗜睡或动物生命体征变化（可能代表败血症）症状
导管护理
· 每隔4~6h用生理盐水冲洗导管以评估是否通畅和动物反应
· 每24h拆开包扎，观察有无静脉炎、肿胀、发红、疼痛、触摸发热和导管移位
· 每3~5d更换导管，如有必要则更早
· 当弄脏或潮湿时，每24h更换包扎

设备维护
· 每次注射之前，用抗菌溶液擦洗导管上的T形阀和液体袋
· 每24h更换T形阀和输液装置，或当有明显磨损或污染时，尤其是危重和免疫抑制患病动物
· 当更换输液装置和液体袋时要严格遵守无菌操作技术
注意：停止补液时，液体不应突然停止，特别是进行快速输注的动物。超过24h慢慢给患病动物停止输液，使肾脏调整和再次良好地浓缩尿液，以避免连续过量液体丢失

# 化疗

随着许多诊所提供化疗管理增加，为执行者、饲主和患病动物的安全提供相应的安全信息是很重要的。因为这些药物存在潜在的危险，适当的培训是必要的。感染途径包括吸收、吸入和食入。每间诊所应该记载各种药品准备、贮存和处置记录。

化疗管理应该在医院内通风良好和人畜流量低的区域。

**技能框8.12　化疗：管理**

| 步骤 | 准备 |
| --- | --- |
| 1. 药物计算 | ·查看患病动物的记录，复核的化疗记录和药物计算<br>·最好有第二人复核药物计算<br>注：体重计算单位（如千克、磅或平方米）不同则化疗药物剂量不同；一定要确认正确的剂量。此外，大多数药物是以去脂体重为基础计算，而不是实际体重计算 |
| 2. 人员用品 | 投喂时都要用安全装备来保护自己和助手：<br>·乳胶手套：高风险的手套或两副普通手套<br>**小技巧**：两副手套，一副在长大衣的袖口下，一副在长大衣的袖口上<br>·全脸面罩或防护眼镜<br>·防护面罩：防粉尘或烟雾呼吸器或带有过滤层的面罩<br>注：外科口罩没有过滤层，不能满足防护需要<br>·长大衣：一次性的长袖子、前面封闭和袖口封闭的长袍 |
| 3. 投药用品 | **口服**<br>·化疗药物<br>·止血钳或给药丸枪　　　　　　**皮下注射／肌内注射**<br>　　　　　　　　　　　　　　　·酒精浸湿的纱布块　　　　　**静脉注射**<br>　　　　　　　　　　　　　　　·化疗针　　　　　　　　　　同上述并需要<br>　　　　　　　　　　　　　　　·塑料敷层布　　　　　　　　·导管<br>　　　　　　　　　　　　　　　·化疗药物　　　　　　　　　·剪刀<br>　　　　　　　　　　　　　　　·纱布块　　　　　　　　　　·擦洗准备材料<br>　　　　　　　　　　　　　　　·注射器　　　　　　　　　　·胶带 |
| 4. 药物准备 | 1. 在通风良好的地方做准备。<br>2. 取下瓶子的塑料盖，用酒精棉签擦拭顶端。<br>3. 化疗针插入药瓶。<br>4. 将注射器连接到化疗针上，同时保持瓶子直立。<br>5. 如果添加稀释剂，应慢慢加入，随后使小瓶内容物完全混合，使Luer-Loc注射器不变。<br>6. 将瓶子倒置，慢慢抽吸药物进入注射器以避免出现多余的气泡。<br>7. 注射器从小瓶拔出之前，将多余的空气推回到药瓶内。<br>8. 在注射器和瓶子连接处缠绕纱布并轻轻拉开。<br>9. 在注射器上装一个带帽针头。<br>**小技巧**：不要注入空气到瓶子内；瓶子内保持负压以减少雾化风险。<br>·当不使用化疗针时，所有上述步骤由Luer-Loc注射器连接针头来完成。<br>·不要超过注射器2/3的容量，以防止活塞从注射器分离。<br>·如果化疗药物通过液体袋给予，在添加化疗药物前用稀释液填充输液装置以降低当连接输液器给患病动物时的污染风险。 |

| 步骤 | 准备 |
|---|---|
| **5. 患病动物准备** | 1. 选择静脉：建议选择外周静脉，因为一旦药物到血管外时更容易发现。<br>2. 剃毛和准备无菌部位。<br>3. 放置导管：蝴蝶针，头皮针（over-the-needle）或导管内插管（through-the-needle）。<br>4. 确保导管通畅，至少使用12mL不含肝素的0.9%氯化钠溶液冲洗。<br>　• 一旦静脉穿刺失败，应换另外的静脉。如果不可能，则建议待穿刺处正确凝血后选择近端位点进行穿刺。<br>　• 不能使用含肝素的盐水，因为它可能会导致药物形成沉淀物。 |
| **6. 药物管理** | 1. 用酒精浸湿的纱布包绕导管末端，将针插入导管，以合适的速率且平稳的节奏给药，以避免静脉穿刺部位渗漏。<br>2. 给药后用3~5mL不含肝素的0.9%氯化钠溶液冲洗导管，以避免刺激静脉。<br>3. 某些药物（如L-天冬酰胺酶）给药1h后，监测过敏反应。<br>4. 导管拆除后按压数分钟。<br>　• 无论是插入或拔除针头或导管，都应在注射部位放置酒精浸泡过的纱布以避免药物雾化。<br>　• 给药后不要将药物抽吸回导管，以避免稀释和药物残留在导管注射口。 |
| **7. 处置** | 1. 将所有物品放在自封袋内以防止雾化。<br>2. 将废物放到合适的生物危害容器内进行处置。<br>3. 彻底清洁准备和给药台面。<br>**小技巧**：脱手套前，将带帽的注射器和任何其他可能雾化的物品拿在手中，脱掉手套包住这些物品，然后处置它们。 |
| **8. 患病动物的后续护理** | 1. 戴双层手套，处理在化疗后的72h内动物排泄物。<br>2. 擦拭笼子因为不管使用软管或喷雾剂，药物都可能会残留在笼子上。<br>3. 密切监测动物对药物的反应（如神态、食欲不振、排泄和一般行为）。 |

**表8.7　化疗：毒性**

　　化疗是使用药物有效攻击肿瘤细胞生长和分裂的过程。不幸地是，这些药物不止选择攻击肿瘤细胞，同时也会攻击其他细胞（如骨髓细胞、胃肠道细胞）。任何化疗药物的给予，都必须监测患病动物的不良反应和毒性。毒性可能在化疗后的数天不表现或直到中毒水平在体内积累到一定的量后出现。大多数方案一般设计原则为，化疗毒性导致住院率小于5%（如败血症）和任何特定毒性导致的直接死亡率小于1%。

| 并发症 | | 治疗 | 备注 |
|---|---|---|---|
| 血液学 | • 中性粒细胞减少症<br>• 贫血<br>　血小板减少（罕见） | 中性粒细胞减少<br>• <1 000~2 000个／μL<br>　• 剂量减少10%~25%<br>• <1 500个／μL<br>　• 剂量减少10%~25%<br>　• 给药（如甲氧苄啶–磺胺，喹诺酮类）<br>　• 监测体温<br>中性粒细胞减少和发热<br>• 住院、IV液、抗生素、血液分析、血液培养、尿液分析和培养、胸部X线片、±菌落刺激因子<br>血小板减少症<br>• 当血小板计数<50 000~100 000个/μL，则延迟给药 | • 所有已知可导致骨髓抑制的化疗药物（如顺铂、卡铂和阿霉素）使用前的12~24h要求进行CBC和血小板计数<br>• 严重中性粒细胞减少的患病动物可能不显示感染或发烧的迹象<br>• 最低点通常在用药后5~10d出现<br>• 通常延迟1周化疗以使骨髓恢复 |
| 心脏 | • 心律失常<br>　• 急性，罕见，短暂的<br>• 心肌病<br>　• 慢性的，累积的 | 预防<br>• 与铁螯合心脏保护剂（如右丙亚胺）一起给予<br>• 药物输注超过15min或CRI超过数小时<br>• 心电图监测<br>治疗<br>• 如果出现节律异常，停止使用化疗药物<br>• 给予药物（如抗心律失常药物） | • 大多见于犬使用阿霉素<br>• 总累积剂量<180 mg/m$^2$的限制，作为阿霉素的使用原则<br>• 心脏毒性几乎总是不可逆甚至是致命的 |
| 皮肤 | • 脱毛、毛发再生延迟、色素沉着、毛发颜色改变 | • 无需治疗 | • 大多见于非脱毛的品种（如贵宾犬、㹴犬、英国古牧羊犬）<br>• 化疗停止后很快再生<br>• 起初会出现颜色或质感的变化，但往往随着时间推移而得到缓解 |
| | • 局部组织坏死<br>　• 继发于淤血因素 | 预防<br>• 放置更细的导管和监测<br>治疗<br>• 停止输注<br>• 不要拆针；抽回尽可能多的药物<br>• 在外渗部位注入10~20mL无菌生理盐水和地塞米松（1~4mg）<br>　• 长春新碱：<br>　　• 每毫升外渗则注入1mL透明质酸（150单位/mL）<br>　　• 局部热敷24~48h<br>　• 阿霉素<br>　　• 注入外渗剂量10倍量的DHM3或右丙亚胺 IV和在外渗部位做SQ<br>　　• 局部冷敷6~10h<br>　• 顺铂<br>　　• 每毫升外渗则注入1mL等渗硫代硫酸盐 | • 大多见于长春新碱，阿霉素和顺铂<br>• 通常在用药后7~10d出现腐肉，应作为一个开放性伤口处理<br>• 可使用绷带和伊丽莎白项圈以避免额外的自残<br>• ±局部使用DMSO和浸润的氢化可的松（阿霉素和长春新碱）<br>• 如果严重坏死则预示着肢体截肢的潜在可能 |

| 并发症 | | 治疗 | 备注 |
|---|---|---|---|
| 胃肠道 | • 恶心，食欲不振，呕吐，腹泻，小肠结肠炎 | • 对症治疗（如适口性高的食物、食欲刺激剂、止吐药、蠕动调节剂）<br>• 严重：<br>　• 静脉输液<br>　• 营养支持<br>　• 抗生素治疗<br>　• 预防性使用止吐药（如奥坦西隆） | • 除顺铂可以严重致吐外，多为轻度和自限性的<br>• 通常发生在给药5~7d后 |
| 过敏 | • 荨麻疹，红斑，烦躁不安，摇头，呕吐<br>• 心血管虚脱（犬罕见），过敏反应<br>• 呼吸窘迫（猫） | 预防<br>• 给予药物（如苯海拉明、地塞米松）<br>治疗<br>• 对过敏患病动物缓慢或停止输注药物<br>• 静脉输液<br>• 提前或有症状时使用药物（如地塞米松、肾上腺素） | • 大多见于给予阿霉素和L-天冬酰胺酶 |
| 神经 | • 小脑性共济失调<br>• 外周神经病变（如便秘，反射减弱，无力，运动功能障碍） | 外周神经病变<br>• 散装泻药<br>• 维持一定的指导剂量（如5-FU<20mg/kg，PO） | • 多见于5-FU（小脑性共济失调）和长春新碱（周围神经病变） |
| 泌尿系统 | • 肾毒性 | • 静脉输注利尿剂（肾前性和肾后性）<br>• 监测血清肌酐含量和尿密度 | • 多见于顺铂（犬）和阿霉素（猫） |
| | • 出血性膀胱炎<br>• 痛性尿淋沥，尿频，血尿 | 预防<br>• 调整给药频率或药物选择<br>• 在早晨给药以利于更多的时间来排空膀胱<br>• 给予药物（如呋塞米）<br>• 在注射前后静脉输注利尿剂<br>• 提供淡水并经常外出<br>治疗<br>• 给予药物（如NSAIDs，二甲亚砜，1%的福尔马林） | • 多见于犬使用环磷酰胺<br>• 如果发生膀胱炎则不要重复用药<br>• 轻症病例往往是自限性 |
| 急性肿瘤溶解综合征 | • 急性虚脱和休克 | • 积极的补液疗法<br>• 实验室检测 | • 罕见的情况<br>• 广泛治疗淋巴瘤或白血病，快速使肿瘤分裂 |

**8**

**技能框8.13 饲主教育：监测化疗反应**

饲主应密切观察接受化疗的患病动物以评估其对治疗的反应。饲主会比平时更多关注动物的健康，因此应指导饲主何时致电该诊所以及何时在家监测。教育饲主，给他们信息和工具以便于在家做基本护理。

| 临床症状 | 何时致电 | |
| --- | --- | --- |
| | 监测 | 电话诊疗 |
| 食欲 | · 挑剔，但仍然吃零食 | · 腹痛 |
| 姿势 | · 稍微昏昏欲睡 | · 昏睡和/或不愿运动 |
| 排便 | · 软粪便 | · 腹泻 |
| 体温 | · ≤103°F（39.4℃） | · >103°F（39.4℃） |
| 排尿 | · 正常 | · 血尿 |
| 呕吐 | · 偶尔一次 | · 频繁和干呕 |

· 在接受化疗48h以内，应按照妥善处理的准则戴上双层手套清理尿液、粪便或呕吐物。
· 维持一个轻松的环境。
· 确保合理安排下次化疗，以及后续评估和实验室工作。

**技能框8.14　饲主教育：胰岛素管理**

　　并非所有的胰岛素注射器都是一样的，这可能会导致胰岛素剂量的不正确。胰岛素注射器通常有100单位和30单位的规格。100单位的注射器分成10等份，最小的测量线为2个单位的胰岛素。30单位的注射器分成5等份，最小的测量线为1个单位的胰岛素。当给予少量胰岛素时，最好是使用30单位的注射器以确保剂量的准确性。购买后与给药前必须小心仔细确认注射器型号。另外，还要注意胰岛素浓度变化；兽用胰岛素与鱼精蛋白锌胰岛素为U–40，即每1mL含40单位的胰岛素，而甘精胰岛素和人胰岛素R和U为U–100，即每1mL含100个单位的胰岛素。没有意识到这些不同时可导致大大过量或不足量。

| 准备 | 用药 | 胰岛素管理 |
| --- | --- | --- |
| • 见表17.30　代谢药物：胰腺，第598页。<br>• 请勿摇晃小瓶；应该轻轻在双手手掌之间滚动混合。<br>• 每次注射使用新注射器。 | 1. 抽回注射器活塞，使其顶部（最靠近针头的部分）停在所需剂量的位置。<br>2. 将针插入到小瓶内，注入空气，以防止小瓶内真空。<br>3. 慢慢将活塞拉回到所需的剂量，并将针退出小瓶。<br>4. 检查以确保注射器中无气泡。若有，将活塞回拉，并轻弹注射器将气泡置于顶端。然后推活塞，直到将所有的空气排出注射器。<br>5. 确认注射器内胰岛素剂量正确。 | 1. 从颈部中间至最后一根肋骨和两边中间的任何地方，每次注射都要变换位置。<br>2. 将你的食指放在动物的背上，用拇指和中指拉起皮肤，在你的食指下形成一个"凸起篷"。<br>3. 针斜面朝上，以45°角将针插入皮肤内。<br>4. 回拉活塞，以确认没有血液或空气进入注射器；如果有，则拔出针，并再次插入。<br>5. 推活塞将胰岛素注入皮肤下。<br>6. 拔出注射器，并立即封盖。<br>7. 妥善处理注射器和针头。 |

**8**

**技能框8.15　饲主教育：监测胰岛素反应**

　　当照料糖尿病动物时，无论是在家还是与兽医管理一起都必须辛勤地进行仔细监测以达到合理的病患治疗计划。随着对危及生命的低血糖监测，还必须监测低血糖以评估患病动物对胰岛素的反应以及发现任何早期并发症。随着胰岛素治疗开始，治疗方案将进行调整，直到患病动物平稳。为了监测胰岛素长期治疗效果以便于兽医师管理，应每2~6个月进行体格检查并获得血清果糖胺或糖化血红蛋白浓度。大多数糖尿病动物治疗的成功与否在于其饲主，他们对细节的注重和敏锐的观察是治疗成功的关键。在家监测包括下列参数；所有结果应传达给兽医，让其可以适当调整剂量。

- 监测

  - 食欲

  - 姿势

  - 身体状况

  - 烦渴/多尿

- 尿糖/酮体水平

  - 最初，每天监测1次，然后每月监测2~4次

    - 尿糖应保持0~1+

    - 连续的高结果（＞2+）可能需要增加剂量，持续偏低的结果（0）可能需要降低剂量，剂量遵医嘱

    - 积极的结果让人欣慰，可以提高糖类的摄入量和给予皮质类固醇

    - 见在家收集尿液样本的泌尿生殖道程序的小技巧，第432页

- 血糖仪

  - 每周两次空腹血糖（BG）测定，每月的血糖曲线或遵医嘱

  - 血糖曲线

    - 必要评估胰岛素的功效、峰值和效果持续时间以及波动程度

    - 在家里监测：

      - 每2h测1次（用甘精胰岛素每4h），从早上胰岛素前开始到第二天早晨用完胰岛素结束

      - 理想血糖曲线的结果显示在用药间隔的中间最低点（最低血糖）为100~150mg/dL

      - 各种血糖仪可用于家庭监测

      - 血液样本从耳缘的毛细管网、脚垫、（犬）唇、肘胼胝及尾巴根部进行采样

**技能框8.16　饲主教育：低血糖监测**

　　低血糖是低血糖水平条件下，血糖过低而不能有效地刺激机体的血液细胞。经常见于由以下原因引起的血液循环中胰岛素相对或绝对过剩：给予过多的胰岛素，错过或延迟用餐、少食、呕吐、剧烈运动、应激和某些药物，这些都能造成胰岛素过多。血糖水平<60mg/dL，大多数动物会出现醉酒状态，给予糖类将快速恢复。血糖水平<20mg/dL的动物常常失去意识和可能癫痫发作，应该立即给予糖类并随后立即就医。

| 观察的症状 | 采取的措施 | 预防 |
| --- | --- | --- |
| · 抑郁，嗜睡<br>· 偏离正常的行为<br>· 醉酒状态（如绊脚、摇晃）<br>· 食欲不振<br>· 气喘<br>· 癫痫发作，昏迷 | · 口服糖类（如卡罗糖浆、枫叶糖浆）<br>· 立即寻找兽医护理<br>· 保持动物体温 | · 每天定时定量给动物饲喂相同的食物<br>· 不喂餐桌上的残羹剩饭或除糖尿病规定膳食以外的任何饮食<br>· 每天多餐<br>· 随时提供新鲜干净的水<br>· 保持连续的运动计划<br>· 对不能进食动物不可使用胰岛素，除非有医嘱 |

# 液体疗法

　　当动物脱水、休克、失血或手术时，可能会导致过多的体液丢失或患有破坏其正常液体、电解质或酸碱平衡消耗性疾病时进行补液是必要的。脱水可导致血容量减少和灌注不足。

　　液体疗法的要求是基于动物的水合作用状态、流体丢失的原因和身体状况。兽医师负责制订适当的液体疗法。进行以下评估将有助于兽医计算动物所需的液体量。脱水和灌注状态之间的区别是兽医选择液体疗法的重要因素。

　　下列图表所提供的信息有助于宠物医师理解体液疗法和方案，并帮助其实施。

**技能框8.17　水合评估**

| 水合评估 | | 水合状态 |
|---|---|---|
| **身体检查** | 评估脱水状态<br>• 皮肤弹性：评估时，轻轻拉起和扭转颈后或沿脊椎的皮肤，记录需要返回到动物的身体自然状态的时间。找2个或3个位点进行评估<br>　• 肥胖可使弹性假性降低，消瘦可使弹性假性升高<br>• 黏膜评估：牙龈和角膜干燥程度（潮湿、黏性及干燥）<br>• 眼睛位置：评估眼凹陷程度<br>评估血流灌注状态<br>• 毛细血管再充盈时间：直接指压黏膜，然后计时血液（粉色）返回的时间（正常：<1~2s）<br>• 心率和脉搏（股骨和跖骨）：评估心率，脉搏（幅度和持续时间）<br>　• 犬：70~180 bpm<br>　• 猫：110~220bpm<br>• 动物体重：应注意动物的正常体重和当前体重。1英镑体重=1品脱（480mL）液体 | <5%：正常水合<br>• 无明显的临床体征<br>• 皮肤弹回：<2s<br>6%~8%：轻度脱水<br>• 皮肤：无弹性和坚韧<br>• 扭转：立即消失<br>• 皮肤弹回：>3s<br>• 眼睛：没正常有神和凹陷<br>• 黏膜：黏性至干燥<br>8%~10%：中度脱水<br>• 皮肤：无弹性和坚韧<br>• 扭转：慢慢消失<br>• 皮肤弹回：>3s<br>• 眼睛：没正常有神和凹陷<br>• 黏膜：黏性至干燥<br>• 心率：增加<br>10%~12%：严重脱水<br>• 皮肤：没有弹性<br>• 扭转：保持扭转状<br>• 皮肤弹回：保持提起状<br>• 眼睛：干燥、深深凹陷<br>• 黏膜：干燥、发绀，并可能发凉<br>• 心率：增加<br>• 脉搏：弱<br>12%~15%：患病动物休克和死亡，迫在眉睫 |
| **实验室评估** | 红细胞压积<br>　• 犬：37%~55%<br>　• 猫：24%~45% | • >45%脱水 |
| | 血清总蛋白<br>　• 犬：5.4~7.6g/dL<br>　• 猫：6.0~8.1g/dL | • >8.0g/dL脱水 |
| | 尿相对密度<br>　• 犬：>1.035<br>　• 猫：>1.040 | • 评估肾功能多于水合状态，如果肾脏健康，只反映脱水 |
| | CVP<br>　• <8cm $H_2O$<br>　• 连续监测，而不是单独一次读数 | • 见技能框8.2　中心静脉压，第332页<br>• 评估真正的静脉回流到心脏<br>• 低压反映有效循环量低 |
| | 血清乳酸 | • 血清乳酸升高可能表示灌注不良 |
| **用药史** | 患病动物的病史 | 体液丢失<br>• 呕吐，腹泻，唾液量<br>• 液体和食物的摄入量 |
| | 审评患病动物病历 | • 先前的身体问题（如心脏疾病、肾脏疾病）将影响液体疗法 |

**技能框8.18 计算液体需要量**

下面所示速率仅适用于那些没有肺脏、心脏或严重肾脏疾病且身体能够承受快速或高速率液体的动物。兽医需给出所输液体的量、类型和速率。

| 目的 | 计算基础 | 速率 |
|------|---------|------|
| 补液 | 基本补液公式<br>·计算纠正超过4~6h缺失液的替代液体的固定速率 | ·脱水%×体重（kg）×1 000mL/kg=补液的毫升数<br>例：体重20kg的动物脱水6%。基本补液所需的量为：0.06×20（kg）×1 000（mL/kg）=1 200mL |
| | 维持液计算<br>·计算经排尿、粪便及呼吸所丢失的液体量<br>·气喘和发热将会增加液体丢失的量（蒸发丢失） | ·成年动物为40~60mL/（kg·d）<br>·依赖于丢失的原因和动物的状况 |
| | 持续丢失液<br>·计算由于过度呕吐、腹泻、多尿及体液的第三间隔所丢失的体液量 | ·20mL呕吐物=20mL液体 |
| 麻醉协议 | ·计算在手术过程中预期的体液丢失（如血液） | ·健康动物，选择方法：5mL/（kg·h）<br>·5~15 mL/（kg·h）<br>·依据患病动物的状况做调整（如血压、灌注情况） |
| 术后协议 | ·计算补液，维持液和持续丢失液 | ·评估以上补液 |
| 儿科协议 | ·计算新生幼畜的快速水转换计算，因为它们体重的80%是水 | ·60~180mL/（kg·d） |
| 休克协议 | ·计算建立循环血容量以便组织灌注充足 | ·晶体溶液<br>　·犬：40~90 mL/（kg·h）<br>　·猫：20~60 mL/（kg·h）<br>·胶体<br>　·犬：15~20mL/kg，每增加5mL/kg则超过15min<br>　·猫：25mL/（kg·d），给药超过30~40min<br>·晶体液和胶体液同时给予则要调整速率<br>·当患病动物有充足/正常心肺功能时表示正常速率 |

表8.8 输液途径

| 途径 | 适应证 | 并发症 | 注意 |
|------|--------|--------|------|
| 口服 | ·液体丢失最小<br>·近期厌食，新生动物 | ·气管插管和吸入性肺炎、呕吐、反胃、吞气症 | ·禁忌：呕吐、腹泻、吞咽困难或危及生命的情况（如休克）<br>·使用奶瓶、注射器或鼻饲管饲喂 |
| 背部中线两侧皮下 | ·轻度至中度脱水<br>·维持需要量 | ·注射部位感染（罕见）<br>·不要使用>2.5%的葡萄糖，可能形成腐肉和脓肿 | ·禁忌：皮肤感染或坏死、体温过低或严重脱水<br>·将液体加热到体温，并由重力滴注<br>·只能使用等渗溶液<br>·使用多点进行注射，不超过10~20mL/kg的剂量<br>·预计在6~8h内吸收<br>·技术：见技能框8.8 注射，第346页 |
| 静脉注射 | ·严重脱水<br>·动物情况危急<br>·围手术期的预防 | ·静脉炎、败血症、肺栓塞、容量超负荷 | ·禁忌：贫血<br>·将液体加热到体温<br>·需要计算速率<br>·需要更密切地监测，特别是在心功能不全的情况下<br>·每隔6~12h用肝素盐水冲洗导管，每72h更换导管<br>·技术：技能框8.9 静脉导管置入：外周静脉和颈静脉，第347页 |
| 腹腔注射 | ·轻度至中度脱水<br>·大容量 | ·腹膜炎和腹腔内脓肿 | ·禁忌：腹水，腹膜炎，败血症，胰腺炎或预期腹部手术<br>·将等渗液体加热到体温<br>·可以在20min内吸收<br>·用于治疗严重体温过高或体温过低<br>·技术：后腹部做好无菌准备。18~22G针头从肚脐与耻骨间的腹中线插入。抽吸注射器，如果没有被吸入液体（如血液），则可以进行注射；如果抽吸有液体，则拔出针头，重新进针 |
| 骨内注射 | ·小动物（<5kg）、新生动物或静脉通路较差的动物 | ·骨髓炎、骨折和生长板损伤 | ·如果停止补液，用肝素盐水每隔4~6h冲洗导管<br>·只要放置部位允许则IV导管应尽快放置（24~72h）<br>·所有的静脉注射药物和液体都可以通过IO给予<br>·技术：见技能框8.10 导管置入动脉和骨内，第348页 |

8

表8.9 常用液体

选择液体类型与选择给药途径和速率一样重要。在选择液体时，重要的是要知道患病动物的电解质状态和潜在的疾病。根据此信息，然后选择组分最适合患病动物病情和需要的溶液。

胶体液最常用于休克、严重血白蛋白减少症、败血症、全身炎症反应综合征（SIRS）和低血压，因为其可以替代血管内液体。由于是大分子质量的物质，胶体留在血浆中，导致容积扩张。当患病动物白蛋白大于2g/dL，选择合成胶体；当白蛋白小于2g/dL，需要天然胶体（如血浆、浓缩红细胞）。

晶体液是最常用的细胞外补充液，因为它能减少开支，又能有效及迅速纠正丢失的液体。晶体液含有电解质和非电解质溶质，能够进入所有体液内。然而，给药后30min只有20%~30%留在血管内，给药1h后只有10%~20%。

| 液体类型 | | 适应证 | 途径 | 备注 |
|---|---|---|---|---|
| 合成胶体 | 右旋糖酐70 | ·容积扩张<br>·休克治疗 | 缓慢IV | ·监测心脏功能<br>·过敏性反应（罕见）<br>·可能凝血，增加血糖水平，改变了TP和交叉配血结果<br>·可在血管内存留4~8h |
| | 羟乙基淀粉 | ·低蛋白血症<br>·休克治疗 | IV | ·过敏性反应主要见于猫，缓慢输注可消除<br>·可能出现凝血和淀粉酶升高<br>·在血管内保存12~48h<br>·血液渗透压和胶体压升高 |
| | Oxyglobin | ·容积扩张<br>·由于组织缺氧造成贫血和休克 | IV | ·携氧能力长达40h<br>·改变血清化学成分和胆红素尿<br>·需要缓慢静滴和密切监测以避免正常血容量动物液体过量<br>·打开铝箔包装后必须在24h内使用<br>·仅适用于犬 |

| 液体类型 | 适应证 | 途径 | 注释 |
|---|---|---|---|
| **晶体液** | | | |
| **5%葡萄糖**（D₅W）<br>• 等渗 | • 没有水缺失<br>• 热量（179kcal/L）<br>• 高钠血症 | IV | • 高剂量或长期使用可能会产生肺水肿和稀释电解质<br>• 与青霉素配伍禁忌 |
| **乳酸林格液**<br>• 等渗 | • 补充液<br>• 维持液（短期）<br>• 酸中毒<br>• 休克治疗 | IV，SQ | • 禁忌：肝脏疾病，高血钙，高血钾，高乳酸血症<br>• 与头孢钠和金霉素配伍禁忌 |
| Normosol–R<br>• 等渗 | • 补充液<br>• 维持液<br>• 酸中毒 | IV，SQ | • 禁忌：癌症，高血钙，高血钾<br>• 皮下注射时可能会刺痛 |
| Plasma–Lyte A<br>• 等渗 | • 补充液<br>• 维持液<br>• 酸中毒<br>• 休克治疗 | IV，SQ | • 禁忌：高乳酸血症，高血钙，高血钾<br>• 皮下注射时可能会刺痛 |
| **林格液**<br>• 等渗 | • 补充液<br>• 纠正代谢性碱中毒 | IV，SQ，IP | • 监测：电解质浓度和肺功能 |
| **0.45%氯化钠溶液**（NaCl）<br>• 低渗 | • 长期液体疗法<br>• 没有水缺失<br>• 高钠血症<br>• 钠限制 | IV | • 禁忌：休克治疗<br>• 用于体液潴留高风险的患病动物 |
| **0.9%氯化钠溶液**（NaCl）<br>• 等渗 | • 补充液<br>• 血浆量上升<br>• 低钠血症，低氯血症，高钾血症，高钙血症<br>• 手术期间清洗组织<br>• 休克治疗 | IV，SQ，IP | • 禁忌：钠限制的情况下，心脏衰竭，高血压，代谢性酸中毒<br>• 监测：电解质浓度和肺动脉压<br>• 长期输液可能会导致电解质失衡<br>• 与两性霉素B配伍禁忌 |
| **7.5%氯化钠溶液**（NaCl）<br>• 高渗 | • 容积扩张<br>• 休克治疗 | IV | • 使用前需要正常的水合作用<br>• 多次小剂量进行推注（如3~5mL/kg）<br>• 监测：CVP，电解质 |

8

表8.10　液体添加物

| 添加物 | 适应证 | 途径 | 注释 |
|---|---|---|---|
| 葡萄糖酸钙和氯化钙 | • 纠正低钙血症<br>• 子痫 | 缓慢IV | • 禁忌：高钙血症和心室颤动<br>• 根据患病动物状态情况和其他实验室测定结果调整速率<br>• 监测：高钙血症，低血压，心律失常（当与钾联合给予时），心脏骤停和静脉刺激<br>• 葡萄糖酸钙可与$D_5W$，NaCl，LRS，葡萄糖/ NaCl或葡萄糖/LRS组合配伍 |
| 50%葡萄糖 | • 低血糖<br>• 热量补充 | IV | • 禁忌：高血糖<br>• 见技能框17.1基本计算，第568页 |
| 氯化钾（KCl） | • 预防或纠正低钾血症 | SQ，IM | • 禁忌：高血钾，急性肾功能衰竭，急性脱水和严重溶血反应<br>• 输液速率是关键：<br>  • IV：≤0.5mEq/（kg·h），不超过40mEq/L<br>  • SQ：≤30mEq/L<br>  • 必须进行稀释<br>• 监测：高钾血症、心动过缓或心律失常<br>• 与所有常用的静脉注射液都配伍<br>• 酸中毒可能会假性的$K^+$水平升高；碱中毒可能会假性的$K^+$水平降低<br>• 避光保存液体袋 |
| 碳酸氢钠 | • 纠正代谢性酸中毒<br>• 高血钙和高血钾危机 | IV | • 禁忌：代谢性或呼吸性碱中毒，低氯血症和乳酸林格液<br>• 注意：充血性心脏衰竭或水肿引起的其他条件改变<br>• 根据患病动物状态情况和其他实验室测定结果调整速率<br>• 监测：血气测量和酸中毒<br>• 与5%葡萄糖、葡萄糖/氯化钠相配伍 |
| 复合B族维生素 | • 厌食症患病动物 | SQ，IM，IV | • 需要足够的能量代谢（如葡萄糖、脂肪、蛋白质）<br>• 避光保存液体袋 |

**8**

## 技能框8.19　滴速计算

1. 需要的毫升数除以液体输注所需的时间（min）=mL/min
2. mL/min × 滴/mL所用输液器=滴数/min
3. 滴数/min除以6=每10s的滴数或如果流速高时，滴数/min除以60=每秒钟的滴数

例：需要1 200mL，超过5h，用15滴/mL的输液器：
[1 200除以（60min/h乘以5h）] 乘以15滴/mL= 60滴/min或1滴/s
（1 200/300）×15=60滴/min或1滴/s

表8.11　监测液体疗法

监测液体疗法预期的效果以及潜在的不利影响，是获得成功结果所必须考虑的。没有一个参数或标准可以评估液体疗法；随着时间的推移，它是一个组合的结果和趋势。在监测动物脱水和过度水合作用的同时，还必须对设备（如导管、设置管理、液袋、泵）是否正常运行进行监测。

| | 评估 | 脱水 | 正常 | 水中毒 | 备注 |
|---|---|---|---|---|---|
| 物理 | 血压 | · 低血压 | · 见表8.1，血压结果，第333页 | · 高血压 | · 见技能框8.1，血压程序，第331页 |
| | 毛细血管再充盈时间 | · CRT↓ | · 1~2 s | · CRT↑ | · 评估外周血灌注 |
| | 心率、脉搏和精力 | · 心动过速<br>· 弱脉 | · 犬：70~180 bpm<br>· 猫：110~220 bpm | · 心动过速，奔马律<br>· 强脉或洪脉 | · 评估心血管状态和血管内液体量 |
| | 精神状态 | · 抑郁，沉闷 | · 安静，放松 | · 激动，烦躁不安 | |
| | 体格检查 | · 眼窝凹陷 | · 见表2.2体格检查，第18页 | · 浆液性鼻分泌物，颈静脉搏动增强，指压性水肿，结膜水肿，呼吸困难 | · 每天进行多次评估水合作用和计算持续损耗 |
| | 肺部听诊 | · N/A | · 在两侧听到同样的声音<br>· 平滑，安静的声音 | · 咳嗽，肺水肿，肺音增粗<br>· 湿罗音，水泡音 | · 见表2.3肺脏检查，第30页 |
| | 呼吸频率和用力情况 | · 可变的 | · 犬：呼吸10~30 次/min<br>· 猫：呼吸25~40 次/min | · 呼吸急促，呼吸困难 | |
| | 皮肤弹回 | · 皮肤弹回下降 | · <2 s | · 皮肤弹回增加 | · 见表8.17水合评估，第358页 |
| | 尿量 | · <1 mL/（kg·h） | · 1~2 mL/（kg·h） | · 由正常发生变化 | · 评估肾功能及灌注（GRF） |
| | 体重 | · 体重下降 | · 可变 | · 体重增加 | · 每天3~4次监测体重，并积极补液和日常维持率<br>· 体重增加可能是发生肺水肿或CVP升高的迹象<br>· 体重增加1kg等于1L的液体量<br>· 体重按脱水的百分比增加，表明需要改变原来维持液速率 |

| | 评估 | 脱水 | 正常 | 水分过多 | 备注 |
|---|---|---|---|---|---|
| 实验室 | CVP | • −2 ~+5cm $H_2O$ | • <8 cm $H_2O$ | • >10 cm $H_2O$ 或者24h内增加超过5cm $H_2O$ | • 评估真正从静脉回流心脏的血量<br>• 低压反映有效循环量低<br>• 高压可能反映了液体过量、右心衰竭或限制性心包炎 |
| | 电解质 | • N/A | • 见表4.2血液生化，第74页. | • N/A | • 评估以确定需要补充疗法 |
| | 红细胞压积 | • PCV↑，>50% | • 犬：37%~55%<br>• 猫：24%~45% | • PCV↓，<20% | • 评估水合状态和快速输注晶体液的血液稀释效果 |
| | 温度 | • 可变的 | • 100.5~102.5℉（38.1~39.2℃） | • 低温，颤抖 | • 上升1.8℉（16.8℃）可能需要增加维持液10%速率 |
| | 总蛋白 | • >8.0 g/dL | • 犬：5.4~7.6g/dL<br>• 猫：6.0~8.1g/dL | • <4.0 g/dL | • 评估相对的血清渗透压<br>• 渗透压下降允许更多的液体流入间质，造成水肿（如肺、皮下） |

# 输血

随着血液制品的广泛使用，输血也变得非常普遍。美国依靠许多医院的捐助计划，已经建立商业动物血库。随着可选治疗方案的丰富，以及这方面知识的增长，血液成分治疗得以促进。根据每个患病动物对不同血液成分的治疗需求不同，使用特定的血液成分不仅能够降低发生输血反应的可能性，而且可使多个患病动物从每一单位的血液中受益。

表8.12 血型

进行输血的第一步是全面了解犬和猫的血型。而这一步的错误可导致严重的输血反应，甚至死亡。血型是由RBC表面上的不同的遗传标记来区分的。这些遗传标记为抗原且可引起免疫系统对不匹配的输血产生不同程度的免疫反应而形成抗体（自身抗体或同种抗体）。这些抗体可存在于血浆中并且可引发轻微至严重的输血反应。

犬有超过12种不同的血型性和多个血型。RBC表面的遗传标记被称为犬红细胞抗原（DEAs）。犬不会产生同种抗体，对特定抗原或者为阳性或者为阴性（如DEA1.1+或DEA1.1-）。已发现超过50%的犬具有DEA 1.1+，是目前犬输血反应中最有临床意义的。给DEA1.1-的犬（受血犬）输注DEA1.1+血将会使受血犬形成同种抗体，在输血过程中将会导致即时反应或潜在的威胁生命的反应。也有其他已知和未知的血型可导致在第一次输血和后续输血中出现输血反应。

猫只有1种血型性，但有3种血型：A型、B型和AB型。这些血型，与犬的一样，根据RBCs膜上的特异性抗原进行区分。所有的猫都有天然产生针对其缺乏的特异性抗体（如A或B）。因此，不匹配血型的输血会导致即时反应和可能威胁生命的反应。即使绝大多数猫为A型血，B型血的猫有最强对抗A型血的同种抗体，也会遭受最严重的反应。虽然少见，在某些品种中B型血是最常见且集中在一定的地区。

| 猫血型 | 流行情况 | 自然产生同种抗体 | 不匹配的输血反应 |
| --- | --- | --- | --- |
| A | ·全球最普遍存在的<br>·99.7%的猫 | ·低滴度的较弱的抗B型血抗体 | ·输注B型血：急性溶血性输血反应（细胞的生命↓）<br>·反应没有给B型血动物输注A型血严重 |
| B | ·占所有猫的0.3%<br>·>30%：德文力克斯猫、英国短毛猫、异国短毛猫、土耳其凡猫、土耳其安哥拉猫<br>·15%~30%：阿比西尼亚猫、缅甸猫、喜马拉雅猫、波斯猫、索马里猫<br>·某些区域和DSH | ·高滴度的较强的抗A型血抗体 | ·输注A型血：呼吸暂停，低血压，心律失常，虚弱，死亡 |
| AB | ·极其罕见<br>·阿比西尼亚猫、缅甸猫、英国短毛猫、DSH、日本短尾猫、挪威森林猫、波斯猫、苏格兰折耳猫、索马里猫 | ·缺乏A型或B型血抗体<br>·万能受血者 | ·没有基础血型 |

**技能框8.20　血液采集**

为了确保获得的血液各成分的质量，必须严格遵循采集规程。所选择的每一个供血者都要满足所有规程要求。一旦选定供血动物，每月可以采集血液13~17mL/kg犬和10~12mL/kg猫。血液被收集到一个密封且无菌的封闭系统内。采集血液最重要的一步是无菌。每一步都要严格操作来保证无菌，以避免非免疫性的输血反应。整个采血过程中，必须不断评估供血动物的情况（如黏膜、脉搏和强度、呼吸频率）。任何潜在的、危及供血动物的情况出现都将导致血液采集中止。

| | 供血动物要求 | 检测 | 采集用品 | 方法 |
|---|---|---|---|---|
| 犬 | · 易于处理和绝育<br>· 没有任何健康问题或目前无用药<br>· 已经疫苗接种<br>· 已经进行心丝虫病预防<br>· 理想体重>23kg<br>· 年龄：1~7岁 | · 全面的体格检查<br>· 血型<br>· 基本的实验室检查<br>　· CBC，生化，尿液分析，甲状腺激素，粪便检查，冯-维勒布兰德病因子<br>· 感染性疾病筛查<br>　· 犬恶心丝虫，犬蜱虫病，犬巴贝斯虫病，犬吉氏巴贝斯虫病，犬布鲁氏菌病，巴尔通体病<br>· 根据品种和地理区域可能需要其他测试 | · 捐血袋和导管<br>· 静脉穿刺针<br>· 抗凝血剂<br>　· CPDA-1，CPD<br>　· 保质期分别为28~35d，21d<br>　· 14 mL/100mL血<br>　· 柠檬酸钠<br>　· 保质期48h<br>　· 1mL/7~8mL血<br>· 安全止血<br>· 封管<br>　· 铝箔封口夹<br>　· 电动封口机<br>· 软管封口机或家用钳子 | 1. 夹住针后的导管。<br>2. 在捐血袋中加入抗凝剂，务必注意无菌处理。<br>3. 用抗凝剂湿润导管，因为血液必须流经抗凝血剂处理过的导管进入血袋。<br>4. 准备并进行无菌静脉穿刺。<br>5. 根据导管的长度，将血袋尽可能的远的放在动物下方。<br>6. 不断混合血袋中的血液和抗凝剂以防止在采集过程中发生凝血。<br>7. 采集所需的血液量后，在靠近针部夹住导管，并从捐助动物身上拔掉。<br>8. 挤空管中的血液，混合血袋，允许管中重新充血。<br>9. 封管，切断多余的管子，移除夹管的止血钳。 |

| 供血动物要求 | | 检测 | 采集用品 | 方法 |
|---|---|---|---|---|
| 猫 | · 易于处理和绝育<br>· 没有任何健康问题或目前<br>　无用药<br>· 已经疫苗接种<br>· 体重>5kg<br>· 年龄：1~7岁 | · 全面的体检<br>· 血型<br>· 基本的实验室检查<br>　· CBC，生化，尿液分析，<br>　　甲状腺激素，粪便检查<br>· 感染性疾病筛查<br>　· 猫白血病，猫支原体病，<br>　　巴尔通体病<br>　· 根据地理区域可能需要其<br>　　他测试 | · 捐血袋和导管<br>· 19G蝴蝶导管<br>· 3通阀<br>· 抗凝剂<br>　· CPDA-1，CPD<br>　　· 保质期分别为28~35d，<br>　　　21d<br>　　· 1.4 mL/100mL血<br>　· 柠檬酸钠<br>　　· 保质期48h<br>　　· 1mL/7~8mL血<br>· 安全止血<br>· 12 mL 注射器<br>· 60 mL注射器<br>· 封管<br>　· 铝箔封口夹<br>　· 电动封口机<br>· 软管封口机或家用钳子 | 1. 组装活塞、捐血袋、管子和注射器。<br>2. 将活塞关闭或处于关闭位置上。<br>注：在任何时候活塞都应处于不能让外界空气进入导管的位<br>　　置，以免导致污染。<br>3. 在60mL注射器的注射口加入抗凝剂，务必注意无菌处理。<br>4. 打开抗凝袋活塞，使抗凝剂湿润蝴蝶导管，因为血液必须<br>　　流经抗凝血剂处理过的导管进入血袋。<br>5. 移除止血钳并连接供血管和导管。<br>注：可能需对供血猫进行镇静和静脉输液。<br>6. 准备与进行无菌静脉穿刺。<br>7. 轻轻地将血液抽吸到注射器内。<br>8. 采集所需的血液量，然后靠近针部夹住导管，并从捐助动<br>　　物身上拔掉。<br>9. 轻轻颠倒注射器数次使血液与抗凝剂混合。<br>10. 将注射器中的血液挤到捐血袋内。<br>11. 挤空管中的血液，混合血袋，允许管中重新充血。<br>12. 封管并切断。 |

**8**

表8.13　血液制品

| 血液制品 | 成分 | 用途/作用 | 存储[a] | 准备/用法 |
|---|---|---|---|---|
| 存储的全血<br>（SWB） | • 红细胞，白细胞，血浆蛋白 | • 用途<br>　• 贫血，低蛋白血症<br>　• 大容量缺失<br>• 作用<br>　• 增加血容量和携氧能力 | • 存储：4℃（39.2℉）<br>• 保质期：柠檬酸钠抗凝为48h和CPDA-1抗凝为28d | • 准备<br>　• 颜色（如紫色、棕色、绿色）或质地（如血块）变化则表明可能已污染<br>　• ±加温至<35℃（98.6℉）<br>• 用法<br>　• 容量：6~12mL/kg（2mL全血/kg可使PCV提高1%）<br>　　• 一般情况：10mL/（kg·h）直到达到所需的PCV<br>　• 速率：以0.1~1mL/min速率维持30min，随着患病动物的接受逐渐增加为4~6 mL/min<br>　　• 注意：CHF患犬：≤5 mL/（kg·d） |
| 浓缩红细胞<br>（pRBC） | • 去除上清血浆<br>• 80%PCV | • 用途<br>　• 贫血<br>　• 担忧动物液体过量（如CHF）<br>　• 减少血浆抗原暴露风险<br>• 作用<br>　• 增加携氧能力 | • 采集后8h内从非冷藏的全血中分离<br>• 存储：4.0℃（39.2℉）<br>• 保质期：CPDA-1抗凝为35d和CPD 抗凝为21d<br>• 每周两次将冷藏袋轻轻地混合 | • 准备<br>　• 颜色（如紫色、棕色、绿色）或质地（如血块）变化则表明可能已污染<br>　• ±加温至<35℃（98.6℉）<br>　• 可能需要添加0.9%无菌生理盐水以降低pRBCs的黏度<br>• 用法<br>　• 容量：6~12 mL/kg<br>　• 1mL全血/3磅（1.36kg）的体重可使PCV提高1.5%<br>　• 速率：以0.1~1mL/min的速率维持30min，随着患病动物的接受逐渐增加为4~6mL/min |
| 新鲜冰冻血浆（FFP） | • 血浆上清液<br>• 凝血蛋白，白蛋白，球蛋白，凝血因子 | • 用途<br>　• 凝血因子缺失，DIC，严重的肝脏疾病，维生素K缺乏症，胰腺炎，严重的细小病毒性肠炎<br>　• 低蛋白血症和低球蛋白血症<br>　• PT/APTT延长<br>　• 控制活动性出血<br>　• 术前预防<br>• 作用<br>　• 所有凝血因子的全部活性<br>　• 扩大细胞外液量 | • 采集8h内冰冻<br>• 存储：-20℃（1℉）<br>• 保质期：1年，然后可以重新标记为FP继续使用另外4年的保质期 | • 准备<br>　• 血浆袋易碎，在运输箱内应该加温，然后使用前检查是否有裂缝<br>　• 未开封的血浆袋可以再冰冻且活性丢失很小<br>　• 加温至<35℃（98.6℉）<br>• 用法<br>　• 容量：6~12 mL/kg<br>　• 速率：开始1~2mL/min至最大速率3~6mL/min，在1~2h内获得所需要的治疗血浆量 |

| 血液制品 | 成分 | 用途/作用 | 存储[a] | 准备/用法 |
|---|---|---|---|---|
| **冰冻血浆**（FP） | · 血浆上清液<br>· 凝血蛋白，白蛋白，球蛋白，凝血因子（Ⅱ，Ⅶ，Ⅸ，Ⅹ） | · 用途<br>　· 凝血因子<br>　· 低蛋白血症和低球蛋白血症<br>· 作用<br>　· 凝血因子Ⅱ，Ⅶ，Ⅸ，Ⅹ的全部活性<br>　· 凝血因子Ⅴ和Ⅷ活性低 | · 采集后>8h冰冻<br>· 存储：−20℃（1℉）<br>· 保质期：5年 | · 准备<br>　· 血浆袋易碎，在运输箱内应该加温，然后使用前检查是否有裂缝<br>　· 未开封的血浆袋可以再冰冻且活性丢失很小<br>　· 加温至<35℃（98.6℉）<br>· 用法<br>　· 容量：10~20mL/kg<br>　· 速率：开始1~2mL/min至最大速率3~6mL/min，在1~2h内获得所需要的治疗血浆量 |
| **冷凝蛋白质** | · 大量的，冷的不溶性蛋白质<br>· 50%凝血因子Ⅷ的量<br>· 冯−维勒布兰德病因子，纤维蛋白原，纤维结合素 | · 用途<br>　· 血友病A，冯−维勒布兰德病，纤维蛋白原缺乏或功能障碍<br>　· 手术中局部止血<br>· 作用<br>　· 凝血因子替代物 | · 存储：−20℃（1℉）<br>· 保质期：1年 | · 准备<br>　· 血浆袋易碎，在运输箱内应该加温，然后使用前检查是否有裂缝<br>　· 加温至<35℃（98.6℉）<br>　· 解冻的制品需在2h内在冰冻否则无效<br>· 用法<br>　· 容量：1~2mL/kg<br>　· 速率：慢慢静脉推注超过10~20min |
| Oxyglobin | · 脱细胞的携氧替代液<br>· 来源于牛血红蛋白 | · 用途<br>　· 增加血管容量<br>　· 减轻RBC致敏的风险<br>　· 提高携氧能力<br>· 作用<br>　· 携带$O_2$和$CO_2$类似于血红蛋白<br>　· 扩大细胞外液量 | · 存储：室温或冷冻<br>· 保质期：3年 | · 准备<br>　· ±加温至<35℃（98.6℉）<br>· 用法<br>　· 容量：10~30mL/kg<br>　· 速率：静脉输注最大速率为10mL/（kg·h）<br>　· 从铝箔包装中取出后在24h内使用<br>　· 仅适用于犬 |

[a]存储指在一个封闭的收集系统收集血液。

技能框8.21　血液管理

| 输血规程 | 患病动物 | 血液 |
|---|---|---|
| 准备 | • 每次输血前要进行血型和交叉配血实验<br>• 导管<br>　• 必须使用输血专用导管<br>　• 技术<br>　　• 运用严格的无菌技术放置IV导管<br>　　• 使用已经放置的导管，输血前后必须用0.9%无菌生理盐水冲洗导管 | • 检查<br>　• 核实已选择的患病动物和血型是否正确<br>　• 输血前应彻底检查每个袋子以观察血袋的完整性变化，血液颜色变化和溶血或血块存在<br>• 加温<br>　• 冷冻产品不需要到加温，除非大量给予或患病动物体温过低<br>　• 加温>37℃（98.6℉）可能会溶解RBCs（携氧能力下降、蛋白质和凝血因子失活）以及加速细菌过度生长<br>　• 技术<br>　　• 将血袋在室温下放置30min<br>　　• 将血袋（包括运输箱）放进拉链锁袋（避免输液端口的污染和破坏脆性袋）并将其浸泡到温水容器中15min或加温至≤37℃（98.6℉）<br>　　• 输血过程中让输液管通过温水加热 |
| 设置 | • 将患病动物放置在一个干净舒适的笼子里，并铺垫白色垫子以便于观察血红蛋白尿<br>• 放在医院里所有工作人员随时可以进行肉眼监控的地方 | • 过滤<br>　• 输血装置中内嵌了一个170~270μm细孔，非乳胶滤器以移除存储过程中的血凝块和碎片<br>　• 滤器的功能为2~4单位的血液或最长可以使用4h<br>• 除了0.9%的无菌生理盐水外，没有液体（乳酸林格液、D$_5$W、低渗盐水）或药物可以添加进血袋，以避免引发凝血（如液体中的钙） |
| 管理 | • 监测<br>• 开始输血前应获得生命体征的基准值（如尿液颜色、PCV、体温、脉搏、RR）<br>• 持续15~30min获得基本的生命体征，每次间隔5min<br>• 输血期间每15min连续监测 | • 途径<br>　• IV是输血的首选途径，但可以在较难通过静脉通路的患病动物使用骨内导管输血，效果也极佳（如股骨、肱骨、胫骨）<br>• 速率[a]<br>　• 速率应根据血液制品、受血动物大小和健康状况而定<br>　• 以0.1~1mL/min的速率维持30min，随着患病动物的接受逐渐增加为4~6mL/min<br>　• 血液通过重力给予或通过输液泵输注血液制品不会对细胞造成伤害<br>　• 输血应在4h内完成以减少细菌过度生长 |

[a] 请参阅技能框8~19滴速计算，第363页。

注：1. 输血后供血者和受血者的血液样本存储1周以备不良反应发生时使用。

2. 如果供血者的PCV约为40%的情况下，10mL/kg的浓缩RBCs或20mL/kg的全血可以将PCV提高10%（Thrall，2004，第200页）。

8

**表8.14　输血反应**

　　在大多数情况下多注重细节则可以避免输血反应。对供血者的正确选择和测试，妥善采集血液，妥善处理和小心使用血液制品及Ⅳ导管，大多数输血都会安然无事。然而，因为不能测试或无法预期的因素则会发生输血反应。反应或急性（数分钟至数小时）出现或延迟出现（数天到数年），分为免疫性或非免疫性反应。免疫反应可由受血者和供血者血液制品之间的抗原抗体反应引起。非免疫性反应可由供血者筛选不足、污染、处理不当或用法技术不当或血液制品中激活细胞因子引起。最常见的反应是容量超负荷；往往只需降低输注速率即可纠正这种情况。输血反应的治疗是为了减轻临床症状和基本支持疗法。液体支持、氧气支持、利尿药、解热药、类固醇和抗组胺药是最常见的治疗方法。

| 反应 | 原因 | 症状 |
| --- | --- | --- |
| **急性免疫性反应**<br>· 通常发生在开始输血的几分钟内 | · 红细胞 | · 血管内或血管外溶血，发热，过敏反应，低血压，心动过速或心动过缓，发绀，呼吸暂停，流涎，流泪，排尿，排便，呕吐，虚脱，急性肾功能衰竭，休克，死亡 |
| | · 血小板，白细胞 | · 发热，呕吐 |
| | · 血浆蛋白 | · 荨麻疹，面部水肿，红斑，瘙痒 |
| **急性非免疫性反应** | · 污染 | · 发热，败血症，感染，低血压，溶血，呕吐，DIC，肾功能衰竭，休克，呕吐，腹泻<br>· 血液制品：深色，红细胞变色，聚集分布的细胞，溶血，气泡 |
| | · 不正确采集 | · 溶血，呕吐，水肿，呼吸困难 |
| | · 容量超负荷 | · 呼吸困难，呕吐，干呕，肺水肿，嘶叫，心动过速，咳嗽，呼吸急促，发绀 |
| | · 微团聚体 | · 血栓 |
| | · 柠檬酸毒性（低血钙毒性） | · 手足抽搐，颤抖，心律不齐，呕吐，心电图变化 |
| **迟发性免疫性反应**<br>· 数天后发生 | · 红细胞 | · PCV↓，发热，黄疸，红细胞存活缩短<br>· 新生儿溶血 |
| | · 血小板 | · 血小板减少，瘀斑血管外溶血（如高胆红素血症、血红蛋白尿、胆红素尿） |
| **迟发性非免疫性反应** | · 受感染的供血者 | · 疾病传播（如FeLV、FIV） |

注：1~2h内体温比输血前增加>1℃（2℉）被认为是发热。

# 氧气疗法

氧气疗法的目的是为动脉血液提供充足的氧气并消除二氧化碳。任何重病或受伤动物都有较高的氧气需求，应提供补充氧气直到稳定。对正在接受吸氧的患病动物进行监测是至关重要的。体温过高、湿度和二氧化碳增加都可能致命。

**技能框8.22　供氧**

供氧需要以下设备：氧源、加湿器、氧气管、圣诞树样适配器或注射器盒。

湿化作用

呼吸道的正常功能是温暖和湿润吸进的气体。供氧时这一功能消失，则患病动物吸入冷且干燥的气体。对氧气增湿可以降低水分丢失增多以及降低下呼吸道干燥及患病动物诱发肺炎的风险。对所有接受长期氧气供应或当氧气直接输送到鼻子、ET管或气管的患病动物应提供湿化作用。加湿器在每个患病动物使用后应进行清洗和干燥。

氧气流速

高浓度氧气是有毒的。氧气水平> 60%，维持时间超过12h可以引起问题。当长期供氧时氧气含量只应保持在40%。

- 流量：3~15L/min
- 氧气罩：200mL/（kg·min）
- 鼻导管：小型犬和猫，50mL/（kg·min）；较大的犬，100 mL/（kg·min）

呼吸窘迫时的直接方法和临时方法

这里所列方法为及时和临时使用。患病动物的耐受性通常很高。

氧气流

氧气管连接气源并以6L/min的流量运行。

氧气管开口端放置在距患病动物口腔/鼻端约6英寸（15.24cm）的地方。避免气流直接进入鼻腔而产生刺激。

面罩

氧气管连接气源并以6L/min的流量运行。

将麻醉面罩连接在导管末端开口处，放置在患病动物的口腔和鼻端。可以用口罩固定面罩。确保固定不会很紧，而影响到二氧化碳的排放。

运输器/箱

这种方法是用于易怒或过度紧张猫的最佳方法。用一个透明塑料袋（如垃圾桶衬垫）包裹整个输送器或箱或用胶带闭合开口（用一纸盖覆盖一个开口或就让其开放以排出废气）。氧气管连接气源并以6L/min流量运行。将氧气管的开口端插入透明袋的孔中。这种方法无法控制热或气道，因此，应密切监测患病动物。

下面列出的方法是长期的供氧方法。每种技术都有其自身的优势和劣势。

**技能框8.23　供氧途径：氧气罩和鼻导管**

| 方法 | 氧气罩 | | 鼻导管 | |
|---|---|---|---|---|
| 适应证 | ·呼吸窘迫<br>·低血氧症 | | ·呼吸窘迫<br>·低血氧症 | |
| 禁忌证 | ·呼吸道阻塞<br>·气喘<br>·体温过高<br>·应激↑ | | ·呼吸道阻塞，鼻部或面部创伤<br>·应激↑<br>·鼻出血，凝血障碍<br>·颅内压↑<br>·短头颅的品种 | |
| 设备 | ·专业的氧气罩<br>·伊丽莎白项圈<br>或<br>·伊丽莎白项圈<br>·保鲜膜 | ·胶带<br>·打结(如纱布、项圈)<br>·氧气设备 | ·红色橡胶导管<br>　·小型动物：3.5~5 Fr<br>　·中型犬：5~8 Fr<br>　·大型犬：8~10 Fr<br>·局部麻醉剂（如丙美卡因、利多卡因凝胶） | ·记号笔<br>·不可吸收缝线<br>·持针器<br>·氧气设备<br>·伊丽莎白项圈 |
| 方法 | 保鲜膜贴在伊丽莎白项圈外面覆盖开口的3/4。顶部开口以便二氧化碳、热量和冷凝排出。伊丽莎白项圈放置在患病动物的头部，并用纱布固定或使用患病动物的项圈固定。氧气管在颈部开口处放入并用胶带固定在靠近伊丽莎白项圈前面 | | 在预插管的鼻孔内滴数滴局部麻醉剂。务必抬升头部使麻醉剂浸润整个鼻道。用管测量从鼻孔到内侧眼角的距离并标记。在鼻孔内再滴数滴麻醉剂。在鼻子和眼睛之间到头顶的某处做简单的间断缝合。用利多卡因凝胶润滑导管前端。使用拇指向上将鼻子推成猪鼻，然后在腹内侧插入导管至标记处。使用先前放置的缝线，做中国结式的缝合。见技能框15.4　缝合方式，第546页 | |
| 并发症 | ·体温过高 | | ·打喷嚏<br>·应激↑ | |
| 拆除 | ·去除伊丽莎白项圈 | | ·轻轻地移除缝线，迅速取出导管 | |

小技巧：选择一个较大的红色橡胶管作为鼻导管可增加动物的耐受性。据推测，当氧气开启后，大的鼻导管填充了空间，消除移动和发痒，并消除较高压力软管效果。

**技能框8.24　供氧途径：气管插管和气管切开术**

| 方法 | 气管插管 | 气管切开术，紧急情况 |
|---|---|---|
| 适应证 | • 上呼吸道阻塞<br>• 头、面部或鼻外伤<br>• 鼻出血或凝血障碍<br>• 不能耐受鼻导管或需要比鼻导管更高氧流量的患病动物 | • 呼吸道阻塞<br>• 喉部或咽部塌陷<br>• 长期正压通气 |
| 禁忌证 | • 气管创伤或损伤<br>• 呼吸道阻塞远端置入导管 | • 气管创伤或损伤<br>• 呼吸道阻塞远端行气管切开 |
| 设备 | • 手术部位的准备材料<br>• 镇静或全身麻醉<br>• 无菌手术包<br>• 气管导管或大口径的针导管<br>• 氧气设备<br>• 包扎材料 | • 手术部位的准备材料<br>• 镇静或全身麻醉<br>• 气管切开插管（各种规格）<br>• 无菌手术包<br>• 缝合材料 |
| 方法 | 患病动物仰卧，颈部从下颌骨的下颌支到胸廓入口和背到中线的范围作外科手术准备。在喉部做一切口并钝性分离至气管。沿探针沟插入导管。一旦插入气管内，取出探针沟和管心针并直接将导管插入到隆凸水平处。用中国结式缝合法将导管固定在皮肤上。应用绷带松松地缠绕 | 患病动物仰卧，颈部从下颌骨的下颌支到胸廓入口和背到中线的范围做外科手术准备。在喉部做一切口并钝性分离至气管。在第4和第5气管环放置两根预留线，用于牵开开口。在两个环之间做一切口，切口应小于气管环周长35%。牵开预留线，插入气管切口插管。用胶带固定插管 |
| 并发症 | • 气管创伤或损伤<br>• 气管炎，皮下气肿，导管扭结或堵塞，纵隔积气，血肿 | • 气管创伤或损伤 |
| 护理 | • 所有接触应进行无菌操作<br>• 监测呼吸频率、肺音和所有生命体征<br>• 监测插入点是否感染、扭结、皮下气肿和松动<br>• 经常更换绷带 | • 所有接触应进行无菌操作<br>• 任何程序前先为患病动物输氧<br>• 每30~60min抽吸3~4次，每次持续3~7s；在抽吸间进行供氧<br>• 监测呼吸频率、肺音和所有生命体征<br>• 每天喷雾和拍打胸壁3~4次<br>• 应每天更换导管<br>• 每3~4 h注入无菌生理盐水（1mL/10kg） |
| 拆除 | • 拔除导管，伤口做第二期愈合 | • 拆除导管和保留缝线，伤口做第二期愈合 |

# 第**9**章

# 疼痛管理

**9**

| 关键词和术语[a] | 缩写 | 额外资源，页码 |
|---|---|---|
| 激动剂 | μg，微克 | 血液生化，72 |
| 异常性疼痛 | CNS，中枢神经系统 | 液体疗法，357 |
| 镇痛药 | CRI，恒速输注 | 注射，346 |
| 拮抗药 | FLK，芬太尼/利多卡因/氯胺酮 | 公斤体表面积，625 |
| 囊外的 | GDV，胃扩张扭转 | 患病动物护理，327 |
| 痛觉过敏 | GL，胃肠的 | 患病动物监护，330 |
| 感觉过敏 | HCL，盐酸 | 药理学，565 |
| 血压正常的 | HLK，氢吗啡酮/利多卡因/氯胺酮 | 躺卧动物护理，345 |
| 血量正常的 | h，小时 | 外科手术，519 |
| 受体 | IM，肌内注射 | 生命体征，17 |
| 反应逐渐增强现象 | IV，静脉注射 | |
| | kg，千克 | |
| | lb，磅 | |
| | LRS，乳酸林格液 | |
| | mg，毫克 | |
| | min，分钟 | |
| | MLK，吗啡/利多卡因/氯胺酮 | |
| | NRS，数值评定量表 | |
| | NSAIDs，非甾体类抗炎药 | |
| | OVH，卵巢子宫摘除术 | |
| | PO，口服 | |
| | Q24，每24 | |
| | SDS，简易描述表 | |
| | SQ，皮下的 | |
| | UMPS，墨尔本大学疼痛量表 | |
| | VAS，视觉模拟量表 | |

[a] 关键词和术语的定义见第629页词汇表。

# 疼痛管理

动物对相同方式引起的疼痛或应激的反应不尽相同。它们的品种、年龄、以往的经历及疾病和应激的程度都可以改变它们对刺激的反应。研究表明，对疼痛进行控制，病畜的正常功能恢复越早，且它们康复和治愈的也越快。在过去，疼痛控制最难的部分是如何确定病畜何时处于真实的疼痛中。众所周知，预防性治疗是最佳的方法。不要等到动物表现疼痛时再治疗；设想，手术后以及疾病和损伤中的动物处于疼痛中。为了确保病畜舒适，持续的观察和适当的治疗是很有必要的，特别是在刚开始的12~24h内。

疼痛路径开始于受体接收刺激和外周神经将化学、机械或热刺激转换成神经冲动。随后，信号通过脊髓传到大脑，并感知为疼痛。疼痛的程度与损伤组织中受体的数量相关。皮肤、骨膜、关节囊、肌肉、肌腱、动脉壁含有最高密度的疼痛受体。

外周神经系统是感觉损伤伴发剧烈锐痛的根源。这与疼痛受体的数量和位置直接相关。中枢神经系统产生的灼热，阵痛是由于这里只有低密度的疼痛受体分布。内脏器官需要较大的刺激作用于器官才能产生剧痛。通常，与外周神经系统相关联的较易定位的剧烈疼痛相比，弥散性疼痛较难具体定位。

## 疼痛管理误区

1. 镇痛药掩盖动物恶化的生理指标。

在人类医学和兽医学领域存在的证据显示，并不完全符合此种情况。事实上，如果充分治疗动物的疼痛，生理指标的任何变化其实都将归因于病情恶化而不是疼痛应激反应。

2. 给药时伴随着潜在的毒性和不良反应。

就目前我们所了解的医学发展水平，没有足够的理由去避免使用镇疼药。对于犬和猫，存在有许多可供选择的药物，且有成熟的准则来进行安全有效的管理。

3. 疼痛很难识别。

对疼痛最好的理解就是认为其类似于人类的疼痛。无论你是否认为动物真的表现出疼痛都应按照这个程度去治疗。应该认为，侵入性操作、创伤和疾病都会导致需要使用镇痛药。仅仅是了解和观察疼痛的行为表现，将会使疼痛识别变得更容易。

4. 疼痛使动物避免了来回走动和对自身的伤害。

通过研究，疼痛会使病畜情绪更激动，无法放松和休息。踱步、改变体位、啃咬切口等行为相对于烦躁或兴奋而言更是疼痛的指征。持续的疼痛也会造成愈合不良，降低免疫功能和增加炎症反应。在活动过多的情况下，镇静和限制活动可被用于控制病畜的活动水平。

5. 品种只是个"懦夫"。

每个动物和人对疼痛的感觉和表现都各有不同。有些品种往往对疼痛表现出较强的反应，因此具有较低的疼痛阈。这将促使宠物医师对特殊的品种采取预防性的疼痛管理。

## 疼痛评估

对自己以外的其他人进行疼痛评估是一项非常艰巨的任务，尤其是处理其他物种时。有许多方法可以用来评估动物的疼痛程度，然而，没有任何一种单一的方法可以提供一个完整的标准。细致全面的动物护理是疼痛评估一个重要部分。这种敏锐知觉和替代方法的应用，可制订一个完整的疼痛管理方案。

4种最常见的方法是生理性反应，使用预先制订的疼痛量表，预期疼痛和动物行为。生理学表现是进行疼痛评估可预见的最小表现，因为许多相同的生理表现在恐惧、焦虑和兴奋时都可出现。心率增加、呼吸频率增加、高血压、瞳孔扩大、血清皮质醇激素和肾上腺素的增加都是与潜在的疼痛相关的表现。

**表9.1 疼痛量表（见彩图23~24页）**

通过研究某些医院的情况制订疼痛量表为评估病畜的疼痛提供了另外一种方法。每个量表都有各自的优缺点，应该牢记这些优缺点。观察员培训是适当和持续使用这些量表的关键。

| 疼痛量表 | 定义 | 优点 | 缺点 |
| --- | --- | --- | --- |
| 单纯描述性量表（SDS） | 根据对动物的观察建立数字系统来表示疼痛水平，用（0）表示没有疼痛和（4）表示剧烈疼痛 | ·使用简单 | ·观察者的主观偏见 |
| 预先的评分系统 | 根据即将进行的操作和预期组织损伤数量分为没有疼痛、轻度疼痛、中度疼痛或严重疼痛 | ·使用简单 | ·个别病畜的疼痛程度和对治疗的反应 |
| 视觉模拟量表（VAS） | 100mm直线的一端括起来表示"没有疼痛"，另一端为"严重疼痛"。画交叉的垂直线表示病畜疼痛的程度 | ·使用简单<br>·疼痛改善或恶化的可视信号 | ·数据终止位置的主观性<br>·"严重疼痛"的不确定性，有关的所有疼痛或某一具体操作的疼痛 |

9

| 疼痛量表 | 定义 | 优点 | 缺点 |
|---|---|---|---|
| 数值评定量表（NRS） | 根据视觉和生理指标去评估动物的一种分类方法 | • 使用简单<br>• 支持对动物进行全面的评估 | • 类似于SDS<br>• 有限的验证 |
| **行为和生理反应量表** | | | |
| 美国科罗拉多州立大学急性疼痛量表<br>• 见技能框9.1<br>• 见彩图 9.1<br>• 见彩图 9.2 | 生理和行为表现，触诊反应和身体紧张度的评估 | • 受限于观察者的主观偏见<br>• 观察清晰度的确定 | • 有限的验证 |
| 墨尔本大学疼痛量表（UMPS） | 生理和行为表现的评估 | • 准确性提高<br>• 可以权衡不同分类的重要性 | • 有限的验证 |
| 格拉斯哥复合疼痛工具 | 特殊行为表现的评估 | • 受限于观察者的主观偏见<br>• 观察清晰度的确定<br>• 避免易变的生理反应 | • 更多用于骨骼肌肉的评估 |

**9**

---

**技能框9.1　CSU急性疼痛量表的使用说明**

　　量表采用观察阶段和亲自对动物的评估。一般来说，评估开始于位于一个相对不显眼的位子对笼子中的动物进行静静地观察。随后，将动物作为一个整体（创口和整个身体），来评估对轻轻触诊的反应、肌肉紧张、热指标、互动回应等。

1. 量表利用普通的以色阶象限为基础的0~4分制，以此作为判定5个级别渐进性的视觉标准。
2. 对不同疼痛程度加以进一步的视觉信号进行逼真的描述。附加纸张记录疼痛、温度和肌肉紧张度的空间，这也是病历关注特定方面的档案资料。这些附加纸张更大的好处在于鼓励观察者除了关于主要的损伤外，对动物的疼痛也进行全面的评估。
3. 量表包括疼痛的生理和行为表现以及触诊反应。此外，量表将身体紧张度也作为一项评估指标，在其他量表中没有作为参数。
4. 有条款规定不对休息的动物进行评估。就作者而言，这只是一个强调对睡眠动物推迟评估的重要性，同时促使观察者意识到动物可能通过药物

进行不恰当的抑制疼痛或存在更严重的健康问题。

5. 量表的优点包括使用简单，不需要过多的解释。所提供的个体行为的具体描述可减少观察者之间的差异性。另外，该量表可用于犬和猫。
6. 该量表的缺点是与其他量表相比，缺乏临床研究比较的确认。此外，它只用于急性疼痛，使得量表的应用受到极大的限制。

见图9.1，彩页，美国科罗拉多州大学犬急性疼痛量表。<br>见图9.2，彩页，美国科罗拉多州大学猫急性疼痛量表。

**表9.2　与外科手术、损伤和疾病有关的疼痛程度**

　　外科手术、疾病和损伤是公认的能够引起人类的疼痛，且同样也会引起动物疼痛。这个图表可被用于提前治疗动物预期的疼痛。当了解到每项操作可能产生的疼痛程度后，它也有助于选择正确的药物或药物联合使用。

| | 轻度至中度 | 中度 | 中度到重度 | 重度到极度 |
|---|---|---|---|---|
| **外科手术** | · 耳血肿<br>· 去势（青年动物）<br>· 胸腔引流<br>· 洗牙<br>· 耳道检查和清洗<br>· 肿块切除<br>· OVH（青年动物）<br>· 气管切开术<br>· 尿道插管导入术 | · 肛门腺囊肿切开术<br>· 去势（老龄或肥胖动物）<br>· 膀胱切开术（炎症）<br>· 拔牙术<br>· 摘除术<br>· 骨折复位术（桡骨，尺骨，胫骨，腓骨）<br>· 腹股沟疝修复术<br>· 剖腹术（最少操作且没有炎症的简短手术）<br>· 肿块切除<br>· OVH（老龄，肥胖或怀孕动物） | · 椎间盘手术（胸椎，腰椎）<br>· 剖腹探查<br>· 椎板切除术<br>· 下颌切除术<br>· 乳房切除术<br>· 甲切除术<br>· 全耳切除术 | · 椎间盘手术（颈椎）<br>· 耳切除<br>· 截肢术<br>· 术后疼痛（广泛的组织损伤或炎症）<br>· 开胸术 |
| **损伤** | · 脓肿切口<br>· 裂伤修复–较小的<br>· 移除皮肤异物 | · 膈疝修复术（急性，简单的无器官损伤）<br>· 囊外交叉修复<br>· 骨折复位术（桡骨，尺骨，胫骨，腓骨）<br>· 裂伤修复（严重）<br>· 软组织损伤 | · 角膜擦伤术或溃疡<br>· 骨折复位（股骨，肱骨）<br>· 冻疮<br>· 关节内手术（大型犬或广泛的操作）<br>· 肠系膜、胃、睾丸或其他组织扭转<br>· 意外低温后的复温<br>· 创伤（矫形外科，广泛的软组织损伤，头部损伤）<br>· 创伤性膈疝修复术（器官和广泛性组织损伤） | · 骨折复位（骨盆）<br>· 伴随广泛性软组织损伤的多发性骨折复位术<br>· 神经性疼痛（神经压迫，颈椎间盘突出，炎症） |
| **疾病** | · 膀胱炎<br>· 中耳炎 | · 胰腺炎（早期或未溶解）<br>· 尿道梗阻 | · 骨关节炎，急性多关节炎<br>· 腹膜炎 | · 脑膜炎<br>· 骨肿瘤（特别是活组织检查后）<br>· 病理性骨折<br>· 坏死性胆囊炎<br>· 坏死性胰腺炎<br>· 广泛炎症（腹膜炎，筋膜炎，蜂窝织炎） |

**9**

**表9.3　暗示疼痛和焦虑的行为**

　　动物的每一种行为可能表达着不同的含义。一种行为常常可能是疼痛的指征，也可能是正常的行为。当评估动物是否处于疼痛中时，应结合多种行为以确保正确的疼痛评估。研究表明，当观察者出现时动物经常会隐藏它们的疼痛，从而使得评估更加困难。请牢记，始终是疼痛一侧最容易出现异常并给予止痛药物；动物总是经受某种程度疼痛的最大可能是手术后或疾病或损伤期间。

　　对如下所列的行为根据其可能的原因进行标记。疼痛能引起任何行为，但它不是唯一的原因或某一特定患者的病因。对大量行为进行评估将会有助于判定动物的疼痛程度。

| 行为 | 疼痛 | 亚健康 | 恐惧/焦虑 | 正常行为 |
| --- | --- | --- | --- | --- |
| **姿势** | | | | |
| 弓背保护腹部 | × | | | |
| 绷紧腹部和背部肌肉 | × | | | |
| 腹部肌肉僵直 | × | | | |
| 不愿躺下 | × | × | | |
| 靠在笼壁上 | × | × | | |
| 异常坐姿或躺卧 | × | × | | |
| 异常姿势休息 | × | × | | |
| 祈祷姿势（前躯在地面上，后躯在空中） | × | | | |
| 尾巴摇摆无力 | × | × | | |
| 尾巴下垂 | × | × | | |
| 头耷拉 | × | | × | × |
| **步态** | | | | |
| 跛行 | × | | | |
| 非负重的（部分或完全） | × | | | |
| 强直 | × | | | |
| 不愿行走 | × | × | | |
| 无法行走 | × | | | |

| 行为 | 疼痛 | 亚健康 | 恐惧/焦虑 | 正常行为 |
| --- | --- | --- | --- | --- |
| **发声** | | | | |
| 尖叫 | × | | × | × |
| 哀鸣 | × | × | × | × |
| 嗷叫 | × | × | × | × |
| 无 | × | | × | × |
| 狂吠/咆哮（犬） | × | | × | × |
| 狂吠/嘶嘶声（猫） | × | | × | × |
| **一般表现** | | | | |
| 不再梳毛 | × | × | × | × |
| 目光呆滞 | × | × | | |
| 耳朵下垂 | × | | × | |
| 阴茎脱出 | × | × | | |
| 凝视 | × | × | × | |
| 面部歪扭 | × | | × | × |
| 困倦 | × | | | × |
| 畏光 | × | | | |
| 皮毛油腻 | × | × | | |

| 行为 | 疼痛 | 亚健康 | 恐惧/焦虑 | 正常行为 | 行为 | 疼痛 | 亚健康 | 恐惧/焦虑 | 正常行为 |
|---|---|---|---|---|---|---|---|---|---|
| | | | | | 攻击性 | × | | × | × |
| | | | | | 尽管明显疲惫仍无法入睡 | × | | × | |
| **活动** | | | | | **生理的** | | | | |
| 坐立不安，烦躁 | × | | × | × | 呼吸急促/气喘 | × | × | × | × |
| | | | | | 心动过速 | × | × | × | × |
| 震颤，颤抖 | × | | × | × | 瞳孔散大 | × | | × | |
| 摆动 | × | | × | | 高血压 | × | | × | |
| 睡觉时没有动静 | × | | | × | 体温升高 | × | × | × | |
| 静静地躺着数小时不动且没有欲望 | × | | | | 唾液增多 | × | × | × | |
| 昏睡 | × | | | | **食欲/排泄** | | | | |
| 躺卧对周围事物无反应 | × | × | | | 腹痛 | × | | × | |
| 缓慢站起 | × | × | × | | 食欲下降 | × | | × | |
| 不愿移动头部（仅仅移动眼睛） | × | × | × | | 胃口挑剔 | × | | × | × |
| 触摸腹部时所有4条腿伸展 | × | | | × | 不试图移动来使其排泄 | × | | | |
| 跛步 | × | | × | | | | | | |
| 反复的躺下，起来，躺下 | × | | × | × | | | | | |
| **体态** | | | | | | | | | |
| 咬伤或试图咬护理人员 | × | | × | × | | | | | |
| 看，舔舐，啃咬疼痛部位 | × | | × | | | | | | |
| 感觉过敏/痛觉过敏 | × | | | | | | | | |
| 异常性疼痛 | × | | × | × | | | | | |

| 行为 | 疼痛 | 亚健康 | 恐惧/焦虑 | 正常行为 | 行为 | 疼痛 | 亚健康 | 恐惧/焦虑 | 正常行为 |
|---|---|---|---|---|---|---|---|---|---|
| 坐在笼子后部 | × | | × | × | | | | | |
| 躲藏在毛毯里（猫） | × | | × | × | | | | | |
| 清洁/舔舐伤口 | × | | | × | | | | | |

---

**技能框9.2　非药物方法来减轻疼痛和焦虑**

　　除了镇痛药和镇静药的使用外，正确的护理在帮助缓解疼痛方面起着至关重要的作用。焦虑和应激降低疼痛知觉的阈值。应该连续观察每一个住院动物。

**环境**
- 提供熟悉的玩具和毛毯。
- 确保安静，远离动物吵杂和人类噪声。
- 保持笼子清洁和暖和。
- 为猫咪提供一个藏身之处（如航空箱、盒子）。

**接触**
- 饲主看望。
- 治疗期间与员工的互动（如散步、爱抚、抚摸、刷毛）。

**护理**
- 预定尽可能少中断的治疗计划；综合考虑监护，用药方案和笼具移动。
- 为犬提供多种机会促使其排尿或排便。
- 保持动物舒适（如清洁、干燥、经常翻转、清洁褥疮、湿润口腔）。
- 监护导管和绷带不适。

---

**表9.4　疼痛管理药物**

　　有多个种类的止痛药物，最常用的两类是阿片类药物和非甾体类抗炎药。可参照不同药物种类和单个药物的特性制订疼痛管理计划以提供一个均衡的镇痛方案。多种药物联合使用往往产生相加或协同效应，使得每种药物剂量减少并且更好地缓解动物疼痛。

| 药物 | | 适应证 | 剂量/给药途径/持续时间 | 备注 |
|---|---|---|---|---|
| 阿片类药物 | **盐酸丁丙诺啡**<br>- μ受体的部分激动剂 | - 犬：轻度到中度疼痛<br>- 猫：中度到重度疼痛<br>- 术前镇静，急性和围术期疼痛 | 剂量<br>- 犬：0.01~0.03mg/kg<br>- 猫：0.005~0.02mg/kg<br>- 硬膜外：0.03mg/kg<br>- 舌下：0.01~0.02mg/kg<br>给药途径<br>- 舌下（仅限于猫），SQ，IM，IV<br>持续时间（受剂量影响）<br>- 延续作用45~60min<br>- 6~12h | - 对猫非常有效<br>- 舌下给药仅适用于猫，因为猫具有独特的口腔pH<br>- 通常不能达到与吗啡、二氢吗啡酮或芬太尼同样的镇疼深度<br>- 由于与μ受体的高亲和力，几乎是不可逆的 |

| 药物 | | 适应证 | 剂量/给药途径/持续时间 | 备注 |
|---|---|---|---|---|
| **阿片类药物** | **酒石酸布托啡诺**<br>· μ受体纯拮抗剂和κ受体部分激动剂 | · 轻度到中度疼痛<br>· 犬：内脏痛<br>· 猫：皮肤痛 | 剂量<br>· 犬：0.2~0.8mg/kg SQ，IM<br>　0.1~0.4mg/kg IV<br>· 猫：0.1~0.4mg/kg SQ，IM<br>　0.05~0.2mg/kg IV<br>给药途径<br>· SQ，IM，IV<br>持续时间<br>· 犬：20min（SQ，IM），45min（IV）<br>· 猫：4h（SQ，IM），45~60min（IV） | · 麻醉上限效应，即增加用量并不会进一步降低疼痛<br>· 可以部分逆转μ受体纯激动剂阿片类药物<br>· 通常不能达到与吗啡、二氢吗啡酮或芬太尼相同的镇疼深度<br>· 可用于口服，但达不到高效的镇痛作用 |
| | **可待因/扑热息痛** | · 中度到重度疼痛<br>· 慢性痛 | 剂量<br>· 犬：1~2mg/kg可待因<br>给药途径<br>· PO<br>持续时间<br>· 8~12h | · 禁用于猫<br>· 有效剂量：可待因30mg或60mg和扑热息痛（如泰诺3号）300mg<br>· 长期使用：可产生耐药性和便秘 |
| | **枸橼酸盐芬太尼**<br>· μ受体纯激动剂 | · 中度到重度疼痛 | **注射**<br>剂量<br>· 犬：10μg/kg SQ<br>　　　2~5μg/kg IV<br>· 猫：1~2μg/kg IV<br>· CRI：见表9.5，第390页<br>给药途径<br>· SQ（仅犬），IV<br>持续时间<br>· 犬：40~60min（SQ）<br>· 犬/猫15~30min（IV）<br>**透皮贴剂**<br>剂量<br>· 犬/猫：3~5μg/(kg·h)<br>· <11lb=12.5μg<br>· 11~22lb=25μg<br>· 22~44lb=50μg<br>· 44~66lb=75μg<br>· >66lb=100μg<br>持续时间<br>· 延续作用12~24h<br>· 犬：最小3d<br>· 猫：可达4d | · 常见猫体温升高<br>· 可能会引起听觉致敏，体温升高和心动过缓<br>· 耳朵填塞棉花和安静环境可缓解声音敏感现象<br>· 急性外科手术痛或严重创伤痛时仅用贴剂是不够的<br>· 贴剂用于发热动物或使用加热设备时可极大地提高吸收率，故应该避免<br>· 混合使用激动剂/拮抗剂阿片类药物类将会抵消药效<br>· 贴剂黏贴部位：<br>　· 部位可在颈部，胸部，腹股沟，跖骨/腕部，尾根（犬）和侧胸，腹股沟，跖骨/腕部，尾根（猫）<br>　· 预贴部位剃毛，用水清洁，并充分干燥<br>　· 应用贴剂时，使用手掌固定几分钟以便黏附，并覆盖黏性绷带<br>　· 标记绷带以记录贴剂大小、日期和放置时间 |

**9**

| 药物 | | 适应症 | 剂量/给药途径/持续时间 | 备注 |
|---|---|---|---|---|
| 阿片类药物 | 氢吗啡酮<br>• μ受体纯激动剂 | • 中度到重度疼痛 | 剂量<br>• 犬：0.1~0.2mg/kg SQ，IM<br>　0.03~0.1mg/kg IV<br>• 猫：0.05~0.1mg/kg SQ，IM<br>　0.01~0.025mg/kg IV<br>给药途径<br>• SQ，IM，IV（缓慢）<br>持续时间<br>• 延续作用15~30min<br>　• 3~4h（SQ，IM），30~45min（IV） | • 猫经常出现体温升高<br>• 与吗啡相比，较少诱发呕吐或低血压<br>• 长期使用可引起便秘 |
| | 美沙酮<br>• μ受体激动剂 | • 轻度到中度疼痛 | 剂量<br>• 犬：0.5~2.2mg/kg SQ，IM<br>　0.1~0.5 mg/kg IV<br>• 猫：0.1~0.5mg/kg SQ，IM<br>　0.05~0.1mg/kg IV<br>给药途径<br>• SQ，IM，IV<br>持续时间<br>• 4~6h（SQ，IM），60min（IV） | • 与吗啡相比，较少诱发呕吐或镇静作用<br>• 发展为耐药性的可能较小 |
| | 硫酸吗啡<br>• μ受体纯激动剂 | • 中度到重度疼痛 | 剂量<br>• 犬：0.5~4 mg/kg PO<br>　0.5~2.2mg/kg SQ，IM<br>　0.1~0.5mg/kg IV缓慢<br>• 猫：0.25~1.0mg/kg PO<br>　0.1~0.5mg/kg SQ，IM<br>　0.05~0.1mg/kg IV缓慢<br>• 硬膜外：0.1mg/kg<br>给药途径<br>• PO，SQ，IM，IV缓慢<br>持续时间<br>• 3~4h（PO），3~6h（SQ，IM），60min（IV） | • 猫经常出现体温升高<br>• 高剂量可引起猫的兴奋，结合镇静剂给予较低剂量<br>• 对于血量和血压异常的犬应避免静脉输注 |
| | 盐酸羟吗啡酮<br>• μ受体纯激动剂 | • 中度到重度疼痛 | 剂量<br>• 犬：0.05~0.2mg/kg<br>• 猫：0.02~0.1mg/kg<br>给药途径<br>• IM，IV<br>持续时间<br>• 2~6h | • 猫经常出现体温升高 |

| 药物 | | 适应证 | 剂量/给药途径/持续时间 | 备注 |
|---|---|---|---|---|
| 阿片类药物 | 曲马多<br>• 合成的μ受体<br>阿片类激动剂 | • 中度到重度慢性疼痛 | 剂量<br>• 犬：2~5mg/kg<br>• 猫：2~3mg/kg<br>给药途径<br>• PO<br>持续时间<br>• 8~12h | • 当结合NSAID使用时药效最大化<br>• 避光<br>• 停药时剂量逐渐减少 |
| $\alpha_2$激动剂 | 美托咪定 | • 轻度疼痛<br>• 结合阿片类药物使用时适<br>用于中度到重度疼痛 | 剂量<br>• 犬/猫：5~10μg/kg  IM，IV<br>给药途径<br>• IM，IV<br>持续时间<br>• 30~90min | • 与阿片类药物联合使用可增强镇痛作用<br>• 极度兴奋和不安的犬给药后需要安静休息15~20min<br>• 心动过缓可使用阿托品或胃长宁<br>• 动物耳朵填塞棉球和安静的环境可缓解声音敏感现象<br>• 药瓶上以$\mu g/m^2$为推荐剂量，见附录 |
| | 赛拉嗪 | • 轻度疼痛 | 剂量<br>• 犬/猫：0.05~0.1mg/kg<br>给药途径<br>• IM，IV<br>持续时间<br>• 30~60min | • 镇静较镇痛持久<br>• 与阿片类药物联合使用可增强镇痛作用<br>• 心动过缓可使用阿托品或胃长宁<br>• 动物耳朵填塞棉球和安静的环境可缓解声音敏感现象 |
| 局部药物 | 布比卡因 | • 消除所有疼痛 | 剂量<br>• 犬/猫：1~2mg/kg<br>• 硬膜外：0.1~0.75mg/kg<br>给药途径<br>• 浸润，硬膜外<br>持续时间<br>• 延缓作用15~20min<br>• 6~8h | • 避免静脉注射，因为可导致心脏骤停<br>• 中毒剂量为4 mg/kg |
| | 利多卡因 | • 消除所有疼痛 | 剂量<br>• 犬/猫：1~2mg/kg<br>给药途径<br>• 浸润，硬膜外，IV<br>持续时间<br>• 3~10min起效<br>• 60min | • 猫中枢神经系统对该药非常敏感——谨慎使用<br>• 猫应避免静脉注射<br>• 中毒剂量为10mg/kg<br>• CRI：见表9.5，第390页 |

9

| 药物 | | 适应证 | 剂量/给药途径/持续时间 | 备注 |
|---|---|---|---|---|
| | 卡洛芬 | • 轻度到中度（某些重度情况）<br>• 炎症的治疗 | 剂量<br>• 犬：2.2mg/kg PO<br>　4.4mg/kg SQ，IM，IV<br>• 猫：1.2mg/kg SQ<br>给药途径<br>• PO，SQ，IM，IV<br>持续时间<br>• 延缓作用60min<br>• 12h（犬PO），18~24h（犬SQ，IM，IV），48~72 h（猫SQ） | • 长期用药时应监测血液参数<br>• NSAIDs不建议用于循环血量减少或脱水或出血障碍或胃肠或肾脏疾病动物<br>• 出现呕吐或腹泻时停止用药<br>• 与食物一起给予 |
| | 地拉考昔 | • 轻度到中度（某些重度情况）<br>• 骨科手术后止痛<br>• 骨关节炎治疗和止痛 | 剂量<br>• 犬，术后：3~4mg/kg<br>• 犬，骨关节炎：1~2mg/kg<br>给药途径<br>• PO<br>持续时间<br>• 24h | • 长期用药时应监测血液参数<br>• NSAIDs不建议用于循环血量减少或脱水或出血障碍或胃肠或肾脏疾病动物<br>• 出现呕吐或腹泻时停止用药<br>• 与食物一起给予<br>• 术后最多连用7d |
| 非甾体类抗炎药 | 依托度酸 | • 轻度到中度（某些重度情况）<br>• 骨关节炎的炎症治疗 | 剂量<br>• 犬：10~15mg/kg<br>给药途径<br>• PO<br>• 60min开始<br>持续时间<br>• 24h | • 长期用药时应监测血液参数<br>• NSAIDs不建议用于循环血量减少或脱水或出血障碍或胃肠或肾脏疾病动物<br>• 出现呕吐或腹泻时停止用药<br>• 体重<5kg犬很难精准的给药 |
| | 非罗考昔 | • 轻度到中度（某些重度情况）<br>• 炎症的治疗 | 剂量<br>• 犬：5mg/kg<br>给药途径<br>• PO<br>持续时间<br>• 18~24h | • 长期用药时应监测血液参数<br>• NSAIDs不建议用于循环血量减少或脱水或出血障碍或胃肠或肾脏疾病动物<br>• 出现呕吐或腹泻时停止用药 |
| | 酮洛芬 | • 轻度到中度（某些重度情况）<br>• 炎症的治疗 | 剂量<br>• 犬/猫：1mg/kg PO<br>• 犬/猫：1~2mg/kg SQ<br>给药途径<br>• PO，SQ<br>持续时间<br>• 18~24h | • 长期用药时应监测血液参数<br>• NSAIDs不建议用于循环血量减少或脱水或出血障碍或胃肠或肾脏疾病动物<br>• 出现呕吐或腹泻时停止用药<br>• 可能掩盖感染的症状和体征<br>• 由于可引起术中出血，术前禁用 |

（续）

| 药物 | | 适应证 | 剂量/给药途径/持续时间 | 备注 |
|---|---|---|---|---|
| 非甾体类抗炎药 | **美洛昔康** | • 轻度到中度（某些重度情况）<br>• 肌肉骨骼系统慢性炎症的治疗<br>• 犬髋关节发育不良或慢性骨关节炎 | 剂量<br>• 犬：第1天治疗0.2mg/kg PO；随后0.1mg/kg Q24 h<br>• 猫：第1天治疗0.2mg/kg PO；随后0.1mg/kg Q24 h，用2~4d<br>给药途径<br>• PO<br>持续时间<br>• 18~24h | • 长期用药时应监测血液参数<br>• NSAIDs不建议用于循环血量减少或脱水或出血障碍或胃肠或肾脏疾病动物<br>• 出现呕吐或腹泻时停止用药<br>• 幼犬猫：滴几滴到食物中，不能直接经口给药 |
| | **替泊沙林** | • 轻度到中度（某些重度情况）<br>• 骨关节炎疼痛治疗 | 剂量<br>• 犬：首次剂量20mg/kg，随后10mg/kg Q24 h，PO<br>给药途径<br>• PO<br>持续时间<br>• 18~24h | • 长期用药时应监测血液参数<br>• NSAIDs不建议用于循环血量减少或脱水或出血障碍或胃肠或肾脏疾病动物<br>• 出现呕吐或腹泻时停止用药<br>• 将分裂成小片的片剂放入动物口中，闭合口腔4s使药物溶解 |
| 辅助用药 | **金刚烷胺**<br>• 抗病毒<br>• NMDA拮抗剂 | • 轻度到中度慢性痛 | 剂量<br>• 犬/猫：3mg/kg<br>给药途径<br>• PO<br>持续时间<br>• 24h | • 与阿片类药物或NSAID联合用药，防止或治疗反应逐渐增强<br>• 至少连用一周才有效果 |
| | **加巴喷丁**<br>• 抗惊厥药 | • 轻度到中度慢性疼痛<br>• 防止异常性疼痛和痛觉增敏 | 剂量<br>• 犬/猫：1.25~10mg/kg<br>给药途径<br>• PO<br>持续时间<br>• 24h | • 可看到镇静作用<br>• 停药时剂量逐渐减少 |

9

第 9 章 疼痛管理 **389**

# 疼痛管理技术

恒速输注（CRI）是药物或药物组合通过静脉输注的途径持续长时间给药的方式。常用于CRIs的药物有芬太尼（F）、吗啡（M）、氢吗啡酮（H）、利多卡因（L）和氯胺酮（K）。最常见的CRIs为FLK，MLK，HLK或单独的阿片类药物或单独的利多卡因。使用一种或多种药物组合以达到更完全的镇痛和更少的副作用。同一技术经常被用于麻醉以达到良好的效果。起初，给予负荷剂量以尽快达到治疗水平；然后，给予维持剂量继续维持业已建立的治疗水平。避免负荷剂量将会极大地延缓达到疼痛控制所需的时间。任何镇痛计划，疼痛评估和监控必须在CRIs期间持续进行，并且这个计划或输注速率必须与控制疼痛所用的针头相适应。

| 药物 | | 适应证 | 可配伍液体 | 速率 | 备注 |
|---|---|---|---|---|---|
| 阿片类药物 | 芬太尼 | • 痛觉缺失<br>• 降低所需的麻醉气体量 | • 5%葡萄糖<br>• 0.9%氯化钠 | • 负荷剂量<br>　• 犬：2~5μg/kg SQ，IM，IV<br>　• 猫：1~2μg/kg IV<br>• 维持量：5~20μg/（kg·h） | • 避光（如注射器、液体袋）<br>• 监控呼吸抑制 |
| | 氢吗啡酮 | • 镇痛、镇静 | • 0.45%、0.9%氯化钠<br>• 2.5%、5%葡萄糖<br>• 乳酸林格液 | • 负荷剂量（如果先前没有使用过）<br>　• 犬：0.1~0.2 mg/kg SQ，IM<br>　0.03~0.1 mg/kg IV<br>　• 猫：0.05~0.1 mg/kg SQ，IM<br>　0.01~0.025 mg/kg IV<br>• 维持量：<br>　• 犬：0.02~0.07 mg/(kg·h)<br>　• 猫：0.005 mg/(kg·h) | • 避光（如注射器、液体袋）<br>• 在液体袋里可稳定24h<br>• 监控呼吸抑制 |
| | 吗啡 | • 止痛<br>• 降低所需的麻醉气体量 | • 0.45%、0.9%氯化钠<br>• 2.5%、5%葡萄糖<br>• 乳酸林格液 | • 负荷剂量（如果先前没有使用过）<br>　• 犬：0.5~2.2 mg/kg SQ，IM<br>　0.1~0.5 mg/kg IV（缓慢）<br>　• 猫：0.1~0.5 mg/kg SQ，IM<br>　0.05~0.1 mg/kg IV（缓慢）<br>• 维持量：<br>　• 犬：0.05~0.2 mg/(kg·h)<br>　• 猫：0.025~0.2 mg/(kg·h) | • 避光（如注射器、液体袋）<br>• 给猫使用低剂量以避免其烦躁不安和兴奋<br>• 监控呼吸抑制 |
| | 利多卡因 | • 止痛，镇静<br>• 细胞保护剂（如 GDV、脾切除术）<br>• 预防肠梗阻（如肠切开术） | • 0.45%、0.9%氯化钠<br>• 2.5%、5%葡萄糖<br>• 乳酸林格液 | • 负荷剂量：2 mg/kg IV<br>• 维持量：0.6~3.0 mg/（kg·h）<br>〔20~50μg/（kg·min）〕 | • 猫不推荐使用<br>• 在液体袋里可稳定24h<br>• 监控毒性；肌肉震颤，癫痫发作，恶心和呕吐 |
| | 氯胺酮 | • 阻止"反应逐渐增强"，疼痛反应的放大<br>• 增强镇痛效果 | • 0.9% 氯化钠<br>• 5% 葡萄糖<br>• 乳酸林格液 | • 负荷剂量：0.5 mg/kg IV<br>• 维持量：0.1~1.2 mg/(kg·h)<br>〔2μg/（kg·min）〕 | • 不可单独使用<br>• 可考虑将其加入阿片类药物中 |

注：已证明袋装氯胺酮/吗啡/盐水至少可以稳定4d。

**技能框9.3　建立吗啡/利多卡因/氯胺酮恒速输注**

| 方法 | 例子 |
|---|---|
| 1. 以千克确定动物的体重。 | 10kg的犬 |
| 2. 确定动物的维持体液速率。 | 维持体液速率：见表9.5，第390页。 |
|  | 400 mL/d= 16.5 mL/h |
| 3. 依据液体袋大小确定CRI的小时数。 | 250 mL 液体包/（16.5 mL/h）=15 h |
| 4. 计算每种药物的量： |  |
| ①吗啡（15 mg/mL） | （0.05mg）（10kg）（15h）= 7.5mg/（15 mg/mL）= 0.5mL |
| ②利多卡因（20 mg/mL） | （0.6 mg）（10 kg）（15h）= 90 mg/（20 mg/mL）= 4.5mL |
| ③氯胺酮（100 mg/mL） | （0.1mg）（10kg）（15h）= 15mg/（100 mg/mL）= 0.15mL |
| 5. 从静注液体袋里移除与添加的药物等量的液体。 | （0.5+4.5+0.15）mL=5.15 mL |
| 6. 添加药物到静注液体包里。 |  |
| 7. 标明每种药物的名称、浓度、添加量、日期、时间和动物名字。 |  |

小技巧：1. 为方便调整液体速率又无水中毒或脱水风险，可将CRI药物注入通过另一个液体包或注射泵的主要输注线上。

2. 含有阿片类药物或利多卡因的CRIs可用深色毛巾、材料或包扎材料包裹以避光。

9

# 第**10**章

# 创伤护理

10

| 关键词和术语[a] | 缩写 | 额外信息，页码 |
|---|---|---|
| 黏附的<br>自溶的<br>去劫套<br>开裂<br>水肿性<br>上皮形成<br>渗出物<br>成纤维细胞<br>肉芽床<br>亲水的<br>灌胃<br>巨噬细胞<br>坏死的<br>甲切除术<br>死骨片<br>血清血液<br>黏稠的 | dL，分升<br>EDTA，乙二胺四乙酸<br>g，克<br>LRS，乳酸林格液<br>mm，毫米<br>NaCl，氯化钠<br>SSD，磺胺嘧啶银<br>U，单位 | 常用液体，361<br>消毒剂，626<br>外科手术，519<br>超声波检查，195 |

[a]关键词和术语的定义见第629页词汇表。

# 创伤处理和包扎

宠物不可避免地会因为自我伤害或其他原因造成创伤而导致死亡。这些创伤可能是有意的（如手术切开），也可能是事故。技术员在组织、准备、清洗和实际包扎这些创伤的过程中起着举足轻重的作用。了解创伤愈合过程、敷料使用和期望的最终结果对适当的治疗和护理都是必要的。这一章节中包含的这些术语可促使技术人员做出很好的护理。

### 表10.1 创伤愈合过程

创伤的愈合过程并不是一个固定的过程，几个阶段可同时发生微妙转变。愈合的速率和质量取决于多种因素，如营养状况、当前用药（如类固醇、细胞毒性药物）、感染和额外的治疗（如放射）。

| 炎症 | 修复 | 创口收缩 | 成熟期 |
|---|---|---|---|
| 1. 清洗出血伤口，为清创提供必须的细胞。<br>2. 在起初的5~10min内出现血管收缩，促使小血管凝结。<br>3. 血管舒张，允许凝血所必需的血浆和蛋白质渗漏。<br>4. 中性粒细胞渗出（创伤发生后约6h）以吞噬和清除细菌和坏死组织。<br>5. 单核细胞填充创口（创伤发生后约12h）并参与组织重塑。<br>6. 单核细胞变成巨噬细胞（创伤发生后24~48h）并继续清除细菌、异物和坏死组织。 | 7. 成纤维细胞和新的毛细血管填充创口，产生肉芽组织（3~5d），以保护创伤免受感染和提供一个上皮细胞附着的表面来连接两侧创缘。<br>8. 创缘再生新的上皮细胞，覆盖肉芽床并导致结痂。 | 9. 成纤维细胞以0.6~0.8mm/d的速度紧拉创口边缘（损伤发生后5~9d）。 | 10. 重塑纤维组织，增强疤痕和减少结痂（创伤发生后约4周开始）。<br>11. 疤痕数年内仍会持续增加强度但是总是比周围组织的强度低15%~20%。 |

## 表10.2 创伤分类

| 分类 | 特性 |
| --- | --- |
| **组织完整性** | |
| 开放性 | · 撕裂或皮肤损伤 |
| 闭合性 | · 挤压伤和挫伤 |
| **致病力** | |
| 擦破 | · 表皮或部分真皮损伤。通常是由于2个压面的剪切或钝伤的摩擦 |
| 撕脱 | · 从其黏附的组织上撕裂并形成皮瓣<br>· 四肢广泛的皮肤损伤的撕裂为脱套伤<br>· 类似于引起磨损但是却有更大强度的外力 |
| 烧伤 | · 被热或化学物质引起的部分或全层皮肤的损伤 |
| 切口 | · 尖锐物体导致的切口<br>· 创口边缘平整，周围组织损伤较小 |
| 撕裂 | · 各种伴随表皮或深层组织损伤的组织断裂引起的不规则创伤 |
| 刺伤 | · 由导弹或尖锐物体引起的皮肤刺穿<br>· 浅表损伤可能很小，但是深层结构的损伤相当大<br>· 由于毛发和细菌污染，继发感染比较常见 |
| **污染程度和持续时间** | |
| Ⅰ级 | · 0~6h；最小污染期 |
| Ⅱ级 | · 6~12h；明显污染期 |
| Ⅲ级 | · 12h；严重污染期或将持续更长时间 |
| **污染程度** | |
| 清洁创 | · 无菌条件下的手术创。无病原入侵的呼吸道、消化道或泌尿生殖道或口咽腔 |
| 清洁创被污染 | · 最小的污染和污染可被有效清除，包括呼吸道、消化道和泌尿生殖道的手术创 |
| 污染创 | · 伴有严重污染和可能有异物的开放性外伤创，包括无菌技术被严重破坏的手术创以及在毗邻炎症或污染性皮肤的急性非化脓性部位做切口 |
| 脏/感染创 | · 陈旧性创伤和临床感染或脏器穿孔创 |

改编自Steven F. Swaim 和Ralph A. Henderson Jr：《Small Animal Wound Management》，第2版，第Ⅱ章，第14页。Baltimore，1997，Lippincott Williams and Wilkins。

### 表10.3 影响愈合过程的因素

| 因素 | 对愈合的影响 |
|---|---|
| 血液供应 | ·血液供应负责运输促使创伤愈合的氧气和代谢产物<br>·脱水，局部外伤，绷带过紧或创伤的位置可能会影响血液供应<br>·创伤愈合的某些阶段（如上皮形成）有氧依赖性且需要最佳的血液供应 |
| 死腔 | ·组织分离可导致液体蓄积（如血清肿），产生低含氧量状态损害细胞迁移<br>·液体蓄积机械性地限制了黏附（如皮瓣和移植物）肉芽床<br>·缝合和引流可减少死腔 |
| 疾病或体弱 | ·疾病，体弱或器官紧张可阻碍愈合过程<br>·糖尿病、肝脏疾病、肾上腺皮质功能亢进、肿瘤和尿毒症都可延缓创伤愈合<br>·老年动物通常愈合较慢，可能是由于并发病或虚弱 |
| 异物 | ·异物（如异物碎屑或缝合材料）可导致愈合的炎性阶段延长并增加感染风险 |
| 止血 | ·如果不能有效地控制出血，可能会形成血清肿或血肿<br>·创口内多余的液体会减缓愈合过程，因为机体必须重吸收和分解炎性阶段的陈旧血凝块和液体<br>·创伤易转化为败血症 |
| 感染 | ·细菌过度生长会延长炎性阶段并可能导致全身性感染（败血症） |
| 药物 | ·药物可能会抑制结缔组织的构建和上皮细胞的转化速率<br>·皮质类固醇可延缓整个创伤的愈合过程并增加感染的风险<br>·阿司匹林可影响创伤愈合早期阶段的血液凝固<br>·消炎药物影响炎症<br>·化疗药物和辐射能显著抑制创伤愈合（如在手术后间隔10~14d进行辅助的抗瘤治疗是可取的） |
| 湿度 | ·湿润的环境有利于最佳愈合<br>·利于细胞迁移和随后愈合，提高上皮形成速率和限制感染及局部药物渗透<br>·包扎有利于保持创口温暖湿润 |
| 坏死组织 | ·坏死组织可延长炎性阶段和易使动物发展为败血症 |
| 营养 | ·营养不良和血清白蛋白<1.5~2.0g/dL都将推迟创伤愈合和降低创口强度<br>·补充维生素（如维生素A和维生素E）和芦荟皮均能促进创伤愈合 |

**技能框10.1　创伤护理**

　　在创伤后应迅速开始对开放性或浅表性伤口进行护理。伤口应该用清洁的干布或绷带进行包扎以避免进一步出血或污染。理想情况下，伤口应在最初的6~8h内进行处理，即在细菌污染增殖和感染之前。感染创而不是污染创，往往覆盖有厚厚的黏性渗出物，看起来显得很脏。在进行包括伤口护理在内的任何操作之前，都应戴手套接触创口，因为手上的细菌会转移到创口上。

所需物品

- 氯己定溶液
- 缝合材料
- 毛剪
- 无菌水溶性润滑液

- 伤口清洗液
- 外科器械（如止血钳、持针钳、剪刀、组织镊）
- 手套

**小技巧**：剪刀蘸下矿物油以使毛发黏附在剪刀上。

第I步：伤口准备
1. 将任何大的明显的碎屑清除干净
2. 保护伤口免遭进一步污染（如水溶性润滑油[K-Y凝胶]、盐水浸泡过的纱布或使用缝线、钳夹或缝合钉暂时性闭合伤口）
3. 用剪刀或毛剪去除伤口周围的毛发
4. 如术前准备一样准备剪毛区域，避免使用酒精
5. 移除伤口保护剂（如水溶性润滑油[K-Y凝胶]、盐水浸泡过的纱布或暂时性闭合伤口的缝线、钳夹或缝合钉）

第II步：伤口清洗
- 灌洗伤口以减少细菌数量并清除额外的污染物和坏死碎屑
清洗液
- 温和稳定的电解质溶液（如乳酸林格液），无菌盐水或自来水
- 见表8.9，常用液体，第361页
清洗方法
- 静脉输液器，连接注射器和针头的三通阀
- 带有18~19G针头的30~35mL注射器
- 用适度的力彻底清洗伤口，应清除所有碎屑

第III步：清创
- 自溶：使用亲水性，闭合的或半闭合的绷带保持湿润的环境
- 绷带：湿润到干燥和干燥到干燥绷带黏附在伤口表面，当上层被移除时，由于在创伤愈合增生期的非选择性清创和损伤而不推荐
- 生物手术：无菌医用蝇蛆治疗，清除坏死组织，消毒和促进肉芽形成
- 酶：试剂用来分解坏死组织
- 手术：切除失活组织（如皮肤、肌肉、被污染的脂肪）和死骨片

第Ⅳ步：闭合伤口

闭合的类型取决于创伤时间、污染的程度、组织损伤、彻底清创、血液供应、动物的健康、有无皮肤张力或死腔的闭合以及伤口的部位

伤口一期闭合

- 一期伤口愈合，伤口闭合式缝合
- 当创伤发生6~8h，伴有微小组织损伤和较小的污染或清洁的伤口时使用

收缩和上皮形成

- 二期伤口愈合，伤口留着开放性愈合，随着时间推移（数天到数周）则上皮形成和皮肤缺损紧缩
- 适用于伤口发生≥5d时，伴有显著的组织损伤和丢失或已过度污染
- 应逐步清创和引流；新的皮肤可能不含毛囊

延迟一期闭合

- 三期伤口愈合，在肉芽组织形成后对伤口进行闭合式缝合
- 当伤口为3~5d的陈旧创并重度污染或感染时使用
- 应有控制清创术和最佳的引流

引流装置

- 用来消除死腔和提供潜在有害液体的引流（如血液、脓汁、浆液）
- 被动引流（如彭罗斯氏引流管）是一种借助重力引流，最常用于皮下腔隙
- 积极引流是在对开放或闭合创伤施以间歇性或持续性负压下进行的引流，主要用于深层创伤和皮肤移植后
- 上行感染是引流（特别是彭罗斯氏引流管）最常见的并发症，因此，应当用无菌敷料覆盖，根据需要更换

第Ⅴ步：术后护理和评估

监护

- 肉眼观察液体蓄积、张力、感染、开裂和坏死
- 超声评估液体蓄积、瘢痕形成、肉芽组织、血凝块、水肿范围和表皮

引流护理

- 监护引流，因为组织碎片，黏稠渗出液或纤维蛋白可能堵塞管道
- 每天对引流部位热敷2~3次以提高引流和保持被动引流畅通
- 通常3~5d移除，但是有必要时可长达14d

缝合护理

- 保持干燥
- 7~14d拆除缝线；时间过长，缝合材料将成为异物

表10.4 创伤清洗液

| 溶液 | | 适应证 | 备注 |
|---|---|---|---|
| 伤口清洗 | 0.9%氯化钠 | • 严重污染、烧伤、撕裂、皮肤溃疡和擦破 | • 等渗溶液<br>• 无抗菌活性 |
| | 平衡电解质液<br>（如乳酸林格液，Normosol） | • 严重污染、烧伤、撕裂、皮肤溃疡和擦破 | • 理想的细胞毒性最小的等渗溶液<br>• 无抗菌活性 |
| | 自来水 | • 严重污染和撕裂 | • 不是理想的溶液，但是可用于严重污染伤口的初始清洗处理<br>• 低渗，可引起细胞肿胀，导致破坏和延迟伤口愈合<br>• 无抗菌活性 |
| | 氯己定<br>• 洗必泰 | • 严重污染、烧伤、撕裂、皮肤溃疡和擦破 | • 广谱抗菌活性和残留活性可长达2d<br>• 最小全身吸收和毒性促进快速愈合，即使存在血液和组织碎片<br>• 建议使用0.05%的溶液（1mL 2%氯己定+39mL乳酸林格液），因为较高的浓度可能延缓伤口愈合和组织脱落<br>• 乳酸林格液和氯化钠的沉淀物对伤口护理没有损害<br>• 并发症：某些细菌耐药性，角膜干燥和关节清洗引发的滑液囊发炎 |
| | 氯二甲苯酚<br>• Technicare | • 所有伤口护理 | • 在30s内有效抑制所有革兰阳性和革兰阴性菌、抗病毒、抗真菌<br>• 冲洗或用纱布轻轻擦拭伤口2min以清洗和刺激抗菌作用<br>• 对黏膜和耳朵及眼睛周围可以安全有效使用<br>• 不要留在伤口内 |
| | 聚维酮碘<br>• Betadine | • 严重污染 | • 广谱抗菌活性和残留活性可持续4~8h<br>• 推荐使用0.1%的溶液（1mL聚维酮碘+99mL乳酸林格氏液）<br>• 擦洗伤口可以损伤组织和增加感染<br>• 并发症：加剧代谢性酸中毒，全身过度的碘，组织碎屑失活和接触性超敏反应 |
| | 三羟甲基氨基甲烷-乙二胺四乙酸 | • 外耳炎、脓肿、鼻炎、膀胱炎 | • 根据配方加入Tris-EDTA、氢氧化钠到溶液（如无菌水、氯己定）后高压灭菌或市售成品（如trizEDTA、T8溶液）<br>• 保持溶液弱碱性下可使抗生素通过革兰阴性菌细胞壁进入，使得细菌更易被破坏 |

**表10.5　局部创伤用药**

　　局部伤口用药可使药物与伤口直接接触。然而，每一种外用药物都有其各自的优点，同时也能产生有害作用（如细胞毒性、延缓上皮形成），应谨慎选择药物。外用药物用于污染严重的伤口，不能渗入深层组织。因此，在用药之前应先进行清创和清洗。

| 药物 | 适应证 | 抗菌剂 | 亲水性[a] | 促进肉芽形成 | 促进上皮形成 | 备注 |
|---|---|---|---|---|---|---|
| 乙酰吗喃 | • 烧伤、撕裂、皮肤溃疡、擦破、不愈合伤 | | × | × | | • 芦荟衍生物<br>• 在愈合的炎性早期阶段使用<br>• 可能会出现过多的肉芽，抑制伤口收缩 |
| 芦荟 | • 烧伤、真菌感染 | × | × | | × | • 中和SSD的抑制作用<br>• 对假单胞菌属有抗菌活性 |
| 右旋糖多糖 | • 污染和感染创 | × | × | × | × | • 每日更换绷带是必要的 |
| 硫酸庆大霉素 | • 移植创（术前和术后） | × | | | | • 应首选等渗溶液<br>• 使化脓渗出液灭活 |
| 蜂蜜（原料，未消毒的）和糖 | • 撕脱、褥疮、冻疮 | × | | × | × | • 增加清创，肉芽床形成，上皮形成，改善伤口营养，降低水肿和炎症，类似于抗菌剂<br>• 在清除伤口渗出液（3~4d）后，将蜂蜜或糖涂在非黏附层并作正常包扎<br>• 每日更换绷带直到肉芽层形成和渗出液减少，随后每1~2d更换一次 |
| 酮色林 | • 循环和外周部位损伤 | | | | × | • 不适用于深层或感染创或手术后立即使用<br>• 每日处理2次 |
| 呋喃西林 | • 撕裂、皮肤溃疡、擦伤 | × | × | | | • 延缓上皮形成 |
| 磺胺嘧啶银 (SSD) | • 烧伤、坏死创 | × | | | × | • 有效的对抗多数革兰阳性和阴性菌及真菌<br>• 软膏有效时间为3d，敷料有效时间为7d<br>• 结合胰岛素（100 U胰岛素，1 oz SSD）用于烧伤治疗<br>• 能渗透到焦痂和坏死组织 |
| 三联抗生素软膏 | • 撕裂、皮肤溃疡、擦伤 | × | | | | • 杆菌肽，新霉素，多黏菌素<br>• 过敏反应（猫，少见）<br>• 抗假单胞菌属的活性较差<br>• 对感染创的效用较差<br>• 组织吸收率差 |

[a]亲水性有助于伤口洁净和通过将液体从伤口引向绷带来降低伤口水肿。

**表10.6　创伤包扎**

伤口愈合是一个涉及多种不同阶段的过程，为达到最佳结果，每一阶段都要求特定的环境。包扎是能提供每一阶段所需的可变环境的最常见方式。包扎可提供洁净、固定、控制的伤口环境，消除死腔，止血，减少水肿和疼痛，保持湿润和温暖等。包扎也能增加伤口周围的酸度从而使血红蛋白中氧解离增加，进而增加伤口部位的供氧，促进愈合。

动物在包扎固定后应该会更加舒适。如果动物在包扎后烦躁不安则应检查评估是否为包扎不正确，造成皮肤刺激或伤口的恶化。一些正确包扎的要点如下：

· 压力应用于整个创伤和创伤远端，因为近端压力会阻碍血液和淋巴回流，进而发生肿胀和水肿。

· 避免包扎材料出现皱褶，因为皱褶处可能成为不舒适区域。

· 确保包扎部位（如周围皮肤、毛发、趾间）是干燥的，因为这些部位可发展为湿性皮炎。

· 几乎所有的绷带和夹板都应使肢体处于一个正常的功能角度，就像动物侧卧休息时所看到的。

| 绷带层 | 目的 | 材料类型 | 备注 |
|---|---|---|---|
| 第一层（接触层） | · 保护伤口和一些病例的清创 | · 见下文 | · 甚至在运动中也要保持接触 |
| **黏附**：促进炎症阶段的清创 | | | |
| · 干/干 | · 吸收渗出液，坏死组织和异物<br>· 碎片黏附到包扎材料上并一起被清除 | · 纱布垫、黏附纱布 | · 由于伤口愈合中增生阶段的非选择清创和损害而不做强烈推荐<br>· 干纱布覆盖伤口并包扎<br>· 去除时会有疼痛，用温盐水重新湿润纱布可能有利于去除<br>· 更换：每日 |
| · 湿/干 | · 通过伤口再水合作用减轻干性渗出物，坏死组织和异物<br>· 第二层吸收 | · 浸泡盐水或0.05%氯己定的纱布垫或黏附纱布 | · 由于伤口愈合中增生阶段的非选择清创和损害而不做强烈推荐<br>· 干纱布覆盖伤口，浸泡并包扎<br>· 去除时会有疼痛，用温盐水重新湿润纱布可能有利于去除<br>· 缺点：细菌增殖和透过包扎侵袭伤口<br>· 更换：每日 |
| · 薄膜或皮胶 | · 提供一个防止细菌，水，环境污染物（如尿液、粪便）入侵伤口表面的屏障 | · 透明液体 | · 可单独使用或需绷带包扎<br>· 更换：3~4d |
| **非黏附的**：促进水分的保留和上皮形成，肉芽床最小破坏<br>· 当肉芽床形成和引流物为血清时，通常需3~5d，开始从黏附性敷料变换为非黏附性敷料 | | | |
| · 闭合的 | · 没有渗出液时使用；在修复阶段 | · 水胶体敷料、水凝胶、亲水珠、聚氨酯薄膜 | · 不透气，从而积聚过多的水分并导致随后的皮肤损伤<br>· 更换：2~7d，取决于分泌物多少 |

10

| | | | |
|---|---|---|---|
| · 半闭塞 | · 防止组织脱水，但允许液体吸收 | · Telfa垫、涂抹凡士林的纱布、聚乙二醇、凡士林抗生素软膏、藻酸钙 | · 上皮形成开始时使用<br>· 更换：1~3d，依赖于分泌物 |
| · 泡沫 | · 保护伤口避免进一步碰撞和损伤<br>· 促进湿润伤口环境和自溶清创 | · 聚氨酯泡沫、hydrosorb | · 不黏附伤口表面，但黏附伤口周围皮肤<br>· 可干性使用或用盐水或药物浸泡湿润后使用<br>· 适用于任何种类的创伤，可以裁剪大小<br>· 更换：1~5d |
| 第二层<br>（中间过渡层） | · 保护伤口避免进一步碰撞，损伤，牵拉，以及储存大量的分泌物和渗出物 | · 大量敷料：轧棉<br>· 适中敷料：石膏绷带<br>· 轻度敷料：弹性绷带 | · 需要足够的压力以避免在伤口、第一层和第二层之间存在间隙<br>· 过度的压力会影响血液供应和伤口愈合（如过紧）<br>· 厚度取决于预期引流需要吸收的量 |
| 第三层<br>（外层） | · 为第二层提供加固 | · 弹性纱布 | · 需要足够的压力以避免在伤口、第一层、第二层和第三层之间存在间隙<br>· 过度的压力会影响血液供应和伤口愈合（如过紧）<br>· 夹板和支持物联合组成第三层 |
| 保护层 | · 保护绷带避免外界污染<br>· 适用于压紧，密接和固定绷带 | · 弹性套（Coban，VetWrap）<br>· 黏性胶带 | · 形成密闭性包扎，积聚过多水分并导致随后的皮肤损伤 |

**10**

**技能框10.2　绷带护理**

1. 应该每天检查绷带有无滑脱、潮湿和气味。
2. 湿绷带应及时更换以避免皮肤和伤口损伤。
3. 绷带应保持清洁干燥。外出时应用塑料袋保护，但是应在30min内去除以避免蓄积湿气。
4. 当啃咬绷带时应用伊丽莎白项圈，恶臭味喷雾或其他措施进行控制，以避免引起进一步的损伤。
5. 每天两次监护脚趾的温暖、颜色、是否肿胀和恶臭。
6. 遵照兽医师的指示更换和移除绷带。

# 基础绷带

用法：基础伤口和切口包扎

1. 在伤口的每一侧各放置一条黏性胶带，从预计绷带的位置开始延伸到肢体远端部位，以防止滑脱。

> 小技巧：可在肢体远端放置压舌板，暂时性黏着胶带末端和避免缠乱。
>
> 小技巧：当伤口在肢体的末端（如甲切除术、截趾）时横向缠绕胶带。
>
> 小技巧：少量的棉花或纱布垫在凹陷处（如脚趾间、趾骨掌骨垫）弄平包扎部位。

4. 放置第三层绷带（如第3步所述），扭转和反折黏性胶带到这层，并结束第三层绷带的最后一层。

5. 放置弹性保护层（如第3步所述）。
6. 在绷带顶端缠绕黏性胶带，部分黏附到皮毛上和遮盖住绷带的底部以固定脚趾部位。

2. 第一层绷带覆盖伤口。
3. 第二层绷带覆盖第一层绷带底部的2/3处开始向上缠绕，这样可以使每层绷带之间重叠50%，并拉紧，但不收缩。在凹陷处放置额外的垫料并小心不要产生皱褶。脚趾可被覆盖以抑制水肿（第二层从脚趾的背侧到腹侧折返回来，再由腹侧到背侧）或充分暴露以检测四肢温度，利于液体引流和对愈合环境的评估（在远端倾斜的包裹第二层以暴露第三和第四趾）。

>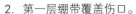
>
> 小技巧：总是在底部结束绷带以减轻压力。

用法：在手术前后临时性固定膝关节或肘关节以下的骨折以提供坚固的稳定作用
（1d后拆除）。

1. 在伤口的每一侧各放置一条黏性胶带，从预计绷带的位置开始延伸到肢体远
   端部位。
2. 该法没有第一层，除非存在缝线或伤口；随后放置非黏性敷料。
3. 保持肢体自然屈曲，从股骨中端/肱骨中端到脚趾环绕肢体缠绕厚的卷曲的棉
   花（10~15cm厚）组成第二层。

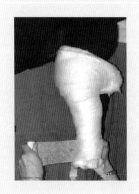

5. 扭转和反折黏性胶带到第二层。
6. 放置弹性保护层作为第三层。
7. 在绷带顶端缠绕黏性胶带，部分黏附到皮毛上和绷带底部以加强固定。

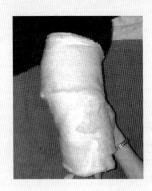

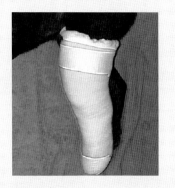

4. 用至少2~3层（7~10cm宽）的舒适纱布压紧第二层。在整个使用过程中对舒
   适性纱布上施加足够的压力以达到平滑，甚至是紧张。

**小技巧：** 一个包扎良好的罗伯特琼斯绷带轻叩时呈沉闷的重击音。

替代法：按照上述说明放置改良的罗伯特琼斯绷带，放置<1/2的棉花敷料以使绷
带体积不大。它们的使用可以降低术后肢体的肿胀。

**技能框10.5　胸部/腹部绷带**

用法：为控制腹部出血（1~2h有效，4h内应该拆除）和遮盖及保护伤口、手术切口或引流。

1. 必要时包扎第一层绷带覆盖创口。

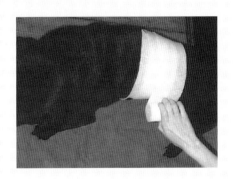

2. 包扎第二层绷带，起始于胸廓中部以致每层绷带之间可以重叠50％，并拉紧，但不压缩。绷带包扎至骨盆。对于雄性犬，应确保露出动物的包皮。必须进行护理以确保绷带不至于太紧而限制胸廓运动。第二层的数量由预期引流的数量决定。

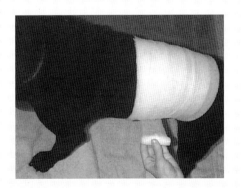

3. 围绕躯干包扎第三层，以十字交叉（或8字）穿过腿部并覆盖双肩以防止滑脱。
4. 放置弹性保护层。
5. 在绷带颅侧缠绕黏性胶带，部分黏附到皮毛上。

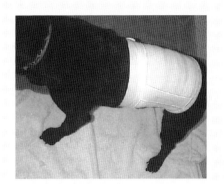

用法：暂时性固定或限制性稳定远端末梢的骨折或脱臼。

1. 在伤口的每一侧各放置一条黏性胶带，从预计绷带的位置开始延伸到肢体远端部位。
2. 必要时使用第一绷带层覆盖伤口或缝线。
3. 保持肢体自然屈曲，牢固缠绕第二绷带层（如石膏绷带垫），缠绕至夹板近端上方1英寸（2.54cm）。使用足够的敷料覆盖骨突起以确保舒适，避免压疮和擦破，同时要限制材料体积过大。
4. 应用舒适性纱布作为第三绷带层，以压紧肢体的第二层，确保第三层和夹板之间没有间隙，扭转和反折黏性胶带到夹板上。继续第三层的最后一层。

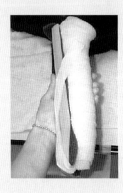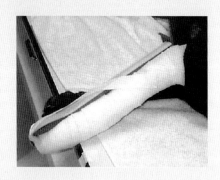

5. 放置弹性保护层。
6. 在绷带顶端缠绕黏性胶带，部分黏附到皮毛上并遮盖绷带底部以固定趾部。

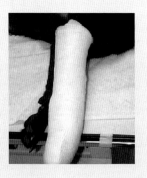

用法：稳定简单骨折和固定四肢（通常需要4~5周）。

1. 用一碗热水来泡制石膏绷带材料，以及检查手套准备敷贴石膏绷带。
2. 在伤口或切口线的每一侧各放置一条黏性胶带，从预计绷带的位置开始延伸到肢体远端部位。
3. 使用弹力织物作为第一层（抚平皱褶）。
4. 第二层绷带覆盖第一层绷带底部的2/3处开始向上缠绕，这样可以使每层绷带之间重叠50%，并拉紧，但不收缩。垫腿部的凸起而不填充凹陷处。覆盖脚趾以限制水肿或暴露脚趾以检查肢体温度，允许液体引流和对愈合环境的评估。
5. 石膏绷带材料被用作第三层。石膏绷带材料各不相同，应遵照制造商的产品使用说明。
6. 扭转和反折黏性胶带和弹力织物边缘到石膏绷带材料的顶部。
7. 使用保护性胶带覆盖石膏绷带的两端。

**技能框10.8　Ehmer悬带**

用法：髋股关节前上方脱位复位后后肢的固定和防止骨盆手术后负重（拆换：5~7d）。

1. 使用第二层材料在跖骨区做最少的填充。
2. 使用2英寸（5.08cm）的黏性胶带，缠绕在跖骨的内侧，黏贴胶布末端在胶布卷上。继续向内缠绕跖骨侧面和背侧。保持肢体的膝关节和踝关节最大程度的屈曲缠绕1~2次。
3. 在接下来的缠绕，环绕侧面周围并扭转到踝关节后侧。

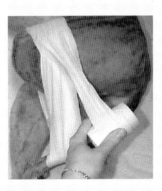

4. 绕过跖骨的前部。
5. 重复步骤3和4，3~4次。

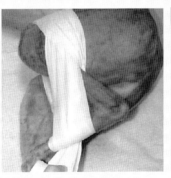 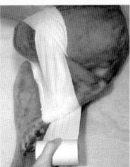 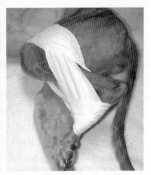

注意：正确使用可使髋股关节的内旋和内收。
替代：使用纱布替代黏性胶带后使用弹性绷带作为最后一层。

用法：青年动物股骨远端骨折手术后和后肢手术后防止负重时使用。

1. 膝关节和踝关节呈90°屈曲。不要试图内收或向内旋转髋股关节。
2. 在跖骨部位做最少的填充。
3. 如同Ehmer悬带第2步。
4. 胶带水平缠绕胫骨，将绷带层固定在原位。

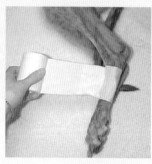

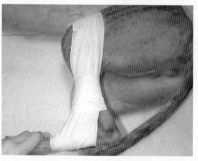

### 技能框10.10　Velpeau悬带

用法：保持前肢屈曲紧贴胸腔；前肢的非负重悬吊；肩胛肱骨关节脱位的复位；肩胛骨骨折的固定。

1. 使用轻的填充材料作为第二层，纱布作为第三层，缠绕胸壁和肩部。

2. 以同样的方式包扎前肢，保持脚外露和填充肢体的凹窝处。

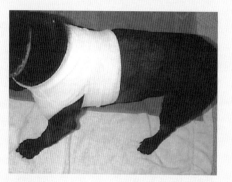

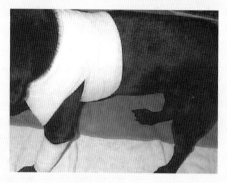

3. 轻轻地屈曲前肢紧贴胸壁并使用黏性胶带（5~10cm宽）缠绕胸壁和屈曲的前肢，做一个悬带。

**技能框10.11　足枷**

用法：防止后肢过度外展；特别是髋股关节腹侧脱臼复位后；减轻腹股沟区的过度紧张；防止骨盆骨折修复后或非手术骨盆骨折的保守治疗后的过度活动。

1. 动物站立，后肢的间距等同于骨盆的宽度。
2. 在两后肢上缠绕黏性胶带（需要足够的宽度，达到跖骨的一半）。在两后肢间将胶带黏合在一起。

# 肠外营养

11

| 关键词和术语[a] | | 缩写 | | 额外资源，页码 |
|---|---|---|---|---|
| 非经口地 | 脂质 | μ，微 | lb，英镑 | 导管置入，347 |
| 氨基酸 | 同化不良 | BUN，血尿素氮 | mL，毫升 | 恒速输注，390 |
| 糖类 | 矿物质 | BW，体重 | mOsm，毫渗摩尔 | 药物治疗，346 |
| 剖腹术 | 经皮 | CRI，恒速输注 | PCV，红细胞压积 | 体液疗法，357 |
| 蜂窝织炎 | 口缘的 | Fr，法式 | PER，部分能量需求 | 营养，55 |
| 开裂 | 血管周围 | g，克 | PN，肠外营养 | 患病动物护理，330 |
| 鼻出血 | 气腹 | GDV，胃扩张扭转 | PPN，部分或外周营养 | 缝合技术，546 |
| 脂肪 | 蛋白质 | GIT，胃肠道 | PVC，聚氯乙烯 | |
| 高渗 | 再喂养综合征 | h，小时 | RER，静息能量需求 | |
| 等渗 | 血小板病 | kcal，千卡 | TPN，全肠外营养 | |
| 千卡 | 维生素 | kg，千克 | | |

[a]关键词和术语的定义见第629页词汇表。

# 营养支持

许多住院动物因为缺乏食欲或无法进食而存在发生严重营养不良的风险。在损伤和疾病的反应作用下，机体分解蛋白质，消耗体内储存的蛋白质。提供蛋白质、糖类、脂肪及其他营养物质可减缓瘦肉组织的分解，优化对患病动物的治疗效果。损伤和疾病会进一步增加患病动物的热量需求，这使得营养支持显得更为关键。多种方法均可提供营养支持，包括肠内营养和肠外营养。下面将给出用以选择正确方法和投喂规程的基本准则。

---

**技能框11.1 鼓励口服营养的技巧**

由于种种原因，不管是在身体方面还是精神方面，在我们的护理过程中，住院动物往往会选择拒食。有时，只需花费少量的时间和精力，就能够刺激它们的食欲并改善它们的情绪，从而将食盘内的食物吃光。这种努力通常可以使患病动物免受肠内或肠外营养支持。除因某种疾病或损伤需禁忌的情况外，应始终优先采取该方法。

| | |
|---|---|
| 环境 | • 如有可能，将患病动物移至安静区域，远离吠犬及噪音<br>• 用猫面部信息素喷洒环境（猫）<br>• 尝试使用不同形状及类型的食盆；塑料食盆可能存在异味（猫） |
| 患病动物 | • 确保患病动物具备经口进食的能力<br>• 亲手喂食或在采食期间抚摸动物<br>• 确保鼻道干净无渗出物而使嗅觉敏感 |
| 饮食 | • 加温食物；在饲喂前将食物充分搅拌以避免受热不均<br>• 向干粮中加水（湿润）或罐装食品中加水（以制成流质形态）<br>• 使用如婴儿食品或罐装食品做调料<br>• 使用有强烈气味或味道的食物<br>• 提供多种不同风味和质地的食物，包括罐装和干粮<br>• 某些特殊情况下短期使用食欲刺激剂可能会有所改善：赛庚啶，地西泮 |

---

# 11 肠内营养

肠内营养是提供营养的首选方法。对胃肠道的某些部位提供营养，有助于维持肠道的健康与完整性。胃肠道长期不使用将导致肠黏膜屏障功能破坏和全身性细菌污染。无法采食或不愿采食而不能满足至少85%的RER（静息能量需求量），但小肠具备消化和吸收营养能力的患病动物，则应使用该方法来提供营养。根据患病动物的身体状况，有多种技术方法可以提供肠内营养。

---

**技能框11.2 肠内营养：诱喂和口胃管**

| 方法 | 诱喂 | 口胃管 |
|---|---|---|
| 优点 | • 非侵入性的<br>• 操作简便<br>• 对患病动物的应激最小 | • 操作简便<br>• 可快速灌食大量食物 |
| 缺点 | • 病患耐受性<br>• 难以满足热量需求<br>• 有可能导致习得性厌食 | • 病患耐受性<br>• 增加患病动物的抑制与应激<br>• 误吸<br>• 反复插管；创伤 |

| 适应证 | ·部分厌食 | ·新生幼崽部分厌食 |
|---|---|---|
| 禁忌证 | ·吞咽困难的动物 | ·口腔、咽、喉或食管发生病症的新生幼崽 |
| 设备 | ·12mL弯头注射器<br>·高热量的罐装饮食，±与水混合以便于通过注射器尖头 | ·3.5~8 Fr饲管<br>·高热量饮食且质地易通过饲管<br>·润滑剂<br>·开口器<br>·记号笔 |
| 方法 | 将弯头注射器末端剪掉1/4~1/3 英寸(1英寸=2.54cm)使食物更容易通过。将注射器在臼齿及面颊之间（犬）或犬齿之间（猫）插入患病动物嘴里并朝向后侧。缓慢的注入口腔，根据吞咽的速度允许停下来呼吸。若患病动物不能自愿的吞咽食物则应停止灌食 | 用饲管测量从鼻尖到最后一根肋骨的长度并用记号笔做标记。饲管的末端涂擦润滑剂并将患病动物的头部轻微弯曲。开始将饲管插入患病动物的口腔，使动物将饲管吞下。继续插入饲管直至预先测量的标记处。通过检查负压以确认饲管安放正确，在管内注入3~5mL的无菌生理盐水，若导管被插入呼吸道则将引起咳嗽，或者在管内推注5~10mL空气，并在剑状软骨处听诊肠鸣音。管饲食物后，移除饲管，通过弯曲对折饲管使其闭合，并沿向下的方向拔管以避免回流 |
| 并发症 | ·误吸<br>·呕吐 | ·患病动物咬碎饲管<br>·饲管插入气管：小猫无咽反射，易插入气管及发生误吸<br>·呕吐 |
| 饲管移除 | | ·每项程序完成后即可移除<br>·轻轻扭动饲管，但应迅速地移除饲管以避免吸入液体 |

技能框11.3 肠内营养：鼻食管和鼻胃管

| 方法 | 鼻食管/鼻胃管 |
|---|---|
| 优点 | ·易于放置和拆除<br>·患病动物耐受<br>·放置饲管无需全身麻醉<br>·通过抽吸可移除食管及胃内的气体和液体（如GDV和巨食道症）<br>·患病动物在插管情况下可以饮食<br>·饲管安置完成后，可随时移除饲管 |
| 缺点 | ·饲管的大小受限<br>·需使用液体或充分混合的饮食 |
| 适应证 | ·任何营养不良和/或厌食的动物 |

11

| 禁忌证 | · 接受口腔、咽、食管、胃部或胆道手术的患病动物 |
|---|---|
| | · 存在食道病症或反流、呕吐、回流、巨食道症、血小板减少症/血小板病或鼻咽处创伤的患病动物 |
| | · 无意识或躺卧的患病动物 |
| | · 低体温或低血压的患病动物 |

| 设备 | · 局部麻醉（5%盐酸丙美卡因） | · 伊丽莎白项圈 |
|---|---|---|
| | · 记号笔 | · 手术部位的准备材料 |
| | · 5%黏性利多卡因 | · ±浅镇静 |
| | · 无菌生理盐水 | · 听诊器 |
| | · 持针钳 | · 3~5mL注射器 |
| | · 缝合材料，不可吸收 | · 5~10 Fr饲管 |

| 方法 | 将2份（0.5~1mL）局部麻醉剂滴入鼻腔，通过倾斜动物头部以促进麻醉剂涂布在鼻黏膜上。选择大小合适的饲管并测量从鼻孔到第7或第8肋间隙的距离以插入鼻食管，或至最后一个肋骨的距离以插入鼻胃管，使用胶带进行标记。使用5%黏性利多卡因涂擦润滑饲管的末端，并使头部保持在正常生理功能的位置；避免颈部的过度屈曲或屈曲不足。沿鼻孔腹内侧轻柔且快速地插入导管。导管将进入口咽部并刺激产生吞咽反射。将导管插入至所要求的位置。通过检查负压以确认饲管是否安放正确，在管内注入3~5mL的无菌生理盐水，若导管被插入呼吸道则将引起咳嗽，在管内推注5~10mL空气，并在剑状软骨处听诊肠鸣音，也可通过X线检查。一旦正确安放，即固定饲管。直接将饲管放在鼻梁及前额上，并使用中国结式缝合固定或胶布直接黏合在皮肤上。最后，戴上伊丽莎白项圈 |
|---|---|

| 并发症 | · 饲管通过贲门括约肌时导致括约肌机能不全、食管炎或食管返流 |
|---|---|
| | · 由大孔径饲管，食物返流或过热而导致远端食管损伤 |
| | · 鼻出血，鼻窦炎 |
| | · 因呕吐，喷嚏，咳嗽或抓挠而导致饲管的意外拔除 |
| | · 因全液体饮食而导致腹泻 |

| 饲管拔除 | · 饲管随时都可移除或最多可保留14d |
|---|---|
| | · 拆除缝线，而后轻轻扭动饲管，但应迅速的移除饲管，以避免吸入液体 |

小技巧：1. 在动物喷嚏的情况下，继续在尽可能靠近鼻孔的地方抓住饲管以增加稳定性。

2. 使用拇指向上将鼻子推成猪鼻，然后沿腹内侧插入饲管至标记处。

3. 患病动物不适（如抓挠、喷嚏）可通过使用更多的局部麻醉剂来减缓。

11

技能框11.4　肠内营养：食道造口插管

| 方法 | 食道造口插管 |
|---|---|
| 优点 | ・易于放置和拆除<br>・患者耐受<br>・可使用流质食物<br>・患病动物在插管情况下可以饮食<br>・方便饲主护理饲管<br>・饲管安置完成后，可随时移除饲管<br>・大口径管 |
| 缺点 | ・需要全身麻醉 |
| 适应证 | ・胃肠道功能正常的厌食患者<br>・口腔或咽部病症动物（如严重的颌面创伤、严重的牙齿疾病、肿瘤） |
| 禁忌证 | ・食管功能障碍或食管狭窄、食管炎、巨食道症、呕吐、返流的动物<br>・实施食管异物去除或食管外科手术的动物<br>・患有呼吸系统疾病（如严重咳嗽、肺炎）的动物<br>・低体温或低血压的动物 |
| 设备 | ・手术部位的准备材料<br>・开口器<br>・8~20 Fr聚氯乙烯饲管<br>・记号笔<br>・耐用的饲管安放装置<br>・绷带材料　　　・No.10或No.15手术刀片及刀柄、持针钳、梅约型剪刀、止血钳<br>・缝合材料，不可吸收<br>・无菌的水溶性润滑剂<br>・3 mL 注射器<br>・全身麻醉 |
| 方法 | 全身麻醉，动物右侧卧。对颈中段侧区从下颌支至胸腔入口处，背侧中线至腹侧中线范围进行消毒准备。放开口器并轻微伸展颈部。用饲管测量从管口处（中颈段）至第7或第8肋间的距离并用记号笔做标记。使用耐用的饲管安放装置，在颈部肌肉组织做一切口，根据制造商的使用说明，将饲管置入食道。也可以将止血钳深入到食管至饲管的插入点并顶起该位点，在该凸起做一切口。将饲管置于止血钳前端，并从口腔拉出。接着，使用止血钳，探针或手指向下推送饲管进入食管，直到在饲管放入后，管子近端在口腔内翻转。使用中国结式缝合将饲管固定在颈部皮肤。使用抗生素软膏并用纱布绷带包扎。X线检查以验证饲管是否正确放置 |
| 并发症 | ・因呕吐，抓挠或咀嚼饲管末端而导致饲管的意外拔除<br>・因大孔径饲管，食物返流或过热而导致远端食管损伤<br>・蜂窝织炎 |
| 饲管拔除 | ・立即或可达数月<br>・拔除时，剪断皮肤处缝线并拉出<br>・导管出口部位无需进一步护理；插孔将在1~2d闭合，7~10d痊愈 |

小技巧：在饲管侧孔处横向切断饲管，以提供一个大些的管道直径以避免食物进出发生堵塞。确保切除的前端无锐利边缘。

技能框11.5　肠内营养：未经胃固定术的胃造口插管

| 方法 | 胃造口插管：未经胃固定术 | |
|---|---|---|
| 优点 | · 可直接看到饲管放置过程<br>· 放置大直径导管<br>· 可使用高卡路里的饮食 | |
| 缺点 | · 不能进行胃固定术以确保胃壁及体壁密封<br>· 饲管必须放置10~14d | |
| 适应证 | · 胃功能正常的厌食患者<br>· 接受口腔，喉，咽或食管手术的动物 | |
| 禁忌证 | · 原发性胃部疾病的动物：胃炎，胃溃疡或胃部肿瘤<br>· 呕吐<br>· 低体温或低血压动物 | |
| | 经皮胃镜下胃造口术（PEG）插管置入 | 外科手术放置 |
| 设备 | · 14G针头或导管<br>· 20~24 Fr蘑菇头型导管<br>· 内窥镜<br>· 全身麻醉<br>· 鲁尔滑动式导管塞头<br>· 无菌润滑剂<br>· 缝合材料 | · No.11手术刀片<br>· 18~20 Fr Foley导管<br>· 6mL注射器<br>· 普通手术包<br>· 大弯钳<br>· 大口径硬质胃管<br>· 开口器<br>· 手术部位的准备材料<br>· 缝合材料 |
| 方法 | 左侧髂骨前至左侧肋弓无菌消毒准备。内窥镜置入胃内且胃部充气膨胀。手指触诊并于皮肤上做一小切口。一个IV导管通过体壁进入胃内。移动探针并穿过缝线，胃镜抓住缝线后，从口腔抽出。饲管系在缝线上，接着通过口腔进入胃部。饲管被固定在皮肤做切口处的表面。再次插入内窥镜以验证安放正确。饲管应夹紧并盖口 | 全身麻醉。左侧腹部皮肤无菌消毒准备。放置一个从口腔到胃部的胃管或饲管安放装置。触诊导管紧贴左侧体壁的膨大部。最后肋骨后的1~2cm为宜。18G针头穿过腹壁进入胃管内。缝线穿针并直接通过口腔。拔除胃管。将缝线的末端穿过18Fr主导管并系于蕈型导尿管的近端。拉动缝线，使其所附的导管重新回到胃腔，扩大出口孔，拉动主导管至蕈型导管的蘑菇头与体壁紧密贴合。这可以保证胃壁与体壁间密闭。用缝线将导管固定在皮肤上 |
| 并发症 | · 安置过程中的损伤（脾撕裂伤、气腹及胃出血）<br>· 呕吐、吸入性肺炎、胃食管反流<br>· 导管移动引起的腹膜炎及开裂<br>· 造口周围感染及蜂窝织炎 | |

**11**

| 饲管拔除 | · 14d后可拔除<br>· 猫：使用探针将蘑菇头弄平，用力牵引<br>· 犬：或在头端放气后拔出；对于大型犬，可在体壁处切断插管，把头端推入胃腔使其随动物粪便排出体外 | · 14d后可移除<br>· 拆除缝线，套管放气后，轻轻地将导管拔出 |
| --- | --- | --- |

**技能框11.6　肠内营养：经胃固定术的胃造口插管**

| 方法 | 经胃固定术的胃造口插管 | |
| --- | --- | --- |
| 优点 | · 无需特殊的仪器设备<br>· 易找到厌食动物的胃部<br>· 确保胃壁与体壁及时密封<br>· 在操作中能够确定造口插管的安置 | |
| 缺点 | · 全身麻醉<br>· 直至造口插管安置完成24h后才能够进行饲喂 | |
| 适应证 | · 胃功能正常的厌食动物<br>· 接受口腔，喉，咽或食管手术的动物 | |
| 禁忌证 | · 原发性胃部疾病的动物：胃炎，胃溃疡或胃部肿瘤<br>· 因疾病引起呕吐的动物<br>· 低体温或低血压动物 | |
| | 外科手术置管 | 剖腹术置管 |
| 设备 | · 手术部位的准备材料<br>· 大口径的硬质胃管<br>· 开口器<br>· 普通手术包<br>· No.11手术刀片<br>· 18~20 Fr Foley导管<br>· 缝合材料<br>· 大弯钳<br>· 6mL注射器 | · 手术部位的准备材料<br>· 普通手术包<br>· No.11手术刀片<br>· 18~20 Fr Foley导管或蕈头导管<br>· 缝合材料<br>· 无菌生理盐水<br>· 6mL注射器 |

| | | （续） |
|---|---|---|
| **方法** | 全身麻醉。对左侧腹部皮肤进行无菌消毒准备。放置胃管进入胃部并触诊左侧腹部至能感觉到胃管并将其抓住。胃管应在最后肋骨后1~2cm，第2、3、4腰椎横突腹侧3~4cm处被摸到。抓住胃管后，在管的末端上方做2cm长的切口。分离到胃腔外部。对胃切口并作荷包缝合，将管插入。对Foley导管的球充气，退出胃管，并系紧荷包缝线。将胃壁缝合到体壁，并做一些皮下缝合。将管缝至皮肤上 | 全身麻醉。采用腹中线剖腹术的方法，切开胃部。直接将蕈头导管安放进胃体，并如上穿过胃壁及体壁。用缝线将胃壁和体壁缝合。缝合关闭腹腔 |
| **并发症** | · 胃内容物泄漏进入腹腔引起腹膜炎<br>· 呕吐<br>· 造口周围感染 | |
| **饲管拔除** | · 14d后或数周或数月后<br>· 剪断缝线，套管放气后，轻轻地将导管拔出<br>· 导管出口部位无需进一步护理；插孔将在1~2d闭合，7~10d痊愈 | |

**技能框11.7　肠内营养：空肠造口插管**

| **方法** | **空肠造口插管** |
|---|---|
| **优点** | · 允许立即饲喂易消化、体积很小的饮食<br>· 可使用间歇性的食团喂养，但连续喂养通常具有更好的耐受性 |
| **缺点** | · 全身麻醉<br>· 需进行剖腹手术 |
| **适应证** | · 预进行口腔、咽、食管、胃、胰腺、十二指肠或胆道手术且胃肠道在损伤或疾病前功能是正常的动物<br>· 无法正常呼吸或存在肺吸入风险的动物<br>· 患胃，肠道或胰腺疾病的动物 |
| **禁忌证** | · 存在轻微的胃肠道紊乱或疾病的动物<br>· 低体温或低血压的动物 |
| **设备** | · 手术部位的准备材料<br>· 5~8 Fr PVC饲管<br>· 普通手术包<br>· No.11手术刀片<br>· 缝合材料<br>· 包扎材料 |

| 程序 | 全身麻醉。在腹壁做2~3mm的小切口。选择一段容易移至体壁小切口处的空肠。在空肠做一切口，安放造口管，通过切口将饲管远端插入空肠并插入25~30cm到空肠内。缝合空肠切口并固定到体壁上。把饲管出口部缝合在外部皮肤。将饲管包在腹部绷带内。 |
|---|---|
| 并发症 | · 饲管移动引起腹膜炎及切口开裂<br>· 腹腔或皮下渗漏 |
| 饲管拔除 | · 10~14d后可拔除 |

技能框11.8　肠内营养管理

| 方法 | 饲管护理 | 饮食 | 计算 | 管理 |
|---|---|---|---|---|
| 注射器 | · 喂食后用水冲洗注射器 | · 若食物为高渗性（>350 mOsm/kg水压），则需用水稀释使其呈低渗性<br>· 商品化饮食不需搅拌（如CliniCare®、Ensure®、Jevity®、Osmolite HN®、Promote®、Vital HN®、Vivonex HN®） | · 计算静息能量需求（见技能框3.1　每日热量需求计算表第57页）<br>· 将每日摄食总量分成3~4次饲喂 | · 用所需食物填充注射器，然后将注射器的前端放入嘴角直接朝向口腔后推注<br>· 轻推注射器活塞投放食物<br>· 推注的速度取决于动物的吞咽速度以及耐受度 |
| 口胃管 | · 喂食后用水冲洗口胃管 | | | · 一旦管子置入（见技能框12.1 胃管和洗胃，第426页），则将充满食物的注射器连接到管的末端<br>· 开始推动注射器活塞投喂所需要量的食物 |
| 鼻食管/鼻胃管 | · 每次喂饲后在管内注入水并加盖封管，以避免摄入空气、食管内容物反流，以及食物阻塞管道 | · 商品化饮食通常需要搅拌（如CNM-CV Feline®、Iams NRF®、Eukanuba Feline Max®、Hill's A/D®、Hill's P/D®） | · 计算静息能量需求（见技能框3.1　每日热量需求计算表，第57页）<br>· 根据动物的耐受度，第1天给予50%的量，第2天给予100%的量<br>· 将每日摄食总量分成3~4次饲喂 | · 温水浴中将食物加热至体温，充分搅拌以避免存在受热不均<br>· 移去管帽并回抽注射器，观察所有食物或液体。只有当饲管前端位于胃内时才能观察到食物（如鼻胃管的放置）<br>· 如抽取出的量超过0.5mL/lb，则不能喂食<br>· 灌入5~10mL的水以确保管道畅通<br>· 超过数分钟缓慢灌入定量的食物<br>· 灌入5~10mL的水清洗管道并重新盖好盖子 |
| 食道造口插管 | · 每次喂饲后在管内注入水并加盖封管，以避免摄入空气、内容物返流，以及食物阻塞管道 | | | |
| 胃造口插管 | · 用消毒液清洗导管的出口部位，并每天监测移动情况 | | | |

**11**

（续）

| 方法 | 饲管护理 | 饮食 | 计算 | 管理 |
|---|---|---|---|---|
| 空肠造口插管 | 见上 | • 商业化的流质饮食（如CliniCare）<br>• 液体配方以防止饲管阻塞<br>• 若使用的是等渗配方，则无需用水稀释 | • 计算静息能量需求（见技能框3.1　每日热量需求计算表，第57页）<br>• 第1天按1：1稀释，第2天按1：0.5稀释，第3天不进行稀释<br>• 第1天给予25%~50%的量，之后的第3、第4天内，逐步提高给予饮食的量 | • 手术后可立即进行投喂<br>• 使用输注泵进行连续性灌食，定期检查反压<br>• 食物袋吊挂不能超过24h，因为可能会发生细菌的滋生与污染 |

# 肠外营养

胃肠外给养是通过静脉途径来运输营养，是辅助饮食的另一种形式，通常用于病危动物——无胃肠功能、呕吐不止或那些无法经受空肠造口插管手术的动物。自然的肠内途径喂养方式在治疗中应作为首选，否则可出现如黏膜萎缩和胃肠屏障功能丧失等后果。然而，胃肠外给养为那些经肠道喂养却无法获得全部、均衡营养的患者提供了一种替代方案。全肠外营养（TPN）提供了患病动物的每日总能量需求，部分肠外营养（PPN）则被用于补充肠内营养，仅提供患病动物每日总能量需求的一部分（40%~70%）。

肠外营养（PN）最好是通过专用的聚氨酯或硅胶中心静脉导管或中央导管给予。可使用长的外周导管（颈静脉导管放置外周），但会因PN溶液的高渗透压而增加静脉炎的风险。使用外周导管，则PN溶液必须被大幅度的稀释，需加入大量的液体，对于部分患者这可能是禁忌的并且会增加发生败血症的风险。导管必须专门以输注PN溶液为唯一目的。由于其营养丰富，细菌性败血症成为高风险因子。与专用导管一起，必须严格遵循无菌操作。

尽管PN可引起严重的并发症，但若在配液、导管放置及导管维护过程中注重无菌操作，则可大大降低发生率。

下表所提供的内容为PN的简要介绍，更多详细信息请参见教材中的相关章节。

11

表11.1　肠外营养

| 方法 | 全肠外营养 | 部分肠外营养 |
|---|---|---|
| 优点 | • 为患病动物提供每日的总能量需求<br>• 为不能获得肠道营养支持的患病动物提供了一种替代方案 | • 为患病动物提供每日总能量需求的一部分<br>• 为不能从肠道支持中获得充足营养的患病动物提供了一种替代方案 |
| 缺点 | • 需24h护理<br>• 中心静脉导管的置入和维护困难<br>• PN溶液的获得或制备困难<br>• 并发症（如败血症、血栓形成、再喂养综合征和胃肠道渗透性增加）<br>• 昂贵 | |
| 适应证 | • 胃肠道功能丧失<br>• 某些外科手术后<br>• 长期性肠梗阻<br>• 严重的同化不良<br>• 呕吐或返流的动物<br>• 胰腺炎<br>• 存在肺吸入风险 | • 营养状况不佳的动物<br>• 无法接受颈静脉导管的动物<br>• 需要对肠道营养进行补充喂养的动物<br>• 在进行胃管或空肠造口插管手术前需获得营养支持的动物<br>• 需接受IV支持＜7d的非虚弱的动物<br>• 呕吐或返流的动物 |
| 禁忌证 | • 营养状况不佳的动物<br>• 接受了选择性手术或诊断程序且营养良好的动物<br>• 对液体不耐受的动物 | • 需全营养支持的虚弱动物<br>• 接受了选择性手术或诊断程序的营养良好的动物 |
| 设备 | • 见技能框8.9　静脉导管置入：外周静脉与颈静脉，第347页<br>• 潜在的污染区应被控制在最小范围或避免（如开关、导管连接处和附件） | |
| 方法 | • 见技能框8.9　静脉导管置入：外周静脉与颈静脉，第347页 | |
| 并发症 | 代谢性<br>• 再喂养综合征是指离子从血浆中至细胞内间隙的快速移动（如低磷血症、低钾血症、低镁血症），可见于营养不良、饥饿、长期利尿，可能会导致肌无力、血管内溶血、心力衰竭及呼吸衰竭<br>• 高血糖或低血糖症、高脂血症、高氨血症<br>机械性<br>• 导管或导丝引起的败血症、血栓性静脉炎 | |
| 拔除 | • 必需缓慢中止以避免代谢性危象（如高血糖或低血糖症） | • 当患病动物经口能量补充＞50%消耗需求时停止PPN<br>• 必须缓慢中止以避免代谢性危象（如高血糖或低血糖症） |

11

表11.2　肠外营养的管理

| 患病动物和导管护理 | 饮食 | 计算 | 管理 |
| --- | --- | --- | --- |
| **· 患病动物**<br>· 给养前先纠正液体，电解质及酸碱水平之异常情况<br>· 检查体重及体温，每天2次<br>· 每天评估血清电解质、葡萄糖、总蛋白、血脂、PCV、BUN和肝酶<br>**· 导管**<br>· 每天更换无菌绷带，并观察有无血栓形成、败血症或血管周围灌注的迹象<br>· 如果出现任何关于导管的畅通性、无菌或穿刺点周围组织刺激的问题，则应将导管置入新的静脉<br>· 若疑似感染导管败血症，取一份血样做细菌培养、拔管、取饲管前端做培养<br>· 每隔24~48h更换输注装置 | · 溶液包含由蛋白质源、脂肪源、糖类源及可能的维生素、电解质以及微量元素（如锌、铜、镁、铬）共同构成的组合<br>· 商业的溶液制品可从人类医院及医疗用品供应商处购得。然而，这些溶液的内容物需要和患病动物的特殊要求相匹配<br>· 自制的溶液包含氨基酸溶液（如8.5%含电解质的Travesol注射液）、脂肪乳剂（如20%英脱利匹特）、葡萄糖（如50%葡萄糖）及维生素补充剂（如B族维生素、维生素A、维生素D、维生素E、维生素K）<br>· 自制的溶液必须在严格的无菌操作技术下使用层流净化罩或PN复合袋制备。因此，对于大多数动物医院，购买已配制好的混合物则更实用<br>· 自制的TPN溶液应当使用各自的无菌转移导管将每种溶液混合到一个容器内<br>· 参照肠外营养正确技术和各组分计算的参考资料 | · 在理想体重的基础上，计算静息能量需求（见技能框3.1，每天热量需求计算表，第57页）<br>· 在理想体重的基础上，计算蛋白质、糖类及脂肪的需求量<br>**TPN**<br>· 第一天给予50%，第二天给予100%<br>**PPN**<br>· 从RER中减去肠内热量，然后给予短缺的热量 | 计算是至关重要的且需验证核实<br>· 未使用的PN溶液应加以冷藏；应每天配制新鲜溶液，且不可在患病动物之间共用<br>· 输注的溶液在室温下不得超过24h<br>· 在输注装置中内嵌一个孔径为1.2μm的除气滤器，以避免栓塞<br>· 应使用输液泵，以避免出现大剂量输注<br>· 由于存在配伍禁忌和生成沉淀物的风险，任何液体或药物不得加入PN溶液<br>· 使用无菌的专用导管，在患病动物的RER基础上，缓慢开始PN溶液的24h恒速输注 |

**技能框11.9  全肠外营养（TPN）计算表**

1. 静息能量需求（RER）

RER=70×（当前的千克体重）$^{0.75}$

或对于体重在2~30kg的动物：

RER=（30×当前的千克体重）+70=_____kcal/d

小技巧：不用科学计算器计算（千克体重）$^{0.75}$：体重本身相乘3次，再取2次平方根。

2. 蛋白质需求量

| | 犬 | 猫 |
|---|---|---|
| 标准 | 4g/100kcal | 6g/100kcal |
| 下降（肝脏/肾脏衰竭） | 2g/100kcal | 3g/100kcal |
| 增加（蛋白丢失性体况） | 6g/100kcal | 6g/100kcal |

（RER÷100）×_____g/100kcal（蛋白质需求量）=_____g 蛋白质需求量/d

3. 营养液需要量

  a. 8.5%氨基酸溶液（0.085g蛋白质/mL）

    _____g蛋白质需要量/d÷0.085g /mL=_____mL氨基酸/d

  b. 非蛋白能量

  • 总能量需要量减去蛋白供给能量（4kcal/g）从而得出所需的总非蛋白能量。

    _____g蛋白质需要量/d×4kcal/g=_____kcal来自蛋白质

    _____kcal总能量需要量/d−_____kcal来自蛋白质=_____kcal总非蛋白能量需要量/d

  c. 非蛋白能量通常使用脂肪和葡萄糖以50：50比例供给。

  • 若患病动物存在高糖血症或高甘油三酯血症该比例可能需要调整。

    20%脂肪溶液（2kcal/mL）

    提供50%的非蛋白能量_____kcal 脂肪需求量÷2kcal/mL=_____mL脂肪/d

    50%葡萄糖溶液（1.7 kcal/mL）

    提供50%的非蛋白能量_____kcal葡萄糖需求量÷1.7kcal/mL=_____mL葡萄糖/d

4. 每日总需求量

_____mL8.5%氨基酸溶液

_____mL20%脂肪溶液

_____mL50%葡萄糖溶液（第一天使用减半）

_____mLTPN溶液总体积÷24h=_____mL/h 输注速率

• 一定要根据情况调整动物的其他静脉输液

• 必要时，在营养液配制过程中可添加TPN维生素和微量元素

小技巧：不用科学计算器计算时，（千克体重）$^{0.75}$等于体重本身相乘3次，再取2次平方根。

注：转载得到Daniel Chan、DVM、DACVECC、DACVN、MRCVS许可。

**技能框11.10　周边或部分肠外营养（PPN）计算表**

1. 静息能量需求（RER）

RER=70×（当前的千克体重）$^{0.75}$

**或**对于体重在2~30kg之间的动物：

RER=（30×当前的千克体重）+70= _____kcal/d

**小技巧：** 不用科学计算器计算时，（千克体重）$^{0.75}$等于体重本身相乘3次，再取2次平方根。

2. 部分能量需求量（PER）

为患病动物提供70%的RER

PER=RER×0.70= _____kcal/d

3. 营养需求量

3~10kg患病动物：

PER×0.25= _____kcal/d来自葡萄糖

PER×0.25= _____kcal/d来自氨基酸

PER×0.50= _____kcal/d来自脂肪

10~25kg患病动物：

PER×0.33= _____kcal/d来自葡萄糖

PER×0.33= _____kcal/d来自氨基酸

PER×0.33= _____kcal/d来自脂肪

>25kg患病动物：

PER×0.50= _____kcal/d来自葡萄糖

PER×0.25= _____kcal/d来自氨基酸

PER×0.25= _____kcal/d来自脂肪

4. 营养液需要量

5%葡萄糖（0.17 kcal/mL）

_____kcal/d来自葡萄糖的能量÷0.17 kcal/mL= _____mL/d

8.5%氨基酸（0.34kcal/mL）

_____kcal/d来自氨基酸的能量÷0.34 kcal/mL= _____mL/d

20%脂肪（2kcal/mL）

_____kcal/d来自脂肪的能量÷2kcal/mL= _____mL/d

5. 每日总需求量

_____mL5%葡萄糖

_____mL8.5%氨基酸

_____mL20%脂肪

_____mL PPN溶液总体积÷24h= _____mL/h 输注速率

- 计算结果应接近于患病动物的维持液体量。一定要根据情况调整动物的其他静脉输液。对于体型极小的患病动物（<3kg）或有心脏病的动物而言，营养液的量有可能会超过维持液体量。
- 必要时，在营养液配制过程中可添加TPN维生素和微量元素。

注：转载得到Daniel Chan、DVM、DACVECC、DACVN、MRCVS许可。

# 第 **12** 章

# 医疗程序

**12**

| 关键词和术语[a] | 缩写 | 额外资源，页码 |
|---|---|---|
| 扁平 | Fr，法式 | 解剖学，3 |
| 腐蚀物 | GIT，胃肠道 | 患病动物监护，330 |
| 尿腹 | h，小时 | 躺卧动物护理，345 |
| | IV，静脉内的 | 缝合技术，546 |
| | kg，千克 | |
| | MDI，计量吸入器 | |
| | mL，毫升 | |
| | mm Hg，毫米汞柱 | |

[a]关键词和术语的定义见第629页词汇表。

# 胃肠道程序

技能框12.1 胃肠道程序：胃管和洗胃

| 方法 | 胃管 | 洗胃 |
|---|---|---|
| 适应证 | • 活性炭、钡或投饲食物<br>• 毒物 | • 毒物去除，稀释 |
| 禁忌证 | • 口腔、咽、喉或食道疾病的患畜<br>• 呕吐、肠梗阻或胃梗阻<br>• 摄入腐蚀性物质，重金属，石油馏出物 | • 口腔、咽、喉或食道疾病的患畜<br>• 摄入腐蚀性物质或石油馏出物 |
| 材料 | • 胃管<br>• 润滑剂<br>• 记号笔<br>• 导管尖端注射器<br>• 活性炭、钡餐、预制食物<br>• 毛巾 | • 胃管<br>• 输液泵或60mL注射器<br>• 记号笔<br>• 润滑剂<br>• 开口器<br>• 2个桶（1个空桶，1个装有温度接近体温的水） |
| 步骤 | 用导管测量从鼻尖到最后肋骨的距离,并用记号笔做标记。预先将水充满管子，避免引入空气。润滑导管前端，将患畜的头稍微弯曲。开始将导管插入口腔，使动物吞咽下管。继续插入导管至预先标记的位置。投饲食物 | 全身麻醉剂，患畜侧卧。用导管测量从鼻尖到最后肋骨的距离并用记号笔做标记。润滑导管前端，将患畜的头稍微弯曲。插入导管到预先标记的位置。以5~10mL/kg的量灌输水使胃稍微扩张，同时监测有无呼吸窘迫。然后放低导管到头部以下，依靠重力使水排出。翻转病畜，继续直到排出液清亮为止 |
| 并发症 | • 患畜咬碎导管<br>• 气管位置：小猫没有呕吐反射，容易意外插入气管和异物性肺炎<br>• 吸入性肺炎<br>• 呕吐 | • 吸入性肺炎<br>• 呕吐 |
| 拔除 | • 将管子绞缠，轻轻但迅速地拔除导管，以避免液体倒吸 | • 将管子绞缠，轻轻但迅速地拔除导管，以避免液体倒吸 |

12

**技能框12.2　胃肠管放置确认**

- 连接注射器，抽吸空气——食管和胃管放置正确会引起管内负压，抽吸到空气则表明放置在气管内。
- 快速注射6~12mL空气进入导管，同时在剑状软骨处听肠鸣音。

- 注射3~5mL无菌生理盐水；导管如果插在气管将引起咳嗽。
- X线检查。

**技能框12.3　胃肠道程序：腹腔穿刺术和诊断性腹腔灌洗**

| 方法 | 腹腔穿刺术 | 诊断性腹腔灌洗 |
|---|---|---|
| 适应证 | • 病因不明的急性腹痛、发热<br>• 腹膜炎、创伤、出血、尿腹、肿瘤、炎症性疾病 | 腹腔穿刺呈阴性<br>病因不明的急性腹痛、发热<br>腹膜炎、创伤、出血、尿腹、肿瘤、炎症性疾病 |
| 禁忌证 | 腹部穿透伤 | 腹部穿透伤 |
| 材料 | • 手术部位准备材料<br>• 直径20~22G，1.5英寸（3.81cm）的针头或18~20针导管<br>• 3~6mL的注射器<br>• 红盖和薰衣草盖管<br>• Culturettes | • 手术部位准备材料<br>• 直径20~22G，1.5英寸（3.81cm）的针头或18~20针导管<br>• 10号手术刀片<br>• 3~6mL注射器<br>• 温的无菌生理盐水<br>• 静脉输液装置<br>• 红盖和薰衣草盖管<br>• Culturettes |
| 方法 | 动物侧卧或站立。在上腹部以脐孔为中心准备10cm²的无菌手术区域。在腹中线右侧脐后插入针头1~2cm。在插入部位轻轻捻针将任何空腔脏器移向旁边。如果怀疑有液体潴留，所有4个象限都需要放置针头进行穿刺。滴落或抽吸流体到无菌试管和culturette | 动物侧卧。在上腹部准备10cm²的无菌手术区域，使脐孔在中间。使用手术刀片，在导管侧面做切口。在中线右侧肚脐后插入针头1~2cm。在插入部位轻轻捻针将任何空腔脏器移向旁边。拔除管芯丝并观察流体。如果出现，用注射器抽吸；否则，以10~20mL/kg的量灌输温生理盐水3~5min以上。拔除导管并让动物行走同时按摩其腹部或轻轻从一侧摇动到另一侧。使动物重新侧卧，并进行4个象限的腹腔穿刺以获得0.5~1mL的液体 |
| 并发症 | • 胃或内脏器官裂伤 | • 胃或内脏器官裂伤 |

小技巧：第2针需要放置在距离第1针位点2cm的位置以促进液体流出。

小技巧：重新定向针，轻拍或交替用手按压腹背可能有助于液体直接流向针头。

技能框12.4　胃肠道程序：温水灌肠

| 方法 | 温水灌肠 |
|---|---|
| 适应证 | ·便秘<br>·排出下消化道的有毒物质 |
| 禁忌证 | ·下消化道疾病和直肠疾病<br>·任何人造灌肠产品 |
| 材料 | ·润滑剂（如K-Y凝胶）<br>·灌肠桶和管子 |
| 步骤 | ·动物侧卧或俯卧。可能需要镇静或麻醉。准备装有温水的灌肠桶、温和的肥皂或润滑剂和钳子夹紧的管子。桶挂到病畜上方，方便液体流动。润滑管子前端，并插入直肠。松开钳子，来回移动管子，同时向前推进直至灌注60~120mL的液体。再次夹紧管子，尝试人工掏取，一只手深抓腹部，另一只手食指插入肛门沿脊柱掏取粪便。与在腹部手的食指一起配合，使粪便通过骨盆腔排出 |
| 并发症 | ·直肠或下消化道创伤 |

# 眼科程序

技能框12.5　眼科程序：Schirmer泪液试验，荧光素钠染色，眼压计

| 方法 | Schirmer泪液试验 | 荧光素钠染色 | 眼压计，扁平 |
|---|---|---|---|
| 适应证 | ·正常泪液量的评估<br>·分泌物、炎症、角膜疾病（如溃疡） | ·上皮缺损(如溃疡、损伤)<br>·鼻泪管系统的评估 | ·红眼或疼痛的眼睛<br>·青光眼 |
| 禁忌证 | ·麻醉眼 | ·预先收集结膜或角膜上皮细胞时<br>·眼内手术 | ·多发性病变/溃疡 |
| 材料 | ·泪液试纸条 | ·染色试纸条 | ·Tonopen，TonoVet<br>·±局部麻醉剂 |

| 方法 | 将泪液试纸条压痕端放在眼睑裂内。眼睑保持闭合恰好1min。取下试纸条，根据包装上的刻度测量并记录距离<br><br>正常：>15mm | 从包装中取出试纸条之前，将它从压痕处纵向对折。移走试纸条，在压痕处滴2~3滴无菌盐水或眼药水。倾斜试纸条，使染色剂滴到病畜眼中。不要触摸眼睛，避免医源性色素残留。用眼药水冲洗眼睛，洗液流到棉球上。用笔灯检查眼睛，后用伍氏灯观察，如果眼睛染成绿色则表明眼睛上皮有破损。要评估鼻泪系统，不要冲洗眼睛，观察鼻孔是否有绿色染色，犬需观察5min，猫观察10min | 用局部麻醉剂麻醉眼睛（TonoVet眼压计不需要局部麻醉）。病畜稍做保定使其取坐姿或站立位，头保持正常姿势垂直地面或桌面。保定者需注意不能在颈静脉或胸廓入口施加压力。任何方向抓持眼压计，前端放在角膜中央，完全垂直于角膜表面。按下按钮，显示读数。应采取多个读数，以保证测量的一致性<br><br>正常：15~25mmHg |
|---|---|---|---|
| 并发症 | · 没有注明 | · 医源性色素残留 | · 没有注明 |

# 呼吸系统程序

技能框12.6　呼吸系统程序：胸腔穿刺术和放置胸腔管

| 方法 | 胸腔穿刺术 | | 放置胸腔管 | |
|---|---|---|---|---|
| 适应证 | · 胸腔积液（血胸、乳糜胸、脓胸、肿瘤积液、右心衰竭）或气胸 | | · 需要多次胸腔穿刺和/或未能达到负压<br>· 胸腔积液、气胸 | |
| 禁忌证 | · 凝血病<br>· 胸膜粘连 | | · 凝血病<br>· 胸膜粘连 | |
| 材料 | · 手术部位准备材料<br>· 18~22G针头或蝶形针<br>· 三通阀<br>· 20~60mL的注射器<br>· IV延伸管<br>· 手术刀片 | · 局部麻醉剂<br>· 集水盆<br>· 红盖和紫色盖管<br>· Culturettes<br>· 氧气 | · 手术部位准备材料<br>· 胸腔插管或12~20Fr红色橡胶导管<br>· 注射器/胸腔引流活阀<br>· 圣诞树适配器<br>· 三通阀 | · 小型手术器械包<br>· 局部麻醉剂<br>· 缝合材料<br>· 包扎材料<br>· 吸水管<br>· 氧气 |

| | | |
|---|---|---|
| 方法 | 病畜俯卧或侧卧。在右侧胸部第7~9肋中间按手术要求准备一个4~8cm²的区域。对清醒动物进行局部封闭。在肋间隙插入针头，避免插到肋骨后缘的肋间动脉。使针头对着胸壁且斜面朝外向前推进针头进入胸膜腔。同时沿胸壁移动针头，把针头放置背侧以获得气体，放置腹侧以获得液体。通过三通阀抽吸并储存液体到无菌试管中 | 动物侧卧或应激最小的位置。按手术要求准备整个胸部侧面。助手向前拉起第9~10间的皮肤直到盖过第7~8肋间。进行局部封闭，确保包括肋间肌和附近皮肤。在第9~10间上方做一皮肤切口，插入带钢丝的胸腔管或使用外科手术器械分离到胸膜腔。将胸腔管向前腹侧插入，松开皮肤，在第7~8肋间形成皮下通道。然后直接用皮下缝合和中国结缝合法固定导管。放置胸部绷带进一步牢固插管并防止污染。将胸腔管与圣诞树适配器、IV延伸管和注射器连接，并开始排液 |
| 并发症 | ·肺和肋间血管创伤或撕裂 | ·肺和肋间血管创伤或撕裂<br>·气胸恶化 |
| 维护 | ·N/A | ·所有操作都应在无菌条件下进行<br>·频繁或连续抽吸<br>·应每天更换插管绷带 |
| 移除 | ·移除针头，观察液体泄漏的位置 | ·吸气来移除夹子；用纱布按压插入位点，然后将皮肤边缘缝合或黏合在一起 |

小技巧：1. 在管子上做标记表明针头斜面的位置以便在胸腔内正确定位。

2. 当针头穿过皮肤后，用无菌生理盐水填充针座，随着针头向前推进当针头进入胸膜腔后，生理盐水将会被吸入胸腔。

**技能框12.7　呼吸系统程序：雾化，拍打胸壁和计量吸入器**

雾化是一种气溶胶疗法，在载气罐里提供大量的液体微滴。雾化能够滋润呼吸道组织，松散分泌物，并刺激咳嗽。理想状态下，患者通过慢而深的呼吸可使气溶胶到达周边气道；否则，治疗将集中在上呼吸道。随后治疗方法的改进将能更好地治疗下呼吸道。治疗后拍打胸壁，它是通过咳嗽粉碎和消除呼吸道碎片的一种方式。计量吸入器能够提供较高的药物浓度到肺部，同时能够避免或最大限度地减少药物的全身性不良反应。

| 方法 | 雾化 | 拍打胸壁 | 计量吸入器（MDIs） |
|---|---|---|---|
| 适应证 | ·上呼吸系统疾病（哮喘、肺炎、感染性气管支气管炎）<br>·气管造口插管的护理<br>·药物治疗（如庆大霉素、氨基糖苷类） | ·上呼吸系统疾病（哮喘、肺炎、感染性气管支气管炎）<br>·见雾化 | ·上呼吸系统疾病（哮喘、肺炎、感染性气管支气管炎）<br>·药物治疗（如庆大霉素、氨基糖苷类） |

| | | | | |
|---|---|---|---|---|
| **禁忌证** | ·咳嗽导致的进一步损伤或创伤 | | ·胸部创伤，血小板减少症<br>·咳嗽导致的进一步损伤或创伤 | ·药物的不良反应 |
| **材料** | ·雾化器<br>·医疗杯<br>·扩展适配器 | ·延长软管<br>·弯头适配器<br>·0.9%的生理盐水<br>·药物 | ·N/A | ·连间隔器的吸入器<br>·面罩<br>·药物（如糖皮质激素、沙丁胺醇、沙美特罗、奈多罗米） |
| **方法** | 根据制造商的说明，雾化器外壳填充无菌生理盐水（药物）。雾化器罩放在病畜的嘴和鼻子前面，动物正常呼吸。治疗通常需要10~20min | | 手呈杯状于动物胸部一侧或两侧，反复捶击胸壁。在胸部区域由后到前，由下往上地进行 | MID需事先准备并摇晃吸入器。把吸入器放在病畜的脸上，牢靠充分地按压金属罐。放置面罩5~10s或进行5次呼吸。等待30~60s，根据药物治疗情况的需要重复以上操作 |
| **并发症** | ·上呼吸道的治疗浓度 | | ·胸部创伤 | ·病畜抗药性 |

# 泌尿生殖系统程序

**技能框12.8　尿液收集：自然排泄，人工挤压，膀胱穿刺**

| 方法 | 自然排泄 | 人工挤压 | 膀胱穿刺 |
|------|----------|----------|----------|
| 适应证 | · 收集尿液 | · 收集尿液<br>· 神经功能缺损 | · 尿液分析<br>· 细菌培养 |
| 禁忌证 | · 细菌培养 | · 尿道梗阻<br>· 细菌培养 | · 尿道梗阻 |
| 材料 | · 收集杯或猫砂盆<br>· 洁净注射器 | · 收集杯 | · 22~23G针头<br>· 6~12mL注射器<br>· 酒精<br>· 无菌红盖管 |
| 方法 | 犬：用短系带系住犬行走并收集中段尿液<br>猫：放在一干净、无猫砂的笼子里 | 病畜侧卧并清洗外阴或包皮。后腹部触诊膀胱。在脊椎腹侧用手稳固膀胱，同时向膀胱施压，直到尿液流出 | 保持病畜站立或病畜侧卧或仰卧。触诊膀胱并使其远离脊柱。在腹中线沿尾背方向以45°角将针头插入膀胱（公犬：脐后到鞘侧；母犬和猫：脐后腹中线）。缓慢抽吸注射器。完成采样后，停止抽吸，缓慢平稳地拔出针头 |
| 并发症 | · 微量的肥皂、消毒剂、细菌或其他碎片会改变结果 | · 膀胱损伤或破裂<br>· 在尿液样本中引入红细胞和蛋白质 | · 刺破内脏<br>· 膀胱血肿<br>· 尿漏<br>· 休克（罕见，但为潜在的迷走神经反应） |

小技巧： 1. 为了帮助找到膀胱，可在仰卧病畜的腹部倒酒精，酒精可集中在膀胱的位置或在最后2两乳腺间的腹部有意识地上画一个"X"交叉。

2. 通常保存>1mL无菌尿以备意外培养。

**技能框12.9　尿液收集装置**

猫砂盆
- 干净的猫砂盆或一次性烹饪铝锅可按以下技术之一使用：
  - 空的
  - 用塑料袋覆盖
  - 不吸水颗粒
  - 手撕蜡纸

收集杯

- 使用不当的收集杯可使尿液分析给出误导性信息。很多洗涤剂和容器内残留物可改变尿检结果，导致误诊。使用最适当的收集杯是获得正确的结果所必需的。收集杯可以固定到一个长的金属杆上（铝棒或衣架），这样在不干扰病畜的情况下，也可以收集到尿液
  - 无菌红盖管
  - 无菌尿杯
  - 洁净的容器内衬用塑料袋

**技能框12.10　泌尿生殖系统程序：导尿管插入术**

| 方法 | 导尿管插入术 | |
|---|---|---|
| 适应证 | • 尿液收集和/或量化尿液<br>• 无法走动病畜护理 | • 尿道梗阻<br>• 神经功能缺损 |
| 禁忌证 | • 尿道损伤或伤害 | |
| 材料 | • 手术部位准备材料<br>• 润滑剂（如K-Y凝胶）<br>• 导尿管（如红橡胶管、Foley导尿管、婴儿喂养管） | • 阴道开张器<br>• 小型手术包<br>• 缝合材料<br>• 尿闭收集系统 |
| 方法 | **母犬**<br>病畜站立或腹卧，剪毛和清洁尿道外口。若要留置导尿管，使用2根留置线。使用无菌技术，用润滑剂润滑导管前端。通过注射器注入生理盐水或无菌水冲洗阴道。在阴道内放置一个阴道开张器以便看到尿道口。尿道外口在外阴腹侧连合前3~5cm，恰好在阴蒂窝前。放置导管越过阴蒂窝，沿着阴道腹侧往前插入，直至进入尿道窝。一旦导管到达膀胱，尿液将开始流出。将导管与闭合的收集系统连接，并用中国结缝合方式缝合。如果使用Foley导尿管，用一定量的无菌水填充气囊 | **公犬**<br>病畜侧卧并剃掉包皮前端的毛。清洗包皮前端，然后在任一侧放置2根留置缝线（是否留置导管）。通过向后牵拉包皮和向前推阴茎暴露尿道口。清洗阴茎前端，同时避免接触包皮及周围毛发。戴上无菌手套，用导管测量阴茎前端到膀胱的距离。润滑剂润滑导管前端，并将导管插入尿道口。轻轻向前推进导管越过阴茎骨和坐骨弓部的尿道弯曲。一旦导管到达膀胱，尿液将开始流出。将导管与闭合的收集系统连接，并用中国结缝合方式缝合。如果使用Foley导尿管，用一定量的无菌水填充气囊 |

12

| 方法 | 导尿 |
|---|---|

母猫

镇静或麻醉病畜，侧卧或俯卧。清洗外阴并放置2根留置线（是否要留置导尿管）。戴上无菌手套，测量导管从外阴到膀胱的距离。将导管向尿道口插入同时对导管前端轻微施加向下的力。轻轻地推进或撤回导管，直到导管进入尿道。一旦导管到达膀胱，尿液将开始流出。将导管与闭合的收集系统连接，如果要留置导管，则用中国结缝合方式缝合。将导管系在尾巴上，同时保证足够的导管长度，不影响正常运动

公猫

镇静或麻醉病畜，侧卧或俯卧。清洗包皮并放置2根留置线（是否要留置导尿管）。戴上无菌手套，测量导管从阴茎到膀胱的距离。通过向后牵拉包皮和向前推阴茎并紧紧抓住阴茎根部暴露尿道口。清洗阴茎，同时避免接触包皮及周围毛发。润滑剂润滑导管前端，并将导管插入尿道口，并以旋转方式轻轻推进导管。推进导管的同时轻轻拉起阴茎和包皮使尿道伸直。一旦导管到达膀胱，尿液将开始流出。将导管与闭合的收集系统连接，如果要留置导管，则用中国结缝合方式缝合。将导管系在尾巴上，同时保证足够的导管长度，不影响正常运动

| 并发症 | · 尿道炎症或损伤<br>· 膀胱内引入细菌<br>· 引入RBCs，蛋白质和移行上皮细胞 |
|---|---|
| 维护 | · 见技能框12.11 导尿管维护，第434页 |
| 移除 | · 拆掉缝合线，轻轻并迅速地拔出导管 |

小技巧： 1. 闭合的收集系统包括无菌IV静脉导管和经圣诞树适配器与导尿管相连的液体袋。
2. 导尿管可放置在冰箱中使其更刚硬和使其更容易放置。

**12**

---

**技能框12.11　导尿管维护**

病畜
· 应对排尿次数和脱水程度进行监测以确保正常的排尿［正常：1~2mL/（kg·h）］
· 每天两次用抗菌剂清洗外阴或包皮，并使其缓慢干燥

导尿管
· 当处理闭合的收集系统和使用导管时，必须戴手套
· 每4h评估一次导管的通畅性

· 观察尿流
· 往导管中注入1~2mL的生理盐水，然后再吸出

闭合的收集系统
· 将收集系统放在低于病畜的位置，防止尿液回流
· 收集系统应放在干净的表面上（如干净的毛巾）避免接触地面，防止细菌污染
· 若断开系统，则整个闭合系统应拆开并用消毒液清洗

# 第 5 部分

# 麻醉和麻醉方法

# 第13章

# 麻 醉

13

| 关键词和术语[a] | | 缩写 | 额外资源，页码 |
|---|---|---|---|
| 酸中毒 | 胸膜间的 | APTT，活化部分凝血激酶时间 | 解剖学，3 |
| 长吸呼吸 | 血压计 | ASA，美国麻醉师协会 | 血液生化，74 |
| 共济失调 | 代谢性酸中毒 | BG，血糖 | 血气分析，333 |
| 氮血症 | 瞳孔缩小 | BP，血压 | 心脏检查，28 |
| 气压伤 | 濒死的 | bpm，每分钟心跳次数 | 导管置入，347 |
| 全身僵硬症 | 肌阵挛 | CNS，中枢神经系统 | CAVM，556 |
| 儿茶酚胺 | 无复吸入装置 | CRI，恒速输注 | 凝血试验，113 |
| 胆汁淤积 | 眼球震颤 | CSF，脑脊液 | 全血细胞计数，103 |
| CO₂吸收器 | 少尿症 | CV，心血管 | 恒速输注，390 |
| 压缩气体 | 肿胀的 | ECG，心电图 | 药物治疗，346 |
| 汽缸 | 矛盾的 | ET，气管内的 | 心电图，336 |
| 紫绀 | 血管周围的 | GABA，γ-氨基丁酸 | 液体疗法，357 |
| 烦躁不安 | 压力安全阀 | IM，肌肉的 | 保温处理，344 |
| 异位 | 呼吸气囊 | IPPV，间歇性正压换气 | 实验室检验，69 |
| 催吐剂 | 再吸入系统 | IV，血管内的 | 氧气疗法，373 |
| 内毒素血症 | 受体 | K⁺，钾离子 | 疼痛管理，377 |
| 放血 | 储存袋 | kg，千克 | 体格检查，16 |
| 流速计 | 清道夫软管 | lb，英镑 | 放射学，157 |
| 高碳酸血症 | 喘鸣 | mg，毫克 | 外科手术，519 |
| 运动过度 | 粘连 | MM，黏膜 | 胸腔穿刺术，429 |
| 低碳酸血症 | 甲状腺危象 | NMDA，N-甲基-D-天冬氨酸 | 放置胸腔管，429 |
| 低皮质酮血症 | 潮气量 | PCV，红细胞压积 | 超声波检查，195 |
| 张力减退 | 血管迷走神经 | PT，凝血酶原时间 | 尿液分析，145 |
| 医源性 | 呕吐 | SQ，皮下的 | 生命体征，17 |
| 肋间的 | 反应逐渐增强 | TP，总蛋白 | |
| | | VPC，室性期前收缩 | |

[a]关键词和术语的定义见第629页词汇表。

# 安全麻醉准则

麻醉可以用来保定患病动物，使其丧失意识，消除疼痛和控制癫痫发作。为了保证麻醉的安全性和有效性，麻醉师必须对诸多因素有全面的认识。除了要准确评估动物的病史和当前状况，麻醉师还必须对麻醉设备、麻醉药物、监护技术、苏醒计划和应急规程有充分的认识。只有掌握这些知识，才能减小内在的麻醉风险。

与所有麻醉程序相关的潜在问题

· 体温过低

· 低血压

· 肺换气不足

· 泪液生成减少

病畜评估

· 症状

· 病史

· 体重

· 生命特征

· 体格检查

· 实验室相关检验

13

- 诊断测试
- ASA分级

患病动物准备
- 静脉通路
- 提供一个安静，舒适，无疼痛环境
- 优化有效循环血量

仪器准备
- 检漏测试
- 设备

药物规程
- 准备急救药物参考表

- 选择麻醉药物的原则是不能使现有疾病更复杂或引起其他疾病
- 镇痛

诱导
- 能够快速丧失意识，但不会出现有可能导致伤害的兴奋、痛苦或挣扎
- 控制呼吸道

手术期间
- 维持正常的手术生命体征
- 维持手术的麻醉

苏醒
- 不带有兴奋、痛苦或挣扎地顺利苏醒
- 维持正常的生命体征

# 麻醉前

表13.1　麻醉前评估

在给药前，对每个患病动物都需要进行全面检查，在选择正确药物和麻醉前后监护患病动物方面的初步评估都是有价值的。

| 范畴 | 评估参数 |
| --- | --- |
| 特征 | 患病动物的种属、品种、年龄和品性直接影响麻醉中所使用药物的种类以及所使用的监护种类 |
| 病史 | 当前和以往的麻醉史、药物史、饮食和进行性疾病都将会影响麻醉程序 |
| 体重 | · 当前体重，以千克（kg）和英镑（lb）计 |
| 生命体征<br>· 见表2.1初步检查，第17页 | · 体温<br>· 脉搏<br>· 心跳<br>· 呼吸率<br>· 毛细血管再充盈时间<br>· 黏膜（MM）颜色 |
| 体格检查<br>· 见第2章，体格检查，第18页 | 必须进行全面的体格检查以获得患病动物的基本情况。为了获得准确的结果，在使用任何药物前，都必须做该检查。 |

13

| 范畴 | 评估参数 |
|---|---|
| 实验室检查<br>· 见第4章，实验室检验，第69页 | 麻醉前实验室检查有一个广泛的规程。所有患病动物都需要做PCV/TP，并根据患病动物当前的疾病、病史和PCV/TP的结果来选择性进行CBC和血清生化检查。其他附加的检查可能也是必要的 |
| | · PCV/TP<br>· 血清生化<br>· CBC<br>· 电解质<br>· 尿液分析<br>· 凝血功能<br>  · 活化凝血时间<br>  · PT/APTT检测<br>  · 血小板计数<br>· 动静脉血气分析 |
| 附加的诊断测试 | X线检查可以用来检查和评估先天性或后天获得性心肺疾病或与创伤相关的情况（如肺挫伤、膈疝或气胸），腹部X线检查可用来检查和评估先天性或后天获得性器官病变（如肝脏疾病、泌尿系统疾病和胃肠疾病）<br>心电图检查，应对怀疑为或已知的心脏病动物，近期有创伤和可能患有心肌炎的动物，以及电解质紊乱的动物进行监测<br>超声波可作为一种辅助工具用来评估许多疾病的阶段或创伤程度 |
| ASA 分级[a] | 美国麻醉师协会（ASA）的体格状况分级系统更适应于小动物医学。它给出了一个根据全身性疾病的出现和严重程度来评估患病动物的系统 |
| | Ⅰ 麻醉风险很小：患病动物没有潜在疾病；择期手术<br>Ⅱ 麻醉风险小：轻度至中度的病情变化或有极度恐惧和焦虑的迹象<br>Ⅲ 麻醉风险一般：重度病情变化并限制活动，但能适应<br>Ⅳ 麻醉风险较大：重度病情变化并限制活动，且持续威胁生命<br>Ⅴ 麻醉风险很大：濒死的，有无外科手术都有可能死亡 |

[a]根据美国麻醉师协会体格状况分类系统。全文的复制可以从ASA，520N上获得。Northwest Highway，Park Ridge，IL 60068–2573.

**表13.2　麻醉案例**

根据基本的麻醉前评估，应对患病动物的健康情况做进一步的检查并为它们制订专门的麻醉方案。

| 术前检查和诊断测试 | 潜在并发症 | 推荐的麻醉方案 | 麻醉更改 | 专门的手术护理和苏醒 |
|---|---|---|---|---|
| **短头颅的** | | | | |
| ·英国牛头犬、法国斗牛犬、巴哥犬、波士顿㹴、拳师犬、沙皮犬、北京犬 | | | | |
| ·评估危及呼吸的程度<br>·室内氧饱和度（SpO$_2$）基值<br>·胸部X线片 | ·迷走神经紧张↑<br>·气道堵塞<br>·心动过缓<br>·发绀<br>·插管困难或失败（如喉塌陷、小气管管腔，可视化困难）<br>·呼吸困难和呼吸暂停 | 麻醉前<br>·布托啡诺和阿托品或吡咯糖<br>·哌替啶和阿托品或吡咯糖<br>诱导<br>·氯胺酮和地西泮<br>·丙泊酚和地西泮<br>·戊硫代巴比妥和地西泮 | ·避免深度麻醉<br>·预给氧5~10min<br>·快速静脉注射诱导，紧接着气管插管<br>·准备一个比预先需要要小的管子<br>·准备可能的气管切开置管 | ·在苏醒过程中，尽可能长时间的保留气管插管<br>·在苏醒过程中，可能需镇静以减少应激，使管子长时间停留<br>·可能需继续给氧，直至拔管<br>·苏醒后要密切监护呼吸状况至少1h<br>·伸展脖子和舌头以促进呼吸 |
| **先天性心脏病** | | | | |
| ·得到静息时的心率和呼吸率<br>·胸部X线片 | ·心动过缓<br>·室性异位搏动<br>·体温过低<br>·肺水肿 | ·无特殊注意事项 | ·预给氧<br>·儿科方案进行诱导<br>·避免抗胆碱能药、巴比妥类、α$_2$-受体激动剂和氟烷 | ·观察是否水中毒 |
| **低血压/低血容量** | | | | |
| ·血压 | ·心脏骤停<br>·循环衰竭<br>·血液稀释（IV输注晶体液） | ·一旦稳定则无特殊注意事项 | ·预给氧<br>·避免α$_2$-受体激动剂和氟烷<br>·丙泊酚可导致进一步的低血压<br>·IPPV也可导致进一步的低血压，可能需要增加液体疗法 | ·麻醉前先要用液体和/或全血稳定<br>·观察是否水中毒/血液稀释；使用低容量静脉输液率<br>·间歇性监测PCV和TP |

13

| 术前检查和诊断测试 | 潜在并发症 | 推荐的麻醉方案 | 麻醉更改 | 专门的手术护理和苏醒 |
|---|---|---|---|---|
| **心脏功能受损** | | | | |
| · 心脏超声<br>· 血压<br>· ECG<br>· PCV/TP<br>· 血清钾<br>· 胸部X线片<br>· 尿液分析 | · 心律失常<br>· 心动过缓<br>· 低血容量<br>· 肺水肿<br>· 心动过速 | 麻醉前<br>· 羟吗啡酮（和±吡咯糖）<br>· 布托啡诺（和±吡咯糖）<br>诱导<br>· 依托咪酯和地西泮<br>· 戊硫代巴比妥和地西泮<br>· 丙泊酚和地西泮<br>· 氟哌利多（Innovar-Vet） | · 预给氧<br>· 避免药物导致心动过速（抗胆碱能药和环己胺类），除了充血性心肌病，它对增加心率有益<br>· 避免α₂-受体激动剂和氟烷 | · 观察是否体内水中毒<br>· 需要连续监护ECG和BP |
| **贫血/低蛋白血症** | | | | |
| · 全血检查<br>· 尿液分析 | · 麻醉药过量<br>· 苏醒延迟<br>· 液体过剩<br>· 低血氧<br>· 肺水肿 | · 无特殊注意事项 | · 预给氧<br>· 高蛋白结合的药物将增强麻醉效果并减少剂量<br>· 避免α₂-受体激动剂和氟烷 | · 麻醉引起PCV降低3%~5%<br>· 如果PCV<25%~30%，则需要输血<br>· 手术中和术后需间歇性监测PCV和TP<br>· 保守的液体疗法以避免因为血管胶体渗透压降低而引起肺水肿（尤其是晶体液）<br>· 术后补充氧气 |
| **心丝虫病** | | | | |
| · 全血检查<br>· 胸部X线片 | · 心排血量<br>· 心律失常<br>· 肺功能不全 | · 无特殊注意事项 | · 无特殊注意事项 | · 无特殊注意事项 |

**13**

| 术前检查和诊断测试 | 潜在并发症 | 推荐的麻醉方案 | 麻醉更改 | 专门的手术护理和苏醒 |
|---|---|---|---|---|
| **剖宫产术，急诊** | | | | |
| • PCV和TP<br>• 血清钙<br>• 详细病史 | • 心排血量<br>• 呼吸困难<br>• 高血压<br>• 低血压<br>• 麻醉剂导致的新生儿抑郁<br>• 心动过速<br>• 子宫出血<br>• 呕吐 | **麻醉前**<br>• 羟吗啡酮和阿托品<br>• 布托啡诺和阿托品<br>**诱导**<br>• 丙泊酚<br>• 戊硫代巴比妥<br>• 氯胺酮和地西泮<br>• 依托咪酯和地西泮 | • 减少40％的药物剂量和25％的吸入剂量<br>• 预给氧<br>• 考虑可拮抗或能快速代谢的药物<br>• 避免戊巴比妥，因为它对新生儿有近100％的致死率<br>• 避免吩噻嗪类、苯二氮䓬类、环己胺类和α₂-受体激动剂<br>• 吗啡硬膜外腔使用将减少吸入剂量，使其更平稳苏醒<br>• IPPV能够抵消腹胀 | • 手术前准备应在动物清醒时进行，动物左侧卧，以解除后腔静脉的压力<br>• 见技能框7.4　剖腹产后新生儿复苏，第315页 |
| **内分泌**<br>• 糖尿病 | | | | |
| • 血糖<br>• 尿液分析 | • 苏醒延迟<br>• 高血糖症<br>• 低血糖症<br>• 高感染风险 | **麻醉前**<br>• 布托啡诺和阿托品（或吡咯糖）<br>• 哌替啶和阿托品（或吡咯糖）<br>• 羟吗啡酮和阿托品（或吡咯糖）<br>**诱导**<br>• 戊硫代巴比妥和地西泮<br>• 丙泊酚和地西泮 | • 考虑可拮抗或能快速代谢的药物<br>• 避免α₂-受体激动剂和环己胺类单独高剂量使用 | • 如果可能应稳定和调节患病动物<br>• 应在早晨正常给予胰岛素后安排麻醉<br>• 在手术当天因为禁食所以可能要将胰岛素的量降低50％<br>• 间歇性监测BG，维持在150~250mg/dL<br>• 如果需要，静注5％葡萄糖<br>• 维持静脉输液以抵抗由于高血糖引起的利尿作用 |

**13**

（续）

| 术前检查和诊断测试 | 潜在并发症 | 推荐的麻醉方案 | 麻醉更改 | 专门的手术护理和苏醒 |
|---|---|---|---|---|
| **甲状腺机能亢进** | | | | |
| · +/− 心脏超声<br>· 全血评估<br>· ECG<br>· T$_4$水平<br>· 胸部X射线片 | · 气道堵塞<br>· 心动过缓<br>· 低血糖症<br>· 高血压或低血压<br>· 低血氧<br>· "甲状腺危象"（心动过速、高血压、心律失常、体温过高和休克) | 麻醉前<br>· 羟吗啡酮<br>诱导<br>· 丙泊酚<br>· 依托咪酯和地西泮<br>· 硫酸巴比妥和地西泮 | · 避免 α$_2$−受体激动剂和环己胺类<br>· 有并发症时避免使用吩噻嗪类和巴比妥类<br>· 耗氧量增加<br>· 因为甲状腺肿瘤，插管将会更困难，可能导致气道堵塞 | · 麻醉前尽量调节T$_4$水平<br>· 心动过速严重时，使用β受体阻断剂是必要的<br>· 持续监测ECG和血压<br>· 间歇性监测BG |
| **肾上腺皮质功能减退** | | | | |
| · 电解质 | · 心律失常<br>· 低皮质酮血症<br>· 低血压<br>· 休克 | · 无特殊注意事项 | · 避免吩噻嗪类和甲苯咪唑 | · 开始麻醉前，需要稳定和调节患病动物<br>· 术前、术中和术后需要静脉输注液体和皮质激素以避免阿狄森危象 |
| **甲状腺机能减退** | | | | |
| · PCV和TP | · 心动过缓<br>· 苏醒延迟<br>· 低血压<br>· 体温过低<br>· 呼吸困难<br>· 肺换气不足 | 麻醉前<br>· 哌替啶和阿托品<br>· 布托啡诺和阿托品<br>· 羟吗啡酮和阿托品<br>诱导<br>· 氯胺酮和地西泮<br>· 依托咪酯和地西泮<br>· 丙泊酚和地西泮<br>· 戊硫代巴比妥和地西泮 | · 考虑可拮抗或能快速代谢的药物<br>· 避免吩噻嗪类，α$_2$−受体激动剂和吗啡 | · 保温支持<br>· 监护术中呼吸（如呼吸测量法、二氧化碳描记法或储存袋） |
| **胃肠**<br>· 胃扩张扭转 | | | | |
| · 动脉血气分析<br>· 全血检查<br>· ECG<br>· 低血容量状态 | · 心律失常<br>· 脓毒性休克<br>· 代谢性酸中毒<br>· 低血钾<br>· 腹膜炎 | 麻醉前<br>· 羟吗啡酮和吡咯糖<br>诱导<br>· 氯胺酮和地西泮<br>· 羟吗啡酮和地西泮<br>· 氟哌利多（Innovar−Vet） | · 麻醉前先稳定休克<br>· 预给氧<br>· 避免使用催吐药（如吗啡、乙酰丙嗪和赛拉嗪）<br>· 避免使用氧化亚氮<br>· 整个手术过程需IPPV | · 间歇性监测PCV和TP<br>· 术中和术后连续监测ECG和BP<br>· 静脉注射抗生素 |

| 术前检查和诊断测试 | 潜在并发症 | 推荐的麻醉方案 | 麻醉更改 | 专门的手术护理和苏醒 |
|---|---|---|---|---|
| **胰腺炎** | | | | |
| • 全血检查 | • 低血压 | 麻醉前<br>• 阿片类药物 | • 避免使用 $\alpha_2$–受体激动剂和氟烷 | • 监测和护理潜在疾病 |
| **肥胖症** | | | | |
| • 全血检查<br>• 去脂体重 | • 气道堵塞<br>• 苏醒延迟<br>• 用药过量<br>• 体温过高<br>• 肺换气不足<br>• 低血氧<br>• 呼吸困难 | • 无特殊注意事项 | • 按去脂体重计算药物剂量以避免过量<br>• 预给氧<br>• 整个手术中需IPPV<br>• 药物分布到身体脂肪中将有较长的苏醒期（氟烷） | • 如果可能应避免头部向下仰卧<br>• 监护术中呼吸（如呼吸测量法、二氧化碳描记法或储存袋）<br>• 尽可能长时间地保留气管插管 |
| **老龄动物**<br>• 已达到预期寿命的75%的动物 | | | | |
| • 全血检查<br>• ECG<br>• 胸部X线片<br>• 详细的病史和用药史<br>• 甲状腺素水平<br>• 尿液分析 | • 器官功能减退<br>• 低血压<br>• 体温过低<br>• 肺换气不足 | 麻醉前<br>• 吗啡和阿托品<br>• 布托啡诺和吡咯糖<br>诱导<br>• 戊硫代巴比妥和地西泮<br>• 氯胺酮和地西泮 | • 药物剂量减少30%~50%<br>• 避免使用吩噻嗪类和 $\alpha_2$–受体激动剂<br>• 对药物反应期长<br>• 预给氧<br>• 监测麻醉程度以免过量吸入 | • 保温支持<br>• 监护流速以确保充分水合作用和尿量（如扩大膀胱、皮肤隆起、MM） |
| **肝病**<br>• 门腔静脉分流术 | | | | |
| • 凝血情况<br>• 全血检查 | • 苏醒延迟<br>• 进一步的肝脏疾病<br>• 低血糖<br>• 低血钾<br>• 低血压<br>• 体温过低<br>• 肺水肿<br>• 癫痫发作 | 麻醉前<br>• 哌替啶和阿托品<br>• 布托啡诺和阿托品<br>• 羟吗啡酮和阿托品<br>诱导<br>• 丙泊酚<br>• 戊硫代巴比妥<br>• 异氟烷 | • 避免使用吩噻嗪类和 $\alpha_2$–受体激动剂<br>• 避免使用致癫痫药物<br>• 预给氧<br>• 低血压时避免IPPV | • 保温支持<br>• 手术中间歇性监测PCV，TP，BG<br>• 监测血压<br>• 监测门腔静脉分流动物的动脉血气分析<br>• 由于肝脏代谢增强需注意术中镇痛<br>• 术后检查肝功能 |

13

| 术前检查和诊断测试 | 潜在并发症 | 推荐的麻醉方案 | 麻醉更改 | 专门的手术护理和苏醒 |
|---|---|---|---|---|
| **幼龄**<br>• 3月龄以下的患病动物 | | | | |
| • 无特别注意事项 | • 心动过缓<br>• 低血糖<br>• 体温过低<br>• 低血压<br>• 低血容量<br>• 低血氧<br>• 器官功能不足<br>• 肺水肿 | 麻醉前<br>• 阿托品和吡咯糖<br>• 安定镇痛药<br>诱导<br>• 氯胺酮和地西泮<br>• 丙泊酚 | • 药物剂量减少30%~50%<br>• 对药物反应期长<br>• 幼龄动物耗氧量高，然而麻醉浓度和成年动物一样<br>• 对与蛋白结合的麻醉剂敏感性增加<br>• 由于器官系统的不成熟，药物可能有长效作用<br>• 应使用非重复呼吸系统和大小恰当的气管内插管 | • 保温支持<br>• 有10%血液丢失时应考虑输血<br>• 若给予固体饮食，术前禁食不能超过2~4h<br>• 传统的监护参数不可靠（如眼位） |
| **肾脏疾病** | | | | |
| • 血压<br>• 全血检查<br>• ECG<br>• 尿液分析 | • 脱水<br>• 苏醒延迟<br>• 进一步的肾脏疾病<br>• 高血钾<br>• 低血压<br>• 肾灌注不足 | 麻醉前<br>• 布托啡诺、阿托品或吡咯糖<br>• 羟吗啡酮、阿托品或吡咯糖<br>诱导<br>• 戊硫代巴比妥和地西泮<br>• 丙泊酚和地西泮<br>• 氯胺酮和地西泮 | • 减少注射麻醉药的剂量（如乙酰丙嗪、赛拉嗪、地西泮、阿片类、氯胺酮、巴比妥类）<br>• 氮血症动物对CNS药物敏感性增强<br>• 酸中毒动物对蛋白结合药物敏感性增强 | • 术前不禁食<br>• 如果PCV<18%（猫）和PCV<20%（犬）就需要输注RBC<br>• 合适的体位和衬垫是很重要的，可以避免压迫性坏死<br>• 监测血压和动脉血气分析<br>• 若有高血钾的风险应连续监测ECG（如急性肾衰竭）<br>• 术后连续IV输液和监测流速以确保充分水合作用和尿量（如膀胱充盈、皮肤隆起、MM） |

**13**

| 术前检查和诊断测试 | 潜在并发症 | 推荐的麻醉方案 | 麻醉更改 | 专门的手术护理和苏醒 |
|---|---|---|---|---|
| **呼吸系统疾病**<br>· 胸腔积液、膈疝、气胸、肺挫伤、肺炎、气管塌陷、肺水肿 | | | | |
| · 动脉血气分析<br>· 全血检查<br>· 全面呼吸系统检查<br>· ECG<br>· 胸部X线片 | · 肺换气不足<br>· 低血氧<br>· 呼吸急促，呼吸困难和/或呼吸暂停<br>· 气胸恶化 | 麻醉前<br>· 阿片类和阿托品<br>诱导<br>· 氯胺酮和地西泮<br>· 戊硫代巴比妥<br>· 丙泊酚 | · 如果有可能，任何麻醉都将延缓几天<br>· 避免使用氧化亚氮<br>· 预给氧<br>· 为了减少应激，先进行轻度麻醉<br>· 使用注射麻醉药物快速诱导以控制气道<br>· IPPV，降低压力以减少张力性气胸的机会 | · 准备胸腔穿刺，放置胸管<br>· 手术中监测呼吸以评估气胸是否恶化（如呼吸测量法、二氧化碳描记法或储存袋）<br>· 术前和术后要供氧<br>· 尽可能长时间保留气管插管<br>· 术后放置鼻导管以继续供氧 |
| **视觉猎犬**<br>· 灵猩犬、萨路基犬、阿富汗猎犬、惠比特犬、俄罗斯猎狼犬 | | | | |
| · 无特殊注意事项 | · 死亡 | 麻醉前<br>· 阿片类和阿托品<br>诱导<br>· 丙泊酚和地西泮<br>· 美索比妥和地西泮 | · 不要用镇静剂和巴比妥类（除了美索比妥） | · 保温支持<br>· 合适的体位和衬垫很重要，可以避免压迫性坏死<br>· 在安静的地方苏醒以减少兴奋 |
| **外伤**<br>· 车撞、头部外伤、胸部和腹部外伤、热/烧伤 | | | | |
| · ECG<br>· 监测PCV和TP<br>· 胸部X线片<br>· 尿量和尿浓缩能力 | · 心律失常<br>· 呼吸困难或呼吸急促<br>· 内伤<br>· 气胸<br>· 癫痫发作（如头部外伤）<br>· 休克<br>· 心动过速 | 麻醉前<br>· 阿片类<br>· 阿托品或吡咯糖<br>诱导<br>· 氯胺酮和地西泮<br>· 丙泊酚和地西泮<br>维持<br>· 使用追加麻醉，减少吸入麻醉剂 | · 如果有可能，任何麻醉都将延缓几天<br>· 降低药物剂量<br>· 避免酚噻嗪类、巴比妥类和 $\alpha_2$-受体激动剂<br>· 预给氧<br>· IPPV，降低压力以减少张力性气胸的机会 | · 监测体温<br>· 连续监测ECG<br>· 间歇性监测PCV和TP |

**13**

| 术前检查和诊断测试 | 潜在并发症 | 推荐的麻醉方案 | 麻醉更改 | 专门的手术护理和苏醒 |
|---|---|---|---|---|
| 尿路梗阻 | | | | |
| ·全血检查<br>·如果是高血钾，监测ECG<br>·评估水合作用、心率和节律、中枢神经系统抑郁 | ·心动过缓<br>·心律失常<br>·心脏衰竭<br>·高血钾 | **麻醉前**<br>·阿托品和布托啡诺<br>**诱导**<br>·氯胺酮和地西泮<br>·丙泊酚<br>·戊硫代巴比妥 | ·药物剂量降低<br>·避免 $\alpha_2-$受体激动剂 | ·直到梗阻解决后才能给予液体（除非患病动物已休克）<br>·术前可能需要膀胱穿刺术来减轻膀胱张力<br>·需要确定动物尿道梗阻的部位以避免破裂<br>·若有高血钾的风险则需连续监测ECG（ $K^+$>7.0） |

## 麻醉前药物

前驱麻醉剂仅仅是整个麻醉药物中的一部分。在给予任何药物之前，应准备急救药物参考表和完成所有的实验室工作。药物的使用能改变一些实验室检查结果（如预先给予乙酰丙嗪时则PCV可下降30%）。所有的注射器都要清楚地表明患病动物的名字、药物名称和剂量。麻醉前SQ给予前驱麻醉剂时需提前30~45min，或IM时需提前15~20min。

下面列出了一些常用麻醉药物清单。对个别药物的更多信息和剂量请参考本章结尾部分。

乙酰丙嗪和布托啡诺

乙酰丙嗪和阿片类

布托啡诺

氢吗啡酮

美托咪定和布托啡诺

美托咪定和阿片类

咪达唑仑和布托啡诺

咪达唑仑和阿片类

吗啡

羟吗啡酮

## 麻醉

### 麻醉管理

#### 麻醉机

**麻醉机设置**

在进行全身麻醉药之前，麻醉设备必须反复检查以确保处于最佳的工作状态。可以通过这一重要步骤避免很多麻醉并发症。

*核实以下步骤*

·蒸发罐中吸入麻醉剂的量充足，盖子密闭

·充足的氧气供应

·新鲜的 $CO_2$ 吸收罐

·设备连接正确

·供氧管已连接

·设备建立正确的呼吸系统（见技能框13.1，麻醉呼吸系统，第450页）

·大小合适的储存袋

·压力安全阀打开

·排废气管道已连接且疏散风扇可用

- 充足的压力测试
  - 一旦设备正确连接，关闭压力安全阀，堵塞连接患病动物的管子末端，用氧气填充系统，并监测压力计。
    - 没有漏气时则维持持续压力。
    - 系统中出现漏气时则压力下降。

（a）用稀释的肥皂水在系统的连接处进行漏气测试。
- 在$O_2$的流速为1~2L/min的前提下非重复吸入系统中的内管可以通过堵塞连接患病动物的管子末端来进行检测。如果没有出现漏气，流量计的浮标应该下降。

---

**技能框 13.1　麻醉呼吸系统**

再呼吸循环系统
- 患病动物复吸自己呼出的除去二氧化碳的气体以及加入的新鲜氧气和麻醉气体。

| 类型 | 使用的适应证 | 氧气流速 | 备注 |
|---|---|---|---|
| **总再呼吸/关闭**<br>· 压力安全阀必须完全关闭 | · 病畜>15lb<br>· 病畜必须有足够强大的肺功能以通过仪器排出气体 | · 2~3mL/（lb·min） | · 不要使用氧化亚氮<br>· 相对低的气流速率可导致麻醉深度出现缓慢变化<br>· 换气很容易通过再呼吸袋进行观察和控制<br>· 将热量损失和气道干燥降到最低<br>· 气流阻力升高 |
| **部分再呼吸/半闭合**<br>· 压力安全阀部分打开 | · 病畜>15lb | · 3(体重[kg]×10)=? mL/min<br>· 5~20 mL/（lb·min） | · 需要使用更高的气体流速<br>· 可以通过再呼吸袋观察换气 |

无复吸入系统
- 患病动物每次呼吸都获得新鲜的氧气和麻醉气体。

| 类型 | 使用的适应证 | 氧气流速 | 备注 |
|---|---|---|---|
| **开放型**<br>· 压力安全阀必须完全打开 | · 任何大小的动物，通常<15lb<br>· 呼吸阻力最小 | · 3(每分钟呼吸次数×10)=? mL/min<br>· 150~200mL/（kg·min）<br>· 0.5~4L/min | · 更高的气体流速以消除呼出气体<br>· 病畜很少或不再吸入其呼出的气体<br>· 气流阻力最小 |

**13**

再呼吸袋的规格
- <15lb=1L的袋子
- >15lb且<40lb=2L的袋子
- >40lb且<120lb=3L的袋子
- >120lb且<300lb=5L的袋子

压缩气体钢瓶
- 绿罐=氧气
- 蓝罐=氧化亚氮

## 麻醉管理

### 表13.3 全身麻醉诱导

麻醉药的给予使兽医程序在保定患病动物和消除疼痛后毫无障碍地开始。麻醉药的正确给予可确保患病动物在给药中、操作中和后续操作中的舒适性。在任何的麻醉诱导前，都应先放置静脉导管。这可用来进行诱导剂滴注，建立紧急静脉通道、静脉输液和避免血管周围的风险。

| 诱导方法 | 常用药物 | 步骤 | 用途 | 相关风险 | 病畜禁忌证 |
|---|---|---|---|---|---|
| 口服 | • 氯胺酮 | 用注射器吸取单剂量药物并注入患病动物口腔 | • 不配合的患病动物<br>• 注射困难的患病动物 | • 抽吸<br>• 给药剂量少 | • 胃肠疾病或损伤的动物 |
| 肌注 | • 氯胺酮<br>• 氯胺酮和咪达唑仑<br>• 噻环乙胺和唑氟氮草 | 用注射器吸取单剂量药物并通过肌内注射给药 | • 不配合的患病动物<br>• 静脉注射困难的患病动物（如幼犬、小猫） | • 苏醒延迟<br>• 剂量过大 | • 从诱导到起效（如低剂量）对老年和体弱动物有益<br>• 短头颅动物，因为不能快速控制呼吸道 |
| 静注 | • 地西泮和阿片类<br>• 依托咪酯<br>• 氯胺酮和地西泮<br>• 氯胺酮和咪达唑仑<br>• 丙泊酚<br>• 戊硫代巴比妥<br>• 噻环乙胺和唑氟氮草 | 放置一个静脉导管并按下列方法之一给药：<br>• 快速推注1/4剂量，30~45s后，重复给予<br>• 快速推注超过10~15s<br>• 缓慢注射1~2min以上<br>• 静脉滴注 | • 轻微麻醉程序<br>• 使用吸入麻醉剂进行全身麻醉的诱导<br>• 需要迅速控制呼吸道的动物(如喉塌陷、短头颅的病畜等) | • 血管周围注射<br>• 重复剂量造成药物蓄积（如苏醒延迟） | • 肥胖动物，不能定位静脉<br>• 暴躁的动物 |

13

（续）

| 诱导方法 | 常用药物 | 步骤 | 用途 | 相关风险 | 病畜禁忌证 |
|---|---|---|---|---|---|
| 面罩 | • 异氟醚<br>• 氟烷<br>• 七氟烷 | • 充分保定，将麻醉面罩紧紧地放置在嘴和鼻子上，最大限度地减少废气和死角<br>• 以3L/min的速度通100％的氧气5min来使动物适应面罩，然后逐渐开始缓慢通入麻醉剂超过数分钟后调整为3％~4％ | • 经气管内插管对使用吸入麻醉剂进行全身麻醉作诱导<br>• 暴躁动物、垂死的动物、听话的犬 | • 呕吐<br>• 不能控制呼吸道<br>• 麻醉剂环境污染<br>• 对一些患病动物产生应激 | • 短头颅犬<br>• 呼吸疾病或心血管疾病的动物<br>• 没有禁食的动物 |
| 箱 | • 异氟醚<br>• 氟烷<br>• 七氟烷 | • 将患病动物放置在一个足够大可使其躺卧和伸展脖子的箱子里<br>• 以3~5L/min流速通氧，麻醉剂流速为4％~5％<br>• 一旦患病动物丧失翻正反射立即从箱子中取出并放置ET管 | • 使用吸入麻醉剂进行全身麻醉的诱导<br>• 术前用药的猫和小型犬<br>• 倔强暴躁的猫 | • 不能充分监控<br>• 不能控制呼吸道<br>• 麻醉剂造成环境污染 | • 短头颅犬<br>• 呼吸疾病或心血管疾病的动物<br>• 没有禁食的动物 |

小技巧：面罩可以放入一个大的口套内或用纱布绑住来固定。

**13**

### 技能框 13.2 气管插管

设备
• 大小
　1．触诊清醒动物的颈部，如果条件允许，拍摄胸部X线片。
　2．选择所估计规格的插管和大1号或1号规格的管子。
　3．使用自然适合气管的最大号管子。
• 长度
　1．插管的长度从胸廓入口延伸到口腔不超过2.54cm。
　2．如果插管没有达到这些要求时插管需要被截断以避免死角和支气管内插管。

• 功能
　1．用空气填充气囊来观察任何泄漏。
　2．一旦放置好后用获得的材料系牢插管（如纱布、静脉输液管）。
技术
　1．中小型患病动物俯卧；大型患病动物侧卧。
　2．打开动物口腔，用3×3纱布垫轻轻抓紧舌头（防止滑动）。
　3．拉伸舌头，可以清晰地看到咽喉部。
　4．插管斜面朝上，凹侧朝向腹侧。

5．插管越过会厌从构状软骨之间进入喉部，做0°~90°旋转以利于通过。
6．用纱布或输液管固定插管防止滑动。
7．膨胀的气囊确保无气体泄露。
- 将一洁净的充满空气的注射器与气囊的配管连接。关闭压力安全阀，轻轻挤压储存袋，同时把耳朵贴近患病动物嘴巴聆听漏出的气体（压力计的读数应该<20cmH₂O）。推动注射器活塞，把空气注入气囊直到听不到管子周围漏出气体为止。移除注射器并打开压力安全阀。记录膨胀气囊所注入的气体体积。

确保合理使用
- 核查位置
  - 触诊胸部
    - 1个坚硬结构确保置入气管
    - 2个坚硬结构表示置入食道
  - 胸腔听诊
    - 呼吸时双侧听诊肺部，听呼气和吸气时的肺音
      - 单侧肺音则表明支气管内插管
      - 无肺音则表示食道内插管
  - 二氧化碳描记法
    - 正常的呼吸速度和力度伴随着$ET_{CO_2}$下降，表明食道内或气管内插管
  - 不发声
  - 呼气时呼出的气体会在管子内部凝结
  - 每次呼吸，储存袋都会变动
- 核查封闭性
  - 检查是否漏气
    - 见上

小技巧：
- 为减小摩擦，管子上涂上水或水性润滑剂（如凝冻胶）
- 钢丝可用于小软管
- 为了更好地观察咽喉，可以使用喉头镜
- 对于猫，在声门处使用利多卡因（0.1mL）将会减少痉挛

- 对于猫，用食指固定其舌头，给气管施压，抬升咽喉部以便更好地观察气管
- 可以使用开口器以便1个人就能安全地进行插管

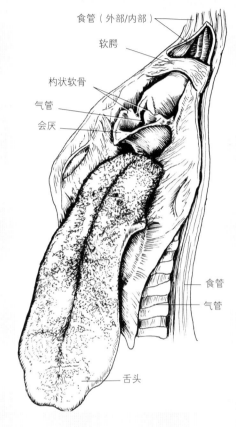

食管（外部/内部）
软腭
构状软骨
气管
会厌
食管
气管
舌头

图13.1　气管插管

表13.4　气管并发症

麻醉的一个常见并发症是患病动物不能到达外科手术所需要的麻醉深度。这种情况有很多原因可以解释，如下表所示。

| 原因 | 临床症状 | 治疗 |
|---|---|---|
| 食管插管 | · 病畜清醒<br>· 发声 | · 重新插管<br>· 见技能框13.2气管插管，第452页 |
| 支气管内插管 | · 轻度麻醉<br>· 夸张的呼吸运动<br>· 发绀 | · 用更短的管子重新插管<br>· 轻微地拔出一段管子 |
| · 蒸发罐装置放置太低<br>· 氧气流速太慢<br>· 空的蒸发罐<br>· ET管或麻醉机露气 | · 病畜清醒<br>· 轻度麻醉 | · 检测ET管和仪器故障 |
| · 兴奋 | · 轻度麻醉 | · 预防：给予前驱麻醉剂，避免兴奋处理<br>· 给予其他的诱导药物和/或面罩直到可以进行插管 |

# 手术期

手术期包括手术前、手术中和手术后。这一期间对病畜的安全最为关键，需要麻醉师有严谨的态度和清醒的认识。

表13.5　病畜护理

监护麻醉动物的生命体征对麻醉过程的成功至关重要。仪器的使用对结果成功一样重要。术前、术中和术后的一些地方是需要特别注意的，如下所示。

| | 步骤 | 并发症 | 治疗 |
|---|---|---|---|
| **病畜** | | | |
| 诱导 | · 诱导麻醉 | · 意识丧失时身体损伤<br>· 应激诱导儿茶酚胺释放，随后可能导致心律失常 | · 诱导时支持所有的身体部位<br>· 尽量避免 II 级麻醉程度；快速诱导到 III 级<br>· 适当时通过术前用药减少应激<br>· 使诱导环境安静，根据病畜对应激的敏感性选择技术 |

13

| | 步骤 | 并发症 | 治疗 |
|---|---|---|---|
| 体位 | ·位置 | ·脖子或四肢伸展过度或屈曲过度导致永久性的神经损伤<br>·脖子屈曲过度可能会阻塞气管插管 | ·尽可能使患病动物保持自然姿势<br>·要注意任何骨科或神经系统的条件限制 |
| 水合作用 | ·液体管理 | ·水合过度<br>·血液稀释<br>·肺音和呼吸速率升高<br>·呼吸困难<br>·结膜水肿<br>·眼和鼻腔分泌物 | ·降低流速<br>·氧气管理<br>·药物管理（如利尿剂） |
| | | ·脱水<br>·低血容量<br>·高血压<br>·黏膜发黏或干燥<br>·少尿或无尿 | ·快速推注液体<br>·增大流速（和/或胶体或输血） |
| 设备 | | | |
| 气管插管 | ·插管 | ·不正确放置（如放置到食道）<br>·大小不正确<br>·管子出现故障<br>·损伤性放置到声门（如喉炎） | ·见技能框13.2 气管插管，第452页 |
| | ·翻动或转动病畜 | ·扭结的气管插管导致气道堵塞<br>·气管损伤或裂口<br>·气管插管移动 | ·移动前，断开插管<br>·辅助固定ET管（用螺旋线嵌入管壁） |
| 麻醉剂软管 | ·放置麻醉剂软管 | ·气管损伤<br>·气管插管移动<br>·气管插管扭结 | ·使用正确的麻醉剂软管，防止体重压迫气管插管<br>·麻醉剂软管放置到正确的位置上，防止ET管扭结或弯曲 |
| 布帘/器械 | ·布帘和器械的放置 | ·小型病畜的胸腔压缩 | ·避免将重的布帘和器械直接放到小型患病动物的胸腔上 |
| 手术台 | ·可倾斜手术台 | ·腹部器官压迫横隔并危及心肺功能 | ·倾斜不要超过15°<br>·IPPV |
| | ·保定装置 | ·末梢血液循环降低 | ·避免勒紧四肢保定 |

**13**

- 间歇性正压换气是手工挤压储存袋，向肺提供充足的换气。
  - 对无并发症的麻醉患病动物每5min进行一次。
  - 频繁地进行可代替呼吸器（每6s进行1次，代替10次/min呼吸）
- 某些医疗状况可能需提高压力以保证患病动物充足换气。
  - 如膈疝，胸腔或腹腔肿瘤，胸腔或腹腔积液
- 间歇性正压换气可能导致血压下降，因为压力可促使血管中血液回到心脏，如果对病畜带来额外风险，则可能需要降低换气量。

- 增大流速可能会弥补这种变化，监测BP。
- 为了避免该并发症，可能需要进行更小（15cmH₂O）、更频繁的浅呼吸。
- 技术
  - 评估麻醉深度
    - 如果动物完全麻醉，进行间歇性正压换气之前，调低蒸发罐。
  - 如果动物麻醉过浅，应保持蒸发罐当前设置，然后增加吸入肺泡的剂量。监护患病动物鼓起胸腔时，关闭压力安全阀，轻微持续地挤压储存袋≤1s，使压力达到15cmH₂O；如果患病动物胸腔没有充分鼓起，增大压力但不超过20cmH₂O。
  - 松开袋子，打开压力安全阀。

## 麻醉监护

### 表13.6　麻醉分期

有多种多样精密的和复杂的监护设备可用来监护麻醉过程中的所有情况。尽管这些设备总体上很有用，但却无法代替认真和受过训练的麻醉师。所有的麻醉师都必须能在没有任何仪器设备的情况下充分地监护麻醉状态下的患病动物。在监护病畜的过程中，仪器设备可以作为工具或帮助，但不能代替麻醉师。

| 系统影响 | 观察特征 | 第Ⅰ期 | 第Ⅱ期 | 第Ⅲ期 | | | | 第Ⅳ期 |
|---|---|---|---|---|---|---|---|---|
| | | | | 麻醉平面 | | | | |
| | | | | 1级 | 2级 | 3级 | 4级 | |
| | | | | 轻度 | 中度 | | 深度 | |
| 心脏血管 | 心率 | 正常 | 加快 | 90~120次/min | 犬：80~120次/min 猫：120~160次/min | 减少 | 减少 | 心脏停止 |
| | | 心动过速 | | 渐进性心动过缓 | | | | 微弱或感觉不到 |
| | 脉搏 | 正常 | 正常 | 规则和强 | 相对较强 | 弱 | 弱 | |
| | 血压 | 高血压 | | 正常 | 血压降低 | | | 休克水平 |
| | 毛细血管再充盈时间 | 1s或更少 | | | 渐进性延误 | | | 3s或更久 |
| | 心律失常的可能性 | +++ | +++ | ++ | + | | ++ | ++++ |

| 系统影响 | 观察特征 | 第Ⅰ期 | 第Ⅱ期 | 第Ⅲ期 麻醉平面 1级 轻度 | 2级 中度 | 3级 | 4级 深度 | 第Ⅳ期 |
|---|---|---|---|---|---|---|---|---|
| 呼吸 | 呼吸速率 | 不规则或加快 | | 渐进性减慢 | | | 缓慢不规则 | 停止，末期可能会喘息 |
| | 呼吸深度 | 不规则或加快 | | 渐进性减慢 | | | 缓慢不规则 | 停止 |
| | | | | 12~20次/min | 犬：12~16次/min 猫：20~40次/min | | | |
| | 黏膜，肤色 | 正常 | | | | | 发绀 | 苍白到白色 |
| | 呼吸反应 | 可能憋气 | | 规则和平稳的节奏 | 不规则的速率和模式 胸腹式呼吸，腹式呼吸 | | 可变模式 膈膜的 | 停止 |
| | 咳嗽反射 | ++++ | +++ | + | 丧失 | | | |
| | 喉反射 | ++++可能发声 | | 丧失 | | | | |
| | 气管插管 | 不适合 | | 适合 | | | | |
| 胃肠 | 流涎 | ++++ | +++ | + | 降低，无 | | | 无 |
| | 口咽反射 | ++++ | +++ | + | 丧失 | | | |
| | 呕吐可能性 | +++ | | + | 很轻微 | | | |
| | 回流潜力 | 无 | | | 放松时增加 | | | ++++ |
| 眼睛 | 瞳孔 | 收缩 | 放大 | 收缩 | 逐渐放大 | | | 完全放大 |
| | | | | | 适度放大 | | 广泛放大 | |
| | 角膜反射 | 正常 | +++ | 降低，丧失 | | | | 无 |
| | 流泪 | 正常 | +++ | + | 降低，无 | | | 无 |
| | 光动反射 | 正常 | | 敏感的 | 缓慢的 | 很少或无反射 | 不敏感 | 无 |
| | 眼睑反射 | 正常 | +++ | + | 降低，无 | | | 无 |
| | 眼球位置 | 易变 | 中间 | 第三眼睑下垂 | | | 中央固定 | |
| | | | | | 内侧旋转 | 稍向内侧旋转 | | |
| | 眼球震颤 | 正常 | 可能震颤 | 可能会轻微震颤 | | | 无 | |

| 系统影响 | 观察特征 | 第 Ⅰ 期 | 第 Ⅱ 期 | 第 Ⅲ 期 | | | | 第 Ⅳ 期 |
|---|---|---|---|---|---|---|---|---|
| | | | | 麻醉平面 | | | | |
| | | | | 1级 | 2级 | 3级 | 4级 | |
| | | | | 轻度 | 中度 | | 深度 | |
| 骨骼肌肉 | 下颌张力 | ++++ | | 减少，降低 | | | 丧失 | |
| | 四肢肌肉张力 | ++++ | | 减少，降低 | | | 丧失 | |
| | 腹部肌肉张力 | ++++ | | ++ | 减少，降低 | | | 丧失 |
| | 括约肌（肛门，膀胱） | 可能会不起作用 | | 逐渐松弛 | | | 失去控制 | |
| 神经 | 脚反射 | ++++ | | 减少 | 无 | | | |
| | 对手术刺激的反应 | 呼吸速率和心率加快 | | | | 无反应 | | 无 |
| | | 四肢移动 | | | 牵引反射 | | | |

+到++++表示目前的程度。

## 表13.7 麻醉监护

| 特征 | 值 | 仪器与技术 | 并发症与治疗 |
|---|---|---|---|
| **心率** | | | |
| **心血管** | · 麻醉动物常见心率降低<br>· 心脏功能<br>· 急性术中失血过多引起代偿性心动过速 | 正常<br>· 犬：70~180bpm<br>· 猫：110~220bpm<br>异常<br>· 犬：<70bpm 和 >160bpm<br>· 猫：<100bpm 和 >200bpm | · 直接触诊胸壁或脉搏<br>· 使用听诊器听诊胸部<br>　· 见技能框2.2 心脏检查，第28页<br>· 食道听诊<br>　· 监护心率，节奏和脉搏短缺<br>　· 将连接听诊器的细管放置在患病动物食道，直到听到心跳声<br>　· 即使外科手术中患病动物胸部被覆盖，也可以听诊<br>· 心电图描记器<br>　· 见下面和技能框8.4 ECG程序，第336页<br>· 多普勒脉搏监视器<br>　· 见下面和技能框8.1 血压程序，第330页<br>　· 用来间接监测心率 | 心动过缓<br>· 原因<br>　· 麻醉深度增加<br>　· 迷走紧张加大<br>· 治疗<br>　· 给予抗胆碱药或β−受体激动剂（如多巴胺、多巴酚丁胺）<br>心动过速<br>· 原因<br>　· 疼痛<br>　· 麻醉深度降低<br>　· 已存在的疾病<br>　· 低血氧，高碳酸血症，低血容量，体温过高<br>　· 麻醉药不良反应<br>　· 共鸣<br>· 治疗<br>　· 评估麻醉深度<br>　· 药物治疗（如血管舒张药和呋塞米） |

| 特征 | 值 | 仪器与技术 | 并发症与治疗 |
|---|---|---|---|
| **血压**[a] | | | |
| 心血管 | • 心排血量，血管容量和血量产生大动脉血压<br>• 反映了全身的血液循环<br><br>正常<br>犬<br>• 收缩压<br>110~160mmHg<br>• 舒张压<br>60~100 mmHg<br>• 平均血压<br>80~120 mmHg<br>猫<br>• 收缩压<br>120~170 mmHg<br>• 舒张压<br>70~120 mmHg<br>• 平均血压<br>80~120 mmHg<br>异常：<br>犬<br>• 收缩压：<80mmHg和>160 mmHg<br>• 平均血压：<60mmHg和>120 mmHg<br>猫<br>• 收缩压：<80mmHg和>160 mmHg<br>• 平均血压：<60mmHg和>120 mmHg | • 外围脉搏强度<br>• 直接触诊股动脉，舌动脉，颈动脉，足背动脉<br>• 间接监护<br>• 多普勒<br>• 用来测量收缩压的带有晶体传感器的袖带放置到病畜肢体上<br>• 见技能框8.1 血压程序，第330页<br>• 听诊器<br>• 除了用听诊器听诊回流搏动的动脉外，其余采取与多普勒相同的步骤<br>• 示波的<br>• 带有用以测量和计算收缩压，舒张压，平均血压的内装设备的袖带放在患病动物肢体上<br>• 见技能框8.1 血压程序，第330页<br>• 直接监护<br>• 留置导管 | 低血压<br>• 原因<br>• 低血容量<br>• 心排血量下降（如心动过缓、心动过速、心律失常或心脏瓣膜病）<br>• 周围血管扩张（如败血症、药物、低血氧、高碳酸血症或体温过高）<br>• 麻醉药不良反应<br>• 回流心脏的静脉血减少（如低血容量、腹内压升高、控制换气或改变姿势）<br>• 治疗<br>• 降低麻醉深度<br>• 快速补充液体（如快速推注或增大流速）<br>• 给予胶体液和RBCs<br>• 给予拟交感神经药(如多巴胺、多巴酚丁胺或麻黄碱)<br>高血压<br>• 原因<br>• 麻醉药不良反应<br>• 疼痛<br>• 高碳酸血症或恶性高热综合征<br>• 治疗<br>• 评估麻醉深度<br>• 评估换气<br>• IPPV<br>• 停止带来不良反应的药物<br>• 药物治疗（如多巴酚丁胺、多巴胺或碳酸氢钠）<br>• 调整静脉输液的液体 |
| **毛细血管再充盈时间** | | | |
| 心血管 | • 反映组织血液灌注<br><br>正常<br>1~2s<br>异常<br>>2s | • 直接触诊<br>• 直接用手指按压黏膜直至黏膜变白后，计算回到血色（粉红色）的时间 | CRT延长/灌注不足<br>• 原因<br>• 低血容量，体温过低和疼痛<br>• 麻醉深度增加<br>• 药物不良反应（如$\alpha_2$-受体激动剂）<br>• 治疗<br>• 评估麻醉深度<br>• 纠正潜在疾病<br>• 见上面低血压 |

13

| 特征 | | 值 | 仪器与技术 | 并发症与治疗 |
|---|---|---|---|---|
| **中心静脉压** | | | | |
| 心血管 | • 评估血液回流到心脏，以及心脏接收和输送血液的好坏 | 正常<br><8cmH$_2$O<br>异常<br>>12~15cmH$_2$O<br>• 随着时间的推移，监测发展趋势，而不是一个单一的读数 | • 留置导管<br>• 长导管经皮插入或切开前腔静脉插入<br>• 导管插入靠近右心房<br>• 将导管与水压力计连接，获得测量值<br>• 压力计应该放在与心脏同一水平的位置<br>• 见技能框8.2 中心静脉压，第332页 | CVP升高<br>• 原因<br>  • 血容量过多，静脉缩窄或心排血量降低<br>• 治疗<br>  • 减缓或停止静脉输液<br>  • 药物治疗（如多巴酚丁胺或呋塞米）<br>CVP下降<br>• 原因<br>  • 低血容量，心排血量增加或血管舒张<br>• 治疗<br>  • 加大静脉输液(和/或胶体液或输血) |
| **心电图** | | | | |
| 心血管 | • 评估心肌收缩的模式和心肌收缩的节律<br>• 节律异常大小、持续期间、形状，和/或心电图描绘的规律提供电脉冲传导和心肌功能信息<br>• 确认心律失常 | 正常<br>见表8.4 ECG解析，第338页<br>异常<br>见表8.5 常见的心率异常，第341页 | • 心电图<br>• 见第8章，心电图，第336页 | 室性早搏<br>• 原因<br>  • 已存在的心脏疾病<br>  • 儿茶酚胺的释放（如降低麻醉深度、低血氧、血碳酸过多或低血压）<br>  • 麻醉药不良反应<br>  • 见表8.5 常见心率异常，第341页<br>• 治疗<br>  • 评估可能的麻醉问题<br>  • IPPV<br>  • 快速输液<br>  • 给予抗心律失常药（如利多卡因、普鲁卡因胺、普萘洛尔） |
| **失血** | | | | |
| 心血管 | • 循环<br>• 血压<br>• 心排血量<br>• 外周灌注 | 正常<br>丢失<15%<br>异常<br>丢失>15%<br>PCV：<20%~25%<br>小技巧：计算正常的血量<br>犬：88mL/kg<br>猫：56mL/kg | • 肉眼观察<br>• 手术部位的游离血液，吸引瓶，浸湿纱布和创巾<br>• 1块4×4的纱布海绵能吸5~6mL血液<br>• 心动过速，低血压，黏膜苍白，呼吸困难 | 血容量减少<br>• 原因<br>• 出血<br>• 治疗<br>  • 降低或终止麻醉<br>  • 快速IV输注晶体液<br>  • IV输注羟乙基淀粉<br>  • 静脉输注胶体液<br>  • 输血或人造血液 |

| 特征 | | 值 | 仪器与技术 | 并发症与治疗 |
|---|---|---|---|---|
| **呼吸率** | | | | |
| 呼吸 | · 反映身体组织适当的氧合作用<br>· 消除血液中二氧化碳的能力 | 正常<br>犬：10~30次/min<br>猫：25~40次/min<br>异常<br><8次/min | · 储存袋或胸腔的运动<br>　· 直接观察储存袋或胸腔<br>· 胸腔听诊<br>　正常的胸腔几乎听不到声音<br>　· 粗糙的声音、哨声、吱吱声、湿啰音或喘鸣音可能表示呼吸道有液体或分泌物存在造成的狭窄或阻塞<br>　· 见技能框2.3　肺部检查，第30页<br>· 脉搏血氧饱和度<br>　· 计算循环红细胞中的血红蛋白的氧饱和度<br>　· 探针应放在一个容易接近的毛细血管床（如舌头、唇褶、鼻中隔、耳廓、包皮、外阴、皮肤皱褶、趾间）<br>　· 正常：99%~100%<br>　· 异常：<97%，90%为低血氧，则必须改善 | 呼吸过慢<br>· 原因<br>　· 麻醉深度<br>　· 低碳酸血症<br>　· 水肿(如脑和脊髓)<br>· 治疗<br>　· 评估麻醉深度<br>　· IPPV<br>呼吸急促<br>· 原因<br>　· 麻醉深度增大或减轻<br>　· 高碳酸血症，低血氧，低血压，体温过高，气道堵塞，胸肺部疾病<br>· 治疗<br>　· IPPV（与麻醉气流一起）来纠正麻醉水平<br>　· 评估麻醉深度 |
| **呼气末$CO_2$** | | | | |
| 呼吸 | · 测算血液中的二氧化碳<br>· 计量通气是否足够 | 正常<br>35~45mmHg<br>异常<br><35mmHg和>40mmHg | · 二氧化碳监护仪<br>　· 通过测量呼出的二氧化碳量来监护呼吸<br>　· 在呼吸回路和ET管之间放置传感器<br>　· 当窒息，患病动物连接断开，食道气管插管或气道阻塞时，检测不到$ET_{CO_2}$ | 低碳酸血(症)<br>· 原因<br>　· 换气过度<br>　· 支气管插管或肺动脉栓塞<br>· 治疗<br>　· 评估麻醉仪器或呼吸机的设置<br>　· 评估管子位置<br>血碳酸过多<br>· 原因<br>　· 肺换气不足<br>　· 增大麻醉深度，干扰胸壁扩张，早期恶性高热，设备死腔<br>· 治疗<br>　· 评估麻醉深度<br>　· 评估麻醉仪器<br>　· IPPV或使用呼吸机 |

**13**

| 特征 | | 值 | 仪器与技术 | 并发症与治疗 |
|---|---|---|---|---|
| **血气** | | | | |
| 呼吸 | · 酸碱和呼吸功能改变<br>· 静脉血检测代谢性酸中毒和碱中毒<br>· 动脉血检测代谢性和呼吸性酸中毒和碱中毒 | 正常<br>动脉血<br>pH：7.35~7.45<br>Paco$_2$：35~42mmHg<br>Pao$_2$：85~105 mmHg<br>BE：−4~+4<br>静脉血<br>pH：7.35~7.45<br>Paco$_2$：40~50mmHg<br>Pao$_2$：30~42 mmHg<br>BE：−4~+4<br>异常<br>以上值单个或多个改变 | · 血气分析仪<br>· 动脉抽血<br>· 见技能框8.3 血气分析，第333页<br>· 照制造商的使用说明 | 碱中毒<br>· 原因<br>· 药物作用<br>· 脑损伤，胸部疾病或外伤，肺病，过度呕吐，消化道梗阻，肥胖<br>· 治疗<br>· 评估静脉输注液体<br>· 药物（如氯化钾）<br>酸中毒<br>· 原因<br>· 焦急，恐惧，内毒素血症或肺炎<br>· 低血氧或心力衰竭<br>· 治疗<br>· 药物治疗（如碳酸氢钠）<br>· 静脉输注液体 |
| **黏膜** | | | | |
| 呼吸 | · 失血，贫血，灌注不良 | 正常<br>粉红色<br>异常<br>苍白：失血，贫血或灌注不良<br>发绀：缺氧 | · 肉眼观察<br>· 观察牙龈，舌，口腔黏膜，下眼睑结膜，包皮或外阴黏膜 | 发绀<br>· 原因<br>· 休克或心脏骤停<br>· 高铁血红蛋白症<br>· 低血压<br>· 窒息<br>· ET管的不正确放置<br>· 治疗<br>· 供氧和IPPV<br>· 停止进一步的麻醉<br>· 检查ET管的位置 |
| **反射** | | | | |
| 呼吸 | · 评估麻醉深度 | 正常<br>见表13.6 麻醉分期，第456页 | · 角膜<br>· 用无菌棉签轻触角膜，无菌水或眼药膏点眼，观察眨眼和眼睛凹陷情况<br>· 轻弹耳朵<br>· 轻触耳廓内侧毛发，观察耳朵的移动<br>· 眼位<br>· 肉眼观察 | · 改变麻醉水平 |

**13**

| 特征 | 值 | 仪器与技术 | 并发症与治疗 |
|---|---|---|---|
| | | · 肌紧张度<br>　· 打开下颌以观察下颌张力<br>　· 屈曲和伸展前肢以观察抵抗力<br>　· 观察肛门口的大小以检测肛门张力<br>· 眼睑<br>　· 轻叩眼睛的外侧或内侧眼角以观察眨眼<br>· 脚<br>　· 捏挤脚趾或脚垫以观察抵抗力<br>· 瞳孔大小<br>　· 肉眼观察<br>· 瞳孔对光反射<br>　· 用笔灯照射眼睛以观察瞳孔收缩<br>· 唾液/泪腺分泌物<br>　· 肉眼观察<br>　· 触觉估计<br>· 手术刺激<br>　· 肉眼观察身体移动、流泪、流涎、脚<br>　　垫出汗<br>· 吞咽<br>　· 观察颈部/喉部的典型运动 | |

**体温调节**

| 特征 | 值 | 仪器与技术 | 并发症与治疗 |
|---|---|---|---|
| · 循环<br>· 体温过低时，因为麻醉药经肝脏代谢缓慢，而造成苏醒延缓<br>· 恶性高热是一个致命的情况，应该及时处理 | 正常<br>100.5~102.5℉（38.1~39.2℃）<br>异常<br><100℉（37.8℃）和>103℉（39.4℃） | · 直接触诊爪子和耳朵<br>· 肛门温度计<br>· 温度传感器（如直肠或食管）<br>　· 至少每30min监护1次温度 | 体温过低<br>· 原因<br>　· 麻醉药物不良反应<br>　· 接触冷溶液，冰凉台面或打开体腔<br>· 治疗<br>　· 加热静脉输注液体，热水循环加热垫，暖空气垫，绝缘热水瓶，泡沫包装，铝箔包装和毯子<br>　· 见技能框8.6　保温管理，第344页<br>体温过高<br>· 原因<br>　· 由于肌肉活动增加，麻醉深度降低，菌血症或内毒素血症引起代谢率增大<br>　· 由于创巾的绝缘性和肥胖<br>　· 恶性高热综合征<br>　· 麻醉药物不良反应 |

**13**

| 特征 | 值 | 仪器与技术 | 并发症与治疗 |
|------|-----|-----------|-------------|
| | | | • 治疗 |
| | | |   • 快速补充液体 |
| | | |   • 药物（如糖皮质激素和碳酸氢钠） |
| | | |   • 酒精或冷水澡/涂擦 |
| | | |   • 冰水灌肠或洗胃 |
| | | |   • 解热药(如阿司匹林、氨基比林、安乃近、保泰松) |

a计算平均动脉压：MAP=舒张压+1/3(收缩压−舒张压)。

小技巧：1. 热空气毛毯包裹患病动物头部可能导致角膜干燥和溃疡。
2. 冷却技术降温停止后，核心温度将会继续降低。当核心温度达到104℉（40℃）时，激进的降温技术应该停止。

# 麻醉后

## 苏醒

手术结束和麻醉药停用后立即进入麻醉后期。但监护将会继续进行，直到患病动物的生命体征恢复正常，且从咽喉处拔除插管并俯卧。即使一开始实施了镇痛，在苏醒期以及患病动物出院仍要继续镇痛。

患病动物应继续与麻醉机连接以保持输氧，直到呼吸深度增加和/或手术后持续5~10min。这样有利于给抑郁的呼吸系统提供氧气和清除呼出的气体并避免环境污染。

在手术末期应该排空膀胱并观察尿量。手术后，应该监护患病动物的正常尿量。

应该立即测量直肠温度以为术后保温支持建立一个基准线。每15~30min测量1次体温，稳定在99~103℉（37.2~39.4℃）。当体温过低或过高时都需要密切监护患病动物。活动受限、血液循环不良和其他疾病的患病动物可以很快发展为体温过高。在移除患病动物的热源后，必须监护其降温情况。

根据兽医的要求，手术后应该继续输液。如果断开液体，应用盐水清洗静脉插管，并且手术后静脉插管应该留在原处至少1h。

拔管后，要持续监护病畜的心肺功能和精神状态。建议设立一个专门的苏醒区，以便护理人员进行密切观察。

幼年患病动物在苏醒后2~3h内给予食物以减少低血糖。

拔管

吞咽反射恢复后再拔除气管插管。特殊的品种和某些疾病需要气管插管尽可能长时间留在体内。把病畜放置在温暖、安静、没有物理刺激的区域内，将有利于管子长时间地放置在体内。大部分病畜，一旦从麻醉机上移走，气囊需要完全放气，用来固定管子的纽结也应该被解除，同时将纽结放置在嘴前方，确保它在拔管后不会乱成一团。

如果担心液体滞留在ET管上，应该将气囊稍稍放气。缓慢拔除稍稍放气的气囊将会移除液体。

咳嗽反射会在吞咽反射前很好的恢复。但不能完全保证防止吸入性肺炎的发生，直到患病动物恢复意识几小时后。

随着患病动物获得知觉和自主控制身体，拔管能为疼痛管理的评估和/或麻醉后是否需要辅助镇痛提供一个好的要点。

出院指导

通常可以在术后的24h内看到麻醉效应。这期间患病动物要放在安静的环境中，并需密切观察。患病动物往往不稳定，且有轻微的定向障碍，正常活动可能会造成危害。

回到家后，可以给予患病动物小剂量的饮水，但要防止其大吃大喝。一旦动物成功地喝水并且没有呕吐，那么可以给其正常食量的25%~50%，除非兽医师另有指定。第二天即可给其正常食量。

客户离开时应该对诊所提供的家庭护理计划和按照护理计划给药感到满意。包括拆线，引流护理，止痛计划，活动计划，使用伊丽莎白项圈，药物治疗和约定复检时间。

### 表13.8　麻醉后监护

对特殊的患病动物，麻醉苏醒的监护应持续到监护参数恢复正常为止。监护指南在表13.7 麻醉监护，第458页中列出。麻醉后期的监护如下表所列。正常和异常值和设备及技术可在表2.1　初步检查，第19页和表13.7　麻醉监护，第458页中发现。

| 系统影响 | 生命体征 | 并发症和潜在病因 | 临床症状 | 治疗 |
|---|---|---|---|---|
| 心血管 | · 心率<br>· 毛细血管再充盈时间<br>· 心电扫描<br>· 脉搏 | · 心律失常<br>　· 药物不良反应<br>　· 疼痛<br>　· 疾病状况（如GDV） | · 不规则的ECG描记<br>· 心动过速<br>· 脉搏短缺 | · 持续性或间断性ECG描记<br>· 给药（如抗心律失常药）<br>· 疼痛管理 |
| | | · 疼痛<br>　· 外科手术过程<br>　· 见第9章　疼痛管理，第377页 | · 心动过速<br>· 呼吸急促或低血氧<br>· 高血压<br>· 呕吐，反流，肠梗阻<br>· 长期横卧<br>· 行为改变 | · 评估止痛计划，并调整疼痛分级或疼痛指数<br>· 供热<br>· 把洁净干燥的笼子放在安静祥和的环境中<br>· 舒心接触<br>· 提供针刺疗法，指压疗法和/或所需的按摩 |
| | | · 循环性休克<br>　· 过敏性休克<br>　· 给药或疫苗接种<br>　· 心源性休克<br>　· 心脏病，肺栓塞，心律失常，缺氧，高碳酸血症<br>　· 低血容量性休克<br>　· 出血，血管扩张过度，补液不足<br>　· 脓毒性休克<br>　· 门腔静脉分流，肠溢出，胃扭转<br>　· 见表7.5　休克，第308页 | · 心动过速或心动过缓<br>· 虚弱或无规则的脉冲和低血压<br>· 毛细血管再充盈时间延长<br>· 黏膜苍白<br>· 四肢厥冷<br>· 尿少/无尿 | · 检查气道和供氧<br>· 增大输液量<br>· 输血<br>· 药物（如皮质激素类、麻醉药拮抗剂、多巴胺、阿托品或碳酸氢钠）<br>· 监测尿量 |

| 系统影响 | 生命体征 | 并发症和潜在病因 | 临床症状 | 治疗 |
|---|---|---|---|---|
| 呼吸系统 | • 呼吸速率<br>• 黏膜<br>• 口咽反射<br>• 肺部听诊 | • 气道堵塞<br>• 长时间的头低位，过敏反应，咽部手术引起上呼吸道肿胀<br>• 舌肿胀<br>• 软腭包封<br>• 插管引起的创伤<br>• 品种倾向(如短头颅)<br>• 异物<br>• 喉麻痹<br>• 气管塌陷 | • 发绀<br>• 呼吸徐缓或窒息<br>• 胸壁或腹部过度起伏<br>• 行为焦急<br>• 吸气时有杂音（如喘鸣） | • 氧气疗法<br>• 调整头部使脖子和舌头伸展<br>• 在黑暗安静的房间苏醒<br>• 药物（如地塞米松磷酸钠）<br>• 再诱导/再插管<br>• 气管切开术/气管造口术 |
| | | • 肺水肿<br>• 肺毛细血管压升高<br>• 急性呼吸衰竭<br>• 低蛋白血症<br>• 肺泡破裂的快速扩张<br>• 癫痫发作 | • 焦虑，坐立不安<br>• 呼吸困难，咳嗽<br>• 发绀<br>• 肺部啰音<br>• 插管或鼻孔有泡沫 | • 氧气疗法<br>• 镇静和控制通气<br>• 药物（如呋塞米和氨茶碱） |
| 眼睛 | • 瞳孔<br>• 眼睑反射<br>• 眼球位置 | • 失明<br>  • 脑组织缺氧 | • 失明 | • 支持疗法，尽可能快地使生命体征恢复到正常<br>• 药物（如皮质激素） |
| 骨骼肌肉 | • 下颌张力<br>• 四肢肌肉张力<br>• 括约肌（肛门和膀胱） | • 强直<br>  • 药物不良反应<br>  • 麻醉深度下降 | • 四肢伸展和僵硬 | • 支持疗法 |
| | | • 松弛<br>  • 麻醉深度增加 | • 缺乏肌肉张力 | • 支持疗法 |

**13**

| 系统影响 | 生命体征 | 并发症和潜在病因 | 临床症状 | 治疗 |
|---|---|---|---|---|
| 神经系统 | · 踏板反射<br>· 对刺激的反应<br>· 行为<br>· 舒适 | · 癫痫发作<br>· 癫痫<br>· 低血糖症，低血氧或血栓栓塞<br>· 颅内压升高<br>· 药物不良反应（如氯胺酮）<br>· 肠外或鞘内射线造影剂<br>· 二级热疗 | · 癫痫行为<br>· 体温过高 | · 维持充足的氧气水平<br>· 监测低血糖<br>· 维持或补充液体<br>· 给予抗癫痫药（地西泮或苯巴比妥）<br>· 药物（甲泼尼龙和甘露醇） |
| | | · 行为改变<br>　· 药物（如羟吗啡酮–乙酰丙嗪、芬太尼–氟哌利多和氯胺酮）<br>　· 低血糖症 | · 兴奋<br>· 屈曲过度<br>· 定向障碍<br>· 抑郁<br>· 坐立不安<br>· 攻击行为<br>· 精神萎靡和嗜睡 | · 疼痛管理<br>· 给予手术后镇静药<br>· 在黑暗、安静的房间苏醒 |
| | | · 疼痛<br>　· 见第9章　疼痛管理，第377页 | · 见上 | · 见上 |
| 泌尿生殖系统 | · 尿量 | · 尿少或无尿<br>· 灌注不足<br>· 肾功能不全<br>· 肾毒性<br>· 低血容量 | · 恢复过程中尿量<0.5mL/（kg·h） | · 验证尿道是否堵塞并检查膀胱大小<br>· 放置一个导尿管<br>· 维持或输液来降低体温<br>· 药物（如呋塞米、多巴胺、甘露醇） |
| 体温调节系统 | · 体温 | · 体温过低<br>· 药物不良反应<br>· 热供应不足<br>· 幼龄或老龄 | · 直肠温度<101℉（38.3℃）<br>· 颤抖<br>· 蜷缩或躲藏 | · 加热静脉输液，热水循环加热垫，暖空气毯，绝缘暖水瓶，泡沫包装，铝箔包装和毯子 |
| | | · 体温过高<br>· 幼龄<br>· 糖尿病<br>· 热供应过度<br>· 代谢速率加快<br>· 药物不良反应<br>· 恶性高热综合征 | · 直肠温度>103℉（39.4℃）<br>· 喘气<br>· 触摸患病动物很热<br>· 黏膜充血或皮肤潮红 | · 快速静脉输液<br>· 药物（如皮质激素和碳酸氢钠）<br>· 酒精或冷水浴<br>· 冰水灌肠或洗胃<br>· 给予解热药（如阿司匹林、氨基比林、安乃近和保泰松） |

**13**

表13.9 局部和传导麻醉

局部麻醉在小动物疾病诊疗上未被充分应用。实际上其用途广泛，可应用于许多外科和非外科手术程序中。除了镇痛效果还有其他益处，如减少麻醉药用量，降低"反应逐渐增强"，很快恢复到正常活动，降低慢性疼痛出现的概率。

通常实施局部麻醉所需的物品有手套，剪刀，手术准备用品，无菌注射针头［20~25G直径，2~3英寸（5.08~7.62 cm）长］，无菌注射器，局部麻醉药。局部麻醉的实施需要严格的无菌技术。麻醉区域要剃毛并按照外科手术要求准备，可以在外科手术准备期间进行局部麻醉。下表列出的许多麻醉技术需要小技巧，其他技术即可按照正确的要求掌握。对于特殊患病动物一定要非常小心，不能超过最大药物剂量用药。

该表对局部麻醉只做了一个简要说明，更完整的技术说明请查阅涉及该内容的教材。

| 类型 | 区域和神经阻断 | 用途 | 药物和剂量 | 仪器和方法 | 相关风险 |
|---|---|---|---|---|---|
| 臂丛阻滞麻醉 | • 阻滞远端至肘并包括肘<br>• 桡骨，尺骨，正中神经，肌皮神经和腋神经 | • 肘关节以下的手术 | 药物<br>• 利多卡因2%<br>• 布比卡因0.5%<br>剂量<br>• 利多卡因<br>　• 犬：2~5mg/kg<br>　• 猫：0.5~1.0mg/kg<br>• 布比卡因<br>　• 犬：1~2mg/kg<br>　• 猫：0.5~1.0mg/kg | 仪器<br>• 直径22G，长2~3英寸（5.08~7.62cm）的脊髓针<br>• 无菌注射器<br>方法<br>• 在肩关节水平把药物注入腋窝，约在肩关节后方平行胸壁的位点<br>• 在注射前先把注射器抽吸，注射过程中要随时调整针头 | • 避免插入血管或胸腔<br>• 未能获得完整麻醉 |
| 硬膜外麻醉 | • 中央阻滞<br>• 根据剂量，阻滞到T5 | • 严重抑郁，休克或需要立即进行后躯手术的动物<br>• 老龄动物，高风险或对麻醉剂禁忌<br>• 腹部或后躯手术后的镇痛 | 药物<br>• 利多卡因2%<br>• 布比卡因0.5%<br>剂量<br>• 利多卡因<br>　• 犬：1mL/3.4kg<br>　• 猫：1mL/4.5kg<br>• 布比卡因<br>　• 犬：1mL/4.5kg<br>　• 猫：1mL/7.0kg | 仪器<br>• 2~4英寸（5.08~10.16cm），18~22G，短斜面的管芯脊髓穿刺针<br>• 2.5mL和5mL的注射器<br>• 连续硬膜外注射需要一个薄壁，18G，3英寸（7.62cm）的针头<br>方法<br>• 动物俯卧后肢呈青蛙腿或侧卧后肢向头部牵拉 | • 与肾上腺素合用，麻醉时间延长1~1.5h。<br>• 操作不慎，将局部麻醉剂置入椎间隙<br>• 不要用于患有败血症，凝血功能障碍，脊髓炎的动物<br>• 药物剂量过大会导致呼吸抑制和麻痹；对于这种影响，药物需要移行至C5或C7 |

13

| 类型 | 区域和神经阻断 | 用途 | 药物和剂量 | 仪器和方法 | 相关风险 |
|---|---|---|---|---|---|
| 硬膜外麻醉 | | · 后肢撕裂或骨折，腹部手术，肛周手术，剖腹产，尾部，会阴，外阴，阴道，直肠，膀胱手术，尿道造口术和产科操作 | | · SQ放置少量的2%利多卡因，然后进行外科手术准备<br>· 脊髓穿刺针斜面应朝向颅侧。在L7和S1间插入脊髓穿刺针<br>· 根据需要，以轻微朝向颅侧或尾侧的角度推进脊髓穿刺针，直到感觉到独特的"落空感"或感觉到阻力。<br>· 拔除管芯并观察血液或CSF和/或注入1~2mL的空气来确定位置是否正确。如果感觉到SQ摩擦，则针头位置不正确，应该感觉不到阻力<br>· 缓慢注射药物超过60s，来达到正确的麻醉水平 | · 体温过低<br>· 椎窦麻醉：呕吐，颤抖，低血压，抽搐，瘫痪<br>· 敏感动物可能会产生恶性变热 |
| 硬膜外镇痛 | · 同硬膜外麻醉 | · 术中和术后疼痛<br>· 重症监护患病动物 | 药物（不含防腐剂）<br>·（M）吗啡<br>·（O）羟吗啡酮<br>·（H）氢吗啡酮<br>剂量<br>· M=0.1mg/kg<br>· O=0.05~0.1mg/kg<br>· H=0.1mg/kg<br>持续时间<br>· M=10~24h<br>· O=10~20h<br>· H=10~24h | · 同硬膜外麻醉<br>· 如果放置了硬膜外导管，就可作为连续输液给予 | · 呼吸抑制<br>· 尿潴留<br>· 肠胃蠕动延迟<br>· 呕吐<br>· 瘙痒 |
| 肋间神经阻滞和胸膜间阻滞 | · 阻滞切口或损伤部位前后神经<br>· 肋间神经 | · 胸廓切开术，放置胸腔引流管，肋骨骨折，胸腔引流 | 药物<br>· 布比卡因0.25%<br>剂量<br>· 犬：1~4mg/kg<br>· 猫：1~2mg/kg<br>胸膜间<br>· 犬：1.5mg/kg<br>· 猫：0.5mg/kg | 仪器<br>· 22~25G针头<br>· 无菌注射器<br>方法（肋间肌）<br>· 阻滞切口部位前侧2根神经和后侧2根神经<br>· 在靠近椎间孔水平线的肋骨后缘注入药物<br>方法（胸膜间）<br>· 在开胸手术中或通过胸管将药物注入胸腔<br>· 用5~10mL生理盐水冲洗，使药物进入胸膜间 | · 非故意的气胸<br>· 通过胸管注入布比卡因时，可能会感到刺痛<br>· 心包破裂时禁用，且脓胸时无效<br>· 使用胸管时，让患病动物插管侧在下躺15min |

**13**

| 类型 | 区域和神经阻断 | 用途 | 药物和剂量 | 仪器和方法 | 相关风险 |
|---|---|---|---|---|---|
| 关节腔内阻滞 | • 易变，根据关节<br>• 阻滞关节囊周围组织 | • 关节内窥镜检查<br>• 关节手术：膝关节、肘关节、肩关节 | 药物<br>• 利多卡因2%<br>• 布比卡因0.5%<br>剂量<br>• 利多卡因<br>　• 犬：5mg/kg<br>　• 猫：2.5mg/kg<br>• 布比卡因<br>　• 犬：1.0~2.0mg/kg<br>　• 猫：1.0mg/kg | 仪器<br>• 22~25G针头<br>• 无菌注射器<br>方法<br>• 患病动物侧卧，患侧膝关节在上，弯曲膝关节并用手指按压髌骨直韧带内侧<br>• 把针头插进位于髌骨和胫骨粗隆之间的髌骨直韧带的对侧，直接倾斜并在胫骨髁间的远端 | • 吗啡也可以用于发炎的关节，剂量为0.1~0.3 mg/kg |
| 静脉区域阻滞，"Bier阻滞" | • 下肢远端至止血带<br>• 周围组织神经末梢 | • 活组织检查<br>• 脚爪上的异物或四肢其他小手术 | 药物<br>• 利多卡因2%<br>剂量<br>• 利多卡因<br>　• 犬：5mg/kg<br>　• 猫：2.5mg/kg | 仪器<br>• 22G针头，1.5英寸（3.81cm）<br>方法<br>• 在静脉远端至止血带之间放置一静脉导管<br>• 在扎止血带之前应用加压包扎肢体。一旦止血带扎好则拆除绷带<br>• 按2.5~5mg/kg静脉注射1%的利多卡因，5~10min后看到效果。<br>• 手术结束后超过5min来缓慢松开止血带防止局部麻醉药过量（尤其是猫） | • 不要用布比卡因<br>• 使用稀释后的利多卡因<br>• 止血带超过90min会引起止血诱导的局部缺血，4h会导致可逆性休克，超过8h会导致脓毒症、内毒素血症和死亡<br>• 易感动物易患恶性高热综合征 |

13

| 类型 | 区域和神经阻断 | 用途 | 药物和剂量 | 仪器和方法 | 相关风险 |
|---|---|---|---|---|---|
| 连接阻滞 | · 紧接目标区域近端组织<br>· 在目标区域和脊髓间进行 | · 多神经支配区域的外科手术<br>· 浅表组织的镇痛<br>· 皮肤活检和小皮肤肿瘤<br>· 轻微裂伤的修复 | 药物<br>· 利多卡因2%<br>· 布比卡因0.5%<br>剂量<br>· 利多卡因<br>　· 犬：5mg/kg<br>　· 猫：2.5mg/kg<br>· 布比卡因<br>　· 犬：1.0~2.0mg/kg<br>　· 猫：1.0mg/kg<br>· 总剂量可以用生理盐水稀释到50%，覆盖范围更大 | 仪器<br>· 直径23~25G针头<br>· 无菌注射器<br>方法<br>· 手术部位进行手术准备<br>· 设想一条手术部位近端的渗透线。在想象的渗透线上插入针头并回抽以验证不在血管中<br>· 逐渐退针的同时注射少量的药物。药物将通过组织扩散到达靶组织 | · 由于可能发生临时或永久性的神经损失，要避免直接注射麻醉药到神经<br>· 因可能会发生中枢神经系统和心血管作用，避免静脉注射麻醉药<br>· 不要注射到发炎部位<br>· 猫对利多卡因的全身效应更敏感；避免使用>1mL/10lb |
| 神经阻断 | · 直接看到的神经 | · 截肢 | 药物<br>· 利多卡因2%<br>· 布比卡因0.5%<br>剂量<br>· 利多卡因<br>　· 犬：5mg/kg<br>　· 猫：2.5mg/kg<br>· 布比卡因<br>　· 犬：1.0~2.0mg/kg<br>　· 猫：1.0mg/kg | 仪器<br>· 23G或25G针头<br>· 无菌注射器<br>方法<br>· 设想所涉及的神经并直接阻断（如截肢） | · 不要试图注射到神经；通过将药物注射到邻近区域以浸润神经 |
| 环形阻滞 | · 桡骨远端神经，正中神经，尺神经的背侧和掌侧分支的阻滞 | · 甲切除术，截趾术，断尾术 | 药物<br>· 利多卡因2%<br>· 布比卡因0.5%<br>剂量<br>· 利多卡因<br>　· 犬：5mg/kg<br>　· 猫：2.5mg/kg<br>· 布比卡因<br>　· 犬：1.0~2.0mg/kg<br>　· 猫：1.0mg/kg | 仪器<br>· 20G或22G针头<br>· 无菌注射器<br>方法<br>· 沿爪子近端到腕骨侧面皮下插入针<br>· 注入局部麻醉剂的同时缓慢地退针<br>· 在内侧重复 | · 不要试图注射到神经；通过将药物注射到邻近区域以浸润神经 |

**13**

| 类型 | 区域和神经阻断 | 用途 | 药物和剂量 | 仪器和方法 | 相关风险 |
|------|--------------|------|-----------|-----------|---------|
| 斑点阻滞 | · 与药物接触的组织 | · 打开手术切口线<br>· 耳切除 | 药物<br>· 利多卡因2%<br>剂量<br>· 犬：5mg/kg<br>· 猫：2.5mg/kg | 仪器<br>· 20~22G针头<br>· 无菌注射器<br>方法<br>· 用药物喷洒手术区域，停留接触15~20min | · 液体（如血液）将会使这些阻断无效<br>· 不如切口前阻滞有效 |

注：硬膜外麻醉需用不含防腐剂的芬太尼、丁丙诺啡和吗啡。见技能框14.3 牙科阻断（眶下和下颌），第516页。

# 换气

### 表13.10 换气：基本信息

成功麻醉的一个重要因素就是给病患提供足够的换气。若没有适当地维持换气，麻醉过程可能会导致低血氧、脑损伤，甚至死亡。即使能从胸部的起伏变化中看到换气，但这也不能确保是否充足。辅助换气或控制换气可以得到放心的信息，即病畜能得到适合的氧气输送全身。

| | |
|---|---|
| 用途 | · 危及呼吸的动物（如肥胖或虚弱动物）<br>· 胸部手术（如膈疝或气胸）<br>· 头、胸或神经损伤<br>· 麻醉时间延长，>90min<br>· 药物用量过大 |
| 正常的换气值 | |
| 潮气量 | · 一次呼吸循环的气体变化量<br>· 清醒动物为5mL/lb<br>· 使用呼吸机时为7mL/lb |
| 气道压力 | · 清醒动物和使用呼吸机时均为15~20cm $H_2O$<br>· 胸部手术使用呼吸机时20~30 cm $H_2O$ |
| 吸气时间 | · 清醒动物为1s<br>· 使用呼吸器机时<1.5s |
| 换气速率 | · 犬：8~14次/min<br>· 猫：10~14次/min |
| 每分换气量 | · 300~500mL/（lb·min） |

表13.10　换气：基本信息

**呼吸机的控制**

| 容量预定 | ・尽管麻醉过程中肺部发生变化，但仍需提供一个预先设定的恒定体积的气体<br>・体积容易变化，取决于以下因素：肺顺应性、气道阻塞、胸部压力和功能肺泡的数量<br>・可以发展为高气道压力和不能进行补偿的小泄漏，危及患病动物的潮气量 |
|---|---|
| 压力预设 | ・在吸气阶段提供预先设定体积的气体<br>・不允许高压积聚和补偿系统漏气<br>・可能需要增大压力以补偿气体体积变化 |
| 时间循环 | ・以预先设定的频率或呼气速率提供气体 |
| 相关风险 | ・胸血流量减少，导致血压降低，每搏输出量及心排血量减少<br>・换气过度，导致呼吸性碱中毒和脑血流量降低<br>・气压伤，可导致气胸、纵隔积气、肺出血和气栓<br>・呼吸机设置不正确和呼吸机故障<br>・循环蒸发罐可引起蒸发的麻醉药数量增加，从而加深麻醉程度<br>・呼吸机设备可能是患病动物微生物污染的一个来源 |

技能框 13.4　换气：管理

　　兽医学中有很多种不同的蒸发罐，每一种的控制都很复杂。使用时，应首先参照制造商的使用说明以便正确使用。在使用前，蒸发罐的功能都要进行漏气和整体功能测试验证。

| 定义 | 用途 | 启动方法 | 结束方法 |
|---|---|---|---|
| **手动的** | | | |
| 协助<br>・通过手动压缩储存袋协助动物呼吸<br>・通常被称为一个"叹气"或间歇性正压换气（IPPV）<br>・见技能框13.3，第456页 | ・健康，麻醉动物 | ・关闭压力安全阀，对储存袋施压到压力计读数为10~15cmH$_2$O（猫和犬<22lb）和15~20cmH$_2$O（犬）来扩张肺（持续不超过1s），然后缓慢释放呼气<br>・整个过程中每5min呼吸1次<br>・给予间歇性正压换气前，循环不精密的蒸发罐的设置要调为零 | ・停止吸入麻醉的正常程序 |

| 定义 | 用途 | 启动方法 | 结束方法 |
|---|---|---|---|
| 控制<br>• 通过手动压缩储存袋控制动物呼吸 | • 危及呼吸的动物（如肥胖或虚弱动物） | • 开始时降低蒸发罐设置并以12~16次/min的呼吸速率使用呼吸袋（如上所述）。如果胸腔打开，压力计读数应上升至20~30cmH$_2$O。3~5min后应停止自主呼吸；否则，就需要使用神经肌肉药物<br>• 一旦呼吸控制开始，需要维持8~12次/min的速率<br>• 吸气时间应为1~1.5s，呼气时间是吸气时间的2倍长<br>• 在储存袋压缩期间关闭压力安全阀，但需每2~3次呼吸打开1次，以释放负压 | • 停止吸入麻醉剂和氧化亚氮的使用，然后继续供氧<br>• 如果使用神经肌肉药物和/或阿片类药物，给予拮抗剂<br>• 呼吸速率逐渐地降低到5次/min，观察患病幼物自主呼吸。自主呼吸可能需要几分钟的时间恢复，尤其是老龄或虚弱动物和长期麻醉的动物<br>• 一旦看到自主呼吸，麻醉师应转换成人工可控的换气。速率继续下降到1~4次/min<br>• 当速率和潮气量恢复到正常时，压迫储存袋就可以完全停止 |
| **机械的** | | | |
| 协助<br>• 患病动物开始换气<br>• 患病动物从触发呼吸机预先设置的潮气量开始呼吸<br>• 病畜决定换气频率和每分钟的体积 | • 危及呼吸的动物（如肥胖或虚弱动物）<br>• 长期麻醉的动物 | • 参考呼吸机人工设置的全部说明<br>• 连接呼吸机和病畜的呼吸系统<br>• 调整控制<br>• 打开呼吸机<br>• 在病畜监护值的基础上进行微小的调整控制 | • 见上 |
| 协助–控制<br>• 患病动物从触发呼吸机预先设置的潮气量开始呼吸<br>• 麻醉师设置最低的呼吸速率，该动物可能会开始以更快的速率自主呼吸 | • 见上 | • 见上 | • 见上 |

13

| 定义 | 用途 | 启动方法 | 结束方法 |
|------|------|---------|---------|
| 控制<br>· 麻醉师设置呼吸机来控制病畜呼吸的速率和呼吸周期的体积 | · 见上<br>· 胸部外伤（如膈疝或气胸）<br>· 头部创伤 | · 见上 | · 见上 |

# 麻醉药物

## 麻醉前药物

表13.11　抗胆碱能药物

| 药物类别 | 抗胆碱能类 |
|---------|-----------|
| 药物（商品名） | · 硫酸阿托品<br>· 胃长宁（robinul-V） |
| 作用机制 | · 通过阻断神经递质乙酰胆碱的作用而作用于副交感神经的毒蕈碱受体<br>· 逆转副交感神经系统 |
| 物理作用 | · 心跳加快和心输出量增加<br>· 降低口腔、咽部、呼吸道分泌物和GIT蠕动变缓<br>· 瞳孔散大和支气管舒张<br>· 阻断迷走神经刺激 |
| 用途 | · 麻醉前药物<br>· 用于治疗窦性心动过缓，窦房结停止，不全房室传导阻滞和支气管细支气管狭窄疾病<br>· 有机磷农药中毒的解毒剂 |
| 监护 | · 心率和节奏<br>· 口/分泌物，干燥<br>· 口渴/食欲，排尿/排便的一致性 |
| 注 | · 从喉部或眼刺激和其他血管迷走神经刺激可发展为不同的心动过缓<br>· 胃长宁较阿托品引起心动过速的可能性要小；同样引起心律失常的可能性也较小，但它能更彻底的抑制流涎<br>· 胃长宁不能通过血脑或胎盘屏障 |

13

表13.12 抗胆碱能药物：阿托品和胃长宁

| 药物类别 | 抗胆碱能类 | |
| --- | --- | --- |
| 药物（商品名） | 阿托品 | 胃长宁 |
| 用量/用法/持续时间 | 剂量<br>0.02~0.04mg/kg<br>用法<br>SQ，IM，IV<br>持续时间<br>60~90min | 剂量<br>0.005~0.01mg/kg<br>用法<br>SQ，IM，IV<br>持续时间<br>主要作用2~3h；抑制流涎可维持7h |
| 代谢 | 犬：肾和尿排泄<br>猫：肝脏 | |
| 注意事项 | ·犬心律失常和窦性心动过速的风险增加<br>·减少唾液分泌物的浆液成分，留下较厚的黏稠的黏液成分(尤其猫)<br>·泪液量减少（用眼药膏来预防角膜干燥以保护眼睛，尤其是使用氯胺酮时）<br>·支气管扩张(死腔增多)<br>·不要同地西泮混合<br>·瞳孔放大(尤其是猫，由于瞳孔对光反射减少，若长时间暴露在强光下可导致视网膜损伤)<br>·尿潴留 | |
| 禁忌证 | ·不能使用阿米替林<br>·充血性心力衰竭<br>·便秘，肠梗阻，GIT感染<br>·青光眼（窄角），虹膜粘连（黏附）<br>·心动过速（犬：>140bpm；猫：>160bpm） | |
| 毒性 | ·犬对毒性比猫敏感<br>·嗜睡，黏膜干燥，口渴，兴奋，瞳孔散大，心动过速，呕吐，癫痫发作和抑郁 | |

表13.13 吩噻嗪类

| 药物类别 | 吩噻嗪类 |
| --- | --- |
| 药物（商品名） | ·马来酸乙酰丙嗪(Promace)，乙酰丙嗪，丙嗪(Sparine)和氯丙嗪(Thorazine) |
| 作用机制 | ·抑制大脑的网状激活中心<br>·抑制多巴胺作为中枢神经系统的神经递质作用 |
| 物理作用 | ·镇静<br>·肌肉松弛<br>·降低运动活动<br>·即使自身不产生任何镇痛效应，但能提高对外部刺激的阈值和其他药物的镇痛作用<br>·在麻醉期间，GIT失常或晕车时低剂量有明显的止吐作用<br>·抑制呼吸系统（剂量依赖性和催眠或麻醉的附加作用），并有可能降低血压<br>·对儿茶酚胺诱导的心律失常起保护作用 |

13

| 药物类别 | 吩噻嗪类 |
| --- | --- |
| 用途 | · 麻醉前药物<br>· 安定药<br>· 止吐药<br>· 解痉药<br>· 抗心律失常作用 |
| 监护 | · 血压<br>· 体温<br>· 心率和节律<br>· 镇静程度 |
| 注 | · 避光<br>· 对心脏系统影响最小<br>· 在脊髓造影病例中，降低癫痫发作的可能性<br>· 与阿片类药物合用时效果更好 |

**表13.14　吩噻嗪类：马来酸乙酰丙嗪**

| 药物类别<br>药物（商品名） | 吩噻嗪类<br>马来酸乙酰丙嗪（Promace） | |
| --- | --- | --- |
| 用法/用量/持续时间 | 麻醉前药物<br>剂量<br>犬：0.03~0.05mg/kg（最大剂量为3mg）<br>猫：0.02~0.1mg/kg<br>用法<br>PO，SQ，IM，IV（小心）<br>持续时间<br>4~8h | 镇静药<br>用量<br>犬：0.025~0.2mg/kg IV（最大剂量为3mg）；<br>0.1~0.25mg/kg IM<br>猫：0.05~0.1mg/kg IV（最大剂量为1mg）<br>用法<br>SQ，IM，IV（小心）<br>持续时间<br>4~6h |
| 代谢 | · 肝 | |
| 注意事项 | · 兴奋作用强于镇静(中枢神经系统刺激的异常攻击)<br>· 外周血管扩张 (很可能导致体温过低或低血压)<br>· 老龄动物苏醒时间延长，门腔静脉分流或降低肝功能 | |
| 禁忌证 | · 皮肤过敏测试（防止组胺的释放，因此减少过敏反应）<br>· 贫血患病动物(PCV可能降低30%)<br>· 老龄动物，新生儿，肝损伤动物效力升高(剂量减为一半)<br>· 癫痫、休克、头部创伤或检查程序时（如脊髓造影）的患病动物<br>· 视猎犬，巨型品种及拳师犬<br>· 脾脏疾病动物（引起肿大和/或充血） | |
| 毒性 | · 癫痫发作，低血压，体温过低，肺换气不足 | |

**13**

## 表13.15 苯二氮䓬类

| 药物类别 | 苯二氮䓬类 |
|---|---|
| 药物（商品名） | · 地西泮（Valium，Vazepam）<br>· 盐酸咪达唑仑(Versed) |
| 作用机制 | · 促进大脑中抑制性神经递质GABA的释放 |
| 物理作用 | · 抗焦虑<br>· 骨骼肌松弛<br>· 抗惊厥作用 |
| 用途 | · 麻醉前药物<br>· 镇静<br>· 抗惊厥剂，常用于术后出现癫痫（脑脊液穿刺放液或脊髓造影），或者与降低癫痫发作阈值的药物（合用氯胺酮、阿片类、局部麻醉药）<br>· 口服地西泮能遏制猫不当排尿<br>· IV输注地西泮是一种食欲刺激剂（猫），但作用短暂且有剂量依赖性 |
| 监护 | · 镇静程度<br>· 呼吸和心脏特征 |
| 注 | · IV类受控药物<br>· 避光<br>· 地西泮不能在塑料注射器、袋子或管子里贮存；它能被塑料吸收<br>· 地西泮能增强地高辛的作用<br>· 对心血管和呼吸系统有最小的不良反应<br>· 口服地西泮是控制药品，在美国不能用于动物<br>· 苯二氮䓬类静脉注射时要缓慢，以预防与丙二醇载体（地西泮）有关的低血压，从而降低呼吸暂停反应 |

## 表13.16 苯二氮䓬类：地西泮和咪达唑仑

| 药物类别 | 苯二氮䓬类 | |
|---|---|---|
| 药物（商品名） | 地西泮（Valium，vazepam） | 咪达唑仑（Versed） |
| 用法/用量/持续时间 | 用量<br>0.2~0.4mg/kg(最大剂量为10mg)<br>用法<br>PO，IV (缓慢)<br>持续时间<br>犬：3~5h<br>猫：5h | 用量<br>0.2~0.4mg/kg<br>用法<br>IM，IV (缓慢)<br>持续时间<br>1~2h |
| 代谢 | · 肝脏代谢，经尿和粪便排出 | · 肝脏 |

| 药物类别 | 苯二氮䓬类 | |
|---|---|---|
| 注意事项 | • 快速静脉注射会导致心动过缓、短期心律失常、低血压和呼吸暂停<br>• 肌内注射非常疼痛且吸收不稳定<br>• 最好不要作为唯一的麻醉剂使用，因为它不会产生镇静作用；应与阿片类药物或氯胺酮合用<br>• 可引起显著血栓性静脉炎<br>• 可通过胎盘<br>• 不要储存在塑料注射器或管子中，因为塑料会吸收药物 | • 快速静脉注射会导致心动过缓和呼吸抑制<br>• 最好不要作为唯一的麻醉剂使用，因为它不会产生镇静催眠作用；应与阿片类药物或氯胺酮合用<br>• 可能产生镇静或兴奋作用（犬）<br>• 可能导致行为改变（猫），易怒，烦躁不安，情绪激动，抑郁，难以克制<br>• 老年或衰弱动物进行异氟醚麻醉时要小心使用 |
| 禁忌证 | • 不要同阿托品、乙酰丙嗪、巴比妥类或阿片类混合，因为它们会产生沉淀物<br>• 可能导致镇静或兴奋（犬）<br>• 可能导致行为改变（猫），烦躁或抑郁 | • 具有水溶性基质优势；可与其他水剂/药物混合使用 |
| 毒性 | • 共济失调<br>• 中枢神经系统抑制<br>• 精神混乱、昏迷，并反射降低<br>• 低血压 | • 共济失调<br>• 中枢神经系统抑制<br>• 精神混乱、昏迷，并反射降低<br>• 呼吸抑制 |
| | • 氟马西尼<br>  犬：0.01mg/kg IV | • 氟马西尼<br>  犬：0.01mg/kg，IV |

表13.17　α$_2$-受体激动剂

| 药物类别 | α$_2$-受体激动剂 |
|---|---|
| 药物（商品名） | • 赛拉嗪(Rompun，Anased，Gemini)<br>• 美托咪定(Domitor) |
| 作用机制 | • 刺激α$_2$-受体，引起大脑中释放的神经递质去甲肾上腺素的水平降低 |
| 物理作用 | • 镇静作用<br>• 肌肉松弛<br>• 抑制唾液分泌，胃分泌物和肠胃蠕动；可以引发呕吐 |
| 用途 | • 麻醉前药物<br>• 镇静<br>• 短效麻醉<br>• 化学性约束<br>• 短期镇痛作用<br>• 猫摄入毒素后诱吐<br>• 低剂量刺激食欲 |

| 药物类别 | α₂-受体激动剂 |
|---|---|
| 监护 | ・体温<br>・心血管功能<br>・麻醉和镇痛程度<br>・呼吸功能 |
| 注 | ・赛拉嗪有较高的麻醉并发症和死亡率<br>・美托咪定要比赛拉嗪的效力大且不良反应少；然而，在美国还没有被批准用于猫<br>・阿托品经常配合赛拉嗪使用来对抗呕吐和心血管的变化<br>・药物使用后影响葡萄糖值；抑制胰岛素释放，导致血浆葡萄糖浓度和尿糖升高，非胰岛素依赖型糖尿病动物使用时要小心 |

**表13.18　α₂-受体激动剂：赛拉嗪和美托咪定**

| 药物类别 | α₂-受体激动剂 | |
|---|---|---|
| 药物（商品名） | 赛拉嗪(Rompun，Anased，Gemini) | 美托咪定(Domitor) |
| 用法/用量/持续时间 | 用量<br>0.2~0.5mg/lb IV<br>0.05~1mg/lb SQ，IM<br>用法<br>SQ，IM，IV，硬膜外，蛛网膜下<br>持续时间<br>20~40min | 用量<br>犬：10~40μg/kg IM<br>0.001~0.01mg/kg IV，IM，SQ<br>猫：40~80μg/kg IM<br>0.001~0.01mg/kg IV，IM，SQ<br>・如果作为前期给药，剂量可降低一半<br>・增加剂量不会增强镇静作用，只是延长时间<br>IM 协议，"猫咪魔法"<br>25μg/kg美托咪定，5mg/kg 氯胺酮，0.2mg/kg布托啡诺，IM<br>用法<br>SQ，IM，IV，舌下<br>持续时间<br>4~6h |
| 代谢 | ・肝脏代谢和经尿排出 | ・肝脏代谢和经尿排出 |

| 药物类别 | α₂-受体激动剂 | |
| --- | --- | --- |
| 药物（商品名） | 赛拉嗪(Rompun，Anased，Gemini) | 美托咪定(Domitor) |
| 注意事项 | • 3~5min内常见呕吐（50％的犬和90％的猫），过了这段时间才会诱导进一步的麻醉，防止吸入性肺炎<br>• 呼吸严重抑制的动物<br>• 低血压（最初血压升高，随后下降）<br>• 心动过缓<br>• 心输出量可能下降30％~50％<br>• 抑制体温调节机制<br>• 可通过皮肤擦伤和黏膜吸收（处理时要小心） | • 黏膜不能作为氧饱和度的重要标志；它们会表现为脱皮或发绀<br>• 心动过缓，有时反应迟钝，有时致命<br>• 呼吸抑制<br>• 抑制体温调节机制<br>• 血压降低 |
| 禁忌证 | • 短头颅品种（可能会导致喘鸣、呼吸困难和抑制吞咽反射）<br>• 有心脏或呼吸系统疾病病史的动物<br>• 高度兴奋或紧张的动物（可能会产生共济失调、剧烈反应或反应不足）<br>• 犬易发生胃扩张或扭转（可能会导致腹胀）<br>• 使用肾上腺素的动物 | • 有心脏病，呼吸系统疾病，肾脏或肝脏疾病病史的动物<br>• 休克、严重衰弱或因极端高温、寒冷或疲劳等应激过大的动物<br>• 育种或妊娠的犬<br>• 极度兴奋或紧张的动物给药前应使它们平静下来，并让其静卧10~15min<br>• 禁用于小于12周龄的动物 |
| 毒性 | • 心律失常<br>• 低血压<br>• 极度的中枢抑制作用<br>• 呼吸抑制<br>• 癫痫 | • 心动过缓<br>• 高血糖症<br>• 体温过低<br>• 间歇性房室传导阻滞<br>• 呼吸抑制<br>• 呕吐 |
| | • 育亨宾：0.05mg/lb 缓慢静注<br>• 妥拉唑林：1~2mg/lb 缓慢静注 | • 阿替美唑(antisedan)：给予同美托咪定相同的体积 IM<br>• 剂量为美托咪定浓度的5倍；从美托咪定给药45min后静脉注射1/2体积的量<br>• 初始给药10~15min后，重复肌注1/2量 |

**13**

表13.19 阿片类

| 药物类别 | 阿片类 |
| --- | --- |
| 药物（商品名） | • 布托啡诺(Torbutrol，Torbugesic)<br>• 丁丙诺啡(Buprenex)<br>• 芬太尼(Sublimaze)<br>• 氢吗啡酮<br>• 哌替啶（杜冷丁）<br>• 硫酸吗啡<br>• 羟吗啡酮(Numorphan) |
| 作用机制 | • 作用于大脑中3个不同的受体（μ，K和σ）<br>• 每种药物作用于不同受体或以不同方式结合的受体 |
| 物理作用 | • 中枢神经系统抑制或兴奋<br>• 呼吸抑制<br>• 胃肠道功能：恶心、呕吐、蠕动过度和排便<br>• 心动过缓<br>• 低血压<br>• 咳嗽抑制，羟吗啡酮除外<br>• 犬瞳孔缩小；猫瞳孔放大<br>• 对噪音反应增强<br>• 流涎过度<br>• 释放组胺（吗啡） |
| 用途 | • 麻醉前药物<br>• 诱导剂<br>• 镇痛<br>• 硬膜外麻醉 |
| 监护 | • 呼吸和心血管功能<br>• 提供IPPV<br>• 监护催吐效果 |
| 注 | • 犬快速静注给药可能导致兴奋和组胺释放（吗啡）<br>• 哌替啶往往不会引起呕吐和排便，芬太尼往往也不会引起呕吐<br>• 阿片类药物可结合局部麻醉来进行脊髓镇痛可持续数个小时，或进行CRI<br>• 避光储存 |

13

表13.20　阿片类：布托啡诺和丁丙诺啡

| 药物类别 | 阿片类 | |
|---|---|---|
| 药物 | 酒石酸布托啡诺(Torbutrol，Torbugesic)<br>· 完全拮抗μ受体和K受体的部分激动剂 | 盐酸丁丙诺啡(Buprenex)<br>· μ受体的部分激动剂 |
| 用法/用量/持续时间 | 用量<br>0.2~0.4mg/kg<br>用法<br>SQ，IM，IV（静注时使用低剂量）<br>持续时间<br>犬：30~60min<br>猫：1~3h | 用量<br>犬：0.005~0.02mg/kg<br>猫：0.005~0.03mg/kg<br>硬膜外注射：0.03mg/kg<br>用法<br>舌下给药，SQ，IM，IV，硬膜外注射<br>持续时间（受剂量影响）<br>3~12h<br>延迟30~60min起效 |
| 代谢 | · 肝脏代谢，经尿排出 | · 肝脏代谢，经粪便和尿排出 |
| 注意事项 | · 窒息<br>· 共济失调<br>· 兴奋，烦躁不安<br>· 轻度心动过缓<br>· 轻度低血压<br>· 罕见引起厌食和腹泻<br>· SQ注射吸收不可预测 | · 心动过缓<br>· 低血压<br>· 呼吸抑制（对患有心肺疾病的动物应小心） |
| 禁忌证 | · 阿狄森病<br>· 老年或虚弱的动物<br>· 甲状腺机能减退<br>· 头部创伤或其他中枢神经系统功能障碍动物<br>· 严重肝肾疾病的动物 | · 阿狄森病<br>· 老年或虚弱的动物<br>· 甲状腺机能减退<br>· 头部创伤或其他中枢神经系统功能障碍动物<br>· 严重肝肾疾病的动物 |
| 毒性 | · 中枢神经系统效应<br>· 心血管变化<br>· 极度的呼吸抑制<br>· 癫痫发作<br>· 利尿反应 | · 心血管变化<br>· 极度的呼吸抑制<br>· 胆管压力升高(胆汁淤积时小心) |
| | · 纳洛酮<br>　犬：0.04mg/kg SQ，IM，IV<br>　猫：0.05~0.1mg/kg SQ，IM，IV | · 纳洛酮<br>　犬：0.04mg/kg SQ，IM，IV<br>　猫：0.05~0.1mg/kg SQ，IM，IV |

表13.21 阿片类药物：芬太尼和氢吗啡酮

| 药物类别 | 阿片类 | |
|---|---|---|
| 药物（商品名） | 芬太尼（Sublimaze）<br>• 完全的μ受体激动剂 | 氢吗啡酮<br>• 完全的μ受体激动剂 |
| 用法/用量/持续时间 | 用量<br>犬：0.001~0.005mg/kg IV<br>猫：0.001~0.002mg/kg IV<br>用法<br>IM，IV（快速推注或CRI）<br>持续时间<br>小于30min（快速推注） | 用量<br>0.05~0.2mg/kg<br>用法<br>SQ，IM，IV（缓慢）<br>持续时间<br>2~4h<br>延迟30~ 60min起效 |
| 代谢 | • 肝脏代谢，经尿排出 | • 肝脏代谢，经尿排出 |
| 注意事项 | • 淀粉酶和脂肪酶水平升高<br>• 共济失调<br>• 心动过缓<br>• 通常不用于猫<br>• 对嘈杂的噪音反应扩大<br>• 喘息<br>• 呼吸抑制，可能持续几小时<br>• 尿潴留和便秘 | • GIT运动性降低并导致便秘<br>• 心动过缓<br>• 喘息<br>• 呼吸和中枢神经系统抑制<br>• 呕吐和排便 |
| 禁忌证 | • 先前存在呼吸问题的动物<br>• 老龄、病重或衰弱的动物 | • 阿狄森病<br>• 摄入毒素或GIT堵塞引起的腹泻<br>• 老龄或虚弱的动物<br>• 甲状腺机能减退<br>• 头部创伤或其他中枢神经系统功能障碍动物<br>• 严重肝肾疾病的动物 |
| 毒性 | • 心动过缓<br>• 心血管虚脱<br>• 极度的呼吸和中枢神经系统的抑制<br>• 震颤、颈部强直和癫痫发作 | • 心血管虚脱<br>• 体温过低<br>• 肌张力减退<br>• 极度的呼吸和中枢神经系统的抑制 |
| | • 纳洛酮<br>犬：0.04mg/kg SQ，IM，IV<br>猫：0.05~0.1mg/kg SQ，IM，IV | • 纳洛酮<br>犬：0.04mg/kg SQ，IM，IV<br>猫：0.05~0.1mg/kg SQ，IM，IV |

**13**

表13.22 阿片类药物：硫酸吗啡和盐酸羟吗啡酮

| 药物类别 | 阿片类 | |
|---|---|---|
| 药物（商品名） | 硫酸吗啡<br>· 完全的μ受体激动剂 | 盐酸羟吗啡酮<br>· 完全的μ受体激动剂 |
| 用法/用量/持续时间 | 用量<br>犬：0.5~1.0mg/kg SQ，IM；0.2mg/kg IV<br>猫：0.25~0.5mg/kg SQ，IM<br>用法<br>SQ，IM，IV（缓慢）<br>持续时间<br>4~6h | 用量<br>犬：0.05~0.2mg/kg IM，IV<br>猫：0.025~0.05mg/kg IM，IV<br>硬膜外注射：0.05mg/kg，总体积不要超过0.3mL/kg<br>用法<br>SQ，IM，IV，硬膜外注射<br>持续时间<br>IV 2~5h，硬膜外8h |
| 代谢 | · 肝脏代谢，经尿排出 | · 肝脏代谢，经尿排出 |
| 注意事项 | · 咳嗽反射降低，潮气量减少，呼吸道分泌物干燥<br>· GIT蠕动减缓/便秘<br>· 心动过缓<br>· 静注给药时会释放组胺<br>· 可导致膀胱张力增高<br>· 犬，可导致CNS抑制、体温过低、气喘和瞳孔缩小<br>· 猫，可引起刺激反应和体温过低<br>· 呼吸抑制<br>· 给药后呕吐和排便 | · 心脏收缩能力降低和GIT运动性降低<br>· 高剂量会使猫共济失调<br>· 心动过缓<br>· 可通过胎盘<br>· 猫，兴奋、共济失调和感觉过敏<br>· 犬，初始给药后喘息<br>· 呼吸抑制 |
| 禁忌证 | · 由于潜在的减少尿液产生而引起急性尿毒症<br>· 阿狄森病<br>· 摄入毒素引起的腹泻<br>· 老龄或虚弱的动物<br>· 头部创伤或急性腹部外伤<br>· 甲状腺机能减退<br>· 肝肾疾病；胆汁淤积 | · 阿狄森病<br>· 摄入毒素引起的腹泻<br>· 老龄或虚弱的动物<br>· 头部创伤或急性腹部外伤<br>· 甲状腺机能减退<br>· 肝肾疾病<br>· 呼吸疾病或机能障碍 |
| 毒性 | · 心血管虚脱<br>· 体温过低<br>· 肌张力减退<br>· 极度的呼吸和中枢神经系统的抑制<br>· 猫出现中枢神经系统兴奋和癫痫 | · 心血管虚脱<br>· 体温过低<br>· 肌张力减退<br>· 极度的呼吸抑制<br>· 效应要比纳洛酮的初始剂量效应持续时间长 |
| | · 纳洛酮<br>犬：0.04mg/kg SQ，IM，IV<br>猫：0.05~0.1mg/kg SQ，IM，IV | · 纳洛酮<br>犬：0.04mg/kg SQ，IM，IV<br>猫：0.05~0.1mg/kg SQ，IM，IV |

**13**

**表13.23　巴比妥类**

| 药物类别 | 巴比妥类 |
| --- | --- |
| 药物（商品名） | • 戊巴比妥钠(Nembutal，Somnotol)<br>• 硫喷妥钠(Pentothal)<br>• 硫戊巴比妥钠(Surital，Bio-tal)<br>• 美索比妥(Brevital) |
| 作用机制 | • 抑制大脑的网状激活中心，造成意识丧失 |
| 物理作用 | • GIT运动性降低<br>• 唾液分泌增多，导致咳嗽、打嗝、打喷嚏或喉痉挛<br>• 中枢神经系统抑制<br>• 低血压<br>• 镇痛作用和肌肉松弛效果差<br>• 易患心律不齐<br>• 抑制呼吸和用量及给药方式有关 |
| 用途 | • 镇静作用<br>• 诱导剂<br>• 单一的麻醉剂<br>• 戊巴比妥可以治疗与癫痫和马钱子碱中毒及安乐死有关的癫痫发作 |
| 监护 | • 体温<br>• 意识级别<br>• 呼吸和心血管特征<br>• 癫痫的控制 |
| 注 | • 通常建议在给予巴比妥类药物前预先给予阿托品或胃长宁<br>• 给药的效果：1/3药物IV超过3~10s，观察动物1min，如果需要则继续给药<br>• 重复剂量引起的效应是累积的，美索比妥除外<br>• 由于美索比妥代谢快，对于视猎犬和短头颅品种，美索比妥要优选于巴比妥类<br>• 药物离开大脑则效应结束，被重新分配给肌肉和脂肪组织<br>• 因为能引起胎儿呼吸运动的完全抑制避免用在妊娠动物<br>• 所有患病动物应插管，并提供氧气供应 |

表13.24　巴比妥类：硫巴比妥和甲基巴比妥

| 药物 | 巴比妥类 | |
| --- | --- | --- |
| **药物（商品名）** | **硫巴比妥，超短效作用**<br>• 硫喷妥钠（Pentothal）<br>• 硫戊巴比妥钠(Surital，Bio-tal) | **甲基巴比妥，超短效作用**<br>• 美索比妥(Brevital) |
| **用法/用量/持续时间** | 用量<br>13~26mg/kg<br>用法<br>IV<br>持续时间<br>10~30min | 用量<br>5~11mg/kg<br>用法<br>IV<br>持续时间<br>5~10min |
| **代谢** | • 肝脏代谢，经尿排出 | • 肝脏代谢，经尿排出 |
| **注意事项** | • 衰弱和镇静的动物，剂量减少80%<br>• 空气进入瓶子里会很快产生沉淀<br>• 贫血患病动物(PCV可能下降30%)<br>• 可通过胎盘<br>• 无肌肉松弛作用，镇痛作用差<br>• 血管周围浸润可导致局部坏死(用生理盐水注入浸润区域以减少坏死，并注射2%利多卡因以降低疼痛)<br>• 重复给药效应是累积的<br>• 快速诱导时会看到短暂的窒息、低血压和心律不齐，尤其是猫 | • 快速诱导会出现窒息和低血压<br>• 可通过胎盘<br>• 无肌松弛作用，镇痛作用差<br>• 血管周围浸润可导致局部坏死(用生理盐水注入浸润区域以减少坏死，并注射2%利多卡因以降低疼痛)<br>• 术后兴奋，建议提前给药<br>• 术后癫痫<br>• 恢复过程中可以看到明显的不自主兴奋和惊厥<br>• 抑制呼吸 |
| **禁忌证** | • 视猎犬<br>• 妊娠动物，几乎完全抑制胎儿的呼吸运动<br>• 心血管疾病，先前患有室性心律失常，休克，重症肌无力，哮喘或颅内压升高 | • 妊娠动物，几乎完全抑制胎儿的呼吸运动<br>• 心血管疾病，先前患有室性心律失常，休克，重症肌无力，哮喘或颅内压升高 |
| **毒性** | • 抑制呼吸和心血管<br>• 体温过低<br>• 低血压 | • 呼吸抑制，呼吸暂停 |

## 表13.25 环己胺类

| 药物类别 | 环己胺类 |
| --- | --- |
| 药物（商品名） | • 氯胺酮（Ketaset，Ketalean，Vetalar）<br>• 替来他明(Telazol) |
| 作用机制 | • 破坏大脑内的神经系统通路，刺激大脑的网状激活中心<br>• 过度刺激中枢神经系统或诱导发呆，诱导麻醉和失忆状态 |
| 物理作用 | • 降低角膜反射<br>• 升高心率和血压<br>• 增大对声音、光和其他刺激的敏感性，尤其大剂量时<br>• 混乱、情绪激动和恐惧<br>• 过度流涎<br>• 幻觉<br>• 肌张力和刚性由正常至增加<br>• 高剂量抑制呼吸 |
| 用途 | • 保定<br>• 意识丧失<br>• 镇痛，躯体疼痛<br>• 抑制中枢神经系统的NMDA受体（"反应逐渐增强"作用降低）<br>• 麻醉诱导剂<br>• 小手术时可作为单一麻醉剂 |
| 监护 | • 体温<br>• 心血管功能<br>• 麻醉和镇痛级别<br>• 监护眼睛，防止干燥和损伤（建议润滑）<br>• 呼吸功能 |
| 注 | • 该类药物为解离性麻醉剂，它能产生僵住症<br>• 仅使眼，口腔，吞咽反射变弱<br>• 建议像使用镇静剂、巴比妥类或苯二氮草类一样，提前给药来缓解肌张力增强，减少流涎和流泪，减轻内脏疼痛症状<br>• 当与地西泮混合使用并且静注时，它的诱导作用会增强（尤其是犬） |

13

表13.26  环己胺类：氯胺酮和替来他明

| 药物类别 | 环己胺类 | |
|---|---|---|
| 药物（商品名） | 氯胺酮 | 替来他明（Telazol，唑拉西泮和替来他明1：1混合） |
| 用法/用量/持续时间 | 用量<br>犬和猫：1mL/20lb (50/50同地西泮混合) IV<br>猫：5~10mg/kg(0.2~0.4mg/kg 咪达唑仑) IM<br>用法<br>犬：IV<br>猫：PO，SQ，IM，IV<br>持续时间<br>10~30min | 用量<br>犬和猫：3~10mg/kg IM<br>犬和猫：2~5mg/kg IV<br>用法<br>IM，IV<br>持续时间<br>1/2~1h |
| 代谢 | • 肝脏代谢，经尿排出 | • 肝脏代谢，经尿排出 |
| 注意事项 | • 麻醉期间，眼睛保持张开，瞳孔位于中央和散大；使用眼药膏防止角膜干燥<br>• 可能会出现性格变化，在数天或数周内会自发消退<br>• 药物单独使用时，耳廓、眼睑、脚蹬、喉和咽反射仍然存在<br>• 产生长吸式呼吸；高剂量或静注太快时会引起明显的呼吸抑制<br>• 苏醒呈高反应性且共济失调<br>• 苏醒期脑病（罕见）<br>• 重复剂量可以在组织积累，延长苏醒时间并增加在苏醒期间的惊厥概率<br>• 抑制呼吸<br>• 痉挛性抽搐运动、癫痫发作、肌肉震颤和过度紧张<br>• 心动过速、高血压、唾液分泌过多、体温过高和眼球震颤<br>• 肌内注射位点刺激和疼痛 | • 肾病患畜需要较长时间的恢复<br>• 咳嗽、吞咽、角膜和脚蹬反射保持不变<br>• 麻醉期间，眼睛保持张开，瞳孔位于中央和散大，使用眼药膏防止角膜干燥<br>• 起初高血压，之后低血压<br>• 体温过低<br>• 肌内注射时疼痛<br>• 药物单独使用时，耳廓、眼睑、脚蹬、喉和咽反射仍然存在<br>• 恢复过程中可能出现肌肉僵硬<br>• 可通过胎盘<br>• 长时间苏醒，1~5h<br>• 抑制呼吸，产生长吸式呼吸或窒息<br>• 痉挛性抽搐运动，癫痫发作，肌肉震颤和过度紧张<br>• 心动过速，唾液分泌过多 |
| 禁忌证 | • 甲状腺机能亢进、心肌症、已存在的心脏疾病和心律不齐<br>• 马钱子碱、聚乙醛、大麻和有机磷的摄入<br>• 神经系统程序 (CSF穿刺放液或脊髓造影)<br>• 眼睛损伤和颅脑外伤<br>• 肝病患犬和肾病患猫<br>• 癫痫<br>• 恶性高热 | • 胰腺疾病、严重的心脏疾病和/或肺部疾病的动物<br>• 剖腹产 |
| 毒性 | • 极度的呼吸抑制 | • 极度的呼吸抑制 |

## 表13.27　丙泊酚

| 药物类别 | 丙泊酚 |
| --- | --- |
| 药物（商品名） | 丙泊酚（Diprivan，Rapinovet，Propoflo） |
| 作用机制 | · 通过增强抑制性神经递质GABA的作用和降低大脑代谢活性来诱导麻醉<br>· 与其他麻醉剂不同，丙泊酚为短效催眠剂 |
| 物理作用 | · 增强食欲<br>· 降低眼压<br>· 止吐<br>· 心动过缓 (尤其是阿片类药物预先麻醉)<br>· 诱导过程中运动机能亢进(如游动、肌阵挛性抽搐)<br>· 低血压<br>· 呼吸抑制和窒息 |
| 用途 | · 镇静/短期麻醉（最多20min）<br>· 诱导剂<br>· 先前存在心律不齐，轻度或中度的心脏疾病，肝肾疾病的动物 |
| 监护 | · 麻醉程度<br>· 中枢神经系统效应<br>· 呼吸抑制<br>· 心血管状态 |
| 注 | · 避光，摇匀，开口后24h内使用，以预防医源性败血症<br>· 几乎没有镇痛作用<br>· 由于从中枢神经系统迅速再分配到周边组织，故麻醉持续时间短 |

## 表13.28　丙泊酚（续）

| 药物类别 | 丙泊酚 |
| --- | --- |
| 药物（商品名） | 丙泊酚（Diprivan，Rapinovet，Propoflo） |
| 用法/用量/持续时间 | 用量<br>诱导量：1~6mg/kg取决于镇静程度（每30s给予25％的量，直到可以插管时）<br>维持量：0.6mg/(kg·min)<br>用法<br>缓慢静注<br>持续时间<br>每个单剂量可作用2~5min |
| 代谢 | · 肝脏代谢，经尿排出 |

| 药物类别 | 丙泊酚 |
| --- | --- |
| 注意事项 | · 增强食欲<br>· 降低眼压<br>· 止吐<br>· 心动过缓<br>· 可通过胎盘<br>· 癫痫<br>· 在猫产生亨氏小体<br>· 低血压<br>· 微弱的镇痛作用<br>· 抑制呼吸和初始呼吸暂停 |
| 禁忌证 | · 全身感染<br>· 低蛋白血症<br>· 有过休克或应激或创伤的动物要小心使用<br>· 当预先使用乙酰丙嗪或阿片类药物时，由于心动过缓和低血压恶化加剧，丙泊酚剂量要降低25％ |
| 毒性 | · 呼吸抑制<br>· 心血管抑制 |

**表13.29 依托咪酯**

| 药物类别 | 依托咪酯 |
| --- | --- |
| 药物（商品名） | 依托咪酯（Hypnomidate，Radenarcon，Sibul） |
| 作用机制 | · 尚不清楚<br>· 造成最小的血流动力学变化，且对心血管系统和呼吸系统的影响最小<br>· 降低脑血流和耗氧量，眼压，颅内压 |
| 物理作用 | · 在诱导期或苏醒期兴奋或肌阵挛<br>· 眼球移动<br>· 术后干呕/呕吐<br>· 给药后，抑制肾上腺皮质功能持续3h<br>· 溶血，由于丙二醇 |
| 用途 | · 心功能不全 (如扩张型心肌病)<br>· 危重患畜 |
| 监护 | · 意识水平<br>· 呼吸速率和节奏<br>· 心血管功能 |
| 注 | · 避光<br>· 由于药物不良反应，强烈建议术前给药<br>· 通过输液给药以降低注射部位疼痛 |

**13**

表13.30　依托咪酯（续）

| 药物类别 | 依托咪酯 |
| --- | --- |
| 药物（商品名） | **依托咪酯**（Hypnomidate，Radenarcon，Sibul） |
| 用法/用量/持续时间 | 用量<br>犬：快速静注0.5~2mg/kg，或静注1mg/kg依托咪酯和0.5mg/kg地西泮<br>猫：0.5~2mg/kg<br>用法：IV<br>持续时间<br>3~5min |
| 代谢 | · 肝脏代谢、经尿、胆汁和粪便排出 |
| 注意事项 | · 降低脑血流量和耗氧量<br>· 降低眼压，颅内压<br>· 在诱导期或苏醒期兴奋或肌阵挛<br>· 眼球移动<br>· 低蛋白血症<br>· 术后干呕/呕吐<br>· 给药后，抑制肾上腺皮质功能持续3h<br>· 当使用丙二醇做制备时，缓慢静注或与静脉补液一起给予会使注射部位疼痛减到最小，并将丙二醇造成的溶血降到最低 |
| 禁忌证 | · 肾上腺皮质功能受损的动物<br>· 妊娠或幼龄动物<br>· 癫痫 |

表13.31　吸入麻醉剂

| 药物类别 | 吸入麻醉剂 |
| --- | --- |
| 药物（商品名） | · 异氟醚(Aerrane，Isoflo，Florane)<br>· 氟烷(Fluothane)<br>· 七氟烷(Sevoflo，Ultane) |
| 作用机制 | · 确切的作用机制尚不清楚，有以下2种可能性：<br>　· 抑制抑制性神经递质GABA的分解<br>　· 通过溶解神经细胞膜，导致细胞膜丧失其传递神经冲动的能力 |
| 物理作用 | · 肌肉松弛 |
| 用途 | · 全身麻醉 |
| 监护 | · 麻醉水平<br>· 呼吸和换气状态<br>· 心率和节奏<br>· 血压 |
| 注 | · 在紧闭的，耐光容器中储存异氟醚和氟烷 |

**13**

表13.32 吸入麻醉剂：氟烷和异氟醚

| 药物类别 | 吸入麻醉剂 | |
|---|---|---|
| 药物（商品名） | 氟烷(Fluothane) | 异氟醚(Aerrane，Isoflo，Florane) |
| 特性 | • 产生肌肉松弛作用和轻微的镇痛作用<br>• 诱导和苏醒相对快速<br>• 用面罩诱导麻醉镇静动物时大约需要10min<br>• 不到1h即可苏醒到俯卧 | • 诱导和苏醒非常快速<br>• 面罩和麻醉箱诱导<br>• 用于心脏疾病，肝肾疾病，新生儿和老龄动物<br>• 肌肉松弛效果相当强 |
| 用量 | 诱导量：3%<br>维持量：0.5%~1.5% | 诱导量：5%<br>维持量：0.5%~2.5% |
| 代谢 | • 大部分通过肺消除<br>• 12%~40%的药物通过肝代谢，代谢物通过肾脏排出 | • 99%的药物通过肺泡以原型排出<br>• 0.17%的药物通过肝代谢 |
| 注意事项 | • 心排血量降低，肠道蠕动，幅度和蠕动活动<br>• 脑血流量增加，血管舒张<br>• 体温过低和低血压<br>• 在更深的麻醉程度时腹肌才会放松<br>• 心动过缓和心律失常<br>• 肝毒性<br>• 恶性高热<br>• 在麻醉的各个阶段瞳孔缩小，伴随浅而快的呼吸<br>• 抑制呼吸和中枢神经系统<br>• 心脏对儿茶酚胺很敏感，可能导致心律失常(VPCs) | • 脑血流量增加<br>• 平滑肌张力和运动性降低<br>• 心律失常(VPCs)<br>• 可通过胎盘<br>• GIT效应（如恶心、呕吐和肠梗阻）<br>• 体温过低<br>• 麻醉程度越深，导致血管逐步舒张和低血压<br>• 快速苏醒和术后没有镇痛可导致疼痛和兴奋（如躁动）<br>• 抑制呼吸和中枢神经系统<br>• 心输出量轻微降低 |
| 禁忌证 | • 先前接触过氟烷有发生恶性高热或肝功能损害病史的动物<br>• 低血容量或低血压动物<br>• 心律失常(先前存在)<br>• CSF升高，头部创伤或重症肌无力的动物需小心使用 | • 恶性高热病史<br>• CSF升高，头部创伤或重症肌无力的动物需小心使用 |

## 表13.33 吸入麻醉剂：七氟烷

| 药物类比 | 吸入麻醉剂 |
|---|---|
| 药物（商品名） | 七氟烷(Sevoflo，Ultane) |

| | |
|---|---|
| 特性 | • 诱导和苏醒非常迅速<br>• 面罩和麻醉箱诱导<br>• 产生肌肉松弛和镇痛作用<br>• 无刺鼻气味 |
| 用量 | 诱导量：5%~7%<br>持续量：3.3%~4% |
| 代谢 | • 通过肺脏快速消除<br>• 3%的药物由肝脏代谢 |
| 注意事项 | • 脑血流量增加<br>• 浓度升高可能导致快速的血流动力学变化(如低血压)<br>• 心动过缓<br>• 可通过胎盘<br>• GIT效应（如恶心、呕吐和肠梗阻）<br>• 体温过低<br>• 抑制心肌<br>• 在潮湿的苏打石灰上不稳定并可能释放一氧化碳<br>• 抑制呼吸和中枢神经系统<br>• 药物对老年、衰弱、育种或新生儿动物的安全性还未做评估<br>• 血管舒张 |
| 禁忌证 | • 恶性高热病史<br>• CSF升高，头部创伤<br>• 肾损伤/功能不全 |

# 第**14**章

# 牙 科

**14**

| 关键词和术语[a] | | 缩写 | 额外资源，页码 |
|---|---|---|---|
| 牙槽 | 口腔内 | AL，附着丧失 | 解剖学，3 |
| 牙槽炎 | 同侧的 | CL，牙石指数 | 麻醉监护，456 |
| 顶部 | 向舌的 | CLE，牙颈线侵蚀 | 麻醉，437 |
| 短颌 | 中间的 | CLL，牙颈线病变 | 血压，330 |
| 面颊的 | 黏膜骨膜 | CNL，牙颈部病变 | 导管置入，347 |
| 牙垢 | 咬合的 | CTD，累积创伤障碍 | 方位术语，166 |
| 食肉的 | 破牙质细胞 | ECG，心电图 | 液体疗法，357 |
| 牙骨质 | 少牙 | EOR，外部破牙质细胞再吸收 | 保温处理，344 |
| 牙冠 | 口鼻的 | FE，分叉暴露 | 家庭口腔护理，50 |
| 脱落的 | 颌骨 | FxC，骨折闭合 | 疼痛管理，377 |
| 牙本质 | 牙周病 | FxO，骨折裂开 | 患病动物监护，330 |
| 牙釉质 | 平面图 | GI，牙龈指数 | 体格检查，16 |
| 内毒素 | 菌斑 | kg，千克 | 麻醉后监护，465 |
| 龈瘤 | 多牙 | Kvp，千伏峰值 | 缝合方式，546 |
| 口腔外 | 凸颌 | L，病变 | 生命体征，17 |
| 氟化物 | 牙髓腔 | M，灵活性 | |
| 系带 | 口炎 | mA–s，毫安秒 | |
| 分叉 | 龈下 | mg，毫克 | |
| 萌芽 | 沟 | mm，毫米 | |
| 齿龈 | 额外的 | NV，失活 | |
| 糖蛋白类 | 龈上 | ORL，破牙质细胞再吸收病变 | |
| 切开的 | | P，袖珍 | |
| 眶下 | | PD，探测深度 | |
| 牙间的 | | PDI，牙周病指数 | |
| | | PI，菌斑指数 | |
| | | RPC，根面关闭 | |
| | | RPO，根面打开 | |
| | | Rtr，保留根 | |
| | | V，生命的 | |
| | | W，磨损 | |
| | | X，简单拔牙（1根） | |
| | | XS，分段拔牙（2或3根） | |
| | | XSS，手术拔牙（龈萎缩） | |

[a]关键词和术语的定义见第629页词汇表。

# 牙科学

　　兽医牙科保健仍然是一个被忽视的领域，因为广大宠物主人仍然没有为其爱宠提供必要的牙科护理。美国兽医牙科协会报道，80%的犬和70%的猫在3岁前就出现口腔疾病。随着动物寿命的延长，而饮食又不能抵抗牙菌斑的形成，主人的干预对维护宠物口腔健康是至关重要的。与家庭牙科护理一道，兽医干预对解决现有疾病往往是必要的。因此，为了提供最佳的口腔健康，宠物主人和兽医之间必须保持联系。

　　口腔或牙周疾病是牙齿周围结构出现炎症（细菌感染）的渐进过程。这个过程开始于牙齿上菌斑软膜形成，它是由唾液糖蛋白、细菌、食物颗粒、白细胞和脱落的上皮细胞组成。累积的牙菌斑释放细菌内毒素和有害白细胞副产品，破坏牙齿结构。牙菌斑与唾液中的矿物质结合，形成坚硬、厚实的物质，称为牙垢或牙石。不断形成的牙垢能够携带细菌，细菌侵入牙龈线以下，造成牙龈炎并影响牙齿结构的完整性。在牙周疾病的最后阶段，由于牙齿周围软组织的破坏和骨槽的侵蚀导致牙齿开始松动。这个过程不仅会影响牙齿本身，并且对动物的整体健康起着很大的作用，因为其可使积累的细菌进入血液，并影响所有的其他身体系统（如心、肺、肾）。

　　宠物主人的教育是认可并接受兽医牙科保健的关键。将预防和治疗相结合的牙科护理将会对病畜的数量和生活质量产生积极的影响。

# 解剖学

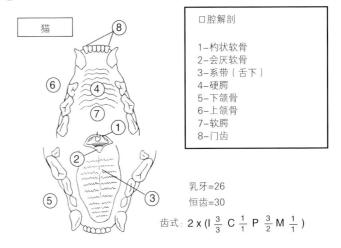

| 口腔解剖 |
| --- |
| 1–杓状软骨 |
| 2–会厌软骨 |
| 3–系带（舌下） |
| 4–硬腭 |
| 5–下颌骨 |
| 6–上颌骨 |
| 7–软腭 |
| 8–门齿 |

乳牙=26
恒齿=30

齿式：$2 \times (I\ \frac{3}{3}\ C\ \frac{1}{1}\ P\ \frac{3}{2}\ M\ \frac{1}{1})$

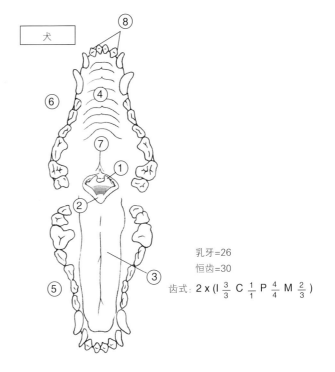

乳牙=26
恒齿=30

齿式：$2 \times (I\ \frac{3}{3}\ C\ \frac{1}{1}\ P\ \frac{4}{4}\ M\ \frac{2}{3})$

图14.1　齿列：犬和猫

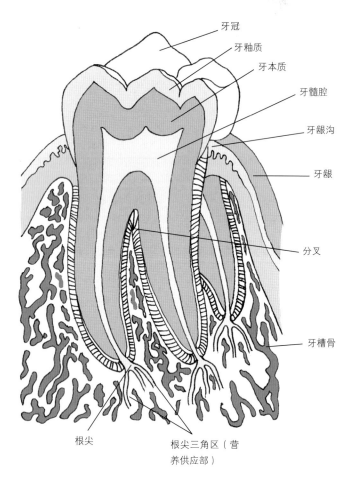

图14.2 三根齿的横截面

牙冠
牙釉质
牙本质
牙髓腔
牙龈沟
牙龈
分叉
牙槽骨
根尖
根尖三角区（营养供应部）

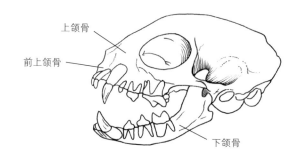

猫

上颌骨
前上颌骨
下颌骨

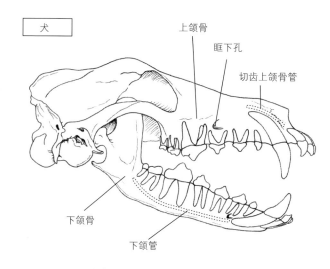

犬

上颌骨
眶下孔
切齿上颌骨管
下颌骨
下颌管

图14.3 骨骼结构：犬和猫

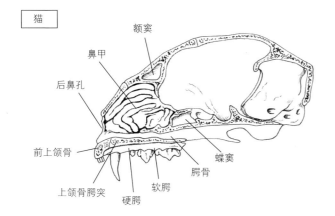

猫

额窦
鼻甲
后鼻孔
前上颌骨
上颌骨腭突
硬腭
软腭
腭骨
蝶窦

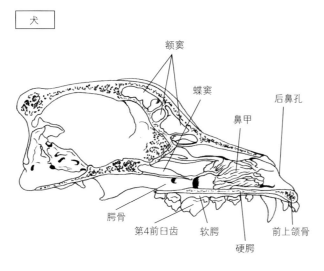

犬

额窦
蝶窦
后鼻孔
鼻甲
腭骨
第4前臼齿
软腭
硬腭
前上颌骨

图14.4　面部结构的横截面：犬和猫

# 牙科器械和设备

**表14.1　手持式器械**

| 器械 | 用途 |
| --- | --- |
| 牙科刮除器 | ·用于清除牙龈下方牙石和检查根部平面 |
| 牙科爪 | ·用于清除牙龈上方大量的结石 |
| 牙挺 | ·从牙齿支持结构分离牙齿 |
| 拔牙钳 | ·用于从牙槽中拔出牙齿和清除严重的牙结石 |
| 牙锄括器 | ·用于清除牙龈上方大量的结石 |
| 牙科探针 | ·用于观察龈下牙齿表面和检查牙齿松动度 |
| 牙周探针 | ·以毫米为单位检查牙龈沟的深度 |
| 骨膜分离器 | ·用于剥离和缩回黏骨膜 |
| 刮器 | ·用于去除暴露牙齿牙龈上面的结石（不被用于龈下） |

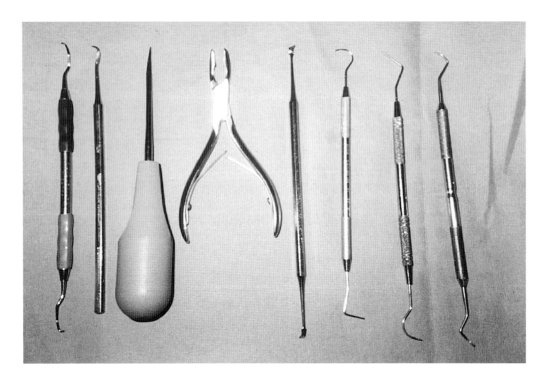

图 14.5　手持式非机械性牙科器械

表14.2　设备维护

| 磨刀石 | 类型/润滑剂需要 | 用途 |
|---|---|---|
| 印度 | ·细/中——油性润滑剂 | ·为了锐化非常不锋利的器械 |
| 阿肯色石 | ·细——油性润滑剂 | ·使用中等粗石磨快，使之最终锐化 |
| 陶瓷的 | ·细/中——水性润滑剂或干性 | ·用途与另两种一样，但需用水作为润滑剂 |
| 圆锥形的 | ·圆形阿肯色石——油性润滑 | ·为了锐化弯曲的器械，由于其能损害器械表面，故可缩短器械的使用寿命 |

**技能框 14.1　锐化技术**

**平面石**

1. 在石头上放少量油并涂抹覆盖住石头表面。
2. 把石头放在一个平行于地面的平面上。
3. 将准备锐化的器械放在油石上且器械尖端朝向操作者，器械的面在石头表面。
   a. 小心不要损害器械的表面。
4. 在石头上上下移动器械，最后以向下移动结束。
5. 通过目测或用有机玻璃棒来检查锋利度。
   a. 迟钝的边缘看起来是圆的，且可以反光。
   b. 锋利的边缘没有光线反射。
6. 锐化后消毒器械。

**圆锥形石**

1. 手握器械使其尖端朝向外侧，包绕在涂有润滑油的锥形石。
2. 随着你旋转锥形石，圆锥形石将滑向器械的尖端。
   - 无论哪种技术，为了安全建议使用安全防护眼镜。

**表14.3　机械器械**

牙科设备是对一家诊所定位的依据，通过使用者对设备的评估和对使用程序的评估，来审查许多可用的设备类型。

制造商的护理和保养说明应作为诊所例行程序的一部分。

| 设备 | 描述 |
| --- | --- |
| **刮器**<br>超声的 | |
| | - 将能量转换成声波，声波引起机头的机械振动。当水流过探头尖端，产生汽蚀冲刷物。按照制造商的维修保养说明 |
| - 磁力控制的 | - 尖端振动呈椭圆形；尖端的各个面都可以工作；使用金属杆 |
| - 压电的 | - 尖端震动呈直线运动；尖端只有一面可以接触牙齿；机头使用晶体 |
| 声波的 | - 将空气转换成机械振动。按照制造商的维修保养说明 |
| 抛光机/钻孔装置 | - 两种类型可供选择：电动或气动<br>- 各种机头可用。按照制造商的维修保养说明 |

# 牙科预防

**技能框14.2　牙齿清洗程序**

| 步骤 | 方法 | 备注 |
|---|---|---|
| **1. 装备**<br>技术人员<br>·面罩或眼镜、手套、手术口罩、牙科专用工作服、手术帽<br>·牙科设备及辅助材料<br>·可调节的凳子 | 无 | ·合适的设备能够降低技术人员的累积创伤障碍的风险（CTDs）。累积创伤障碍包括腕管综合征及重复性动作造成的任何创伤 |
| 病畜<br>·适当的措施以维持病畜的体温，用毛巾垫在操作台上的动物身下<br>·适当的监护设备<br>·静注导管/补液<br>·疼痛管理协议<br>·麻醉协议<br>·适当大小的开口器<br>·咽喉后部放置纱布以吸收多余的水和碎片<br>·头部向下，允许适当地排水 | 附加信息：<br>·保温（见技能框8.6，第344页）<br>·IV导管置入（见技能框8.9，第347页）<br>·液体疗法（见第8章，第357页）<br>·疼痛管理（见第9章，第390页）<br>·麻醉（见表13.3，第451页）<br>·麻醉监护（见表13.7，第458页） | ·适当地使用加热垫以降低烧伤的概率，温热毛巾，加热液体袋或Bair hugger 毯子<br>·多普勒或其他血压装置，脉搏血氧饱和度仪，心电图（ECG）和/或窒息监视器 |
| **2. 口腔检查**<br>·对病畜的口腔进行彻底检查，图示所有异常情况。兽医师应对任何的异常情况进行诊断 | ·外部检查：检查动物的头部和面部的对称性，口臭，鼻或眼分泌物或肿胀，闭塞问题，唇或舌头的异常<br>·内部检查：图示牙菌斑/牙石的程度，并且此时可以看到牙齿缺失和其他异常；检查唇、口腔组织和舌头是否有任何异常<br>·记录口腔情况，如果有，拍摄"前"和"后"数码照片<br>·X线检查可疑部位<br>·如果需要拔牙，进行适当的神经阻滞（见技能框14.3 牙齿局部神经阻滞，第516页） | ·所有对舌头的操作都要轻柔，以免损害支配神经或附着肌肉<br>·按照系统化的方法以确保所有的牙齿都有检查，清理和图示<br>·见表14.4 牙科图表，第504页和表14.9 影像学技术，第511页 |
| **3. 刷牙** | ·用洗必泰牙膏刷牙，并用0.1%~0.2%的洗必泰溶液冲洗 | ·在清洗前除去多余的细菌 |
| **4. 移除明显的牙石** | ·使用钳子（结石钳或拔牙钳）除去大量积累的牙石。使用改良的握笔法，将刮器以45°~90°角放在牙齿上，这样可以使尖端符合牙齿曲线且使其切削边缘放在牙石之下。向上移动远离牙龈线<br>·该过程应该使用肩部肌肉，而不是手腕<br>·这仅用于龈上的牙石 | ·可以减少超声波洗牙机过度使用<br>·超声波洗牙机可以用来清除任何剩余的牙石 |

**14**

| 步骤 | 方法 | 备注 |
|------|------|------|
| 5. 超声波清洗 | • 用和刮器相同的握法，使用光刷轻触牙齿。保持尖端移动，防止牙齿过热，在任何牙齿上停留不超过10~15s<br>• 仅用于有菌斑/牙石的牙齿 | • 不建议清洗没有菌斑/牙石的牙齿，因为会损害牙骨质 |
| 6. 龈下清洁和根面抛光 | • 使用牙周形、声波或亚音速刮器，可以实现初步去除龈下牙石。使用手刮匙以45°~90°角，以锋利面，坚定的拉动以刮除牙石。用探针检查去除效果<br>• 牙根面，用刮匙在牙齿周围做深4~6mm牙周袋。做10~20次短的重叠的拖动（水平、垂直和倾斜），来达到玻璃样光滑表面。某些情况下（4~5mm牙周袋）无需外科手术即可实现，并作为根面封闭（RPC）；在其他情况下，需要通过切割牙龈皮瓣来暴露牙根，这被认为是手术并指明为根面开放（RPO） | • 当牙周袋深度为以下值时使用：<br>• 犬：3~5mm<br>• 猫：2~4mm<br>• 牙骨质有利于再附着过程，因此，必须小心，不要过多地使用该技术 |
| 7. 空气干燥牙齿或使用牙菌斑显露溶液 | • 直接用压缩空气流吹干每颗牙齿以检查是否有残余的牙菌斑 | • 仔细检查牙菌斑<br>• 牙菌斑将显示为白色斑点 |
| 8. 抛光牙齿 | • 按照制造商的说明使用大量中等到精细的抛光膏轻轻接触（足以使抛光杯发光）和设备，将预防杯放在牙齿的牙龈线上并顺利向下移动。不要让预防杯在牙齿上停留超过5s<br>• 如果必须使用粗糙膏，确保最后用精细膏来完成 | • 表面光滑阻止牙菌斑堆积<br>• 抛光牙齿的所有表面 |
| 9. 冲洗 | • 用0.1%~0.2%的洗必泰溶液，冲洗牙齿 | • 冲洗液：15mL的洗必泰同1加仑（4L）的蒸馏水混合 |
| 10. 评估牙齿 | • 测量并图示每颗牙齿的龈沟，牙齿松动度和整个牙龈健康<br>• 如果需要拔牙，需要进行适当的神经阻滞（见技能框14.3 局部牙神经阻滞，第516页） | • 见表14.4 牙科图表，第504页 |
| 11. 调整病畜到另一侧，重复步骤3~10 | • 断开气管插管。将病畜腿朝下翻身（不要只翻转病畜的颈部），重新连接气管插管，并开始牙科常规操作 | |
| 12. 拔牙 | • 检查技术人员执行拔牙的有关规定<br>• 适当的培训非常重要<br>• 见表14.11 拔牙的一般程序，第515页 | • 建议在第9步后拔牙，确保最少量的细菌存在 |

**14**

| 步骤 | 方法 | 备注 |
|---|---|---|
| 13. 氟化物治疗 | • 给病畜的牙齿使用氟化物的做法被兽医协会质疑。如果使用氟化物，可用1.23%的酸化磷酸氟凝胶干燥牙齿，并使其在牙齿上停留4min。按照制造商的说明，冲洗或用脱脂纱布彻底擦拭 | • 降低牙齿敏感度和菌斑生成速率<br>• 认为对猫牙颈线病变是有用的 |
| 14. 应用阻隔密封剂 | • 按照制造商的说明，对每颗牙齿使用阻隔密封剂 | • 防止细菌黏附 |
| 15. 动物清理及麻醉苏醒 | • 检查动物的口腔是否有血液，碎片或纱布，如果发现有则移除。用毛巾擦干或吹风机吹干动物的头部 | • 对于牙科区域和机械设备，每个诊所都需要制定日常的清洗规则，并执行 |
| 16. 家庭护理说明 | • 取决于所需的牙科预防和兽医师诊断，兽医师应针对宠物所患牙病，给宠物主人提供家庭护理的适当建议，包括下次复查，日常刷牙和饮食建议 | • 见技能框2.9　家庭口腔护理，第50页 |

**表14.4　牙科图表**

　　下面是一些常用的图示符号。您的诊所可能已经有自己习惯的符号。目前有两种用于图示动物牙齿的编号系统：解剖系统和Triadan系统。每间诊所可决定哪个系统最适合自己的牙科服务。

| 关注点 | 方法 | 图示符号 | 描述 |
|---|---|---|---|
| 菌斑/牙石 | • 肉眼检查 | | |
| 菌斑指数（PI） | | PI0<br>PI1<br>PI2<br>PI3 | • 无菌斑<br>• 牙龈边缘有菌斑薄膜<br>• 牙龈边缘有适量菌斑<br>• 大量菌斑累积重叠进入齿间空间 |
| 牙石指数（CI） | | CI1<br>CI2<br>CI3 | • 牙石覆盖1/2牙冠<br>• 牙石覆盖3/4牙冠<br>• 牙石覆盖整个牙冠，并在存在龈下发现 |
| 牙龈健康/牙周疾病 | • 肉眼检查和牙周探针 | | |
| 牙龈指数（GI） | | GI0<br>GI1 | • 正常：牙龈组织呈虾的颜色；牙龈边缘尖锐<br>• 边缘性龈炎：轻度炎症，颜色轻微变化，牙龈表面轻微改变，口臭 |

| 关注点 | 方法 | 图示符号 | 描述 |
|---|---|---|---|
| 牙周病指数（PDI） | | GI2/PDI1<br>GI3/PDI2<br><br>PDI3<br><br><br>PDI4 | • 中度牙龈炎：中度炎症，牙龈组织呈宝石红色，有牙菌斑和出血<br>• 严重的牙龈炎/早期牙周炎：严重炎症，牙龈组织有红色和紫色缘，正在形成牙周袋，出血和溃疡；<25%牙槽损失<br>• 中度牙周炎：严重炎症，水肿，深部脓肿形成牙周袋，轻微的牙齿松动和牙槽周围早期骨丢失；25%~50%的牙槽损失<br>• 重度牙周炎：牙齿松动，牙齿脱落，脓液，>50%的骨丢失和存在厌氧革兰阴性杆菌 |
| 龈沟袋探测深度（P，PD） | • 将牙周探针放置龈沟并在牙齿周围移动 | P 或PD +毫米深度<br>（如P2） | • 正常：1~4mm（犬），0.5~1mm（猫）<br>• 龈沟袋深度增加通常需要一个以上的预防标准，并应咨询兽医 |
| 牙龈增生 | • 牙周探针 | 牙龈线上面的毫米组织（如+2） | |
| 牙龈萎缩 | • 将牙周探针放置在游离的牙龈缘 | 在牙齿上画线以反映萎缩程度 | • 如果不能完全附着，则图示为完全附着丧失（AL） |
| 损伤（L） | • 牙周探针 | 在图上画圈<br>L1<br>L2<br>L3<br>L4<br>L5 | • 第一阶段：仅影响牙釉质；在咬合面有坑/裂缝<br>• 第二阶段：影响牙釉质和牙本质；PM和M近端表面<br>• 第三阶段：露出牙髓；包括I&C近端表面<br>• 第四阶段：包括牙根断裂；包括I&C切面<br>• 第五阶段：牙齿不稳定 |
| 牙齿松动 | • 牙周探针<br>• X线检查 | M1<br>M2<br>M3 | • 轻微松动<br>• 较大松动：移动1mm<br>• 明显松动：移动>1mm |
| 分叉暴露 | • 肉眼观察<br>• 牙周探针<br>• X线检查 | FE1<br>FE2<br>FE3 | • 最小的探测入口<br>• 探头进入分叉，但不会穿透分叉<br>• 探头穿过分叉 |
| 牙齿错位 | • 肉眼观察<br>• X线检查 | 弯曲箭头来表示牙齿的位置 | |
| 牙齿缺失 | • 肉眼观察 | 在图上画圈 | • 如果存在牙齿或牙根，X线可以看到 |

| 关注点 | 方法 | 图示符号 | 描述 |
|--------|------|----------|------|
| **破牙质细胞再吸收病变**（破骨细胞再吸收病变，牙颈部病变或牙颈线病变） | · 肉眼观察<br>· 牙周探针<br>· X线检查 | ORL或CLE | 等级I~V<br>· I：仅影响牙釉质；可以用探测器感觉到边缘，但一般看不到<br>· II：影响牙釉质和牙本质；能看到和感觉到损伤<br>· III：牙髓渗出<br>· IV：牙齿松动<br>· V：牙冠消失，牙根依旧存在 |
| **残留牙根** | · 肉眼观察<br>· 牙周探针<br>· X线检查 | Rtr | · 牙冠消失，牙根仍然存在 |
| **根面抛光** | | RPC<br>RPO | · 闭合根面抛光<br>· 开放根面抛光 |
| **板断裂/裂缝**（Slab fractures/fractures） | · 肉眼观察 | FXC<br>FXO + "V" 或 "NV" | · 闭合裂缝；仅通过牙釉质<br>· 开放裂缝；损害扩展到牙髓腔/根管<br>　· V：活牙，牙髓腔出血<br>　· 如果动物清醒，当接触到牙齿时动物会退缩<br>　· 如果麻醉，下颚颤抖<br>　· NV：死牙，牙髓腔色暗 |
| **多生牙** | · X线检查 | 绘制牙 | · 图上标出额外牙齿位置并拍摄X线片，看看是否有任何未长出的牙齿 |
| **磨损牙** | · 肉眼观察 | W | · 中心褐色，通过探针无法进入牙髓腔 |
| **拔牙** | · 肉眼观察 | X<br>XS<br>XSS | · 简单拔牙（1牙根）<br>· 分段拔牙（2或3牙根）<br>· 外科拔牙（牙龈萎缩时） |

**14**

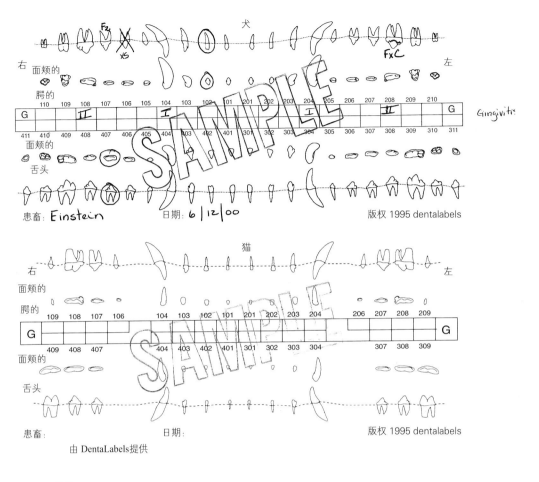

图14.6　动物牙科疾病（Triadan编号系统）

由DentaLabels提供（DentaLabels，19 Norwood Avenue，Kensington，CA 94707；510–524–6162/800–662–7920）

兽医师的职责是诊断下列疾病，技术人员可以通过认清以下情况协助兽医师。

表14.5 解剖疾病

| 疾病 | 描述 | 备注 |
| --- | --- | --- |
| 前反牙合 | · 上颌骨短于下颌骨<br>· 上切牙在下切牙后 | · 牙齿磨损不当 |
| 下犬齿基部窄 | · 恒犬齿向舌或近中移位 | · 轻微或严重的损害，并可能形成口鼻瘘 |
| 短颌 | · 上颌骨长于下颌骨<br>· 鸟形颌（鹦鹉嘴） | · 下颌牙齿拥挤；牙周病的概率增大 |
| 牙齿连锁 | · 乳牙长出 | · 防止下颌骨向前生长 |
| 融合 | · 2个齿芽一起成长 | |
| 共生 | · 1个牙根，2个牙冠 | · 牙菌斑累积和牙周疾病 |
| 上犬齿阻生 | · 牙齿不能长出 | · 形成不明显的口鼻瘘<br>· 常见于迷你贵宾犬和喜乐蒂牧羊犬 |
| 水平咬合 | · 门牙对切咬合 | |
| 少牙畸形 | · 比正常的牙齿数少 | · 美容犬/展示犬<br>· 通常是门牙或前臼齿 |
| 多牙（额外的） | · 比正常的牙齿数多 | · 牙周病的概率增大 |
| 后反牙合 | · 下颌骨比上颌骨的前臼齿宽 | · 下前臼齿和臼齿的颊面会有大量牙石<br>· 加强家庭护理是很必要的<br>· 常见于拳师犬和长鼻子品种 |
| 下颌前突 | · 下颌骨长于上颌骨<br>· 下颌突出<br>· 伴有前反牙合 | · 不当磨损的牙齿和拥挤或旋转的牙齿；牙周病的概率增大<br>· 在短头品种正常 |
| 残留脱落牙齿 | · 恒齿向脱落牙齿的舌侧长出（上犬齿除外） | · 能导致咬合不正<br>· 牙周病<br>· 常见于玩具品种和猫 |
| 口歪 | · 一个象限与其他象限不在一个平面 | |

14

表14.6　病理疾病

| 疾病 | 描述 | 备注 |
| --- | --- | --- |
| 龋牙 | ·骨吸收病变常被错认为龋齿（罕见） | ·最常见第一和第二上臼齿和第一下臼齿 |
| 接触性溃疡 | ·黏膜和牙齿不断接触造成的溃疡 | ·需要持续的家庭护理 |
| 牙釉质发育不全 | ·牙釉质部分减少或丢失，通常是由犬瘟热、高烧、营养缺乏或严重的寄生虫病引起 | ·客户教育是必须的，通常包括刷牙和常规氟化亚锡 |
| 嗜酸性溃疡 | ·"浸蚀性溃疡"是一个缓慢增长的破坏猫嘴唇软组织和骨骼的癌症。呈圆形，界限清楚的红褐色病变<br>·偶见于舌和硬腭 | ·一般是良性的 |
| 裂缝 | ·通常发生于犬的第四上前臼齿和门齿，但所有牙齿都可能发生 | ·长期接触到感染<br>·眶下肿胀 |
| 牙龈增生 | ·由于慢性炎症导致牙龈增厚；牙龈组织的增生 | |
| 不明显的口鼻瘘 | ·上颌犬齿脓肿<br>·临床症状：鼻腔分泌物，可能存在牙根肿胀<br>·牙周探针从犬上颌犬齿腭侧延伸到鼻腔 | ·感染 |
| 鼻咽息肉 | ·在猫，发现息肉连接到一个细长的柄上 | ·可引起呼吸窘迫或妨碍吞咽 |
| 破牙质细胞再吸收病变（ORLs） | ·牙颈部釉质腐烂<br>·也被称为破牙质细胞的骨吸收病变（ORL）、外部破牙质细胞再吸收病变（EOR）、牙颈线病变（CLL）、牙颈部病变（CNL） | ·动物疼痛，修复前应该拍摄X线<br>·通常分为Ⅰ~Ⅴ等级 |
| 牙龈脓肿（齿龈溃疡） | ·膜龈线以下的圆形发炎区域 | ·由瘘管引流导致 |
| 牙周病 | ·缺乏日常的牙齿护理而造成，会导致口腔中的细菌过量并引起牙菌斑堆积，从而导致结石的形成 | ·能够导致牙齿脱落和改变动物全身系统健康 |
| 口腔炎，异物，化学，热或与免疫相关 | ·口腔软组织炎症 | ·感染 |
| 四环素染色 | ·给妊娠犬或幼犬使用四环素而引起年轻犬牙齿着色 | ·仅影响美观 |
| 肿瘤，良性龈瘤 | ·肿瘤涉及牙周韧带并可侵入骨骼<br>·纤维瘤：光滑，粉红色，始于龈沟，很少使牙齿移位<br>·骨化：牙龈覆盖新骨生长 | ·活组织检查 |

| 疾病 | 描述 | 备注 |
|---|---|---|
| **肿瘤，恶性的** | | |
| **恶性黑色素瘤** | · 犬：侵袭性很强的口腔肿瘤，2/3色素沉着，溃烂 | · 常见的转移瘤<br>· 对于犬是非常常见的恶性肿瘤（猫很少） |
| **鳞状细胞癌** | · 犬：局部侵袭，罕见转移。通常呈红色，表面不规则，易碎，血管丰富<br>· 猫：局部侵袭，快速增长的癌症；罕见转移 | · 犬，第二常见的恶性肿瘤；猫也常见 |
| **恶性纤维肉瘤** | · 犬：坚实，扁平，溃烂，局部侵袭<br>· 猫：坚实 | · 不常见转移<br>· 在犬，第三多见的恶性肿瘤<br>· 在猫，常发生于舌下（罕见） |

# 牙科放射学

兽医常常使用放射学作为检查动物口腔健康的分析工具。X线有助于评估拔牙后所有牙根残余是否彻底清除，鉴别未长出的牙齿和/或阻生牙、牙周疾病的状态和/或治疗的进展状况。X线同时也可协助诊断瘘管、囊肿、肿块和肿瘤。对放射学的深入探讨，见第5章 影像学，第155页。

## 设备

如果诊所计划为其病例提供全面的牙科诊断和治疗，则需投资一台牙科X线机。诊所里的医用X线机也可使用，但X线片不作为诊断用，其使用通常耗费更多的时间。用于牙科X线的其他配件有泡沫楔、沙袋、注射器（将1mL和3mL的注射器筒剪成不同长度，作为射线可透过的开口器）和适当的防护服。每间诊所都应评估各自的特殊需要，研究各种可用设备。

**表14.7 技术图表**

为每个X线检查设备设计技术图表；下列图表提供了初始基点。

| 仪器类型 | 动物大小 | kVp | mAs | 焦距 | 时间 |
|---|---|---|---|---|---|
| **数字X线** | · 根据牙齿和品种，选择预设的定时器 | | | | |
| **牙科X线** | 小型犬和猫 | 40~50 kVp | 8~10 mAs | 10~12英寸（25~30cm） | 1/10~2/10s |
| | 中型犬 | 50~65 kVp | 10 mAs | 10~12英寸（25~30cm） | 1/10~2/10s |
| | 大型犬 | 65~75 kVp | 10 mAs | 10~12英寸（25~30cm） | 1/10~2/10s |
| **兽医X线** | | 60~64 kVp | 100 mAs | 10~12英寸（25~30cm） | 1/10~2/10s |

14

**表14.8　X线胶片**

点彩一侧总是朝向X线束。将凸起点的角以相同的定向。

| 胶片类型 | 使用 | 大小（英寸） |
|---|---|---|
| 根尖周 | · 小型犬和猫 | · 0：$\frac{7}{8} \times 1\frac{3}{8}$<br><br>· 1：$\frac{15}{16} \times 1\frac{9}{16}$<br><br>· 2：$1\frac{1}{4} \times 1\frac{5}{8}$ |
| 咬合面 | · 中型和大型犬<br>· 口内或口外显示囊性病变，阻生牙，唾液腺导管结石和骨折的位置 | · 4：$2\frac{1}{4} \times 3$ |

注：胶片显影
 · 按照制造商的说明。
 · 定影时间通常是显影时间的两倍。
 · 室温将会影响显影时间。
 · 搅拌化学液非常重要，有利于从液体中除去气泡。
 · 胶片应在最后水槽中冲洗不少于5min和不超过60min。

**表14.9　影像学技术**

| 技术 | 描述 | 使用 |
|---|---|---|
| 平行 | · 将病畜侧卧，使患侧牙槽弓最靠近X线管。胶片平行于牙齿的长轴放置，尽可能靠近的牙齿。X线束要垂直于（90°）胶片和牙齿轴线 | · 评估下颌前磨牙，磨牙或鼻腔<br>· 胶片和牙齿长轴之间的位置角度<15° |
| 上颌牙平分角 | · 病畜仰卧，俯卧或侧卧。胶片置于口内。X线束放在预检查的牙根上并垂直于齿轴平面和胶片平面之间的平分线（主观判断此平分线） | · 评估上颌前磨牙和磨牙，上颌/下颌犬齿和切牙<br>· 选择技术，因为它使牙齿失真减少到最小 |

注：用压舌板帮助可视化的分角。

表14.10　影像学摆位

| 影像 | 摆位[a] | 简笔图 | X线片 |
|---|---|---|---|
| 门齿和犬齿 | **嘴侧上颌骨视图**<br>• 患畜：俯卧<br>• 胶片：对着尖牙和前磨牙尖放置<br>• 光束：集中在鼻子的中线上并垂直于平分线。在小型犬和猫，光束需更多集中在鼻子上 | 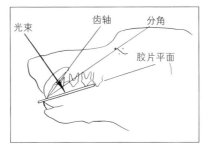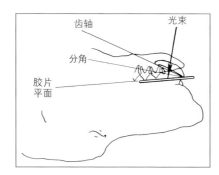 | 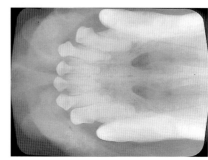 |
|  | **嘴侧下颌骨视图**<br>• 患畜：仰卧，上颌骨下放一垫子做支撑<br>• 胶片：对着上颌骨的尖牙和前磨牙放置，部分胶片延伸到口外，舌头推向口腔后面，离开胶片<br>• 光束：从前向后指向，集中在下巴垂直于平分线上 |  | 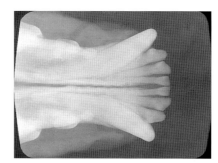 |
|  | **嘴侧斜位**<br>• 患畜：仰卧<br>• 胶片：放置在上颌骨<br>• 光束：结合等分法使光束相对于前侧更靠近腹部，但需从犬的中线向一侧大约移动30°角 |  |  |

14

| 影像 | | 摆位[a] | 简笔图 | X线片 |
|---|---|---|---|---|
| 前臼齿和臼齿 | **后侧下颌骨视图**<br>· 犬：第4前臼齿和臼齿<br>· 猫：下颌前臼齿和臼齿 | · 患畜：侧卧<br>· 胶片：放置在舌头和下颚之间；平行于齿根轴线<br>· 光束：尽可能靠近和垂直于牙齿长轴。光束需要更多地移向腹侧，可能还需要支持物来固定胶片 | 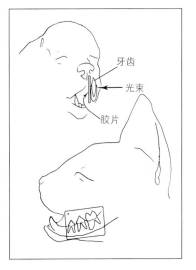 | 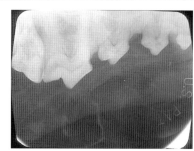 |
| | **嘴侧下颌骨视图**<br>· 犬：前磨牙 | · 病畜：侧卧<br>· 胶片：在口腔中垂直台面，放置在附近下尖牙的牙冠上和对侧下尖牙的底部<br>· 光束：集中在前臼齿和下尖牙的平分线上 | 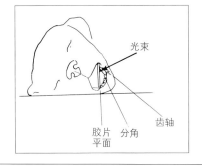 |  |
| | **嘴侧上颌骨视图**<br>· 犬：尖牙和前臼齿 | · 病畜：侧卧<br>· 胶片：跨过上颚，在尖牙后侧延伸出附近的面侧<br>· 光束：分角技术 | 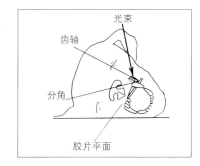 | 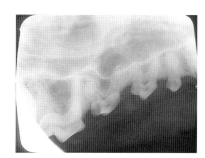 |

| 影像 | 摆位[a] | | 简笔画 | X线片 |
|---|---|---|---|---|
| 前磨牙和磨牙 | **后侧上颌骨视图**<br>· 犬：第4前臼齿和臼齿 | · 病畜：侧卧<br>· 胶片：跨过上颌，延伸出口<br>· 光束：牙齿上以30°~45°角定位在第4前磨牙的中部 | 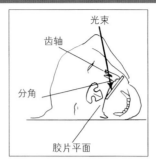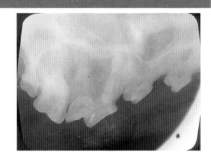 |  |
| | **上颌视图**<br>· 猫：前臼齿和臼齿 | · 病畜：侧卧或俯卧，撑开嘴巴<br>· 胶片：在口腔里垂直放置，放在牙舌侧远端；与牙根平行<br>· 光束：改良的平行技术，考虑摆位在牙根部 | 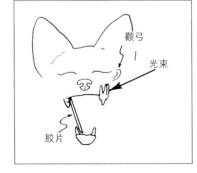 | |

**14**

[a]见表5.7　方位术语，第166页和第1章　解剖学，第3页。

注：素描得到了M.Lynne Kesel使用许可，Veterinary Dentistry for the small Animal Technicians, Ames, IA, Iowa State University Press.。

# 拔牙术

拔牙一般要求必须由兽医完成。要求操作技术人员协助兽医进行。表14.11列出了拔牙通常使用的器械和一般程序。如果当地相关部门允许技术人员进行拔牙操作，那么在这方面提供适当的培训是至关重要的。拔牙并发症一般包括牙槽或下颚断裂、根尖断裂或破损、出血、心内膜炎、继发感染、口鼻瘘、软组织损伤、齿槽炎和牙龈裂伤。

**表14.11　拔牙的一般程序**

| 拔牙 | 设备 | 程序 | 注意 |
|---|---|---|---|
| **简单：**<br>• 涉及牙齿的提拉<br>• 切齿、第二上前臼齿、上臼齿，有时可能包括犬齿 | • 可吸收缝合线（3-0或4-0）<br>• Consil, collaplug<br>• 牙刮器<br>• 牙挺<br>• 消毒液<br>• 挖器<br>• 拔牙钳<br>• 纱布<br>• 持针器<br>• 骨膜分离器<br>• 牙科X线机<br>• 剪刀：牙周和缝合<br>• Senn 拉钩<br>• 手术刀片（15号）和刀柄<br>• 手术巾<br>• 合成包装材料<br>• 阻滞镊 | 1. 用15号刀片，以与牙齿长轴成45°角锐性分离牙龈附着<br>2. 从牙齿上将牙龈掀起，然后将牙挺插入牙齿和牙槽嵴/骨之间，开始松动牙周韧带纤维。牙挺紧贴牙颈部放置，指向根尖并在牙齿周围旋转。轻轻地旋转牙挺来分离牙周韧带纤维并推向根尖<br>3. 使用旋转运动来增加力量；小心用力并坚持几秒<br>4. 使用拔牙钳，轻轻地抓紧牙齿，但需紧靠牙龈线并旋转，如果没有移动的迹象，再次使用牙挺。一旦牙齿拔出，要检查是否有任何根部残留<br>5. 用骨刮匙清洁坏死的齿槽或感染的碎片<br>6. 评估是否有尖锐断端，如有发现，则用牙钻将多余的牙槽嵴打磨光滑<br>7. 如果怀疑有根尖残留则需拍X线片<br>8. 拔出断根时，可能需要根尖镐，小牙挺，手术取出<br>9. 洗涤拔牙部位<br>10. 用合成材料填充囊袋<br>11. 用纱布压迫拔牙部位<br>12. 如果有必要则用圆针或三棱针和可吸收缝合线（铬肠）进行缝合，这取决于牙龈组织的一致性 | • 提拉可能导致牙龈和骨损伤<br>• 不当提拉或用力不当造成牙根断裂（如脱落的或猫的牙齿）<br>• 缝合小的拔牙区域可能导致额外的创伤；第二期伤口愈合可能是最好的方法 |
| **剖面：**<br>• 在预拔牙齿的牙根至骨表面之间切断 | • 简单的拔牙设备<br>• 牙科钻头，锥形裂隙式切割钻或通用的梨形钻<br>• 根尖镐<br>• 骨植入材料 | 1. 切开牙龈附着<br>2. 用骨膜分离器掀起牙龈<br>3. 用牙钻切割牙齿<br>4. 分离牙冠部分，1次1个牙根<br>5. 按照简单拔牙步骤的2~12步 | • 避免使用邻牙作为支点<br>• 避免使空气从牙钻进入骨，因为它能导致患病动物身体的空气性栓子 |
| **手术：**<br>• 切割骨以拔除牙根<br>• 第四上前臼齿，犬齿和犬的第一、第二上前臼齿 | • 简单的拔牙设备<br>• 牙科钻头，锥形裂隙式切割钻或通用的梨形钻<br>• 根尖镐<br>• 骨植入材料 | 1. 切开牙龈附着<br>2. 创造一个口腔黏膜骨膜瓣<br>3. 如果有必要，掀起瓣膜<br>4. 用切割牙钻减少牙槽嵴<br>5. 按照剖面拔牙步骤的4~5步 | • 无法接近牙根，或对相邻结构产生危胁，齿根脆弱，或牙根存在骨性强直时，使用该技术 |

小技巧：拔牙后护理
- 药物治疗：疼痛管理和抗生素治疗。
- 饲喂软食。
- 每天冲洗拔牙部位。
- 手术后2周内安排复查。

14

**技能框14.3　局部牙神经阻滞**

已经发现在拔牙前使用局部牙神经阻滞能够降低手术过程中麻醉药的用量和麻醉深度，使其顺利苏醒，降低手术后即刻使用镇痛药进行疼痛管理的必要性。神经阻滞能够中断身体特定部位的神经传导。对这些阻滞的正确位置进行培训是必需的，而且要非常明确是否允许兽医技术人员进行这一操作。

注射麻醉药物前抽吸是至关重要的，这样可以避免不当注射使麻醉药进入血流。局部麻醉剂的静脉注射可能会导致心脏和/或神经系统中毒（总剂量不应超过2 mg/kg）。神经阻滞的神经系统并发症有短暂视力丧失、霍纳氏综合征、面部神经麻痹、单侧耳聋、短暂神经麻痹。

可加入肾上腺素发挥其血管收缩作用。局部麻醉药可导致血管扩张，使药物在靶区域消除更快——加入肾上腺素后因其具有血管收缩作用，可使局部麻醉的持续时间延长。但它禁用于心律失常、未控制的甲状腺功能亢进、哮喘或使用氟烷麻醉的病畜。

布比卡因注射后有6~12min的滞后时间，但可达4~6h的镇痛作用。

| 类型 | 阻滞区域和神经 | 药物和用量[a] | 注射部位和方法[b] | 相关风险 |
|---|---|---|---|---|
| 颅侧眶下 | • 前侧上牙槽神经<br>• 上颌切齿、犬齿和软组织 | 药物<br>• 利多卡因2%<br>• 布比卡因0.5%<br>用量<br>• 利多卡因<br>　• 1.0mg/kg<br>• 布比卡因<br>　• 0.2~0.5mg/kg<br>每次阻滞体积<br>• 犬：0.2~0.4mL<br>• 猫：0.1~0.2mL | 注射部位<br>• 眶下孔<br>　• 犬：触诊上颌第三前臼齿的远中根<br>　• 猫：通常不触诊；注射到上颌第三前臼齿的分叉背脊<br>方法<br>• 将针头插入眶下孔大约1mm，360°抽吸，然后缓慢注射，用指压住注射部位，注射后按压30~60s | • 猫：不建议将针头向前推进眶下孔，因为可能造成眼眶外伤 |
| 尾侧眶下 | • 上颌神经（中部和尾部的上牙槽神经）<br>• 所有的上颌牙齿，以及头部阻滞侧的软组织（同侧的） | 药物<br>• 利多卡因2%<br>• 布比卡因0.5%<br>用量<br>• 利多卡因<br>　• 1.0mg/kg<br>• 布比卡因<br>　• 0.2~0.5mg/kg<br>每次阻滞体积<br>• 犬：0.2~0.4mL<br>• 猫：0.1~0.2mL | 注射部位<br>• 眶下孔<br>　• 犬：触诊上颌第三前臼齿的远中根<br>方法<br>• 犬：把针头或聚四氟乙烯导管插入眶下孔，向前推进2~3mm，但不要超过内眦水平<br>• 猫：不建议使用这种神经阻滞方法 | |

14

| 类型 | 阻滞区域和神经 | 药物和用量[a] | 注射部位和方法[b] | 相关风险 |
|---|---|---|---|---|
| 中颏 | · 前侧牙槽神经<br>· 下颌切牙、犬齿、第二前臼齿、下唇和软组织 | 药物<br>· 利多卡因2%<br>· 布比卡因0.5%<br>用量<br>· 利多卡因<br>　· 1.0mg/kg<br>· 布比卡因<br>　· 0.2~0.5mg/kg<br>每次阻滞体积<br>· 0.1~0.3mL | 注射部位<br>· 中颏孔<br>　· 犬：从嘴端向后到下颌唇系带触诊到下颌第二前臼齿牙根<br>　· 猫：不易触摸，在下颌犬齿的根尖或其后侧<br>方法<br>· 犬：将针头刺入系带的前缘；往前推针头到颏孔；抽吸；用指压住注射部位，边退针边缓慢注射<br>· 猫：在下颌犬齿根尖或其后缘的下颌唇系带前侧边界插入针头；抽吸；用指压住注射部位并缓慢注射 | |
| 下颌骨后部和下颌骨神经 | · 下牙槽神经<br>· 所有下颌牙齿和相关的同侧下颌骨软组织 | 药物<br>· 利多卡因2%<br>· 布比卡因0.5%<br>用量<br>· 利多卡因<br>　· 1.0mg/kg<br>· 布比卡因<br>　· 0.2~0.5mg/kg<br>每次阻滞体积<br>· 0.25~0.5 mL，如果触及神经，从口内进入；如果从口外进入，则需更多体积 | 注射部位<br>· 下颌孔<br>　· 下颌切迹上方的下颌骨舌侧；触及最后臼齿后侧<br>方法<br>· 口外：使用22-25G，1.0~1.5英寸（2.54~3.81cm）的针头垂直于下颌骨穿过皮肤插入，并穿过下颌骨腹侧。然后改变角度并向背侧进针到下颌孔，抽吸，注射。<br>· 口内：想象在最后臼齿和下颌角之间画一个连线。在这条线的中点前侧插入针头，抽吸，注射。 | · 在口外很难进行；可导致麻醉剂的区域扩散 |
| 上颌 | · 硬腭的口侧面，上颌切牙，犬齿，前臼齿的局部麻醉 | 药物<br>· 利多卡因2%<br>· 布比卡因0.5%<br>用量<br>· 利多卡因<br>　· 1.0mg/kg<br>· 布比卡因<br>　· 0.2~0.5mg/kg<br>每次阻滞体积<br>· 0.1~0.2mL | 注射部位<br>· 主要腭孔<br>· 犬：上颌第一臼齿近中根和上颚中线之间的中点<br>· 猫：在上颌骨裂齿的腭根和上颚中线的中点<br>方法<br>· 在2个参考点的中点插入针头，抽吸，注射 | · 犬：需要眶下神经阻滞协助<br>· 可导致麻醉剂的区域扩散 |

**14**

| 类型 | 阻滞区域和神经 | 药物和用量[a] | 注射部位和方法[b] | 相关风险 |
|---|---|---|---|---|
| 上颌骨和口外方法 | • 上牙槽神经尾侧<br>• 骨、软组织和腭部组织 | 药物<br>• 利多卡因2%<br>• 布比卡因0.5%<br>用量<br>• 利多卡因<br>• 1.0mg/kg<br>• 布比卡因<br>• 0.2~0.5mg/kg<br>每次阻滞体积<br>• 犬：0.2~0.4mL<br>• 猫：0.1~0.2mL | 注射部位<br>• 触诊垂直于最后臼齿牙根的颧弓的前腹侧面。采用该方法时应尽可能地使颈接近气管插管<br>方法<br>• 将针头以垂直角度通过皮肤插入骨头/向内插至最后臼齿的齿根后侧的上颌水平线；针头沿着切迹后缘进针直到刚好超出最后臼齿根尖水平，抽吸，缓慢注射进翼腭窝 | • 比上面讨论的尾侧眶下/上颌神经的口内方法更难进行 |

[a]以mg/kg为单位累积所有阻滞的总剂量：（布比卡因0.5%）（利多卡因2%）。

[b]使用25~27G的结核菌素注射器；3/4~1英寸（1.905~2.54cm）的针头或通过特富龙（Teflon）静脉导管（over-the-needle型）。

注：见方位术语：表5.7，第166页和第1章 解剖学，第3页。

# 第15章

# 外科手术

**15**

| 关键词和术语[a] | 缩写 | 额外资源，页码 | |
|---|---|---|---|
| 吻合术 | BP，血压 | 解剖学，3 | 神经阻滞，516 |
| 眼睑痉挛 | CNS，中枢神经系统 | 麻醉，437 | 营养，55 |
| 裂开 | CRT，毛细血管再充盈时间 | 包扎，401 | 氧气疗法，373 |
| 大便困难 | CVP，中心静脉压 | 血气分析，333 | 疼痛管理，377 |
| 眼内炎 | ECG，心电图 | 血压，330 | 肠外营养，411 |
| 上皮形成 | GDV，胃扩张扭转 | 中心静脉压，332 | 患病动物监护，330 |
| 开窗术 | GIT，胃肠道 | 凝血试验，113 | 体格检查，16 |
| 血尿 | gtt，滴 | 全血细胞计数，103 | 物理治疗，556 |
| 偏侧椎板切除术 | IM，肌内的 | 方位术语，166 | 麻醉后监护，465 |
| 椎板切除术 | IPPV，间歇性正压换气 | 消毒剂，626 | 麻醉前评估，440 |
| 髓核 | IV，静脉的 | 药物治疗，346 | 放射学，157 |
| 不透明 | KCS，干性角膜结膜炎 | 耳道清洁和冲洗，53 | 躺卧动物护理，345 |
| 缓和剂 | kg，千克 | 内窥镜，549 | 胃管放置，426 |
| 全眼球炎 | mg，毫克 | 液体疗法，357 | 超声波检查，195 |
| 光挥发作用 | mm，毫米 | 一般治疗，199 | 尿液分析，145 |
| 血清肿 | MM，黏膜 | 全身麻醉诱导，451 | 尿液收集，432 |
| 特征 | MRI，核磁共振成像 | 实验室检验，69 | 创伤护理，397 |
| 腐肉 | NPO，禁食禁水 | 激光手术，550 | |
| 痛性尿淋漓 | OHE，卵巢子宫摘除术 | 医疗程序，425 | |
| 舌下给药 | PCV，血细胞压积 | | |
| 里急后重 | SQ，皮下的 | | |
| 套针穿刺 | TP，总蛋白 | | |
| 膀胱炎 | | | |

[a]关键词和术语的定义见第629页词汇表。

**15**

　本章所列出的许多外科手术在平时临床治疗中可能不会实施。然而，在某些时候，技术人员会遇到需要给饲主描述外科手术这种特殊方法的情况。这些描述并不意味着如何直接进行操作，而是一个快速概要，使得技术人员可以准备，管理动物护理，以及向其宠物需要做手术的饲主清晰地解释手术程序和术后护理。

　每一个手术都需要解决和处理疼痛管理。参考第9章 疼痛管理，第379页。

　　以下这些为具体器械包的例举，包括基本手术包。每家诊所都需要以最有利于实施的手术类型和外科医师的方式包裹器械。每一个外科医师做不同的手术都会选择适合自己的手术器械。每一个器械包应包含纱布、剖腹手术垫、创巾、盐水碗、缝针、缝线和手术刀，或可能选择单独包裹。

**基本手术包**

腹腔手术器械包
　腹腔钳
　腹壁拉钩
　巴尔弗腹壁拉钩
　抽吸头

一般手术器械包
　有沟探针
　止血钳
　持针器
　牵开器
　手术刀柄
　剪刀
　绝育钩
　组织镊
　组织钳
　巾钳

伤口缝合器械包
　止血钳
　持针器
　手术刀柄
　剪刀
　组织镊

神经手术器械包
　骨蜡
　牙科铲
　硬脑膜钩
　咬骨钳
　　鸭嘴型
　　Lempert

眼科器械包
　眼睑镊
　开睑器

止血钳
泪道插管
持针器
手术刀柄
剪刀
组织镊

骨科手术器械包
　骨钻
　骨夹头和钥匙
　剪骨钳
　持骨钳
　骨锉和锉刀
　Gigli 手柄和钢丝
　骨锤
　骨凿
　骨科线
　骨膜分离器

钢丝钳
拉钩
　Senn 拉钩
　Volkmann 拉钩
咬骨钳
钢丝剪

胸腔手术器械包
　一般手术器械包
　长手柄器械
　肋骨拉钩
　威尔逊肋骨吊具
　剪骨钳
　直角钳
　血管钳
　动脉夹

**特殊手术器械包**
许多器械是偶尔使用，应该单独包裹。仪器随着不断的洗涮和高压灭菌会变得越来越差，因此，不应进行不必要的灭菌。每个器械包中器械的类型和数量取决于外科医师的喜好。

活组织检查/环钻包
刮匙包
拉钩包

止血钳包
植入物
螺丝包

骨膜分离器包
针包
抽吸头和管包

15

技能框 15.2  术前规程

　　一旦决定进行手术，则应该按照一套术前准则来操作，以确保动物安全。这些准则包括从体格方面评估动物，这样可以纠正潜在的问题，并对动物进行术前准备。也确保饲主知悉接下来的步骤，并对自己的决定感到满意。在这一章节中列出了特殊手术的具体细节。

饲主交流
· 确保饲主知悉手术方法、选择、风险、术后护理和费用
  **麻醉前评估**（见表13.1，第440页）
· 特征
· 既往史
· 体重
· 生命体征
· 体格检查
· 实验室检验
· 额外的诊断测试
· ASA体格状态

动物稳定
· 输液治疗（见第8章，第357页）
· 纠正酸碱失衡
· 疼痛管理计划（见第9章 疼痛管理，第377页）
· 药物治疗（见第8章，第346页）
· 稳定方法如氧气疗法、胸腔穿刺和腹腔穿刺（见第12章　医疗程序，第425页）
· 营养评估和给予（见第3章 营养，第55页；第11章 肠外营养，第411页）

动物准备
· 如果必要，手术前让饲主给动物洗个澡
· 成年动物术前禁食6~12h，幼年动物禁食4~6h，否则容易导致低血糖
· 诱导麻醉前应让动物排尿和排便
· 验证接受手术的动物、手术方法和术部都正确无误
· 诱导麻醉（见表13.3 全身麻醉诱导，第451页）
· 手术部位准备
  · 手术部位大范围的剃毛以便术中创巾滑动，扩大切口和放置引流管
  · 使用吸尘器移除多余的毛发和碎片
  · 清理手术部位和周围的毛发
  · 将动物移至手术室并进行皮肤的无菌处理
    · 沿切口开始，以圆圈的方式从中心向外周涂擦
    · 确保不再返回中心，因为可能会将细菌带回切口
    · 所用清洗液不是固定的；各个医院应该设定自己的标准（如聚维酮碘、洗必泰、氯二甲酚）
    · 根据不同的产品，用水或酒精冲洗可能是必要的
    · 应防止清洗液积聚或在铺盖创巾和外口切开前已经干燥

# 外科手术

表15.1  腹腔手术

| 方法 | | 腹腔手术 |
|---|---|---|
| 术前准备 | 器械 | ・腹腔手术器械包<br>・电烙器<br>・纱布/剖腹手术垫<br>・一般手术器械包<br>・拉钩包<br>・生理盐水碗<br>・温生理盐水<br>・抽吸头和管包 |
| | 动物 | ・麻醉前评估<br>・术前规程<br>・排空膀胱<br>・使用抗菌剂冲洗公犬的包皮<br>・见特殊手术 |
| 手术技术 | | ・应该将要检查的器官或部位引至腹腔外，并用生理盐水浸润的纱布保护隔离<br>・所有的组织必须不断地用温生理盐水湿润<br>・内脏器官的处理必须小心，以免进一步的损伤，还要保证足够安全，避免肠内容物渗漏到手术部位<br>・提供干净无菌创巾、垫巾、手套和关腹器械<br>・监测动物是否有过多的血液丢失，腹腔污染，由于脏器操作而增加呕吐的倾向<br>・见彩图1.6至彩图1.8，CP-1 |
| 并发症 | 操作 | ・脓肿<br>・开裂<br>・胃或肠穿孔<br>・出血（如不良止血、血管器官的不慎损伤）<br>・黄疸<br>・肠管狭窄<br>・胰腺炎<br>・腹膜炎/败血症（如GIT内容物污染）<br>・胸腔积液<br>・预期手术失败<br>・内脏表面粘连 |
| | 动物 | ・手术时间延长而导致体温过高<br>・腹部疼痛<br>・大便失禁<br>・发热<br>・里急后重/便秘/大便困难<br>・呕吐 |

**15**

| 方法 | | 腹腔手术 |
|---|---|---|
| 后续追踪 | 动物护理 | · 禁食禁水 12~24h<br>· 术后继续镇痛<br>· 监测排便能力、频率和外形<br>· 严格术后护理<br>· 在拆线/缝合钉拆除前要限制运动或在兽医指导下进行适当运动 |
| | 饲主教育 | · 术后护理准则<br>· 喂饲2~3d的低脂肪、清淡饮食后，逐渐回复正常饮食 |

**表15.2　腹腔手术：腹壁疝，肛门囊切除术，结肠切开术**

| 方法 | 腹壁疝 | 肛门囊切除术 | 结肠切开术 |
|---|---|---|---|
| 定义 | · 修复腹壁上的孔，该孔可造成脏器或部分器官突出 | · 移除1个或2个肛门腺及其肛门腺管 | · 结肠段做切口 |
| 适应证 | · 肠梗阻和/或绞窄损伤 | · 校正长期肛门腺感染，反复嵌塞，肛周瘘和肿瘤 | · 全层活组织检查，梗阻和穿孔 |
| 动物准备 | · 仰卧<br>· 疝周围3英寸（7.62cm）范围做术前准备 | · 俯卧，后腿搭在手术台的边缘，尾巴向前固定<br>· 肛周准备4"半径范围<br>· 挤肛门腺，尽可能多地排除结肠的粪便，用纱布塞进直肠<br>· 闭合技术：±填充硬化凝胶或树脂进入囊内以便切除 | · 排空肠道以减少细菌数量和感染风险，提高可视性<br>· 喂饲低残留食物2~3d，术前禁食24h<br>· 术前24h使用结肠电解质溶液，灌肠，轻泻药或泻药清理结肠<br>· 梗阻或穿孔时禁忌<br>· 仰卧<br>· 准备整个腹部 |

15

| 方法 | 腹壁疝 | 肛门囊切除术 | 结肠切开术 |
|---|---|---|---|
| 手术技术 | 沿疝囊切开，并分开至疝孔。剥除任何粘连，将器官和/或内脏还纳腹腔。疝孔边缘做锐性切割形成新鲜创面，缝合疝孔。常规关腹 | **闭合技术**<br>插入止血钳，硬化凝胶/树脂，球端导管到肛门腺进行分离或分离硬化囊，在肛囊上做一切口。轻轻分离囊周组织，移除肛囊和导管。用温生理盐水冲洗术部，常规关闭缝合其余组织<br>**开口术**<br>可见肛门囊口，将有沟探针插入囊口尽可能多的向腹侧插入。沿着有沟探针切开，分离整个肛囊和导管。用温生理盐水冲洗术部，常规关闭缝合其余组织<br>· 移除直肠内塞的纱布 | 后腹中线切口。将病患部位引至腹腔外并用生理盐水浸润的纱布保护隔离。置预留缝线，结肠内容物从预计切口处溢出。切开结肠以便梗阻修复或获得全层活组织检查样本，随后缝合。切除术和吻合术是必要的，使用缝线或缝合钉。使用温生理盐水冲洗腹腔，用网膜覆盖结肠切口。换掉污染的器械和手套，常规关腹 |
| 注 | · 动物护理：呕吐，发热，白细胞增多可能表明腹膜炎<br>· 饲主教育：慢性或小的疝不要求手术处置<br>· 预计疼痛：中度 | · 器械<br>· 闭合技术：硬化凝胶或树脂和管理设备<br>· 开放术：有沟探针<br>· 手术：小心！为了保护神经和括约肌功能，以最小的肌肉损伤进行无损伤分离是必要的<br>· 动物护理：术后立即冷敷手术部位，如果发生污染，术后使用抗生素7~10d<br>· 饲主教育：每天热敷切口2次直到拆线，给予多库酯钠胶囊剂2~3周<br>· 预计疼痛：中度 | · 手术：预留线不是必要的，尤其是有手术助手时<br>· 手术：理想情况下，活组织检查样本通过内窥镜，超声波或剖腹术采集<br>· 手术：在健康组织，使用缝合钉吻合结果比使用缝线要好<br>· 动物护理：如果怀疑污染，术中和术后使用抗生素<br>· 预计疼痛：中度至重度 |

表15.3　腹腔手术：肠切开术，胃扩张扭转，胃切开术

| 方法 | 肠切开术 | 胃扩张扭转（GDV，胃扭转，胃胀气） | 胃切开术 |
|---|---|---|---|
| 定义 | • 在小肠上切口 | • 使胃和脾脏复位，并恢复血液循环<br>• 将胃固定到腹壁上预防再次扭转 | • 在胃上切口 |
| 适应证 | • 溃疡，狭窄或肿瘤检查，全层活组织检查，梗阻，放置饲管 | • 胃扩张并绕中轴旋转 | • 全层活组织检查，梗阻和GDV |
| 动物准备 | • 仰卧<br>• 整个腹部做术前准备 | • 口胃减压或套针穿刺<br>• 仰卧<br>• 胸骨体至脐下2~3英寸（5.08~7.62cm）范围做术前准备 | • 仰卧<br>• 从胸骨底部1/3至脐下2~3英寸（5.08~7.62cm）范围做术前准备 |
| 手术技术 | 腹中线切口。检查所有小肠，将病患部位引至腹腔外并用生理盐水浸润的纱布保护隔离。置预留缝线，小肠内容物从预计切口处溢出。肠钳或助手食指和中指呈剪刀样夹住堵塞肠切口处两端。肠切开进行活组织检查采样或去除梗阻。根据肠的生存能力进行切除和吻合。温生理盐水冲洗腹腔，用网膜覆盖结肠切口。换掉污染的器械和手套，常规关腹 | 腹中线切口。如果必要，可经口胃管或抽吸进行口胃减压。胃复位后检查坏死组织。如果发现坏死则进行部分胃切除术。检查脾脏旋转和坏死。如果发现坏死则进行脾切除术。采取众多胃固定术中的一种将胃固定到犬右侧体壁。换掉污染的器械和手套，常规关腹 | 前腹部腹中线切口。检查所有小肠，将胃引至腹腔外并用生理盐水浸润的纱布保护隔离。置预留缝线。切开胃壁，抽吸胃内液性内容物。去除梗阻或采集活组织检查样本。胃壁缝合采取多层缝合方式，用温生理盐水冲洗，可用网膜覆盖。换掉污染的器械和手套，常规关腹 |
| 注 | • 手术：预留线不是必要的，尤其是有手术助手时<br>• 手术：肠切开术切口通常在邻近梗阻处而不是直接在梗阻处，这样有利于切口愈合<br>• 手术：在健康组织，使用缝合钉吻合结果比使用缝线要好<br>• 预计疼痛：中度至重度 | • 器械：口胃管<br>• 动物护理：监测电解质，血气，PCV，TP，尿液量，ECG和CVP是必要的<br>• 动物护理：术后12~24h开始喂饲质软，低脂肪的食物并监测是否呕吐<br>• 饲主教育：即便实施治疗，动物死亡率仍高达45%<br>• 饲主教育：每天少量多餐喂饲3~4次，餐后避免运动<br>• 预计疼痛：中度至重度 | • 手术：如果预期使用，手术时可以放置饲管<br>• 预计疼痛：中度 |

表15.4　腹腔手术：肠切除术和吻合术，肝切除术

| 方法 | 肠切除术和吻合术 | 肝切除术，部分 |
|---|---|---|
| 定义 | ·切除肠道病患或无活力的部分，并进行肠断端再附着 | ·切除<80％的肝脏 |
| 适应证 | ·梗阻，肿瘤，套叠，坏死，粪便浸润性肠道疾病或扭转引起的肠道功能部分丧失 | ·活组织检查，肿瘤，坏死，脓肿或出血 |
| 动物准备 | ·仰卧<br>·胸骨末端至耻骨做术前准备 | ·凝血试验和血小板计数<br>·仰卧<br>·整个腹部和胸骨底部1/3均做术前准备 |
| 手术技术 | 中腹部腹中线切口。将要切除的肠段牵引至腹腔外，并用生理盐水浸润的纱布保护隔离，结扎较大的血管。肠钳或助手食指和中指呈剪刀样夹住堵塞肠切口处两端。切除病患部分，采用众多缝合方式中的一种或缝合钉完全闭合肠道。将肠内容物挤回吻合处检查是否泄漏。如果怀疑污染，用温生理盐水冲洗整个腹腔。用温生理盐水和抗生素溶液冲洗吻合处，并用网膜覆盖该部位。换掉污染的器械和手套，常规关腹 | 中腹部腹中线切口。为了手术视野更清楚，将纱布垫在肝脏和膈之间。对活组织检查处或即将切除的部分进行检查。安全牢靠地结扎血管后行肝叶部分切除术。切除处要确保充分止血，常规关腹 |
| 注 | ·动物并发症：短肠综合征（极少）<br>·手术：在健康组织，使用缝合钉吻合结果比使用缝线要好<br>·预计疼痛：中度至重度 | ·动物护理：术后麻醉苏醒过程中应密切监护，因为肝切除后会导致药物代谢延长<br>·饲主教育：通过剩余组织的代偿性肥大，数周后肝质量即可恢复正常[a]<br>·预计疼痛：重度 |

[a]摘自M. Joseph Bojrab：Current Techniques in Small Animal Surgery. Baltimore，Williams and Wilkins，1998.

**表15.5　耳部手术**

| 方法 | | 耳部手术 |
|---|---|---|
| 术前准备 | 器械 | · 纽扣或硅胶管<br>· 软骨剪<br>· 电烙器<br>· 伤口缝合器械包或一般手术器械包 |
| | 动物 | · 麻醉前评估<br>· 术前规程<br>· 参考特殊手术 |
| 手术技术 | | · 因为丰富的血管组织非常容易出血，所以电烙器是耳部手术非常重要的器械<br>· 见图1.19　耳，第11页 |
| 并发症 | 操作 | · 血肿形成 |
| | 动物 | · 摇头或抓挠<br>· 听力丧失 |
| 后续追踪 | 动物护理 | · 将耳拉向头顶，绷带包扎，用弹力织物和/或胶带包扎和缚牢<br>· 严格术后护理<br>· 术后连续止痛<br>· 在拆线/缝合钉拆除前要限制运动或在兽医指导下进行适当运动 |
| | 饲主教育 | · 术后护理规程 |

**表15.6　耳部手术：耳血肿和外耳道切除术**

| 方法 | 耳血肿 | 外耳道切除术 |
|---|---|---|
| 定义 | · 引流并使耳部皮肤紧贴软骨表面以利愈合，防止血肿再次发生 | · 切除外耳道壁以利于适当的引流，同时暴露水平耳道<br>· 如果能够确诊为外耳道炎，务必在早期进行手术 |
| 适应证 | · 刺激引起甩头或抓挠耳朵 | · 慢性感染，创伤或肿瘤<br>· 品种解剖学问题（如沙皮犬） |
| 动物准备 | · 侧卧<br>· 清理并治疗潜在的外耳道炎（如果存在）<br>· 耳道内塞入1~2个棉球以防血水进入内耳道<br>· 整个耳廓两侧均做术前准备 | · 侧卧，用毛巾垫起头部<br>· 清洁耳道内的所有蜡状物和碎片<br>· 整个耳廓和外耳道均做术前准备（如脸侧） |

| 方法 | 耳血肿 | 外耳道切除术 |
|---|---|---|
| 手术技术 | 沿耳廓长轴做S形切口。清除血肿内的纤维蛋白和血凝块，用生理盐水冲洗。床垫形式或简单的间断缝合（±使用纽扣和硅胶管）耳廓表面，不留任何死腔，使耳软骨两侧完全紧贴。在切口上放置非粘贴衬垫，使绷带将耳朵朝头顶包扎 | 在垂直耳道外侧做两道平行切口，再做一横切口连接两平行切口。皮肤和皮下组织反转，两个切口切穿软骨暴露垂直耳道内侧。修剪软骨皮瓣，缝合到皮肤上制成腹侧"排水板" |
| 注 | • 手术：激光手术作为另一种手术技术，且不要求缝合<br>• 饲主教育：严格限制活动是必要的，以利于耳廓的顺利愈合<br>• 饲主教育：即使采取合适的治疗，耳廓变形（菜花形状）仍可能发生<br>• 预计疼痛：轻度至中度 | • 动物护理：如果过度肿胀，每天热敷3~4次，连续2~3d<br>• 饲主教育：这种方法不能治愈，仍需要对耳不断用药，但治疗变得容易<br>• 饲主教育：不要对变短的耳道使用任何异物（如棉球、棉签），以免造成鼓膜损伤<br>• 预计疼痛：重度至极度 |

表15.7　皮肤外科

| 方法 | | 皮肤外科 |
|---|---|---|
| 术前准备 | 器械 | • 伤口缝合器械包或一般手术器械包<br>• ±彭罗斯氏引流管 |
| | 动物 | • 麻醉前评估<br>• 术前规程<br>• 参考特殊手术 |
| 手术技术 | | • 参考特殊手术 |
| 并发症 | 方法 | • 裂开，皮肤坏死和腐烂<br>• 预期手术失败<br>• 败血症<br>• 血清肿 |
| | 动物 | • 发热<br>• 感染或皮下血清肿导致疼痛或肿胀 |
| 后续追踪 | 动物护理 | • 监测疼痛或肿胀<br>• 当放置彭罗斯氏引流管时要监测引流物的性状<br>• 疼痛管理<br>• 严格术后护理<br>• 在拆线/缝合钉拆除前要限制运动或在兽医指导下进行适当运动 |
| | 饲主教育 | • 术后护理规程 |

| 方法 | 脓肿，浅表的 | 裂伤，浅表的 |
|---|---|---|
| | **表15.8  皮肤外科：脓肿和裂伤** | |
| **定义** | ·由致病因子导致脓汁潴留在机体组织内形成局限性脓腔 | ·至真皮层全层断裂，暴露皮下 |
| **适应症** | ·局部肿胀和疼痛，脓汁未外流但妨碍动物的正常功能<br>·败血症 | ·恢复皮肤完整性，考虑表皮再植取，一期愈合 |
| **动物准备** | ·摆位易接近脓肿部位<br>·肿胀部位及外围1~2英寸（2.54~5.08cm）的范围内做术前准备 | ·摆位易接近裂伤部位<br>·损伤部位及外围1~2英寸（2.54~5.08cm）的范围内做术前准备<br>·剃毛和其他碎片不能进入裂开部位；填充无菌润滑剂或覆盖湿润的纱布 |
| **手术技术** | 使用尖锐的物体切开脓肿或扩大窦道开口。排出全部脓汁和液体，使用大量的液体（如洗必泰、稀释的过氧化氢、生理盐水）冲洗脓腔以排出所有污染的液体、细菌或碎片。切除所有的失活组织，重新制造一个洞来放置引流管。引流管应连通2个洞，缝合放置3~5d | 手术部位剃毛，清洁，去除所有外在物质。清除失活组织，清洗术部（如洗必泰、稀释的过氧化氢、生理盐水），移除所有的额外的污染液体、细菌或碎片。缝合闭合死腔，也可考虑放置引流管。对齐皮肤边缘缝合或使用缝合钉闭合 |
| **注** | ·手术：脓肿不应在无菌手术室切开，以免造成污染<br>·动物护理：术后全身应用抗生素≥1周<br>·饲主教育：每天热敷2~3次，确保引流管畅通，引流3~5d<br>·预计疼痛：轻度至中度 | ·手术：冲洗液应不含糖，因为糖可为病原体提供营养<br>·手术：皮肤缝合过紧会延迟愈合并促使开裂<br>·动物护理：±绷带和固定促进愈合，减轻肿胀<br>·饲主教育：必须使用伊丽莎白项圈或采取其他措施以免啃咬缝线或放置的引流管<br>·预计疼痛：轻度至中度 |

15

表15.9　皮肤外科：肿块切除和甲切除术

| 方法 | 肿块切除 | 甲切除术（去爪术）[a] |
|---|---|---|
| 定义 | ·切除肿瘤，肿块，瘤或囊肿 | ·切除指甲和整个第三节趾（指）骨 |
| 适应证 | ·功能障碍，瘤形成或整形 | ·创伤，感染或瘤形成 |
| 动物准备 | ·摆位易接近手术部位<br>·肿瘤部位及外围1~2英寸（2.54~5.08cm）的范围内做术前准备<br>·当怀疑或确诊为瘤形成，应做大范围术前准备 | ·侧卧<br>·如果是长毛犬则进行爪部剃毛，洗刷并喷洒消毒液 |
| 手术技术 | 根据具体肿瘤的大小和形状不同采取不同的手术技术，尽量做无损伤切除，从而避免肿瘤细胞扩散和保护邻近组织。围绕肿瘤作足够大范围的椭圆形全层切除以免再生。肿瘤分离出同时进行止血以阻止肿瘤细胞和其他物质（如组胺）。冲洗切口，缝合闭合死腔，可以考虑放置引流管。对齐皮肤边缘缝合闭合 | 使用麻醉性镇痛剂和/或利多卡因/布比卡因行环形阻断。远端血液挤出，肘关节下方放置止血带。可使用手术刀，环状指甲刀，电刀或$CO_2$激光切除整个第三节趾（指）骨。小心切除以免切断趾垫。切口敞着或使用缝线或组织胶缝合。安全绷带包扎以免出血 |
| 注 | ·手术：当多位点切除肿瘤时应更换器械、手套和创巾<br>·动物护理：±绷带<br>·饲主教育：必须使用伊丽莎白项圈或采取其他措施以免啃咬缝线<br>·预计疼痛：中度 | ·器械：止血带，皮肤胶，环状指甲刀，电刀或$CO_2$激光<br>·手术并发症：第三节趾（指）骨必须从每个脚趾上切除以免额外的疼痛，趾甲再生，感染，"幻觉"痛觉和/或偶尔跛行<br>·动物并发症：动物啃咬代替抓<br>·预计疼痛：中度至重度 |

[a]作者认为该方法只有在医学治疗时采用，不应作为行为矫正。

表15.10 神经外科

| 方法 | | 神经外科 |
|---|---|---|
| 术前准备 | 器械 | ・一般手术器械包<br>・骨科手术器械包<br>・神经手术器械包 |
| | 动物 | ・麻醉前评估<br>・术前规程<br>・脊柱不稳的动物应放在支架上或固定到硬物体表面以减少进一步的损伤<br>・± 给予皮质激素<br>・应放置2根静脉导管，如果存在出血以便进行快速补液和输血<br>・为每一个程序（如直线牵引、轻度屈曲、伸展、转动）确定动物体位以利于可视化，减少骨折和/或给脊髓减压 |
| 手术技术 | | ・参见特殊手术<br>・见图1.4和图1.5 骨骼，第5页 |
| 并发症 | 操作 | ・静脉窦出血<br>・神经和/或CNS损伤<br>・脊柱不稳和/或萎缩<br>・血清肿<br>・感染 |
| | 动物 | ・褥疮和泌尿道感染<br>・关节僵硬和肌肉萎缩<br>・肺炎和GIT溃疡 |
| 后续追踪 | 动物护理 | ・术后24h要密切观察（如疼痛管理、呼吸抑制、GDV、癫痫发作）<br>・重症动物护理（如频繁换位、挤压膀胱、物理治疗、保持清洁干燥的环境） |
| | 饲主教育 | ・术后护理规程<br>・通常要求每天进行物理康复训练，直到痊愈和全部功能恢复（数天到数周）<br>・术后12个月内频繁进行神经学检查 |

表15.11　神经外科：椎间盘开窗术，背侧椎板切除术和偏侧椎板切除术

| 方法 | 椎间盘开窗术 | 背侧椎板切除术 | 偏侧椎板切除术 |
|---|---|---|---|
| 定义 | · 在腹侧开窗进入并切除已钙化或正钙化/变性的髓核 | · 切除背侧椎板，暴露脊髓并纠正潜在问题（如切除椎间盘突出物或肿瘤、骨折固定） | · 切除右侧和/或左侧椎板以暴露脊髓并纠正潜在问题（如切除椎间盘突出物或肿瘤、骨折固定） |
| 适应证 | · 椎间盘破裂，脊髓压迫，神经根压迫 | · 损伤位于椎管的背侧或外侧（如椎间盘碎片、骨折碎片、肿瘤） | · 损伤位于椎管外侧，背外侧或腹外侧（椎间盘突出物或肿瘤、骨折碎片） |
| 手术技术 | 　根据手术方式（腹侧，横向或背外侧）进行切口。在开窗处分离环纤维并切除髓核。改变动物体位有利于切除髓核。常规闭合切口 | 　沿着背中线做两个棘突大小的切口。分离至受损的椎体和椎间隙，看到椎管。椎管进入视野后，进行硬膜切开术或不通过硬膜切开术来缓解脊髓肿胀。切除压迫损伤并用生理盐水冲洗。将皮下脂肪覆盖手术部位以免粘连，之后可用金属缝线缝合手术部位。常规闭合其他部位 | 　沿着背中线做两个棘突大小的切口。从外侧面分离至受损的椎体和椎间隙，看到椎管。椎管进入视野后，进行硬膜切开术或不通过硬膜切开术来缓解脊髓肿胀。切除压迫损伤并用生理盐水冲洗。将皮下脂肪覆盖手术部位以免粘连，之后可用金属缝线缝合手术部位。常规闭合其他部位 |
| 注 | · 手术：最常见的是椎板切除术和偏侧椎板切除术联合应用 | · 手术并发症：静脉窦，骨出血，CNS损伤 | · 手术并发症：静脉窦，骨出血，CNS损伤 |

表15.12 眼科手术

| 方法 | | 眼科手术 |
|---|---|---|
| 术前准备 | 器械 | · 眼科手术器械包<br>· 开睑器<br>· 某些特殊程序要求有手术显微镜或头戴式放大镜<br>· 聚焦性光源 |
| | 动物 | · 麻醉前评估<br>· 术前规程<br>· 俯卧，头部用毛巾或垫子撑起<br>· 涂无菌的眼科药膏到眼睛里免受剃毛和清洗液的干扰<br>· 眼部周围剃毛，刷洗或使用黏性胶带清洁术部；使用生理盐水/消毒液冲洗结膜囊；用蘸有稀释消毒液的棉签或外科纱布轻轻地清洗眼周<br>· 剃毛后避免使用真空吸尘器，肥皂，洗涤剂和酒精，因为可能会导致脆弱眼组织出现损伤 |
| 手术技术 | | · 参见特殊手术<br>· 见图1.18 眼，第11页 |
| 并发症 | 操作 | · 预期手术失败<br>· 感染<br>· 组织坏死<br>· 角膜炎继发于角膜干燥和/或损伤<br>· 疤痕组织导致慢性刺激 |
| | 动物 | · 肿胀<br>· 疼痛和瘙痒 |
| 后续追踪 | 动物护理 | · 术后持续镇痛<br>· 严格术后护理<br>· 安静的麻醉复苏，防止苏醒后损伤<br>· 防止自残，在拆线/缝合钉拆除前要限制运动或在兽医指导下进行适当运动<br>· 每天监测泪液量，黏液脓性分泌物，炎症，眼睑痉挛 |
| | 饲主教育 | · 术后护理规程 |

表15.13　眼科手术：白内障，眼睑外翻和眼睑内翻

| 方法 | 白内障 | 眼睑外翻 | 眼睑内翻（腹侧，背侧，外侧或内侧） |
|---|---|---|---|
| 定义 | · 通过手术移除或物理溶解的方法去除晶状体 | · 切除过多皮肤减少松弛，缩短和扶正下眼睑 | · 根据内翻类型切除眼睑皮肤 |
| 适应证 | · 晶状体混浊，导致葡萄膜炎，青光眼，短视或视网膜脱落 | · 眼睑向外翻转导致角膜炎，结膜炎和KCS | · 眼睑向内翻转导致角膜炎，角膜溃疡和疼痛 |
| 动物准备 | · 见表15.12 | · 见表15.12 | · 见表15.12 |
| 手术技术 | · 超声乳化晶状体摘除术：使用超声导向针使混浊晶状体乳化并同时移除，冲洗眼睛<br>· 囊外晶状体摘除术：角膜或角膜巩膜切口，移除晶状体前囊，通常用于非常硬的晶状体<br>· 囊内晶状体摘除术：切除整个晶状体和囊，只用于因并发症引发脱位的晶状体<br>· 通常放置一个人工晶状体以进一步提高视力 | · 环锯术：使用皮肤活组织检查穿孔器，在下眼睑做一个或多个圆形皮肤切口，垂直睑缘缝合皮肤缘<br>· 楔形切除术：在外眼角处切除三角形的全层皮肤，将皮肤边缘对齐并缝合皮肤 | · 根据内翻的部位，在睑边缘1~3mm处进行椭圆形或V形切除皮肤。用不可吸收缝线缝合，允许眼睑外翻，保持正常的解剖位置 |
| 注 | · 适应证：必须区别于核硬化<br>· 动物护理：必须成功控制炎症<br>· 预计疼痛：中度 | · 手术并发症：纠正过度导致眼睑内翻<br>· 预计疼痛：中度 | · 手术：在幼犬，不做眼睑切除时可暂时地做外翻缝合<br>· 饲主教育：可能开始出现眼睑外翻直到肿胀消退之前；可能需要多次手术<br>· 预计疼痛：中度 |

**15**

表15.14　眼科手术：结膜瓣和摘除术

| 方法 | 结膜瓣 | 摘除术 |
|---|---|---|
| 定义 | • 结膜瓣用来覆盖深层角膜溃疡位点，来提供保护，血液供应，抗体和血清抗蛋白酶 | • 摘除眼睛（如眼球、瞬膜、睑缘） |
| 适应证 | • 深层角膜溃疡，创伤，后弹力层突出，破裂或角膜疾病 | • 青光眼，创伤，瘤形成，眼内炎，全眼球炎，先天性缺陷或严重感染 |
| 手术技术 | • 清洁溃疡处的所有坏死组织，确保角膜上皮对移植黏附。从球结膜获取一薄层结膜瓣，覆盖溃疡处并缝合。获取结膜瓣的地方也要缝合。溃疡愈合后（4~6周）剪去结膜瓣，且不能影响先前溃疡处的结膜 | • 经结膜眼球摘除：外眼角切开术，固定眼球。分离附着的肌肉，视神经和血管后切除。分层缝合各层组织<br>• 经眼睑眼球摘除：缝合眼睑，在睑缘外5~6mm处做一椭圆形切口。见上文 |
| 注 | • 手术并发症：结膜瓣失败（如细菌感染、技术水平差、结膜瓣坏死、没有进行足够的溃疡清创术）<br>• 饲主教育：伊丽莎白项圈和限制活动1周<br>• 预计疼痛：中度 | • 手术并发症：出血（如角突匝肌静脉切断），损伤视交叉影响另一只眼睛的视力<br>• 预计疼痛：中度 |

表15.15　眼科手术：青光眼和瞬膜瓣遮盖术

| 方法 | 青光眼 | 瞬膜瓣遮盖术 |
|---|---|---|
| 定义 | • 降低前房液的生成和促进其流出来降低眼压 | • 瞬膜暂时性地黏附在上眼睑，进行角膜支持 |
| 适应证 | • 眼内压升高 | • 深层角膜溃疡，创伤或在愈合过程中暂时性的绷带所造成的角膜疾病 |
| 手术技术 | • 激光周边光凝：通过激光破坏小部分的睫状体<br>• 睫状体冷冻疗法：经冷冻探针用液氮对睫状体进行多点（4~8）冷冻<br>• 前房分流：植入一根可以不断将前房液引流出去的管子 | • 瞬膜缝合到上眼睑或球结膜上，使用纽扣或硅胶管以防止缝针处组织坏死 |
| 注 | • 手术并发症：失明<br>• 饲主教育：疼痛的，失明的眼睛不会受益于上述手术，应该摘除<br>• 预计疼痛：中度 | • 手术并发症：缝线拉的过紧，造成眼睑坏死，角膜刺激<br>• 饲主教育：拆线时间不一致，10d到4周<br>• 预计疼痛：中度 |

表15.16 眼科手术：第三眼睑腺脱垂和外伤性眼球突出

| 方法 | 第三眼睑腺脱垂（樱桃眼） | 外伤性眼球突出 |
|---|---|---|
| 定义 | • 将第三眼睑腺复位并固定在正常位置 | • 将眼球送回眼窝恢复正常位置 |
| 适应证 | • 第三眼睑腺增生和脱垂 | • 眼球前移，眼睑边缘紧包其后 |
| 动物准备 | • 见表15.12 | • 见表15.12 |
| 手术技术 | • 包埋法：在睑结膜上第三眼睑腺边缘做一切口。将第三眼睑腺复原至正常位置进行包埋。对齐并缝合切口缘，使腺体复位<br>• 荷包法：固定第三眼睑腺。在腺体的两端进行荷包缝合。用棉签将腺体复原至正常位置，拉紧荷包并打结。复发率为20%~25% | • 暂时性缝合眼睑使其缩回。轻轻按压眼球同时翻转眼睑使眼球复原至合适位置。术中在外眼角做一切口是必要的，这样有助于复位。缝合眼睑时使用支架以免压力过大而致其坏死。内眼角不缝合以便给药 |
| 注 | • 饲主教育：不再推荐第三眼睑腺切除术，因为会增加KCS的风险；缝线摩擦角膜<br>• 预计疼痛：中度 | • 动物准备：用灭菌生理盐水，黏性润滑软膏或抗生素软膏保持眼球湿润<br>• 动物护理：冷敷2~3d，之后热敷缓解疼痛和肿胀<br>• 预计疼痛：中度至重度 |

表15.17 矫形外科

| 方法 | | 矫形外科 | 方法 | | 矫形外科 |
|---|---|---|---|---|---|
| 术前准备 | 器械 | • 骨科手术器械包<br>• 针包<br>• 螺丝包<br>• 植入物包<br>• 骨膜分离器包 | 并发症 | 操作 | • 预期手术失败<br>• 感染（如骨髓炎）<br>• 固定不牢致使愈合不良或不愈合 |
| | | | | 动物 | • 步态改变 |
| | 动物 | • 麻醉前评估<br>• 术前规程<br>• 侧卧 | 后续追踪 | 动物护理 | • ±绷带<br>• 物理治疗<br>• 疼痛管理<br>• 严格术后护理<br>• 在拆线/缝合钉拆除前要限制运动或在兽医指导下进行适当运动 |
| | 手术技术 | • 参加特殊手术<br>• 见图1.4和图1.5 骨骼，第5页 | | 饲主教育 | • 术后护理规程 |

表15.18　矫形外科：前十字韧带断裂，股骨头切除术和骨折修复

| 方法 | 前十字韧带断裂 | 股骨头切除术 | 骨折修复 |
|------|----------------|--------------|----------|
| 定义 | • 通过降低或缓解因韧带断裂导致的膝关节上的异常压力来稳定关节，防止进一步的损伤，恢复腿部的正常功能 | • 切除股骨头和部分股骨颈以形成纤维性假关节 | • 为骨折愈合提供稳定性，使其在自然愈合过程中干扰降到最低 |
| 适应证 | • 渐进性跛行和退行性关节病 | • 髋关节发育不良或髋关节损伤的小型犬和猫 | • 任何类型的骨断裂，通常是长骨骨折 |
| 动物准备 | • 根据外科医师喜好而定<br>• 仰卧或侧卧，旋转使得屈曲时膝关节平放在手术台上<br>• 髋骨至跗骨部做术前准备 | • 侧卧<br>• 患侧背正中线至膝关节范围做术前准备 | • 根据骨折的部位而定 |
| 手术技术 | • 腓骨头移位术：囊外技术，向前移动腓骨头来固定膝关节外旋<br>• "越过顶部"筋膜带：囊内技术，将一条筋膜穿过胫骨孔道来代替前十字韧带<br>• "越过顶部"髌韧带移植：关节腔内技术，将髌韧带移植来代替前十字韧带<br>• 鳞形韧带：囊外技术，在内外两侧使用缝线来短期固定膝关节，使纤维组织形成长期稳定<br>• 胫骨平台截骨术（TPLO）：通过截骨使胫骨坪复位，以使周围肌肉来稳固膝关节<br>• 胫骨楔形截骨术（TWO）：与TPLO相似，但截骨处更靠近胫骨远端<br>• 胫骨粗隆前移术（TTA）：胫骨嵴复位使髌韧带垂直于胫骨坪斜面来缓解前十字韧带的不稳定 | 髋关节的前外侧切口。分离髋关节，使其脱位提高手术视野的可见度。联合使用钻、锤、截骨术或摆锯。将股骨头和部分股骨颈切除。使用咬骨钳将切骨后的任何不规则骨切除以提供一个光滑的表面。在髋臼上缝合关节囊，使所有的肌腱和肌肉恢复原位并缝合。常规分层缝合各层组织 | • 环扎钢丝：在骨折处环绕钢丝来固定，往往与其他方法一起使用<br>• 张力钢丝带：使用钢丝和髓内针进行固定，利用骨折处的张力压迫来抵抗插入点肌肉的牵引<br>• 交锁髓内钉和髓内针固定：将髓内针打入长骨骨髓腔，在两端使用螺丝或交叉锁螺钉固定<br>• 多根髓内针：植入多根髓内针进行内固定<br>• 骨板和螺钉固定：沿骨折部位放置骨板并用螺钉来进行固定 |
| 注 | • 动物准备：用纱布刷洗悬肢的跗关节正中至腹中线范围<br>• 手术：手术方式很大程度上取决于外科医师的喜好；有较多选择，通常有近90%的成功率[a]<br>• 手术：必须检查每一只动物半月板的完整性，因为大多数CCL断裂都会伴发半月板撕裂<br>• 饲主教育：通常需要4~5个月的恢复期，应遵照兽医术后说明以便最佳康复<br>• 饲主教育：通常每天需要身体康复锻炼直到痊愈和全部功能恢复<br>• 预计疼痛：中度至重度 | • 饲主教育：术后立即开始短期活动，完全康复通常需要6~12个月<br>• 饲主教育：通常每天需要进行身体康复锻炼直到痊愈和全部功能恢复<br>• 饲主教育：由于患肢长度缩短可能会出现永久性的跛行<br>• 预计疼痛：中度至重度 | • 动物准备：增加患肢的牵引<br>• 饲主教育：直到兽医准许后才能进行体力活动<br>• 饲主教育：通常每天需要进行身体康复锻炼直到痊愈和全部功能恢复<br>• 饲主教育：有些植入物需要拆除，尤其是当植入物松动时<br>• 预计疼痛：中度至重度 |

[a]摘自Theresa W. Fossum：Small Animal Surgery，St. Louis，2007，Mosby，第1260页。

**表15.19　矫形外科：髌骨脱位，全髋关节置换术和三重骨盆截骨术**

| 方法 | 髌骨脱位 | 全髋关节置换术 | 三重骨盆截骨术 |
|---|---|---|---|
| 定义 | • 将髌骨固定在滑车内，使患肢活动不再有髌骨脱位 | • 人工股骨头和人工髋臼窝的置换 | • 骨盆中髋臼旋转有利于防止髋关节发育不良引发退行性关节病 |
| 适应证 | • 自发性或触诊时伴发髌骨脱位 | • 患有髋关节致残性疾病大于9月龄的犬<br>• 尽可能在成年置换 | • 髋关节发育不良或无症状的退行性关节病的青年患犬（5~18月龄） |
| 动物准备 | • 仰卧或侧卧<br>• 患侧背正中线至跗骨范围做术前准备 | • 侧卧<br>• 患侧背正中线至跗骨范围做术前准备 | • 侧卧<br>• 患侧背正中线至跗骨范围做术前准备 |
| 手术技术 | • 滑车块退缩：从滑车沟切除骨软骨瓣，切除下方骨质，加深滑车沟，将骨软骨瓣复位<br>• 滑车楔退缩：从滑车沟切除软骨楔，加深滑车沟切除后将软骨楔复位，加深滑车沟<br>• 胫骨结节移位：髌骨韧带附着点移位到更外侧位置，使用钢丝固定<br>• 内侧筋膜释放：释放内侧筋膜使髌骨稳定在深化的滑车沟中 | • 前外侧做一切口。切除股骨头和部分股骨颈，置换为人造股骨头。原先的髋臼窝增宽，将人造的髋臼窝黏接到内侧骨盆壁。随后将股骨头复位到髋臼窝，关节紧密接合。接着常规分层缝合各层组织<br>• 也可用无骨水泥帽，使骨长入帽壳内。为了牢靠接合需要对股管和髋臼进行精确的准备。常常在年轻动物上使用该方法 | 围绕髋臼窝在髂骨翼、耻骨和坐骨处做3个切口。髋臼自由旋转以提供更多的股骨头背侧覆盖面。使用骨板，钢丝或螺钉将髋臼固定到新的位置。随后常规分层缝合各层组织 |
| 注 | • 手术：常常需要使用1种以上的方法来防止再脱位<br>• 动物护理：限制活动至少达3周<br>• 预计疼痛：中度至重度 | • 动物术前准备：术前一天开始IV给予抗生素，手术部位剃毛，检查有无皮肤感染<br>• 手术并发症：植入物感染，骨水泥松动，脱位<br>• 饲主教育：通常每天需要进行身体康复锻炼直到痊愈和全部功能恢复<br>• 预计疼痛：中度至重度 | • 并发症：骨板感染和松动<br>• 饲主教育：限制活动，牵遛至达6周或直到X线检查完全愈合<br>• 饲主教育：通常每天需要进行身体康复锻炼直到痊愈和全部功能恢复<br>• 预计疼痛：中度至重度 |

表15.20 生殖道手术

| 方法 | | 生殖道手术 |
|---|---|---|
| 术前准备 | 器械 | • 一般手术器械包<br>• 绝育钩 |
| | 动物 | • 麻醉前评估<br>• 术前规程<br>• 仰卧<br>• 用消毒液冲洗公犬包皮 |
| 手术技术 | | • 参见特殊手术<br><br>• 见图1.15~图1.17 泌尿生殖系统，第9~10页 |
| 并发症 | 操作 | • 子宫残端、膀胱或阴囊皮肤粘连<br>• 没有将所有的性腺组织切除完全（如卵巢残余综合征）<br>• 出血<br>• 腹膜炎/败血症<br>• 对重要的泌尿系统结构造成意外损伤（如输尿管） |
| | 动物 | • 呕吐<br>• 腹痛 |
| 后续追踪 | 动物护理 | • 严格术后护理<br>• 在拆线/缝合钉拆除前（通常5~7d）要限制运动或在兽医指导下进行适当运动 |
| | 饲主教育 | • 术后护理规程 |

表15.21 生殖道手术：剖宫产，睾丸切除术和卵巢子宫摘除术

| 方法 | 剖宫产（C-切开术，子宫切开术） | 睾丸切除术（阉割，中性，去势） | 卵巢子宫摘除术（绝育，OVH，OHE） |
|---|---|---|---|
| 定义 | • 通过腹部将所有胎儿从子宫中取出 | • 睾丸的切除 | • 子宫体、子宫角和卵巢的切除 |
| 适应证 | • 难产，子宫无力，妊娠期过长，胎儿死亡，创伤或毒血症 | • 绝育，降低攻击、游走和做标记行为，肿瘤，外伤，感染和前列腺问题 | • 绝育，子宫感染，肿瘤，子宫扭转，先天性畸形，卵巢诱导的激素失衡，根除发情和广泛损伤 |

| 方法 | 剖宫产（C-切开术，子宫切开术） | 睾丸切除术（阉割，中性，去势） | 卵巢子宫摘除术（绝育，OVH，OHE） |
|---|---|---|---|
| 动物准备 | • 仰卧<br>• 剑状软骨至耻骨做术前准备<br>• 诱导麻醉前准确尽可能大范围的手术部位以免造成新生儿的不适<br>• **注意**：避免麻醉前用药，可能会出现通过胎盘血流危及胎儿的情况 | • 确认是雄性动物，以前没有做过去势，触诊有2个睾丸<br>犬<br>• 仰卧<br>• 包皮至阴囊及其周围做术前准备<br>猫<br>• 俯卧<br>• 阴囊及其周围做术前准备 | • 确认是雌性动物，并且先前没有绝育<br>• 仰卧<br>• 用手挤压膀胱<br>• 整个腹部做术前准备 |
| 手术技术 | 腹中线切口，将子宫角牵引至腹腔外。使用湿的纱布或剖腹垫子填塞切口以免腹腔污染。在子宫上做一切口，将胎儿一个一个的挤到切口处，并轻轻拉出。去除胎膜使胎儿呼吸，在距腹壁2~3cm处夹住脐带。所有的胎儿取完后，仔细检查子宫是否还有胎儿或胎盘。闭合子宫切口，用生理盐水冲洗，网膜覆盖，还纳回腹腔。常规分层缝合各层组织 | 犬<br>• 阴囊基底部做一切口，通过筋膜暴露一侧睾丸。结扎整个精索切除睾丸（闭合式），或切开外鞘膜，分离血管和精索。结扎血管和精索或用它们自身打结（开放式）。轻轻牵引出阴囊，使残留的鞘膜组织还纳回阴囊内。同样操作切除另一侧<br>猫<br>• 将睾丸推到阴囊后底部，在睾丸突起处的阴囊上做一切口，开放式或闭合式切除睾丸均可 | 腹正中线做一切口，找出左侧子宫角。拉伸或撕裂悬吊韧带，结扎并分离卵巢。找出右侧子宫角，钝性分离阔韧带，结扎并分离卵巢。在子宫体处结扎子宫，切除子宫和卵巢。常规闭合腹壁各层 |
| 注 | • 手术：一旦胎儿取出，应严密监控母体（尤其是循环），以免休克<br>• 手术：可能同时做OVH<br>• 动物护理：阴道血性分泌物会持续3~7d，但应记录血凝块的量或阴道分泌物的气味<br>• 动物护理：术后避免镇痛，以免药物代谢进入母乳中<br>• 饲主教育：一旦动物做了剖宫产，下一窝则更有可能需要做剖腹产，多次剖腹产导致切口形成疤痕，可能使手术复杂化<br>• 预计疼痛：中度 | • 动物护理：监测阴囊血肿<br>• 饲主教育：去势后数周仍可能授精<br>• 饲主教育：去势后可能需要数月才会发生行为改变，也可能在去势后动物的行为并没有改变<br>• 预计疼痛：轻度至中度 | • 动物护理：监测有无极度萎靡、持续出血、尿失禁和皮肤问题<br>• 饲主教育：动物过早（如6~12周龄）绝育会增加尿失禁，麻醉并发症和肥胖的风险 |

**技能框 15.3　新生幼畜和母体的术后护理**

新生幼畜护理

1. 去除胎膜，确认在距腹壁2~3cm处暂时夹住脐带。
2. 评估胎儿的情况：是否可以触摸到心跳，轻轻地抽吸或用棉签清理口腔和鼻孔的液体和黏液。
3. 刺激呼吸。
   - 用毛巾轻快地擦拭新生幼畜
   - 双手牢牢抓住新生幼畜，轻轻地将其头部向下摇摆
     - 注意：力度过强可导致脑损伤
   - 给予多沙普仑（1~2滴，舌下给药或0.1mL，脐静脉给药）或纳洛酮（0.01mg/kg IM或IV）
   - 牢牢固定胎儿头部并使其高于心脏，用针灸针或小号针头（<25g）在上唇和鼻之间扎入2~4mm深
4. 如果上述所有办法仍无法使胎儿呼吸或叫，应该进行急救复苏。

5. 一旦新生幼畜情况稳定，结扎和消毒脐带并将其放到温暖、限制的空间里（如保育箱，铺有毛巾或循环水垫的纸箱）。
   - 注意：新生幼畜太小很容易从笼门缝中间掉出来
6. 尽可能早地将新生幼畜和母体放在一起，让母体照顾。
7. 确认新生幼畜没有先天性畸形，在排泄前要适当护理。

母体护理

1. 将乳房上的外科准备液、血或胎液清理干净。
2. 母体术后麻醉苏醒应单独隔离，当确认没有损伤幼崽的风险时将其和幼崽放在一起。
3. 术后前几个小时要进行监护，以免因子宫出血而导致休克。
4. 继续监护母体的适当行为表现（如梳理和喂乳）。
5. 母体如果能自行站立并继续表现出合适的母性本能时可以不再监护母体和幼崽。

**表15.22　胸腔手术**

| 方法 | | 胸腔手术 |
|---|---|---|
| 术前准备 | 器械 | · 电烙器<br>· 一般手术器械包<br>· 止血钳包<br>· 拉钩包<br>· 抽吸头和抽吸管包<br>· 胸腔手术器械包 |
| | 动物 | · 麻醉前评估<br>· 术前规程<br>· 氧气供应<br>· 仰卧或侧卧<br>· 参见特殊手术 |
| | 手术技术 | · 整个手术过程中要求进行通气支持和循环监测<br>· 见彩图1.6~彩图1.8　内脏器官，CP-1和彩图1.9~彩图1.12　循环系统，CP-1，CP-2 |

| 方法 | | 胸腔手术 |
|---|---|---|
| 并发症 | 操作 | ・出血（如血胸）<br>・胸膜炎/败血症<br>・室性心律不齐 |
| | 动物 | ・疼痛<br>・呼吸困难 |
| 后续追踪 | 动物护理 | ・X线监测胸腔积液<br>・监护疼痛和不适<br>・疼痛管理<br>・严格术后护理<br>・在拆线/缝合钉拆除前要限制运动或在兽医指导下进行适当运动 |
| | 饲主教育 | ・术后护理规程 |

**表15.23 胸腔手术：膈疝，喉麻痹和胸骨切开术**

| 方法 | 膈疝 | 喉麻痹 | 胸骨切开术 |
|---|---|---|---|
| 定义 | ・能使腹腔内容物进入胸腔的大小不等横膈裂孔 | ・声门增大减轻堵塞同时避免吸入食物和唾液 | ・经剖开胸骨进入胸腔，无法探查纵隔背侧的结构（如食管和支气管肺门） |
| 适应证 | ・肝脏、脾脏、GIT或网膜突出进入胸腔 | ・呼吸窘迫 | ・心脏和呼吸疾病，肿瘤，心血管缺陷的校正，活组织检查取样 |
| 动物准备 | ・仰卧<br>・胸骨后半部至脐下2~3英寸（5.08~7.62cm）做术前准备 | ・侧卧<br>・氧气供应<br>・颈侧做术前准备 | ・仰卧<br>・整个胸部做术前准备 |
| 手术技术 | 腹正中线切口。检查所有的疝内容物是否有绞窄/堵塞损伤，无损伤时放回腹腔。检查腹腔内容物、肺脏和胸腔有无损伤。检查横膈有无撕裂，随后缝合裂孔。放置胸导管并留置8~12h以确保胸腔负压。在闭合最后一针时抽吸胸腔内气体，使胸腔处于负压状态。常规闭合腹壁切口 | 杓状软骨单侧化：颈侧切口，分离喉区。缝线穿过杓状软骨和环状软骨来使杓状软骨横向增宽。用无菌生理盐水冲洗手术部位。常规分层缝合各层组织 | 胸骨正中线切口。使用摆锯或胸骨分离器切开胸骨。放置拉钩，进行胸腔探查。闭合胸腔前，必要时要放置胸腔导管。胸腔壁以多层缝合。通过胸导管使胸腔处于负压状态，在胸导管入口做简单的绷带包扎 |

15

| 方法 | 膈疝 | 喉麻痹 | 胸骨切开术 |
|------|------|--------|-----------|
| 注 | • 手术：IPPV是外科医师开展该手术的关键，同时要避免肺组织损伤<br>• 手术并发症：根据恢复情况可能出现复张性肺水肿或气胸<br>• 动物护理：监护疼痛，心率，CRT，黏膜颜色，脉搏强度和特性，呼吸频率，BP，血气分析和脉搏血氧饱和度<br>• 预计疼痛：中度至重度 | • 动物准备：氧气供应和皮质类固醇治疗<br>• 预计疼痛：轻度至中度 | • 器械：摆锯或胸骨分离器<br>• 动物并发症：气胸，血胸，肺水肿<br>• 动物护理：监护疼痛，心率，CRT，黏膜颜色，脉搏强度和特性，呼吸频率，BP，血气分析和脉搏血氧饱和度<br>• 预计疼痛：重度至极度 |

**表15.24　胸腔手术：开胸术和气管塌陷**

| 方法 | 开胸术，肋间 | 气管塌陷 |
|------|-------------|---------|
| 定义 | • 经肋间方法进入1/3左侧或右侧胸腔，暴露所选择的胸腔脏器 | • 在松弛软骨附近放置环状支撑物来缓解气管堵塞 |
| 适应证 | • 心脏和呼吸疾病，肿瘤，心血管缺陷的校正，活组织检查取样 | • 呼吸困难，运动不耐受，咳嗽，作呕 |
| 动物准备 | • 侧卧<br>• 胸侧做术前准备 | • 氧气供应<br>• 皮质类固醇治疗<br>• 仰卧 |
| 手术技术 | 根据手术目的选择合适的肋间。肋脊交界处至胸骨切口，分离肌肉至胸腔。胸腔即将被穿孔时麻醉师应提高警惕。一旦胸腔穿孔肺脏将塌陷，看到胸腔脏器。胸腔闭合前，如果必要留置一根暂时性的或永久性的胸导管。胸腔壁以多层缝合。通过胸导管使胸腔处于负压状态，在胸导管入口做简单的绷带包扎 | 颈部腹侧正中切口。分离至颈段气管。在气管周缘放置人造环，每个环需缝合3~5针来固定。沿着气管再放置4~5个环，环与环间隔5~8mm。用无菌生理盐水冲洗手术部位，分层缝合各层组织 |
| 注 | • 动物并发症：气胸，血胸，肺水肿<br>• 动物护理：监护疼痛，心率，CRT，黏膜颜色，脉搏强度和特性，呼吸频率，BP，血气分析和脉搏血氧饱和度<br>• 预计疼痛：重度至极度 | • 手术并发症：环的位置不正确，神经损伤，植入物感染<br>• 动物并发症：水肿，喉麻痹，呼吸窘迫<br>• 饲主教育：必须控制体重，牵绳代替伊丽莎白项圈 |

15

**表15.25 泌尿生殖道手术**

| 方法 | | 泌尿生殖道手术 | 方法 | | 泌尿生殖道手术 |
|---|---|---|---|---|---|
| 术前准备 | 器械 | ・腹腔手术器械包<br>・刮匙包<br>・一般手术器械包<br>・生理盐水碗<br>・温生理盐水<br>・抽吸头和管包<br>・注射器，60mL的导管头<br>・导尿管 | 并发症 | 操作 | ・尿失禁<br>・尿路狭窄<br>・出血<br>・尿道感染 |
| | | | | 动物 | ・尿淋漓<br>・尿痛 |
| | 动物 | ・麻醉前评估<br>・术前规程<br>・使用消毒液冲洗公犬的包皮<br>・参见特殊手术 | 后续追踪 | 动物护理 | ・术后12~36h可出现血尿，甚至达5~7d均为正常<br>・术后1~2d拔除导尿管<br>・监测排尿难易度和尿量<br>・严格术后护理<br>・在拆线/缝合钉拆除前要限制运动 |
| 手术技术 | | ・参见特殊手术<br>・见图1.15~图1.17 泌尿生殖系统，第9~10页 | | 饲主教育 | ・术后护理规程 |

**表15.26 泌尿生殖道手术：膀胱切开术和尿道造口术，会阴**

| 方法 | 膀胱切开术 | 尿道造口术，会阴 |
|---|---|---|
| 定义 | ・切开膀胱 | ・制造一个新的尿道口 |
| 适应证 | ・膀胱或尿道结石，瘤形成，尿道再植和异位输尿管修复 | ・复发性膀胱结石，尿道损伤，狭窄或肿瘤<br>・通常对公猫进行该手术 |
| 动物准备 | ・仰卧<br>・插一根导尿管并固定，排空膀胱内的尿液<br>・脐部后腹部做术前准备 | ・俯卧，后肢拉到手术台边缘，尾巴向前固定<br>・肛门做一荷包缝合<br>・插一根导尿管并固定，排空膀胱内的尿液<br>・整个会阴部，包括尾根做术前准备 |
| 手术技术 | 做一后腹部正中线切口。检查后腹部有无其他异常。将膀胱牵拉出腹腔，用生理盐水浸润纱布隔离。在远离输尿管和尿道的地方，避开血管在膀胱背侧切口。检查膀胱有无肿瘤、结石和憩室。经导尿管进行逆向冲洗膀胱，用刮匙或抽吸移除所有的沙砾。膀胱壁缝合牢固，注入生理盐水核查膀胱是否漏液。常规闭合腹壁切口 | 围绕着阴囊做一椭圆形切口，从肛门和阴囊中间开始。如果要去势，先进行去势。分离至尿道，在尿道背侧正中线做一切口，并扩至3cm。尿道黏膜和皮肤缝合在一起，沿着椭圆形切口结节缝合一周，造出一个新的尿道口。阴茎向后在尿道切口处切断并缝合。拔除导尿管，重新在新的尿道口插入新的导尿管并缝合固定 |
| 注 | ・动物护理：结石必须送去进行成分分析，开始进行适当的医学管理 | ・并发症：尿路狭窄，直肠脱垂，膀胱炎，感染和大小便失禁<br>・饲主教育：拆线前使用碎纸垫窝 |

**表15.27 泌尿生殖道手术：尿道造口术，阴囊前和尿道造口术，阴囊**

| 方法 | 尿道造口术，阴囊前 | 尿道造口术，阴囊 |
|---|---|---|
| 定义 | ·尿道上切口 | ·制造一个新的尿道口 |
| 适应证 | ·复发性膀胱结石，外伤，尿道狭窄或肿瘤 | ·复发性膀胱结石，外伤，尿道狭窄或肿瘤 |
| 动物准备 | ·仰卧<br>·脐部后的腹部做术前准备 | ·仰卧，后肢向后固定<br>·插一根导尿管并固定，排空膀胱内的尿液<br>·包皮及其周围包括阴囊做术前准备 |
| 手术技术 | 包皮后段至阴囊前切口。分离至尿道，并切开尿道。移除所有结石，从切口处插入导尿管以进一步鉴定有无结石或阻塞。从远端排除尿道海绵体部的所有结石。尿道切口不做缝合取二期愈合或缝合闭合 | 在阴囊基部做一椭圆形切口。如果动物还未去势，要按照正常方式进行去势。分离至尿道，在尿道腹侧正中线做一切口，并扩至2.5~4cm。尿道黏膜和皮肤缝合在一起，沿着椭圆形切口结节缝合一周，造出一个新的尿道口 |
| 注 | ·并发症：尿道狭窄<br>·动物护理：监护肾脏功能，电解质浓度和水合状态 | ·并发症：膀胱炎和尿道狭窄<br>·动物护理：在切口周围涂抹凡士林减少尿液灼伤直到炎症消退 |

# 缝合技术

缝合可以促进止血和为伤口愈合提供所需的组织支持。作为技术人员，可能会遇到很多缝合机会，像手术创口的缝合或尸体剖检后的缝合，伤口缝合或引流管、胸导管或导尿管的缝合。选用最合适的缝合方式和打结方式对成功地使用缝线非常重要。

**技能框 15.4 缝合方式**

| 方法 | 缝合方式 |
|---|---|
| 适应证 | ·创伤闭合<br>·手术切口闭合 |
| 禁忌证 | ·污染创 |
| 设备 | ·缝合材料<br>·持针器 |

15

| 方法 | 缝合方式 | |
|---|---|---|
| 操作 | **简单间断缝合**<br>缝针于创缘一侧垂直进针引入缝线，于对侧相应的位点穿出，两侧缝线距创缘的距离相等。缝合的每针两侧深度和宽度应该对称，在基底部会更宽。对合创缘，打结<br>・拆线：提起线尾，从缝线环的一侧剪断，拉动线尾拆线。在拆除缝线前要确保已经愈合 | **简单连续缝合**<br>开始第一针和打结操作同简单间断缝合，只是不剪断缝线。一系列的简单缝合不间断，保持均匀的距离和张力。使用线尾和最后一个缝合环打结<br>・拆线：剪断缝合结，使用组织镊拆去所有缝线 |
| | **连续锁边缝合**<br>这种缝合方法与简单连续缝合基本相似。不过，每一次缝合缝针应穿过前一个缝线环或缝针通过以上未使用的缝线<br>・拆线：剪断缝合结，使用组织镊拆去所有缝线 | **中国结式缝合**<br>放置1~2根紧贴物品（如尿导管、胸导管）的预留缝线准备进行固定。取一条长的缝合线，绕过预留缝线并放在预固定物的下面。在管的上方打一个方结，然后将缝线管下方绕过，在管的上方再打一个外科结。连续操作5~10次，最后在管上方打一个方结<br>・拆线：剪断与预留缝线连接处，参见简单间断缝线的拆线方法 |
| 并发症 | ・组织反应<br>・创口感染 | ・缝线断裂，创口裂开 |
| 维护 | ・保持缝合处清洁干爽<br>・每天观察红、肿和分泌物 | ・监护动物，避免舔舐或啃咬缝线，佩戴伊丽莎白项圈 |

小技巧：所有的缝合打结应放在创口的同一侧以免被血块包埋。

**技能框 15.5　打结**

**方结**
・缝针（A）置于缝线末端上方（B），然后使缝针（A）至缝线末端（B）下方，拉紧缝线对齐创缘。将缝线末端（B）至缝针（A）上方，随后再将缝线末端（B）带到缝针（A）的下面并拉紧。第二结的方向要与第一结的方向相反，确保所打的结扁平。如果第二结与第一结的方向相同则为滑结，更容易滑脱和打结失败

**外科结**
・开始第一步同方结，重复一次，然后以与方结最后一步一样结束
**器械打结（方结或外科结）**
・打第一结时首先用缝线带针的一端缠绕持针器。然后，用持针器夹住切口对侧的线尾。将线尾拉过缝线环，拉紧缝线使创缘对齐。打第二结时以同样的方法用相反方向缠绕持针器

# 术后护理规程

　　每次手术的最终成功通常在于动物的术后护理。护理从麻醉气体关闭后开始，一直持续到饲主在家护理。从手术台到苏醒以及最后将动物交还给饲主的整个过程中，沟通交流是关键。应将医嘱写成书面说明让饲主带回家，因为通常术后护理内容极多，仅一次谈话饲主很难完全记住。当饲主在护理过程中遇到任何问题或疑问时，应该大力鼓励他们打电话咨询。手术后的1~2d医院员工应电话随访，这也会激励饲主交流。

---

**技能框15.6　标准术后护理说明**

- 药物说明（如抗生素、止痛药）
- 机能恢复和活动说明（如按摩、ROM运动、限制运动、牵绳步行）
- 营养
  - 手术后的第一个晚上食物和水仅给正常一半的量
  - 监护呕吐，腹痛和恶心
  - 根据手术结果调整饮食（如膀胱结石）
- 创口护理
  - 每天观察切口有无红、肿、分泌物、气味、触摸有无热感
  - 防止舔舐、啃咬或摩擦切口、缝线和缝合钉
  - 保持动物和/或绷带清洁干爽直到缝线或绷带拆除
  - 避免洗澡或游泳直到拆线或皮下缝合时5~7d后
- 后续追踪
  - 预约（如复查、缝合或引流管拆除、实验室检查、X线检查）
  - 实验室结果
- 当出现下列情况时请致电
  - 反复呕吐
  - 极度倦怠
  - 出血或分泌物
  - 厌食>24h
  - 切口裂开或不明原因的肿胀（血清肿）

---

**技能框15.7　防止自残**

　　极少有动物会出于无聊而去破坏切口，更常见的是因为疼痛、刺激（如缝线过紧、清洗液、剃刀灼伤），感染或粗糙的组织处理。当动物开始破坏切口（如舔舐、啃咬、摩擦）时，应该查明是何原因引起的，可采取以下措施：

1. 在所有的时间佩戴伊丽莎白项圈（E-项圈、颈托等）；
2. 应用绷带（如软衬垫绷带、足枷或施罗德托马斯夹板与铝板）；
3. 味道难闻的东西（如药西瓜瓤、阿托品、辣椒油或拇指吸吮模型）；
4. 用袜子、婴儿T恤或弹性织物遮盖手术部位；
5. 宝宝撑架，侧杆或尾尖保护器。

# 其他手术选择

内镜已迅速成为一种流行的微创手术技术。其适应证范围广泛，主要包括GIT、呼吸道、腹腔、胸腔、膀胱和关节的可视化。对这些结构可以直接进行可视化检查，有助于进一步诊断（如活组织检查、触刷、冲洗），常常与治疗程序一起进行（如除去异物、息肉或肿瘤切除、扩张狭窄、软骨和骨碎片切除）。由于这种特殊设备的精密特性，故只有受过训练的人员才能操作此设备，以免造成潜在动物的并发症。

关节镜是一种特殊的内视镜，在专科医院已经广泛使用。使用硬质内镜进行该程序，用来评估犬的肩关节、肘关节、跗关节、髋关节和膝关节的疾病（大小限制）。评估可以用于诊断和/或治疗。

| 方法 | 软质胃肠镜 | 硬质内镜 |
|---|---|---|
| 定义 | • 软质内镜通过机体自然孔道评估中空结构的内表面。最常用的是胃镜、肠镜、鼻镜和支气管镜。相对于硬质内窥镜，软质内镜需要更大的经济投资，需要更广泛的培训才能够正确使用 | • 顾名思义，硬质内镜是不能改变方向的硬管（如转弯），但在其前端的镜头自身可以向后看。最常用的是关节镜、膀胱镜、腹腔镜、耳镜、鼻镜、胸腔镜、尿道镜和阴道镜 |
| 适应证 | • GIT，呼吸道，鼻孔，尿道的内部评估<br>• 活组织检查，触刷，冲洗，除去异物，息肉或肿瘤切除，食道狭窄扩张，饲管放置 | • GIT，呼吸道，鼻孔，尿道，关节，胸腔和腹腔的内部评估<br>• 活组织检查，除去异物，息肉或肿瘤切除，关节软骨或骨碎片移除，胸导管放置 |
| 设备 | • 内镜和各种光学仪器<br>• 附件工具（如活体取样钳、细胞刷、球囊扩张导管）<br>• 移除工具（如投币式回收装置、鼠牙钳、4根钢丝笼） | • 内镜和各种光学仪器<br>• 套针–套管装置（如关节镜鞘、膀胱镜鞘）<br>• 附件工具（如活体取样钳、抽吸器、烙器、$CO_2$充气器、机动剃刀、二极管激光器） |
| 手术技术 | • 动物应禁食禁水24~36h。动物麻醉，左侧卧，装上开口器。内镜通过管腔中心进入到GIT，同时用气体扩张管腔并观察周围结构。完成后，内镜退出，同时观察出血和排掉所有注入的气体。动物随后苏醒 | • 取决于手术方法（如腹腔镜），动物应禁食禁水12~24h。动物需镇静或麻醉，检查部位做术前准备。插入套管（如将腹腔镜套管插入腹腔）以使内镜插入和避免反复地组织损伤和注入气体的泄漏。根据内镜的位置来放置附件工具（如光源、引流针）形成一个三角形。完成后，移除装置，缝合切口部位，动物苏醒 |
| 注意事项 | • 医源性损伤（如穿孔、器官撕裂）<br>• 出血（如鼻腔、肝脏、肾脏活组织检查、凝血紊乱），呼吸危急（如胃充气扩张），吸入性肺炎（如食道扩张、食物性胃扩张），GDV（如胃充气扩张），食管炎（如返流） | |
| 注 | • 活组织检查：<br>　1．使用25G针头立即将样品从活体取样钳上小心地取下<br>　2．样品要展开，腔面朝上放在组织笼上<br>　3．允许样品黏在海绵纱布上，但要迅速将其放入福尔马林中以免干燥<br>• 在操作、安装、清洁和维护方面遵守制造商的说明极其重要<br>• 内镜是通过目镜来进行操作，要避免过度弯曲 | |

表15.29 激光手术

激光在兽医领域的使用需要继续推广并探索更多的新用途。尽管其组织损伤小，疼痛轻和愈合时间短，但必须确保安全。激光设备在用于手术之前必须采取额外的措施以确保动物、外科医师和技术支持人员的安全。

| 方法 | 激光手术（通过辐射的发射来放大光束） |
|---|---|
| 定义 | ・激光手术是由光与组织相互作用（反射、吸收、散射、透射），达到一定的效果 |
| 适应证 | ・手术要求切口精确，切除，光烧蚀和止血（如肛周瘘、舌、耳廓）<br>・碎石术和血管成形术<br>・软组织、牙科手术<br>・皮肤手术（如肢端舔肉芽肿）<br>・眼科手术（如肉芽肿、肿瘤、视网膜脱落） |
| 设备 | ・要有数种不同波长、产生方式不同和应用技术不同的激光（如$CO_2$激光，Nd：YAG激光，二极管激光）<br>・激光手术中推荐使用气管内插管或至少希望使用金属带包裹的红色橡胶气管插管 |
| 手术技术 | ・激光束集中朝向要切开和引流组织<br>・根据预期结果（如集中位置钻孔）不同，所采取的技术方法也不同 |
| 注意事项 | 暴露风险：眼睛损伤，烧伤，各种肿瘤细胞的吸入<br>・应时刻牢记用护眼镜保护眼睛，遮住动物的眼睛<br>・有毒烟雾的妥善疏散<br>・使用发黑或有麻点的设备来吸收杂散或反射的光<br>燃烧/火<br>・推荐使用气管内插管避免氧气爆炸<br>・一桶水和二氧化碳灭火器应该触手可及<br>・使用湿润的纱布或创巾围住手术部位<br>・在皮肤消毒时避免使用过多的碘和酒精<br>・设置适当的警告标志和窗户屏障 |
| 副作用 | ・± 愈合时间延长 |
| 注 | ・减少术后水肿、引流和疼痛<br>・激光手术作为新技术其适应证正在扩大、发现和完善 |

15

**表15.30　放射治疗：远距放射疗法，近距放射疗法和全身治疗**

放射治疗是对特殊位点提供足够多的放射以造成异常细胞死亡，同时对周围组织伤害控制在最小。肿瘤的放射治疗随着仪器设备的更多使用日益普及。它的使用和积极成果是无止境的，对治疗不同类型的肿瘤有很大希望。

| 方法 | 远距放射疗法（外线束） | 近距放射疗法（间隙的） | 全身治疗 |
| --- | --- | --- | --- |
| 定义 | • 对特定组织/肿瘤部位从外部源提供放射治疗。受影响的细胞被破坏，随后在试图分裂时死亡。它仅用于局部肿瘤，不适合全身性疾病 | • 对已放入放射性植入物的肿瘤部位提供外源性放射治疗。受影响的细胞被破坏，随后在试图分裂时死亡。它仅用于局部肿瘤，不适合全身性疾病 | • 全身使用放射性物质针对特定的组织/肿瘤部位 |
| 适应证 | • 口腔，鼻腔，直肠，腹腔和肛门肿瘤<br>• 软组织肉瘤，肥大细胞瘤，骨肉瘤，恶性黑色素瘤，淋巴增生性疾病和CNS肿瘤 | | • 甲状腺机能亢进<br>• 转移性甲状腺癌 |
| 设备 | • 兆伏特治疗仪：浅表和深层肿瘤<br>　• 钴-60<br>　• 直线加速器<br>• 中电压治疗仪：浅表肿瘤 | • 兆伏特治疗仪：浅表和深层肿瘤<br>　• 钴-60<br>　• 直线加速器<br>• 中电压治疗仪：浅表肿瘤<br>• 含有发出γ和/或β射线的放射性核素的密封针或种子 | • 隔离病房<br>• 放射性核素（如碘-131） |
| 手术技术 | 动物麻醉，根据MRI检查结果精确摆位。可以采用在皮肤上画图案或其他标记方法以确保正确位置。将辐射设备放在所需的位置，给予10~15min的治疗 | 动物麻醉，根据MRI检查结果精确摆位。可以采用在皮肤上画图案或其他标记方法以确保正确位置。将辐射设备放在放射性植入物上，给予10~15min的治疗 | 通过口服，IV，或腹腔注射，或胸腔注射给予放射性核素 |
| 注意事项 | • 人体暴露风险 | | • 人体暴露风险 |
| 不良反应 | • 取决于治疗位点<br>• 动物变得有放射性±环境污染<br>• 常常在临近治疗结束时看到（如脱毛、皮肤刺激），或在治疗后的数月至数年出现（如正常组织坏死或纤维化）<br>• 通常局限于治疗部位 | | • 取决于治疗位点<br>• 医源性甲状腺机能亢进<br>• 动物变得有放射性±环境污染<br>• 咽喉痛，变声（极少） |
| 注 | • 一系列的治疗，称为分部治疗，为达到疗效，治疗超过2~5周往往是必要的或每周一次分部治疗连续2~4周以达到治标效应<br>• 细胞（正常和异常）可以在照射后的几小时内修复<br>• 缺氧细胞能抗辐射——某些药物可以增加氧合作用，从而降低辐射效应 | • 一系列的治疗，称为分部治疗，为达到疗效，治疗超过2~5周往往是必要的或每周一次分部治疗，连续2~4周以达到治标效应 | • 动物必须保持在2周后出院，并应限制接触，尤其是小于12岁的儿童和妊娠的妇女<br>• 使用塑料线猫箱并及时清除粪便和尿液<br>• 接触动物，食盘或猫砂盆后应彻底清洗双手 |

**15**

**表15.31　温度治疗：高温和冷冻手术**

温度治疗一直作为肿瘤治疗的一种流行的补充或替代方法。该技术具有易于局部治疗且仅有少数的不良反应，即使其使用范围通常仅限于小肿瘤。

| 方法 | 高温手术 | 冷冻手术 |
|------|----------|----------|
| 定义 | • 通过升高伤口及周围组织外部或内部温度>104℉（40℃）来破坏组织 | • 通过降低伤口及周围组织温度<−4℉（−20℃）来破坏组织 |
| 适应证 | • 伤口：直径<1cm，深达14cm<br>• 口或面部肉瘤，鳞状细胞癌和血管外皮细胞瘤 | • 伤口直径<1cm<br>• 皮肤或其他体表部位<br>• 白内障手术 |
| 设备 | • 手持式射频，微波或超声波 | • 液氮罐<br>• 氧化亚氮桶 |
| 手术技术 | • 在治疗部位附近注射进行局部麻醉并采取活组织检查样品<br>• 探头放置在伤口的两侧，或如果伤口 >0.2cm深，插入伤口的两侧随后加热2次 | • 手术部位剃毛、清理干净，局部注射麻醉并采取活组织检查样品<br>• 限制供给手术部位的血流，防止变热和过度冷冻<br>• 病变迅速冻结直到达到 <−4℉（−20℃），慢慢解冻，然后再冷冻1~2次以上 |
| 注意事项 | | • 液氮喷气排出或流出可能会导致动物正常组织或手术团队的无意冻结<br>• 肥大细胞瘤的冻结可能会导致红斑和腐肉增多，因为组胺和肝素的局部释放<br>• 当骨骼受损时禁止使用冷冻手术，因为其冷冻效果差且随后骨骼变弱 |
| 不良反应 | • 治疗后1~2d仍持续疼痛<br>• 灼伤<br>• 治疗部位脱毛或皮肤色素或皮毛颜色改变 | • 灼伤<br>• 治疗部位脱毛或皮肤色素或皮毛颜色改变<br>• 肿胀，48h内消退<br>• 活组织检查和冷冻后血管舒张而引起大失血<br>• 从聚积的渗出液和坏死组织中发出臭气 |
| 注 | • 只有少数科研机构进行全身高温手术<br>• 高温手术和放射治疗常常结合进行，因为它们有协同作用 | • 使用喷嘴利用液氮罐中的液氮，允许治疗较大的病灶<br>• 可能需要镇静，因为冷冻所致的疼痛和设备惊人的嘶嘶声<br>• 经常使用放射治疗和激光手术代替冷冻手术 |

# 第 **6** 部分

# 补充和替代兽医学和药理学

# 第16章

# 补充和替代兽医学

| 关键词和术语[a] | 缩写 | 额外资源，页码 |
| --- | --- | --- |
| 冷冻疗法 | AVMA，美国兽医协会 | 疼痛管理，377 |
| 纤维变性 | BCS，身体状况评分 | 外科手术，519 |
| 测角术 | CAVM，补充和替代兽医学 | |
| 本草疗法 | CHM，中草药 | |
| 预防 | ECG，心电图 | |
| 本体感受 | gtt，滴 | |
| 蛋白聚糖 | oz，盎司 | |
| 血栓性静脉炎 | PEMF，脉冲电磁场治疗 | |
| | PST，脉冲信号疗法 | |
| | ROM，活动范围 | |
| | TCM，中医 | |
| | US，超声 | |

[a]关键词和术语的定义见第629页词汇表。

# 补充和替代兽医学（CAVM）

饲主和兽医专家对替代疗法已逐渐肯定并日益重视起来。使用补充，替代或综合兽医学等方法进行治疗被美国兽医协会（AVMA）称为补充和替代兽医学（CAVM）。CAVM包括各种各样的治疗方法［如芳香疗法；巴赫花补救疗法；能量疗法；低能量光子疗法；磁场疗法；分子矫正疗法；兽医针灸，针刺疗法和针压疗法；兽医顺势疗法；兽医人工或推拿疗法（类似于骨疗法，按摩疗法或物理医学与治疗）；兽医保健品治疗和兽医本草疗法］。CAVM是一种将中西医疗技术结合互补的治疗手法，重点仍然是动物的心理、情绪和身体健康。

本节提供了不同类型的补充和替代兽医学（CAVM）的简要调查。其目的是为了给技术人员介绍一些其他选项，有可能补充或替代现有的医疗计划。这些理念和技术只能由经过适当培训的人员来操作，在某些情况下，只有经过额外培训和在特定领域获得学位的持证兽医进行。

# 物理治疗和康复

物理治疗通常在肌肉骨骼和神经损伤或手术后实施，以加强肌肉灵活性和活动范围并减少疼痛。

物理治疗开始前对动物进行评估是检测动物转归的一种手段。对任何手术修复的稳定性，所涉及组织的状态和验证进展例行评估的完成，是构成康复方案的一个重要组成部分。若动物机体的恢复进展如预期的一样，对饲主而言也是一种鼓励。

检查
·体格检查（见表2.2　体格检查，第16页）
·身体状况评分系统（见表3.2　身体状况评分系统，第60页）
·疼痛评估（见第9章　疼痛管理，第377页）
·神经学检查（见技能框2.7　神经系统检查，第32页）
·骨科检查（见技能框2.8　骨科检查，第34页）
·步态分析
    ·在多种步态（如站姿、坐姿、行走、快步、奔跑、上下楼梯）和情况（如走向、走开、多个角度、从两侧观看、负重）中评估动物
·X线检查（见第5章　影像学，第155页）。

测量
·关节测角术
    ·使用量角器测量以评估关节的活动范围
    ·测量站立位、屈曲或伸展位的关节角度（如髋关节、膝关节、踝关节、肩关节、肘关节、腕关节）
    ·对侧关节采取比较测量
    ·不同品种和BCS之间测量获得的结果会有所不同
·肌肉长度
    ·对前肢和后肢近端和远端的周长进行相对测量
    ·对侧肢体采取比较测量
    ·不同品种、BCS、肢体位置和测量位置测量得到的结果会有所不同

**技能框 16.1　物理治疗和康复**

| 作用 | 方法 | 应用 | 备注 |
|---|---|---|---|
| **水上法/水疗法** | | | |
| · 增加灵活度，强度，可动性，循环，耐力，平衡，ROM<br>· 减少疼痛 | · 游泳<br>· 水下跑步机<br>　· 步态模式<br>· 可在水疗之前，期间或之后进行运动，按摩，拉伸<br>· 在所有的伤口已经完全愈合后开始 | · 骨性关节炎，骨科手术后，步态再训练，神经缺损，神经损伤，运动调理 | · 作用：提供阻力从而限制对关节的影响<br>· 改变浮力，阻力，速度和温度以建立针对不同个体的和渐进的方案<br>· 游泳更充分地恢复前肢与后肢功能 |
| **辅助移动设备** | | | |
| · 提高灵活性，强度，独立性 | · 各种车和吊索可用来提高运动性 | · 虚弱，痛苦或瘫痪动物 | · 动物可能需要一定的调整期以适应新设备 |
| **冷疗法**<br>· 冷冻疗法 | | | |
| · 小动脉血管收缩增加<br>· 降低出血，代谢，疼痛，肌肉痉挛，水肿的形成。 | · 冰袋，可塑性冰袋或用冷水浸湿的毛巾敷在患处15~25min。每隔几分钟观察一次，出现紫绀变化则将造成冻伤<br>· 在冰袋和皮肤之间放置一条湿毛巾以促进传导，每隔10 min观察一次皮肤颜色，以避免组织损伤（如冻伤）<br>· 袋装碎冰能为深层组织提供最大程度的冷敷<br>· 其他方法：冰按摩（在患处揉冰）、冷水浴、漩涡 | · 急性损伤，骨科术后的肿胀和疼痛，肌肉痉挛，水肿，肌肉骨骼创伤（如腱炎、滑囊炎、扭伤） | · 作用：局部小动脉血管收缩和局部组织的新陈代谢降低<br>· 禁忌：危及循环部位，感觉缺失减少，该部位以前有冻伤史，冷过敏 |
| **电刺激，神经肌肉** | | | |
| · 增加ROM，肌肉力量和张力，促进伤口愈合，血液和淋巴循环，外用药物传递（离子透入法）<br>· 缓解疼痛，肌肉痉挛，水肿 | · 剪毛并用酒精清洗。进入肌肉组织找到运动神经并放置一个电极，另一个电极放置在肌肉的远端。使用尽可能低的电流，向周围移动运动点的电极，直到观察到良好的收缩。通常每天或隔天15~20min治疗 | · 骨科或神经系统患病动物<br>· 术后，肌肉萎缩预防和/或再造 | · 作用：通过电流刺激肌肉收缩<br>· 禁忌：癫痫症，血栓性静脉炎，妊娠动物，感染<br>· 避免接触到眼睛，耳朵，心脏起搏器，心脏，颈动脉窦，恶性肿瘤部位，感觉降低，颈上神经节 |

**16**

| 作用 | 方法 | 应用 | 备注 |
|------|------|------|------|
| **热疗法**<br>· 过高热 | | | |
| · ↑血管舒张，氧合作用，ROM，酶活性，肌肉松弛<br>· ↓疼痛，关节僵硬 | · 将包裹物（如面巾、毛巾）浸泡可以承受的热水并在患处断断续续的敷30~45min，必要时加热。应注意观察皮肤的红色，斑驳的区域或白色区域<br>· 保鲜膜可以包裹在湿毛巾外以阻止热散失<br>· 其他方法：洗热水澡，漩涡（见水疗法） | · 拉伸，缓解疼痛，松弛之前最小的软组织部位（如关节）<br>· 肌肉痉挛，组织紧缩，粘连（疤痕张力↓），亚急性和慢性创伤和炎性疾病<br>· 通过血管舒张减少局部缺血 | · 作用：血管直径↑和平滑肌张力↓<br>· 浅表热量不超过3cm，通常为0~0.5cm<br>· 禁忌：发热，急性炎症，活动性出血，减少或感觉缺失，肿瘤，活动性感染，危及循环部位<br>· 通常手术后或损伤后72h开始（愈合阶段，在大多数炎症消失后） |
| **按摩** | | | |
| · ↑松弛，血液循环，灵活性<br>· ↓疼痛，水肿，肌肉痉挛，纤维变性<br>· 将人类大多数的研究推广到小动物 | · 在一个安静的环境，动物呈舒适的体位，开始轻轻地抚摸患处。开始从远端到近端按摩大约30min<br>· 轻抚法：沿肌纤维长轴向心脏方向做广泛抚摸。手始终保持与皮肤接触；向心抚摸时用较重的力和远离心脏时使用较轻的力。影响结缔组织，血流和淋巴流动，促进放松<br>· 揉捏法：双手呈C形，提起表面的和深层软组织，一起揉捻和揉捏。血流↑和肌肉僵硬↓<br>· 交叉摩擦：用一根手指或拇指放在某一点彼此接触后来摩擦组织（旋转运动），并以某种模式移动<br>· 叩抚法：手指或手以轻叩或击鼓的方式刺激神经末梢或起到镇静作用 | · 骨科或神经系统患病动物<br>· 术后，肌肉痉挛，组织紧缩，粘连 | · 作用：循环↑，松弛疤痕组织，平衡肌肉功能和放松<br>· 禁忌：急性炎性疾病，感染，不愈合切口，不稳定骨折，感觉缺失，出血性疾病<br>· 避免：眼睛，咽喉，肾脏，臂神经丛，深腹 |

16

| 作用 | 方法 | 应用 | 备注 |
|---|---|---|---|
| **拉伸**（被动活动范围，PROM） | | | |
| · ↑ROM，疤痕强度，关节和软组织的灵活性和运动性，关节营养，软骨再生，血流<br>· ↓粘连 | · 从最近端关节开始，移动远端。在关节上下各用一手固定。每个关节交替屈曲和伸展10次，每次保持10~30s。然后通过小圈循环整个肢体，逐步为整个ROM活动10次<br>· 所有拉伸应从无痛苦开始，然后慢慢移动，超出动物的舒适度<br>· 术后和运动性低的动物应分别对每个关节进行拉伸<br>· 避免腕骨和跗骨过度屈曲，以免造成韧带和肌腱损伤<br>· 每天进行3次 | · 骨科或神经系统患病动物<br>· 术后（拉伸前30~60min可能需要镇痛） | · 作用：致密的结缔组织↓，增强静脉和淋巴引流<br>· 禁忌：关节不稳定 |
| **运动治疗** | | | |
| · ↑ROM，肌肉质量和力量，耐力，平衡，本体感觉 | · 为每一个动物设计创意性的锻炼，旨在为动物和饲主提供多样性的运动，从而增加动物的体力活动<br>· 锻炼的例子：站立，坐下到起立，站立到卧下，平衡板，控制步行，可调整高度的栅栏障碍，治疗球，障碍工作，爬楼梯，跑步机，推独轮车，跳舞 | · 骨科或神经系统患病动物<br>· 术后，愈合期 | · 作用：体力活动↑<br>· 禁忌：取决于动物的转归 |
| **超声治疗** | | | |
| · ↑拉伸，血流，ROM，疤痕弹性，伤口愈合，酶活性，外用药物传递<br>· ↓疼痛，肌肉痉挛（特别是深部软组织，>3cm） | · 探头直径2倍的区域剪毛和涂布超声耦合剂。应用超声探头扫描并以一种方式移动扫描整个区域。不断移动探头以避免热灼伤并观察动物的不适。每次治疗5~10min。为获得最佳效果应在治疗过程中或紧随其后进行拉伸和锻炼。治疗最初每天进行，随着病情好转逐渐减少 | · 疼痛，肌肉痉挛，疤痕组织收缩，伤口愈合（如2周后，慢性），肌腱炎，滑囊炎 | · 作用：利用声波通过组织造成一定的生理作用（如深部组织加热至5cm）<br>· 禁忌：眼睛，睾丸，肿瘤，骨突起，金属植入物，感染创，妊娠，血栓性静脉炎，心脏，心脏起搏器，颈部脊髓减压手术 |

## 表16.1　CAVM：中医（TCM）

中医可作为西医的补充和替代治疗。中医包括4个方面：针灸、中草药、按摩治疗和营养。针灸和中草药是中医最常用的部分。针灸本身可以有许多不同的技术：干针灸、针压、针刺、电针刺、超声针刺、激光针刺和植入。针本身也可能会以不同的方式刺激：电针针灸、艾灸和手动。

中医的目标并不总是医治动物，也可以用来让身体能够更好地对抗病情。针灸治疗的动物可能会更平静的死亡，遭受更少痛苦。

| 方法 | 针灸 | 中草药（CHM本草疗法） |
|---|---|---|
| 定义 | 调整能量，被称为气，提供动态平衡，促进愈合和增强体质 | 药材的选定部分和其他成分的复杂组合，用来帮助改善和恢复内脏器官的功能和平衡能量，即平衡气 |
| 诊断 | 发现气不平衡：<br>• 详尽的病史<br>• 脉博强度和速率<br>• 舌头外观 | 发现气不平衡：<br>• 详尽的病史<br>• 脉博强度和速率<br>• 舌头外观 |
| 技术 | • 在身体特定位点插入细针以调节身体功能<br>• 插针深度，针刺类型和针灸时间取决于接受治疗动物的状况和体质<br>• ±艾灸是在针灸位点或针灸针上使用外部热源 | • 失衡（过度或不足）诊断后，选择特定的草药以恢复平衡<br>• 正常情况的任何改变<br>• 长期的慢性退化性疾病（如关节炎、肝或肾衰竭、自身免疫性问题）<br>• 短期患病后（如化疗和放射治疗）<br>• 抗病毒药物<br>• 预防性加强体质<br>• 药物敏感性<br>• 未经西医诊断的模糊症状 |
| 适应证 | • 正常情况的任何改变<br>• 长期慢性退化性疾病（如关节炎、肝或肾衰竭、自身免疫性问题）<br>• 疾病后短期（如化疗和放射治疗）<br>• 预防性加强体质 | • 正常情况的任何改变 |
| 专门设备 | • 一次性无菌针灸针<br>• 艾条<br>• 针灸激光器 | • 草药可能会导致肠胃功能紊乱，不安，皮肤瘙痒等轻微不良反应和可能致命的严重不良反应 |
| 注意事项 | • 不正确的位点可能会导致病情恶化（如肿瘤生长增加）<br>• 不要对疲劳，饱食的，情绪化，妊娠，刚洗过澡，即将洗澡，注射某些药物（如阿托品和麻醉剂）后，或目前正服用类固醇的动物进行针灸 | • 一些草药配方可长时间使用，很少或没有不良反应 |
| 备注 | • 被AVMA认可的医疗程序，应该只有经CHM培训毕业且持证的兽医来执行 | • 被AVMA认可的医疗程序，应该只有经CHM培训毕业且持证的兽医来执行 |

**16**

表16.2 CAVM：印度草医学和按摩疗法

| 方法 | 印度草医学 | 按摩疗法 |
| --- | --- | --- |
| 定义 | 通过饮食、按摩、草药补充剂和锻炼能够创建性格三元素之间的平衡，提供了一个渐进的愈合过程。性格三元素或体质（瓦塔、皮塔和卡帕）构成身体类型；七大身体基本功能性组织构成身体组织，7条脉轮构成能量中心 | 按摩疗法是通过手工的脊柱推拿术以纠正脊柱和神经系统之间的失调导致的正常生理和神经功能的紊乱 |
| 诊断 | 通过以下检查来确定动物的体质类型和心理状态（体质）：<br>·详尽病史和体格检查<br>·脉博强度和速率<br>·尿、舌、皮肤和指甲的肉眼检查 | ·动物详尽病史和体格检查<br>·静态和动态触诊<br>·步态评估 |
| 技术 | 预防治疗<br>·预防治疗：饮食习惯、生活方式、中草药和治疗性锻炼的特定组合来加强或削弱特定体质以建立3种体质之间的平衡<br>疾病的治疗<br>·纯治疗：结合呕吐、灌肠、烟雾吸入和放血<br>·减轻治疗：基本食品组合 | ·调整：直接接触特定的椎段，使用快速控制推力做平面运动来控制深度、速度和幅度<br>·操作：要学习非推力和其他更多的先进技术 |
| 适应证 | ·正常情况的任何改变和疾病预防 | ·跛行，步态变化，不能长时间久坐，拒跳，头部和肌肉倾斜，肌肉萎缩 |
| 专门设备 | ·无 | ·±活化剂—使用影响小的设备间接调整 |
| 注意事项 | ·疾病治疗只适用于强壮到足以承受激烈治疗过程的动物 | ·也应借助使用其他诊断手段，如X线照相术、血液学和心电图（ECG）对动物进行评估<br>·不正确的调整可能导致严重后果（如麻痹） |
| 备注 | ·被AVMA认可的医疗程序，应该只有经印度草医学培训毕业且获得DVM证的兽医来执行 | ·被AVMA认可的医疗程序，应该只有经按摩保健培训毕业并获得DVM证的兽医来执行<br>·按摩疗法是作为兽医学其他形式的辅助手段，而不作为替代 |

表16.3 CAVM：花精和顺势疗法

| 方法 | 花精 | 顺势疗法 |
|------|------|----------|
| 定义 | 花精是从振动愈合水平上用来治疗动物的心理和情绪状态。通过解决动物的情绪状态（如恐惧、抑郁、焦虑和创伤），移除身体康复的障碍 | 用难以置信的小剂量的某种制剂（如草药、矿物质和动物产品）对临床症状进行治疗。选择制剂，事实上会引起药物的或高剂量的临床症状，或如果反复给予一个健康的动物也可引起临床症状 |
| 诊断 | • 详尽病史评估动物的个性、感情和情绪 | • 详尽病史评估动物的个性、感情和情绪 |
| 技术 | • 根据上述调查结果选择单一或花精组合<br>剂量<br>• 每种花精稀释2滴（最多5滴）至1盎司的矿泉水中，每天喂1~4次<br>• 足额的花精滴到舌头上，涂抹在耳朵后面或滴到嘴唇上<br>• 添加到饮用水，每加仑加15滴 | • 选择适当的药物或药物组合<br>• 丸剂和片剂经折叠的纸槽或瓶盖镂空的瓶子倒入动物的口腔后部<br>• 液体制剂可以滴加到动物嘴或添加到水碗里 |
| 适应证 | • 改变的心理和情绪健康 | • 正常情况的任何改变和疾病预防 |
| 专门设备 | • 无 | • 无 |
| 注意事项 | • 动物随着愈合过程开始，最初可能会经历几个小时症状扩大或抑制症状发展的过程。如果这些症状不能自行消退，可能需要改变以缓解症状 | • 不要触摸药物<br>• 不正确的效力如果过低可能没有任何效果，或如果过高则会加重病情 |
| 备注 | • 避免20%的酒精含量，花精可以外用或滴到热水中使酒精挥发<br>• 没有文献或标准适用于兽医学<br>• 如果选择了一个不正确的药物，虽然没有不良反应但根本看不到效果<br>• 如果几个星期后没有效果，应重新评估和选择组合<br>• 最常见的补救方法是复苏补救、消除恐惧、焦虑和创伤<br>• 花精是作为兽医学其他形式的辅助手段，而不作为替代 | • 被AVMA认可的医疗程序，应该只有经顺势疗法培训毕业并持证的兽医来执行<br>• 顺势疗法应远离阳光、气味、潮湿和磁场<br>• 一些学者认为振动或能量医学的所有其他形式（如针灸、花精和某些食物）与顺势疗法相结合是禁忌的<br>• 如果选择了一个不正确的药物，虽然没有不良反应但根本看不到效果 |

**16**

**表16.4 CAVM：激光治疗**

| 方法 | 激光治疗 |
| --- | --- |
| 定义 | 低能量光子治疗，采用低水平柔和的冷激光以刺激表面组织（1~3cm）。使用IV级激光器的高能量激光治疗，提供更多能量，更深的穿透力（>10.16cm），适用于较大的治疗表面。它是利用单色光线改变细胞功能和增强无损愈合的能力 |
| 诊断 | ·体格检查和诊断 |
| 技术 | ·直接应用时，激光前端距皮肤0~5cm或应用光束为1~50cm<br>·可能需要多次治疗，根据动物和治疗面积的大小每次持续3~10min |
| 适应证 | 伤口和溃疡愈合，口腔炎，牙龈炎，肌腱炎，骨科及软组织术后疼痛，骨关节炎 |
| 专门设备 | ·III级治疗激光器<br>·IV级治疗激光器<br>·护目镜 |
| 注意事项 | ·视网膜灼伤和热灼伤<br>·禁忌：正在服用类固醇或光敏感药物的动物，出血区域，眼睛，心脏起搏器，心脏疾病，癌，甲状腺 |
| 备注 | ·许多参数必须改变以达到理想的治疗效果（如波长、波形、输出功率和功率密度）<br>·治疗的第二个星期起往往可以看到改善 |

**表16.5 CAVM：磁场疗法**

| 方法 | 静态磁铁 | 脉冲电磁场治疗 |
| --- | --- | --- |
| 定义 | 一个混乱的电场可能导致身体和精神上的痛苦。静态或固定的磁铁直接作用于受损部位，以磁力线的形式直接渗透到损伤部位并刺激愈合。磁场可以刺激代谢和酶的作用，增加细胞的氧气量 | 脉冲电磁场治疗（PEMF）是一个脉冲电流加速同时通过线圈产生的磁场。脉冲信号疗法（PST）是PEMF的一种类型，通常用于治疗骨关节炎并具有良好到极佳的效果。PST允许扰动电场的重建，导致蛋白多糖和胶原蛋白的产量增多 |
| 诊断 | ·体格检查和诊断 | ·体格检查和诊断 |
| 技术 | ·磁铁放在笼子里（如垫子）或固定在受伤部位几分钟，几小时或几天 | ·将线圈环绕治疗部位30~60min，经常每天1次 |
| 适应证 | ·骨骼和伤口愈合，癫痫，减轻疼痛，减缓癌症和细菌细胞的生长率 | ·骨折不愈合，急性和慢性损伤（如肌腱、韧带），骨关节炎，发炎的关节疾病，伤口愈合 |
| 专门设备 | ·不同强度（>50高斯）和大小的磁铁 | ·由许多线圈，不同脉冲设置的控制箱和电源组成的电池供电治疗设备 |

**16**

| 方法 | 静态磁铁 | 脉冲电磁场治疗 |
|---|---|---|
| 注意事项 | • 每个动物所需磁铁的强度和大小差别很大<br>• 磁疗法应该从低强度和短周期开始，如果有良好的耐受性后再增加强度和周期<br>• 病情恶化时停止（如癫痫发作和嗜睡增加）<br>• 不能用于心脏起搏器或部分前十字韧带破裂 | |
| 备注 | • 因为目前没有关于动物使用磁铁的研究，故治疗数据弥补了其使用背景<br>• 磁场的组成和大小会影响其强度和力度<br>• 磁铁的大小和形状与其穿透力有关 | |

**表16.6　CAVM：西方草药**

| 方法 | 西方草药 |
|---|---|
| 定义 | • 各种植物和其他天然产品的知识相结合为生理疾病康复提供帮助。最常见的3种中草药治疗是对症治疗、清热解毒和补品。对症治疗用来治疗实际病情，类似于西医。解毒治疗用来清洗各种器官和全身系统。补药治疗是长期使用小剂量的草药进行滋补、增强或保护身体 |
| 诊断 | • 详尽病史和体格检查 |
| 技术 | • 浸剂：放2茶匙干草药至耐热杯滤网。通过滤网倒入8盎司的水，盖上盖子，静置10min。可在阴凉的地方存放48h<br>• 泥敷剂：鲜的或干的草药煮沸5min；挤掉多余的水分并冷却。凉的草药敷于皮肤，用纱布包裹数分钟到数小时<br>• 按压：纱布在中草药提取物（如浸剂和酊剂）浸泡后敷于皮肤<br>• 胶囊、片剂、提取物、大宗药材：可直接给药或添加到食物中 |
| 适应证 | • 正常情况的任何改变 |
| 专门设备 | • 无 |
| 注意事项 | • 一些草药品种之间不能互换（如万寿菊、肉豆蔻、可可和槲寄生）<br>• 草药不存在剂量，它往往可以通过试验和错误发现正确的剂量<br>• 因为浓度低，故其治疗效果可能需要更长的时间<br>• 监测不良反应（如肠胃不适、烦躁不安和皮肤瘙痒）<br>• 验证草药与目前正在服用任何药物的兼容性，化疗期间避免使用 |
| 备注 | • 往往需要大量的中草药，经常需很长一段时间<br>• 与医疗药品相比草药是相对安全的，但它们仍然可以致命<br>• 草药被列为食品补充剂，并不会进行像医疗药品关于纯度、质量和用法的相同研究<br>• 干草药存放在阴凉、黑暗的地方≤1年 |

**16**

# 第17章

# 药理学

**17**

| 关键词和术语[a] | | 缩写 | 额外资源，页码 |
|---|---|---|---|
| 杀成虫药 | 低血钾 | ACE，血管紧张素转换酶 | 化疗管理，350 |
| 激动剂 | 低血钠 | BP，血压 | 药物治疗，346 |
| 脱毛 | 特异质的 | BW，体重 | 外寄生虫，143 |
| 拮抗剂 | 细胞内 | C，浓度 | 内寄生虫，137 |
| 止痒剂 | 角蛋白 | CBC，全血细胞计数 | 计算液体需要量，359 |
| 无尿 | 角质层分离剂 | CHF，慢性心力衰竭 | 液体疗法，357 |
| 房水 | 角质促成剂 | CNS，中枢神经系统 | 实验室检验，69 |
| 腹水 | 白细胞减少症 | COX，环氧合酶 | 营养，55 |
| 共济失调 | 间皮瘤 | DDAVP，醋酸去氨加压素 | 疼痛管理，377 |
| | | DES，己烯雌酚 | |
| | | DIC，弥漫性血管内凝血 | |
| | | DNA，脱氧核糖核酸 | |

**17**

| 关键词和术语[a] | | 缩写 | 额外资源，页码 |
|---|---|---|---|
| 氮质血症 | 微丝蚴 | DOCA，醋酸去氧皮质酮 | 患病动物护理，327 |
| 杀菌剂 | 瞳孔缩小 | DOCP，去氧皮质酮戊酸 | 放射治疗，551 |
| 抑菌剂 | 瞳孔散大 | ECG，心电图 | 尿液分析，145 |
| 念珠菌病 | 骨髓抑制剂 | FSH，促卵泡激素 | |
| 催吐化学感受区 | 肾钙质沉着 | G⁻，革兰阴性菌 | |
| 胆汁淤积 | 神经病 | G⁺，革兰阳性菌 | |
| 拟胆碱药 | 少尿 | GABA，γ-氨基丁酸 | |
| 浓度 | 耳毒性 | GIT，胃肠道 | |
| 环氧合酶-2 | 血管周围的 | HCL，烟酸 | |
| 皮真菌病 | 过氧化物酶 | HPA，下丘脑-垂体-肾上腺 | |
| 利尿剂 | 磷脂酶 | IHSS，特发性肥厚性主动脉瓣下狭窄 | |
| 用量 | 红细胞增多症 | IM，肌注 | |
| 剂量 | 烦渴 | IOP，眼压 | |
| 腾喜龙 | 多食 | IV，静脉 | |
| 催吐剂 | 皮脂溢的 | KBr，溴化钾 | |
| 麦角甾醇 | 呼吸急促 | KCS，干燥性角结膜炎 | |
| 红斑 | 致畸 | L，升 | |
| 杀真菌剂 | 手足搐搦 | LH，促黄体激素 | |
| 抑真菌剂 | 血小板减少症 | LOX，5-脂氧合酶 | |
| 造血剂 | 毛癣菌病 | LRS，乳酸林格液 | |
| 高血钾症 | 午-帕-杯三氏综合征 | MAOI，单胺氧化酶抑制剂 | |
| 角化过度 | 卓-艾综合征 | mg，毫克 | |
| 高磷血症 | | mL，毫升 | |
| 低氯血症 | | NSAID，非甾体类抗炎药 | |
| | | PCV，血细胞压积 | |
| | | PD，烦渴 | |
| | | pH，酸碱度 | |
| | | PSGAG，多硫酸糖胺 | |
| | | PU，多尿 | |
| | | PZI，鱼精蛋白锌 | |
| | | RBC，红细胞 | |
| | | RNA，核糖核酸 | |
| | | SAME，S-腺苷甲硫氨酸 | |
| | | SQ，皮下 | |
| | | SSRI，选择性血清素再摄取抑制剂 | |
| | | T3，三碘甲腺原氨酸 | |
| | | UTI，尿路感染 | |
| | | V，体积 | |
| | | vWF，冯-维勒布兰德病因子 | |

[a]关键词和术语的定义见第629页词汇表。

# 药理学

尽管所有的药物都由兽医开具处方，而技术人员常是负责管理药物的人员。知道所使用药物的作用及其与他药物的相互作用是监测患病动物和回答客户关于使用这些药物问题必不可少的。所有剂量在给药前应再次检查，以及患病动物目前正在使用的所有其他药物及它们之间的相互作用。新产品不断被推向市场，每一个技术人员应审查新产品的信息以便自己的诊所购买。每一个诊所里都应该有一本最新的兽药书。本章主要是给出相关的技术信息。当遇到有关药物不良反应或相互作用的任何问题时应不断查阅兽药书。除非另有说明，这里讨论的药物都是在室温下保存。

**技能框 17.1  基本计算**

| 计算类型 | 公式 | 举例 |
|---|---|---|
| 利用纯剂型的用量计算 | 剂量 $=\dfrac{\text{体重} \times \text{药物剂量}}{\text{药物浓度}}$ | 5 kg体重的猫需要2.7 mg/kg 剂量的Cestex（依西太尔）(12.5mg/片)：<br>D =(5 kg ×2.7 mg/kg)/(12.5mg/片)<br>D =(13.5 mg)/(12.5mg/片)<br>D =1.08 片<br>给这只猫1片Cestex（依西太尔）(12.5mg) |
| 溶液（用百分比或概率表示浓度）<br>· 5%表示5份溶质在100份溶液中<br>· 1∶5的比例表示1份溶质在5份溶液中 | 需要纯药量=（所需的溶液量）×（所需的浓度） | 液体<br>· 配制125mL 4%的漂白粉溶液：<br>D =125mL×（4 mL/100mL）<br>D =500 mL/100mL<br>D= 5 mL 漂白粉<br>5mL漂白粉加入至125mL水中*<br>固体<br>· 用粉剂的葡萄糖和LRS配制200mL5%的葡萄糖溶液：<br>D =200mL×（5g/100mL）<br>D =10g<br>加10g葡萄糖粉至200mL乳酸林格液中 |
| 原液稀释（改变溶液浓度） | 所需的浓度（C1）=使用量（V1）<br>可用浓度（C2）<br>使用量（V2）<br>或表示为：（C1×V2）=（C2×V1） | 用50%的原液和无菌水配制600mL5%葡萄糖溶液：<br>需要使用的原液体积：（5%=5 mL/100mL）<br>V1=（C1×V2）/ C2<br>V1=（5mL×600mL）/ 50mL<br>V1=3 000mL/50mL<br>V1=60mL<br>60mL50%的原液加入到540mL无菌水中 |

*处理液体时，总是从将要盛放溶液的容器中取等量体积（如加入100mL葡萄糖溶液前移去100mL生理盐水）。

17

| 药物 | 分类 | 页码 |
|---|---|---|
| 双氯非那胺 | OP：碳酸酐酶抑制剂 | 613 |
| 地高辛 | CV：收缩力增强剂 | 588 |
| 双氢链霉素 | 抗感染药 | 575 |
| | 抗生素–氨基糖苷类 | |
| 地尔硫卓 | CV：抗心律不齐药 | 586 |
| 二巯丙醇 | T：螯合物 | 624 |
| 二甲基亚砜 | OT：抗感染药 | 615 |
| 苯海拉明 | R：抗组胺药 | 591 |
| 地芬诺酯 | GI：止泻药 | 592 |
| 盐酸多巴酚丁胺 | CV：正性肌力药 | 588 |
| 琥珀酸多库酯钠 | GI：大便软化剂 | 597 |
| 甲磺酸多拉司琼 | GI：止吐药 | 593 |
| 多巴胺 | CV：收缩力增强剂 | 588 |
| 多沙普仑 | R：兴奋剂 | 923 |
| 阿霉素 | CAN：抗生素 | 582 |
| DL–蛋氨酸 | RU：酸化剂 | 616 |
| D–青霉胺 | T：螯合物 | 624 |
| 体外寄生虫药 | 抗寄生虫药 | 590 |
| 依酚氯铵 | N：拟胆碱药 | 606 |
| 依那普利 | CV：血管扩张剂 | 590 |
| 恩诺沙星 | 抗感染药 | 576 |
| 麻黄素 | N：肾上腺素能药 | 607 |
| 肾上腺素 | CV：收缩力增强剂 | 588 |
| | R：支气管扩张剂 | 622 |
| | OP：肾上腺素能激动剂 | 613 |
| 依西太尔 | 抗绦虫药 | 579 |
| 红霉素 | 抗感染药 | 576 |
| 促红细胞生成素 | CV：抗贫血药 | 585 |
| 依托度酸 | MS：非甾体类抗炎药 | 603 |
| 法莫替丁 | GI：抗溃疡药 | 594 |
| 芬苯达唑 | 抗线虫药 | 578 |
| 枸橼酸芬太尼 | N：阿片类药物 | 611 |
| 硫酸亚铁 | CV：抗贫血药 | 585 |
| 氟虫腈 | 体外寄生虫 | 580 |
| 非罗考昔 | MS：非甾体类抗炎药 | 604 |
| 氟胞嘧啶 | D：抗真菌药 | 574 |
| 氟氢可的松 | M：肾上腺皮质 | 599 |
| 氟米松 | MS：抗感染药 | 602 |
| 氟尼辛葡甲胺 | MS：非甾体类抗炎药 | 604 |
| 荧光素 | OP：染料 | 614 |
| 氟喹诺酮类 | 抗感染药 | 576 |
| 氟尿嘧啶 | CAN：抗代谢物 | 583 |
| 氟西汀 | N：行为 | 613 |
| 丙酸氟替卡松 | MS：皮质类固醇激素 | 602 |
| 甲吡唑 | T：合成乙醇脱氢酶抑制剂 | 624 |
| 速尿 | CV：利尿剂 | 589 |

| 药物 | 分类 | 页码 |
|---|---|---|
| 加巴喷丁 | N：镇痛药 | 610 |
| 硫酸庆大霉素 | OT：抗感染药 | 575, 615 |
| 甘精胰岛素 | M：胰岛素 | 600 |
| 格列吡嗪 | M：胰岛素 | 600 |
| 氨基葡萄糖软骨素 | MS：补充剂 | 605 |
| 戈那瑞林 | REP：促性腺激素 | 619 |
| 灰黄霉素 | 抗真菌药物 | 574 |
| 肝素 | CV：抗凝血剂 | 587 |
| 肼屈嗪 | CV：血管扩张剂 | 590 |
| 氢可酮 | R：止咳药 | 621 |
| 氢化可的松 | MS：抗炎药 | 602 |
| 过氧化氢 | GI：催吐剂 | 595 |
| 氢吗啡酮 | N：阿片类药物 | 611 |
| 羟嗪 | D：抗组胺药 | 591 |
| 吡虫啉 | 抗体外寄生虫药 | 580 |
| 咪唑 | 抗真菌药 | 574 |
| 胰岛素 | M：胰腺的 | 600 |
| 干扰素 | CAN：免疫调节 | 584 |
| 异丙肾上腺素 | CV：收缩力增强剂 | 588 |
| 伊维菌素 | 抗线虫药 | 578 |
| 高岭土–果胶 | GI：防护剂 | 597 |
| 氯胺酮 | N：分离性麻醉和NMDA受体拮抗剂 | 610 |
| 酮康唑 | 抗真菌药 | 574 |
| 酮洛芬 | MS：非甾体类抗炎药 | 604 |
| L–门冬酰胺酶 | CAN：酶 | 584 |
| 乳果糖 | GI：润肠通便 | 596 |
| 左旋甲状腺素钠 | M：甲状腺 | 601 |
| 利多卡因 | N：麻醉，麻痹剂 | 586 |
| | CV：抗心律失常 | 609 |
| 林可霉素 | 抗感染药 | 576 |
| 洛哌丁胺 | GI：止泻 | 592 |
| 氯芬奴隆 | 抗体外寄生虫药 | 580 |
| 氢氧化镁 | GI：抗溃疡和润肠通便 | 594 |
| 甘露醇 | CV：利尿剂 | 589 |
| 马波沙星 | 抗感染药 | 576 |
| 甲苯咪唑 | 抗线虫药 | 578 |
| 美克洛嗪 | R：抗组胺药 | 593 |
| 盐酸美托咪定 | N：α$_2$–受体激动剂 | 609 |
| 甲羟孕酮 | REP：孕激素 | 620 |
| 醋酸甲地孕酮 | REP：孕激素 | 620 |
| 美拉索明 | 抗线虫药 | 578 |
| 美洛昔康 | MS：非甾体类抗炎药 | 604 |
| 盐酸哌替啶 | N：阿片类药物 | 612 |
| 乌洛托品 | RU：抗菌 | 617 |
| 甲硫咪唑 | M：抗甲状腺药 | 601 |
| 美索巴莫 | N：肌肉松弛剂 | 658, 608 |

# 抗真菌药物

## 表17.1　抗真菌药

| 药物分类 | 抗真菌药物 | | | | |
|---|---|---|---|---|---|
| 药品（商品名） | • 克霉唑（Lotrimin，Mycelex）<br>• 咪唑（恩康唑） | • 氟胞嘧啶 | • 灰黄霉素（Fulvicin，Grisactin和Grifulvin） | • 酮康唑（里素劳，丁酮唑酮） | • 制霉菌素（Panalog和Mycostatin） |
| 作用 | • 抑制细胞膜合成 | • 干扰RNA和蛋白质合成 | • 抑制真菌的有丝分裂 | • 抑制真菌细胞膜中的麦角甾醇合成 | • 抑菌和杀菌 |
| 代谢 | | • 主要原形排泄 | • 肝脏 | • 肝脏 | |
| 适应证 | • 念珠菌性口炎，局限性皮肤真菌病，犬鼻曲霉菌病 | • 中枢神经系统隐球菌病；念珠菌病 | • 真菌感染（毛癣菌病和皮肤真菌病） | • 全身性真菌感染（犬马拉色菌、念珠菌病和皮肤真菌病）和浅表性皮肤感染 | • 念珠菌病和犬马拉色菌 |
| 剂型 | • 外用 | • 胶囊 | • 片剂 | • 片剂和外用 | • 外用 |
| 注意事项 | | • 肾脏，肝脏，血液病，骨髓抑制 | • 猫和妊娠动物因代谢困难而毒性增加 | • 可能会降低年轻犬的睾酮和生育能力<br>• 肝病或血小板减少症 | |
| 禁忌证 | | | • 肝癌病<br>• 妊娠动物 | • 服用抗分泌药物，抗酸剂，抗惊厥药，环孢霉素和西沙必利的动物<br>• 妊娠动物 | |
| 患病动物护理/客户教育 | • 监测局部刺激、流涎、喷嚏和体重减轻<br>• 给药后洗手 | • 监测肾，肝功能和CBC | • 监测毒性（厌食、呕吐、贫血和嗜睡）<br>• 提供高脂饮食有利于吸收 | • 监测呕吐、腹泻、食欲不振肝功能异常（黄疸）<br>• 喂食 | • 监测胃肠不适 |
| 注 | | • 通常与其他抗真菌药物联用<br>• 如果与食物一起喂食会降低吸收率 | • 苯巴比妥降低吸收<br>• 在皮肤、毛发、指甲达到高浓度<br>• 服用药物≥6周后开始起效治疗期间不建议接种疫苗 | • 潜在的致畸作用 | • 通常与其他药物联用 |

# 抗感染药物

除非药品说明书中特别声明，抗生素通常与食物一起给药。过敏反应表现为休克、皮疹、面部或局部肿胀，淋巴结肿大或发热。

**表17.2 抗感染药物：氨基糖苷类，头孢菌素类和氯霉素**

| 药物分类 | 氨基糖苷类 | 头孢菌素类 | 氯霉素 |
|---|---|---|---|
| 药品（商品名） | • 阿米卡星（Amiglyde-V，阿米金）<br>• 庆大霉素（Gentocin，Garasol，Garacin）<br>• 新霉素（Biosol，Mycifradin）<br>• 双氢链霉素（Ethamycin）<br>• 妥布霉素（Nebcin） | 第一代<br>• 头孢羟氨苄，头孢氨苄，头孢拉定，头孢菌素，头孢唑啉，头孢匹林（Kefsol，Ancef，Zolicef，Cefa-drops，Cefa-tabs，头孢唑啉）<br>第二代<br>• 头孢孟多，头孢克洛，头孢西丁（孢羟唑钠甲酸酯，希克劳，美福仙）<br>第三代<br>• 头孢克肟，头孢噻肟，头孢哌酮，头孢他啶，拉氧头孢（Suprax，凯福隆，Fortaz）<br>第四代<br>• 头孢吡肟 | • 氯霉素（Amphicol，氯霉素眼药膏，Vedichol片，Amphicol胶囊；Bemocal） |
| 作用 | • 杀菌 | • 杀菌 | • 抑菌 |
| 代谢 | • 肾脏 | • 肝脏 | • 肝脏 |
| 适应证 | • 广谱（主要是G⁻）；但对厌氧菌无效<br>• 泌尿生殖道感染<br>• 钩端螺旋体病（Ethamycin） | • 第一代：G⁺<br>• 第二/第三代：G⁻/G⁺<br>• 第四代：G⁻/G⁺<br>• 膀胱炎，呼吸系统，骨骼和泌尿生殖系统，皮肤及软组织感染 | • G⁻和G⁺菌，立克次体属<br>• 呼吸系统疾病<br>• 需要渗透中枢神经系统（CNS） |
| 剂型 | • 注射剂 | • 片剂，注射剂和口服混悬液 | • 片剂，胶囊，软膏 |
| 注意事项 | • 不要与青霉素在同一注射器混合，这样会使它们失效 | • 动物（尤其是猫）空腹可能呕吐 | • 可能会导致骨髓抑制（特异体质的）<br>• 猫对这种药物的不良反应往往表现的更敏感 |
| 禁忌证 | • 耳膜破裂（局部）<br>• 肾脏病（肠外）<br>• 妊娠动物或幼畜<br>• 服用速尿的动物 | • 服用抑菌药物的动物<br>• 对青霉素过敏 | • 服用杀菌药物的动物<br>• 妊娠动物<br>• 肝功能受损（药物是一种强效的肝酶诱导剂）或心肌功能障碍 |
| 患病动物护理/客户教育 | • 监测呼吸麻痹，心血管抑制，前庭毒性，耳聋和肾毒性<br>• 使用液体疗法以支持肾脏 | • 监测过敏反应 | • 监测过敏反应 |
| 注 | • 肠外给药或外用，因为胃肠道吸收不良<br>• 在内耳和肾蓄积<br>• 新斯的明是逆转剂 | • 经肾脏排泄 | • 不要使用>3周<br>• 经肾脏排泄 |

**表17.3 抗感染药物：氟喹诺酮类，林可酰胺类，甲硝唑**

| 药物分类 | 氟喹诺酮类 | 林可酰胺类 | 甲硝唑 |
|---|---|---|---|
| 药品（商品名） | • 环丙沙星（盐酸环丙沙星）<br>• 恩诺沙星（拜有利）<br>• 马波沙星（Zeniquin）<br>• 诺氟沙星（诺氟沙星片）<br>• 奥比沙星（Orbax） | • 克林霉素（安帝洛液）<br>• 林可霉素（林肯霉素）<br>  或红霉素（Erythro–100） | • 甲硝唑（灭滴灵） |
| 作用 | • 杀菌 | • 抑菌 | • 抑菌<br>• 肠道非特异性的抗炎药 |
| 代谢 | • 肝脏 | • 肝脏 | • 肝脏 |
| 适应证 | • G⁻/G⁺菌<br>• 泌尿生殖道，呼吸道，皮肤及软组织感染<br>• 需要软组织渗透 | • G⁺和厌氧菌<br>• 慢性皮肤、骨、口腔和膀胱感染<br>• 新孢子虫和犬巴贝斯虫 | • G⁻厌氧菌和贾第鞭毛虫<br>• 腹泻 |
| 剂型 | • 片剂和注射剂 | • 片剂、胶囊和溶液 | • 片剂、粉剂和注射剂 |
| 注意事项 | • 与NSAIDs同时使用可能会导致癫痫发作 | | • 即使按推荐剂量也偶尔发生毒性反应 |
| 禁忌证 | • 生长动物，因为它会导致关节/骨骺损伤<br>• 妊娠动物 | • 服用高岭土的动物（林可霉素）<br>• 念珠菌感染<br>• 肝功能不全或胆汁淤积 | • 妊娠动物 |
| 患病动物护理/客户教育 | • 喂食前1~2h给药<br>• 监测呕吐、腹泻、烦渴、脱水和CNS功能障碍<br>• 保持动物水合良好 | • 监测呕吐和腹泻 | • 监测厌食、肝毒性、中性粒细胞减少症、呕吐、腹泻和CNS症状 |
| 注 | • 肾脏疾病时减少剂量<br>• 由肾脏排泄 | • 经胆汁或尿液排出 | • 开始治疗7~12d后药物毒性的症状可能显现<br>• 由于有苦味因此不要压碎药片 |

表17.4 抗感染药物：青霉素，磺胺类药物和四环素类

| 药物分类 | 青霉素 | 磺胺类药物 | 四环素类 |
|---|---|---|---|
| 药品（商品名） | • 阿莫西林（Amoxi-tabs，Biomox和Robamox-V）<br>• 氨苄西林（Polyflex，Amcill，Omnipen）<br>• 增效阿莫西林（Clavamox和克拉维酸） | 短效：<br>• 磺胺嘧啶（Tribissen，Di-Trim）<br>• 磺胺甲嘧啶<br>• 磺胺二甲嘧啶<br>• 新诺明<br>中效：<br>• 磺胺异恶唑<br>• 磺胺地索辛（Albon） | • 金霉素（Auroemycin）<br>• 强力霉素（Vibramycin）<br>• 米诺环素（Minocin）<br>• 土霉素（Terramycin，Liquamycin）<br>• 四环素（Panmycin Aquadrops，四环素可溶性粉-324，氧-四环素100注射液） |
| 作用 | • 杀菌 | • 抑菌 | • 抑菌 |
| 代谢 | • 肾脏 | • 肝脏 | • 肾脏 |
| 适应证 | • $G^+$菌<br>• 呼吸道，皮肤及软组织感染 | • $G^-$/$G^+$菌和原虫<br>• 呼吸道，泌尿道，脑膜，肠道和软组织（磺胺地索辛），球虫（磺胺地索辛）感染 | • $G^-$/$G^+$菌，立克次体属和波氏杆菌属 |
| 剂型 | • 片剂和注射剂 | • 片剂和溶液 | • 片剂、粉剂、溶液和注射剂 |
| 注意事项 | • 不要与氨基糖苷类混用<br>• 波氏杆菌和一些大肠杆菌菌株对阿莫西林耐药 | • 脓液存在时无效<br>• 长期使用引起骨髓抑制<br>• 肾脏和甲状腺疾病慎用<br>• 不推荐使用超过14d（猫） | • 乳制品、止泻药和酸化剂会干扰吸收 |
| 禁忌证 | • 服用抑菌药物的动物 | • 肝脏疾病，血液病或磺胺类药物过敏 | • 肾脏疾病（土霉素和米诺环素）<br>• 服用杀菌药的动物 |
| 患病动物护理/客户教育 | • 喂食前1~2h给药<br>• 监测过敏反应（休克、皮疹、面部肿胀、淋巴结肿大和发热） | • 保持足够的水合状态<br>• 监测搔痒、光敏性、脱毛、过敏反应和干燥性角结膜炎（KCS）（犬）<br>• 监测贫血（Tribissen） | • 监测呕吐、腹泻、低血压和厌食 |
| 注 | | • 经尿液排泄 | • 导致年轻动物发育过程中骨和牙齿釉质变黄 |

# 抗寄生虫药

| 药物分类 | | 抗线虫药 | | |
|---|---|---|---|---|
| **药品**（商品名） | 苯咪唑类<br>· 阿苯达唑（Valbazen）<br>· 芬苯达唑（Panacur）<br>· 甲苯咪唑（Telmin） | · 伊维菌素（Ivomec和Heartgard） | · 美拉索明(Immiticide) | · 米尔贝肟（Interceptor，Sentinel） |
| **作用** | · 干扰寄生虫的能量代谢 | · 干扰寄生虫的中枢神经系统 | · 干扰寄生虫的新陈代谢 | · 干扰寄生虫的中枢神经系统 |
| **代谢** | · 肝脏 | · 肝脏 | | |
| **适应证** | · 蛔虫、钩虫、鞭虫和豆状带绦虫 | · 恶丝虫微丝蚴（犬）<br>· 大多数寄生虫（蠕形螨、绦虫和肝片吸虫除外）<br>· 耳螨 | · 心丝虫成虫 | · 钩虫，鞭虫，蛔虫<br>· 心丝虫预防 |
| **剂型** | · 片剂，糊剂和粉剂 | · 片剂和注射剂 | · 注射剂 | · 片剂 |
| **注意事项** | · 肝毒性（甲苯咪唑） | · 柯利犬和大多数放牧品种非常敏感和可能出现中毒症状 | 死虫阻塞血管<br>戴手套且给药后洗手 | · 携带大量微丝蚴的犬有休克样症状（罕见） |
| **禁忌证** | | · <6周龄的幼犬 | · IV级心丝虫病<br>· 猫 | |
| **患病动物护理/客户教育** | · 监测用药部位的皮肤刺激 | · 监测瞳孔散大，共济失调，呕吐，腹泻，多涎，震颤和抑郁 | · 监测注射部位肿胀或触痛，咳嗽，呕吐，抑郁，嗜睡，发热和厌食 | · 监测神经症状 |
| **注** | | · 穿过血脑屏障<br>· 给药前应做心丝虫感染的预试 | · 二巯丙醇可用为解毒剂 | · 追溯作用于幼虫的最近研究<br>· 先前心丝虫感染测试 |

表17.6 抗寄生虫药：抗线虫药（续）

| 药物分类 | | 抗线虫药 | |
|---|---|---|---|
| 药品（商品名） | • 莫西菌素（Pro Heart 6） | • 哌嗪（Pipa-Tabs，Sergeant's Worm Away，普瑞纳液体沃尔默） | • 四氢嘧啶<br>• 噻嘧啶（Strongid-T和Nemex） |
| 作用 | • 干扰寄生虫的中枢神经系统 | • 使蠕虫麻痹 | • 干扰寄生虫的中枢神经系统 |
| 代谢 | | • 肾脏 | |
| 适应证 | • 心丝虫预防 | • 蛔虫 | • 蛔虫，钩虫 |
| 剂型 | • 注射剂 | • 片剂和溶液 | • 片剂和溶液 |
| 注意事项 | • 开始治疗前建议进行心丝虫测试 | • 癫痫 | • 肝功能不全，脱水，营养不良或贫血的动物慎用 |
| 禁忌证 | | • 慢性肝脏疾病或肾脏疾病 | • 有机磷农药，乙胺嗪或哌嗪 |
| 患病动物护理/客户教育 | • 监测抑郁，共济失调，胃肠道不适，注射部位肿胀 | • 监测震颤，共济失调，癫痫，呕吐和虚弱 | • 监测是否呼吸加快，出汗，共济失调<br>• 对妊娠和哺乳期动物安全 |
| 注 | | • 活虫传播：应实施适当的环境清理 | • 混悬液：使用前摇匀 |

表17.7 抗寄生虫药：抗绦虫药

| 药物分类 | 抗绦虫药 | |
|---|---|---|
| 药品（商品名） | • 依西太尔(Cestex) | • 吡喹酮（Droncit） |
| 作用 | • 降低蠕虫对宿主消化系统的抵抗力 | • 降低蠕虫对宿主消化系统的抵抗力 |
| 代谢 | | • 肝脏 |
| 适应证 | • 除房棘球绦虫属外的绦虫 | • 犬绦虫和肺吸虫感染 |
| 剂型 | • 片剂 | • 片剂和注射剂 |
| 禁忌证 | • <7周龄的动物 | • <4周龄的幼犬和<6周龄的幼猫 |
| 患病动物护理/客户教育 | • 监测呕吐、腹泻、厌食和嗜睡 | • 监测呕吐、腹泻、厌食和嗜睡 |
| 注 | • 单剂量有效 | • 单剂量有效<br>• 虫卵通过粪便传播，应实施适当的环境清理 |

表17.8 抗寄生虫药：抗体外寄生虫药

| 药物分类 | | | 抗体外寄生虫药 | |
|---|---|---|---|---|
| 药品（商品名） | • 氟虫腈（Frontline，Frontline–Top Spot） | • 吡虫啉（Advantage） | • 氯芬奴隆（Program） | • 有机磷农药（赛灭磷）<br>• 氯化烃（Paramite Dip）<br>• 氨基甲酸酯（Sevin） |
| 作用 | • 破坏寄生虫的神经传导 | • 杀成虫 | • 跳蚤卵蛋白抑制剂，阻止卵孵化或发育为幼虫 | • 破坏寄生虫的神经传导 |
| 适应证 | • 跳蚤和蜱 | • 跳蚤 | • 跳蚤 | • 跳蚤、虱子和蜱 |
| 剂型 | • 液体 | • 液体 | • 片剂和注射剂（猫） | • 液体和粉剂 |
| 注意事项 | • 避免接触眼睛和嘴巴<br>• 给药时戴手套或彻底洗手 | • 避免接触眼睛和嘴巴<br>• 给药时戴手套或彻底洗手 | • 不能杀死成年跳蚤 | • 不要将多种有机磷农药混合使用<br>• 猫表现较高的过敏性<br>• 给药时戴手套 |
| 禁忌证 | • <10周龄幼犬<br>• <12周龄小猫 | • <7周龄幼犬<br>• <8周龄小猫 | • <6周龄幼犬 | • <12周龄动物<br>• 妊娠或哺乳动物 |
| 患病动物护理/客户教育 | • 监测用药部位皮肤刺激 | • 反复洗浴可降低功效 | • 每月一次<br>• 脂肪饮食可提高吸收<br>• 不要掰开药片 | • 监测心动过缓，呼吸抑制，流涎，肌肉震颤，抽搐，麻痹，瞳孔缩小，呕吐和腹泻 |
| 注 | • 对蜱药效可持续4周，对跳蚤可持续3个月 | • 药效持续4周 | • 因为生命周期中断，需30~60d达到充分效果 | • 阿托品可降低毒性作用 |

表17.9 抗寄生虫药：抗体外寄生虫药（续）

| 药物分类 | | 抗体外寄生虫药 |
|---|---|---|
| 药品（商品名） | • 除虫菊酯和合成的除虫菊酯（Ovitrol，Sectrol，Kiltix） | • 赛拉菌素(Revolution) |
| 作用 | • 刺激寄生虫的CNS | • 杀成虫和抑制虫卵孵化 |
| 适应证 | • 跳蚤，蜱，耳螨和苍蝇 | • 跳蚤，耳螨，心丝虫预防，疥癣（犬），线虫治疗（猫） |
| 剂型 | • 液体 | • 液体 |
| 注意事项 | | • 虚弱动物 |
| 禁忌证 | • <6周龄动物 | • <6周龄动物 |
| 患病动物护理/客户教育 | • 多涎是常见的 | • 监测给药部位脱毛，呕吐，腹泻，厌食，嗜睡，流涎，呼吸急促和肌肉震颤 |
| 注 | • 部分被紫外线降解，部分与合成纤维接触而失效 | • 柯利犬品种可能敏感 |

# 癌症/化疗药物

表17.10  癌症/化疗药物：烷化剂

| 药物分类 | | 烷化剂 | | |
|---|---|---|---|---|
| 药品（商品名） | • 卡铂（Platinol） | • 苯丁酸氮芥（Leukeran） | • 顺铂（Cisplatin，伯尔定） | • 环磷酰胺（Cytotoxan，Neosar） |
| 作用 | • 中断DNA复制 | • 抑制DNA和RNA合成和碱基配对 | • 中断DNA复制 | • 中断DNA复制，抑制DNA的合成和碱基配对 |
| 代谢 | | • 肝脏 | | • 肝脏 |
| 适应证 | • 腺癌，鳞状细胞癌及骨肉瘤 | • 淋巴细胞性白血病，淋巴瘤，真性红细胞增多症，多发性骨髓瘤，卵巢腺癌，巨球蛋白血症 | • 犬骨肉瘤，鼻腺癌，鳞状细胞癌，移行细胞癌，甲状腺癌，间皮瘤，睾丸和卵巢瘤 | • 淋巴肉瘤，血管肉瘤，乳腺癌，肥大细胞瘤，乳腺腺癌 |
| 剂型 | • 注射剂(IV) | • 片剂 | • 注射剂 | • 片剂和注射剂 |
| 注意事项 | • 治疗前4h和治疗后2h需要用盐水利尿<br>• 活动性感染，听力障碍或原有肾/肝疾病的动物应慎用 | • 骨髓抑制动物应慎用 | • 配制溶液时戴手套和穿防护服（皮肤接触可能会导致局部反应） | • 处理，分割或粉碎片剂时戴手套；药物通过皮肤吸收，对人体有害<br>• 肝/肾功能不全，白细胞减少，血小板减少，免疫抑制或先前放疗的动物应慎用 |
| 禁忌证 | • 严重的骨髓抑制或含铂化合物过敏 | | • 猫，肾功能损害，骨髓抑制和含铂化合物过敏 | |
| 患病动物护理/客户教育 | • 监测胃肠不适，骨髓抑制，耳毒性，脱毛，神经病变，肾毒性和呕吐（罕见）<br>• 活动性感染，听力障碍或原有肾/肝疾病的动物应慎用 | • 定期监测CBC<br>• 监测白细胞减少症，血小板减少和贫血，小脑毒性，骨髓抑制，脱毛和胃肠道毒性 | • 监测呕吐，贫血，骨髓抑制与双峰低谷，肾毒性，很少神经病变（耳毒性） | • 开始的2个月每周检测1次CBC，然后每月检测1次；评估给药48h后的尿量<br>• 监测呕吐，胃肠道毒性，骨髓抑制，出血性膀胱炎和脱毛 |
| 注 | • 可以修改灭活或活病毒疫苗<br>• 室温下避光保存 | • 脱毛在贵宾犬和凯利蓝犬更多见 | • 肾毒性较卡铂小（不需要利尿）<br>• 室温或冻结避光保存（3周） | • 可能需要1~4周才起效<br>• 只用4~5个月 |

表17.11　癌症/化疗药物：蒽环类抗生素

| 药物分类 | 蒽环类抗生素 | | |
|---|---|---|---|
| **药品（商品名）** | • 更生霉素，放线菌素D（Cosmegen） | • 盐酸阿霉素（阿霉素） | • 米托蒽醌（Novantrone） |
| **作用** | • 抑制DNA、RNA和蛋白质合成 | • 中断DNA和RNA合成 | • 中断DNA和RNA合成 |
| **代谢** | | • 肝脏 | • 肝脏 |
| **适应证** | • 骨与软组织肉瘤，淋巴瘤 | • 淋巴瘤，骨肉瘤，实体瘤，肉瘤（血管肉瘤、甲状腺癌、乳腺腺癌和间皮瘤） | • 白血病，淋巴瘤，乳腺腺癌，鳞状细胞癌 |
| **剂型** | • 注射剂(IV) | • 注射剂（IV–在通常的输液管中缓慢滴注超过10min） | • 注射剂(IV) |
| **注意事项** | • 在过去3~6个月接受过放射治疗或骨髓抑制、感染、肥胖或肾/肝功能受损的动物应慎用<br>• 戴手套和眼罩。如果皮肤被污染，自来水冲洗10min，然后用磷酸盐缓冲液冲洗。如果溶液入眼，立即用清水冲洗干净；然后用清水或生理盐水冲洗10min | • 戴手套和眼罩。如果皮肤被污染，用肥皂洗手并彻底冲洗<br>• 孕妇不应用此药<br>• 监测即时过敏反应（面部肿胀、荨麻疹、呕吐、心律不齐和/或低血压） | • 切勿与肝素混合 |
| **禁忌证** | • 病毒感染 | • 骨髓抑制，心脏功能受损 | • 骨髓抑制，心功能不全，感染或之前的细胞毒性治疗 |
| **患病动物护理/客户教育** | • 监测胃肠不适，食欲不振，贫血，脱毛，骨髓抑制和胃肠道毒性 | • 每次治疗前和治疗10d后都应监测CBC<br>• 监测摇头，瘙痒，红斑，呕吐，腹泻，体重减轻，白细胞减少，脱毛，骨髓抑制和胃肠道毒性 | • 监测抑郁，呕吐，腹泻，厌食，血小板减少，白细胞减少，贫血或败血症 |
| **注** | • 室温下避光保存 | • 冷藏，避光 | • 同阿霉素 |

表17.12 癌症/化疗药物：抗代谢药

| 药物分类 | 抗代谢药 | | |
|---|---|---|---|
| 药品（商品名） | ・硫唑嘌呤（依木兰） | ・氟尿嘧啶（Adrucil） | ・甲氨蝶呤 |
| 作用 | ・抑制初级和次级抗体反应，是一种抗炎药 | ・干扰DNA合成 | ・抑制DNA、RNA和蛋白质合成 |
| 代谢 | | ・肝脏 | |
| 适应证 | ・自身免疫性疾病 | ・犬癌和肉瘤 | ・淋巴肿瘤、肉瘤、淋巴瘤和白血病 |
| 剂型 | ・片剂和注射剂 | ・注射剂(IV) | ・片剂和注射剂 |
| 注意事项 | ・肝功能不全或正在服用别嘌呤醇的动物应慎用 | | ・分割或碾碎药片时戴手套 |
| 禁忌证 | ・不建议用于治疗猫或妊娠动物 | ・不建议用于猫<br>・虚弱动物 | ・先前患骨髓抑制，严重肝/肾功能不全或药物过敏 |
| 患病动物护理/客户教育 | ・孕妇不宜用此药<br>・操作后彻底洗手<br>・前8周每2周监测1次白细胞，然后每月监测1次<br>・监测白细胞减少症，贫血，血小板减少，胰腺炎，黄疸，皮肤问题和毛发生长不良 | ・监测口炎，腹泻，白细胞减少，血小板减少，贫血和共济失调 | ・监测呕吐，恶心，腹泻，白细胞减少，贫血，血小板减少，肾小管坏死，骨髓抑制，脱毛和胃肠道毒性 |
| 注 | ・室温下避光保存 | ・室温下避光保存<br>・可与亚叶酸联用以增强抗癌效果 | ・室温下避光保存<br>・可与亚叶酸联用以保护健康细胞 |

表17.13 癌症/化疗药物：酶，免疫调节剂，人工合成激素和长春花生物碱

| 药物分类 | 酶 | 免疫调节剂 | 合成激素 | 长春花生物碱 |
|---|---|---|---|---|
| 药品（商品名） | • L-天冬酰胺酶(Elspar，Oncaspar，Erwinase) | • 干扰素（干扰素 α$_{2a}$，Referon A） | • 达那唑(诺克林，环酮) | • 长春碱（Velban）<br>• 长春新碱（Oncovin，Vincasar） |
| 作用 | • 将天冬酰胺水解为天冬氨酸和氨 | • 淋巴细胞的调节（免疫调节）并阻止病毒细胞复制（抗病毒药物） | • 抑制LH、FSH和雌激素的合成以及稳定红细胞 | • 阻止癌症细胞分裂 |
| 代谢 | | | • 肝脏 | • 肝脏 |
| 适应证 | • 淋巴瘤，淋巴性白血病，肥大细胞瘤和特发性血小板减少症 | • 猫白血病 | • 泼尼松龙或泼尼松相关的犬免疫介导性血小板减少和溶血性贫血 | • 淋巴瘤，血瘤，猫乳腺肿瘤，肉瘤，犬性病肿瘤，肥大细胞瘤和免疫介导的血小板减少症 |
| 剂型 | • 注射剂(IV，IM，SQ) | • 溶液(轻轻摇动) | • 胶囊 | • 注射剂(IV) |
| 注意事项 | • 肝脏疾病，糖尿病，感染，尿酸结石病史，先前存在肾脏，肝脏，血液，胃肠道或中枢神经系统功能障碍 | | • 肝病（犬），严重心脏或肾功能不全，未确诊的异常阴道出血 | • 肝脏疾病，白细胞减少，细菌感染或神经肌肉疾病患病动物应慎用<br>• 如果漏出血管可引起严重的组织刺激和坏死。可用碳酸氢钠、地塞米松或透明质酸酶渗透 |
| 禁忌证 | • 除非必要否则不建议与甲氨蝶呤联用，建议两种药物间隔48h<br>• 胰腺炎（现有或有既往史） | | | • 细菌感染，白细胞减少症（长春碱） |
| 患病动物护理/客户教育 | • 监测过敏，呕吐，腹泻，低血压，瘙痒，胰腺炎，注射部位疼痛，DIC，药物过敏和虚脱 | | • 可能2~3个月才起效 | • 戴手套<br>• 监测便秘，脱毛，胃肠道毒性，外周神经病变，血管周围腐肉和白细胞减少症 |
| 注 | • 粉剂储存在<8℃的阴凉处；溶液在冰箱中（8h）避光保存 | • 300万IU/ mL的溶液必须稀释到1L无菌生理盐水，分装，冷藏[a]<br>• 冷藏；稀释剂不冻结 | • 可能会降低血清总甲状腺素（T$_4$）和T$_3$吸收增多（甲状腺结合球蛋白减少）<br>• 室温下保存在密闭的容器中 | • 冷藏避光保存 |

[a] 引自Dana Allen：Handbook of Veterinary Drugs。

# 心血管药物

### 表17.14　心血管药物：抗贫血药

| 药物分类 | | 抗贫血药 |
| --- | --- | --- |
| **药品**（商品名） | · 促红细胞生成素（红细胞生成素、马洛琴、重组人类红细胞生成素 α） | · 硫酸亚铁（Fer-In-Sol，Slow-Fe） |
| **作用** | · 刺激红细胞产生的激素 | · 补充铁 |
| **代谢** | | |
| **适应证** | · 肾功能衰竭导致的贫血 | · 缺铁性贫血 |
| **剂型** | · 注射剂（SQ）；不摇动 | · 片剂，糖浆，酏剂 |
| **注意事项** | · 容易出现癫痫发作的动物应慎用 | · 抗酸剂可降低铁的吸收 |
| **禁忌症** | · 高血压，低铁或妊娠/哺乳动物<br>· 目前服用去氨加压素，雄激素或丙磺舒的动物 | · 胃肠道溃疡，肠炎，结肠炎和溶血性贫血 |
| **患病动物护理/客户教育** | · 监测发热，关节痛，注射部位皮疹和癫痫（猫）<br>· 服药中监测红细胞压积（PCV） | · 监测胃肠道不适 |
| **注** | · 注射剂存放在冰箱<br>· 可稀释 | |

表17.15　心血管药物：抗心律不齐药

| 药物分类 | 抗心律不齐药 | | |
| --- | --- | --- | --- |
| | β–受体阻断剂 | 钙通道阻滞剂(IV类) | 钠内流抑制剂(I类) |
| 药品（商品名） | • 阿替洛尔（天诺敏）<br>• 美托洛尔（Lopressor）<br>• 普萘洛尔（心得安）<br>• 盐酸索他洛尔（Betapace） | • 苯磺酸氨氯地平（络活喜）<br>• 地尔硫卓（哈氮卓）<br>• 盐酸维拉帕米 | • 利多卡因（Xylocaine）<br>• 盐酸美西律（脉舒律）<br>• 普鲁卡因胺（Pronestyl，Procan SR）<br>• 奎尼丁（Duraquin，Cardioquin，Quiniglute） |
| 作用 | • 阻断心脏交感神经系统受体（$\beta_1$） | • 阻止钙通过慢通道进入细胞内 | • 抑制钠离子跨越受损细胞膜 |
| 代谢 | • 肝脏内生物转化 | • 肝脏 | • 肝脏 |
| 适应证 | • 心律失常，高血压和肥厚性心肌病 | • 室上性心动过速，心房扑动，心房颤动，肥厚性心肌病和高血压（猫） | • 室性心律失常和心房颤动 |
| 剂型 | • 片剂，胶囊，溶液和注射剂 | • 片剂和注射剂 | • 利多卡因：注射剂（IV：静推或缓慢滴注）<br>• 普鲁卡因胺和奎尼丁：片剂和注射剂<br>• 美西律：胶囊 |
| 注意事项 | • 糖尿病动物（因其会降低胰岛素分泌），甲状腺功能亢进，肾功能不全或支气管狭窄动物应慎用 | • 肝脏、肾脏受损和午–帕–怀三氏综合征慎用 | • 不要用利多卡因和肾上腺素IV<br>• 奎尼丁和地高辛合用可能会增加地高辛浓度 |
| 禁忌证 | • 慢性心脏衰竭，血栓栓塞性疾病，第二或第三度心脏传导阻滞，支气管收缩疾病和窦性心动过缓 | • 低血压和洋地黄中毒 | • 重症肌无力，洋地黄中毒，心脏传导阻滞（奎尼丁）<br>• 第二或第三度房室传导阻滞或心源性休克（脉律定） |
| 患病动物护理/客户教育 | • 监测剂量的有效性<br>• 监测心动过缓，低血压，支气管狭窄，低血糖和腹泻 | • 监测低血压，心脏抑制，心动过缓，房室传导阻滞，肺水肿，疲劳，眩晕，恶心和厌食 | • 监测镇静，休克，癫痫发作，呕吐（利多卡因）<br>• 监测低血压，呕吐，腹泻，厌食，虚弱，血药浓度和尿潴留（奎尼丁） |
| 注 | • 普萘洛尔长期使用效力降低<br>• 室温下保存，避光、避热防潮 | • 地尔硫卓效力低于维拉帕米<br>• 室温避光保存 | |

表17.16　心血管药物：抗凝血剂和钙补充剂

| 药物分类 | 抗凝血剂 | | 钙补充剂 | |
|---|---|---|---|---|
| 药品（商品名） | · 肝素钠（肝素） | · 华法林（香豆素） | · 氯化钙 | · 葡萄糖酸钙 |
| 作用 | · 增强抗凝血酶Ⅲ的抗凝作用 | · 干扰凝血和消耗维生素K | · 增加可用钙 | · 增加可用钙 |
| 代谢 | · 部分在肝脏代谢 | · 肝脏 | | |
| 适应证 | · 血栓、DIC和烧伤 | · 血栓性疾病或凝固性过高的疾病 | · 心搏停止和低血钙 | · 低血钙，心室停搏，严重心动过缓，高血钾心脏病，惊厥 |
| 剂型 | · 注射剂 | · 注射剂 | · 注射剂 | · 注射剂 |
| 注意事项 | · 服用与血小板功能和/或凝血因子相互作用的药物的动物 | · 出血性疾病或计划眼睛或CNS手术 | · 缓缓注入避免血管外注射引起炎症，组织坏死和腐肉<br>· 肾钙质沉着时慎用<br>· 如果与洋地黄合用则增加毒性风险 | · 缓缓注入，以避免血管外注射引起炎症，组织坏死和腐肉<br>· 如果与洋地黄合用则增加毒性风险<br>· 接受洋地黄，以及肾或心脏功能不全的动物应慎用 |
| 禁忌证 | · 凝血功能障碍的动物 | | · 心室颤动，肾结石，高血钙症 | · 心室颤动，肾结石，高血钙症 |
| 患病动物护理/客户教育 | · 监测出血和血小板减少 | · 监测黏膜苍白，虚弱，呼吸困难，凝血酶原时间，PCV和血便 | · 监测心动过缓，心律失常，低血压和高血钙症 | · 监测便秘 |
| 注 | · 凝血功能障碍的动物不要使用肝素冲洗或肝素导管 | | | |

表17.17　心血管药物：收缩增强剂和正性肌力药

| 药物分类 | 收缩增强剂 | | | 正性肌力药 | |
| --- | --- | --- | --- | --- | --- |
| | β-肾上腺素能药 | 二吡啶衍生物（Bipyridine Dorivatives） | 强心苷 | 儿茶酚胺 | 纤维扩张剂 |
| 药品（商品名） | • 异丙肾上腺素（Isuprel，Iperenol） | • 氨力农（氨利酮） | • 地高辛 | • 多巴酚丁胺盐酸<br>• 多巴胺<br>• 肾上腺素 | • 匹莫苯丹(Vetmedin) |
| 作用 | • 房室传导增加和心室兴奋并促进支气管扩张 | • 心排血量和肺毛细血管压力降低 | • 心肌收缩力增强和心率降低 | • 刺激心肌 | • 抑制磷酸二酯酶Ⅲ和刺激心肌收缩蛋白对钙的敏感性 |
| 代谢 | • 肝脏 | | • 肾脏 | • 多巴酚丁胺和肾上腺素：胃肠道和肝脏<br>• 多巴胺：胃肠道，肾脏，肝脏和血浆 | |
| 适应证 | • 不完整心脏传导阻滞的短期管理，窦性心动过缓，病窦结综合征 | • CHF及心肌病 | • CHF，心房颤动，室上性心动过速 | • CHF，心房颤动，室上性心动过速 | • 犬CHF，二尖瓣闭锁不全，扩张型心肌病 |
| 剂型 | • 注射剂和吸入剂 | • 注射剂 | • 片剂，胶囊，酏剂和注射剂 | • 注射剂 | • 胶囊 |
| 注意事项 | • 冠状动脉功能不全，甲状腺功能亢进，肾脏疾病，高血压或糖尿病 | • 肝或肾功能不全，或主动脉瓣狭窄的动物慎用 | • 杜宾犬和猫较过敏<br>• 心脏衰竭，肾小球性肾炎和IHSS | • 避免多巴酚丁胺与碱化剂（用5%葡萄糖溶液稀释，如250mg溶解于1L 5%葡萄糖溶液）[a]混合 | • 不受控制的心律不齐 |
| 禁忌证 | • 强心苷中毒 | | • 心室颤动或洋地黄中毒 | • IHSS（盐酸多巴酚丁胺）<br>• 心室颤动或心律失常（多巴胺），<br> • 闭角型青光眼<br>• 闭角型青光眼，糖尿病，高血压（肾上腺素） | • 肥厚性心肌病 |
| 患病动物护理/客户教育 | • 监测心动过速，心律失常，呕吐和虚弱 | • 监测心动过速，心律失常，低血压，食欲不振，呕吐和腹泻 | • 监测食欲不振，呕吐，腹泻和心律失常 | • 监测高血压或低血压，心律失常，呼吸困难，焦虑，兴奋和恶心 | • 监测心脏功能（BP，ECG，超声检查）<br>• 给药1h后喂食 |
| 注 | • 短期使用<br>• 仔细监测恒速输注给药 | | | • 仔细监测恒速输注给药 | |

[a] The 5 Minute Veterinary Consult, Canine and Feline, Second Edition.

表17.18　心血管药物：利尿剂

| 药物分类 | 利尿剂 | | |
|---|---|---|---|
| 药品（商品名） | ・呋塞米（速尿） | ・甘露醇（Osmitrol） | ・安体舒通 |
| 作用 | ・抑制肾小管对钠的重吸收 | ・将水引入肾小管 | ・醛固酮拮抗剂 |
| 适应证 | ・CHF和肺水肿（降低预紧力）<br>・少尿 | ・预防/治疗少尿<br>・急性青光眼<br>・急性脑水肿 | ・CHF，腹水 |
| 剂型 | ・片剂，溶液和注射剂（IV，缓慢） | ・注射剂 | ・片剂 |
| 注意事项 | ・降低接受血管紧张素转换酶（ACE）抑制剂动物发生氮质血症，肾/肝疾病或老龄动物的使用风险<br>・可能会引起耳毒性（猫） | ・当怀疑颅内出血时慎用，因可能增加出血 | ・肾/肝脏疾病 |
| 禁忌证 | ・无尿或渐进式肾脏疾病 | ・脱水的动物，肺水肿或无尿 | ・高血钾，无尿，阿狄森综合征，肾功能衰竭，妊娠，或服用ACE抑制剂或钾补充剂的动物 |
| 患病动物护理/客户教育 | ・监测白细胞减少症，低血钾，低血钠，低氯性酸中毒，脱水，呕吐和腹泻<br>・PU/ PD是常见的 | ・监测体液和电解质平衡，尿量和呼吸<br>・监测恶心，呕吐和眩晕 | ・监测电解质和肾值<br>・与食物一起投喂增加吸收 |
| 注 | ・长期使用可导致低血钾 | ・不可添加至全血 | |

表17.19　心血管药物：血管扩张剂

| 药物分类 | 血管扩张剂 | | | |
|---|---|---|---|---|
| 药品（商品名） | • 卡托普利（刻甫定）<br>• 依那普利（Enacard和Vasotec） | • 肼屈嗪（Apresoline） | • 硝酸甘油软膏（Nitrobid和Nitrol） | • 哌唑嗪(Minipress) |
| 作用 | • 阻断血管紧张素Ⅱ的形成 | • 直接松弛血管平滑肌细胞（刺激血管紧张素Ⅱ释放） | • 扩张静脉血管和使血液"蓄积"在周围组织而减少前负荷 | • 阻断交感神经系统引起的血管收缩（阻断$\alpha_1$受体） |
| 代谢 | | • 肝脏 | • 肝脏 | • 肝脏 |
| 适应证 | • Ⅱ~Ⅳ级心脏衰竭（主要是犬）和高血压 | • CHF和其他以外周血管阻力高为特点的心血管疾病 | • 心脏衰竭和肺动脉高压 | • CHF，扩张型心肌病（犬），全身性高血压，尿道阻塞和肺动脉高压 |
| 剂型 | • 片剂 | • 片剂和注射剂 | • 膏剂和透皮贴剂 | • 片剂和胶囊 |
| 注意事项 | • 如果与NSAIDs合用，降压的有效性可能会降低<br>• 与利尿剂和补钾剂合用，患肾脏疾病动物慎用 | • 严重的肾脏疾病或脑出血 | • 涂药时要戴手套<br>• 头部外伤 | • 慢性肾功能衰竭或低血压 |
| 禁忌证 | | • 低血压，冠状动脉心脏病或低血容量 | • 严重贫血 | |
| 患病动物护理/客户教育 | • 空腹服用<br>• 开始治疗3~7d后检测电解质和肾功能，此后定期监测<br>• 监测低血压，氮质血症，高血钾，呕吐和腹泻<br>• 根据兽医的指导慢慢减少用量 | • 监测心动过速，低血压，呕吐，腹泻，钠和水潴留<br>• 与葡萄糖配伍禁忌 | • 监测低血压和用药部位皮疹 | • 监测低血压，晕厥，呕吐，腹泻，恶心和便秘<br>• 建议拍摄胸部X线平片 |
| 注 | • 卡托普利被认为是肝病动物更好的选择 | | • 更换给药部位<br>• 间歇性使用以获得最佳效果<br>• 1英寸（2.54cm）软膏≈15mg | |

# 皮肤科药物

### 表17.20 皮肤科药品：抗皮脂溢药物

| 药物分类 | 抗皮脂溢药 | | | |
|---|---|---|---|---|
| 药品（商品名） | • 硫(Sebalyt Shampoo, Allerseb T Shampoo, Sebbafon) | • 水杨酸（Allerseb T，Sebbafon） | • 焦油 | • 过氧化苯甲酰(OxyDex Shampoo, Ben-A-Derm, Pyoben) |
| 作用 | • 松弛表皮角质层，促进角蛋白发育正常化和轻微抗菌作用 | • 促进角蛋白发育正常化 | • 角质层分离<br>• 角质促成<br>• 止痒<br>• 血管收缩 | • 松弛表皮角质层和促进角蛋白发育正常化 |
| 适应证 | • 脂溢性皮炎，螨虫，虱子，恙螨，跳蚤，皮肤真菌病，脓皮病，瘙痒，结壳和鳞屑 | • 皮脂溢和过度角化的皮肤疾病 | • 皮脂溢并且作为脱脂剂 | • 油性皮脂溢，急性湿疹（hot spots），皮脂性皮炎，浅表毛囊炎，雪纳瑞粉刺综合征，尾腺增生，种马尾（猫） |
| 剂型 | • 香波 | • 香波 | • 香波 | • 香波 |
| 注意事项 | | | • 染料；戴手套 | • 染料；戴手套 |
| 禁忌证 | | | • 猫 | |
| 注 | • 不建议用于日常洗浴 | • 不建议用于日常洗浴 | | • 不建议用于日常洗浴 |

### 表17.21 皮肤科药物：止痒药/抗组胺药

| 药物分类 | 止痒药/抗组胺药 | |
|---|---|---|
| 药品（商品名） | • 马来酸氯苯那敏（氯非拉明）<br>• 苯海拉明（Benadryl） | • 羟嗪（安太乐） |
| 作用 | • 阻断细支气管周围平滑肌的组胺受体，减少上呼吸道感染时鼻窦/鼻腔分泌物 | • 作用于外围组织，主要作用于大脑 |
| 代谢 | • 胃肠道和肝脏 | • 肝脏 |
| 适应证 | • 瘙痒和过敏性反应<br>• 松弛骨骼肌，咽部和喉肌肉 | • 瘙痒和行为障碍（强迫搔抓和自我创伤） |
| 剂型 | • 片剂，胶囊和糖浆（扑尔敏）<br>• 香波，喷雾剂，胶囊，片剂，糖浆或注射（苯海拉明） | • 片剂，胶囊，溶液和注射剂 |
| 注意事项 | • 青光眼，尿潴留，中枢神经系统疾病，胃肠道紊乱，甲状腺功能亢进，高血压或心血管疾病<br>• 妊娠动物和新生儿 | • 膀胱颈梗阻，青光眼，前列腺肥大 |
| 禁忌证 | | • 妊娠动物<br>• 服用肾上腺素的动物 |
| 患病动物护理/客户教育 | • 监测镇静，呕吐和腹泻 | • 监测低血压，嗜睡，黏膜干燥，癫痫发作，震颤，尿潴留，食欲下降和腹泻 |
| 注 | • 可能会抵消肝素/华法林的作用 | |

# 胃肠道药物

表17.22　胃肠道药物：止泻药

| 药物分类 | | | 止泻药 | |
|---|---|---|---|---|
| 药品（商品名） | 抗生素<br>泰乐菌素（Tylan，Tylocine，Tylsin tartrate） | 抗胆碱药<br>• 阿托品<br>• 胺戊酰胺（胃安）<br>• 丙胺太林(普鲁本辛) | • 碱式水杨酸铋（Pepto-Bismol） | 阿片制剂<br>• 地芬诺酯（止泻宁）<br>• 洛哌丁胺（易蒙停）<br>• 复方樟脑酊 |
| 作用 | • 结合到核糖体并抑制合成（大环内酯类抗生素） | • 通过阻断乙酰胆碱的作用来改变肠道蠕动（减少肠道蠕动和胃肠道分泌物） | • 阻止过多分泌（铋作为防护剂保护肠黏膜；水杨酸抑制体液的分泌）<br>• 温和的抗菌作用 | • 通过增加节段性收缩和减少蠕动来改变肠道蠕动 |
| 代谢 | | • 胃肠道和肝脏 | • 肝脏 | • 肝脏 |
| 适应证 | • 结肠炎 | • 腹泻和呕吐 | • 腹泻 | • 腹泻 |
| 剂型 | • 片剂和粉剂 | • 片剂，溶液，软膏和注射剂<br>• 片剂（丙胺太林） | • 片剂和溶液（摇匀） | • 片剂，胶囊和溶液 |
| 注意事项 | • 可增加血清洋地黄水平 | • 可降低胃肠道分泌物和运动<br>• 肝脏/肾脏病，甲状腺功能亢进，食管反流，CHF，幼龄，老龄动物 | • 猫慎用；水杨酸全身吸收<br>• 四环素吸收↓；每次用药至少间隔2h<br>• 出血性疾病 | • 头部外伤，急性腹痛，甲状腺功能亢进，阿狄森综合征，老年病，呼吸问题 |
| 禁忌证 | | • 心功能不全，疑似细菌毒素，青光眼，哮喘，肠梗阻，胃轻瘫和心动过速 | | • 心功能不全，败血症或服用MAOIs动物<br>• 肝脏疾病，阻塞性胃肠道疾病，青光眼，毒素引起的腹泻，尿路梗阻（洛哌丁胺）<br>• 不建议用于猫 |
| 患病动物护理/客户教育 | • 可能会导致注射部位疼痛 | • 监测窦性心动过速，口干，眼干，排尿不畅 | • 监测体液/电解质状态 | • 监测便秘，腹胀和镇静 |
| 注 | • 监测腹泻和厌食 | • 如果腹泻>72h停止使用（普鲁本辛） | • 经粪便排出，导致色暗，柏油样粪便<br>• 可在室温下保存，但冷藏能提高适口性 | • 可能引起大便变色<br>• 如果腹泻>48h停止使用洛哌丁胺<br>• 地芬诺酯和复方樟脑酊是受管制药品 |

表17.23　胃肠道药物：止吐药

| 药物分类 | 止吐药 | | | |
|---|---|---|---|---|
| | 抗组胺药 | 蠕动调节剂 | 酚噻嗪 | 5-羟色胺拮抗剂 |
| 药品（商品名） | • 氯苯甲嗪（Antivert）<br>• 异丙嗪（非那根）<br>• 盐酸曲美苄胺（Tigan-canine） | • 西沙必利(Propulsid)<br>• 甲氧氯普胺(灭吐灵) | • 乙酰丙嗪（PromAce和Atravet）<br>• 氯丙嗪（Thorazine）<br>• 丙氯拉嗪（康帕嗪和Darbazine） | • 甲磺酸多拉司琼（Anzemet）<br>• 昂丹司琼（Zofram） |
| 作用 | • 降低前庭脑神经到呕吐中枢的神经冲动 | • 阻断催吐感受区的多巴胺受体和直接增加排空 | • 阻断催吐化学感受区受体和大脑呕吐中枢 | • 拮抗5-HT$_3$（5羟色胺3）受体 |
| 代谢 | • 肝脏 | | • 肝脏 | • 大部分在肝脏代谢 |
| 适应症 | • 胃食管反流，呕吐，运动病 | • 胃食管反流，胃动力障碍，呕吐和便秘（猫） | • 胃食管反流和呕吐 | • 化疗动物的严重呕吐 |
| 剂型 | • 片剂和胶囊 | • 片剂，口服，注射剂（甲氧氯普胺）(IV缓慢)<br>• 复合药物（西沙必利） | • 片剂，胶囊，栓剂和注射剂(IV缓慢) | • 片剂和注射剂 |
| 注意事项 | • 产生镇静作用<br>• 影响过敏测试<br>• 前列腺肥大，严重心力衰竭，膀胱颈阻塞，幽门十二指肠梗阻和青光眼 | • 妊娠动物 | • 降低BP和癫痫发作阈值<br>• 可能的血管舒张功能<br>• 检查与其他药物的相互作用（氯丙嗪）<br>• 肝脏衰竭，心脏疾病，老年病或虚弱 | • 低血钾，低血镁或服用抗心律失常药或利尿药的动物 |
| 禁忌证 | • 进行过敏测试 | • 使用阿托品的动物<br>• 胃肠道梗阻，穿孔或癫痫（甲氧氯普胺） | • 破伤风，脱水动物或低血容量休克 | • Ⅱ，Ⅲ房室传导阻滞或QT间期延长（甲磺酸多拉司琼）<br>• 肝功能障碍和柯利犬（昂丹司琼） |
| 患病动物护理/客户教育 | • 监测镇静<br>• 晕车：出行前30~60min给予丸剂 | • 监测镇静或兴奋（猫），呼吸困难，抽搐或腹泻<br>• 西沙必利通常是餐前15min给药<br>• 甲氧氯普胺通常在餐前30min给药 | • 监测低血压，攻击，癫痫发作和便秘 | • 监测心脏节律 |
| 注 | | • 甲氧氯普胺是一种直接作用的胆碱激动剂 | • 避光 | |

表17.24 胃肠道药物：抗溃疡药

| 药物分类 | | 抗溃疡药 | | | |
|---|---|---|---|---|---|
| **药品**（商品名） | **非全身性抗酸剂**<br>· 碳酸铝（Basalgel）<br>· 氢氧化铝（Amphojel, Dialume, Maalox, Mylanta）<br>· 碳酸钙（Tums和Rolaids）<br>· 氢氧化镁（Phillips Milk of Magnesia, Riopan, Carmilax, Magnalax, Rulax II） | **全身性抗酸剂**<br>· 西咪替丁（Tagamet）<br>· 法莫替丁（Pepcid）<br>· 雷尼替丁（善得胃） | · 米索前列醇（喜克溃） | · 奥美拉唑（Prilosec, Gastrogard） | · 硫糖铝（胃溃宁） |
| **作用** | · 中和胃酸以增加胃pH | · 阻止壁细胞的组胺受体从而降低胃的酸度<br>· 中和胃酸 | · 保护胃肠道黏膜和减少胃酸分泌 | · 直接阻断/禁止壁细胞质子泵机制，从而停止胃酸的产生 | · 与活动性溃疡中的蛋白质结合 |
| **代谢** | | · 大部分在肝脏代谢 | | · 肝脏 | |
| **适应证** | · 胃炎和溃疡<br>· 肾功能衰竭造成的高磷血症 | · 胃炎和溃疡 | · 服用NSAIDs动物的溃疡预防 | · 胃肠道溃疡和胃泌素瘤（卓-艾氏综合征） | · 胃黏膜溃疡 |
| **剂型** | · 片剂，胶囊和注射剂 | · 片剂，溶液和注射剂 | · 片剂 | · 片剂 | · 片剂和混悬液 |
| **注意事项** | · 可能会干扰其他药物的吸收<br>· 胃梗阻动物应慎用 | · 西咪替丁可能会干扰其他药物的吸收<br>· 老龄动物或肝/肾疾病 | · 脑或冠状动脉疾病 | · 肝脏/肾脏疾病 | · 胃肠道排空 |
| **禁忌证** | · 肾脏疾病（镁）<br>· 碱中毒 | · 监测血便 | · 妊娠或哺乳 | · 正在服用酸依赖药物的动物 | · 服用抗酸剂的动物 |
| **患病动物护理/客户教育** | · 监测磷酸盐水平<br>· 监测便秘（钙）和腹泻（镁） | | · 监测呕吐，腹泻，肠胃气胀和不适 | | · 监测便秘<br>· 空腹给药 |
| **注** | · 适口性差 | · 雷尼替丁比西咪替丁更有效 | | · 奥美拉唑比西咪替丁更有效 | |

表17.25　胃肠道药物：催吐剂

| 药物分类 | 催吐剂 | | |
|---|---|---|---|
| 药品（商品名） | • 阿朴吗啡（犬） | • 吐根糖浆 | • 过氧化氢<br>• 温盐水<br>• 芥末和水 |
| 作用 | • 刺激化学感受器触发区的多巴胺受体 | • 刺激胃肠道以刺激迷走神经 | • 刺激胃肠道以刺激迷走神经 |
| 代谢 | • 肝脏内结合 | | |
| 适应证 | • 引发呕吐（如急性中毒） | • 引发呕吐（如急性中毒） | • 引发呕吐（如急性中毒） |
| 剂型 | • 片剂 | • 混悬液 | • 溶液 |
| 注意事项 | • 可能会导致CNS抑制和长期呕吐<br>• 由兽医验证或将该物质带回做中毒控制验证（如腐蚀性物质） | • 高浓度时可导致对心脏的毒性作用<br>• 由兽医验证或将该物质带回做中毒控制验证（如腐蚀性物质） | • 避免接触动物的眼睛和黏膜<br>• 由兽医验证或将该物质带回做中毒控制验证（如腐蚀性物质） |
| 禁忌证 | • 马钱子碱中毒，麻醉或昏迷动物<br>• 呼吸或中枢神经系统抑制动物<br>• 摄入尖锐的物体 | • 动物最近服用过活性炭<br>• 摄入尖锐的物体 | • 摄入尖锐的物体 |
| 患病动物护理/客户教育 | • 监测心动过缓，低血压，呼吸抑制，镇静，流涎和长期呕吐<br>• 如果药片被放置在结膜囊，在呕吐后用洗眼液彻底清除剩余的药片 | • 不要与牛奶、乳制品或碳酸饮料一起服用 | |
| 注 | • 片剂也可以用生理盐水溶解在注射器内并做SQ注射<br>• 不要使用变色的药片 | • 不要用"吐根提取物"替换"糖浆" | |

注：赛拉嗪也被用来作为一种催吐药，见表13.17，第479页。

表17.26　胃肠道药物：酶，泻药和润滑剂

| 药物分类 | 酶 | 泻药 | 润滑剂 |
|---|---|---|---|
| 药品（商品名） | • 胰腺酶替代物，胰脂肪酶，胰酶（Pancrezyme，Viokase） | • 乳果糖（Chronulac）<br>• 氢氧化镁（镁乳）<br>• 车前子（美达施） | • 鱼肝油<br>• 矿物油<br>• 白凡士林（Laxatone，Petromalt） |
| 作用 | • 替代酶 | • 将水分引入粪便并通过膨胀刺激结肠/直肠的蠕动<br>• 通过降低结肠pH以降低血氨（乳果糖） | • 包裹粪便使之更容易通过 |
| 适应证 | • 胰腺外分泌功能不全 | • 毛球，便秘（预防）和结肠炎<br>• 肝性脑病（乳果糖） | • 毛球和便秘 |
| 剂型 | • 片剂和粉剂 | • 片剂，粉剂和溶液 | • 凝胶，溶液 |
| 注意事项 | • 给药后洗手，避免吸入 | • 肾功能不全或心脏疾病 | • 长期使用可降低从肠道吸收脂溶性维生素（维生素A、维生素D、维生素E和维生素K） |
| 禁忌证 | • 对猪肉制品过敏 | • 患肾病的猫或小型犬<br>• 脱水，疼痛，呕吐，CHF，先天性巨结肠症或粪便嵌塞 | • 呕吐，腹泻，疼痛，梗阻或吞咽困难 |
| 患病动物护理/客户教育 | • 充分混合药粉和湿粮；片剂在饲喂前给药<br>• 监测恶心，痉挛，腹泻，皮肤和鼻腔刺激<br>• 与清淡、易消化的低脂饮食结合使用 | • 监测脱水，痉挛，肠胃气胀和肿胀（车前子和乳果糖）<br>• 监测低血压，抑郁，深腱反射丧失和虚弱（镁）<br>• 给动物提供充分的饮水<br>• 可能适口性差 | • 可能需要6~12h才能起效 |
| 注 | • 西咪替丁可提高疗效 | • 可能需要12~24h才能起效 | • 储存在阴凉处 |

表17.27　胃肠道药物：保护剂和大便软化剂

| 药物分类 | 保护剂 | | 大便软化剂 |
|---|---|---|---|
| 药品（商品名） | · 活性炭（Superchar和Toxiban） | · 高岭土–果胶（白陶土） | · 琥珀酸多库酯钠（Colace，Docusate sodium，Disposaject）<br>· 多库酯钙（Surfak） |
| 作用 | · 吸附剂，与肠毒素结合 | · 包被小肠肠壁 | · 降低粪便表面张力，使水份渗透到干燥大便 |
| 适应证 | · 中毒（对乙酰氨基酚，阿托品，洋地黄糖甙，苯妥英，氯化汞，硫酸吗啡，乙二醇） | · 中毒和腹泻 | · 便秘 |
| 剂型 | · 溶液 | · 溶液 | · 片剂，胶囊，溶液，糖浆和灌肠 |
| 注意事项 | · 不要与吐根糖浆，乳制品或矿物油一起使用，因为会使炭吸附性能无效 | · 使用抗菌药物或地高辛前2h或后3h不要使用 | · 不要与矿物油一起使用，除非给药间隔2h<br>· 先前存在的液体/电解质紊乱 |
| 禁忌证 | · 摄入氰化物，无机酸，苛性碱，有机溶剂，乙醇，铅，铁和甲醇 | | |
| 患病动物护理/客户教育 | · 监测呕吐，腹泻和便秘<br>· 大便往往会改变颜色 | · 监测呕吐，腹泻，脱水和便秘 | · 监测脱水，痉挛，恶心，呕吐，腹泻和咽喉刺激 |
| 注 | | · 储存在密闭容器内 | · 储存在密闭容器内 |

# 肝脏药物

**表17.28 肝脏药物：补充剂**

| 药物分类 | 补充剂 | |
|---|---|---|
| 药品（商品名） | • S-腺苷甲硫氨酸（SAMe，丹诺仕）<br>• S-腺苷+水飞蓟素（Denamarin） | • 水飞蓟素<br>• 水飞蓟素+维生素E+锌（Marin） |
| 作用 | • 抗氧化剂，提高谷胱甘肽水平 | • 抗氧化剂；抑制脂质过氧化物酶和β-葡萄糖醛酸苷酶 |
| 代谢 | | |
| 适应证 | • 肝病<br>• 骨关节炎<br>• 对乙酰氨基酚中毒 | • 肝病<br>• 摄入肝毒性药物 |
| 剂型 | • 片剂 | • 片剂 |
| 禁忌证 | | • 服用外源性雌激素的动物 |
| 患病动物护理/客户教育 | • 监测肝药酶<br>• 喂食前1h给药；不压碎药丸 | • 产品被认为是"研究性的" |
| 注 | • 在室温下储存<br>• 也可与其他辅助药品出售：Denamarin（SAMe+水飞蓟素）<br>• 正常情况下，SAMe在肝脏中由蛋氨酸形成 | • 在室温下储存 |

# 代谢药物

表17.29　代谢药物：肾上腺皮质

| 药物分类 | 肾上腺皮质 | | | | |
|---|---|---|---|---|---|
| 药品（商品名） | • 醋酸去氧皮质酮（DOCA，Percoten acetate）<br>• 去氧皮质酮戊酸（DOCP和Percoten pivalate） | • 氟氢可的松（Florinef） | • 米托坦（Lysodren） | • 司来吉林(Anipryl，Eldepryl) | • 曲洛司坦（Vetoryl） |
| 作用 | • 替代体内醛固酮 | • 促进钠潴留和尿钾排泄 | • 抑制肾上腺皮质 | • 恢复脑内多巴胺 | • 肾上腺酶抑制剂 |
| 代谢 | | | • 肝脏 | | • 肝脏 |
| 适应证 | • 肾上腺皮质机能减退(替代疗法) | • 肾上腺皮质机能减退（替代疗法）和高钾血症 | • 犬垂体依赖型肾上腺皮质功能亢进和肾上腺肿瘤 | • 无并发症的垂体依赖型肾上腺皮质功能亢进（犬）<br>• 犬认知功能障碍综合征 | • 肾上腺皮质机能亢进 |
| 剂型 | • 注射剂(IM) | • 片剂 | • 片剂 | • 片剂 | • 胶囊 |
| 注意事项 | • 妊娠 | • 如果要停止用药，需经几天逐渐减少药量，不能骤然停药 | • 肝脏/肾脏疾病动物应慎用<br>• 可能降低糖尿病动物的胰岛素需求 | • 如果停止治疗，应在开始服用三环抗抑郁药前14d | • 肾/肝功能不全 |
| 禁忌证 | • CHF，严重的肾脏疾病或水肿 | • 妊娠 | • 妊娠 | • 使用双甲脒或苯丙醇胺的动物（开始司来吉林使用前停止2周） | |
| 患病动物护理/客户教育 | • 监测水肿，低血压，低血钾，高血钠和虚弱<br>• 在14d和25d的时间间隔监测动物的电解质状态以确定剂量 | • 监测水肿，低血压，低血钾，PU/PD和虚弱<br>• 监测动物的电解质状态 | • 与食物同时投喂可增加吸收<br>• 监测呕吐，腹泻，嗜睡，虚弱和厌食 | • 监测呕吐，腹泻和精神萎靡 | • 监测高血钾 |
| 注 | • 不要静脉注射给药 | | | | |

表17.30　代谢药物：胰腺药

| 药物分类 | | 胰腺药 | | |
|---|---|---|---|---|
| 药品（商品名） | 短效胰岛素<br>• 定期的（R） | 中效胰岛素<br>• NPH<br>• 缓慢的<br>• Vetsulin | 长效胰岛素<br>• 甘精胰岛素（Lantus）<br>• 鱼精蛋白锌（PZI）<br>• 超慢作用的 | 口服<br>• 格列吡嗪 |
| 作用 | • 增强葡萄糖在组织和器官的分布，从而降低血糖水平 | • 增强葡萄糖在组织和器官的分布，从而降低血糖水平 | • 恢复胰腺的β细胞，增加胰岛素生成（甘精胰岛素）<br>• 增强葡萄糖在组织和器官的分布，从而降低血糖水平 | • 增加内源性胰岛素的生成 |
| 代谢 | • 肾脏和肝脏 | • 肾脏和肝脏 | • 肾脏和肝脏 | • 肾脏和肝脏 |
| 适应证 | • 糖尿病酮酸中毒，糖尿病昏迷 | • 糖尿病，无并发症 | • 糖尿病，无并发症（猫） | • Ⅱ型糖尿病 |
| 剂型 | • 注射剂（IV，SQ，IM） | • 注射剂(SQ) | • 注射剂(SQ) | • 片剂 |
| 注意事项 | • 不准确的剂量可能导致低血糖症<br>• 如果溶液变色则不要使用 | • 不准确的剂量可导致低血糖 | • 不准确的剂量可导致低血糖 | • 发热，呕吐，甲状腺/肾功能不全，或无关的肾上腺/垂体功能不全 |
| 禁忌证 | • 低血糖 | • 低血糖或酮酸中毒<br>• 猪肉制品过敏（Vetsulin） | • 低血糖或酮酸中毒 | • 严重烧伤，创伤，感染或糖尿病昏迷 |
| 患病动物护理/客户教育 | • 全天加餐数次（3~4）<br>• 监控虚弱，共济失调，颤抖，癫痫发作（医源性低血糖症状）<br>• 建议检测血清果糖胺水平（每4~12个月）和连续的血糖曲线（每年1~2次） | • 全天加餐数次（3~4）<br>• 监控虚弱，共济失调，颤抖，癫痫发作（医源性低血糖症状）<br>• 建议检测血清果糖胺水平（每4~12个月）和连续的血糖曲线（每年1~2次） | • 全天加餐数次（3~4）（高蛋白质，低糖类）<br>• 监控虚弱，共济失调，颤抖，癫痫发作（医源性低血糖症状）<br>• 建议检测血清果糖胺水平（每4~12个月）和连续的血糖曲线（每年1~2次）<br>• 前4个月每周做血糖曲线（甘精胰岛素） | • 每周检查；监测高或低血糖 |
| 注 | • 冷藏胰岛素 | • 冷藏胰岛素 | • 冷藏胰岛素 | |

注：见第8章　胰岛素治疗，第355页。

表17.31 代谢药物：胰腺药（续）

| 药物分类 | 胰腺药 | |
|---|---|---|
| 药品（商品名） | ·醋酸去氨加压素（DDAVP） | ·加压素（Pitressin） |
| 作用 | | ·刺激预制因子Ⅷ从贮存部位释放 |
| 代谢 | | ·在肝脏被破坏 |
| 适应证 | ·中枢性尿崩症<br>·Ⅰ型冯-维勒布兰德病（术前） | ·尿崩症 |
| 剂型 | ·注射剂（IV，IM）和滴鼻剂 | ·注射剂(IV，IM) |
| 注意事项 | ·进行中vWF犬的反应测试<br>·建议进行颊黏膜出血时间试验和给予DDAVP前、后以及术前监测血浆vWF | ·心力衰竭或哮喘动物应慎用 |
| 禁忌证 | ·Ⅱ型糖尿病或血小板型冯-维勒布兰德病 | ·心肾疾病，高血压或癫痫 |
| 患病动物护理/客户教育 | ·监测低血压，心动过速和体液潴留 | ·监测恶心，呕吐，体液潴留 |
| 注 | ·冷藏 | ·在室温下储存 |

表17.32 代谢药物：甲状旁腺和甲状腺

| 药物分类 | 甲状旁腺 | 甲状腺 | |
|---|---|---|---|
| 药品（商品名） | ·骨化三醇（罗钙全，Calcijex） | ·甲状腺素钠（I-甲状腺素，Soloxine，Thyro-tabs，Synthroid，Eltroxin） | ·甲巯咪唑（他巴唑） |
| 作用 | ·增加钙在肠内的吸收 | ·转换为活性T$_3$形式 | ·抑制正常甲状腺激素生成 |
| 适应证 | ·低血钙或继发性甲状旁腺功能亢进与慢性肾功能衰竭 | ·甲状腺机能减退（经补充），冯-维勒布兰德病和血小板功能障碍 | ·甲状腺机能亢进 |
| 剂型 | ·胶囊和注射剂 | ·片剂和粉末 | ·片剂 |
| 注意事项 | ·服用洋地黄或碳酸钙的动物慎用 | ·老年动物，糖尿病，心脏病或肾上腺皮质功能减退 | ·血液异常，自身免疫性肝病 |
| 禁忌证 | ·维生素D中毒，高血钙，高血磷或吸收不良 | ·心功能不全，原发性高血压或甲状腺毒症 | |
| 患病动物护理/客户教育 | ·监测血浆钙浓度是否有高钙血症（PU/ PD，呕吐，抑郁，厌食，震颤，肌肉无力） | ·每6~12个月监测血清甲状腺素水平<br>·监控为心动过速，气喘，异常乳头反射，神经过敏，多食，PU/ PD，体重减轻，呕吐和腹泻 | ·监测血清甲状腺素水平（每6~12个月），每3~6个月监测体重和血压<br>·监测厌食，呕吐，皮疹，嗜睡 |
| 注 | ·避光 | ·避光<br>·最后一剂4~6h后应进行血液学检查（按照当地实验室设施的特殊采血/处理要求进行检查） | ·随着甲状腺增长可能需要增加剂量<br>·服药后4~6h应进行血液学检查<br>·可能会导致骨髓疾病 |

# 肌肉骨骼药物

## 抗炎药

**皮质激素潜在的不良反应**：最常见的不良反应为多食，PU/ PD，气喘，虚弱，两侧脱毛，下丘脑-垂体-肾上腺皮质（HPA）轴抑制。其他可能的不良反应有GIT溃疡，厌食，腹泻，黑粪，肝病，糖尿病，高血脂，免疫抑制，甲状腺激素降低，蛋白质的合成，伤口愈合。过度使用糖皮质激素可以导致肾上腺皮质功能亢进。

**一般注意事项**：糖皮质激素会影响血液值以及皮肤过敏皮内测试，所有的测试都应在给予前进行。不建议这些药物在骨折愈合阶段，年轻动物或妊娠动物使用。在CHF，糖尿病和肾脏疾病的动物应慎用。

表17.33　肌肉骨骼药物：抗炎药

| 药物分类 | 抗炎药 | | |
| --- | --- | --- | --- |
| | 短效（12h） | 中效(12~36h) | 长效(48h) |
| 药品（商品名） | • 醋酸可的松<br>• 氢化可的松<br>• 氢化可的松琥珀酸钠（Solu-Cortef）<br>• 丙酸氟替卡松 | • 甲泼尼龙（Medrol，Depo-Medrol）<br>• 泼尼松（Deltasone）<br>• 强的松龙（Delta-Cortef）<br>• 泼尼松龙琥珀酸钠（Solu-Delta-Cortef）<br>• 曲安西龙（Vetalog，TrimTabs，Aristocort） | • 倍他米松（Betasone，Betavet soluspan）<br>• 地塞米松（Azium，Azium SP）<br>• 氟米松（Flucort）<br>• 帕拉米松 |
| 作用 | • 抑制磷脂酶 | • 抑制磷脂酶 | • 抑制磷脂酶 |
| 适应证 | • 抗炎，替代疗法，休克，哮喘（猫），急性肾上腺皮质过低危象 | • 抗炎，替代疗法，免疫抑制，休克和CNS损伤 | • 抗炎，免疫抑制和CNS炎症 |
| 剂型 | • 片剂，外用，混悬剂和注射剂 | • 片剂，外用和注射剂 | • 片剂，外用和注射剂 |
| 注意事项 | • 见上文 | • 见上文 | • 会降低种犬的精子活力（倍他米松） |
| 禁忌症 | • 见上文 | • 见上文 | • 妊娠：后期 |
| 患病动物护理/客户教育 | • 应逐渐减少剂量，因为从长期服用突然停药可能会导致阿狄森综合征<br>• 监测PU/ PD，多食，气喘，嗜睡，虚弱，双边脱毛<br>• 提供大量新鲜水，并连接到垃圾箱或室外 | • 应逐渐减少剂量，因为从长期服用突然停药可能会导致阿狄森综合征<br>• 监测PU/ PD，多食，气喘，嗜睡，虚弱，双边脱毛<br>• 提供大量新鲜水，并连接到垃圾箱或室外 | • 应逐渐减少剂量，因为从长期服用突然停药可能会导致阿狄森综合征<br>• 监测PU/ PD，多食，气喘，嗜睡，虚弱，双边脱毛<br>• 提供大量新鲜水，并连接到垃圾箱或室外 |
| 注 | • 清除药残或3d不使用溶液 | • 泼尼松比皮质醇药效强4倍<br>• 甲泼尼龙，曲安西龙比泼尼松药效强1.25倍<br>• 猫通常需要的剂量比犬高，但不良反应较少 | • 地塞米松用于肾上腺皮质功能亢进测试<br>• 倍他米松，地塞米松比皮质醇药效强30倍<br>• 氟米松比皮质醇药效强15倍 |

表17.34 肌肉骨骼药物：非甾体类抗炎药

| 药物分类 | 非甾体类抗炎药（NSAIDs） | | | |
|---|---|---|---|---|
| 药品（商品名） | • 乙酰水杨酸（阿司匹林） | • 卡洛芬（Rimadyl） | • 地拉考昔(Deramaxx) | • 依托度酸（Etogesic） |
| 作用 | • 抑制环氧化酶（COX）和抗血栓 | • 抑制环氧化酶（主要是COX-2） | • 抑制环氧化酶（COX－2） | • 抑制环氧化酶（主要是COX－2） |
| 代谢 | • 肝脏 | • 肝脏(生物转化) | • 肝脏 | |
| 适应证 | • 疼痛，炎症，发热，心肌病（猫），内毒素休克<br>• 在使用心丝虫杀虫剂后使用 | • 疼痛，炎症和发热 | • 术后疼痛，骨性关节炎疼痛和膀胱移行细胞癌 | • 疼痛和炎症 |
| 剂型 | • 片剂 | • 片剂 | • 片剂 | • 片剂 |
| 注意事项 | • 凝血障碍动物应慎用<br>• 给猫用药不可超过3d，因为新陈代谢缓慢和随后的水杨酸毒性 | • 对肾功能可能产生的不利影响<br>• 老龄或妊娠动物 | • GIT问题，肾/肝疾病和低蛋白血症 | • 可导致血小板功能降低和肾损伤 |
| 禁忌证 | • 妊娠或出血性溃疡 | • 猫<br>• 服用糖皮质激素或伴有出血性疾病的动物 | • 服用其他NSAIDs或皮质激素的动物<br>• 对磺胺类药物敏感的动物<br>• 猫<br>• 体重＜4lb的犬 | • 猫 |
| 患病动物护理/客户教育 | • 监测溃疡，出血，呕吐<br>• 与食物一起投喂 | • 监测溃疡，出血，呕吐和攻击<br>• 慢性治疗之前和期间，应作生化分析筛选<br>• 与食物一起投喂 | • 血液生化检查应每6个月检测1次<br>• 术前至少2h与食物一起投喂 | • 检测体重减轻，呕吐和腹泻<br>• 与食物一起投喂<br>• 慢性治疗之前和期间，应做生化分析筛选 |
| 注 | • 通常不建议使用肠溶品牌<br>• 1gr "bady" 阿司匹林=65mg<br>• 1.25gr "bady" 阿司匹林=81mg | • 特异性的急性肝毒性（开始治疗后2~3周） | | • 不要与皮质类固醇一起使用 |

表17.35　肌肉骨骼药物：非甾体类抗炎药（续）

| 药物分类 | 非甾体类抗炎药(NSAIDs) | | | |
|---|---|---|---|---|
| 药品（商品名） | • 非罗考昔(Previcox) | • 酮洛芬（Ketofen，Orudis） | • 氟尼辛葡胺（Banamine） | • 美洛昔康(Metacam) |
| 作用 | • 抑制环氧化酶（主要是COX-2） | • 抑制环氧化酶催化 | • 抑制环氧化酶 | • 抑制环氧化酶（优先COX-2） |
| 代谢 | • 肝脏 | • 肝脏 | • 肝脏 | • 在肝脏中进行生物转化 |
| 适应证 | • 犬骨关节炎 | • 疼痛和炎症 | • 中度疼痛和炎症短期治疗<br>• 肠源性内毒素血症（如细小病毒） | • 骨性关节炎 |
| 剂型 | • 片剂 | • 注射剂，片剂 | • 颗粒剂，眼用和注射剂 | • 混悬液或注射剂 |
| 注意事项 | • 脱水动物 | • 消化道溃疡，肾或肝脏疾病，繁殖动物 | • 与皮质类固醇一起使用时，会增强溃疡的影响 | • 脱水，低血容量或低血压 |
| 禁忌证 | • 猫 | • 已知过敏 | | • GIT溃疡，肝/心/肾功能受损或妊娠 |
| 患病动物护理/客户教育 | • 监测胃肠不适，肝/肾值 | • 可能会导致血糖，血清胆红素，或铁增加<br>• 可能会出现呕吐，厌食或溃疡 | • 监测溃疡，出血，呕吐<br>• 与食物一起投喂 | • 监测GIT不良应激和肾值<br>• 在配药之前先摇匀<br>• 使用制造商提供的配药注射器<br>• 滴在食物上面 |
| 注 | • 不要与皮质类固醇一起使用 | • 避光储存 | • 肌内注射会引起刺激<br>• 只能使用3~4d<br>• 镇痛效果优于其他的NSAIDs<br>• 不要与皮质类固醇一起使用 | • 不要与皮质类固醇一起使用 |

表17.36　肌肉骨骼药物：非甾体类抗炎药（续）

| 药物分类 | 非甾体类抗炎药（N SAI Ds） | |
|---|---|---|
| 药品（商品名） | ·吡罗昔康（Feldene） | ·替泊沙林(卓比林) |
| 作用 | ·抑制COX | ·抑制COX和5-脂氧合酶（LOX） |
| 代谢 | ·在肝脏内生物转化 | |
| 适应证 | ·退行性骨关节病或肿瘤性疾病 | ·犬骨关节炎 |
| 剂型 | ·胶囊 | ·片剂 |
| 注意事项 | ·肾/心功能不全，高血压，凝血功能障碍或猫 | ·肝/心血管/肾功能或活动性GI溃疡 |
| 禁忌证 | ·血友病，胃肠道溃疡或出血 | |
| 患病动物护理/客户教育 | ·监测厌食，呕吐，贫血 | ·监测GIT不适，CBC和血液生化 |
| 注 | ·也可用于膀胱移行细胞癌的疼痛管理和诱发犬鳞状细胞癌的部分缓解<br>·不要与皮质类固醇一起使用 | ·不要与皮质类固醇一起使用 |

表17.37　肌肉骨骼药物：防护剂，肌松药，补充剂

| 药物分类 | 防护剂 | 肌松药 | 补充剂 | | |
|---|---|---|---|---|---|
| 药品（商品名） | ·多硫酸糖胺（PSGAG，Adequan IM） | ·美索巴莫（Robaxin，Robaxin–V） | ·氨基葡萄糖与硫酸软骨素(Cosequin) | ·氨基葡萄糖与ASU(Dasuquin) | ·S-腺苷甲硫氨酸（SAMe） |
| 作用 | ·刺激氨基葡聚糖合成，抑制胶原蛋白和蛋白多糖的分解代谢，抑制中性粒细胞迁移进入滑液 | ·抑制多突触反射 | ·刺激滑液的合成，并抑制关节软骨的退化 | | |
| 适应证 | ·骨性关节炎 | ·肌肉痉挛 | ·退行性骨关节病 | ·退行性骨关节病 | ·肝病<br>·骨性关节炎<br>·对乙酰氨基酚的毒性 |
| 剂型 | ·胶囊和注射剂 | ·片剂和注射剂 | ·片剂和胶囊 | ·片剂 | ·片剂 |
| 注意事项 | ·妊娠 | ·IV缓慢 | | ·仅用于犬 | |
| 禁忌证 | ·犬出血性疾病 | ·肾脏疾病或妊娠动物 | | | |
| 患病动物护理/客户教育 | ·监测过敏反应 | ·镇静，呕吐，虚弱，共济失调和监测<br>·使用可能会导致尿色变深 | ·结果通常7周后才能看到 | | ·监测肝酶<br>·喂食前1h投喂；不压碎药丸 |
| 注 | ·丢弃未使用的部分 | | ·避光 | ·在室温下避光储存 | ·室温下储存 |

# 神经系统药物

麻醉药品见第2章麻醉部分。

**表17.38 神经系统药物：食欲刺激剂和胆碱能药物**

| 药物分类 | 食欲刺激剂 | 胆碱能药物 |
|---|---|---|
| 药品（商品名） | • 盐酸赛庚啶（Periactin） | 间接作用受体激动剂：<br>• 依酚氯铵（腾喜龙）<br>• 溴新斯的明（Prostigmine）<br>• 毒扁豆碱（Antilirium） |
| 作用 | • 与组胺竞争$H_1$-受体结合位点 | • 抑制乙酰胆碱的分解，从而延长突触后刺激 |
| 代谢 | • 肝脏 | |
| 适应证 | • 猫食欲的刺激剂 | • 有助于诊断重症肌无力和箭毒中毒的治疗（腾喜龙）<br>• 重症肌无力（新斯的明，毒扁豆碱）<br>• 神经肌肉阻断剂解毒药（新斯的明） |
| 剂型 | • 片剂和溶液 | • 片剂，溶液和注射剂 |
| 注意事项 | • 前列腺肥大，闭角型青光眼，幽门或十二指肠梗阻，尿潴留，急性哮喘，严重心脏疾病动物应慎用<br>• 可能导致攻击或兴奋（猫） | • 哮喘或心律失常动物应慎用 |
| 禁忌证 | | • 尿路阻塞或腹膜炎（溴新斯的明）<br>• 支气管哮喘（腾喜龙） |
| 患病动物护理/客户教育 | • 监测多食，镇静，CNS抑制 | • 监测心动过缓，低血压，心脏传导阻滞，流泪，乳头收缩，喉痉挛，恶心，腹泻，呕吐，肠道活动增加或破裂，肌肉无力 |
| 注 | • 也可用于支气管解痉 | • 阿托品可以用来拮抗新斯的明和毒扁豆碱的作用<br>• 透过血-脑屏障（毒扁豆碱） |

表17.39　神经系统药物：植物神经系统：肾上腺素能药物：α–激动剂

| 药物分类 | 植物神经系统：肾上腺素能药物：α–激动剂 |
|---|---|
| 药品（商品名） | · 麻黄碱（Vatronol） |
| 作用 | · α–受体激动剂 |
| 代谢 | · 肝脏 |
| 适应证 | · 升高血压、支气管扩张剂和鼻充血抑制剂，并通过增加尿道括约肌平滑张力来控制尿失禁 |
| 剂型 | · 胶囊和注射剂 |
| 注意事项 | · 正在服用碳酸氢钠或阿米替林的动物应慎用<br>· 青光眼，甲状腺功能亢进，高血压，糖尿病 |
| 禁忌证 | · 严重的心血管疾病 |
| 患病动物护理/客户教育 | · 监测心动过速，高血压，兴奋和尿潴留 |

表17.40　神经系统药物：中枢神经系统：抗惊厥药

| 药物分类 | 中枢神经系统：抗惊厥药 | | | |
|---|---|---|---|---|
| 药品（商品名） | · 地西泮（安定和Valrelease） | · 戊巴比妥（Neubutal） | · 苯巴比妥（鲁米那） | · 溴化钾（KBr） |
| 作用 | · 增强GABA的抑制作用 | · 增强GABA的抑制作用 | · 增强GABA的抑制作用 | · 稳定神经细胞膜 |
| 代谢 | · 肝脏 | | · 肝脏 | |
| 适应证 | · 食欲刺激剂、行为问题或尿道梗阻<br>· 中毒（巧克力、尼古丁、安非他明、士的宁或水杨酸）<br>· 癫痫发作动物 | · 癫痫发作动物 | · 癫痫发作动物 | · 癫痫发作动物 |
| 剂型 | · 片剂、溶液、直肠凝胶和注射剂 | · 注射剂 | · 片剂、胶囊、粉剂、酊剂和注射剂 | · 溶液 |
| 注意事项 | · 肝病慎用<br>· 如果与红霉素、酮康唑或心得安一起使用，可能会出现过度镇静 | · 心脏/呼吸系统疾病 | · 心脏/呼吸系统疾病 | · 肾功能不全 |

| 药物分类 | 中枢神经系统：抗惊厥药 | | | |
|---|---|---|---|---|
| 禁忌证 | • 接触氯螨硫磷的猫 | | • 严重的肝脏疾病 | |
| 患病动物护理/客户教育 | • 监测镇静，心脏或呼吸系统抑郁，焦虑，共济失调，情绪激动，多食，攻击，PU/PD和嗜睡 | • 监测呼吸抑制 | • 监测镇静，心脏或呼吸系统抑制和多食<br>• 每6个月监测血清苯巴比妥的水平（在下次给药前采样检测） | • 监测镇静，心脏或呼吸抑制，脱水，呕吐，腹泻，共济失调<br>• 每6个月监测血清溴化钾水平 |
| 注 | • 作为食欲刺激剂不建议使用超过2d<br>• 受管制药品<br>• 癫痫控制时间持续3~4h | • 短效巴比妥类<br>• 受管制药品<br>• 癫痫控制时间持续1~3h | • 长效巴比妥类<br>• 苯巴比妥可以加快保泰松，糖皮质激素，雌激素和甲基黄嘌呤的代谢，因为它是一种肝酶诱导剂<br>• 如果与氯霉素一起使用则应减少苯巴比妥的剂量<br>• 受管制药品 | • 高氯饮食则需要更高剂量的KBr（如Hill's S/D or I/D）<br>• 当苯巴比妥单独使用不完全有效时，将KBr与苯巴比妥一起使用 |

表17.41 神经系统药物：安乐死药物和肌肉松弛剂

| 药物分类 | 安乐死药物 | 肌肉松弛剂 |
|---|---|---|
| 药品（商品名） | • 戊巴比妥钠（Sleepaway，Beuthanasia-D，Euthanasia-6，Fatal-Plus） | • 美索巴莫（Robaxin，Robaxin－V） |
| 作用 | • 产生无意识和停止所有生命机能 | • 抑制多突触反射 |
| 代谢 | • 肝脏 | |
| 适应证 | • 安乐死 | • 肌肉痉挛 |
| 剂型 | • 溶液和粉剂 | • 片剂和注射剂 |
| 注意事项 | • 小心处理，避免接触开放性伤口 | • IV 缓慢 |
| 禁忌证 | | • 肾脏疾病或妊娠动物 |
| 患病动物护理/客户教育 | | • 监测镇静、呕吐、虚弱和共济失调 |
| 注 | • 戊巴比妥钠制品为受管制药品<br>• 必须作为处方药给予才有效 | • 尿液变暗 |

表17.42　神经系统药物：镇痛药

| 药物分类 | α₂-受体激动剂 | 局部麻醉剂 | 局部麻醉剂 | 局部麻醉剂 |
|---|---|---|---|---|
| 药品（商品名） | · 盐酸美托咪定（Domitor） | · 苯佐卡因（Cetacaine） | · 利多卡因 | · 盐酸布比卡因（Marcaine，Sensorcaine） |
| 作用 | · α₂-肾上腺素受体激动剂 | · 可逆性阻断神经传导 | · 阻断神经冲动的产生和传导 | · 阻断神经冲动的产生和传导 |
| 代谢 | · 肝脏 | · 血浆胆碱酯酶(主要) | · 肝脏 | · 肝脏 |
| 适应症 | · 不需要插管而需要镇静的检查和操作 | · 气管插管时的咽反射 | · 创伤修复<br>· 心律不齐 | · 手术和拔牙 |
| 剂型 | · 注射剂 | · 喷剂 | · 注射剂 | · 注射剂 |
| 注意事项 | · 老年动物<br>· 与丙泊酚合用需监测低氧血症<br>· 与芬太尼/哌替啶/布托啡诺一起使用；监测是否增加镇静<br>· 焦虑的犬使用时 | · 喷雾只需1s | · 肝病<br>· 严重的呼吸抑制<br>· CHF<br>· 休克<br>· 猫 | · CNS增加或抑制<br>· 透过胎盘 |
| 禁忌证 | · 心脏、呼吸、肝脏或肾脏疾病<br>· 妊娠<br>· 休克<br>· 严重衰弱 | · 大面积裸露的组织 | · 心脏问题<br>· 亚-斯二氏综合征<br>· 如果药品中含有肾上腺素则不能IV使用<br>· 不要与氨苄西林、头孢唑啉、甲己炔巴比妥钠或苯妥英钠联用 | |
| 患病动物护理/客户教育 | · 监测心率、呼吸和体温<br>· 可导致自发性肌肉收缩 | | · 监测ECG和观察CNS的毒性迹象 | |
| 注 | · 犬＞12周龄 | · 30s起效；持续30~60min | | · 比其他麻醉剂起效快且持续时间更长 |

注：见表13.9　区域和局部麻醉药，第469页。

**表17.43　神经系统药物：镇痛药/抗惊厥药，NMDA受体拮抗剂，麻醉激动剂**

| 药物分类 | 镇痛药/抗惊厥药 | NMDA受体拮抗剂 | | 麻醉激动剂 |
|---|---|---|---|---|
| 药品（商品名） | • 加巴喷丁（Neurontin） | • 金刚烷胺 | • 氯胺酮 | • 丁丙诺啡（Buprenex） |
| 作用 | • 调节钙离子内流 | • 抑制病毒复制并认为从神经末梢释放脑内多巴胺 | • 破坏神经系统途径，抑制GABA | • 部分μ-受体激动剂 |
| 代谢 | • 肾脏，部分在肝脏 | | • 肝脏 | • 肝脏 |
| 适应证 | • 癫痫发作动物和慢性疼痛 | • 慢性疼痛 | • 易怒的猫，镇痛，诱导剂 | • 镇痛 |
| 剂型 | • 胶囊、片剂和口服液 | • 片剂、胶囊和口服液 | • 注射剂 | • 注射剂 |
| 注意事项 | • 肾功能不全 | • 未经治疗的青光眼、CHF、肾或肝脏疾病 | • 甲状腺功能减退、心肌病和心脏疾病 | • 甲状腺功能减退、严重的肾脏疾病、阿狄森综合征或老年病<br>• 头部外伤 |
| 禁忌证 | • 药物过敏 | • 对药物或金刚乙胺过敏 | • 药物过敏<br>• 头部外伤 | • 不要与地西泮混用 |
| 患病动物护理/客户教育 | • 如果与口服抗酸剂一起使用，用药间隔2h<br>• 如果用于癫痫，则需断奶休药 | • 可能会注意到犬出现焦躁<br>• 监测GIT系统 | • 监测心脏、呼吸功能和体温<br>• 使用眼睛润滑油<br>• 恢复过程中，尽量不要对动物采取处理措施 | • 监测心脏和呼吸功能 |
| 注 | • 片剂或胶囊在室温下储存；液体冷藏储存 | • 在室温下储存<br>• 经肾脏排泄 | | • 避光 |

注：见第9章　疼痛管理，第384页，第390页。

表17.44　神经系统药物：镇痛药，阿片类药物

| 药物分类 | 阿片类药物 | | |
|---|---|---|---|
| 药品（商品名） | · 布托啡诺（Torbugesic） | · 柠檬酸芬太尼(Duragesic，Sublimaze) | · 氢吗啡酮 |
| 作用 | · κ-受体激动剂和μ-受体拮抗剂 | · μ-受体激动剂 | · μ-受体激动剂 |
| 代谢 | · 肝脏 | · 肝脏 | · 肝脏 |
| 适应证 | · 前驱麻醉<br>· 镇痛 | · 疼痛管理<br>· 镇痛 | · 镇痛<br>· 镇静 |
| 剂型 | · 注射剂 | · 注射剂和贴片 | · 注射剂、片剂和粉剂 |
| 注意事项 | · 甲状腺功能减退、肾/肝疾病、阿狄森综合征和老年/衰弱<br>· 头部外伤 | · 呼吸系统疾病或障碍，老年或虚弱<br>· 与其他CNS抑制剂合用时<br>· 动物发热可能会增加吸收 | · 甲状腺功能减退，严重的肾脏问题，老年，体弱，急性GIT的问题<br>· 头部外伤 |
| 禁忌证 | · 心丝虫动物<br>· 伴有黏液产生的下呼吸道疾病 | · 先前存在的呼吸问题 | · 服用MAIOs的动物 |
| 患病动物护理/客户教育 | · 监测呼吸，排泄和行为功能 | · 处理/处置贴片时戴上手套<br>· 应按照诊所安排去除贴片<br>· 监测呼吸抑制，心动过缓和贴片部位皮疹<br>· 发热将增加吸收 | · 可引起呕吐，气喘<br>· 监测CNS抑郁，心动过缓，血压的变化<br>· 瞳孔缩小（犬）<br>· 瞳孔散大（猫） |
| 注 | · CII级管制药品<br>· 短中效<br>· 可能比其他μ阿片受体激动剂有较少的呼吸抑制 | · CII级管制药品<br>· 短效阿片类药物<br>· 避光<br>· 建议在术前24h应用（至少12h）起效<br>· 犬：12h<br>· 猫：6h<br>· 持续时间：72h（可能更长）<br>· 淀粉酶/脂肪酶可能上升24h | · CII级管制药品<br>· 避光<br>· 起效:15~30min<br>· 逆转剂：纳洛酮 |

注：见第9章：疼痛管理，第385页，第386页。

表17.45　神经系统药物：镇痛药：阿片类药物（续）

| 药物分类 | 阿片类药物 | | | |
|---|---|---|---|---|
| 药品（商品名） | • 盐酸哌替啶（度冷丁） | • 硫酸吗啡 | • 羟吗啡酮 | • 盐酸曲马多（Ultram） |
| 作用 | • μ–受体激动剂 | • μ–受体激动剂 | • μ–受体激动剂 | • μ–受体激动剂 |
| 代谢 | • 肝脏 | • 肝脏 | • 肝脏 | • 肝脏 |
| 适应证 | • 疼痛管理<br>• 急性胰腺炎 | • 前驱麻醉和疼痛管理 | • 镇静，疼痛管理 | • 疼痛管理<br>• 咳嗽 |
| 剂型 | • 注射剂和片剂 | • 注射剂、片剂、口服液和栓剂 | • 注射剂和栓剂 | • 片剂 |
| 注意事项 | • 呼吸系统或肾脏疾病，甲状腺功能减退，老年或衰弱动物<br>• 阿狄森综合征<br>• IV缓慢 | • 呼吸系统或肾脏疾病，甲状腺功能减退，老年或衰弱动物<br>• 阿狄森综合征<br>• IV缓慢 | • 甲状腺功能减退，肾功能不全，呼吸系统疾病<br>• 头部外伤 | • 易发生癫痫的动物，老年或衰弱动物，或肾/肝功能不全 |
| 禁忌证 | • 头部外伤<br>• 摄入毒物引起的腹泻 | • 头部外伤<br>• 摄入毒物引起的腹泻<br>• 不要与地西泮或巴比妥类一起使用 | • 摄入毒物引起的腹泻 | • 对阿片类药物过敏<br>• 避免与SSRIs和MAOIs一起使用 |
| 患病动物护理/客户教育 | • 监测低血压 | • 监测心脏，呼吸，BP变化<br>• 可能排便或呕吐<br>监测<br>• 犬：CNS抑制，呕吐<br>• 猫：刺激作用，呕吐 | • 监测心脏，呼吸，BP变化 | • 避免含有对乙酰氨基酚的药物（猫）（Ultracet）<br>• 监测CNS和GIT的毒性<br>• 不建议纳洛酮作为逆转剂 |
| 注 | • CII级管制药品<br>• 短效阿片类<br>• 与许多药物配伍禁忌，使用前需核查<br>• 淀粉酶/脂肪酶可能上升24h | • CII级管制药品<br>• 比其他阿片类激动剂持续时间更久<br>• 淀粉酶和脂肪酶可能上升24h<br>• 逆转剂：纳洛酮<br>• 避光<br>• 与有些药物配伍禁忌，所以在使用前需核查 | • CII级管制药品<br>• 逆转剂：纳洛酮<br>• 避光 | • 非管制药品<br>• 在室温下储存 |

注：见第9章疼痛管理，第386页，第387页。

表17.46　神经系统药物：行为药物：抗抑郁药

| 药物分类 | 三环抗抑郁药 | 抗抑郁药 |
| --- | --- | --- |
| 药品（商品名） | • 盐酸氯米帕明（Clomicalm） | • 盐酸氟西汀（百忧解，Reconcile） |
| 作用 | • 阻断神经元5-羟色胺（5-HT）和去甲肾上腺素的再摄取 | • 5-羟色胺再摄取的选择性抑制剂 |
| 代谢 | • 肝脏 | • 肝脏 |
| 适应证 | • 分离焦虑症，强迫症，攻击 | • 分离焦虑症，强迫症，攻击 |
| 剂型 | • 片剂 | • 胶囊，片剂和口服液 |
| 注意事项 | • 易发生癫痫的动物，GIT活力问题，尿潴留，IOP增加 | • 糖尿病，肝脏疾病，易发生癫痫的动物 |
| 禁忌证 | • 使用MAOIs的动物 | • 使用MAOIs的动物 |
| 患病动物护理/客户教育 | • 不建议摄入奶酪<br>• 每年应监测肝值 | • 监测性格变化和食欲 |
| 注 | • 在室温下储存并标注兽医标记 | • 室温下储存在密封容器中 |

# 眼科用药

表17.47　眼科用药：肾上腺素能受体激动剂，碳酸酐酶抑制剂，免疫抑制剂

| 药物分类 | 肾上腺素能受体激动剂 | 碳酸酐酶抑制剂 | 免疫抑制剂 |
| --- | --- | --- | --- |
| 药品（商品名） | • 肾上腺素(Adrenalin) | • 乙酰唑胺（Acetazolam，Diamox）<br>• 双氯非那胺（Daranide） | • 环孢霉素（Optimmune，Sandimmune） |
| 作用 | • 降低眼内压 | • 在细胞泵水平减少房水生成 | • 抑制B和T淋巴细胞活化 |
| 代谢 | • GIT和肝脏 | • 90%原形排出 | • 肝脏 |
| 适应证 | • 眼内压<br>• 霍纳氏综合征的诊断 | • 青光眼 | • 慢性KCS |
| 剂型 | • 注射剂 | • 片剂、胶囊、粉剂和注射剂 | • 软膏、胶囊和溶液 |
| 注意事项 | • 与拟交感神经药使用时有潜在毒性 | • 对磺胺类药物敏感的动物慎用 | • 西咪替丁、红霉素、酮康唑会增加环孢霉素浓度 |
| 禁忌证 | • 闭角型青光眼（散瞳可以加重青光眼）、糖尿病、分娩或高血压 | • 阻塞性肺脏疾病，低血钠，低血钾，高氯性酸中毒，肝或肾脏疾病或肾上腺皮质机能不全 | • IV注射可引起急性过敏性反应（犬） |
| 患病动物护理/客户教育 | • 监测局部刺激 | • 监测低血钾，虚弱，多尿，排尿困难，呕吐，IOP，腹泻，气喘，皮疹<br>• 长期使用的动物应监测血钾水平 | • 监测呕吐，腹泻，厌食，牙龈增生，脓皮病，乳头状瘤 |
| 注 | | • 注射剂开口后应在24h内用完 | • 也可用于自身免疫性疾病，肛瘘，器官/组织排斥的给药 |

**表17.48 眼科用药：缩瞳剂，扩瞳剂/睫状肌麻痹剂，局部麻醉剂和染液**

| 药物分类 | 缩瞳剂 | 扩瞳剂/睫状肌麻痹剂 | 局部麻醉剂 | 染液 |
|---|---|---|---|---|
| 药品（商品名） | • 卡巴胆碱（Carbacel, Carbamylcholine chloride） | • 硫酸阿托品 | • 盐酸丙美卡因（Ophtjaine, AK-Taine, Alcaine, Kainair, OCU-Canine, andOphthetic） | • 荧光试纸条（Fluorets） |
| 作用 | • 通过瞳孔缩小增加房水外流 | • 瞳孔扩张和睫状体肌麻痹 | • 使角膜和结膜不敏感 | • 黏附角膜基质以及不完整的上皮细胞 |
| 代谢 | | • 肝脏 | | |
| 适应证 | • 降低眼内压，刺激泪液生成，慢性开角型青光眼，闭角型青光眼 | • 急性炎症疾病 | • 麻醉角膜以进行检查 | • 前段和后段的诊断以及鼻泪管系统的畅通情况 |
| 剂型 | • 溶液和注射剂 | • 软膏和注射剂 | • 滴剂 | • 试纸条 |
| 注意事项 | | | • 在过敏，心脏疾病，甲状腺功能亢进的动物慎用<br>• 配药时戴手套 | • 动物毛皮会着色荧光素 |
| 禁忌证 | • 心脏或呼吸系统疾病，GIT阻塞和老年动物<br>• 妊娠动物 | • 青光眼，KCS，哮喘，麻痹性肠梗阻，虹膜和晶状体粘连 | | |
| 患病动物护理/客户教育 | • 监测低血压和支气管收缩 | • 监测流涎 | • 监测局部刺激 | |
| 注 | | | • 开瓶后存放在冰箱<br>• 丢弃任何变色的药液<br>• 并不意味着可以长期使用 | |

17

# 耳部药物

**表17.49　耳部药物：外用抗感染药**

| 药物分类 | | 外用抗感染药 | | |
|---|---|---|---|---|
| 药品（商品名） | • 氯霉素，泼尼松龙，丁卡因，氯霉素，cerumene（Liquichlor） | • 二甲基亚砜与肤轻松（Synotic） | • 硫酸庆大霉素与倍他米松戊酸酯和克霉唑(Gentocin Otic Solution，Otomax) | • 噻苯达唑，新霉素，地塞米松（Tresaderm） |
| 作用 | • 杀菌、消炎和麻醉 | • 抑菌和杀真菌 | • 杀菌、杀真菌和消炎 | • 杀菌和消炎 |
| 代谢 | • 肝脏 | | | • 肝脏 |
| 适应证 | • 急性外耳炎和脓皮病 | • 急性/慢性外耳道炎和瘙痒 | • 中耳炎（犬）和浅表性感染病灶（猫） | • 外耳炎和炎症性皮肤病 |
| 剂型 | • 溶液 | • 液体 | • 软膏和溶液 | • 溶液 |
| 注意事项 | • 给药时戴上手套 | • 给药时戴上手套 | • 给药前清除所有碎片 | • 给药前清除所有碎片 |
| 禁忌证 | | • 妊娠动物<br>• 眼、肾或肝脏疾病<br>• 动物＜4.5kg | • 耳膜破裂<br>• 妊娠动物 | • 耳膜破裂 |
| 患病动物护理/客户教育 | • 监测PU/ PD和体重增加 | • 监测红斑、瘙痒或疼痛 | • 监测耳毒性，呕吐，PU/ PD，腹泻，红斑，刺痛，水疱，脱皮水肿，瘙痒，荨麻疹 | • 监测心动过速，耳毒性，红斑，口渴，虚弱，嗜睡，尿少，呕吐，腹泻 |
| 注 | | • 可能会导致牡蛎一样呼吸<br>• 脓性分泌物无效 | • 长时间使用应监测是否有库兴氏综合征 | • 存放在冰箱<br>• 不要使用超过1周 |

# 肾脏/泌尿系统药物

**表17.50　肾脏/泌尿系统药物：酸化剂，肾上腺素能剂，碱化剂**

| 药物分类 | 酸化剂 | | 肾上腺素能剂：β受体抑制剂 | 碱化剂 |
|---|---|---|---|---|
| 药品（商品名） | · 氯化铵 | · DL-蛋氨酸（Racemethione，Uroeze，Methio-Tabs） | · 苯丙醇胺（Proin，Propagest） | · 碳酸氢钠（小苏打） |
| 作用 | · 酸化尿液 | · 酸化尿液 | · 增加尿道括约肌张力 | · 碱化尿液 |
| 适应证 | · 代谢性碱中毒，尿路感染，鸟粪石尿路结石 | · 鸟粪石尿路结石 | · 尿失禁 | · 代谢性酸中毒<br>· 高血钙或高血钾 |
| 剂型 | · 片剂和颗粒 | · 片剂，粉剂和凝胶 | · 片剂，胶囊和滴剂 | · 注射剂和片剂 |
| 注意事项 | | | · 正在使用NSAIDs的动物或戴防蜱圈（双甲脒）的动物 | · 低血钾：IV缓慢<br>· CHF，高血压，少尿，肾病综合征或容量超负荷 |
| 禁忌证 | · 严重的肝脏疾病，肾功能衰竭，妊娠动物 | · 代谢性酸中毒，肾/肝功能不全，胰腺疾病和小猫 | · 目前服用Anipryl（丙炔苯丙胺）的动物<br>· 心脏病，高血压，青光眼，糖尿病，甲状腺功能亢进 | · 代谢性或呼吸性碱中毒，低血钙可能伴有抽搐 |
| 患病动物护理/客户教育 | · 监测恶心和呕吐 | | | · 监测血液pH，电解质，尿液pH |
| 注 | · 适口性差 | | · 如果单独使用无效则可与DES一起使用 | · 与许多溶液配伍禁忌，查询药理书<br>· 在室温下储存 |

**表17.51　肾脏/泌尿系统药物：α-肾上腺素能剂，抗菌/酸化剂，合成代谢类固醇和拟胆碱药**

| 药物分类 | α-肾上腺素能剂 | 抗菌/酸化剂 | 合成代谢类固醇 | 拟胆碱药 |
|---|---|---|---|---|
| 药品（商品名） | • 酚苄明（Dibenzyline） | • 马尿酸乌洛托品<br>• 孟德立酸乌洛托品 | • 癸酸诺龙（DECA Durabolin）<br>• 司坦唑醇（WinstrolV） | • 氯贝胆碱（Urecholine和Duvoid） |
| 作用 | • 与平滑肌上的α-受体结合 | • 在酸性尿中转化为甲醛（非特异性抗菌） | • 反转分解代谢状态和刺激红细胞生成 | • 模仿乙酰胆碱的作用 |
| 适应证 | • 血管扩张剂，尿道梗阻引起的尿道括约肌张力减小（猫） | • 反复性UTI | • 慢性肾功能衰竭 | • 膀胱尿浓缩增加 |
| 剂型 | • 胶囊 | • 片剂和混悬剂 | • 片剂和注射剂(IM) | • 片剂，溶液和注射剂 |
| 注意事项 | | | • 增加抗凝血剂的效果 | • 只能SQ给药（氯贝胆碱） |
| 禁忌证 | • 心血管疾病 | • 肾脏病，肝功能不全，严重脱水或妊娠 | • 心/肾功能不全，高钙血症，肿瘤疾病，妊娠动物 | • 阻塞性肺疾病，支气管哮喘，癫痫，甲状腺功能亢进，妊娠，膀胱炎，尿道梗阻<br>• 目前正在服用新斯的明的动物 |
| 患病动物护理/客户教育 | • 监测低血压，心动过速，肌肉震颤，癫痫发作，眼压升高，恶心，呕吐 | • 监测尿液pH和GIT不适 | • 监测肝毒性<br>• 监测血糖 | • 监测尿量和心律不齐，低血压，支气管痉挛 |

**表17.52　肾脏/泌尿系统药物：酶抑制剂和三环抗抑郁药**

| 药物分类 | 酶抑制剂 | 三环抗抑郁药 |
|---|---|---|
| 药品（商品名） | • 别嘌呤醇（Zyloprim，Lopurin） | • 阿米替林（Elavil） |
| 作用 | • 抑制黄嘌呤氧化酶，并阻止尿酸的形成 | • 抑制羟色胺摄取 |
| 代谢 | | • 肝脏 |
| 适应证 | • 犬尿路结石或犬利什曼病 | • 猫不适当排尿 |
| 剂型 | • 片剂 | • 片剂，注射剂和糖剂 |
| 注意事项 | • 如果动物患有肾脏疾病或正在使用硫唑嘌呤则应慎用 | • 给药前建议心电图检查<br>• 糖尿病或甲状腺功能亢进和肾/肝疾病动物应慎用 |
| 禁忌证 | • 妊娠 | • 心脏疾病，糖尿病，尿潴留，癫痫史（药物降低癫痫发作阈值）<br>• 服用Anipryl（MAOIs）的动物<br>• 妊娠动物 |
| 患病动物护理/客户教育 | • 进食后给药<br>• 监测CBC，肾/肝值和皮肤反应 | • 监测兴奋过度，呕吐，便秘，心律不齐，口干，共济失调，镇静<br>• 建议定期进行肝脏酶检查（肝） |
| 注 | | • 也可用于过度理毛（动物理毛行为）或分离焦虑 |

# 生殖系统药物

表17.53　生殖系统药物：雄激素，雌激素，促性腺激素

| 药物分类 | 雄激素 | 雌激素 | 促性腺激素 |
|---|---|---|---|
| 药品（商品名） | • 甲睾酮（Android）<br>• 环戊丙酸睾酮（DEPO- Testosterone）<br>• 庚酸睾酮（Malogex）<br>• 丙酸睾酮（TESTEX） | • 米勃酮（Cheque drops） | • 戈那瑞林（Cystorelin和Factrel） |
| 作用 | • 释放游离睾酮 | • 阻断LH的释放 | • 刺激LH和FSH的释放 |
| 代谢 | • 肝脏 | • 肝脏 | |
| 适应证 | • 睾酮替代疗法 | • 防止发情、治疗假孕和溢乳 | • 诊断繁殖障碍、识别未绝育动物和诱导发情 |
| 剂型 | • 片剂和注射剂 | • 复合药剂溶液 | • 注射剂 |
| 注意事项 | • 肝脏/肾脏/心脏疾病动物应慎用<br>• 可降低血糖浓度 | | |
| 禁忌证 | • 前列腺癌或妊娠 | • 猫和伯灵顿㹴<br>• 肛周腺瘤，肛周腺癌，肝/肾疾病<br>• 妊娠动物 | |
| 患病动物护理/客户教育 | • 监测前列腺肥大（犬，雄性），雄性化（犬，雌性）和肝病 | • 监测未成熟雌性应监测骨骺过早闭合和阴道炎<br>• 监视成熟雌性应监测外阴阴道炎，阴蒂肥大，爬跨行为，癫痫发作和体味增加 | |
| 注 | • 睾酮肌内注射<br>• 甲睾酮口服 | | • 冷藏 |

**17**

**表17.54 生殖系统药物：催产素，孕激素，前列腺素**

| 药物分类 | 催产素 | 孕激素 | 前列腺素 |
|---|---|---|---|
| 药品（商品名） | • 催产素（Pitocin和Syntocinon） | • 醋酸甲地孕酮（Ovaban，Megace）<br>• 醋酸甲羟孕酮（Depo-Provera，Provera） | • 前列腺素F$_{2\alpha}$（Lutalyse） |
| 作用 | • 刺激子宫肌肉收缩 | • 抑制FSH和LH的分泌 | • 收缩子宫肌层和松弛宫颈 |
| 代谢 | • 肝脏和肾脏 | • 肝脏 | |
| 适应证 | • 诱发或继续分娩和泌乳减少 | • 控制发情周期，行为管理，皮肤科疾病，良性前列腺肥大 | • 开放性子宫蓄脓及流产 |
| 剂型 | • 注射剂和鼻腔溶液 | • 片剂和注射剂 | • 注射剂 |
| 注意事项 | • 使用前先治疗低血糖或低血钙 | | |
| 禁忌证 | • 难产或闭合性子宫颈 | • 生殖问题或乳腺肿瘤<br>• 妊娠动物 | |
| 患病动物护理/客户教育 | • 监测胎儿的压力和分娩进展，精神萎靡，抑郁，癫痫发作 | • 监测PU/PD，肾上腺抑制，糖尿病，体重增加，免疫抑制，子宫蓄脓，腹泻，肿瘤 | • 监测心动过速，发声，气喘，发热，呕吐，腹泻，腹部不适 |
| 注 | • 冷藏 | • 建议腹股沟区域作为注射部位(甲羟孕酮) | • 给药后使动物行走20~40min常会减少不良反应 |

[a] 摘自Dana Allen：Handbook of Veterinary Drugs.

# 呼吸系统药物

| 药物分类 | 止咳药 | | |
|---|---|---|---|
| 药品（商品名） | • 磷酸可待因（Methylmorphine） | • 右美沙芬（Benylin） | • 二氢可待因酮（Hycodan和Tussigon） |
| 作用 | • 抑制脑干咳嗽中枢 | • 抑制脑干咳嗽中枢 | • 抑制脑干咳嗽中枢 |
| 代谢 | • 肝脏 | | |
| 适应证 | • 干咳（犬） | • 干咳（犬） | • 干咳（犬） |
| 剂型 | • 片剂，糖浆和溶液 | • 片剂，糖浆和溶液 | • 片剂和糖浆 |
| 注意事项 | • 癫痫，甲状腺功能减退，肾功能不全，心脏问题或虚弱动物 | | • 老年动物，肝/肾功能不全，甲状腺功能减退，老年阿狄森综合征，窄角型青光眼 |
| 禁忌证 | • 肝脏疾病和GIT功能障碍 | | • 服用MAOIs或因摄入毒素引起腹泻的动物 |
| 患病动物护理/客户教育 | • 监测镇静和便秘 | • 监测镇静和便秘 | • 监测镇静和便秘 |
| 注 | | • 布托啡诺的作用较其强15~20倍 | • 室温下避光储存 |

表17.56  呼吸系统药物：支气管扩张剂和黏液溶解剂

| 药物分类 | | 支气管扩张剂 | 黏液溶解剂 |
|---|---|---|---|
| 药品（商品名） | β-肾上腺素受体激动剂：<br>• 沙丁胺醇（喘乐宁，舒喘灵）<br>• 肾上腺素(Adrenalin)<br>• 特布他林（Brethine，Bricanyl） | 甲基黄嘌呤：<br>• 氨茶碱（Phylloconton）<br>• 茶碱（Theo-Dur，Theolair，Quibron-T/SR，Slo-Bid） | • 乙酰半胱氨酸（Mucomyst） |
| 作用 | • 刺激扩张支气管的交感神经系统受体，抑制组胺释放 | • 抑制磷酸二酯酶 | • 降低分泌物黏度 |
| 代谢 | • 肝脏 | • 肝脏 | • 肝脏 |
| 适应证 | • 支气管痉挛 | • 支气管痉挛 | • 支气管雾化<br>• 对乙酰氨基酚中毒 |
| 剂型 | • 片剂和溶液 | • 片剂，小胶囊和注射剂 | • 溶液 |
| 注意事项 | • 在服用MAOIs的14d内不能使用特布他林 | • 巴比妥类增加代谢（甲基黄嘌呤） | • 口服可引起恶心，呕吐<br>• 哮喘动物应慎用 |
| 禁忌证 | • 心血管疾病，甲状腺功能亢进，糖尿病<br>• 妊娠动物 | • 心血管疾病，甲状腺功能亢进，糖尿病，青光眼，胃溃疡，肝/肾脏疾病<br>• 妊娠动物 | |
| 患病动物护理/客户教育 | • 监测为心动过速，高血压，肌肉震颤，精神紧张，恐惧，抑郁，呕吐，尿潴留，用药部位刺激，气喘 | • 治疗开始后监测血清水平29~30h（犬）和40h（猫）和下一次用药前（茶碱）<br>• 监测室性心动过速，高血压，高血糖，肌肉震颤，精神紧张，恐惧，抑郁，呕吐，多食，气喘 | • 监测恶心和呕吐 |
| 注 | • 15~30min起效；药效持续时间≤8h | • 不要将空气注入氨茶碱小瓶以避免产生沉淀<br>• 起效需15~30min；药效持续时间≤8h（延长释放：≥12h）<br>• 当与其他药物相结合使用时，要检查药物的相互作用 | • 药物有不好的味道 |

表17.57  呼吸系统药物：兴奋药

| 药物分类 | 兴奋药 | | |
|---|---|---|---|
| 药品（商品名） | · 盐酸多沙普仑（Dopram） | · 纳洛酮（Narcan） | · 育亨宾（Yobine，Antagonil） |
| 作用 | · 刺激脑干的呼吸中枢 | · 增加心输出量，降低动脉血压，增加血液浓缩，减少代谢性酸中毒，并有助于防止低血糖 | · α₂-肾上腺素受体阻断剂 |
| 代谢 | | · 肝脏 | |
| 适应证 | · 麻醉引起的呼吸抑制，新生儿复苏 | · 麻醉引起的呼吸抑制 | · 赛拉嗪过量 |
| 剂型 | · 注射剂 | · 注射剂 | · 注射剂 |
| 注意事项 | · 不与碱性溶液混合<br>· 哮喘，心律不齐或心动过速 | · 心脏异常 | · 肾脏疾病或癫痫发作 |
| 禁忌证 | · 癫痫发作或头部外伤 | | |
| 患病动物护理/客户教育 | · 监测高血压，心律不齐，咳嗽，呼吸困难，过度换气，喉痉挛，肌肉震颤，癫痫发作，呕吐，腹泻 | · 如果高剂量使用时，应监测癫痫发作 | · 监测生命体征 |
| 注 | | · 布托啡诺的逆转剂 | · 赛拉嗪的逆转剂 |

# 毒理学药物

**表17.58　毒理学药物：螯合药物和合成乙醇脱氢酶抑制剂**

| 药物分类 | 螯合药物 | | | 合成乙醇脱氢酶抑制剂 |
|---|---|---|---|---|
| **药品（商品名）** | • 右雷佐生（Zinecard） | • 二巯丙醇(BAL) | • D-青霉胺(Cuprimine，Depen) | • 4-甲基吡唑（Fomepizole，Antizol-Vet） |
| **作用** | • 螯合细胞内铁 | • 螯合砷、铅、汞和金 | • 螯合胱氨酸、铅、铜和促进排泄 | • 抑制脱氢酶 |
| **代谢** | • 肝脏 | • 肝脏 | • 肝脏 | |
| **适应证** | • 蒽环类药物心脏毒性<br>• 多柔比星外渗受伤 | • 砷、铅、汞或金中毒 | • 铜或铅中毒<br>• 因铜引起的肝炎<br>• 胱氨酸尿路结石 | • 乙二醇毒性 |
| **剂型** | • 注射剂 | • 注射剂(深部 IM) | • 片剂和胶囊 | • 注射剂(IV) |
| **注意事项** | • 只有在使用蒽环类抗肿瘤药时使用 | • 肾功能不全或高血压动物应慎用 | • 在动物伤口愈合阶段应慎用 | |
| **禁忌证** | | • 肝功能不全 | • 妊娠动物 | |
| **患病动物护理/客户教育** | • 操作时戴上手套 | • 监测呕吐，心动过速，震颤，癫痫发作，昏迷<br>• 监测肾/肝功能<br>• 可能对肾脏有毒，建议治疗期间保持尿液碱性 | • 空腹给药（餐前1~2h） | • 监测CNS抑制，食欲下降，体重减轻，呼吸有甜味 |
| **注** | • 将粉末在室温下储存；溶液6h内稳定；丢弃未使用的部分 | • 肌内注射会引起疼痛<br>• 可与铁、硒、铀、镉形成有毒化合物 | | • 对于猫，乙醇更有效<br>给药应在<br>• 犬：摄食8h内<br>• 猫：摄食3h内 |

# 附录

## 公制单位

| 前缀 | 符号 | 幂 | 基数10 | 前缀 | 符号 | 幂 | 基数10 |
|---|---|---|---|---|---|---|---|
| kilo | k | $10^3$ | 1 000 | centi | c | $10^{-2}$ | 0.01 |
| hector | h | $10^2$ | 100 | milli | m | $10^{-3}$ | 0.001 |
| deca | da | $10^1$ | 10 | micro | μ | $10^{-6}$ | 0.000 001 |
| unity | | 1 | 1 | nano | n | $10^{-9}$ | 0.000 000 001 |
| deci | d | $10^{-1}$ | 0.1 | pico | p | $10^{-12}$ | 0.000 000 000 001 |

## 重量单位

| | 千克（kg） | 克（g） | 毫克（mg） | 微克（μg） | 磅（lb） | 盎司（oz） | 谷（gr） |
|---|---|---|---|---|---|---|---|
| 1千克（kg） | 1kg | 1 000g | $1 \times 10^6$mg | $1 \times 10^9$μg | 2.2lb | 36oz | – |
| 1克（g） | 0.001kg | 1g | 1 000mg | $1 \times 10^6$μg | – | – | 15gr |
| 1毫克（mg） | $1 \times 10^{-6}$kg | 0.001g | 1mg | 1 000μg | – | – | – |
| 1微克（μg） | $1 \times 10^{-9}$kg | $1 \times 10^{-6}$g | 0.001mg | 1μg | – | – | – |
| 1磅（lb） | 0.454kg | 454g | – | – | 1lb | 16oz | – |
| 1盎司（oz） | 0.028kg | 28.4g | – | – | 0.062 5lb | 1oz | – |
| 1谷（gr） | – | 0.065g | 65mg | – | – | – | 1gr |

注：在转换没有用的情况下，用"–"表示。

## 液量单位

| | 升（L） | 毫升（mL）/立方厘米（cm³） | 加仑（gal.） | 夸脱（qt） | 品脱（pt） | 杯（c.） | 汤匙（Tb） | 茶匙（t） | 盎司（oz） | 滴(gtt) | 英钱（dram） |
|---|---|---|---|---|---|---|---|---|---|---|---|
| 1升（L） | 1L | 1 000mL | 1/4gal. | 1qt | 2pts. | 4c. | – | – | 34oz | – | 250dram |
| 1毫升（mL） | 0.001L | 1mL | – | – | – | – | – | 1/5t | – | 12gtt | 1/4dram |
| 1加仑（gal.） | 3.84L | 3 840mL | 1gal. | 4qts. | 8pts. | 16c. | – | – | 128oz | – | – |
| 1夸脱（qt） | 0.960L | 960mL | 1/4gal. | 1qt | 2pts. | 4c. | – | – | 32oz | – | 250dram |
| 1品脱（pt） | 1/2L | 480mL | 1/8gal. | 1/2qt | 1pt | 2c. | 32Tbsp | – | 16oz | – | 120dram |
| 1杯（c.） | 1/4L | 240mL | 1/16gal. | 1/4qt | 1/2pt | 1c. | 16Tbsp | 48tsp | 8oz | – | 60dram |
| 1汤匙（Tb） | – | 15mL | – | – | – | – | 1Tbsp | 3tsp | 1/2oz | 180gtt | 4dram |
| 1茶匙（t） | – | 5mL | – | – | – | – | 1/3Tbsp | 1tsp | 1/6oz | 60gtt | 1dram |
| 1盎司（oz） | –– | 30mL | – | – | – | – | 2Tbsp | 6tsp | 1oz | 360gtt | 8dram |
| 1英钱（dram） | – | 4mL | – | – | – | – | 1/3Tbsp | 1tsp | 1/8oz | 60gtt | 1dram |
| 1滴（gtt） | – | – | – | – | – | – | – | – | – | 1gtt | – |

## 长度单位

| | 米（m） | 厘米（cm） | 毫米（mm） | 码（yd） | 英尺（ft） | 英寸（in） |
|---|---|---|---|---|---|---|
| 1米（m） | 1m | 100cm | 1 000 mm | 1.093 6yd | 3.280 8ft | 39.37in |
| 1厘米（cm） | 0.01m | 1cm | 10 mm | 0.010 9yd | 0.032 81ft | 0.393 7in |
| 1毫米（mm） | 0.001m | 0.1cm | 1 mm | 0.001 1yd | 0.003 28ft | 0.039 37in |
| 1码（gd） | 0.914 4m | 91.44 cm | 914.40 mm | 1yd | 3ft | 36in |
| 1英尺（ft） | 0.304 8m | 30.48 cm | 304.8 mm | 0.333yd | 1ft | 12in |
| 1英寸（in） | 0.025 4m | 2.54 cm | 25.4 mm | 0.027 8yd | 0.083 3ft | 1in |

## 千克体表面积（m²）

用来计算体表面积的普通方程：

犬： $$\dfrac{10.1 \times（体重/g）^{2/3}}{10\ 000}$$

猫： $$\dfrac{10 \times（体重/g）^{2/3}}{10\ 000}$$

犬和猫： $$\dfrac{（体重/kg）^{2/3}}{10}$$

| 犬 | | | | | | 猫 | | | |
| --- | --- | --- | --- | --- | --- | --- | --- | --- | --- |
| kg | m² | kg | m² | Kg | m² | kg | m² | kg | m² |
| 0.5 | 0.06 | 14 | 0.58 | 28 | 0.92 | 0.5 | 0.063 | 5.5 | 0.311 |
| 1 | 0.10 | 15 | 0.60 | 29 | 0.94 | 1 | 0.1 | 6 | 0.330 |
| 2 | 0.15 | 16 | 0.63 | 30 | 0.96 | 1.5 | 0.131 | 6.5 | 0.348 |
| 3 | 0.20 | 17 | 0.66 | 35 | 1.07 | 2 | 0.159 | 7 | 0.366 |
| 4 | 0.25 | 18 | 0.69 | 40 | 1.17 | 2.5 | 0.184 | 7.5 | 0.383 |
| 5 | 0.29 | 19 | 0.71 | 45 | 1.26 | 3 | 0.208 | 8 | 0.400 |
| 6 | 0.33 | 20 | 0.74 | 50 | 1.36 | 3.5 | 0.231 | 8.5 | 0.416 |
| 7 | 0.36 | 21 | 0.76 | 55 | 1.47 | 4 | 0.252 | 9 | 0.432 |
| 8 | 0.40 | 22 | 0.78 | 60 | 1.55 | 4.5 | 0.273 | 9.5 | 0.449 |
| 9 | 0.43 | 23 | 0.81 | 65 | 1.64 | 5 | 0.292 | 10 | 0.464 |
| 10 | 0.46 | 24 | 0.83 | 70 | 1.72 | | | | |
| 11 | 0.49 | 25 | 0.85 | 75 | 1.80 | | | | |
| 12 | 0.52 | 26 | 0.88 | 80 | 1.88 | | | | |
| 13 | 0.55 | 27 | 0.90 | 85 | 1.96 | | | | |

**温度换算：**

摄氏度换算成华氏度（℃ × 1.8）+32＝℉
华氏度换算成摄氏度（℉ −32）× 0.555＝℃

| 摄氏度℃ | 华氏度℉ |
| --- | --- |
| 0 | 32.0 |
| 4.0 | 39.2 |
| 25.0 | 77.0 |
| 32.0 | 89.6 |
| 37.0 | 98.6 |
| 38.6 | 101.5 |
| 39.1 | 102.5 |
| 39.4 | 103 |

# 消毒剂

每一种产品的有效性，可以通过验证产品标签上列出的正确有机体，并按照制造商的说明浓度和接触时间来保证。如果没有按照具体说明，不能阻止感染传播。

| 消毒剂 | 用途 | 抗菌谱[a] | 用法说明 | 作用 | 备注 |
|---|---|---|---|---|---|
| 乙醇，异丙醇[b] | • 消毒 | • 细菌，±真菌，包膜病毒 | • 消毒：皮肤应保持湿润至少2min | • 没有，因蒸发故要求重复使用<br>• 抑制有机物 | • 对真菌孢子无效<br>• 只适用于完整的皮肤<br>• 100%的酒精没有消毒能力，使用浓度为50%~95%的酒精<br>• 对冷消毒无效 |
| 甲醛<br>• 福尔马林 | • 标本保存 | • 细菌，细菌芽胞，真菌，病毒 | • 将组织样本放入一个带安全盖子的广口容器中，确保组织与福尔马林比例为1∶10 | • 经24h完成固定 | • 长期接触可引起呼吸困难和湿疹 |
| 氯已定<br>• 洗必泰 | • 伤口清洗和灌洗<br>• 外科手术和导管准备<br>• 冷消毒[c] | • 细菌，病毒，真菌，酵母菌和霉菌<br>细菌<br>• 变形杆菌，大肠杆菌，葡萄球菌，假单胞菌 | • 手术准备：洗必泰擦洗位点并交替冲洗（如洗必泰溶液）至少2次，每次30s<br>• 消毒：去除所有动物和食品用肥皂和水清洗位点，涂抹，使其停留10min，擦干<br>• 见表10.4创伤清洗液，第399页 | • 快速起效48h<br>• 持久性和残留药效<br>• 肥皂使其失活 | • 对皮肤无刺激性，避免接触眼睛和黏膜<br>• 不受酒精影响<br>• 与电解质溶液混合时会产生沉淀，但不影响活性 |
| 氯漂白剂 | • 消毒 | • 细菌，细菌芽胞，真菌，病毒<br>细菌<br>• 变形杆菌，假单胞菌<br>病毒<br>• 犬细小病毒 | • 消毒：去除大物质，涂抹，使其停留10min，用清水冲洗干净 | • 有机物，肥皂和硬水使其无效或不稳定 | • 用水1∶30稀释<br>• 被光灭活，储存在不透明的容器并且每天发生变化 |
| 氯二甲酚<br>• Technicare | • 伤口清洗和灌洗<br>• 外科手术和导管准备 | • 细菌 | • 手术准备：擦洗部位2min，不冲洗<br>• 见表10.4 创伤清洗液，第399页 | • 24h（封闭），<br>• 6~8h（未封闭） | • 无使用禁忌<br>• 不要洗掉 |

| 消毒剂 | 用途 | 抗菌谱[a] | 用法说明 | 作用 | 备注 |
|---|---|---|---|---|---|
| 二癸基二甲基氯化铵<br>• D-256 | • 杀菌清洁剂和除臭剂 | • 细菌，病毒，真菌<br>细菌<br>• 假单胞菌，李斯特菌，葡萄球菌，链球菌，沙门氏菌，博德特氏菌，大肠杆菌<br>病毒<br>• 犬细小病毒，犬瘟热病毒和伪狂犬病病毒 | • 消毒：去除所有动物和食品，用肥皂和水清洗位点，应用稀释液（1gal水加1/2oz），使其停留10min，擦干，通风区 | • 有机物，肥皂和硬水使其灭活 | • 可引起不可逆转的眼睛损伤，皮肤烧伤，吸入刺激性<br>• 戴防护眼镜，衣服和手套<br>• 每天制备新鲜溶液，如果很脏则需及时制备新鲜溶液 |
| 二甲基苄基氯化铵<br>• Parvosol | • 消毒清洁剂和除臭剂 | • 细菌，病毒，真菌<br>细菌<br>• 葡萄球菌，沙门氏菌，假单胞菌，大肠杆菌<br>病毒<br>• 犬细小病毒，狂犬病病毒 | • 消毒：去除大物质，涂抹，使其停留10min，擦干 | • 有机物存在时仍然有效 | • 使用后彻底洗手 |
| 戊二醛<br>• Metricide | • 冷消毒[c] | • 细菌，细菌孢子，病毒，真菌<br>细菌<br>• 梭状芽胞杆菌，葡萄球菌，沙门氏菌，假单胞菌，分枝杆菌<br>病毒<br>• 腺病毒 | • 消毒：在±稀释液中储存的仪器，在使用前彻底冲洗<br>• 清洁容器，用特定测试试纸测定其功效并根据需要或每10~28d（取决于所用的类型）更换溶液 | • 略有残留活性<br>• 有机物，肥皂和硬水可使其部分灭活 | • 可引起咽喉，肺，眼睛刺激，鼻出血，荨麻疹，头痛和恶心<br>• 戴丁腈或丁基橡胶手套（乳胶不充分），护目镜和面罩 |
| 碘/碘伏<br>• 聚维酮碘<br>• Betadine | • 手术准备，伤口治疗，关节或体腔灌洗 | • 细菌，酵母菌，真菌，原虫和病毒 | • 手术准备：碘伏与酒精交替擦洗总接触时间为5min，后应用碘喷剂/涂剂<br>• 见表10.4创伤清洗液，第399页 | • 留在皮肤上4~6h<br>• 有机物和酒精使其灭活 | • 会导致高达50%的动物和工作人员皮肤刺激或急性接触性皮炎<br>• 碘可能有毒性，应遵循制造商的稀释准则 |
| 季铵盐<br>• Roccal-D | • 消毒清洁剂和除臭剂 | • 可有效杀灭细菌（对一些假单胞菌无效），真菌，±包膜病毒<br>细菌<br>• 支原体，链球菌，葡萄球菌，大肠杆菌，沙门氏菌<br>病毒<br>• 犬细小病毒，副流感病毒和伪狂犬病 | • 消毒：使经过处理的表面在擦拭或冲洗前保持湿润至少10min | • 残留抑菌剂和抑制细菌在潮湿的表面生长<br>• 有机物，肥皂和硬水使其灭活 | • 原液可引起化学灼伤<br>• 包含生锈腐蚀抑制剂 |

[a]按照制造商的标签对特定有机物进行验证抗菌谱。

[b]包含其他药剂的酒精为基础的溶液（如碘伏、洗必泰）正在使手术准备变得更短或一步搞定。

[c]冷消毒盘应浸泡至少3h进行灭菌和10~30min进行消毒（戊二醛灭菌10min和消毒20min）和所有仪器使用前应进行清洗。

Abduct，外展 | 引离身体的正中平面或其组成部分之一

Aboral，离口的 | 相对于口或者远离口

Absorber，吸收器 | 从病畜呼出的气体中过滤掉二氧化碳颗粒

Acetylcholine，乙酰胆碱 | 化学神经递质；在神经冲动的传输上起重要作用

Acidosis，酸中毒 | 由于酸的累积或碳酸氢盐过度损失导致体液的酸度过高

Acini，腺泡 | 最小的腺体单位；环绕空腔的一组分泌细胞

Adherent，附着的 | 连接到两个表面

Adrenergic，肾上腺素能的 | 受到刺激时释放肾上腺素的神经纤维

Adulticide，杀成虫药 | 用来杀灭成虫的杀虫剂

Aerophagia，吞气症 | 吞咽空气

Agglutination，凝集反应 | 全部地抗原簇与可溶性抗体反应的一种抗原抗体反应类型

Aggregation，凝集 | 物质集群或者集在一起

Agonists，激动剂 | 随其他物质的作用而起作用

Akinesia，运动不能 | 神经麻痹导致的运动反应（运动）丧失

Alkali，碱 | 具有显着碱属性的物质

Alkalosis，碱中毒 | 由于碱累积或者酸减少导致的体液碱度过高

Alloantibody，同种抗体 | 同种抗原产生的抗体

Alloantigen，同种异体抗原 | 一个体中产生的物质导致在另一个体中刺激产生抗体

Allodynia，异常性疼痛 | 正常无痛刺激情况现被视为是痛苦的

Alopecia，脱毛 | 毛发缺失或脱落

Alveolar，齿槽 | 小洞

Ambulation，走动 | 走路的能力

AminoAcid，氨基酸 | 一大组有机化合物的一种，存在一个氨基和一个羧基

Amplitude，振幅 | 最大距离

Amyloid，淀粉样蛋白 | 类似于淀粉

Amyloidosis，淀粉样变性病 | 以淀粉样蛋白沉积在器官和组织的代谢紊乱

Anechoic，无回声 | 不产生任何或仅有少量回声

Anesthetic，麻醉剂 | 使感觉或知觉丧失的制剂

Anisocoria，瞳孔不均 | 瞳孔大小不等

Anisocytosis，红细胞大小不均 | 红细胞的大小过度不等

Anisokaryosis，细胞核大小不均 | 细胞核大小不等

Ankylosis，关节强直 | 关节不能活动

Antagonist，拮抗剂 | 抵消其他制剂作用的制剂

Anticoagulant，抗凝血剂 | 延缓或防止血液凝固

Antiemetics，止吐剂 | 防止或缓解恶心或呕吐

Antipruritic，止痒剂 | 抑制瘙痒

Antipyretic，退热剂 | 减退发热的制剂

Anuria，无尿 | 没有尿液形成

Apex，尖端 | 锥体结构的尖末端

Aphakic，无晶状体的 | 眼睛晶状体缺失

Apnea，呼吸暂停 | 窒息，停止呼吸

Apneusticbreathing，长吸呼吸 | 呼吸在呼气前保持吸气或暂停；常见于分离麻醉时

Applanation，扁平 | 异常平坦，尤其是在角膜表面

Aqueousflare，房水闪辉 | 眼房水的浊度增加

Aqueoushumor，眼房水 | 眼睛中维持眼内压和膨胀眼球体的透明液体

Arterial blood gases，动脉血气　血液中的气体；临床上有用的氧气和二氧化碳

Arthralgia，关节痛　关节疼痛

Arthrodesis，关节固定术　关节手术固定

Artificial colloid，人造胶体　静脉注射溶液，包括蛋白质或淀粉分子

Ascites，腹水　腹腔内积累的浆液性液体

Ataxia，共济失调　肌肉协调不良

Atelectasia，肺扩张不全　肺塌陷或者肺部无空气

Atrial fibrillation，心房纤维颤动　心律失常影响心房；心房紊乱的活动导致不规则的冲动传导到心室

Auscultate，听诊　通过听体内产生的声音来检查

Autolysis，自溶　发生在组织或者细胞，通过细胞自身的酶进行自我溶解或者自我消化

Axillary，腋下的　前肢下方的区域；腋窝

Axoneme，轴丝　纤毛或鞭毛内芯中提供支持作用的细胞骨架结构

Axostyle，轴柱　许多寄生虫体内起运动援助或支持功能的杆体内存在含氮物质

Azotemia，氮血症　体内存在含氮物质

Bacteremia，菌血症　血液中的细菌

Bacteriostatic，抑菌剂　抑制细菌生长

Barotrauma，气压伤　潜在的封闭空间和周边区域之间气压的变化导致的任何损伤

Basophilic，嗜碱的　易染成碱基颜色（蓝色）

Bioactive amine，生物活性胺　能产生生物效应的胺（如儿茶酚胺类、苯二氮卓类）

Bioavailability，生物利用度　有效药物代谢进入全身循环的速度和程度，从而允许接近作用部位

Biot's respiration，毕奥呼吸　按照均匀深呼吸，呼吸暂停，再深呼吸的顺序进行的呼吸

Bipolar，双极的　有两极或进程

Blepharospasm，眼睑痉挛　眼轮匝肌的痉挛性收缩抽搐

Borborygmus，肠鸣音　气体通过GIT的运动产生的轰隆隆声音

Brachygnathism，短颌　下颚异常短小

Breathing tubes，呼吸管　将气管内管连接到麻醉机的螺纹管

Biomicroscopy，活组织显微镜检查　用眼睛进行显微镜观察

Blepharospasm，眼睑痉挛　眼睑抽搐

Bronchial sounds，支气管音　气管和大支气管内气体运动产生的声音；呼气时声音较大

Bronchiectasis，支气管扩张　支气管的慢性扩张，伴有继发感染

Brownian movement，布朗运动　分子以高速度移动时轰击产生的粒子振荡运动

Buccal，颊的　从属于脸颊或嘴

Buphthalmos，眼积水　婴儿青光眼导致眼睛均匀肿大，尤其是角膜

Cachexia，恶病质　健康状况不佳，营养不良和消耗疾病状态

Calculus，结石　动物体内任何的异常凝固

Candidiasis，念珠菌病　念珠菌感染

Carbohydrate，糖类　一组仅由碳、氧和氢组成的化学物质，包括糖、糖原、淀粉、糊精和纤维素

Cardiac tamponade，心脏压塞　液体在心包积聚导致对心脏的压力增大和降低心室舒张期充盈

Carnassial，食肉的　最后上颌臼齿和第一下臼齿，以类似剪刀的方式剪切

Canarypox vector，金丝雀痘载体　能够产生免疫反应而无任何佐剂的疫苗

Catalepsy，全身僵硬症　恍惚状态，肌肉强直，姿势固定（四肢会停留放置的位置上），对疼痛的敏感性下降

| Cataract，白内障 | 眼睛晶状体和／或其囊混浊 |
| Catecholamine，儿茶酚胺 | 通常用于身体防御或逃逸反应（如血压升高、心跳加快、血糖升高）的化合物（如肾上腺素、去甲肾上腺素和多巴胺） |
| Catelepsy，全身僵硬症 | 四肢伸展性僵化状态，病畜常常对听觉，视觉或轻微疼痛的刺激反应迟钝 |
| Cathartics，泻药 | 加速排便的物质 |
| Caudate，有尾的 | 拥有尾巴 |
| Caustic，腐蚀性 | 破坏活组织 |
| Celiotomy，剖腹术 | 切口进入腹腔 |
| Cellularity，细胞构成 | 细胞性质（如组件的大小和形状） |
| Cellulitis，蜂窝织炎 | 结缔组织炎症 |
| Cementum，牙骨质 | 齿根的钙化表面层 |
| Cestode，绦虫 | 胃肠道扁形虫 |
| Chelate，螯合物 | 化学性地结合毒性物质，使其失去活性 |
| Chemo-pin，化疗针 | 推入药物瓶的装置，防止压力过大和雾化 |
| Chemoreceptor trigger zone，催吐化学感受区 | 某些毒素进入血液时刺激呕吐的大脑区域 |
| Chemosis，结膜水肿 | 角膜周围的结膜水肿 |
| Cholestasis，胆汁淤积 | 胆汁排出故障 |
| Cholinergic，拟胆碱能的 | 受刺激时释放乙酰胆碱的神经纤维 |
| Chyle，乳糜 | 乳糜管和肠道淋巴管的牛奶样，碱性内容物，由消化的物质和主要吸收的脂肪组成 |
| $CO_2$ absorber，$CO_2$吸收器 | 从麻醉气体中移除$CO_2$ |
| Collimate，对准 | 放射学：降低被照射区域面积，来减少X线散射 |
| Colobomas，缺损 | 眼睛损伤或缺陷，通常见于虹膜，睫状体或脉络膜的裂隙或裂口 |
| Colorimetric，比色的 | 在一定波长光下，溶液吸光度的测定 |

| Colostrum，初乳 | 分娩前后数天内动物产生乳液；包含蛋白质、卡里路、抗体和淋巴细胞 |
| Comedones，黑头粉刺 | 变色干皮脂都塞皮肤的排泄管 |
| Commissure，接合处 | 横过两种结构中线或分割两种结构的点或线 |
| Compressed gas cylinders，压缩气体钢瓶 | 气体压力下装有气体的金属气缸以增加汽缸容量 |
| Computer radiography，计算机X线照相 | 图像的横截面设备 |
| Concentration，浓度 | 与其他物质混合的特定物质的量 |
| Continuous positive airway pressure(CPAP)，持续气道正压(CPAP) | 用于管理或防止肺泡萎陷或肺不张 |
| Contrast，造影 | 胶片上最亮和最暗部分之间的差异，反映两个相邻的X线密度 |
| Convex，凸面 | 弧形均匀；类似球体的一段 |
| Coprophagia，食粪癖 | 吃排泄物 |
| Core，核心 | 每只犬都需接种的疫苗 |
| Cornified，角化的 | 变成角质组织 |
| Coupage，拍打胸壁 | 敲击胸部以咳出支气管分泌物，从而促进胸壁排液 |
| Crenation，圆锯齿状 | 细胞膜有缺口或呈齿痕 |
| Crepitus，捻发音 | 有或可以发出破裂音 |
| Crown，齿冠 | 牙龈以上的齿区，往往被牙釉质覆盖 |
| Cryotherapy，冷冻疗法 | 低温度下的医学治疗 |
| Crypt，小囊 | 上皮细胞表面的坑或隐窝 |
| Cryptorchidism，隐睾病 | 一个或多个睾丸没有正常下落 |
| Crystalloid，晶体 | 等渗或电解质溶液，通常用于作为替代或维持液 |

Central venous pressure，中心静脉压 | 前腔静脉内的压力；代表血液回流右心房的压力

Cyanosis，发绀 | 缺氧时黏膜和皮肤呈蓝色或灰色

Cyclooxygenase(COX)，

环氧合酶（COX） | 形成前列腺素类化合物（如前列腺素）的酶，在炎症和疼痛的形成中起作用

Cycloplegic，睫状肌麻痹剂 | 导致眼内睫状肌麻痹的药物

Daily energy requirement，
每日能量需求 | 每只动物一日的总能量需求

Danger level，危险级别 | 血液中特定化学反应水平的点达到一个临界（危险）点

Dead space, anatomic，解剖死腔 | 从鼻子和口腔到肺泡的空气体积

Dead space, physiologic，生理死腔 | 解剖死腔和任何非功能性肺泡的空气体积，以及需要将毛细血管中的氧转换给动脉血的过量空气体积

Decerebellate posture，
去小脑姿势 | 后肢弯曲，前肢伸肌强直，精神状态改变

Decerebrate response，
去大脑反应 | 对外界刺激的反应为不自主伸展前肢

Deciduous，脱落的 | 趋于松掉或脱落；临时的

Decubital，褥疮 | 褥疮

Definitive host，终末宿主 | 性成熟寄生虫寄生的动物

Degloving，去颏套 | 从下层组织撕掉大量皮肤，切断其血液供应

Dehiscence，开裂 | 伤口破裂

Density，密度 | X线片的黑度

Dentin，牙本质 | 牙髓腔外的钙化组织并被牙釉质覆盖

Dermatophyte，皮肤癣菌 | 真菌寄生在皮肤上

Descemetocele，后弹性层突出 | 角膜溃疡透过基质存在很大的穿孔风险；后弹力膜突出

Desquamative cells，脱屑细胞 | 表皮细胞脱落

Devitalized，夺去生命 | 剥夺生命

Diastolic，舒张期的 | 心脏收缩后松弛到充满血液的这一时期

Diatheses，特异质 | 易患特定疾病的体质

Dermatophytosis，皮真菌病 | 真菌感染

Digestibility，消化率 | 通过物理的和化学的消化过程，食物释放的总养分含量百分比

Diskospondylitis，椎间脊椎炎 | 椎间盘的感染过程

Dissociative anesthesia，
分离麻醉 | 病畜与环境间断；从大脑无意识部分到有意识部分信息流中断

Diuretic，利尿剂 | 增加尿液的分泌

Dosage，用法 | 药物的用量，频率和持续时间

Dose，剂量 | 一次使用的治疗药物的具体量

Dosimeter，放射量仪 | 测量个体接触辐射量的仪器

Dyschezia，大便困难 | 疼痛或排便困难

Dyscoria，瞳孔变形 | 瞳孔的异常形式或形状

Dysphagia，吞咽困难 | 进食困难

Dysphonia，发声困难 | 困难发声

Dysphoria，烦躁不安 | 过度焦虑，烦躁不安或悲伤的状态

Ecchymoses，淤血 | 血液从血管破裂处外渗到周围组织

Echogenicity，回声反射 | 返回的回声强度或幅度

Echoic，回声的 | 产生回声

Ectopic，异位的 | 位置异常

Eczema, miliary，湿疹，粟粒状的 | 单独或合并出现的红斑、丘疹、水疱、脓疱、鳞屑、痂皮或结痂症状的急性或慢性皮肤炎症性疾病

Edema，水肿 | 含有过量间质液的组织区域

Edematous，浮肿 | 浮肿区域

| Edrophonium，氯化腾喜龙 | 可逆性胆碱酯酶抑制剂 |
| Electromechanical dissociation，机电解离 | 在心电图上观察心脏节律，应该产生脉冲，但却没有 |
| ELISA，酶联免疫吸附测定 | 用于检测抗体或者抗原 |
| Embryonated，含胚的 | 含有胚胎 |
| Emetic，催吐药 | 引起呕吐 |
| Enamel，牙釉质 | 覆盖在牙冠表面的硬质矿化材料 |
| Encephalopathy，脑病 | 脑部疾病 |
| Endophthalmitis，眼内炎 | 眼睛内部的炎症，可能被限制或可能不被限制在特定的室内 |
| Endotoxemia，内毒素血症 | 血液中有毒素 |
| Endotoxin，内毒素 | 当细菌破裂时释放出细菌内的毒素 |
| Energy，能量 | 用于工作 |
| Enucleation，摘出术 | 去除眼睛和眼眶组织 |
| Enzyme，酶 | 由活细胞产生的能催化化学反应的蛋白质 |
| Epididymitis，附睾炎 | 附睾的炎症 |
| Epidural anesthesia，硬膜外麻醉 | 在硬膜外进行的局部麻醉 |
| Epiphora，泪溢 | 因泪水分泌过多或泪道阻塞引起的异常溢出的泪水顺着脸颊流下 |
| Epistaxis，鼻出血 | 从鼻子出血 |
| Epithelialization，上皮形成 | 伤口的皮肤生长 |
| Epithelium，上皮 | 细胞形成的表皮以及黏膜和浆膜的表面层 |
| Epulides，龈瘤 | 累及牙龈组织的坚实肿瘤 |
| Ergosterol，麦角固醇 | 真菌细胞膜的组成成分，需要建立和保持膜 |
| Erythema，红斑 | 由于毛细血管充血，扩散到皮肤发红 |
| Erythropoietin，促红细胞生成素 | 刺激红细胞生成的激素 |
| Evisceration，眼球内容摘除术 | 通过外科手术取出眼内容物 |

| Exsanguinate，放血 | 血液排出或丢失；把血液从一个区域挤走 |
| Extracapsular，囊外的 | 在囊外部 |
| Extracellular，细胞外的 | 细胞外的 |
| Extraorally，口外的 | 口腔以外 |
| Extravasation，外渗 | 液体渗出周围组织 |
| Extrinsic，外在的 | 没有形成部分属于或全部属于某个东西 |
| Exudate，渗出液 | 在循环系统中渗出，在病变或炎症区域积聚 |
| Fwave，F波 | 心房收缩时产生的原纤化波（摆动） |
| Facultative，兼性的 | 在某些情况下能够生存 |
| Fat，脂肪 | 包含三脂肪酸通过酯键连接到甘油的甘油三酯 |
| Fatty acid，脂肪酸 | 来源于天然脂肪，分类成饱和的或不饱和的 |
| Fenestration，开窗术 | 在结构上开一口 |
| Fetid，恶臭的 | 气味恶臭或难闻 |
| Fiber，纤维 | 不消化的或通过小肠未消化的食物；由纤维素、半纤维素、树胶和果胶组成 |
| Fibrinogen，纤维蛋白原 | 由肝脏合成的可溶性血浆糖蛋白，在形成凝血的过程中转化为纤维蛋白 |
| Fibroblasts，成纤维细胞 | 从结缔组织发展而来的任何细胞或微粒 |
| Fibrosis，纤维变性 | 起修复或被动反应的纤维结缔组织过度积聚 |
| Fieldblock，区域阻滞 | 通过注射局部麻醉剂，环绕手术区域创建麻醉"墙" |
| Fistula，瘘管 | 从一个空腔到另一个空腔的异常通过 |

[a]Michael Hand，小动物临床营养（Marceline：Walsworth Publishing Company，2000）。

| | |
|---|---|
| Flail chest，连枷胸 | 胸壁的断折段（肋骨）与胸壁其余部分脱离，呼吸过程中可以自由运动 |
| Floccose，絮状的 | 短或密集地增长，但不规则地交织的丝 |
| Flocculent，絮状的 | 包含白色的黏液碎片的培养 |
| Flowmeter，流量计 | 控制特定气体输送给病畜的速度 |
| Fluoride，氟化物 | 能使牙齿更耐蚀牙形成的氟的化合物 |
| Follicle-stimulating Hormone(FSH)促卵泡激素 | 促进母畜卵巢卵泡和公畜精子的生长和成熟 |
| Folliculitis，毛囊炎 | 毛囊发生炎症 |
| Fontanelle，囟门 | 胎儿颅骨之间的未骨化的组织空间，也被称为软点 |
| Frenulum，系带 | 用于保定移动的器官到合适位置小褶组织（如舌头） |
| Fructosamine，果糖胺 | 含有果糖和氨或胺的化合物，用于评估控制糖尿病的测试中 |
| Fungicide，杀真菌剂 | 杀灭真菌 |
| Fungistatic，抑制真菌的 | 抑制真菌生长 |
| Furcation，分叉 | 分叉的事物（如牙根分叉） |
| Furunculosis，疖病 | 由疖引起的疾病 |
| Genal，颊的 | 从属于脸颊 |
| General anesthesia，全身麻醉 | 由中枢神经系统中毒引起的可控和可逆的意识丧失 |
| Germination，萌芽 | 休眠期后的生长发展过程 |
| Gingiva，牙龈 | 牙龈；牙齿周围的黏膜 |
| Globulin，球蛋白 | 血浆中的球状蛋白不溶于纯水中但溶于稀盐溶液中 |
| Globulin α，α-球蛋白 | 血浆中的球状蛋白（如α-1，α-2），用于传送和协助其他物质的形成；由肝脏产生 |
| Globulin β，β-球蛋白 | 血浆中的球状蛋白，用于传送和协助其他物质的形成；由肝脏产生 |

| | |
|---|---|
| Globulin γ，γ-球蛋白 | 免疫蛋白（如抗体）负责免疫反应，由B淋巴细胞产生 |
| Glomerulonephropathy，肾小球性肾病 | 肾脏的肾小球疾病 |
| Gluconeogenesis，糖原异生 | 肝脏中由非糖类来源生成葡萄糖的过程（如氨基酸、脂肪酸） |
| Glycogenolysis，糖原分解 | 机体将糖原转化为葡萄糖的过程 |
| Glycoproteins，糖蛋白类 | 糖类和蛋白质的结合 |
| Glycosaminoglycan(GAGs)，黏多糖（GAGs） | 糖类形成结缔组织的一个重要组成部分 |
| Glycosylated，糖基化的 | 形成糖蛋白的过程 |
| Gonadotropin releasing hormone(GnRH)，促性腺激素释放激素(GnRH) | 刺激LH或FSH或活性类似的激素的释放 |
| Goniometry，角度测定法 | 测量关节运动和角度的方法 |
| Granularity，粒度 | 测量组件的大小（如精细粗糙） |
| Granulation bed，造粒床 | 伤口上的新成纤维细胞，纤维组织增生和毛细血管结合 |
| Granulomatous，肉芽肿的 | 包含大量的炎性的且经常感染肉芽组织 |
| Halitosis，口臭 | 口臭 |
| Hematemesis，吐血 | 呕吐物中含有血液 |
| Hematochezia，便血 | 粪便中有血 |
| Hematopoietic，造血剂 | 血液形成 |
| Hematuria，血尿 | 尿液中有血 |
| Hemilaminectomy，偏侧椎板切除术 | 手术切除部分椎板 |
| Hemoagglutination，血凝反应 | 血液红细胞的凝集 |
| Hemolytic，溶血的 | 血液红细胞破裂 |

| | | | |
|---|---|---|---|
| Hemolyzed，溶血 | 红血细胞破裂 | Hyperosmolar，高渗性 | 血液渗透压增加 |
| Hemoptysis，咯血 | 从口腔、喉、气管、支气管或肺内咳出血液 | Hyperpathia，痛觉过敏 | 对疼痛的感觉过分夸大 |
| Hemostasis，止血 | 阻止出血 | Hyperphosphatemia，高磷酸盐血症 | 血液中磷酸盐的含量过多 |
| Heparinized，肝素化 | 额外加入肝素，阻止血液凝固 | Hyperplasia，增生 | 细胞增殖 |
| Hepatoid，肝[质]样的 | 具有肝脏结构的 | Hyperreflexia，反射亢进 | 反射过度活跃或敏感 |
| Hepatomegaly，肝肿大 | 肝脏肿大 | Hyperthenuric，高渗尿 | 异常浓缩的尿液 |
| Holter apparatus，动态心电图设备 | 用于记录心脏的生理信号；24h ECG监测 | Hyperthermia，体温过高 | 非常的高热 |
| Humidification，湿化作用 | 增加空气的湿度 | Hypertonia，张力亢进 | 肌张力和硬度增加 |
| Hyaluronic acid，透明质酸 | 在结缔组织，上皮细胞和神经组织中（如滑液、关节软骨）发现天然的非硫酸化GAG | Hypertonic，高渗的 | 与比较液相比有更高的渗透压；>300mOsm/L |
| Hydatidcyst，棘球囊 | 细棘球绦虫的幼虫发展阶段，在组织中形成的囊 | Hypertrophic，肥大的 | 器官增厚或扩大 |
| Hydrolyzed protein，水解蛋白 | 蛋白质分解成更小的成分（氨基酸）减少引发过敏性反应的机会 | Hypnosis，催眠状态 | 人工诱导睡眠或由刺激病畜引起的恍惚类似睡眠 |
| Hydrophilic，亲水性的 | 能与氢离子结合；对水的亲和力强 | Hypocapnia，低碳酸血症 | 血液中的二氧化碳水平过低 |
| Hyperalgesia，痛觉过敏 | 对疼痛的敏感性增加 | Hypocellular，细胞减少的 | 细胞量减少 |
| Hypercalcemia，高钙血症 | 血液中钙含量过多 | Hypochloremia，低氯血症 | 血液中的氯含量减少 |
| Hypercapnia，高碳酸血症 | 血液中的二氧化碳水平过高 | Hypochromic，浅色的 | 色素含量减少 |
| Hypercarbia，高碳酸血症 | 血液中的二氧化碳水平过高 | Hypocortisolemia，低皮质醇血症 | 血液中皮质醇的含量减少 |
| Hypercellular，细胞过多的 | 细胞量增多 | Hypoechoic，低回声 | 比周围组织产生少的回声 |
| Hyperechoic，强回声的 | 比周围组织产生更多的回声 | Hypoglycemia，低血糖症 | 血液中的糖含量减少 |
| Hyperemic，充血的 | 体内不同组织中的血流增加 | Hypokalemia，低钾血症 | 血液中的钾含量减少 |
| Hyperesthesia，感觉过敏 | 对感官刺激的敏感性增加（触觉、视觉、听觉） | Hyponatremia，低钠血症 | 血液中的钠含量减少 |
| Hyperglycemia，高血糖症 | 血液中糖含量过多 | Hypoperfusion，灌注不足 | 组织血流量异常减少，导致输送给身体的氧气量和营养物质量下降，同时也未能排除废物 |
| Hyperkalemia，高血钾症 | 血液中钾含量过多 | | |
| Hyperkeratotic，过度角化的 | 皮肤角质层肥厚 | Hypoplasia，发育不全 | 器官发育不完全或停止生长 |
| Hyperkinesis，运动机能亢奋 | 过度活跃的躁动，无法控制的活动或肌肉运动 | Hyporeflexia，反射减退 | 反射减弱或消失 |
| | | Hypothenuric，低渗尿 | 尿液异常稀释 |
| Hypernatremia，高血钠症 | 血液中钠的含量过多 | Hypotonia，张力减退 | 肌张力和硬度降低 |
| Hyperoncotic，高膨胀压的 | 胶体渗透压增加 | Hypotonic，低渗的 | 与比较液相比，渗透压更低；<300mOsm/L |

Hypotony，张力减退 肌肉紧张或张力不足

Hypovoemia，低血容量 血容量异常降低

Iatrogenic，医源性的 因医疗导致的不良反应或并发症

Icterus，黄疸 皮肤和黏膜呈现黄色

Idiopathic，特异性的 没有明确发病机制的疾病，或没有可辨别病因的疾病，自发起源

Idiosyncratic，特异体质的 个体敏感症

Ileus，肠梗阻 肠内通道受限限制或缺失；肠梗阻

Immunization/vaccination，免疫／接种疫苗 给宿主进行免疫接种产生保护性免疫反应的过程

Immunogenic，免疫原的 产生免疫反应

Impetigo，脓疱病 有结痂的皮肤病并可能有破裂的脓疱

Inanimate，无生命的 不再活着

Incisal，切的 切割

Incontinence，失禁 不能控制尿液

Inertia，不活泼 对象的一种属性，保持在恒定的速度，除非受到外力

Infarction，梗塞形成 血液供应停止后坏死的器官组织区或部分

Infraorbital，眶下的 位于眼窝下方（眼眶）

Intercostal，肋间的 在肋骨间

Interdental，牙间的 在牙齿间

Intermediate host，中间宿主 寄生虫的生命周期中不成熟的阶段，寄生在宿主内以继续它们的成长

Intermittent partial pressur-e ventilation，间歇性局部正压通气 人工方法将气体注入病畜的肺中

Interpleural，胸膜间的 在胸膜内的

Intracellular，细胞内的 在细胞内

Intraorally，口内的 在口腔内

Intraosseus，骨内的 在骨内的

Intrinsic，内在的 起源于或因为身体内器官或部分的因素

Intussusception，肠套叠 内陷；一部分肠子滑移到另一部分肠子内

Ipsilateral，同侧的 影响身体的同一侧

Iridodonesis，虹膜震颤 虹膜震颤，见于眼睛内无晶状体，或晶状体半脱位

Ischemia，局部缺血 血液供应受限

Ischemic，局部缺血的 由部分的循环阻塞导致的局部的和暂时的血液供应不足

Isoantibody，同种抗体 由同种抗原产生的抗体

Isoantigen，同种抗原 在一个个体中发现的物质，能够导致在另一个体形成抗体

Isoechoic，同等回声的 与周围组织产生类似的回声

Isoerythrolysis，同族红细胞溶解 同种抗体引起的红细胞溶解

Isosmolar，等渗 与比较的溶液渗透压相等

Isothenuric，等渗尿 尿液具有均匀的比重和渗透压，尽管吸液时波动

Isotonic solution，等渗溶液 一种与比较溶液相等渗透压的溶液；=300mosm/l

Jaundice，黄疸 由于血液中胆红素过多，造成皮肤和黏膜的颜色变黄

Karyo，核 细胞核

Keratin，角蛋白 皮肤、毛发和指甲的纤维结构蛋白

Keratolytic，角质层分离的 角质层松动或脱落

Keratoplastic，角膜促成剂 促进角蛋白层增厚

Kilocalorie，千卡 热量的计量单位

Lacrimation，流泪 泪液分泌

Laminectomy，椎板切除术 外科手术移除椎板

Lavage，灌洗 冲洗空腔治疗

Leftshift，左移 血液中不成熟的中性粒细胞数量增加

Leukocytosis，白细胞增多 白细胞的数量增加

| | |
|---|---|
| Leukopenia，白细胞减少症 | 白细胞数量减少 |
| Lifestage，生命期(阶段) | 生命的生理阶段 |
| Lingually，向舌 | 与舌头相关 |
| Lipemic，脂血症的 | 血液中的脂肪增加 |
| Lipid，脂质 | 脂肪或者类似脂肪的物质 |
| Localanesthesia，局部麻醉 | 在将被切开或操作的区域注射麻醉剂 |
| Lochia，恶露 | 透明，无臭，正常产后的血清血液样分泌物 |
| Luteinizing hormone(LH)，促黄体激素(LH) | 刺激母畜排卵，刺激公畜释放睾丸激素 |
| Luxation，脱臼 | 器官或关节表面错位 |
| Lymphadenomegaly，淋巴结肿大 | 淋巴结肿大 |
| Lymphadenopathy，淋巴结病 | 淋巴结疾病 |
| Lyophilized，冻干 | 冷冻干燥 |
| Lysed，细胞溶解 | 导致溶解或分解 |
| Lysosome，溶酶体 | 含有消化酶的细胞内细胞器 |
| Macrocytosis，巨红细胞症 | 细胞体积增大 |
| Macrokaryosis，巨细胞核 | 大红细胞症，红细胞核增大 |
| Macrophages，巨噬细胞 | 在组织中发现，起源于单核细胞 |
| Maintenance solution，维持液 | 比替代液含有较少的钠和较多的钾 |
| Malassimilation，同化不良 | GIT不能或者不能完全摄入营养素 |
| Malnutrition，营养不良 | 饮食不当或不足 |
| Manometer，压力计 | 检测呼吸系统内的压力 |
| Manubrium，柄状突起 | 胸骨的最高段 |
| Mastocythemia，肥大细胞症 | 血液中的肥大细胞数量增加 |
| Meatbyproducts，肉类副产品 | 非给人类的、干净的部分、不同于肉类，来自屠宰动物 |
| Meatmeal，肉粉 | 从哺乳动物组织提炼的产品 |
| Megathrombocytosis，巨血小板症 | 血小板增大的状况 |

ᵇ改编自AAFCO定义

| | |
|---|---|
| Melena，黑粪症 | 肠道不含血液分泌物作用下产生的黑色，柏油样粪便 |
| Menaceresponse，威胁反应 | 对附近视野突然出现的具有威胁性或意外的影像作出快速闭眼，有或没有头回撤 |
| Meniscus，新月面 | 凹凸透镜 |
| Mentation，心理状态 | 心理活动 |
| Mesenchymal，间叶细胞的 | 胚胎结蹄组织 |
| Mesially，中间的 | 在中央 |
| Mesothelioma，间皮瘤 | 在间皮生长的恶性癌细胞 |
| Mesothelium，间皮 | 覆盖大部分身体内部器官的保护衬里（如胸膜） |
| Metabolic acidosis，代谢性酸中毒 | 氢离子过量导致体内的pH降低的状况 |
| Metabolic alkalosis，代谢性碱中毒 | 氢离子过量导致体内的pH增加的状况 |
| Metabolism，新陈代谢 | 发生在活细胞中的一套完整的化学反应 |
| Metastasis，转移 | 疾病从一个器官转移到另一器官 |
| Microaggregates，微团聚体 | 在储存的血液发现的微观血栓（如颗粒、血小板、细胞） |
| Microfilariae，微丝蚴 | 胚胎丝虫（如犬恶丝虫） |
| Microhepatica，小肝 | 异常小型肝 |
| Micronutrient，微量元素 | 必需的营养素，所需量很少 |
| Micturition，排尿 | 体内尿液排出的行为 |
| Mineral，矿物质 | 无机均匀的晶体化学元素或化合物 |
| Miosis，瞳孔缩小 | 瞳孔异常收缩 |
| Mitoticfigures，核分裂 | 染色体可见乱成一团，着色较深；没有核 |
| Mixedechogenicity，混合回声 | 一种结构产生一种以上的回声 |
| Mordant，媒染剂 | 用于染色的物质 |

| | | | |
|---|---|---|---|
| Morbidity，发病率 | 患病情况 | Neutropenia，中性粒细胞减少症 | 血液中中性粒细胞的数量减少 |
| Moribund，濒死的 | 即将死亡 | Nictitans，瞬膜 | 第三眼睑，瞬膜 |
| Mortality，死亡率 | 死亡率 | Nitrogenous waste，含氮废物 | 通过肾消除的含氮废物 |
| Mucoceles，黏液囊肿 | 中空器官或囊扩大（如泪囊） | NMB(new methylene blue)，NMB（新亚甲基蓝） | 用于微生物学的染色 |
| Mucoperiosteum，黏膜骨膜 | 黏膜骨膜 | Nocturia，夜尿症 | 夜间排尿过多 |
| Mucoprotein，黏蛋白 | 含有蛋白质和黏多糖的配位化合物 | Noncore，非核心 | 基于潜在的风险因素而建议使用的疫苗 |
| Mucopurulent，黏脓性的 | 由脓和黏液组成 | Nonrebreathing system，无复吸入装置 | 病畜每次呼吸得到新鲜的氧气和麻醉气体 |
| Myalgia，肌痛 | 肌肉疼痛 | Normocellular，正常细胞的 | 具有正常细胞的品质与内容物 |
| Myasthenia gravis，重症肌无力 | 以肌肉无力和渐进性疲劳为特征的疾病 | Normochromic，正常色素的 | 具有正常的颜色 |
| Mydriasis，瞳孔散大 | 瞳孔的异常扩张 | Normocyte，正常红细胞 | 正常细胞大小 |
| Myelosuppressive，骨髓抑制的 | 抑制骨髓生成 | Nystagmus，眼球震颤 | 眼球不断的，不由自主的，周期性的运动 |
| Myocardium，心肌层 | 心脏的中间肌层 | Obesity，肥胖症 | 身体脂肪过度地积累和贮存 |
| Myoclonus，肌阵挛 | 肌肉或肌肉群重复的，有节奏的抽搐或阵挛性痉挛 | occlusal，（上下齿）咬合（面）的 | 与开口的关闭有关；牙齿的咬合面 |
| Myxedema，黏液性水肿 | 由甲状腺功能减退产生的状况 | Odontoclast，破牙质细胞 | 负责脱落牙齿牙根的吸收的细胞 |
| Nadir，最低点 | 最低点 | Oligodontia，少牙(畸形) | 比正常的牙齿数量要少 |
| Narcosis，麻醉 | 药物诱发的昏迷或镇静，期间病畜感觉不到疼痛，有或没有催眠作用 | Oliguria，少尿(症) | 尿液形成量减少 |
| Necrotic，Death of tissue | 坏死的，组织死亡 | Oncosphere，钩球蚴 | 绦虫有钩的胚胎阶段 |
| Nematode，线虫 | 蛔虫 | Oncoticpressure，胶体渗透压 | 血液中的血浆蛋白质和组织流蛋白质对毛细血管壁施加的压力 |
| Neonate，新生儿 | 刚出生至6周龄 | Onychectomy，甲切除术 | 指甲和整个第三指骨的切除 |
| Neovascularization，新血管化 | 红细胞灌注形成的功能微血管网络 | Oocyst，卵囊 | 某些孢子虫的受精配子的被囊形成 |
| Nephrocalcinosis，肾钙质沉着 | 弥散，细的，肾钙化 | Opacity，不透明 | 事物不透明度 |
| Nephrogram，肾X线[造影]照片 | X片显示功能肾实质的不透明度 | Operculum，盖 | 任何覆盖 |
| Nerveblock，神经阻滞 | 将麻醉剂注入主要神经周围以切断其传导性 | Oronasal，口鼻的 | 关于鼻子和嘴巴 |
| Neurolept analgesia，神经安定镇痛术 | 以缺乏恐惧和焦虑（精神抑制）和疼痛的感知丧失（痛觉缺失）为特征的状态 | Oscillometric，示波的 | 动脉压脉冲导致的振荡测量 |
| Neuropathy，神经病变 | 神经疾病 | | |

| | | | |
|---|---|---|---|
| Osmolality，渗透浓度 | 根据1kg溶液中溶质粒子的相对数量来决定粒子的吸水性 | Periodontal，牙周的 | 牙齿周围区域 |
| Osmotic pressure，渗透压 | 由半透膜隔开的两种溶液的静水压 | Perioperative，围术期的 | 围术期，包括术前、术中和术后 |
| Osteopenia，骨质疏松 | 骨矿物质的密度降低 | Peristomal，口缘 | 口腔周围 |
| Ototoxicity，耳毒性 | 参与听觉或平衡的结构或神经的不良反应 | Periuria，排尿异常 | 在不适当的位置排尿 |
| Oxygen flush Valve，氧气冲洗阀 | 以35~75L/min的速度向麻醉系统输送氧气 | Perivascular，血管周的 | 血管周围区域 |
| Palatine，腭的 | 口腔上腭 | Peroxidase，过氧(化)物酶 | 用于催化反应的一系列酶 |
| Palliative，缓和剂 | 用于减轻或缓解，并非治疗剂 | Petechiae，瘀斑 | 皮肤或黏膜上的小紫色出血点 |
| Pallor，苍白 | 缺少颜色，面色苍白 | Philtrum，人中 | 上唇上的纵沟 |
| Palpate，触诊 | 通过手指轻轻触摸身体部位，以检查身体的坚韧度 | Phospholipase，磷脂酶 | 将磷脂转换成脂肪酸的酶 |
| Pancytopenia，全血细胞减少症 | 红细胞及白细胞数量减少 | Photoablation，光挥发（作用） | 利用光线进行拆除或切除（如激光） |
| Panniculus，膜 | 脂肪组织生长的致密层 | Phthisisbulbi，眼球痨 | 眼睛皱缩，非功能性的眼 |
| Panophthalmitis，全眼球炎 | 整个眼睛出现炎症 | Phytotherapy，本草疗法 | 使用植物或植物的提取物作为药物 |
| Papilloma，乳突瘤 | 良性上皮性肿瘤 | Pica，异食癖 | 对非食用物质的异常渴求和食用（如灰、泥、蜡笔） |
| Papule，丘疹 | 皮肤上的红色凸出区域，固体和局限的 | Planing，抛光 | 从齿根表面刮掉菌斑和牙石 |
| Paradoxical respiration，反常呼吸 | 气胸患侧呼气时膨起，吸气时塌陷 | Plaque，牙菌斑 | 牙齿上黏性的，无色的细菌膜 |
| Paraphimosis，箝顿包茎 | 包茎的包皮退缩到阴茎龟头后 | Plasma，血浆 | 血液的黄色液体成分 |
| Paratenichost，旁栖宿主 | 为不成熟的寄生虫提供转移的动物；不提供发育条件 | Pleomorphic，多形的 | 有很多形状 |
| Paresis，轻瘫 | 部分或不完全瘫痪 | Pleomorphism，同质多晶形现象 | 在特定条件下细胞不断一种形式变化为另一种形式 |
| PEEP(positive end expiratory pressure)，PEEP（呼气末正压） | 呼气中保持肺泡开放的呼吸方法 | Pleuritis，胸膜炎 | 胸膜的炎症 |
| Penn-HIP，佩恩髋关节 | 当X线片不能确定时，评估髋关节松弛和髋关节发育不良的另一种方法。该方法使用OFA VD位的分离和压缩X片。在拍照时需要使用帮助分离装置，该方法需要由专门培训和认证兽医进行。宾夕法尼亚髋关节改进计划（大学）的首字母缩写 | Pneumoperitoneum，气腹 | 空气或气体在腹膜腔内累积 |
| | | Poikilocytosis，异形红细胞症 | 红细胞形状变化 |
| | | Pollakiuria，尿频 | 异常频繁地排尿 |
| | | Polychromatophilic，多染性的 | 细胞呈现多种着色 |
| | | Polycythemia，红细胞增多（症） | 红细胞过多 |
| Percutaneous，经皮的 | 通过穿刺皮肤获得接近体内的通道 | Polydipsia，烦渴 | 过度口渴 |
| Perfusion，灌注 | 使流出或传播 | Polydontia，多牙 | 比正常的牙要多 |

Polyphagia，多食　　　　　　　　饮食过度

Polyuria，多尿症　　　　　　　　排尿过多

Pop-offvalve，压力安全阀　　　　允许麻醉系统中过剩压力的释放；超过动物
　　　　　　　　　　　　　　　　分钟消耗的过剩气体体积从系统中排出

Postprandial，食后的　　　　　　餐后的

Postprandial alkaline tide，　　　餐后肾脏分泌的碱性离子升高，补偿胃分泌
餐后碱潮　　　　　　　　　　　　的来帮助消化的酸性粒子，引起碱性尿

Prepatent period，显露前期　　　包括从寄生生物进入体内的时间到其在血液或
　　　　　　　　　　　　　　　　组织中出现，直到它们到达生殖成熟期

Preprandial，进食前　　　　　　餐前

Pressure relief valve(Pop-off valve)，　允许麻醉系统中过剩压力的释放；超过动物
泄压阀（压力安全阀）　　　　　　分钟消耗的过剩气体体积从系统中排出

Prodromal，前驱的　　　　　　　疾病的最初阶段；早期症状

Proglottid，节片　　　　　　　　绦虫的段片；包括公的和母的生殖器官

Prognathism，凸颚畸形　　　　　下颌长于上颌

Pronotal，前胸　　　　　　　　　在背部的前面或前方

Prophylactia，预防的　　　　　　预防性治疗

Proprioception，本体感受　　　　身体临近部位的相对位置的感觉

Protein，蛋白质　　　　　　　　碳，氢，氧和氮组成的有机化合物；提供动
　　　　　　　　　　　　　　　　物生长和组织修复所需的必需氨基酸

Proteoglycan，蛋白多糖　　　　　蛋白质和GAG的结合物

Protozoa，原生动物　　　　　　　一种单细胞微生物，细胞膜与核结合

Pruritus，瘙痒　　　　　　　　　剧烈瘙痒

Psychogenic，心理性的　　　　　起源于思想上

Ptyalism，流涎　　　　　　　　　唾液分泌过多

Puerperal，产后的　　　　　　　关于产后

Pulpcavity，牙髓腔　　　　　　　牙齿的中央空腔，包括从牙根管进入的血管
　　　　　　　　　　　　　　　　和神经

Pulse deficits，脉搏短缺　　　　心脏跳动和外围脉动之间的差异

Purulent，化脓的　　　　　　　　生脓或含脓

Pyelogram，　　　　　　　　　　X光片显示盆腔凹陷，肾盆腔，输尿管的乳浊化
肾盂造影照片

Pyknotic，固缩的　　　　　　　　致密的

Pyrexia，发热　　　　　　　　　高于正常温度

Radiolucent，　　　　　　　　　透明度更大；辐射渗透
射线透过的

Radiopaque，　　　　　　　　　很不透明；辐射不渗透
射线透不过的

Radiopharmaceutical drug，　　　与放射性核素混合的复合物
放射性药物

Rales，啰音　　　　　　　　　　由支气管分泌或支气管壁增厚引起的异常胸
　　　　　　　　　　　　　　　　音；"破裂音"

Rebreathingbag，呼吸袋　　　　在呼吸系统中作为气体存贮袋，必要时给病
　　　　　　　　　　　　　　　　畜换气

Rebreathingsystem，　　　　　　病畜再次吸入其呼出的去除二氧化碳的气体
再吸入系统　　　　　　　　　　　并加入了新鲜的氧气和麻醉气体

Receptor，受体　　　　　　　　　结合特定分子产生特定细胞反应的蛋白质
　　　　　　　　　　　　　　　　（如细胞膜、细胞质或细胞核）

Redundant，多余的　　　　　　　超过必要的；溢出

Refeeding syndrome，　　　　　离子从血浆到细胞内的快速移动（如低磷血
再投喂综合征　　　　　　　　　　症、低钾血症、低镁血症），见于营养不
　　　　　　　　　　　　　　　　良，饥饿和长期利尿，可能导致肌肉无力，
　　　　　　　　　　　　　　　　血管内溶血，心脏和呼吸衰竭

Regional anesthesia，　　　　　通过阻断身体该区域的感觉神经传导，从而
传导麻醉　　　　　　　　　　　　使身体部分的感觉丧失

Regulator，调整器　　　　　　　在气缸内将可变的气体压力调整到约为50psi
　　　　　　　　　　　　　　　　的恒压

Replacement solution，　　　　　通常更类似于细胞外液的溶液
替代液

| Repolarization，复极化 | 去极化后膜电位恢复；带正电的细胞钾离子的运动 |
| --- | --- |
| Reservoir bag，储存袋 | 麻醉系统中气体存储袋，必要时给病畜换气 |
| Respiratory acidosis，呼吸性酸中毒 | 氢离子过多，导致身体pH降低 |
| Respiratory alkalosis，呼吸性碱中毒 | 氢离子缺缺导致身体pH升高的情况 |
| Resting energy requirement，静息能量需求 | 动物总的静息能量需求 |
| Retinopathy，视网膜病 | 视网膜疾病 |
| Retrograde，逆行的 | 往后移动 |
| Rhonchi，干啰音 | 胸部异常声音通常指示气道阻塞；乐音 |
| Riskettsiae，立克次体 | 革兰阴性，无运动，无孢子形成，高度多形性细菌 |
| Rodenticide，灭鼠药 | 杀灭啮齿动物的制剂 |
| Rouleaux，钱串状红细胞 | 血浆蛋白（如纤维蛋白原、免疫球蛋白）浓度升高，导致红细胞的线性聚合 |
| Santes'rule，Santes'规则 | 用于计算X线照相kVp技术图；（2X以cm为单位的组织厚度）+SID+滤线器因数=kVp |
| Scavengerhose，清道夫软管 | 连接麻醉安全压力阀的管子，用来收集废气并储存 |
| Scavengersystem，换气系统 | 移除废气到外界环境或过滤系统 |
| Schiff-Sherrington posture，希夫-谢林顿姿势 | 前肢伸肌强直时后肢放松；意识水平正常 |
| Scleralinjection，巩膜充血 | 扩张的血管导致眼睛表面外观发红 |
| Sclerosed，硬化的 | 变硬 |
| Seborrheic，皮脂溢的 | 皮脂腺疾病；分泌异常增加 |

| Second-gas effect，二次气体效应 | 一种气体的吸收是通过摄取另一气体而加快 |
| --- | --- |
| Sedation，镇静 | 病畜清醒，冷静，有时昏昏欲睡时中枢神经系统轻度抑郁 |
| Septate，有隔膜的 | 具有分隔壁 |
| Septicemia，败血病 | 血液受细菌感染 |
| Sequestra，死骨片 | 从健康骨上分离下来的部分坏死骨片 |
| Seroma，血清肿 | 类似肿瘤的血清袋 |
| Serosanguineous，血清血液的 | 包括血液和血清 |
| Serous，浆液的 | 类似血浆；浅黄色；透明的和良性的 |
| Serum，血清 | 浆液；任何清澈的体液 |
| Signalment，特征描述 | 患病动物的详细描述；年龄、品种、性别和生育状况 |
| Slough，腐肉脱落 | 从活组织上分离的死物质或坏死组织 |
| Specificgravity，密度 | 与等体积水相比的物质的量 |
| Sporangia，孢子囊 | 支持某些真菌的孢子囊的茎 |
| Sporangium，孢子囊 | 包含和产生孢子的囊 |
| Sporulated，形成孢子 | 生成孢子 |
| Steatorrhea，脂肪痢 | 粪便中的脂肪增加 |
| Stenosis，狭窄 | 通道或孔收缩或狭窄 |
| Stertor，鼾声 | 头部的空气通道阻塞导致打鼾或费力呼吸 |
| Stomatitis，口炎 | 口腔的炎症 |
| Strabismus，斜视 | 两只眼无法正确地对齐 |
| Stranguria，痛性尿淋沥 | 排尿困难和痛苦 |
| Stratumcorneum，角质层 | 表皮的最外层 |

| | | | |
|---|---|---|---|
| Stridor，喘鸣 | 呼吸过程中刺耳的声音，因气体通道阻塞造成高音调和类似吹风；吸气时产生喘鸣音通常表明喉梗阻 | Thrombosis，血栓形成 | 血管内形成血栓 |
| | | Thrombus，血栓 | 堵塞血管或心脏腔室的血块 |
| Subgingivally，龈下 | 牙龈以下 | Thyroidstorm，甲状腺危象 | 血中过高的甲状腺激素引起急性加快代谢，以心动过速、高血压、心律不齐、体温过高和休克为特征 |
| Sublingually，舌下 | 舌头以下 | | |
| Sulcus，沟 | 沟槽、沟、缝隙或轻微凹窝 | Tidalvolume，潮气量 | 正常呼吸过程中吸入和呼出的空气量 |
| Supernatant，上清液 | 沉淀完全后停留在上层的清亮液体 | T-lymphocytes，T淋巴细胞 | 在细胞介导的免疫反应中起核心作用的白细胞 |
| Supernumerary，多余牙 | 比正常的牙齿多出的牙齿 | | |
| Suppurative，化脓的 | 化脓与脓液产生有关 | Tonicity，紧张度 | 正常张力的状态 |
| Supragingivally，龈上的 | 牙龈顶部及上面 | Topicalanesthesia，局部麻醉 | 使用局部麻醉剂作用于皮肤或黏膜表面 |
| Supraventricular，室上的 | 在心室上面或心室上 | | |
| Symblepharon，睑球粘连 | 结膜与晶状体和眼球的粘连 | Tortuous，迂曲的 | 有许多扭曲和扭转 |
| Syncope，晕厥 | 大脑供血不足造成的短暂的意识丧失 | Toxicchange，毒性变化 | 细胞内明显的紫色细胞质颗粒，胞质空泡化，胞质嗜碱性或Döhle小体 |
| Synechia，虹膜粘连 | 虹膜与晶状体和角膜的粘连 | | |
| Synechiae，粘连 | 粘连；往往是虹膜与晶状体和角膜粘连 | Tranquilization，镇静 | 放松和平静的状态，无嗜睡 |
| Systolic，收缩期的 | 心脏收缩 | Transducer，探头 | 超声波机发射或接收声波信号的探头 |
| Tachypnea，呼吸急促 | 呼吸加快 | Trematode，吸虫 | 肝蛭，吸虫，扁形寄生虫 |
| Tenesmus，里急后重 | 肛门或膀胱括约肌疼痛性痉挛性收缩，以及非自主无效的下坠以持续性排空肠或膀胱 | Triage，分类 | 根据受伤的严重程度确定优先护理 |
| | | Trichophytosis，毛癣菌病 | 浅部真菌感染 |
| Teratogenic，产生畸形的 | 造成发育畸形 | Trigone，三角 | 输尿管口和尿道口的三角区 |
| Tetany，手足抽搐 | 受损神经的间歇性强直性痉挛，通常是阵发性的，涉及四肢 | Trismus，牙关紧闭 | 咀嚼肌的强直性收缩 |
| | | Trocarization，套管穿刺 | 插入大口径的针，以减轻膨胀 |
| Thrombocytopathia，血小板病 | 血小板功能不足 | Trophozoite，滋养体 | 成长阶段靠宿主提供营养的孢子虫 |
| Thrombocytopenia，血小板减少症 | 血小板的数量异常减少 | Turgor，肿胀 | 皮肤抵抗性从身体的正常位置改变 |
| | | Unidirectional valves，单向阀 | 麻醉系统中防止呼出的气体在通过吸收器前被再次吸入体内 |
| Thromboembolism，血栓栓塞 | 血管被栓子梗阻 | | |
| Thrombophlebitis，血栓性静脉炎 | 由血栓导致的静脉炎症 | Unipolar，单极的 | 只有一个极 |

Uremic，尿毒症的

肾功能不全造成的正常经肾排出的含氮物质滞留在血液中引起的中毒情况

Uroabdomen，尿腹

尿液积聚在腹腔

Urocystitis，膀胱炎

膀胱炎症

Urolithiasis，尿石病

尿石

Urinespecific gravity(USG)，
尿密度

临床上尿液的相关浓度

Urticaria，风疹

长出发痒水疱（荨麻疹）

Uveitis，葡萄膜炎

眼睛内部出现炎症

Vaccine，疫苗

刺激免疫系统产生抗体的生物制品

Vacuoles，空泡

生物体组织内的小气泡或液泡；细胞的胞质中

Vagal，迷走神经的

有关或涉及迷走神经

Vaporizer，蒸发器

给患病动物提供特定浓度麻醉气体

Vascularity，血管质

由血管组成的区域

Vasoactive amine，
血管活性胺

作用于血管的胺类；改变血管渗透性或引起血管扩张

Vasovagal，
血管迷走神经的

作用于血管的迷走神经作用

Ventricular premature contraction/
complex(VPC)，
室性早搏/复合征（VPC）

脉冲起源于心室，而不是SA节点

Vesicularsounds，肺泡音

由小支气管、细支气管和肺泡产生的声音；通常在吸气时较响；听起来像"沙沙的树叶声"

Viscous，黏稠的

稠密程度或不流动的液体

Vitamin，维生素

机体正常生长，发育和代谢所需的有机物质

Volvulus，肠扭转

肠道自身的扭转，导致梗阻

Vomition，呕吐

呕吐行为

Westernblot，蛋白质印迹

通过凝胶电泳，检测特定蛋白质的方法

Whelping，产仔

生产幼崽

Wind-upphenomenon，
反应逐渐增强现象

引起未经处理的疼痛变得更痛；神经纤维传导疼痛冲动到大脑变成"训练"传递疼痛信号

Wolff-Parkinson-White syndrome，
午-巴-怀三氏综合征

心脏心室的预激综合征

Xerostomia，口干燥

口腔干燥

Zöllinger-Ellison syndrome，佐-埃二氏综合征

胃泌素的激素水平提高，导致胃酸增加

μ，微

μg，微克

μm，微米

μmol，微摩尔

AAFCO，美国饲料控制官方协会

ACE，血管紧张素转化酶

AChR，乙酰胆碱受体

AchRs，抗乙酰胆碱受体

ACH，活化凝血时间

ACTH，促肾上腺皮质激素

ADH，血管加压素

AGID，琼脂凝胶免疫扩散

AIHA，自身免疫性溶血贫血

AL，附着丧失

Alk phos，碱性磷酸酶

ALP，碱性磷酸酶

ALT，丙氨酸氨基转移酶

ANA，抗核抗体

APC，房性早搏收缩

APTT，活化部分凝血活酶时间

ARF，急性肾衰竭

ASA，美国麻醉医师协会

ASAPCA，美国防止虐待动物协会

AST，天门冬氨酸氨基转移酶

AT，肾上腺皮质肿瘤

aVF，脚部加压导联

aVL，左前肢加压导联

AVMA，美国兽医协会

aVR，右前肢加压导联

BA，血琼脂

BCS，体况评分

BG，血糖

BGC，血糖曲线

BMBT，颊黏膜出血时间

BP，血压

bpm，每分钟心跳

BTT，淡蓝色盖管

BUN，血液尿素氮

BW，体重

℃，摄氏度

C，浓度

C，颅侧的

$Ca^{2+}$，钙离子

CAVM，补充和替代疗法

CBC，全血细胞计数

Cd，尾侧的

CDV，犬瘟热病毒

CHF，充血性心力衰竭

CHM，中草药

CI，牙石指数

CK，肌酸激酶

CI，氯

CLE，宫颈线侵蚀

CLL，牙颈线病变

$cmH_2O$，厘米水柱

CMIARF，造影剂引起的急性肾功能衰竭

CNL，牙颈部病变

CNS，中枢神经系统

$CO_2$，二氧化碳

COX，环氧合酶

CPCR，心肺脑复苏

CPD，枸橼酸盐磷酸盐右旋糖

CPDA-1，柠檬酸-磷酸-葡萄糖-腺嘌呤

cPLI，犬胰脂肪酶免疫反应

CPV，犬细小病毒

CRF，慢性肾衰竭

CRI，恒速输注

CRT，毛细血管再充盈时间

CSF，脑脊髓液

CT，电脑断层扫描

CTD，累积性创伤疾病

CV，心血管

CVP，中心静脉压

D，背侧的

$D_5W$，5%葡萄糖溶液

DDAVP，醋酸去氨加压素

DEA，犬红细胞抗原

DER，每日能量需求

DES，己烯雌酚
Di，末梢的
DIC，弥散性血管内凝血
DJD，退行性关节病
dL，分升
DM，糖尿病
DMSO，二甲基亚砜
DNA，脱氧核糖核酸
DOCA，醋酸去氧皮质酮
DOCP，三甲醋酸去氧皮质酮
DR，数字化X线照相
DV，背腹侧
ECG，心电图
E-collar，伊丽莎白项圈
EDTA，乙二胺四乙酸
EEG，脑电图
ELISA，酶联免疫试验
EOR，外部破牙质细胞的骨吸收
EPI，胰腺外分泌机能不全
ET，气管内插管
EU，排泄性尿路造影术
F，华氏温度
FBD，猫支气管疾病
FCV，猫杯状病毒
FDP，纤维蛋白降解产物
FE，分叉暴露
FECV，猫的肠道冠状病毒
FeLV，猫白血病
FFD，焦点胶片距离
FFP，新鲜冷冻血浆
FHV-1，猫病毒性鼻气管炎
FIP，猫传染性腹膜炎
FIV，猫免疫缺陷病毒
fL，飞升
FLK，芬太尼、利多卡因、氯胺酮
FLUTD，猫下泌尿道疾病
FNA，细针穿刺
FNB，细针活组织检查
FP，冷冻血浆
fFLI，猫胰脂肪酶免疫反应
FPV，猫泛白细胞减少症
Fr，法氏的
FSH，促卵泡激素

FSP，纤维蛋白裂解产物
FUO，原因不明的发热
FUS，猫泌尿系统综合征
FxC，闭合性骨折
FxO，开放性骨折
g，克
$G^-$，革兰阴性菌
$G^+$，革兰阳性菌
GABA，$\lambda$-氨基丁酸
GDV，胃扩张扭转
GFR，肾小球滤过率
GGT，$\gamma$-谷氨酰转移酶
GI，胃肠道的
GI，牙龈指数
GIT，胃肠道
GRNTT，绿盖管
gtt，滴
GTT，灰盖管
GV，督脉
$H_2O$，水
$H_2O_2$，过氧化氢
HAC，肾上腺皮质机能亢进
HCl，盐酸
$HCO_3^-$，碳酸氢盐
Hct，红细胞比容
HLK，氢吗啡酮、利多卡因、氯胺酮
HPA，下丘脑-垂体-肾上腺
HR，心率
h，小时
IFA，免疫荧光实验
IgE，免疫球蛋白E
IgG，免疫球蛋白G
IHSS，特发性肥厚型主动脉瓣下狭窄
IM，肌内的
IMHA，免疫介导性溶血性贫血
IMT，免疫介导性血小板减少症
IN，鼻内的
IO，骨内的
IOP，眼内压
IP，显像板
IPPV，间歇正压换气
ITP，原发性血小板减少性紫癜
IV，静脉的

IVDD，椎间盘疾病
IVP，静脉肾盂造影术
IVU，静脉尿路造影术
K+，钾离子
KBr，溴化钾
Kcal，千卡
KCl，氯化钾
KCS，干性角膜结膜炎
kg，千克
KPO₄，磷酸钾
kVp，千伏峰值
L，侧面的
L，损害，病损
L，升
LA，左肢
LA，左心房
LAT，侧面的
lb，磅
LDH，乳酸脱氢酶
LH，促黄体生成激素
LL，左腿
LOX，5-脂氧合酶
LRS，乳酸林格液
LTT，淡紫色盖管
LV，左心室
M，中间的
M，可动性
mA，毫安
MAOI，单胺氧化酶抑制剂
mAs，毫安秒
MC，麦康凯琼脂
MCHC，平均红细胞血红蛋白浓度
MCV，平均红细胞体积
MDI，雾化吸入
ME，代谢能
mEq，毫克当量
mg，毫克
MHz，兆赫
min，分钟
mL，毫升
MLK，吗啡、利多卡因、氯胺酮
mmHg，毫米汞柱
mm，毫米

MM，黏膜
mOsm，毫渗量
MRI，磁共振成像
Na，钠
NaCl，氯化钠
ng，纳克
NMB，新亚甲基蓝
NMDA，N-甲基-D-天冬氨酸
NPH，中性鱼精蛋白哈格多恩胰岛素
NRS，数值评定量表
NS，非化脓性
NSAIDs，非甾体类抗炎药
NV，无生命的
O₂，氧气
OBL，斜的
OCD，分离性软骨骨炎
OHE，卵巢子宫切除术
ORL，破牙质细胞在吸收病变
OVH，卵巢子宫切除术
oz，盎司
P，袋状
Pa，掌的
PABA，对氨基苯甲酸
PAP，免疫过氧化物酶试验
PCR，聚合酶链式反应
PCV，血细胞压积
PD，烦渴
PD，探针深度
PDH，垂体依赖性肾上腺皮质功能亢进
PDI，牙周病指数
PDT，光动力疗法
PE，体格检查
PEMF，脉冲电磁场治疗
PER，部分能量需求量
pg，皮克
pH，酸碱度
PI，牙菌斑指数
PIVKA，维生素K拮抗剂诱导的蛋白质
Pl，跖的
PLE，蛋白丢失性肠病
pmol，皮摩尔
PN，肠外营养
PO，口服

PPA，苯丙醇胺
PPN，部分或外周静脉营养
PPV，正压通气
Pr，近侧的
pRBCs，浓缩的红细胞
PSGAG，多硫酸糖胺
PST，脉冲信号疗法
PT，凝血酶原时间
PTH，甲状旁腺激素
PTH，凝血酶原时间
PTT，部分促凝血酶原激酶时间
PU，多尿症
PVC，聚氯乙烯
PZI，精蛋白锌胰岛素
Q24，每24
R，右
R，嘴侧
RA，右肢
RAST，放射性过敏原吸附试验
RBC，红细胞
RER，静息能量需求
RL，右腿
RNA，核糖核酸
ROM，运动范围
RPC，根面封闭
RPO，根面开放
RR，呼吸频率
Rtr，残留牙根
RTT，红盖管
RV，狂犬病疫苗
s，秒
S，化脓的
SA，窦房的
SAMe，S-腺苷甲硫氨酸
SAP，碱性磷酸酶
SDS，简单的描述表
SGOT，血清谷草转氨酶
SGPT，血清谷丙转氨酶
SID，源图像的距离，摄影距离
SIRS，全身炎症反应综合征

SQ，皮下的
SSD，磺胺嘧啶银
SSRI，选择性5-羟色胺再吸收抑制剂
SST，血清分离管
STD，标准
SWB，储存的全血
T$_3$，三碘甲腺原氨酸
T$_4$，四碘甲腺原氨酸
Tb，大汤匙
TBT，趾甲出血时间
TCM，中医
TLI，胰蛋白酶样免疫反应性
TP，总蛋白
TPLO，胫骨平台平整截骨术
TPN，全肠外营养
TRH，甲状腺释放营养
TSH，甲状腺刺激营养
TT，凝血酶时间
Twbc，总白细胞计数
U，单位
UA，尿液分析
UMPS，墨尔本大学疼痛量表
URI，上呼吸道感染
US，超声
USG，尿密度
UTI，尿路感染
v，可变的
V，腹侧的
V，活的，有生命的
V，电压
V，体积
VAS，直观类比标度
VD，腹背的
VPC，室性早搏/复杂
vWF，冯-维勒布兰德病
W，蠕虫
WBC，白细胞
X，简单拔牙（1个根）
XS，剖面拔牙(2个或3个根)
XSS，手术拔牙(牙龈萎缩)

AAFP. AAFP Feline Vaccine Advisory Panel Report. JAVMA. 2006:229:1414.

Abbott Laboratories Insert for Dextrose and Sodium Chloride Injection, USP, 1989.

Abrams K. Cataracts (online). Available: http://users.ids.net/peteyes/cataract.htm, 1996.

Abrams K. Glaucoma (online). Available: http://users.ids.net/peteyes/glaucoma.htm, 1996.

Accuvet. Advantages of Laser Surgery (online). Available: http://petlasers.com/site/ content/ avl_laservet.asp, 2000.

Ackerman L. In-Clinic Diagnostic Testing, Paper presented at Tufts Animal Expo 2002, Boston, MA, 2002.

Alleman AR. White Cell Responses in Disease I, Paper presented at Western Veterinary Conference 2003, Las Vegas, NV, 2003.

Allen DG, Pringle JK, Smith DA, et al. Handbook of Veterinary Drugs (2nd ed.). Philadelphia, PA: Lippincott, Williams and Wilkins, 1998.

American Association of Feline Practitioners/Academy of Feline Medicine. Panel report on feline senior health care. Compendium on Continuing Education for the Practicing Veterinarian 1999;21:531–539.

Anderson WD, Anderson BG. Atlas of Canine Anatomy. Philadelphia, PA: Lea & Febiger, 1994.

Andrews DA. Cytologic Features of Neoplastic Disease, Paper presented at Western Veterinary Conference 2002, Las Vegas, NV, 2002.

Bach E. Bach Flower Essences for the Family. London: Wigmore Publications Ltd., 1996.

Baldwin K. Step-by-step placing an intraosseous catheter in the canine trochanteric fossa. Veterinary Technician, 1999;20:656–659.

Baldwin K. Fluid Therapy for the companion Animal, Paper presented by Atlantic Coast Veterinary Conference 2001, Atlantic City, NJ, 2001.

Barbe P. Addison's Disease (Hypoadrenocorticism) (online). http://www.miragesamoyeds.com/Addison.htm, 2000.

Barger AM, Grindem CB. Analyzing the results of a complete blood cell count. Veterinary Medicine 2000;95:535–545.

Bartels KE. Laser Basics, Paper presented at Western Veterinary Conference 2002, Las Vegas, NV, 2002.

Bartels K. Surgical Laser Basics, The NAVTA Journal, Fall 2005:29–34.

Bartelt S. The Art of Tonometry, Veterinary Technician, January 2004: 24–26.

Battaglia AM. Small Animal Emergency and Critical Care, A Manual for the Veterinary Technician. Philadelphia, PA: Saunders, 2001.

Battaglia-Lawrence A. Shock: Recognition, treatment and monitoring. Veterinary Technician, 1997;18:167–178.

Battaglia-Lawrence A. Step-by-step placing a peripheral intravenous catheter. Veterinary Technician, 1998;19:86–88.

Baxter Inserts for Dextrose Injection, USP, Lactated Ringer's Injection, USP, and Sodium Chloride Injection, USP.

Beckman B, Legendre L. Regional Nerve Blocks for Oral Surgery in Companion Animals, www.cvmbs.colostate.edu/ivapm/professionals/members/drug_protocols/ Regional NerveBlocksfor Oral Surgery.pdf.

Beckman B. Anatomical Landmarks for Nerve Blocks for Oral Surgery, http://www. veterinary dentistry.net/nerveblocks.htm.

Berg M. A complete Prophylaxis for the Periodontal Patient, The NAVTA Journal, Winter 2005:53–58.

Berg M. Educating Clients About Preventative Dentistry. Veterinary Technician, February 2005:102–111.

Bergerson WO. Golden opportunities: technical, economic, and professional aspects of urinalysis. Veterinary Technician 1998;19:574–583.

Bergman PJ. Chemotherapy Preparation, Administration & Disposal, Paper presented at ABVP 2004, New Orleans, LA 2004.

Bergman PJ. Side Effects of Chemotherapy: What You Should Know, Paper presented at ACVIM 2003, Charlotte, NC, 2003.

Biller D. Understanding Contrast Studies, Paper presented at Atlantic Coast Veterinary Conference 2002, Atlantic City, NJ, 2002.

Birchard SJ, Sherding RG. Saunders Manual of Small Animal Practice. Philadelphia, PA: WB Saunders Company, 1994.

Bistner SJ, Ford R, Raffe M. Kirk and Bistner's Handbook of Veterinary Procedures and Emergency Treatment, 7th ed. Philadelphia, PA: WB Saunders Company, 2000.

Blagburn, B.L. Ectoparasites in 2003, Paper presented at Western Veterinary Conference 2003, Las Vegas, NV, 2003.

Bolette DP. Worming their way in: identifying cestodes, trematodes, and acanthocephala. Veterinary Technician 1998;19:510–517.

Bolton G. Handbook of Canine Electrocardiography. Philadelphia, PA: WB Saunders Company, 1975.

Boon JA. Manual of Veterinary Echocardiography, Philadelphia, PA: Lippincott, Williams & Wilkins, 1998.

Borjab JM, Ellison GW, Slocum B. Current Techniques in Small Animal Surgery. Philadelphia, PA: Lippincott Williams & Wilkins, 1998.

Boyd B. Internet Vets (online) http://www.internetvets.com, 1999–2000.

Brearley MJ. Radiotherapy: When Should I Refer? British Small Animal Veterinary Congress 2006, www.vin.com/Members/Proceedings/Proceedings.plx?CIDbsava2006.

Brewer WG. Preventing and Treating Chemotherapy Toxicity, Paper presented at Western Veterinary Conference 2003, Las Vegas, NV, 2003.

Brock N. Veterinary Anesthesia Update, Guidelines and Protocols for Small Animal Anesthesia Vol. 1, Veterinary Anesthesia Northwest.

Brock N. Veterinary Anesthesia Update, Guidelines and Protocols for Small Animal Anesthesia, Vol. 2. Veterinary Anesthesia Northwest. 2000.

Brooks W. Pet Health Care Library: Radiotherapy (online). Available: http://www.vin. com/members/searchdb/misc/m05000.htm, Mar Vista Animal Medical Center, 2001.

Brooks WC. Pet Health Care Library: What is a Cataract? (online). Available: http://www.vin.com/members/searchdb/misc/m05000/m01291.htm, Veterinary Information Network, 2000.

Bruyette D. Senior Wellness Programs, Paper presented at Atlantic Coast Veterinary Conference 2002, Atlantic City, NJ, 2002.

Burkholder WJ. Age-related changes to nutritional requirements and digestive function in adult dogs and cats. JAVMA 1999;215:625–629.

Burris P. It's the little things ... Cryptosporidium. Veterinary Technician 2000;21: 192–201.

Byard V. Case Study: Dentistry, The NAVTA Journal, Winter 2005:32–34.

Cappuccino JG, Sherman N. Microbiology, A Laboratory Manual, 4th Ed. Menlo Park, CA: The Benjamin/Cummings Publishing Company, Inc., 1996.

Carmichael DT. Dental Corner: How to perform a nonsurgical extraction, Veterinary Medicine, http://www.vetmedpub.com/vetmed/content/printContentPopup.jsp? id=160621, May 2005.

Carmichael DT. Dental Corner: Using intraoral regional anesthetic nerve blocks. Veterinary Medicine, http://www.vetmedpub.com/vetmed/content/ printContentPopUp. jsp?id=128730. Sept. 2004.

Carroll GL. Pain Management in the Orthopedic Patient, Paper presented at Western Veterinary Conference 2004, Las Vegas, NV, 2004.

Cartee RE and contributors. Practical Veterinary Ultrasound, Philadelphia, PA: Williams & Wilkins, 1995.

Carter GR, Chengappa MM, Roberts AW. Essentials of Veterinary Microbiology, 5th Ed. Baltimore, MD: Williams and Wilkins, 1995.

Chandler ML, Guilford WG, Payne-James J. Use of peripheral parenteral nutritional support in dogs and cats. JAVMA 2000;216:669–673.

Chew DJ, DiBartola SP. Interpretation of Canine and Feline Urinalysis. Wilmington, DE: The Gloyd Group, Inc., 1998.

Christopher MM. Evaluation of Bone Marrow, Paper presented at WSAVA World Congress Proceedings 2004, Rhodes, Greece, 2004.

Clare M, Hopper K. Mechanical Ventilation: Ventilator Indications, Goals, and Prognosis. Compendium, 2005,27(3):195.

Clare M, Hopper K. Mechanical Ventilation: Ventilator Settings, Patient Management, and Nursing Care. Compendium, 2005;27(4):269.

Colmery I, Ben H. Diagnosing Dental Disease Film Vs. Digital Radiography, Veterinary Technician, February 2005:114–119.

Cook CS, Mughannam AJ, Szymanski CM. Cataract Surgery: The Current State of the Art (online). Available: http://www.veterinaryvision.com/dvm_forum/dvmcataracts/ htm, Veterinary Vision, 1998.

Cook CS, Mughannam AJ, Szymanski CM. Glaucoma (online). Available: http:// www. veterinaryvision.com/dvm_forum/dvm-glaucoma/htm, Veterinary Vision, 1998.

Cordell D, Duke A, Mack JD, et al. Delivering Compassionate Care: A Roundtable Discussion Part II. Good Medicine is Only the Beginning. Veterinary Technician 2000;21:284–288.

Cornell C. Nursing Management of the Heart Failure Patient, Paper presented ACVIM 2003, Charlotte, NC, 2003.

Cornick-Seahorn J, Marks SL. Emergency! Treating Patients in Shock. Veterinary Technician., 1998;19:355–369.

Corwin RM, Nahm J. Veterinary Parasitology (online). Available: www.parasitology. org, University of Missouri–Columbia, 1997.

Côté E. Clinical Veterinary Advisor, Dogs and Cats, St. Louis MO: Mosby, 2007.

Cowell RL, Tyler RD, Meinkoth JH. Diagnostic Cytology and Hematology of the Dog and Cat, 2nd Ed. St. Louis, Mosby–Year Book, Inc., 1999.

Crawford P, Connor K. A breath of a chance: Pleural effusions in small animals. Part I. Veterinary Technician 2000;21:455–461.

Crowe DT Jr, Devey J. Peel-away long venous catheter technique minimizes placement steps. DVM Newsmagazine 2000:15–35.

Crowe DT. Airway Access Technique– The Surgical Parachutes, Paper presented at Western Veterinary Conference 2002. Las Vegas, NV, 2002.

Crowe DT. On the Cutting Edge of Emergency and Critical Care, Paper presented at Western Veterinary Conference 2002. Las Vegas, NV, 2002.

Crowe DT. Procedures Involving Emergency Care of Fractures/Wounds, Paper presented at Western Veterinary Conference 2002. Las Vegas, NV, 2002.

Crowe DT Jr, Dennis T, Devey J. Oxygen, Oxygen, Oxygen: the Wonder Drug, The NAVTA Journal, Fall 2004:45–47.

Crump K. Integrated Medicine: A Discussion of Flower Essence Therapy, Paper presented at the 2002 SAVMA Symposium, Fort Collins, CO, 2002.

Davenport DJ. Complications of Enteral Feeding: How to Recognize and Avoid Them, ACVIM 2003, www.vin.com/Members/Proceedings/Proceedings.plx?CID= ACVIM2003.

Davis H. Cardiopulmonary Resuscitation: An Overview, Paper presented at Western Veterinary Conference 2002. Las Vegas, NV, 2002.

Davis H. Triage in the Emergency Room, Paper presented at Atlantic Coast Veterinary Conference 20061 Atlantic City, NJ, 2001.

Day MJ. Immunodiagnostic Tests for Autoimmune Disease, Paper presented at Western Veterinary Conference 2003, Las Vegas, NV, 2003.

Dentistry: Take A Closer Look, DVM: In Focus, September 2006.

DeStefano CJ. Applied Kinesiology in Anima Practice, Paper presented at the 2002 SAVMA Symposium, Fort Collins, CO, 2002.

Devey J. Coagulation Monitoring: Survival for the Critical Patient, Paper presented at Western Veterinary Conference 2002. Las Vegas, NV, 2002.

Douglas SW, Williamson HD. Principles of Veterinary Radiography, 2nd Ed. London, England: Bailliere Tindall, 1972.

Drobatz K. Approach to the Emergency Patient, Paper presented at ACVIM 2003. Charlotte, NC, 2003.

Dunning D. Rehabilitation of Fracture Patients (VET-372), Paper presented at the Western Veterinary Conference 2004, Las Vegas, NV, 2004.

Dunning D. Rehabilitation of Neurological Patients (VET–371), Paper presented at the Western Veterinary Conference 2004, Las Vegas, NV, 2004.

Dunning D. Rehabilitation of Postoperative Joint Surgery Patients (VET–370), Paper presented at the Western Veterinary Conference 2004, Las Vegas, NV, 2004.

Dunning D. Rehabilitation of Postoperative Patients (T–13), Paper presented at the Western Veterinary Conference 2004, Las Vegas, NV, 2004.

Dunning D. Rehabilitation of the Osteoarthritic Patient (VET–369), Paper presented at the Western Veterinary Conference 2004, Las Vegas, NV, 2004.

Dunning D. Therapeutic Exercise and Weight Management in the Obese Orthopedic Patient (VET–373), Paper presented at the Western Veterinary Conference 2004, Las Vegas, NV, 2004.

Dyson D, Gaynor JS, Grimm KA., et al. Managing Medical, Surgical, Chronic, and Traumatic Pain, Pfi zer Inc, The Gloyd Group Inc., Wilmington, DE, 2004.

Eigner DR. CFA Health Committee Feline Vaccine Guidelines (online). Available: www.cfainc. org/health/vaccination–guidelines.html, 1998.

Emily P, Penman S. Handbook of Small Animal Dentistry. Oxford: Pergamon Press, 1990.

Ettinger SJ, Feldman EC. Textbook of Veterinary Internal Medicine, 4th Ed. Philadelphia, PA: WB Saunders, 1995.

Ettinger SJ, Feldman EC. Textbook of Veterinary Internal Medicine, 5th Ed. Philadelphia, PA: WB Saunders, 2000.

Evans HE, Christensen GC. Miller's Anatomy of the Dog, Philadelphia, PA: WB Saunders Company, 1979.

Evans HE, deLahunta A. Miller's Guide to the Dissection of the Dog. Philadelphia, PA: WB Saunders Company, 1971.

Fascetti AJ. Obesity Management in Dogs and Cats, Paper presented at Western Veterinary Conference 2004, Las Vegas, NV, 2004.

Feldman EC, Nelson RW. Canine and Feline Endocrinology and Reproduction, 2nd Ed. Philadelphia, PA: WB Saunders, 1996.

Feldman BF, Zinkl JG, Jain NC. Schalm's Veterinary Hematology, 5th Ed. Philadelphia, PA: Lippincott, Williams and Wilkins, 2000.

Feline Leukemia Virus. Veterinary Technician, 1997;18:680–682.

Fenner WR. Quick Reference of Veterinary Medicine. Philadelphia, PA: Lippincott Williams & Wilkins, 2000.

Firth AM, Haldane SL. Development of a scale to evaluate postoperative pain in dogs. JAVMA 1999;214:651–659.

Ford RB. Vaccines and Vaccinations: Change is in the Wind, The NAVTA Journal, Spring 2005:31–35.

Foreyt WJ. Veterinary Parasitology Reference Manual. Pullman: Washington State University, 1994.

Fortney WD. Neonatal Clinical Findings: Is it Normal or a Problem, Paper presented at the Western Veterinary Conference 2004, Las Vegas, NV, 2004.

Fortney WD. The Care & Feeding of Orphan Puppies & Kittens, Paper presented at the Atlantic Coast Veterinary Conference 2006, Halifax, Nova Scotia, 2006.

Fortney WD. "Painless" Vaccinations: How to Minimize Yipping, Paper presented at Western Veterinary Conference 2004, Las Vegas, NV, 2004.

Fortney WD. Triage and Diagnosis for Sick Neonates, Paper presented at Western Veterinary Conference 2004. Las Vegas, NV, 2004.

Fossum TW. Proceedings from Veterinary Post Graduate Institute Seminar on Soft– Tissue Surgery. Texas A & M, 1997.

Fossum TW. Small Animal Surgery, 3rd Ed. St. Louis, MO: Mosby Elsevier, 2007.

Foster R, Smith M, Nash H. Vaccination Recommendations for Dogs, www. peteducation. com/article_print.cfm?articleid=950.

Frost P. The Veterinary Clinics of North America—Dentistry Vol 16, no. 5. Philadelphia, PA: WB Saunders Company, 1986.

Gaynor JS. Is postoperative pain management important in dogs and cats? Veterinary Medicine 1999;94:254–257.

Gelens H. Intraosseous Fluid Therapy, Paper presented at Western Veterinary Conference 2003. Las Vegas, NV, 2003.

Gilbert SG. Pictorial Anatomy of the Cat, 9th Ed. Seattle, WA: University of Washington Press, 1991.

Glaze K. Treating a broken heart: Congenital heart disease—Part I. Veterinary Technician 1998;19:169–179.

Glaze K. Treating a broken heart: Congenital heart disease—Part II. Veterinary Technician 1998;19:339–347.

Glaze M. Management of Deep Corneal Ulcers, Paper presented at Atlantic Coast Veterinary Conference 2002, Atlantic City, NJ, 2002.

Goodwin C. Canine cilia disorders. Veterinary Technician 1998;19:115–124.

Gourley IM, Vasseur PB. General Small Animal Surgery, Philadelphia, PA: J. B. Lippincott Company, 1985.

Graff SL. A Handbook of Routine Urinalysis. Philadelphia, PA: J.B. Lippincott Company, 1983.

Greene CE. Infectious Disease of the Dog and Cat, 2nd Philadelphia, PA: WB Saunders, 1998.

Greene CE. Infectious Disease of the Dog and Cat, 3rd Philadelphia, PA: WB Saunders, 2007.

Greiner EC, McIntosh A. Comparison of the effi cacy of three fecal fl otation media. Veterinary Technician 1997;18:283–287.

Griffi th D, Limehouse J. Holistic Medicine (online). Available: http://www.vin. com/members/searchdb/rounds/lc970706.htm, Veterinary Information Network, 1997.

Griffi th D. Herbal Medicine (online). Available: http://www.vin.com/members/ searchdb/rounds/lc990523.htm, Veterinary Information Network, 1999.

Hackett TB. Feline Fluid Therapy–Crystalloids, Colloids and Fluid Planning, Paper presented at Western Veterinary Conference 2002. Las Vegas, NV, 2002.

Hackett TB, Mazzaferro EM. Veterinary Emergency and Critical Care Procedures, Blackwell Publishing, Ames, Iowa, 2006

Hackett TB, Mazzaferro EM. Veterinary Emergency & Critical Care Procedures, Ames, IA: Blackwell Publishing, 2006.

Hale FA. Understanding Veterinary Dentistry. Veterinary Information Network. http://www.vin. com/Members/Proceedings/Proceedings.plx?CID=HALE2004& PID=14961&O=VIN June 2007.

Hamilton S. Therapeutic Exercises for the Canine Patient, The NAVTA Journal, Fall 2003:43–47.

Hancock R, Rashmir-Raven A. Principles and techniques of the Robert-Jones bandage. Veterinary Technician 2000;21:463–465.

Hand MS, Thatcher CD, Remillard RL, Roudebush P. Small Animal Clinical Nutrition, 4th Ed. Marceline, MO: Walsworth Publishing Company, 2000.

Hanks J, Spodnick G. Wound Healing in the Veterinary Rehabilitation Patient, Veterinary Clinics Small Animal Practice, 2005;35:1453–1471.

Hanson B. Common Mistakes in Fluid Therapy, Paper presented at ACVIM 2003, Charlotte, NC, 2003.

Harari J. Surgical Complications and Wound Healing in the Small Animal Practice. Philadelphia, PA: WB Saunders Company, 1993.

Harvey CE, Emily PP. Small Animal Dentistry. St. Louis: Mosby, 1993.

Harvey CE. The Veterinary Clinics of North America—Feline Dentistry, Vol 22. Philadelphia, PA: WB Saunders Company, 1992.

Harvey JW. Erythrocyte Morphology in Disease, Paper presented at Western Veterinary Conference 2006, Las Vegas, NV, 2006.

Hawkins BJ. Down in the Mouth: Examining the Feline Oral Cavity, Veterinary Technician, 1997; Vol. 18:671–678.

Hawkins J. Waltham Applied Dentistry. Veterinary Learning Systems Co., Inc., 1993.

HealthyPet. AAHA Dental Care Guidelines (online). Available: http://www. healthypet.com/ library_view.aspx?ID=142

HealthyPet. Brushing Your Pet's Teeth (online). Available: http://www.healthypet. com/library_ view.aspx?ID=135&sid=1

Heath D. Lifeline to recovery: Intravenous catheterization techniques. Veterinary Technician, 1998;19:614.

Heath D. Step-by-step placing an over-the-needle catheter in the cephalic vein. Veterinary Technician, 1998;19:617.

Heins AL. A new approach to treatment of periodontal disease. Veterinary Technician 1997;18:372–378.

Hellyer PW. Pain Assessment and Multimodal Analgesic therapy in Dogs and Cats, Paper presented at ABVP 2006, San Antonio, TX.

Hendrix CM. Diagnostic Veterinary Parasitology. St. Louis: Mosby-Year Book, Inc., 1998.

Hickman A. Parenteral Nutrition. Paper presented at Spring Conference, Kansas State University (Spring 1997).

Hoffman KA. Magnetic Resonance Imaging as a Localization Tool, Veterinary Technician, December 2006:744–748.

Holloway C, Buffi ngton T. A clinical problem: obesity and related health risks. Veterinary Technician 2000;21:281–283.

Holloway C, Buffi ngton T. Basic guidelines for dogs and cats. Veterinary Technician 1999;20:499–505.

Holmstrom SE, Frost P, Gammon RL. Veterinary Dental Techniques for the Small Animal Practitioner. Philadelphia, PA: WB Saunders Company, 1998.

Holmstrom SE. Veterinary Dentistry for the Technician & Offi ce Staff. Philadelphia, PA: WB Saunders Company, 2000.

Hoskins JD. Pediatric Health Care and Management, The Veterinary Clinics of North America Small Animal Practice 1999;29: 837–852.

Hoskins JD. Veterinary Pediatrics: Dogs and Cats from Birth to Six Months. Philadelphia, PA: WB Saunders, 1995.

Hoskins JD. Pediatric Critical Care, Paper presented at Western Veterinary Conference 2004. Las Vegas, NV, 2004.

Hoskins JD. Small Animal Pediatric Medicine, Paper presented at the Tufts Animal Expo 2002, Boston, MA, 2002.

Hughes D. Cardiovascular Assessment and Haemodynamic Monitoring, Paper presented at ECVIM-CA/ESVIM Congress, Munich, Germany, 2002.

Hughes D. Triage and Major Body System Evaluation, World Small Animal Veterinary Association, www.vin.com/proceedings.plx?CID=WSAVA2005&PID.

IGI-EVCSO Pharmaceuticals (online) http://www.evscopharm.com (no dates noted).

Ikram M, Hill E. Microbiology for Veterinary Technicians. St. Louis, MO: Mosby-Year Book, Inc., 1991.

Introduction to Sonography (online). Available: http://www.webvet.cornell.edu/ cvm/imaging/ notes_US.html.

Ivens VR, Mark DL, Levine ND. Principal Parasites of Domestic Animals in the United States, Biological and Diagnostic Information. Urbana, IL: University of Illinois, 1981.

Jensen MM, Wright DN, Robison RA. Microbiology for the Health Sciences. 4th Ed. Upper Saddle River: Prentice Hall, 1997.

Jewett L. Test Directory. Phoenix Central Laboratory, Everett, WA 98024 Updated in April 2000.

Joseph D. Step-by-step placement of jugular catheters in small animals. Veterinary Technician 2000;21:587–590.

Kazacos KR. Diagnostic Methods for Internal Parasites, Paper presented at Western Veterinary Conference 2002, Las Vegas, NV, 2002.

Kealy JK. Diagnostic Radiology of the Dog and Cat. Philadelphia, PA: WB Saunders Company, 1979.

Kennedy MA. Diagnostic Methods for Feline Viral Pathogens, Paper presented at ACVIM 2003, Charlotte, NC, 2003.

Kerwin SC. Introduction to Arthroscopy, Paper presented at Western Veterinary Conference 2004, Las Vegas, NV, 2004.

Kesel ML. Veterinary Dentistry for the Small Animal Technician. Ames, IA: Iowa State University Press, 2000.

King L, Hammond R. Manual of Canine and Feline Emergency and Critical Care. Shurdington, Cheltenham: British Small Animal Veterinary Association, 1999.

King L, Hammond R. Manual of Canine and Feline Emergency and Critical Care, Chapter 2: Fluid Therapy. Dez Hughes, British Small Animal Veterinary Association, 1999.

King LG. Fluid Therapy for Critically Ill Cats I, Western Veterinary Conference 2004. Las Vegas, NV, 2004

King LM. Fluid Therapy for Critically Ill Cats II, Paper presented at Western Veterinary Conference 2004, las Vegas, NC, 2004.

Kirk RW. Kirk's Current Veterinary Therapy X. Philadelphia, PA: WB Saunders, 1989.

Kirk RW. Kirk's Current Veterinary Therapy XI. Philadelphia, PA: WB Saunders, 1992.

Kirk RW. Kirk's Current Veterinary Therapy XII. Philadelphia, PA: WB Saunders, 1995.

Klamarias L. The Intraosseous Infusion, World Small Animal Veterinary Association World Congress Proceedings, 2004, www.vin.com/Members/Proceedings/ Proceedings. plx?CID=WSAVA2004&PID.

Kleine LJ, Warren FG. Small Animal Radiology. St. Louis, MO: The C.V. Mosby Co., 1983.

Knoll J, Stockman C. The Complete Urinalysis: Interpretation of Sediment Abnormalities, VSPN Continuing Education, October, 2006.

LaFlamme D. Sweet success: Managing diabetes mellitus. Veterinary Technician 2001;22:24–25.

Lafl amme DP, Kealy RD, Schmidt DA. Estimation of body fat by conditioning score. J Vet Intern Med 1994;154:59–65.

Lappin MR. Feline toxolasmosis. Veterinary Technician 1997;18:298–299.

Lappin MR. Use of Rectal Cytology in Diagnosis of Feline Diarrhea, Paper presented at Western Veterinary Conference 2006, Las Vegas, NV, 2006.

Lavin LM. Radiography in Veterinary Technology. Philadelphia, PA: WB Saunders Company, 1994.

Lavin LM. The imaging chain: Links to high–quality radiography. Veterinary Technician, 2001;22:230–241.

Leib MS. Introduction to Gastrointestinal Endoscopy, Paper presented at Western Veterinary Conference 2006, Las Vegas, NV, 2006.

Lemke KA, Dawson SD. Local and regional anesthesia. The Veterinary Clinics of North America Small Animal Practice 2000;30:839–857.

Levine D, Mills D, Marcellin–Little D, Taylor R. November 2005, Rehabilitation and Physical Therapy, Veterinary Clinics of North America Small Animal Practice, November 2005.

Lichtenberger M. Noninvasive Cardiac Output Monitoring, Paper presented at Western Veterinary Conference 2002. Las Vegas, NV, 2002.

Little S. CFA Health Committee Establishing Vaccination Protocols for Catteries (online). Available: www.cfainc.org/health/vaccination–protocol–catteries.html.

Looney AL. Acupunture and Physical Therapy Analgesic Modalities, Paper presented at the Tufts Animal Expo 2002, Boston, MA, 2002.

Love L, Harvey R. Arterial Blood Pressure Measurement: Physiology, Tools, and Techniques, Compendium, June 2006:450–460.

Lumb WV, Jones EW. Lumb & Jones' Veterinary Anesthesia. Philadelphia, PA: Lippincott Williams & Wilkins, 1996.

Macintire DK. Pediatric intensive care. The Veterinary Clinics of North America Small Animal Practice 1999;29:971–988.

Macintire DK. Metabolic Derangements in Critical Patients, Paper presented by ACVIM 2003. Charlotte, NC, 2004.

Macintire DK. Pediatric Emergencies, Paper presented by Western Veterinary Conference 2002. Las Vegas, NV, 2002.

Macintire DK. Reproductive Emergencies I: Dystocia, Acute Metritis, Eclampsia, Paper presented by Western Veterinary Conference 2004. Las Vegas, NV, 2004.

Macintire DK. Reproductive Emergencies II: Mastitis, Pyometra, Prolapses, and Mismatching, Paper presented by Western Veterinary Conference 2004. Las Vegas, NV, 2004.

MacWilliams P. Profi ling the Urinary System I, Paper presented at Western Veterinary Conference 2003, Las Vegas, NV, 2003.

MacWilliams P. Profi ling the Urinary System II, Paper presented at Western Veterinary Conference 2003, Las Vegas, NV, 2003.

Madsen LM. Perioperative Pain Management, Veterinary Technician May 2005: 359–367.

Maloney C. Fluid Therapy in Small Animals, Veterinary Technician Vol. 24, No 7 (July 2003):462–471.

Mama K. New options for managing chronic pain in small animals. Veterinary Medicine 1999;94:352–357.

Mama KR, Steffey EP. Use of Opioids in Anesthesia Practice, 27 WSAVA Congress, www.vin. com/proceedings/Proceedings.plx?CID=WSAVA2002&PID

Marsden SP. Alternative Approaches to Cancer: Treatments, Paper presented at the Western Veterinary Conference 2002, Las Vegas, NV, 2002.

Marsden SP. An Integrated Approach to Holistic Physical Medicine, Paper presented at the Western Veterinary Conference 2002, Las Vegas, NV, 2002.

Marsden SP. Theory and Practice of Chinese Physical Therapies, Paper presented at the Western Veterinary Conference 2002, Las Vegas, NV, 2002.

MarVista Animal Medical Center (online) http://www.marvistavet.com/html/ pharmacy_center. html, 1997–2002.

Mathews KA. Pain assessment and general approach to management. The Veterinary Clinics of North America Small Animal Practice 2000;30:729–755.

Mathews KA. Pain Management for the Critically Ill I & II, Paper presented at Western Veterinary Conference 2004, Las Vegas, NV, 2004.

Matteson V. Block that pain, local anesthesia in dogs and cats. Veterinary Technician 2000;21:332–339.

Mauldin G. Practical Clinical Nutrition. Paper presented at a lecture at Buffalo Academy, 2000.

Mazzaferro EM. Arterial Catheterization, International Veterinary Emergency and Critical Care Symposium 2004, www.vin.com/Member/Proceedings/Proceedings. plx?CID=IVECCS2004

Mazzaferro EM. Fluid Therapy: The Critical Balance Between Life and Death, NAVC Clinician's Brief, November 2006:73–75.

McClure RC, Dallman MJ, Garrett PD. Cat Anatomy, Philadelphia, PA: Lea & Febiger, 1973.

McCormick TS. The Essentials of Microbiology. Piscataway, NJ: Research and Education Association, 1995.

McCurnin DM. Clinical Textbook for Veterinary Technicians, 4th Ed. Philadelphia, PA: WB Saunders Company, 1994.

McCurnin DM. Clinical Textbook for Veterinary Technicians. Philadelphia, PA: WB Saunders Company, 1994.

McCurnin DM, Bassert JM. Clinical Textbook for Veterinary Technicians, 5th Ed. Philadelphia, PA: WB Saunders Company, 2002.

McCurnin DM, Bassert JM. Clinical Textbook for Veterinary Technicians, 6th Ed. Philadelphia, PA: WB Saunders Company, 2006.

McEntee MC. Radiation Therapy Today: Options and Applications, Paper presented at Atlantic Coast Veterinary Conference 20061 Atlantic City, NJ, 2001.

McKelvey D, Hollingshead KW. Small Animal Anesthesia. St. Louis, MO: Mosby-Year Book, Inc., 1994.

McMichael M, Dhupa N. Pediatric critical care medicine: Physiologic considerations. Compendium, 2000;22:206.

Meadows I, Gwaltney-Brant S. The 10 Most Common Toxicoses in Dogs. Veterinary Medicine. 2006:92:142-148.

Measurement of central venous pressure. Small Animal Diagnostic and Therapeutic Techniques (online). Available: www.vetmed.wsu.edu/courses_samDX/cvp.htm, 2002.

Meleo K. Radiation Therapy: Machines, Fractions, and Doses (online). Available: http://www.vin.com/members/searchdb/rounds/lc000319.htm, Veterinary Information Network, 2000.

Meleo KA. Clinical Radiation Therapy, Paper Presented at Western Veterinary Conference 2003, Las Vegas, NV, 2003.

Merck Veterinary Manual (online) Available: http://www.merckvetmanual.com, Whitehouse Station, NJ, 2006.

Merola V, Dunayer E. The 10 Most Common Toxicoses in Cats. Veterinary Medicine. 2006:95:339-342.

Michel KE. Designing an Effective Weight Reduction Program, Paper presented at Atlantic Coast Veterinary Conference 2002, Atlantic City. NJ, 2002.

Michel KE. Weight Reduction in Cats—Great Frustrations in Feline Nutrition, Paper presented at WASVA World Congress Proceedings, 2001, Vancouver, BC, 2001.

Mihatov L. So what is Giardia anyway? Veterinary Technician 2000;21:188- 190.

Mills D. Introduction to Small Animal Physical Rehabilitation Presented at the Atlantic Coast Veterinary Conference 2002, Atlantic City, NJ, 2002.

Mills D. Therapeutic and Aquatic Exercises©, Paper presented at the Atlantic Coast Veterinary Conference 2002, Atlantic City, NJ, 2002.

Mills D. Therapeutic Ultrasound and Neuromuscular Electrical Stimulation©, Paper presented at the Atlantic Coast Veterinary Conference 2002, Atlantic City, NJ, 2002.

Moore AH. BSAVA Manual of Advanced of Veterinary Nursing. Quedgeley, Gloucester: Woodrow House, 1999.

Moore AH. Manual of Advanced Veterinary Nursing, British Small Animal Veterinary Association, England, 2004.

Morse H, Webb JL. Acid-Base Balance, An Overview. Veterinary Clinical Pathology Clerkship Program. http://www.vet.uga.edu/vpp/clerk/morse/index.php.

Muir W III, Hubbell JAE. Handbook of Veterinary Anesthesia. St. Louis: Mosby-Year Book, Inc., 1995.

Muir WW III, Hubbell JAE. Handbook of Veterinary Anesthesia, 2nd Ed. St. Louis, MO: Mosby, 1995.

Mullane PA. Practical neonatal care: Tube feeding. Veterinary Technician 1998; 19:532-535.

Newer Drugs for Neuropathic Pain, Drug Effectiveness Review Project, www.ohsu. edu/drugeffectiveness/reports/documtents/KQS_Final_12-07-06.pdf.

Novartis Canada, (online) http://www.ah.ca.novartis.com/product/index.html, 2001.

Novartis. A Multimodal Approach to Treating Osteoarthritis, Symposium Proceedings, 2006.

Novotny B. Nutritional assessment. Hill's HealthCare Connection 1996;95:139- 149.

O'Brien TR. Radiographic Diagnosis of Abdominal Disorders in the Dog and Cat. Davis, CA: Covell Park Veterinary Company, 1981.

Ogilvie GK, Moore AS. Managing the Veterinary Cancer Patient. Trenton, NJ: Veterinary Learning Systems Co., Inc., 1995.

Olsen JL, Ablon L, Giangrasso A. Medical Dosage Calculations, 6th Ed. Menlo Park, CA: Addison-Wesley Nursing, 1995.

Ortega TM, Marcella F. Harb-Hause. Managing PEG Tubes and Feeding Tubes, maxshouse.com/managing_peg_tubes_and_feeding_t.htm.

Osborne CA, Stevens JB. Handbook of Canine and Feline Urinalysis. St. Louis, MO: Ralston Purina Company, 1981.

Osborne CA, Stevens JB. Urinalysis: A Clinical Guide to Compassionate Patient Care. Trenton, NJ: Veterinary Learning Systems Co., Inc., 1999.

Osborne JN, Sharp NJH. Putting wobblers back on track—Part II. Veterinary Technician 1998;19:519-527.

Otoscopy in Veterinary Practice, (online). Available: http://www.ksvea.com/small_ otoscopy.html.

Owens JM, Biery DN. Radiographic Interpretation for the Small Animal Clinician, 2nd Ed. Philadelphia: Lippincott Williams & Wilkins, 1999.

Owens JM. Radiographic Interpretation for the Small Animal Clinician, Ralston Purina, 1982.

Pascoe PJ. Perioperative pain management. The Veterinary Clinics of North America Small Animal Practice 2000;30:917-932.

Pastor J. Applications of the Blood Smear in Emergency Medicine, Paper presented at WSAVA World Congress 2002, Granada, Spain, 2002.

Paul MA, et al. 2006 AAHA Canine Vaccine Guidelines (online). Available: http:// www. aahanet.org/PublicDocuments/VaccineGuidelines06Revised.pdf, American Animal Hospital Association, 2006.

Peak RM. Regional and Local Dental Nerve Blocks for cats and Dogs, Paper presented at Atlantic Coast Veterinary Conference 2006, Atlantic City, NJ, 2006.

Pfi zer Inserts for Bordetella Bronchiseptica Vaccine.

Pitcairn RH, Pitcairn SH. Dr. Pitcarin's Complete Guide to Natural Health for Dogs and Cats. Emmaus, NJ: Rodale Press, Inc, 1995.

Placement of a jugular catheter. Small Animal Diagnostic and Therapeutic Techniques (online). Available: www.vetmed.wsu.edu/courses_samDX/jugcath.htm.

Plumb DC. Veterinary Drug Handbook, 3rd Ed. Ames, IA: Iowa State University Press, 1999.

Plumb DC. Plumb's Veterinary Drug Handbook 5th Edition, Blackwell Publishing, 2005.

Plumlee KH. Treatment of Insecticide Poisoning, Paper presented at Western Veterinary Conference 2004. Las Vegas, NV, 2004.

Plunkett SJ. Emergency Procedures for the Small Animal Veterinarian, Philadelphia, PA: WB Saunders Company, 1993.

Plunkett SJ. Emergency Procedures for the Small Animal Veterinarian, 2nd Ed. Spain: WB Saunders, 2000.

Poppenga RH. Zootoxins, Paper presented at Western Veterinary Conference 2002. Las Vegas, NV, 2002.

Poundstone M. Emergency medicine: CPR techniques. Veterinary Technician 1992; 13:357–362.

Pratt PW. Lab Procedures for Veterinary Technicians, 3rd Ed. St. Louis, MO: Mosby, 1997.

Pratt PW. Laboratory Procedures for Veterinary Technicians. St. Louis, MO: Mosby– Year Book, Inc., 1997.

Pressler B, Rishniw M, Wolf A. The Low–Down on Canine Leptospirosis (online). Available: http://www.vin.com/Members/Proceedings/Proceedings. plx?CID=medfaq&PID=pr11568&O=VIN, Veterinary Information Network, 2005.

Prince J. Endoscopy (online) http://www.peteducation.com/vet_proc/endoscoopy. htm, 1997–2001.

Quandt JE, Lee JA, Powell LL. Analgesia in Critically Ill Patients. Compendium Vol 27(6) (June 2005):433–445.

Randall A. The (hook)worms crawl in: Ancylostoma infection in humans. Veterinary Technician 1999;20:189–197.

Rebar AH. Handbook of Veterinary Cytology. St. Louis, MO: Ralston Purina Company, 1980.

Rebar AH, MacWilliams PS, Feldman BF, Metzger FL, Pollack RV, Roche J. A Guide to Hematology. Jackson, WY: Teton NewMedia, 2002.

Reding J. Bordetelia bronchiseptica: Is your cattery at risk? (online). http://www. fanciers.com/other–faqs/bordetalla.html, 1996.

Remillard, Rebecca L, Armstrong PJ, Deborah J. Davenport. Enteral–Assisted Feeding, maxshouse.com/Enteral–Assisted_Feeding.htm.

Richards JR, et al. Caring for the senior cat, American Association of Feline Practitioners/Academy of Feline Medicine Update Vol 3. Veterinary Technician 1999;20:438–441.

Richards JR, et al. Caring for the senior cat, American Association of Feline Practitioners/Academy of Feline Medicine Update Vol 2. Veterinary Technician 1999;20:368–372.

Riel D. Bone Marrow Aspirates and Arthrocentesis, Paper presented at ACVIM 2002, Dallas, TX, 2002.

Rieser TM. Logical Fluid Therapy, Paper presented at Western Veterinary Conference 2003. Las Vegas, NV, 2003.

Rieser TM. Emergency Management of Heart Failure, Paper presented at Western Veterinary Conference 2003. Las Vegas, NV, 2003.

Rivera A. Clinical Importance of Triage & Vital Signs, Paper presented at ACVIM 2003. Charlotte, NC, 2003.

Rivera MJ. A pointed approach: The fundamentals of veterinary acupuncture. Veterinary Technician 2000;21:32–40.

Rivera MJ. Homeopathy: Like cures like. Veterinary Technician 2000;21:681–684.

Rivera MJ, Rivera PL. Veterinary chiropractic. Veterinary Technician 2000;21: 301–304.

Rochette J. Local Anesthetic Nerve Blocks and Oral Analgesia, Paper presented at WSAVA World Congress Proceedings 2001, Vancouver, BC, 2001.

Root C. Contrast radiography for veterinary technologists. 1985 Annual Veterinary Technology Convention.

Rosenfeld AJ. The True Nature of Triage: Concepts of Emergency Evaluation, Paper presented at the Atlantic Coast Veterinary Conference 2002, Atlantic City NJ, 2002.

Royer N. Step by step, performing cystocentesis. Veterinary Technician 1997; 18:298–299.

Rozanski E. The CRASH Cart, Paper presented at Tufts Animal Expo 2002, Boston, MA 2002.

Ruben D. Transfusion Medicine. Blood Products, Blood–Typing and Preliminary Testing. Veterinary Technician, 2004;25:484–492.

Rudloff E. Clinical Signs of Respiratory Distress, Paper presented at Western Veterinary Conference 2002. Las Vegas, NV, 2002.

Rudloff E. Emergency Transport and Survey, Paper presented at Western Veterinary Conference 2002. Las Vegas, NV, 2002.

Rudloff E. The Rule of 20 in the ICU, Paper presented at Western Veterinary Conference 2002. Las Vegas, NV, 2002.

Sandman KM, Harari J. Canine cranial cruciate ligament repair techniques: Is one best? Veterinary Medicine 2001;96:850–855.

Schebitz H, Wilkens H. Atlas of Radiographic Anatomy of the Dog and Cat, 3rd Ed. Philadelphia, PA: WB Saunders Co., 1978.

Schoen A. Companion Animal Chiropractic and Physical Manipulative Therapies, Paper presented at the WSAVA World Congress Proceedings, 2001, Vancouver, BC, 2001.

Schoen AM, Wynn SG. Complementary and Alternative Veterinary Medicine. St. Louis, MO: Mosby, 1998.

Schoenherr WD. Management of Feline Obesity, Paper presented at Western Veterinary Conference 2004, Las Vegas, NV, 2004.

Scott DW, Miller WH, Griffi n CE. Muller and Kirk's Small Animal Dermatology. Ithaca, NY: WB Saunders, 2000.

Secrest S. Basic Principles of Ultrasonography, Veterinary Technician, December 2006:756–763.

Severin GA. Severin's Veterinary Ophthalmology Notes, 3rd Ed. Fort Collins, CO: Veterinary Ophthalmology Notes, 1996.

Shaffran N. Blood gas analysis. Veterinary Technician 1998;19:95–103.

Shaffran N. Pain in critically ill small animals: Ethical aspects. Veterinary Technician 1998;19:349–353.

Sharp S. Dental Radiography, Veterinary Technician, February 2005:92–99.

Shipp AD, Fahrenkrug P. Practitioners' Guide to Veterinary Dentistry, 1st Ed. Glendale, CA: Griffi n Printing, Inc., 1992.

Sink AA, Feldman BF. Laboratory Urinalysis and Hematology for the Small Animal Practitioner. Jackson, WY. Teton NewMedia, 2004.

Sirios M, Anthony E. Fluid Therapy, What, Why, and How, Paper presented by Atlantic Coast Veterinary Conference 2002, Atlantic City, NJ, 2002.

Sirois M, Anthony A. In-House Coagulation Testing, Paper presented at Atlantic Coast Veterinary Conference 2002, Atlantic City. NJ, 2002.

Sirios M, Anthony E. Hematology, Paper presented by Atlantic Coast Veterinary Conference 2002, Atlantic City, NJ, 2002.

Skarda RT. Anesthesia case of the month. JAVMA, 1999;214:37–39.

Slatter D. Fundamentals of Veterinary Ophthalmology, 2nd Ed. Philadelphia, PA: WB Saunders Company, 1990.

Slatter D. Textbook of Small Animal Surgery, 2nd Ed, Vol. 2.. Philadelphia, PA: WB Saunders, 1993.

Slatter DH. Textbook of Small Animal Surgery, Vol 1., Philadelphia, PA: WB Saunders Company, 1985.

Sobel DS. In Introduction to Rigid Operative Endoscopy, Paper presented at British Small Animal Veterinary Congress 2006, Birmingham, England, 2006.

Spellane-Newman M. Laser surgery: The cutting edge. Veterinary Technician 2001; 22: 412–416.

Spreng D. How To Prepare Emergencies, Paper presented at WSAVA World Congress 2002, Granada, Spain, 2002.

Stafford D. The great mimic: Canine Addison's disease. Veterinary Technician 1999;20: 490–497.

Stafford C. Enhanced Radiographic Studies, Veterinary Technician, June 2004: 384–397.

Stearns ED. Computed Radiography in Perspective, The NAVTA Journal, Summer 2004: 53–58.

Stedman TL. Stedman's Concise Medical Dictionary, 3rd Ed. Baltimore, MD: Williams & Wilkins, 1997.

Steele AM. Under Pressure: ABP, CVP, What are the Numbers Really Telling Us?, Paper presented at IVECCS 2006, San Antonio, TX.

Steenkamp G. Malignant Oral Tumors. VetPath. http://www.vetpath.co.za/small_ 2_non-odontogenic-malignant-oral-tumors-in-dogs-and-cats, modifi ed June 25, 2004.

Stein D. Natural Healing for Dogs & Cats. Freedom, IA: The Crossing Press, 1993.

Strombeck DR. Home-Prepared Dog & Cat Diets: The Healthful Alternative. Ames, IA: Iowa State University Press, 1999.

Surgeon TW. Pain Management, Paper presented at Western Veterinary Conference 2004, Las Vegas, NV, 2004.

Swaim SF, Henderson RA Jr. Small Animal Wound Management, 2nd Ed. Philadelphia, PA: Williams & Wilkins, 1997.

Swartz H. Implementing a Sustainable Dental Program. Product Forum & Market News. 2005.

Sweethaven Publishing Services. Dental Instrument Setups. www.free-ed.net/ sweethaven/ MedTech/Dental/DentSetups/lessonMain.asp?iNum=, 2005.

Tabers CW. Taber's Cyclopedic Medical Dictionary. Philadelphia, PA: F. A. Davis Company, 1989.

Tams TR. Diarrhea Caused by Giardia and Clostridium Perfringens Enterotoxicosis, Paper presented at Atlantic Coast Veterinary Conference 2001, Atlantic City, NJ, 2001.

Taylor R. Developing Protocols for Physical Therapy, Paper presented at the WSAVA World Congress Proceedings 2001, Vancouver, BC, 2001.

Taylor R. Physical Therapy in Veterinary Medicine, Paper presented at the WSAVA World Congress Proceedings 2001, Vancouver, BC, 2001.

Techniques in Practice, Focus: Dentistry, Veterinary Technician, Vol. 27, No. 10(A), 2006.

Terry B. Arterial Catheter Placement, Veterinary Technician, July 2005:439–441.

The 2006 American Association of Feline Practitioners Feline Vaccine Advisory Panel Report, JAVMA, Vol. 229, No. 9, November 1, 2006.

Thompson NM. Injection-Site Sarcomas in Cats, Veterinary Technician, February 2005: 140–144.

Thompson RCA. Gastrointestinal Parasites of Dogs and Cats: Current Issues, Paper presented at Bayer Zoonosis Symposium 2003, Chicago, IL, 2003.

Thrall DE. Textbook of Veterinary Diagnostic Radiology. Philadelphia, PA: WB Saunders, 1986.

Thrall MA. Veterinary Hematology and Clinical Chemistry. Baltimore, MD: Blackwell Publishing, 2004.

Ticer JW. Radiographic Technique in Veterinary Practice. Philadelphia, PA: WB Saunders, 1984.

Tighe MM, Brown M. Mosby's Comprehensive Review for Veterinary Technicians, Baltimore, MD: Mosby, 1998.

Tilghman M. Chiropractic Theory, Paper presented at the Atlantic Coast Veterinary Conference 2002, Atlantic City NJ, 2002.

Tilley LP. Essentials of Canine and Feline Electrocardiography Interpretation and Treatment, 3rd Ed. Philadelphia, PA: Lippincott Williams and Wilkins, 1992.

Tilley LP, Smith FWK Jr. The 5-Minute Veterinary Consult, Canine and Feline, 2nd Ed. Philadelphia, PA: Lippincott, Williams and Wilkins, 2000.

Tilley LP, Smith FWK Jr. The 5-Minute Veterinary Consult, Canine and Feline, 3rd Ed. Philadelphia, PA: Lippincott, Williams and Wilkins, 2000.

Tracy DL. Mosby's Fundamentals of Veterinary Technology Small Animal Surgical Nursing. St. Louis, MO: Mosby, 1994.

Tranquilli WJ, Grimm KA. Pain Management Alternatives for Common Surgeries, Paper presented at Managing Pain Symposium 2003, Orlando, FL.

Tranquilli WJ, Grimm KA, Lamont LA. Pain Management for the Small Animal Practitioner. Jackson, WY: Teton NewMedia, 2004.

Tvedten H. Urine Sediment Examination, Paper presented at Western Veterinary Conference 2004, Las Vegas, NV, 2004.

Ummel C, Zody K. Sparkle Technique and other Bright Ideas in Radiographic Imaging VSPN Continuing Education, July, 2006.

Veterinary Partner. Dental Home Care (online). Available: http://www. veterianrypartner.com/Content.plx?P=PRINT&A=640.

Veterinary Partner. Orphan Puppy & Kitten Care (online). Available: http://www. veterianrypartner.com/Content.plx?P=PRINT&A=576.

Vigano F, Galilei VG. Fluid Therapy: Choosing the Right Fluid, Paper presented at ECVIM-CA/ESVIM Congress, Munich, Germany, 2002.

Volhard W, Brown K. The Holistic Guide for a Healthy Dog. New York: Howell Book House, 1995.

Waddell LS. Evaluation and Interpretation of Blood Gases, Paper presented at Western Veterinary Conference 2004, Las Vegas, NV, 2004.

Wagner AE. Is butorphanol analgesic in dogs and cats? Veterinary Medicine 1999;94:346–351.

Wanamaker BP, Pettes CL. Applied Pharmacology for the Veterinary Technician. Philadelphia, PA: WB Saunders, 1996.

Washington State University. Small Animal Diagnostic & Therapeutic Techniques, Placement of a Jugular, http://courses.vetmed.wsu.edu/templates.

Washington State University. Small Animal Diagnostic and Therapeutic Techniques, College of Veterinary Medicine, http://courses.vetmed.wsu.edu/templates/printb. aspx .

Whatmough C, Lamb CR. Computed Tomography: Principles and Applications, Compendium, November 2006:789–798.

Williams JF, Zajac A. Diagnosis of Gastrointestinal Parasitism in Dogs and Cats. St. Louis, MO: Ralston Purina Company, 1980.

Williams LT, Bagley RS. Pot-bellied dogs? Diagnosing and managing canine hyperadrenocorticism. Veterinary Technician 1998;19:47–56.

Williard MD. GI Endoscopy, Paper presented at British Small Animal Veterinary Congress 2006, Birmingham, England, 2006.

Wilson S. Feeding tube care. Internal Medicine and Endoscopy, Photocopy.

Wingfi eld SG, Wingfi eld WE. Triage in trauma: Nursing implications and initial assessment. Veterinary Technician, 1997;18:183–190.

Wingfi eld WE, Bowen RA. Enteral Feeding Calculations (online). Available: http:/ www.cvmbs.colostate.edu/clinsci/wing/enteral.html, Colorado State University, 1998.

Wingfi eld WE. Enteral Nutritional Support in Critically Ill Dogs and Cats: Making the Right Decisions. Colorado State University, Fort Collins, 1998.

Wingfi eld WE. Fluid and electrolyte Therapy (online). Available: http:/www.cvmbs. colostate.edu/clinsci/wing/fl uids/fl uids.htm, Colorado State University, 1998.

Wischnitzer S. Atlas and Dissection Guide for Comparative Anatomy, 5th Ed. New York: W.H. Freeman and Company, 1993.

Wohl JS. Applications of Fluid Therapy in the Critical Patient, Paper presented at ACVIM 2003, Charlotte, NC, 2003.

Wortinger A. Learning and teaching from pet food labels. Veterinary Technician 1999;19:586–590.

Wortinger A. Managing inflammatory bowel disease. Veterinary Technician 1998;19:689–695.

Wortinger A. Nutritional support for hospitalized pets. Veterinary Technician 1999;20:316–323.

Wortinger A. Nutrition for Veterinary Technicians and Nurses, Ames, IA: Blackwell Publishing, 2007.

Wynn SG. Herb Doses for Small Animal Patients (online). Available: http://www. vin.com/members/searchdb/misc/m05000/m00923.htm, Veterinary Information Network, 2000.

Young JF. Advancement in Imaging: Digital Radiography—PACS & DICOM. NAVC Clinician's Brief , October 2005:44–45.

Zigler M. Glaucoma of the Veterinary Patient (online). Available: http://www. eyevet.ca, Eyevet Consulting Services, 2001.

Zigler M. Prolapsed Gland of the Third Eyelid (online). Available: http://www. eyevet.ca, Eyevet Consulting Services, 2001.

Zsombor-Murray E, Freeman LM. Peripheral parenteral nutrition. Compendium on Continuing Education for the Practicing Veterinarian 1999;21:512–523.